HISTOIRE NATURELLE

DES

ANIMAUX SANS VERTÈBRES.

Dᴇ ʟ'ɪᴍᴘʀɪᴍᴇʀɪᴇ ᴅᴇ GUIRAUDET, ʀᴜᴇ Sᴛ.-Hᴏɴᴏʀᴇ́, ɴᵒ. 315,
ᴠɪs-ᴀ-ᴠɪs Sᴛ.-Rᴏᴄʜ.

HISTOIRE NATURELLE

DES

ANIMAUX SANS VERTÈBRES,

PRÉSENTANT

LES CARACTÈRES GÉNÉRAUX ET PARTICULIERS DE CES ANIMAUX, LEUR DISTRIBUTION, LEURS CLASSES, LEURS FAMILLES, LEURS GENRES, ET LA CITATION DES PRINCIPALES ESPÈCES QUI S'Y RAPPORTENT;

PRÉCÉDÉE

D'UNE INTRODUCTION offrant la détermination des caractères essentiels de l'Animal, sa distinction du végétal et des autres corps naturels; enfin, l'exposition des principes fondamentaux de la Zoologie.

PAR M. LE CHEVALIER DE LAMARCK,

Membre de l'Académie Royale des Sciences de Paris, de la Légion-d'Honneur, et de plusieurs Sociétés savantes de l'Europe, Professeur de Zoologie au Muséum d'Histoire naturelle.

Nihil extra naturam observatione notum.

TOME SEPTIÈME.

PARIS,

CHEZ L'AUTEUR, AU JARDIN DU ROI.

Août. — 1822.

HISTOIRE NATURELLE

DES

ANIMAUX SANS VERTÈBRES.

<hr>

SUITE DES TRACHÉLIPODES.

LES TURBINACÉS.

Coquille turriculée ou conoïde ; à ouverture arrondie ou oblongue, non évasée, ayant les bords désunis.

Les *turbinacés* constituent la dernière famille des trachélipodes phytiphages; de ceux qui, en général, n'ont point de trompe, mais un museau à deux mâchoires, et qui paraissent simplement herbivores; enfin de ceux dont la coquille n'offre à la base de son ouverture ni échancrure dirigée en arrière, ni canal quelconque. Tous sont des coquillages marins, conoïdes ou turriculés, et paraissent pourvus d'un opercule. Lorsqu'on pose ces coquilles sur leur base, leur axe est toujours incliné, quoique plus ou moins, et n'est jamais parfaitement vertical. Nous rapportons à cette famille les genres *cadran, roulette, troque, monodonte, turbo, planaxe, phasianelle* et *turritelle.*

Tome VII.

CADRAN. (Solarium.)

Coquille orbiculaire, en cône déprimé; à ombilic ouvert, crénulé ou denté sur le bord interne des tours de spire. Ouverture presque quadrangulaire. Point de columelle.

Testa orbicularis, conico depressa, umbilicata; umbilico patulo, ad margines internas anfractuum crenulato vel dentato. Apertura subquadrangularis. Columella nulla.

OBSERVATIONS.

Les *cadrans* ont paru avoir avec les troques des rapports si considérables, que Linné les a rapportés à son genre *trochus*, et que, depuis la détermination de l'illustre naturaliste Suédois, les zoologistes qui ont écrit sur les coquilles ont adopté ce sentiment. Ces rapports sont à la vérité assez remarquables, surtout si l'on compare les *cadrans* avec ceux des troques dont la base se termine par un bord orbiculaire tranchant. Néanmoins quels que soient les rapports cités, les *cadrans* semblent par leur forme en avoir aussi avec les planorbes; car l'examen de certaines espèces fossiles nous montre qu'il est même assez difficile d'établir entre les *cadrans* et les planorbes des limites bien tranchées.

Quoi qu'il en soit, le genre dont nous traitons maintenant paraît très-naturel, et se distinguera toujours facilement, soit des troques, soit des planorbes, parce que l'ombilic des coquilles qui le composent a constamment le bord interne des tours crénelé ou denté.

Les *cadrans* habitent dans la mer. On n'en connaît qu'un petit nombre d'espèces, recueillies dans l'état frais, et quelques autres dans l'état fossile, dont les analogues vivans n'ont pas encore été observés.

ESPÈCES.

1. Cadran strié. *Solarium perspectivum.*

S. testâ orbiculato-conoideâ, longitudinaliter striatâ, albido-fulvâ; cingulis albo et fusco aut castaneo articulatis prope suturas; crenulis umbilici parvulis.

Trochus perspectivus. Lin. Gmel. p. 3566. n°. 3.

Lister, Conch. t. 636. f. 24.

Rumph. Mus. t. 27. fig. L.

Petiv. Amb. t. 2. f. 14.

Gualt. Test. t. 65. fig. O.

Bonanni, Recr. 3. f. 27. 28.

D'Argenv. Conch. pl. 8. fig. M.

Favanne, Conch. pl. 12. fig. K.

Seba, Mus. 3. t. 40. f. 1. 2. 13. 14. 28. 41. 42.

Knorr, Vergn. 1. t. 11. f. 1. 2.

Regenf. Conch. 1. t. 6. f. 61.

Born, Mus. p. 326. vign. fig. B.

Chemn. Conch. 5. t. 172. f. 1691—1696.

Ejusd. Conch. 11. t. 196. f. 1884. 1885.

Solarium perspectivum. Encyclop. pl. 446. f. 1. a. b.

Habite l'Océan indien; se trouve aussi dans la Méditerranée, près d'Alexandrie. Mon cabinet. Coquille bien connue et très-remarquable par sa forme. Diam. de sa base, 2 pouces 7 lignes.

2. Cadran granulé. *Solarium granulatum.*

S. testâ orbiculato-conoideâ, albido-fulvâ, prope suturas rufo-maculatâ; cingulis pluribus granosis; umbilico coarctato, dentibus crassis muricato.

Lister, Conch. t. 634. f. 22.

Encyclop. pl. 446. f. 5. a. b.

Habite..... Mon cabinet. Espèce très-distincte par ses granulations, même en sa face inférieure, son défaut de stries longitudinales, et son ombilic resserré, ceint de dents épaisses. Diam. de sa base, 19 lignes.

5. Cadran glabre. *Solarium lœvigatum.*

S. testâ conoideâ, lœviusculâ, albidâ; cingulis pluribus luteo vel rufo maculatis; umbilico coarctato, dentibus crassiusculis obvallato.

Encyclop. pl. 446. f. 3. a. b.

Habite..... Mon cabinet. Celui-ci est un peu plus élevé que les précédens; il n'a point de granulations, et ne saurait être confondu
avec notre première espèce, son ombilic étant resserré. On aperçoit, vers le haut de sa spire, quelques stries longitudinales très-
fines. Diam. de sa base, 18 lignes.

4. Cadran treillissé. *Solarium stramineum.*

*S. testâ orbiculato-convexâ, transversim sulcatâ, longitudinaliter
striatâ, luteo-fulvâ, immaculatâ; umbilico patulo, lœviter
crenulato.*

Lister, Conch. t. 635. f. 23.

Chemn. Conch. 5. t. 172. f. 1699.

Trochus stramineus. Gmel. p. 3575. n°. 59.

Habite sur les côtes de Tranquebar. Mon cabinet. Son dernier tour
est légèrement arrondi, et les crénelures de son ombilic extrêmement fines; sutures un peu canaliculées. Diam. de la base, 10 lignes et demie.

5. Cadran tacheté. *Solarium hybridum.*

*S. testâ orbiculatâ, abbreviato-conoideâ, lœvigatâ, luteo-rufescen-
te, albo-maculatâ, subtùs fasciatâ; umbilico angusto, crenato.*

Trochus hybridus. Lin. Gmel. p. 3567. n°. 4.

Chemn. Conch. 5. t. 173. f. 1702. 1705.

Solarium hybridum. Encyclop. pl. 446. f. 2. a. b.

Habite la Méditerranée. Mon cabinet. Malgré sa petite taille, les
crénelures de son ombilic sont assez fortes; c'est principalement en
dessous et au pourtour qu'on lui voit des fascies articulées. Diamètre transversal, 8 lignes un quart.

6. Cadran bigarré. *Solarium variegatum.*

*S. testâ orbiculato-convexâ, transversìm sulcatâ, longitudinaliter
striatâ, albo et spadiceo articulatìm variegatâ; umbilico patulo,
crenulato.*

Chemn. Conch. 5. t. 173. f. 1708. 1709.

Trochus variegatus. Gmel. p. 3575. n°. 60.

Solarium variegatum. Encyclop. pl. 446. f. 6. a. b.

Habite les mers australes. Mon cabinet. Connu sous le nom de *lé-
preux de la Nouvelle-Zéelande.* Il est bigarré tant en dessus qu'en
dessous; c'est une jolie espèce. Diamètre transversal, 8 lignes.

7. **Cadran jaunâtre.** *Solarium luteum.*

> *S. testâ parvulâ, orbiculato-conoideâ, glabrâ, ad periphœriam bi-sulcatâ, luteâ; sulcis suturisque rubro-punctatis; umbilico an-gusto, crenis albis cincto.*

Habite les mers de la Nouvelle-Hollande. M. *Macleay.* Mon cabinet. C'est le plus petit des cadrans que je connaisse. Diamètre trans-versal, 4 lignes et demie.

Espèces fossiles.

1. **Cadran évasé.** *Solarium patulum.*

> *S. testâ orbiculato-convexâ; anfractibus planulatis, sublœvibus : marginibus carinatis et crenulatis; umbilico magno, patulo.*

Solarium patulum. Ann. du Mus. vol. 4. p. 53. n°. 1.

Encyclop. pl. 446. f. 4. a. b.)

Habite.... Fossile de Grignon. Mon cabinet. Diamètre transversal, 8 lignes.

2. **Cadran sillonné.** *Solarium sulcatum.*

> *S. testâ orbiculato-convexâ, subtùs radiatìm sulcatâ; anfractibus lœvibus margine bisulcatis; umbilico mediocri fornicato.*

Solarium sulcatum. Ann. ibid. n°. 2.

Habite.... Fossile de Grignon. Mon cabinet. Diamètre transversal, 7 lignes.

3. **Cadran canaliculé.** *Solarium canaliculatum.*

> *S. testâ orbiculato-convexâ, suprà infràque sulcis transversis gra-nosis sculptâ; umbilico crenato, ad latera canaliculato.*

Turbo. Brand. Foss. Hanton. p. 10. t. 1. f. 7. 8.

Solarium canaliculatum. Ann. ibid. n°. 3.

Habite.... Fossile de Grignon. Mon cabinet. Diamètre transversal, 5 lignes.

4. **Cadran plissé.** *Solarium plicatum.*

> *S. testâ orbiculato-convexâ, depressiusculâ, rugosâ; rugis verticaliter sulcatis; umbilico mediocri, plicis grossis crenato.*

Solarium plicatum. Ann. ibid. n°. 4.

Habite.... Fossile de Grignon. Mon cabinet. Diamètre transversal, un peu plus de 5 lignes.

5. Cadran à gouttière. *Solarium spiratum.*

S. testâ cónoideâ, substriatâ; anfractibus supernè crenulatis; suturis excavato-canaliculatis; umbilico pervio, crenulato, intùs granulato.

Solarium spiratum. Ann. ibid. p. 54. n°. 5.

Habite.... Fossile de Grignon. Mon cabinet. Diamètre de la base, 2 lignes trois quarts.

6. Cadran disjoint. *Solarium disjunctum.*

S. testâ discoideâ, carinatâ, lœvi; spirâ planâ; facie inferiore convexâ; ultimo anfractu disjuncto; umbilico subserrato.

Solarium disjunctum. Ann. ibid. p. 55. n°. 8.

[b] *Eadem margine vix carinato.*

Habite.... Fossile de Grignon. Mon cabinet. Diamètre transversal, 5 lignes.

7. Cadran carocollé. *Solarium carocollatum.*

S. testâ orbiculato-conoideâ, transversìm sulcatâ, longitudinaliter striatâ; ultimo anfractu acutè angulato; umbilico pervio, crenis crassis obvallato.

Habite.... Fossile des environs de Bordeaux. Mon cabinet. Diamètre transversal, 14 lignes.

8. Cadran mille-grains. *Solarium millegranum.*

S. testâ orbiculato-convexâ, ad periphœriam compressâ, angulato-carinatâ, scabrâ; striis sulcisque transversis granulosis; infernâ facie convexâ; umbilico patulo, crenato.

Habite.... Fossile d'Italie. Mon cabinet. Diamètre transversal, 11 lignes.

ROULETTE. (Rotella.)

Coquille orbiculaire, luisante, sans épiderme; à spire très-basse, subconoïde; à face inférieure convexe et calleuse. Ouverture demi-ronde.

Testa orbicularis, nitida, decorticata; spirâ brevissimâ,

*subconoideâ; infernâ facie convexâ, callosâ. Apertura
semirotunda.*

OBSERVATIONS.

J'ai cru devoir séparer des troques, et distinguer comme un genre
particulier, sous le nom de *roulette*, le *trochus vestiarius* de
Linné, parce que la face inférieure des coquilles de ce genre est
éminemment calleuse, caractère qu'on ne retrouve point parmi les
troques.

En observant ces coquilles, on croit voir des hélicines; néanmoins les *roulettes*, qui sont des coquilles marines assez solides,
diffèrent beaucoup des hélicines en ce que leur callosité ne se
borne point au bord columellaire, mais embrasse une grande partie de la face inférieure du test.

Les différentes espèces de ce genre offrent toutes beaucoup
d'analogie dans leur forme générale, et néanmoins sont constamment distinctes entre elles par diverses particularités qui concer-
nent leurs sutures ou l'état de leur surface. Voici l'exposition de
celles qui nous sont connues.

ESPÈCES.

1. Roulette linéolée. *Rotella lineolata.*

*R. testâ orbiculari, convexo-conoideâ, lævissimâ, pallidè carneâ;
lineolis longitudinalibus confertis undulatis fuscis; anfractibus
contiguis; infimâ facie albâ.*

Trochus vestiarius. Lin. Gmel. p. 3578. n°. 75.

Bonanni, Recr. 3. f. 355.

Lister, Conch. t. 651. f. 48.

An Petiv. Gaz. t. 11. f. 6?

Gualt. Test. t. 65. fig. H.

Favanne, Conch. pl. 12. fig. G. *Bona.*

Chemn. Conch. 5. t. 166. f. 1601. e. f. g. *Mediocres.*

Habite..... dans la Méditerranée? Mon cabinet. Espèce commune,
très-lisse, sans stries et sans nodulations. Diam. transv., 4 à 7
lignes et demie.

2. Roulette rose. *Rotella rosea*.

> *R. testâ orbiculari, convexo-conoideâ, lævi, roseo-rubente ; an-*
> *fractibus contiguis, margine superiore fasciâ lineis longitudina-*
> *libus alternatìm fuscis et albis compositâ instructis; infimâ fa-*
> *cie disco albo.*

Lister, Conch. t. 65o. f. 46.
Gualt. Test. t. 65. fig. G.
An Knorr, Vergn. 6. t. 22. f. 7?
Chemn. Conch. 5. t. 166. f. 1601. h.
Habite..... les mers de l'Inde? Mon cabinet. Point de stries ni de no-
dulations; distinguée par une fascie suturale. Diam. transv., 5
lignes trois quarts.

3. Roulette suturale. *Rotella suturalis*.

> *R. testâ orbiculari, convexo-conoideâ, striis distantibus cinctâ,*
> *griseâ, lineolis fuscis longitudinalibus angulato-flexuosis nu-*
> *merosissimis pictâ; anfractuum margine superiore prominulo;*
> *infimâ facie disco purpureo.*

Habite..... les mers de l'Inde? Mon cabinet. Le bord supérieur des
tours, étant saillant, fait paraître les sutures enfoncées. Diam.
transv., 7 lignes et demie.

4. Roulette monilifère. *Rotella monilifera*.

> *R. testâ orbiculari, convexo-conoideâ, transversìm sulcatâ, lu-*
> *teo-virente, apice aureâ; sulcis nigro-punctatis; anfractuum*
> *margine superiore nodis coronato; infimâ facie disco pallidè*
> *purpureo, centro gibboso.*

Gualt. Test. t. 65. fig. E.
An Schroëtter, Einl. in Conch. 1. t. 3. f. 12? 13?
Habite les mers de l'Inde. Mon cabinet. Espèce très-distincte par la
rangée de nœuds qui couronne chacun de ses tours. Diam. transv.,
6 lignes.

5. Roulette javanaise. *Rotella javanica*.

> *R. testâ orbiculari; convexo-conoideâ, sulcis raris cinctâ, griseo-*
> *violacescènte, cæruleo-punctatâ, apice albâ; anfractuum mar-*
> *gine superiore noduloso : ultimo quadrisulcato; infimâ facie*
> *disco albo.*

Habite les mers de Java. M. *Leschenault.* Mon cabinet. Elle avoisine la précédente, mais en est très-distincte. Diam. transv., 5
lignes un quart.

TROQUE. (Trochus.)

Coquille conique, à spire élevée, quelquefois surbaissée ; à pourtour plus ou moins anguleux, souvent mince et tranchant. Ouverture déprimée transversalement ; à bords désunis dans leur partie supérieure. Columelle arquée, plus ou moins saillante à sa base. Un opercule.

Testa conica ; spirá elatá, interdùm abbreviatá ; periphœriá angulatá aut subangulatá, sœpè tenui et acutá. Apertura transversìm depressa ; marginibus supernè disjunctis. Columella arcuata, basi plùs minùsve prominula. Operculum.

OBSERVATIONS.

Les *troques* ou toupies sont des coquilles marines, coniques, à spire plus ou moins élevée selon les espèces, ayant leur pourtour anguleux ou subanguleux, souvent mince et tranchant, et leur ouverture sensiblement déprimée. L'axe de leur spire n'est que faiblement incliné, et ils reposent facilement et presque entièrement sur leur base, celle-ci étant ordinairement plate ou concave, rarement convexe. Leur ouverture coupe de biais la direction du dernier tour, et laisse voir la portion inférieure de la columelle, qui est constamment torse ou arquée. La plupart de ces coquilles ont une nacre très-brillante, et plusieurs d'entre elles offrent des côtes longitudinales, ce que nous n'avons point encore rencontré dans aucun turbo.

Les *troques* sont connus vulgairement sous le nom de *limaçons à bouche aplatie*; et c'est effectivement la dépression de leur ouverture que Linné a considérée pour caractériser ce beau genre de coquillages, qui est fort nombreux en espèces, quoique nous en ayons séparé les cadrans et les roulettes.

ESPÈCES.

1. Troque impérial. *Trochus imperialis.*

Tr. testâ orbiculato-conoideâ, apice obtusâ, suprà fusco-violaces-cente, infrà albâ; sulcis transversis imbricato-squamosis; an-fractibus convexo-turgidis, margine squamoso-radiatis : squa-mis complicatis; umbilico infundibuliformi.

Chemn. Conch. 5. t. 173. f. 1714. et t. 174. f. 1715.

Trochus imperialis. Gmel. p. 3576. n°. 63.

Habite les mers australes. Mon cabinet. Coquille grande, rare, pré-cieuse, et fort remarquable. Vulg. l'*éperon-royal* ou le *grand-éperon de la Nouvelle-Zéelande.* Diam. de la base, y compris les épines, 3 pouces 9 lignes et demie.

2. Troque longue-épine. *Trochus longispina.*

Tr. testâ orbiculato-conoideâ, subpyramidatâ, argenteâ et aureâ; sulcis transversis tuberculato-muricatis; periphæriâ spinis lon-gis radiatâ; infernâ facie transversìm lamellosâ; umbilico an-gusto.

An turbo calcar? Lin. Gmel. p. 3592. n°. 13. *Synonymis exclusis.*

Habite l'Océan des grandes Indes. Mon cabinet. Belle coquille, fort rare, très-scabre en dessus, lamelleuse en dessous, ayant son pourtour éminemment rayonné par de longues épines, et dont le test est comme argenté et doré. Le sommet de sa spire est obtus, et de petites côtes longitudinales se remarquent sur ses tours su-périeurs. La convexité de sa face inférieure fait paraître son ou-verture peu déprimée, quoiqu'elle le soit réellement. Je n'ai pu en trouver une seule bonne figure dans les auteurs. Diam. transv., y compris les épines, presque 3 pouces.

5. Troque solaire. *Trochus solaris.*

Tr. testâ orbiculato-subconicâ, apice acutâ, albidâ; striis obliquis et undulatis; anfractibus margine spinoso-radiatis; infernâ facie plano-concavâ, undulatìm striatâ; aperturâ semicordatâ; umbilico angusto.

Trochus solaris. Lin. Gmel. p. 3569. n°. 15.

Favanne, Conch. pl. 13. fig. C 1.

Chemn. Conch. 5. t. 173. f. 1700. 1701.

Habite l'Océan indien. Mon cabinet. Coquille rare et précieuse, fort différente de celle qui précède. Elle est blanchâtre en dessus et en dessous, non nacrée, et n'a aucune aspérité sur ses tours, mais seulement des plis longitudinaux obsolètes, croisés par de fines stries onduleuses. Ombilic étroit, en partie recouvert par le bord gauche. Vulg. l'*éperon-soleil*. Diam. transv., y compris les épines, 2 pouces 7 lignes.

4. Troque indien. *Tróchus indicus.*

Tr. testá orbiculári, convexo-conicá, apice acutá, tenuissimá, subtilissimè striatá, albá, supernè roseá; periphœriá dilatatá, acutissimá; infernâ facie profundè umbilicatá; lamellá laterali cavitatem formante.

Chemn. Conch. 5. t. 172. f. 1697. 1698.

Trochus indicus. Gmel. p. 3575. nº. 57.

Habite l'Océan des grandes Indes. Mon cabinet. Coquille rare, et fort remarquable par sa forme étalée et la ténuité de son test, qui est presque membraneux et un peu transparent; sa face inférieure est légèrement concave, et offre un ombilic large, profond, et en spirale à carènes striées. Diam. de la base, 2 pouces. Cette belle espèce manque de bonnes figures.

5. Troque rayonnant. *Trochus radians.*

Tr. testá orbiculato-conoideá, longitudinaliter costatá, albido-griseá; costis radiantibus ultra periphœriam prominulis; infernâ facie lamellá laterali majusculá cavitatem formante.

Encyclop. pl. 445. f. 3. a. b.

Habite la mèr des Antilles, proche la Guadeloupe. *Badier.* Mon cabinet. Sa face inférieure est encore légèrement concave. Diam. de la base, 17 lignes.

6. Troque bonnet. *Trochus pileus.*

Tr. testá orbiculato-conicá, longitudinaliter costulatá, albidá; infernâ facie concavá; lamellá septiformi tenuissimá cavitatem formante.

Habite.... Mon cabinet. La lame septiforme qui constitue son ouverture est latérale, et n'arrive que jusqu'au milieu de la face inférieure; celle-ci est plus concave que dans le précédent. Il a la forme d'un bonnet chinois. Diam. de la base, un pouce.

7. Troque calyptriforme. *Trochus calyptræformis.*

Tr. testâ orbiculato-convexâ, apice mamillatâ, lævigatâ, albâ, supernè lutescente; infernâ facie concavâ; lamellâ septiformi tenuissimâ cavitatem formante.

Habite les mers de la Nouvelle-Hollande. *Péron.* Mon cabinet. Coquille fort intéressante en ce qu'elle paraît être l'analogue vivant d'un fossile que l'on trouve à Grignon, dont je ferai mention à la fin de ce genre, et que j'avais nommé *calyptræa trochiformis.* La cavité formée par la lame septiforme de sa face inférieure est étroite et fort petite. Diam. de la base, 8 lignes et demie. Les individus que possède le Muséum sont plus grands.

8. Troque frangé. *Trochus fimbriatus.*

Tr. testâ orbiculato-conicâ, longitudinaliter obsoletè costulatâ, transversim striatâ, albido-lutescente; anfractibus margine crenulato-fimbriatis; infernâ facie planulatâ, imperforatâ.

Habite les mers de la Nouvelle-Hollande. Mon cabinet. Ses franges sont courtes et comme tachetées de jaune. Diamètre de la base, 13 lignes.

9. Troque courte-épine. *Trochus brevispina.*

Tr. testâ orbiculato-subconicâ, scabrâ, cinereâ; anfractibus obliquè striatis, tuberculato-asperis, margine lamellis brevibus radiatis; infernâ facie lamellosâ, aurantio concentricè fasciatâ, imperforatâ.

Habite les mers des Antilles, près de l'île Saint-Jean. Mon cabinet. Les lames qui bordent ses tours sont courtes et aiguës. Son sommet est un peu pointu. Diamètre de la base, 10 lignes.

10. Troque rotulaire. *Trochus rotularius.*

Tr. testâ orbiculari, convexo-depressâ, scabriusculâ, griseâ; anfractibus margine squamoso-fimbriatis; periphœriæ fimbriâ duplici, crassâ, imbricato-squamosâ; infernâ facie plano-convexâ, concentricè rugosâ, imperforatâ.

Habite.... Mon cabinet. L'épaisseur des franges de son pourtour le rend très-remarquable. Diamètre de la base, 11 lignes trois quarts.

11. Troque étoile. *Trochus stella.*

Tr. testâ orbiculato-convexâ, apice depressâ, griseo-margaritaceâ; anfractibus costulatis, granulosis, margine radiatim spinosis:

periphœriæ spinis longiusculis ; infernâ facie convexâ, aspera-
tâ, subperforatâ.

Lister, Conch. t. 608. f. 46.
Gualt. Test. t. 65. fig. N. P.
D'Argenv. Conch. pl. 6. fig. R.
Favanne, Conch. pl. 13. fig. C. 3.
Knorr, Vergn. 4. t. 4. f. 2.
Chemn. Conch. 5. t. 164. f. 1552.

Habite les mers de Saint-Domingue. Mon cabinet. Il y en a de perforés et d'autres qui ne le sont nullement. Diamètre transversal, y
compris les épines, 15 lignes.

12. Troque stellaire. *Trochus stellaris.*

Tr. testâ orbiculato-convexâ, spinis echinatâ, cinereâ; anfractibus
margine radiatìm spinosis ; spirâ prominulâ; infernâ facie val-
dè convexâ, scabrâ, imperforatâ.

Trochus stellatus. Chemn. Conch. 5. t. 164. f. 1553.
Turbo stellaris. Gmel. p. 3600. n°. 47.

Habite les mers australes. Mon cabinet. La convexité de sa face inférieure élargit un peu son ouverture. Diamètre transversal, y
compris les épines, environ 13 lignes.

13. Troque rude. *Trochus asperatus.*

Tr. testâ orbiculato-conoideâ, apice subacutâ, rudi, longitudina-
liter costatâ, cinereo-virente; anfractibus margine spinis bre-
vibus radiatis; infernâ facie valdè convexâ, asperatâ, imper-
foratâ.

Habite.... Mon cabinet. Diamètre transversal, y compris les épines,
14 lignes.

14. Troque rhodostome. *Trochus rhodostomus.*

Tr. testâ orbiculato-conicâ, spinis longiusculis echinatâ, cinereâ;
costulis longitudinalibus infernè in spinas productis; periphœ-
riâ biseriatìm spinosâ; infimâ facie planâ, rugoso-scabrâ; co-
lumellâ extùs roseâ.

Habite.... Mon cabinet. Coquille fort rude au toucher. Elle est im-
perforée. Diamètre de la base, un pouce; hauteur pareille.

15. Troque piquant. *Trochus spinulosus.*

Tr. testâ orbiculato-conoideâ, apice obtusâ, griseâ; anfractibus
tuberculis erectis acutis scaberrimis, margine spinis brevibus ra-

diatis ; infernâ facie convexiusculâ, transversìm lamellosâ, imperforatâ.

Habite.... Mon cabinet. Il est hérissé de tubercules courts et très-pointus. Diamètre transversal, 21 lignes.

16. Troque costulé. *Trochus costulatus.*

Tr. testâ orbiculato-conoideâ, apice obtusâ, albido-ferrugineâ ; anfractibus tuberculato-scabris, longitudinaliter costulatis, margine spinis brevibus radiatis ; infernâ facie transversìm lamellosâ ; umbilico parvo.

Habite.... la mer des Antilles? Mon cabinet. Coquille épaisse, remarquable par ses rayons courts et aplatis; ouverture d'une nacre argentée très-brillante. Diamètre transversal, 2 pouces.

17. Troque fausses-côtes. *Trochus inermis.*

Tr. testâ orbiculato-conicâ, apice obtusiusculâ, longitudinaliter costulato-nodulosâ, luteo-virente ; costellis interruptis, ad marginem subprominulis ; infimâ facie radiatìm lamellosâ, cariniferâ ; umbilico tecto.
Trochus occidentalis. Chemn. Conch. 5. t. 173. f. 1712. 1713.
Trochus inermis. Gmel. p. 3576. n°. 62.

Habite dans les mers d'Amérique. Mon cabinet. Son pourtour est fort mince, et sa face inférieure aplatie. Diamètre de la base, 19 lignes.

18. Troque agglutinant. *Trochus agglutinans.*

Tr. testâ orbiculato-conicâ, squalidè albá ; anfractibus angulatis, polygonis : areis vel conchylia vel lapides agglutinantibus ; infernâ facie subconcavâ, rufá ; umbilico ætate occultato.
Trochus conchyliophorus. Born , Mus. t. 12. f. 21. 22.
Favanne, Conch. pl. 12. fig. C 1. C 2.
Chemn. Conch. 5. t. 172. f. 1688–1690.
Trochus conchyliophorus. Gmel. p. 3584. n°. 110.

Habite l'Océan des Antilles. Mon cabinet. Coquille singulière par la faculté qu'elle a d'agglutiner les corps mobiles du sol sur lequel elle repose; en sorte que tantôt elle n'agglutine que des pierres, et tantôt que des coquilles ou des portions de coquilles, selon que le sol où elle se trouve est chargé de ces objets. Diamètre de la base, 21 lignes. Vulgairement la *fripière* ou la *maçonne.*

19. Troque raboteux. *Trochus cœlatus.*

Tr. testâ conicâ, asperatâ, longitudinaliter costatâ, cinereâ et viridi; costis lamellosis imbricatis convoluto-fistulosis, in ultimo anfractu duplici serie patentibus, spiniformibus; anfractibus convexis; infimâ facie sulcis imbricato-squamosis corrugatâ.

Lister, Conch. t. 646. f. 38. et t. 647. f. 40.

Seba, Mus. 3. t. 60. f. 1. 2.

Knorr, Vergn. 5. t. 12. f. 3.

Favanne, Conch. pl. 8. fig. M.

Trochus cœlatus. Chemn. Conch. 5. t. 162. f. 1536. 1537.

Trochus cœlatus. Gmel. p. 3581. n°. 95.

Habite l'Océan des Antilles. Mon cabinet. Belle coquille, assez élevée, rude au toucher, à ouverture dilatée et nacrée; point d'ombilic. Vulgairement la *raboteuse.* Diamètre de la base, 23 lignes; hauteur, 20.

20. Troque turban. *Trochus tuber.*

Tr. testâ conoideâ, crassâ, noduliferâ, costatâ, viridi; costis longitudinalibus nodosis cinereis; anfractibus convexo-turgidis; infimâ facie convexiusculâ, imperforatâ; fauce argenteâ.

Trochus tuber. Lin. Gmel. p. 3578. n°. 77.

D'Argenv. Conch. pl. 8. fig. I.

Favanne, Conch. pl. 9. fig. C.

Seba, Mus. 3. t. 74. f. 12.

Knorr, Vergn. 1. t. 5. f. 2.

Chemn. Conch. 5. t. 164. f. 1561. et t. 165. f. 1572-1576.

Habite la Méditerranée, selon *Linné.* Mon cabinet. Coquille qui, sous un volume médiocre, est épaisse et pesante. Sa forme est en quelque sorte celle d'un turban, et elle offre des côtes longitudinales obliques, fort noueuses, cendrées ou blanchâtres sur un fond vert. Son pourtour est subanguleux et noueux. Ouverture argentée, un peu dilatée. Diamètre de sa base, 21 lignes; hauteur, 16.

21. Troque mage. *Trochus magus.*

Tr. testâ conoideâ, crassiusculâ, transversìm striatâ, fulvâ, strigis longitudinalibus flexuosis purpureis ornatâ; anfractibus supernè tuberculis nodiformibus coronatis, infernè lineâ elevatâ cinctis; infernâ facie convexiusculâ, latè et profundè umbilicatâ.

Trochus magus. Lin. Gmel. p. 3567. n°. 7.

Lister , Conch. t. 641. f. 32.
Gualt. Test. t. 62. fig. L.
D'Argenv. Conch. pl. 8. fig. S.
Favanne, Conch. pl. 8. fig. I 4.
Seba, Mus. 3. t. 41. f. 4-6.
Knorr, Vergn. 6. t. 27. f. 4.
Pennant , Brith. Zool. 4. t. 80. f. 107.
Chemn. Conch. 5. t. 171. f. 1656-1660.

Habite la Méditerranée et la mer Rouge. Mon cabinet. Coquille assez
commune dans les collections, ayant encore la forme d'un turban,
et munie d'un grand ombilic. Diamètre de la base, 17 lignes;
hauteur, 13 et demie. Vulgairement la *sorcière*.

22. Troque bouche-rose. *Trochus merula.*

*Tr. testâ suborbiculari , convexo-conoideâ , glabrâ , nigrâ , apice
detritâ et argenteâ; anfractibus convexis : ultimo ventricoso;
infernâ facie convexo-planâ , imperforatâ; columellâ albâ ,
extùs purpureo tinctâ; fauce argenteâ.*
Knorr, Vergn. 5. t. 3. f. 1.
Favanne , Conch. pl. 9. fig. B 1.
Trochus merula. Chemn. Conch. 5. t. 165. f. 1564. 1565.
Trochus sinensis. Gmel. p. 3583. n°. 103.

Habite les mers du cap de Bonne-Espérance et de la Chine; se trouve
aussi dans celles de la Nouvelle-Hollande. M. *Macleay.* Mon cabinet. L'angle de son pourtour est un peu obtus; spire courte. Vulg.
la *veuve à bouche rose* ou le *merle.* Diamètre de la base, 16 lignes
et demie.

23. Troque bouche-d'argent. *Trochus argyrostomus.*

*Tr. testâ conoideâ , nigrâ , apice albidâ; sulcis longitudinalibus
obliquis undulatis; striis obliquè transversis remotiusculis sulcos decussantibus; anfractibus convexis; infernâ facie plano-
convexâ , imperforatâ , rubro et viridi tinctâ; columellâ basi
truncatâ; fauce argenteâ.*
Chemn. Conch. 5. t. 165. f. 1562. 1563.
Trochus argyrostomus. Gmel. p. 3583. n°. 102.

Habite les mers australes. Mon cabinet. Coquille remarquable par
sa coloration , ainsi que par la disposition de ses sillons et de ses
stries. Vulg. l'*écritoire.* Diamètre de la base, 21 lignes; hauteur,
15 lignes et demie.

24. Troque de Cook. *Trochus Cookii.*

*Tr. testâ orbiculato-conicâ, basi ventricoso-dilatatâ, longitudina-
liter plicatâ, asperatâ, rufo-fuscescente; plicis creberrimis confertis obliquis imbricato-squamosis; anfractibus convexis; infimâ facie convexiusculâ, concentricè rugosâ, imperforatâ.*

Chemn. Conch. 5. t. 163. f. 1540. et t. 164. f. 1551.

Trochus Cookii. Gmel. p. 3582. n°. 97.

Habite les mers de la Nouvelle-Zéelande. Mon cabinet. Diam. de la
base, 21 lignes et demie. Il devient beaucoup plus grand.

25. Troque dilaté. *Trochus niloticus.*

*Tr. testâ conico-pyramidatâ, basi dilatatâ, crassissimâ, ponde-
rosâ, lævi, albâ, strigis longitudinalibus rubro-fuscis ornatâ,
subtùs sanguineo-maculatâ; columellâ arcuatâ, basi truncatâ,
supernè dentiferâ sulcoque contorto umbilicum simulante.*

Trochus niloticus. Lin. Gmel. p. 3565. n°. 1.

Lister, Conch. t. 617. f. 3.

Bonanni, Récr. 3. f. 102.

Rumph. Mus. t. 21. fig. A.

Petiv. Amb. t. 3. f. 12.

Gualt. Test. t. 59. fig. B. C.

Seba, Mus. 3. t. 75. *In medio.*

Knorr, Vergn. 2. t. 5. f. 1. et t. 6. f. 1.

Favanne, Conch. pl. 12. fig. B 1.

Chemn. Conch. 5. t. 167. f. 1605. et t. 168. f. 1614.

Encyclop. pl. 444. f. 1. a. b.

Habite l'Océan indien. Mon cabinet. Grande et très-belle coquille,
dépourvue de véritable ombilic, et qui, dans son entier développement, présente à son dernier tour une grande dilatation obtusément anguleuse. Dépouillée de sa couche externe, elle offre une
nacre argentée très-brillante. Sa face inférieure est un peu convexe. Vulg. le *grand cul-de-lampe.* Diam. de la base, 3 pouces
9 lignes; hauteur, 2 pouces 10 lignes.

26. Troque pyramidal. *Trochus pyramidalis.*

*Tr. testâ conico-pyramidatâ, tuberculiferâ, cinereo et roseo variâ;
tuberculis magnis obtusis distantibus ad anfractuum marginem
inferiorem dispositis; infimâ facie planulatâ, lineis viridibus
concentricis zonatìm pictâ; umbilico nullo.*

Forsk. Egypt. Descr. Anim. p. 125. n°. 67.

Tome VII. 2

Favanne, Conch. pl. 13. fig. A.
Chemn. Conch. 5. t: 161. f. 1516. 1517.
Trochus foveolatus. Gmel. p. 3580. n°. 84.

Habite dans la mer Rouge. Mon cabinet. Après la précédente, c'est une des plus grandes espèces de ce genre. Elle est très-remarquable par les gros tubercules distans qui se trouvent à la base de ses tours. Sa columelle est arquée, comme torse, et fait une saillie qui complète le sinus de la base du bord droit. Diam. de la base, 2 pouces 8 lignes; hauteur, 2 pouces 10 lignes.

27. Troque nodulifère. *Trochus noduliferus.*

Tr. testâ conico-pyramidatâ, nodulosâ, roseo-albidâ; anfractibus superioribus granosis, omnibus margine inferiore tuberculato-nodosis : nodis versùs basim sensìm majoribus et obtusioribus; infernâ facie planulatâ, albâ; fauce argenteâ; umbilico nullo.

Habite..... Mon cabinet. Belle coquille, qui a beaucoup de rapports avec la précédente, quoiqu'elle en soit très-distincte, et sur laquelle le rose domine. Sa columelle offre les mêmes caractères que celle du *Tr. pyramidalis.* Diam. transv., 2 pouces 10 lignes; hauteur, 2 pouces 8 lignes.

28. Troque bleuâtre. *Trochus cœrulescens.*

Tr. testâ conico-pyramidatâ, muticâ, infernè subtùsque cœrulescente; anfractibus basi supra suturas prominentibus; columellâ ut in præcedente; labro basi sinuato, infernè subtùs sulcato et margine crenato.

Encyclop. pl. 444. f. 2. a. b.

Habite les mers de la Nouvelle-Hollande. *Péron.* Mon cabinet. Les jeunes individus de cette espèce sont presque entièrement bleuâtres, et ont la base de leurs tours supérieurs crénelée; les individus plus vieux et plus grands n'offrent plus de crénelures, et ne présentent leurs teintes bleues que sur le dernier tour et en dessous. Cette espèce est la seule connue de ce genre qui ait une pareille coloration. Diamètre de la base, 2 pouces 3 lignes et demie; hauteur, 2 pouces 5 lignes.

29. Troque obélisque. *Trochus obeliscus.*

Tr. testâ conico-pyramidatâ, nodulosâ et granulatâ, viridi et albo coloratâ; anfractibus margine inferiore tuberculato-nodosis circulisque pluribus granosis cinctis : ultimo dempto; infernâ facie planulatâ; labro basi sinuato.

Knorr, Vergn. 1. t. 12. f. 4.
Favanne, Conch. pl. 13. fig. etc.
Chemn. Conch. 5. t. 160. f. 1510-1512.
Trochus obeliscus. Gmel. p. 3579. n°. 81.
Habite l'Océan indien. Mon cabinet. Sa face inférieure est planulée
et offre des stries concentriques; columelle profondément canali-
culée en dessous. Diamètre transversal, 2 pouces 3 lignes; hau-
teur pareille.

30. Troque cardinal. *Trochus virgatus.*

*Tr. testá conico-pyramidali, medio subinflatá, granosá, strigis
longitudinalibus alternatim rubris et albis ornatá; sulcis transversis granosis; infernâ facie plano-concavâ, concentricè sulcatá, lineolis rubris pictá.*

Lister, Conch. t. 631. f. 17.
Gualt. Test. t. 61. fig. E.
Chemn. Conch. 5. t. 160. f. 1514. 1515.
Trochus virgatus. Gmel. p. 3580. n°. 83.
Habite l'Océan indien. Mon cabinet. Columelle arquée, courte, peu
prominente; point d'ombilic. Diamètre de la base, 23 lignes; hau-
teur, 2 pouces. Vulgairement le *cardinal*.

31. Troque maculé. *Trochus maculatus.*

*Tr. testá conico-pyramidali, noduliferá, roseo rubro viridi et albo
variá; sulcis transversis crassiusculis nodulosis; infernâ facie pla-
nulatá, lineis rubris flexuoso-angulatis radiatá; cavitate con-
tortá umbilicum simulante; columellá dentatá.*

Trochus maculatus. Lin. Gmel. p. 3566. n°. 2.
Lister, Conch. t. 632. f. 20.
Gualt. Test. t. 61. fig. DD.
Regenf. Conch. 2. t. 4. f. 50.
Favanne, Conch. pl. 13. fig. C.
Chemn. Conch. 5. t. 168. f. 1615—1618.
Habite l'Océan indien. Mon cabinet. Il varie dans sa coloration, et
n'est caractérisé en dessus que par ses nodulations et ses sutures
marginées; en dessous, ses caractères sont plus tranchés : une
excavation tournante figure un faux ombilic, et sa columelle est
fortement crénelée. Diamètre de la base, 21 lignes; hauteur, 19.
Vulgairement le *cardinal vert.*

32. Troque grenu. *Trochus granosus.*

Tr. testâ orbiculato-conicâ, apice acutâ, eleganter granosâ, griseo-virente, flammulis maculiformibus sparsis roseis et intensè rubris pictâ; anfractibus convexiusculis; cingulis granosis creberrimis : unico in ultimo anfractu majore; infimâ facie ut in trocho maculato.

Habite.... Mon cabinet. Espèce jolie, très-voisine de la précédente, mais qui en est distincte par un cône bien plus surbaissé, légèrement renflé vers son milieu, et des granulations plus fines et plus régulières. Diamètre de la base, 15 lignes; hauteur, un pouce.

33. Troque squarreux. *Trochus squarrosus.*

Tr. testâ orbiculato-conicâ, tuberculato-nodulosâ, squarrosâ, cinereo viridi rubro fuscoque variâ; tuberculis vel nodis ad anfractuum margines dispositis; striis transversis granulosis; infimâ facie concentricè sulcatâ.

Habite.... Mon cabinet. Coquille un peu âpre au toucher, à spire pointue; un faux ombilic à la face inférieure; base du bord droit crénelée, sillonnée en dessous. Diamètre de la base, 14 lignes; hauteur, un pouce.

34. Troque épaissi. *Trochus incrassatus.*

Tr. testâ orbiculato-conicâ, incrassatâ, obsoletè nodosâ, cinereo viridi et rubro variâ; sulcis transversis latis noduliferis; apice obtusiusculo; ultimo anfractu obtusè angulato; infimâ facie plano-convexâ.

An Chemn. Conch. 5. t. 169. f. 1632?

Habite.... Mon cabinet. La base du bord droit est fortement dentée et sillonnée en dessous. Cette coquille est remarquable par son épaisseur particulière. Diamètre de la base, 14 lignes; hauteur, 13.

35. Troque flammulé. *Trochus flammulatus.*

Tr. testâ conico-pyramidali, apice acutâ, granosâ, albidâ, strigis longitudinalibus undato-flexuosis rubris ornatâ; sulcis transversis granosis; ultimo anfractu subdilatato; cavitate contortâ umbilicum simulante; columellâ dentatâ.

Habite les mers de Saint-Domingue. Mon cabinet. Coquille voisine de la précédente par ses rapports, mais qui en est distinguée par la dilatation particulière de son dernier tour, et surtout par les sillons concentriques de sa face inférieure qui, ainsi que ceux de l'entrée de son ouverture, sont plus fortement prononcés; bord droit très-épais. Elle est recherchée dans les collections. Diamètre de la base, 18 lignes; hauteur, 17 et demie.

36. Troque élancé. *Trochus elatus.*

Tr. testâ conico-turritâ, apice acutâ, granulosâ, albâ, strigis longitudinalibus intensè roseis pictâ; striis transversis granuliferis; anfractibus convexis : ultimo vix angulato; infernâ facie planoconvexâ; columellâ supernè dentiferâ; labro subtùs lævigato.

Habite.... Mon cabinet. Celui-ci est éminemment distingué des précédens par sa forme élancée, le pourtour de sa base moins anguleux, presque arrondi, et les caractères de sa columelle; la nacre de son ouverture est très-brillante. Diamètre de sa base, 18 lignes et demie; hauteur, 23.

37. Troque marbré. *Trochus marmoratus.*

Tr. testâ conico-pyramidatâ, nodiferâ, albâ, rubro et viridi marmoratâ; anfractibus medio concavis, margine inferiore tuberculato-nodosis : ultimo dempto; infimâ facie plano-convexâ, albâ, rubro-maculatâ; aperturâ dilatatâ.

Lister, Conch. t. 620. f. 6.

Rumph. Mus. t. 21. f. 4.

D'argenv. Conch. pl. 8. fig. C.

Favanne, Conch. pl. 12. fig. B 2.

Chemn. Conch. 5. t. 167. f. 1606. 1607.

Habite l'Océan indien. Mon cabinet. Diamètre de la base, 2 pouces; hauteur, 19 lignes. Son axe est fort incliné.

38. Troque papilleux. *Trochus mauritianus.*

Tr. testâ conico-pyramidatâ, tuberculis papillosis decumbentibus obsitâ, rubro viridi et albo variâ; tuberculis ad anfractuum basim dispositis; infimâ facie planulatâ, concentricè striatâ, albidâ; labro sinu dupliçi.

Lister, Conch. t. 625. f. 11.

Bonanni, Recr. 3. f. 90.

Gualt. Test. t. 61. fig. D. F.

Favanne, Conch. pl. 13. fig. S.

Chemn. Conch. 5. t. 163. f. 1547. 1548.

Trochus mauritianus. Gmel. p. 3582. n°. 99.

Habite les mers des îles de France et de Bourbon. Mon cabinet. Il est très-distinct du *Tr. pyramidalis* par le double sinus de son bord

droit; l'arcuation de sa columelle est fort courte. Diamètre de la
base, 21 lignes et demie; hauteur, 23.

39. Troque imbriqué. *Trochus imbricatus.*

Tr. testâ conico-pyramidali, longitudinaliter obliquè costatâ, al-
bidâ; costis ad anfractuum margines prominulis; anfractibus
infernè prominentibus, subimbricatis; infimâ facie plano-con-
vexâ, concentricè rugosâ.

Lister, Conch. t. 628. f. 14.
Gualt. Test. t. 60. fig. Q.
Born, Mus. t. 12. f. 19. 20.
Favanne, Conch. pl. 13. fig. D.
Chemn. Conch. 5. t. 162. f. 1531.
Trochus imbricatus. Gmel. p. 3581. n°. 93.
Encyclop. pl. 445. f. 4. a. b.

Habite la mer des Antilles. Mon cabinet. Ses tours sont comme empilés les uns sur les autres, ayant leur bord inférieur saillant, un
peu dépassé par les côtes. Diam. de la base, 23 lignes; hauteur, 25.

40. Troque trisérial. *Trochus triserialis.*

Tr. testâ conico-turritâ, tuberculis numerosissimis obsitâ, griseo-
fulvâ; anfractibus convexis, triseriatim tuberculosis: tubercu-
lis acutis, patenti ascendentibus; infimâ facie planulatâ, con-
centricè striatâ.

Habite..... Mon cabinet. Arcuation de la columelle fort courte. Diam.
de la base, 16 lignes; hauteur, 21.

41. Troque crénulé. *Trochus crenulatus.*

Tr. testâ orbiculato-conicâ, apice acutâ, lævigatâ, albo fulvo et
virente marmoratâ; anfractibus planis; periphœriâ suturisque
crenulatis; supinâ facie planâ, concentricè striatâ; labro basi
sinu terminato.

Habite.... Mon cabinet. Belle espèce, qui paraît inédite. Diam. de la
base, 21 lignes; hauteur, 22.

42. Troque aspérule. *Trochus asperulus.*

Tr. testâ orbiculato-conicâ, apice acutâ, tuberculis minimis gra-
nulisque asperulatâ, fulvo-violacescente; anfractibus planis,
margine inferiore tuberculiferis; supinâ facie planâ; labro cre-
nulato.

Habite les mers de Saint-Domingue. Mon cabinet. Pourtour mutique , un peu tranchant; columelle courte , creusée en canal. Diam. de la base, 2 pouces une ligne; hauteur, 21 lignes et demie.

43. Troque aigu. *Trochus acutus.*

Tr. testâ orbiculato-conicâ, apice peracutâ, basi dilatatâ, granosâ, fulvo-virente; anfractibus seriatim granosis, margine inferiore crenatis; infimâ facie planâ.

Habite..... Mon cabinet. Il était inscrit dans ma collection sous le nom de *Tr. epiglottis.* Il est remarquable par son pourtour dilaté, tranchant, et sa spire très-pointue. Diam. de la base, 22 lignes; hauteur, 21.

44. Troque concave. *Trochus concavus.*

Tr. testâ orbiculato-conoideâ, apice obtusiusculâ, longitudinaliter obliquè plicatâ, viridi et rubro-violacescente coloratâ; infimâ facie concavâ, subinfundibuliformi, concentricè sulcatâ, albâ.
Chemn. Conch. 5. t. 168. f. 1620. 1621.
Trochus concavus. Gmel. p. 3570. n°. 21.

Habite les mers de l'Inde. Mon cabinet. Coquille rare, à pourtour aigu, subdentelé; à face inférieure bien concave, offrant une excavation tournante qui simule un ombilic; columelle courte; ouverture argentée. Vulg. l'*entonnoir.* Diam. de la base, 22 lignes; hauteur, 16 lignes.

45. Troque rayé. *Trochus lineatus.*

Tr. testâ orbiculato-conicâ, transversè striatâ, roseo-violacescente, apice albâ; lineis rubris longitudinalibus obliquis tenuissimis numerosissimis; anfractibus planulatis; infimâ facie lineis rubris radiatâ; centro albo.

Habite les mers de la Nouvelle-Hollande. Mon cabinet. Son ouverture est blanche, nullement nacrée. Diam. de la base, 14 lignes; hauteur, un pouce.

46. Troque marginé. *Trochus zizyphinus.*

Tr. testâ orbiculato-conicâ, apice acutâ, luteo-fulvâ; anfractibus planis, lævibus, infernè cingulo crassiusculo marginatis : cingulis albo et aurantio articulatis; aperturâ dilatatâ, subtetragonâ.
Trochus zizyphinus. Lin. Gmel. p. 3579. n°. 80.
Bonanni, Recr. 3. f. 95.

Lister, Conch. t. 616. f. 1.
Gualt. Test. t. 61. fig. C.
Pennant, Brith. Zool. 4. t. 80. f. 103.
Favanne, Conch. pl. 13. fig. T?
Chemn. Conch. 5. t. 166. f. 1592—1594.

Habite l'Océan européen, la Méditerranée, etc. Mon cabinet. Jolie coquille, remarquable par les bourrelets blancs, maculés d'orangé, dont ses tours sont marginés inférieurement; on aperçoit sur le sommet de sa spire de très-fines granulations; sa face inférieure, un peu convexe, est dépourvue de faux ombilic; columelle lisse. Diam. de la base, 16 lignes et demie; hauteur, 14.

47. Troque conuloïde. *Trochus conuloides.*

Tr. testâ conicâ, basi dilatatâ, lævigatâ, cingulatâ, fulvâ, flammulis rufis aut spadiceis ornatâ; anfractibus planis, cingulis quatuor obvallatis: cingulo ultimo marginali majore; aperturâ ut in præcedente.

Chemn. Conch. 5. t. 166. f. 1590. 1591.

Habite l'Océan européen et la Méditerranée. Mon cabinet. Un peu plus petit que le précédent, il s'en distingue en ce que, outre le bourrelet marginal, il en a trois autres plus grêles sur chaque tour, ce qui le caractérise éminemment. Diam. de la base, 12 lignes et demie; hauteur, 11 et demie.

48. Troque petit-cône. *Trochus conulus.*

Tr. testâ conicâ, basi dilatatâ, lævigatâ, nitidâ, luteo-rubicante, maculis spadiceis sparsis pictâ; anfractibus planiusculis, marginatis: supremis granulosis; infimâ facie ut in duobus præcedentibus.

Trochus conulus. Lin. Gmel. p. 3579. n°. 79.
Bonanni, Recr. 3. f. 99.
Pennant, Brith. Zool. 4. t. 80. f. 104.
Chemn. Conch. 5. t. 166. f. 1588.

Habite les mers d'Europe; se trouve dans la Manche, la Méditerranée, etc. Mon cabinet. Il est voisin des deux qui précèdent. Diam. de la base, près de 10 lignes; hauteur, 9 et demie. Les figures citées, sauf celle de *Chemniz*, sont médiocres.

49. Troque pavot. *Trochus jujubinus.*

*Tr. testâ conico-acutâ, transversìm striato-granulosâ, rubrâ, su-
pernè nigricante, maculis oblongis albis ornatâ; anfractibus
medio concavis, margine inferiore elevatis; infimâ facie rubrâ,
perforatâ; centro albo.*

Favanne, Conch. pl. 12. fig. L. *Mala.*

Chemn. Conch. 5. t. 167. f. 1612. 1613.

Trochus jujubinus. Gmel. p. 3570. n°. 19.

Habite les mers de l'Ile-de-France. Mon cabinet. Jolie coquille,
bien remarquable par sa coloration et ses caractères de forme. Les
tours supérieurs sont noirâtres; les deux derniers, ainsi que le
sommet de la spire, rouges ou couleur de chair. Diam. de la base,
8 lignes et demie; hauteur, 8. Vulg. le *pavot.*

50. Troque de Java. *Trochus Javanicus.*

*Tr. testâ conicâ, transversè sulcatâ, rufo-rubicante; anfractibus
planulatis, margine inferiore elevato-angulatis; infimâ facie
planâ, striis lineisque rufis concentricis notatâ; umbilico pervio.*

Habite les mers de Java. M. *Leschenault.* Mon cabinet. Il a quelques
rapports de forme avec le précédent. Son ouverture est un peu
dilatée, et la base de son bord droit offre un sinus près de la
columelle. Diam. transversal, 10 lignes un quart; hauteur, 9 et
demie.

51. Troque annelé. *Trochus annulatus.*

*Tr. testâ orbiculato-conicâ, valdè obliquâ, apice acutâ, transver-
sìm sulcato-granulosâ, pallidè luteâ; anfractibus convexis; periphœriâ suturisque violaceo-annulatis; infimâ facie convexâ,
imperforatâ; centro violaceo; fauce argenteâ.*

Trochus annulatus. Martyns, Conch. 1. t. 33.

Favanne, Conch. pl. 79. fig. I?

Chemn. Conch. 10. t. 165. f. 1581. 1582.

Habite les mers de la Nouvelle-Zéelande. Mon cabinet. Très-jolie
coquille, ayant l'ouverture dilatée, nacrée intérieurement. Le
sommet de sa spire est violet, ainsi que les anneaux de ses sutures, ce qui la rend très-agréable à la vue. Diam. de la base, un
pouce; hauteur, 10 lignes.

52. Troque cerclé. *Trochus doliarius.*

Tr. testâ orbiculato-conicâ, valdè obliquâ, apice acutâ, cinguli-
ferâ : cingulis albis in fundo fulvo-rufescente; infimâ facie
plano-convexâ, imperforatâ; aperturâ dilatatâ, argenteâ.
Martyns, Conch. 1. f. 32.
Trochus doliarius. Chemn. Conch. 10. t. 165. f. 1579. 1580.
Encyclop. pl. 445. f. 1. a. b.

Habite les mers de la Nouvelle-Zéelande. Mon cabinet. Diam. de la
base, 13 lignes; hauteur, 11.

53. Troque granulé. *Trochus granulatus.*

Tr. testâ orbiculato-conicâ, valdè obliquâ, basi dilatatâ, apice per-
acutâ, griseâ; striis transversis alternatìm majoribus et granu-
losis; suturis marginatis; infimâ facie convexâ, concentricè
striatâ et punctatâ, imperforatâ; aperturâ dilatatâ.
Trochus granulatus. Born, Mus. t. 12. f. 9. 10.

Habite..... Mon cabinet. On le trouve fossile en Angleterre; c'est le
Tr. tenuis de Montagu, selon M. Leach, qui m'en a communiqué
un exemplaire. Diam. de la base de l'analogue vivant, 16 lignes;
hauteur, 12 et un quart.

54. Troque grenade. *Trochus granatum.*

Tr. testâ ventricoso-conicâ, obliquissimâ, transversìm striato-gra-
nulosâ, strigis longitudinalibus flexuosis alternatìm albis et
rufis pictâ; anfractibus convexis; spirâ acutâ; infernâ facie
convexâ, imperforatâ; fauce margaritaceâ.
Chemn. Conch. 5. t. 170. f. 1654. 1655.
Trochus granatum. Gmel. p. 3584. n°. 108.

Habite les mers de la Nouvelle-Zéelande. Mon cabinet. Coquille très-
rare, précieuse, recherchée dans les collections. Elle est un peu
mince, à granulations très-fines, dont les rangées sont toutes égales et serrées. Son dernier tour est fort grand, subanguleux; sa
spire proportionnellement peu allongée. Posée sur son ouverture,
cette coquille a son axe très-incliné. Diam. transv., 23 lignes et
demie. Vulg. la *pomme-de-grenade.*

55. Troque porte-collier. *Trochus moniliferus.*

Tr. testâ orbiculato-conicâ, basi dilatatâ, transversìm striato-gra-
nulosâ, albâ; anfractibus convexis, serie tuberculorum moni-

*liformibus medio cinctis, margine inferiore denticulātis; infimâ
facie plano-convexâ, semiperforatâ; aperturâ valdè dilatatâ,
argenteâ.*

Encyclop. pl. 445. f. 2. a. b.

Habite..... Mon cabinet. Coquille très-rare et précieuse. Ses stries
granuleuses sont très-fines. Diam. de la base, 14 lignes et demie;
hauteur, 12 et demie.

56. Troque iris. *Trochus iris.*

*Tr. testâ obliquè conicâ, glabrâ, griseo-violaceâ, lineis spadiceis
longitudinalibus flexuosis pictâ, sub epidermide variis coloribus
iridis micante; anfractibus convexiusculis : ultimo subangulato; aperturâ dilatatissimâ; umbilico nullo.*

Favanne, Conch. pl. 79. fig. G.

Trochus iridis. Chemn. Conch. 5. t. 161. f. 1522. 1523.

Trochus iris. Gmel. p. 3580. n°. 86.

Habite les mers de la Nouvelle-Zéelande. Mon cabinet. Sa nacre est
d'un beau vert-doré, avec des reflets rougeâtres très-brillans. Diamètre de la base, 12 lignes et demie; hauteur, un pouce. Vulgairement la *cantharide.*

57. Troque orné. *Trochus ornatus.*

*Tr. testâ parvulâ, obliquè conicâ, basi dilatatâ, transversìm stria-
to-granulosâ, albidâ, strigis longitudinalibus aurantio-rufes-
centibus ornatâ; anfractibus convexis; infimâ facie convexiusculâ, imperforatâ; fauce dilatatâ.*

Habite.... Mon cabinet. Diam. de la base, 7 lignes trois quarts; hauteur, 6.

58. Troque bicerclé. *Trochus bicingulatus.*

*Tr. testâ parvulâ, obliquè conicâ, basi dilatatâ, transversìm sul-
catâ, rubicante, obscurè flammulatâ; anfractibus medio bicingulatis : cingulis transversè striatis; infimâ facie ut in præcedente.*

Habite les mers de la Martinique. Mon cabinet. Diam. de la base,
7 lignes et un quart; hauteur, 5.

59. Troque callifère. *Trochus calliferus.*

*Tr. testâ orbiculato-convexâ, transversìm sulcatâ, longitudinaliter
tenuissimè striatâ, albidâ, maculis oblongis fusco-nigricantibus*

pictâ; infernâ facie plano-convexâ, umbilicatâ : umbilico callo clavato laterali modificato; columellâ basi truncatâ.

Habite.... Mon cabinet. Espèce singulière, ayant une callosité ombilicale comme dans certaines natices. Diamètre de la base, 8 lignes.

60. Troque ombilicaire. *Trochus umbilicaris.*

Tr. testâ orbiculari, brevè conicâ, acutâ, transversìm striatâ, cinereo-olivaceâ; anfractibus convexis; umbilico pervio, spirali, albo; aperturâ dilatatâ, intùs argenteâ.

Trochus umbilicaris. Lin. Gmel. p. 3568. n°. 14.

Chemn. Conch. 5. t. 171. f. 1666.

Habite dans la Méditerranée. Mon cabinet. Sa spire forme un petit cône pointu de peu d'élévation. Diamètre transversal, 8 lignes 3 quarts.

61. Troque ondé. *Trochus undatus.*

Tr. testâ orbiculato-convexâ, transversìm striato-granulosâ, aureo-rufescente; strigis longitudinalibus angustis undato-flexuosis cærulescentibus; infimâ facie plano-convexâ; centro fossulâ umbiliciformi margine crenatâ; columellâ labroque crenatis.

Monodonta undata. Encyclop. pl. 447. f. 3. a. b.

Habite.... Mon cabinet. Jolie coquille, toute granuleuse, à strigies rayonnantes, et à columelle tronquée comme dans les monodontes ; mais sa forme et son ouverture déprimée caractérisent le genre auquel nous la rapportons ici. Diamètre de la base, 12 lignes et demie.

62. Troque de Pharaon. *Trochus Pharaonis.*

Tr. testâ orbiculato-conoideâ, granosâ, rubrâ; cingulis granosis confertis, alternè penitùs rubris et albo nigroque articulatis; infimâ facie convexo-planâ, umbilicatâ; umbilico columellâ labroque crenatis.

Trochus Pharaonis. Lin. Gmel. p. 3567. n°. 6.

Lister, Conch. t. 637. f. 25.

Petiv. Gaz. t. 14. f. 10.

Gualt. Test. t. 63. fig. B.

D'argenv. Conch. pl. 8. fig. L, Q.

Favanne, Conch. pl. 13. fig. V 1. V 2.

Knorr, Vergn. 1. t. 30. f. 6. et 4. t. 26. f. 3. 4.

Chemn. Conch. 5. t. 171. f. 1672. 1673.

Monodonta Pharaonis. Encyclop. pl. 447. f. 7. a. b.

Habite dans la mer Rouge et la Méditerranée. Mon cabinet. Coquille
très - jolie, remarquable par ses granulations, sa coloration, ainsi
que par son ombilic, sa columelle et son bord droit crénelés; ce
dernier a en outre une petite dent sous le limbe de son extrémité
supérieure. Vulgairement le *bouton de camisolle* ou le *turban
de Pharaon*. Diam. de la base, 10 lignes. On en distingue une
variété.

63. Troque sagittifère. *Trochus sagittiferus.*

*Tr. testâ orbiculato-conoideâ, lœvi, luteo-virente, transversìm
fasciatâ; maculis oblongis sagittatis nigris seriatìm dispositis;
infimâ facie imperforatâ; labro simplici.*

Habite.... Mon cabinet. Ses tours sont convexes; ouverture argentée. La surface lisse de cette coquille et ses taches en fers de flè-
ches la rendent fort remarquable. Diamètre de la base, 10 lignes.

64. Troque rouge-pâle. *Trochus carneolus.*

*Tr. testâ orbiculari, convexâ, lœvigatâ, carneâ aut luteo-ruben-
te, diversimodè fasciatâ et maculatâ; spirâ brevissimâ; infimâ
facie umbilicatâ.*

An Chemn. Conch. 5. t. 171. f. 1682?

Habite.... Mon cabinet. Il n'a point de granulations. Diam. transv. ;
6 lignes trois quarts.

65. Troque cinéraire. *Trochus cinerarius.*

*Tr. testâ orbiculato-convexâ, apice obtusâ, transversìm striatá,
cinereâ; strigis longitudinalibus flexuosis rubro-violaceis radiantibus; umbilico pervio, angusto; aperturâ dilatatá.*

Trochus cinerarius. Lin. Gmel. p. 3568. nº. 12.

Muller, Zool. Dan. 3. t. 102. f. 1-4.

Chemn. Conch. 5. t. 171. f. 1686.

Habite dans la Méditerranée, sur les côtes de la Manche, près de
Caen [M. *Roussel*], et dans la mer du Nord. Mon cabinet. Diam.
transv., 8 lignes.

66. Troque excavé. *Trochus excavatus.*

*Tr. testâ conoideâ, transversè striatâ, cinereo-virescente; anfrac-
tibus subturgidis; infernâ facie cavâ, centro umbilicatâ: umbilico angusto, partìm tecto, annulo viridi circumvallato.*

Habite.... Mon cabinet. Diam. transv., 7 lignes.

67. Troque nain. *Trochus nanus.*

Tr. testâ orbiculari , subconicâ, ad periphœriam acutè angulatâ ; cinereo-virente ; lineis longitudinalibus fuscis radiantibus ; anfractibus planiusculis ; infimâ facie planâ, concentricè sulcatâ, violacescente ; umbilico nullo.

Habite les mers de la Nouvelle-Hollande. Mon cabinet. Sa spire est obtuse au sommet ; l'intérieur du bord droit est rayé de brun. Diamètre de la base, 7 lignes ; hauteur, trois et demie.

68. Troque pyramidé. *Trochus pyramidatus.*

Tr. testâ parvâ, obliquè pyramidatâ, transversim striato-granulosâ, albidâ, flammulis cœruleis ornatâ ; anfractibus planis , margine inferiore cingulatis : cingulis rubentibus ; infimâ facie lineis roseis concentricis pictâ ; umbilico nullo.

Habite... Mon cabinet. Ce n'est point le *Tr. pyramis de Gmelin.* Diamètre de la base, 2 lignes trois quarts ; hauteur, 3 lignes. Son obliquité est la cause de ce peu d'élévation.

69. Troque pygmée. *Trochus erythroleucos.*

Tr. testâ minutâ , obliquè conicâ, acutâ, transversim striatâ , albo et roseo tinctâ , apice rubrâ ; anfractibus convexiusculis , basi marginatis ; infimâ facie convexiusculâ, imperforatâ.

Lister , Conch. t. 621. f. 8. *Figura nimis magna.*

Chemn. Conch. 5. t. 162 f. 1529. a. b.

Trochus erythroleucos. Gmcl. p. 3581. n°. 91.

Habite sur les côtes de l'état de Maroc. Mon cabinet. Diamètre de la base , 3 lignes ; hauteur à peu près égale.

Nota. Relativement aux troques fossiles , voyez-en la description de huit espèces dans les Annales du Muséum , vol. 4. p. 46 et suiv.

MONODONTE. (Monodonta.)

Coquille ovale ou conoïde. Ouverture entière, arrondie ; à bords désunis supérieurement. Columelle arquée, tronquée à sa base. Un opercule.

Testa ovata vel conoidea. Apertura integra, rotundata; marginibus supernè disjunctis. Columella arcuata, basi truncata. Operculum.

OBSERVATIONS.

Les *monodontes* tiennent en quelque sorte le milieu, par leurs rapports, entre les troques et les turbos. En effet, ces coquilles doivent se distinguer des troques, principalement parce que leur ouverture est plus arrondie, c'est-à-dire n'est point ou presque point déprimée ; et on ne devra pas les confondre avec les turbos, leur columelle, tronquée à sa base, formant dans l'ouverture une saillie dentiforme qui les caractérise. Ainsi c'est par la forme de leur ouverture que les *monodontes* se distinguent des troques, et c'est par celle de leur columelle qu'elles diffèrent des turbos.

Toutes les *monodontes* sont des coquilles marines, obliques sur le plan de leur base, à spire plus ou moins élevée, les unes mutiques, les autres tuberculeuses. Il y en a qui ont le bord droit comme doublé et sillonné assez fortement dans l'intérieur ; dans d'autres, ce bord est simple.

L'animal de ces coquilles a un pied elliptique, court, cilié, et muni latéralement de quelques filets longs, subciliés ; deux tentacules longs, aigus, couverts de filets piliformes : les yeux à leur base extérieure, élevés sur des pédicules courts ; et un opercule orbiculaire, mince, corné, attaché à son pied. Adans. Seneg. p. 180. t. 12. *Osilin.*

ESPÈCES.

1. Monodonte bicolore. *Monodonta bicolor.*

M. testâ obliquè pyramidatâ, imperforatâ, tuberculis echinatâ, infernè albâ, supernè nigricante ; ultimi anfractus tuberculis majoribus transversìm biseriatis et fuscatis ; labro intùs sulcato.

Habite..... Mon cabinet. C'est la seule que nous connaissions de ce

genre dont la troncature de la columelle soit médiocre. Elle tient
à la suivante par ses rapports. Diam. de la base, 17 lignes; hauteur pareille.

2. Monodonte pagode. *Monodonta pagodus.*

*M. testâ obliquè conicâ , contabulatâ, imperforatâ, tuberculis
echinatâ, longitudinaliter costatâ, transversìm sulcatâ, griseo-
fuscescente; costis in tubercula elongata compressa extra marginem spirarum productis; infimâ facie albidâ, concentricè sulcatâ, papillosâ.*

Turbo pagodus. Lin. Gmel. p. 3591, n°. 12.

Lister, Conch. t. 644. f. 36.

Rumph. Mus. t. 21. fig. D.

Petiv. Amb. t. 10. f. 8.

Gualt. Test. t. 62. fig. B. C.

D'Argenv. Conch. pl. 8. fig. A.

Favanne, Conch. pl. 12. fig. A.

Seba, Mus. 3. t. 60. f. 3.

Knorr, Vergn. 1. t. 25. f. 3. 4.

Chemn. Conch. 5. t. 163. f. 1541. 1542.

Habite l'Océan des grandes Indes. Mon cabinet. Vulg. la *pagode* ou
le *toît-chinois.* Ses tours sont étagés par le prolongement des côtes
tuberculifères; le dernier en offre deux rangées. Diam. de la base ,
15 lignes; hauteur, 12 et demie.

3. Monodonte toît-persique. *Monodonta tectum persicum.*

*M. testâ obliquè conicâ, acutâ, imperforatâ, tuberculis echinatâ,
cinereo-fuscescente; tuberculis trànsversìm seriatis, ascendentibus : in ultimo anfractu biserialibus et obtusioribus; in superioribus acumìnato-spinulosis; infimâ facie papillosá.*

Turbo tectum persicum. Lin. Gmel. p. 3591. n°. 11.

An Gualt. Test. t. 60. fig. M?

Favanne, Conch. pl. 13. fig. F.

Chemn. Conch. 5. t. 163. f. 1543. 1544.

Habite la mer de l'Inde. Mon cabinet. Vulg. la *petite pagode.* Diam.
de la base, 8 lignes et demie; hauteur, 9.

4. Monodonte papilleuse. *Monodonta papillosa.*

*M. testâ obliquè conicâ, acutâ, imperforatâ, in fundo fuscescente
papillis albìs echinatâ; papillis transversìm triseriatis : in ul-*

*timo anfractu quadriseriatis; infimâ facie concentricè papillosâ;
columellâ luteo-rufescente.*

Habite les mers de Timor. Mon cabinet. Elle avoisine la précédente,
mais elle en est distincte. Toutes ses papilles sont obtuses. Diam.
de la base, 11 lignes; hauteur pareille.

5. Monodonte coronaire. *Monodonta coronaria.*

*M. testâ obliquè conicâ, subturritâ, imperforatâ, scabrâ, tuber-
culis minimis acutis multifariàm coronatâ, albâ, basi apicèquè
roseis; anfractibus convexis, multicarinatis: carinis brevibus,
tuberculiferis; labio columellari rufescente.*

Encyclop. pl. 447. f. 6. a b.

Habite..... Mon cabinet. La figure citée représente un individu à
sommet fruste; dans de plus petits, la spire est pointue. Cette coquille est un peu épaisse. Diam. de la base, 11 lignes; longueur de
la coquille, 18.

6. Monodonte égyptienne. *Monodonta ægyptiaca.*

*M. testâ orbiculato-conoideâ, contabulatâ, transversìm striatâ,
in fundo rubro costis longitudinalibus albis radiatâ; infimâ facie sulcis concentricis nigro-punctatis instructâ; umbilico spirali.*

Turbo declivis. Forsk. OEgypt. Descr. Anim. p. 126. n°. 72.
Trochus ægyptius. Chemn. Conch. 5. t. 171. f. 1663. 1664.
Trochus ægyptius. Gmel. p. 3573. n°. 41.

Habite dans la mer Rouge, proche l'isthme de Suez. Mon cabinet.
Jolie coquille, à tours étagés, inclinés vers leur bord supérieur;
dent columellaire plus proéminente que dans les espèces qui précèdent. Diam. de la base, 9 lignes; hauteur, 7 trois quarts.

7. Monodonte grenat. *Monodonta carchedonius.*

*M. testâ ovato-abbreviatâ, transversìm sulcatâ, cinereo-rubente;
ultimo anfractu costulâ cincto; penultimo sursùm declivi, longitudinaliter costato; umbilico parvo; dente columellari prominulo.*

Lister, Conch. t. 654. f. 54.
Favanne, Conch. pl. 8. fig. D. le *grenat.*
Chemn. Conch. 10. t. 165. f. 1583. 1584.

Habite..... Mon cabinet. Petite coquille assez singulière par l'avant-
dernier tour qui forme un toit incliné au-dessus du dernier; spire
courte et pointue. Diam. de la base, 6 lignes trois quarts.

8. Monodonte lenticulaire. *Monodonta modulus.*

*M. testâ suborbiculari , obliquè depressâ , transversìm striatâ ,
longitudinaliter obsoletè plicatâ, albidâ, maculis purpureis adspersâ ; infimâ facie convexâ , consentricè sulcatâ , umbilicatâ ;
dente columellari prominulo.*

Trochus modulus. Lin. Gmel. p. 3568. n°. 8.

Lister, Conch. t. 653. f. 52.

Seba, Mus. 3. t. 55. f. 17.

Trochus lenticularis. Chemn. Conch. 5. t. 171. f. 1665.

Schroëlter, Einl. in Conch. 1. t. 3. f. 11.

Habite les mers de la Barbade, selon *Lister;* la mer Rouge, selon
Gmelin. Mon cabinet. Diam. transv., 7 lignes.

9. Monodonte rétuse. *Monodonta tectum.*

*M. testâ ovato-ventricosâ , subperforatâ , plicis longitudinalibus
crassis exaratâ, transversim striatâ rubroque punctatâ , albidâ;
spirâ retusâ.*

Lister, Conch. t. 653. f. 51.

D'Argenv. Conch. pl. 6. fig. Q.

Favanne, Conch. pl. 9. fig. M 3. le *bossu.*

Knorr, Vergn. 4. t. 6. f. 5.

Chemn. Conch. 5. t. 165. f. 1567. 1568.

Trochus tectum. Gmel. p. 3569. n°. 16.

Monodonta retusa. Encyclop. pl. 447. f. 4. a. b.

Habite..... Mon cabinet. Coquille comme bossue, presque noduleuse
par ses gros plis. Ouverture très-blanche, offrant une ligne brune
qui part du sommet de la columelle; dent columellaire de la même
couleur. Diam. trans., 11 lignes.

10. Monodonte double-bouche. *Monodonta labio.*

*M. testâ ovato-conicâ, ventricosâ, crassâ, imperforatâ, transver-
sìm rugosâ, rubro nigroque maculatâ; rugis nodulosis; labro
duplicato, intùs sulcato, albo.*

Trochus labio. Lin. Gmel. p. 3578. n°. 76.

Lister, Conch. t. 584. f. 42. et t. 645. f. 37. *Bona.*

Rumph. Mus. t. 21. fig. E.

Petiv. Amb. t. 11. f. 2.

D'Argenv. Conch. pl. 6. fig. N.

Favanne , Conch. pl. 8. fig. A 2.

Adans. Seneg. pl. 12. f. 2. le *retan.*

Born, Mus. t. 12. f. 7. 8.

Chemn. Conch. 5. t. 166. f. 1579—1581.

Monodonta labio. Encyclop. pl. 447. f. 1. a. b.

Habite l'Océan atlantique, sur les côtes d'Afrique, etc. Mon cabinet. Coquille épaisse, un peu conique, à tours convexes, ceinte de cordelettes noueuses, et remarquable par son ouverture. Sa dent columellaire est très-saillante. Vulg. la *bouche double-granuleuse.* Diam. transv., 15 lignes; longueur, 18.

11. Monodonte australe. *Monodonta australis.*

M. testâ ovato-conoideâ, ventricosâ, imperforatâ, crassiusculâ, cinguliferâ, nitidâ, virente; cingulis planis lævibus intensè viridi et albo tessellatis; anfractibus convexis; aperturâ albâ; labro duplicato, intùs sulcato.

Favanne, Conch. pl. 8. fig. A 1. le ratelier.

Chemn. Conch. 11. t. 196. f. 1890. 1891.

Habite les mers de la Nouvelle-Hollande. Mon cabinet. Jolie coquille, luisante, cingulifère, et élégamment parquetée de vert et de blanc. Diam. de la base, 13 lignes; longueur, 14 et demie.

12. Monodonte canalifère. *Monodonta canalifera.*

M. testâ subglobosâ, imperforatâ, transversè striatâ et fasciatâ, nitidâ, violacescente; fasciis angustis creberrimis rubro et cœruleo articulatis; aperturâ albâ; columellâ planâ, canali parallelo instructâ; labro duplicato, intùs sulcato.

Encyclop. pl. 447. f. 5. a. b.

Habite,.... Mon cabinet. Coquille rare, très-jolie, agréablement fasciée, remarquable par le canal de sa columelle. Diamètre transversal, 11 lignes.

13. Monodonte verte. *Monodonta viridis.*

M. testâ ovato-globosâ, imperforatâ, transversim sulcatâ, virente; sulcis elevatis angustis remotiusculis intensè viridibus; fauce argenteâ; columellâ obsoletè canaliculatâ; labro semiduplicato, intùs crenato.

Encyclop. pl. 447. f. 2. a. b.

Habite les mers de la Nouvelle-Hollande. Mon cabinet. Celle-ci, d'une coloration moins brillante que celle qui précède, y tient par certains rapports; car elle offre l'ébauche d'un canal sur le bord columellaire. En outre, la duplicature de son bord droit, ne se prolongeant pas jusqu'au milieu de ce bord, semble de même être imparfaite ou avortée. Sa spire est courte, quoique un peu plus allongée que dans la précédente. Diam. de la base; 11 lignes.

14. Monodonte fraise. *Monodonta fragarioides.*

M. testâ ovato-conoideâ, imperforatâ, solidâ, glabrâ, albido-lu-
tescénte; maculis nigris oblongis variis confertis transversìm se-
riatis; anfractibus convexis; fauce margaritaceâ; labro simpli-
cissimo.

Lister, Conch. t. 642 f. 53.'34.
Bonanni, Recr. 3. f. 201.
Gualt. Test. t. 63. fig. D. E. G.
An Osilin? Adans. Seneg. pl. 12. f. 1.
Knorr, Vergn. 1. t. 10. f. 6.
Chemn. Conch. 5. t. 166. f. 1584.
Habite dans la Méditerranée. Mon cabinet. C'est une variété du *Tr. tessellatus* pour Gmelin. Vulg. la *fraise sauvage.* Diamètre de la base, 13 lignes et demie.

15. Monodonte multicarinée. *Monodonta constricta.*

M. testâ ovato-conoideâ, imperforatâ, transversè carinatâ, cinereo
et nigro nebulosâ; carinis plurìbus elatis remotiusculis, in ulti-
mo anfractu septenis; labro intùs sulcato, margine crenato.
Trochus constrictus. ex D. Macleay.
Habite les mers de la Nouvelle-Hollande, près de l'île de Diémen; communiquée par M. *Macleay.* Mon cabinet. Ses carènes la distinguent éminemment. Diamètre de la base, 10 lignes 3 quarts.

16. Monodonte tricarinée. *Monodonta tricarinata.*

M. testâ globoso-conoideâ, imperforatâ, transversìm carinatâ et
sulcato-granulosâ, rubente, albo et nigro maculatâ; anfracti-
bus convexis: ultimo carinis tribus præcipuis cincto; spirâ brevi.
Habite.... Mon cabinet. Diamètre de la base, 10 lignes 3 quarts.

17. Monodonte articulée. *Monodonta articulata.*

M. testâ conoideâ, infernè dilatatâ, ætate imperforatâ, lœvi, pal-
lidè violaceâ, longitudinaliter lineolis tenuissimis rubentibus
pictâ; cingulis angustis albo et rubro articulatis; anfractibus
valdè convexis.
Habite.... Mon cabinet. Jolie coquille, qui me paraît encore inédite. Diamètre de la base, 10 lignes un quart.

18. Monodonte demi-deuil. *Monodonta lugubris.*

M. testâ globoso-conicâ, subperforatâ, glabrâ, nigrâ, prope labrum infernèque luteo-virente, supernè margaritaceâ; spirâ brevi, acutâ; labro simplici.

Habite les mers de l'Ile-de-France. Mon cabinet. Diam. de la base, 9 lignes.

19. Monodonte ponctuée. *Monodonta punctulata.*

M. testâ globoso-conoideâ, imperforatâ, tenuiter striatâ, fuscescente; punctis minimis lutescentibus sparsis; spirâ brevi.

Habite les mers du Sénégal. Mon cabinet. Diamètre de la base, 6 lignes et demie.

20. Monodonte canaliculée. *Monodonta canaliculata.*

M. testâ abbreviato-conoideâ, ventricosâ, umbilicatâ, transversìm sulcatâ, luteo-rufescente, sulcis prominulis transversè striatis: superiore elatiore; suturis concavo-canaliculatis.

Habite..... Mon cabinet. Le sillon supérieur de chaque tour, étant plus élevé que les autres, et près de la suture, fait paraître celle-ci enfoncée et comme canaliculée. Diamètre de la base, six lignes et demie.

21. Monodonte semi-noire. *Monodonta seminigra.*

M. testâ obliquè conicâ, imperforatâ, lœviusculâ, infernè nigrâ, supernè albâ; dente columellari albo; labro simplici.

Habite la mer Pacifique, sur les rivages de l'île d'Othaïti. Mon cabinet. La reine de cette île en fait des boucles d'oreille. La columelle est très-courte. Diam. de la base, 5 lignes un quart; longueur, 7 lignes et demie.

22. Monodonte rose. *Monodonta rosea.*

M. testâ obliquè conicâ, subturritâ, imperforatâ, lœvi, nitidâ, supernè rubrâ, infernè roseo-violacescente; lineis albis tenuissimis distantibus transversis; anfractibus convexo-planulatis labro simplici, crassiusculo.

Habite les mers de la Nouvelle-Hollande. M. de *Labillardière* et *Péron.* Mon cabinet. Outre les lignes blanches mentionnées ci-dessus, quelques individus offrent des linéoles rougeâtres longitudinales et très-obliques. Ouverture d'un nacré verdâtre. Longueur, près de 13 lignes.

25. Monodonte rayée. *Monodonta lineata.*

M. testâ obliquè conicâ, subturritâ, imperforatâ, lœvigatâ, griseo-rubente; lineis longitudinalibus undatis albis distantibus; anfractibus convexo-planulatis; labro simplici.

Habite les mers de la Nouvelle-Hollande. Mon cabinet. Très-voisine de la précédente par sa forme. Longueur, 10 lignes et demie.

———————

TURBO.   (Turbo.)

Coquille conoïde ou subturriculée; à pourtour jamais comprimé. Ouverture entière, arrondie, non modifiée par l'avant-dernier tour, à bords désunis dans leur partie supérieure. Columelle arquée, aplatie, sans troncature à sa base. Un opercule.

Testa conoidea vel subturrita; periphœriâ nunquam compressâ. Apertura integra, rotundata, penultimo anfractu non deformata; marginibus supernè disjunctis. Columella arcuata, planulata, basi non truncata. Operculum.

OBSERVATIONS.

Les *turbos* ou sabots sont des coquillages marins très-variés, fort nombreux en espèces, que l'on connaît vulgairement sous le nom de *limaçons à bouche ronde*. Ils offrent une coquille solide, souvent remarquable par son épaisseur, agréablement diversifiée dans chaque espèce par les couleurs dont elle est ornée, et qui offre souvent une nacre très-brillante. Ses tours étant constamment arrondis, son pourtour n'est jamais comprimé ou tranchant. Elle repose entièrement ou presque entièrement sur son ouverture, et son axe est en général plus fortement incliné que celui des troques.

Les *turbos* ont de grands rapports avec les monodontes ; mais ils en diffèrent essentiellement en ce que leur columelle n'est jamais tronquée à son extrémité inférieure, cette extrémité ne constituant point une dent saillante dans l'ouverture, et se fondant insensiblement dans le bord droit, ce qui est très-différent dans les monodontes ; leur ouverture n'est point échancrée ou altérée dans sa rondeur par la saillie de l'avant-dernier tour, comme dans les phasianelles, et son bord extérieur est tranchant.

L'animal des *turbos* offre un pied ou disque ventral plus court que la coquille et qui est obtus aux deux bouts. Il a deux tentacules pointus qui portent les yeux à leur base extérieure.

ESPÈCES.

1. Turbo marbré. *Turbo marmoratus.*

> *T. testâ subovatâ, ventricosissimâ, imperforatâ, lævi, viridi albo et fusco marmoratâ aut subfasciatâ; ultimo anfractu transversìm trifariàm noduloso : nodis superioribus majoribus; labro basi in caudam brevem reflexam explanato; fauce argenteâ.*

Turbo marmoratus. Lin. Gmel. p. 3592. n°. 15.

Lister, Conch. t. 587. f. 46.

Gualt. Test. t. 64. fig. A.

Seba, Mus. 3. t. 74. f. 1. 2.

Knorr, Vergn. 3. t. 26. f. 1. et t. 27. f. 1.

Regenf. Conch. 1. t. 1. f. 12.

Chemn. Conch. 5. t. 179. f. 1775. 1776.

Encyclop. pl. 448. f. 1. a. b.

Habite l'Océan indien. Mon cabinet. Très-belle coquille, la plus grande de son genre. Dépouillée de la partie extérieure de son test, elle offre une nacre argentée, irisée, et très-brillante. On la nomme vulg. le *burgau* ou la *princesse*. Diam. transv., 4 pouces. On en connaît de bien plus grandes.

2. Turbo impérial. *Turbo imperialis.*

> *T. testâ ovatâ, ventricosâ, imperforatâ, crassâ, ponderosâ, lævi, viridi in fundo albido coloratâ; anfractibus rotundatis : ultimo supernè obtusè angulato; fauce margaritaceâ.*

Chemn. Conch. 5. t. 180. f. 1790.

Turbo imperialis. Gmel. p. 3594. n°. 20.

Habite les mers de la Chine. Mon cabinet. Coquille épaisse, pesante, à queue presque nulle. Elle offre au sommet de sa columelle une légère callosité qui s'étend sous l'insertion supérieure du bord droit. Diamètre transversal, 3 pouces 7 lignes. Vulgairement le *perroquet.*

3. Turbo à collier. *Turbo torquatus.*

T. testâ orbiculato-convexâ, latè et profundè umbilicatâ, transversìm sulcatâ, lamellis longitudinalibus confertis substriatâ, griseo-virente; anfractibus supernè angulo nodoso coronatis: ultimo cariṇâ medio cincto; spirâ apice retusâ.

Martyns, Conch. 2. f. 71.

Chem. Conch. 10. p. 293. vign. 24. fig. A. B.

Turbo torquatus, Gmel. p. 3597. n°. 106.

Habite les mers de la Nouvelle-Zéelande. Mon cabinet. La rangée de nœuds qui borde la partie supérieure de chaque tour ressemble à un collier. Diam. transv., 3 pouces 4 lignes.

4. Turbo mordoré. *Turbo sarmaticus.*

T. testâ semiorbiculari, ventricosâ, imperforatâ, aurantio-flavicante aut nigrâ; ultimo anfractu triseriatìm noduloso; spirâ brevi, obtusâ; columellâ planâ, subconcavâ.

Turbo sarmaticus. Lin. Gmel. p. 3593. n°. 16.

D'Argenv. Conch. pl. 8. fig. B.

Favanne, Conch. pl. 8. fig. L.

Regenf. Conch. 1. t. 1. f. 7.

Chemn. Conch. 5. t. 179. f. 1777. 1778. et t. 180. f. 1781.

Habite les mers du cap de Bonne-Espérance, des grandes Indes et des Moluques. Mon cabinet. On la nomme vulg. la *veuve perlée,* parce que les marchands la rendent telle en l'usant d'espace en espace pour en découvrir la nacre. Diamètre transversal, près de 3 pouces.

5. Turbo cornu. *Turbo cornutus.*

T. testâ ovatâ, ventricosâ, imperforatâ, transversìm sulcatâ, longitudinaliter tenuissimè striatâ, olivaceâ; spinis longiusculis canaliculatis in duobus vel tribus ordinibus transversìm dispositis.

Favanne, Conch. pl. 8. fig. G 1.

Chemn. Conch. 5. t. 179. f. 1779. 1780.

Turbo cornutus. Gmel. p. 3593. n°. 18.

Habite les mers de la Chine. Mon cabinet. Vulg. la *bouche-d'argent cornue* ou *à gouttières*. Ses épines allongées et canaliculées ne se montrent que sur le dernier tour ; elles sont courtes sur les autres. La base de son bord gauche se termine en un petit lobe caudiforme. Diamètre transversal, 2 pouces 2 lignes.

6. Turbo bouche-d'argent. *Turbo argyrostomus.*

T. *testâ subovatâ, ventricosâ, obsoletè perforatâ, transversim crassè rugosâ, longitudinaliter subtilissimè striatâ, albido-lutescente, flammis rufo-fuscis pictâ ; rugis quibusdam squamiferis : squamis elevatis fornicatis rariusculis.*

Turbo argyrostomus. Lin. Gmel. p. 3599. n°. 41.

Chemn. Conch. 5. t. 177. f. 1758. 1759.

Habite l'Océan indien. Mon cabinet. Vulg. la *bouche-d'argent épineuse*. Ses rides transverses rendent son bord droit très-plissé et comme crénelé. Cette coquille est épaisse et pesante. Diamètre transversal, 2 pouces et demi.

7. Turbo bouche-d'or. *Turbo chrysostomus.*

T. *testâ subovatâ, ventricosâ, imperforatâ, transversim sulcatâ, longitudinaliter striatâ, cinereo-lutescente, flammulis rufo-fuscis longitudinalibus subradiatâ ; sulcis quibusdam squamiferis : squamis subprominulis fornicatis ; aperturâ intùs aureâ.*

Turbo chrysostomus. Lin. Gmel. p. 3591. n°. 10.

Rumph. Mus. t. 19. fig. E.

Petiv. Amb. t. 5. f. 3.

Gualt. Test. t. 62. fig. H ?

D'Argenv. Conch. pl. 6. fig. D.

Favanne, Conch. pl. 9. fig. A 2.

Seba, Mus. 3. t. 74. f. 9.

Knorr, Vergn. 2. t. 14. f. 2. et 5. t. 13. f. 3.

Chemn. Conch. 5. t. 178. f. 1766.

Habite l'Océan des grandes Indes et des Moluques. Mon cabinet. Vulg. la *bouche-d'or*. Espèce très-remarquable par la belle couleur d'or du fond de son ouverture. Elle est toujours moins grande que la précédente, avec laquelle elle a beaucoup de rapports. Diamètre transversal, 20 lignes.

8. Turbo rayonné. *Turbo radiatus.*

> *T. testâ subovatâ, perforatâ, scabrâ, transversìm sulcatâ, cine-*
> *reo-fulvâ, flammulis longitudinalibus fuscis radiatâ; sulcis im-*
> *bricato-squamosis asperatis; spirâ exsertiusculâ.*

Forsk. Descript. Anim. p. 25. n°. 81.

Chemn. Conch. 5. t. 180. f. 1788, 1789.

Turbo radiatus. Gmel. p. 3594. n°. 19.

Habite la mer Rouge. Mon cabinet. Les petits individus de cette espèce ne sont pas perforés. Diam. transv., 19 lignes.

9. Turbo bariolé. *Turbo margaritaceus.*

> *T. testâ ovato-ventricosâ, subperforatâ, crassâ, ponderosâ, trans-*
> *versìm sulcatâ, muticâ, flavescente, viridi et fusco variegatâ;*
> *anfractibus supernè obtusè angulatis, supra angulum funiculo*
> *instructis.*

Turbo margaritaceus. Lin. Gmel. p. 3599. n°. 42.

Rumph. Mus. t. 19. fig. 3. 4.

Seba, Mus. 3. t. 74. f. 4.

Regenf. Conch. 1. t. 10. f. 45.

Chemn. Conch. 5. t. 177. f. 1762.

Schroëtter, Einl. in Conch. 1. t. 5. f. 17.

Habite l'Océan indien. Mon cabinet. Les auteurs le disent ombiliqué;
caractère qui ne se retrouve guère que dans les jeunes individus.
Spire plus courte que le dernier tour. Diam. transv., 2 pouces une
ligne.

10. Turbo cannelé. *Turbo setosus.*

> *T. testâ ovato-ventricosâ, imperforatâ, crassâ, transversìm pro-*
> *fundè sulcatâ, albo viridi et fusco variegatâ; sulcis crassis trans-*
> *versè striatis; anfractibus rotundatis; spirâ brevi.*

Rumph. Mus. t. 19. fig. C.

Gualt. Test. t. 64. fig. B.

D'argenv. Conch. pl. 6. fig. A.

Favanne, Conch. pl. 9. fig. A 1.

Chemn. Conch. 5. t. 181. f. 1795. 1796.

Turbo setosus. Gmel. p. 3591. n°. 25.

● Encyclop. pl. 448. f. 4. a. b.

Habite l'Océan des grandes Indes. Mon cabinet. Bord droit crénelé et
comme crispé; ouverture très-argentée. Vulg. le *léopard* ou la
bouche-d'argent marquetée. Diamètre transversal, 2 pouces 5
lignes.

11. Turbo à rigole. *Turbo spenglerianus.*

T. testâ ovatâ, imperforatâ, transversìm sulcatâ, albidâ, maculis lunatis luteo-rufescentibus creberrimis pictâ; anfractibus rotundatis, prope suturas latè canaliculatis; spirâ exsertiusculâ; fauce non margaritaceâ.

Chemn. Conch. 5. t. 181. f. 1801. 1802.

Turbo spenglerianus. Gmel. p. 3595. n°. 27.

Habite l'Océan indien. Mon cabinet. Coquille rare, fort remarquable par le canal qui borde supérieurement chacun de ses tours. Son ouverture n'est point nacrée, et son bord droit n'est ni, plissé ni crénelé. Diam. transv., 2 pouces 5 lignes.

12. Turbo rubané. *Turbo petholatus.*

T. testâ ovatâ, imperforatâ, lævi, nitidâ, virente aut rufo-rubente, tæniis transversis variis pictâ; anfractibus rotundatis, supernè obtusè angulatis; annulo viridi ad aperturam.

Turbo petholatus. Lin. Gmel. p. 3590. n°. 8.

An Lister, Conch. t. 584. f. 39?

Rumph. Mus. t. 19. fig. D. et 1. 5—7.

Petiv. Amb. t. 7. f. 15.

Gualt. Test. t. 64. fig. F.

D'Argenv. Conch. pl. 6. fig. G. K. et Append. pl. 1. fig. D.

Favanne, Conch. pl. 9. fig. D 1. D 2. D 3. D 4.

Seba, Mus. 3. t. 74. f. 26—29.

Knorr, Vergn. 1. t. 3. f. 4. 2. t. 22. f. 4. 2. et 5. t. 3. f. 3.

Chemn. Conch. 5. t. 183. f. 1826—1835. et t. 184. f. 1836—1839.

Habite les mers de l'Inde et de l'Amérique australe. Mon cabinet. Très-jolie coquille, singulièrement variée dans sa coloration et ses fascies. Vulg. nommée le *ruban* ou la *peau-de-serpent*. Diamètre transversal, 23 lignes.

13. Turbo ondulé. *Turbo undulatus.*

T. testâ semiorbiculari, convexâ, ventricosâ, latè et profundè umbilicatâ, glabrâ, albidâ, strigis longitudinalibus undulato-flexuosis viridibus aut viridi-violaceis ornatâ; anfractibus rotundatis; spirâ obtusâ.

Forsters, Catal. n°. 1339.

Martyns, Conch. 1. f. 29.

Turbo undulatus. Chemn. Conch. 10. t. 169. f. 1640. 1641.

Turbo undulatus. Gmel. p. 3597. n°. 107.

Habite les mers de la Nouvelle-Zéelande et de la Nouvelle-Hollande. Mon cabinet. Sa spire est peu allongée, comme renflée. Vulg. la *peau-de-serpent de la Nouvelle-Zéelande.* Diamètre transversal, 2 pouces 2 lignes.

14. Turbo pie. *Turbo pica.*

T. testâ orbiculato-conoideâ, ventricosâ, latè et profundè umbilicatâ, crassâ, ponderosâ, lœvi, albâ, maculis aut strigis nigris longitudinalibus latis subinterruptis radiatâ; umbilici orificio unidentato.

Turbo pica. Lin. Gmel. p. 3598. n°. 39.

An Lister, Conch. t. 640. f. 30 ?

Bonanni, Recr. 3. f. 29. 30.

Petiv. Gaz. t. 70. f. 9.

Gualt. Test. t. 68. fig. B.

D'Argenv. Conch. pl. 8. fig. G.

Favanne, Conch. pl. 9. fig. F 2.

Knorr, Vergn. 1. t. 10. f. 1.

Adans. Seneg. t. 12. f. 7. le livon.

Regenf. Conch. 1. t. 6. f. 66. et t. 11. f. 57.

Chemn. Conch. 5. t. 176. f. 1750. 1751.

Habite l'Océan atlantique équatorial. Mon cabinet. Coquille commune, assez grosse, pesante, à opercule corné, ne reposant qu'incomplétement sur son ouverture, et singulière par la dent située à l'orifice de son ombilic. Le bord interne de sa columelle est lisse continu, et se fond dans le bord droit; mais on observe à la surface externe de cette columelle une troncature qu'on ne peut comparer à celle des monodontes, parce qu'elle est hors de l'ouverture, et qu'elle ne termine pas la columelle. Vulg. la *veuve,* le *petit-deuil* ou la *pie.* Diamètre transversal, 3 pouces moins une ligne.

15. Turbo à fissure. *Turbo versicolor.*

T. testâ globoso-depressâ, umbilicatâ, crassâ, muticâ, transversè striatâ, viridi fusco et albo variegatâ; spirâ brevi, obtusâ; infimâ facie convexo-turgidâ; fissurâ ex umbilico intra labrum et columellam porrectâ.

Lister, Conch. t. 576. f. 29.

Chemn. Conch. 5. t. 176. f. 1740. 1741.

Turbo versicolor. Gmel. p. 3599. n°. 43.

Habite l'Océan austral. Mon cabinet. La base du bord droit, se trouvant séparée de la columelle par une fissure, a l'aspect d'une oreil-
lette. La coquille est en partie ceinte de fascies articulées. Ouverture très-argentée. Diam. transv., 16 lignes.

16. Turbo émeraude. *Turbo smaragdus.*

*T. testâ subglobosâ, imperforatâ, lœvi, nitidâ, viridi; anfracti-
bus rotundatis; spirâ brevi, obtusâ.*
Naturf. 7. t. 2. fig. A 1. A 2.
Chemn. Conch. 5. t. 182. f. 1815. 1816.
Turbo smaragdus. Gmel. p. 3595. n°. 3o.
Encyclop. pl. 448. f. 3. a. b.
Habite les mers de la Nouvelle-Zéelande. Mon cabinet. Coquille rare
et jolie, brillante, d'un beau vert irisé. Diam. transv., 16 lignes.
Jeune individu.

17. Turbo bonnet-turc. *Turbo cidaris.*

*T. testâ globoso-compressâ, subimperforatâ, lœvi, diversimodè
coloratâ et fasciatâ, infra suturas maculis oblongis albis sœpiùs
ornatâ; anfractibus rotundatis; spirâ brevi, obtusâ.*
D'Argenv. Conch. pl. 6. fig. B..O.
Favanne, Conch. pl. 8. fig. C 1. C 2.
Seba, Mus. 3. t. 74. f. 13—15.
Chemn. Conch. 5. t. 184. f. 1840—1847.
Turbo cidaris. Gmel. p. 3596. n°. 34.
Encyclop. pl. 448. f. 5. a. b.
Habite l'Océan des grandes Indes, les mers de la Chine, de la Nou-
velle-Guinée et de la Nouvelle-Zéelande. Mon cabinet. Il offre une
fossette à la place qu'occuperait l'ombilic s'il existait. Cette espèce
est caractérisée par sa forme, et varie tellement dans sa coloration,
qu'on peut en présenter une multitude de variétés sans terme.
Vulg. le *turban-turc* et le *turban-persan.* Diam. transv., comme
dans les deux précédens.

18. Turbo grenu. *Turbo diaphanus.*

*T. testâ ovato-ventricosâ, imperforatâ, undiquè granulosâ, ru-
bescente; cingulis granulosis creberrimis; anfractibus convexis;
spirâ breviusculâ.*
Spengler, Naturf. 9. t. 5. f. 2. a. b.
Chemn. Conch. 5. t. 161. f. 1520. 1521.
Trochus diaphanus. Gmel. p. 358o. n°. 85.

Habite les mers de la Nouvelle-Zéclande. Mon cabinet. Il est un peu
  transparent et son pourtour n'offre nullement l'angle des troques.
  Diam. transv., près de 20 lignes.

19. Turbo scabre. *Turbo rugosus.*

.T. *testá orbiculato-subconoideâ, imperforatá, scabrá, transversìm
   sulcatâ, griseâ aut virente; lamellis tenuissimis sulcos decussan-
   tibus; anfractibus supernè plicis prominentibus coronatis; colu-
   mellá aurantio-rubente tinctâ.*
Turbo rugosus. Lin. Gmel. p. 3592. n°. 14.
Lister, Conch. t. 647. f. 41.
Bonanni, Recr. 3. f. 12. 13.
Gualt. Test. t. 63. fig. F ?
D'Argenv. Conch. pl. 8. fig. O. *Mala.*
Favanne, Conch. pl. 9 fig. O.
Knorr, Vergn. 3. t. 20. f. 1.
Chemn. Conch. 5. t. 180. f. 1782—1785.
Habite la Méditerranée et les mers de Cumana. M. *de Humboldt.*
  Mon cabinet. Il a une légère carène sur le milieu de ses tours;
  dans les jeunes individus, cette carène est épineuse. Diam. transv.,
  près de 2 pouces. Vulg. la *fausse-raboteuse.*

20. Turbo couronné. *Turbo coronatus.*

T. testâ *subglobosâ, ventricosâ, imperforatâ, tuberculiferâ, trans-
   versìm sulcato-granulosâ, griseo et viridi marmoratá; tuberculis
   oblongis obtusis transversìm triseriatis: serie superiore suturali;
   spirá brevi, apice retusá, aurantiá.*
Lister, Conch. t. 575. f. 28.
Favanne, Conch. pl. 8. fig. O. *Mala.*
Chemn. Conch. 5. t. 180. f. 1791. 1792. *et fortè* 1793.
Turbo coronatus. Gmel. p. 3594. n°. 21.
Encyclop. pl. 448. f. 2. a. b.
[b] *Var. testâ subperforatâ; tuberculis brevioribus quadriseriatis.*
D'Argenv. Conch. pl. 6. fig. Q.
Habite l'Océan des grandes Indes et le détroit de Malacca. Mon ca-
  binet. Coquille épaisse, quoique d'un volume médiocre. Vulg. la
  couronne-fermée. Diam. transv., 18 lignes; de la variété, 13.

21. Turbo crénelé. *Turbo crenulatus.*

*T. testá ovato-ventricosá, imperforatá, transversìm sulcato-gra-
   nulatâ et nodulosâ; albo rufo et fusco nebulosâ; anfractibus*

*supernè costâ nodosâ eminentiore et infra suturas crenulatis;
spirâ exsertiusculâ.*

Chemn. Conch. 5 t. 182. f. 1811. 1812.

Turbo crenulatus. Gmel. p. 3595. n°. 29.

Habite.... Mon cabinet. Diam. transv., 14 lignes.

22. Turbo hérissé. *Turbo hippocastanum.*

*T. testâ subglobosâ, obliquè conicâ, imperforatâ, nodoso-muri-
catâ, transversìm striato-granulosâ, albo et rufo-fuscescente
variegatâ; nodis acutis transversìm seriatis : seriis tribus in ultimo anfractu.*

Chemn. Conch. 5. t. 182. f. 1807—1810. et 1813. 1814.

Turbo castanea. Gmel. p. 3595. n°. 28.

Habite les mers de l'Amérique australe. Mon cabinet. Coquille que
l'on a comparée au marron-d'Inde, non pour sa couleur, mais
parce qu'elle est à peu près hérissée comme l'enveloppe de ce fruit.
Elle offre diverses variétés. Diam. transv., 9 lignes.

23. Turbo muriqué. *Turbo muricatus.*

*T. testâ ovato-conicâ, subperforatâ, tuberculato-nodulosâ, cine-
reo-plumbeâ; seriis nodulorum transversis confertis : nodis superioribus acutis; inferioribus muticis; spirâ acutâ; fauce fuscâ.*

Turbo muricatus. Lin. Gmel. p. 3589. n°. 4.

Petiv. Gaz. t. 70. f. 11.

Gualt. Test. t. 45. fig. E.

Adans. Seneg. t. 12. f. 2. le *boson.*

Born, Mus. t. 12. f. 15. 16.

Chemn. Conch. 5. t. 177. f. 1752. 1755.

Habite l'Océan atlantique, etc. Mon cabinet. Longueur, 11 lignes.

24. Turbo littoral. *Turbo littoreus.*

*T. testâ ovatâ, apice acutâ, imperforatâ, transversìm striatâ, cine-
reo-fulvâ, lineis fuscis subfasciculatis cinctâ; ultimo anfractu
ventricoso; columellâ albâ; fauce fuscâ.*

Turbo littoreus. Lin. Gmel. p. 3588. n°. 3.

Lister, Conch. t. 585. f. 43.

Gualt. Test. t. 45. fig. A. C. G.

Favanne, Conch. pl. 9. fig. K 2.

Pennant, Brit. Zool. 4. t. 81. f. 109.

Born, Mus. t. 12. f. 13. 14.

Chemn. Conch. 5. t. 185. f. 1852. n°s. 1—8.

Habite l'Océan européen, la mer du Nord; les rives de la Manche, où il est assez commun, etc. Mon cabinet. Vulg. le *Vignot* ou la *Guignette*. Longueur, 10 lignes.

25. Turbo roussi. *Turbo ustulatus.*

T. testâ ovato-ventricosâ, imperforatâ, crassâ, transversìm sub-striatâ, castaneâ aut rufo-fuscescente; anfractibus convexis; aperturâ albâ.

D'Argenv. Conch. pl. 6. fig. L.

Favanne, Conch. pl. 9. fig. K. 1.

Habite.... Mon cabinet. Vulg. le *marron-rôti.* Outre sa coloration, qui est plus intense, plus rembrunie que dans le précédent, il est plus épais et n'offre point de lignes fasciculées transverses. Diam. de la base, 10 lignes; longueur, 13 lignes et demie.

26. Turbo de Nicobar. *Turbo nicobaricus.*

T. testâ subglobosâ, imperforatâ, crassiusculâ, glabrâ, albidâ, maculis lineisque rubris reticulatâ; aperturá intensè aurantiâ; columellâ subcallosâ.

Helix paradoxa. Born, Mus. t. 13. f. 16. 17.

Chemn. Conch. 5. t. 182. f. 1822—1825.

Turbo nicobaricus. Gmel. p. 3596. n°. 33.

Habite l'Océan des grandes Indes, près des îles de Nicobar. Mon cabinet. Il n'est point cerclé comme le dit *Gmelin.* Spire fort courte. Diam. de la base, 8 lignes.

27. Turbo néritoïde. *Turbo neritoïdes.*

T. testâ semiglobosâ, imperforatâ, crassiusculâ, glabrâ; flavâ aut luteo-rubente, ut plurimùm unicolore, rarò maculis variis aut fasciis pictâ; spirâ obtusissimâ; columellâ planâ.

Turbo neritoïdes. Lin. Gmel. p. 3588. n°. 2.

Knorr, Vergn. 6. t. 23. f. 8. 9.

Chemn. Conch. 5. t. 185. f. 1854. n°s. 1—11.

Habite dans la Méditerranée et sur les côtes méridionales de la Manche. Mon cabinet. Coquille assez commune. Diam. transv., 6 lignes 3 quarts.

28. Turbo rétus. *Turbo retusus.*

T. testâ ventricoso-subglobosâ, imperforatâ, transversìm striatâ; olivaceo-flavescente; spirâ retusissimâ; aperturâ lateraliter di-latatâ; labro tenui : limbo interiore albo.

Nerita littoralis. Act. de la Soc. Linn. vol. 8. t. 5. f. 15.

Habite les mers d'Europe, particulièrement les côtes de la Manche, près de Calais. Mon cabinet. Il a des rapports avec le précédent, mais en est très-distinct. Ce n'est point le *N. littoralis* de Gmelin. Diam. transv., près de 5 lignes.

29. Turbo breton. *Turbo rudis.*

T. testâ ovatâ, ventricosâ, imperforatâ, transversìm striatâ, ferè sulcatâ, cinereo-lutescente; spirâ prominulâ, acutâ, obliquissimâ; columellâ basi latiore.

Turbo rudis. Montag. *ex D.* Leach.

Habite l'Océan européen; commun sur les côtes de Bretagne, près le Croisic, où il se tient sur les rochers, etc.; communiqué par M. *Leach.* Mon cabinet. Diam. de la base, 6 lignes.

30. Turbo bizonal. *Turbo obtusatus.*

T. testâ subrotundâ, ventricosâ, imperforatâ, lœvi, albâ, castaneo-bizonatâ; spirâ retusâ; labio columellari plano, latiusculo.

Turbo obtusatus. Lin. Gmel. p. 3588. n°. 1.

Chemn. Conch. 5. t. 185. f. 1854. n°s. c. d.

Habite l'Océan septentrional. Mon cabinet. Diamètre transversal, 4 lignes.

31. Turbo pourpré. *Turbo pullus.*

T. testâ parvulâ, ovato-conoideâ, imperforatâ, lœvi, nitidâ, in fundo albo purpureo punctatâ et maculatâ; spirâ apice obtusiusculâ.

Turbo pullus. Lin. Gmel. p. 3589. n°. 6.

Born, Mus. t. 12. f. 17. 18.

Habite dans la Méditerranée. Mon cabinet. Coquille toujours petite, mais fort jolie. Diam. de la base, 2 lignes un quart; longueur, environ 3 lignes et demie.

32. Turbo bleuâtre. *Turbo cœrulescens.*

T. testâ parvulâ, ovato-conicâ, imperforatâ, glabrâ, cœrulescente; spirâ apice acutâ; operculo corneo.

Habite dans la Méditerranée, près de Cette, sur les rochers hors de l'eau. *Faujas.* Mon cabinet. Longueur, 3 lignes.

33. Turbo cancellé. *Turbo cancellatus.*

T. testâ parvâ, ovato-conicâ, imperforatâ, tenui, decussatim striatâ, albidâ; spirâ breviusculâ.

Tome VII. 4

Turbo cancellatus. *ex D.* Beudant.

Habite dans la Méditerranée. M. *Beudant.* Mon cabinet. Longueur, une ligne 3 quarts.

34. Turbo costulé. *Turbo costatus.*

T. testâ minimâ, conicâ, imperforatâ, gracili, longitudinaliter costulatâ, cinereo-violacescente; spirâ apice acutâ.

Turbo costatus. *ex D.* Beudant.

Habite dans la Méditerranée. M. *Beudant.* Mon cabinet. Longueur, une ligne et demie.

PLANAXE. (Planaxis.)

Coquille ovale-conique, solide. Ouverture ovale, un peu plus longue que large. Columelle aplatie et tronquée à sa base, séparée du bord droit par un sinus étroit. Face intérieure du bord droit sillonnée ou rayée, et une callosité courante sous son sommet.

Testa ovato-conica, solida. Apertura ovata, sublongitudinalis. Columella basi depressa truncataque, sinu perangusto è labro separata. Labrum facie internâ sulcatâ aut lineatâ, et infra marginem superiorem callo decurrente distinctum.

OBSERVATIONS.

Les *planaxes* sont des coquillages marins qui avoisinent les phasianelles par leurs rapports, et qui s'en distinguent par leur columelle tronquée à sa base, comme dans les mélanopsides. J'ignore s'ils ont un opercule, ce qui les distinguerait encore davantage, dans le cas où ils en seraient dépourvus. Les coquilles des *planaxes* sont sillonnées transversalement à l'extérieur, et ne sont pas fort grandes. La callosité courante sous le sommet de leur bord droit semble leur donner un rapport avec les buccins et les pourpres. On n'en connaît encore que peu d'espèces.

1. Planaxe sillonnée. *Planaxis sulcata.*

> *Pl. testâ ovato-conicâ, imperforatâ, transversìm sulcatâ, albâ,
> nigro-maculatâ; maculis subquadratis; labro margine crenula-
> to, intùs striato.*

Lister, Conch. t. 980. f. 39.

Buccinum sulcatum. Var [b]. Brug. Dict. n°. 16.

Habite l'Océan des Antilles. Mon cabinet. Le bord supérieur des
tours est un peu épais. Quant au dernier tour, il est légèrement
subanguleux. Longueur, 12 lignes et demie.

2. Planaxe ondulée. *Planaxis undulata.*

> *Pl. testâ ovato-conoideâ, imperforatâ, crassiusculâ, transversìm
> sulcatâ, albâ, flammulis rufo-fuscis undulatis longitudinali-
> ter pictâ; apice obtusato; labro margine integro, intùs striato.*

Martini, Conch. 4. t. 124. f. 1170. 1171.

Buccinum sulcatum. Var. [c]. Brug. Dict. n°. 16.

Habite l'Océan des Indes orientales. Mon cabinet. Un peu plus épaisse
et plus raccourcie que la précédente, elle en diffère en outre par
son bord droit non crénelé et par ses flammules onduleuses. Longueur, 9 lignes et demie.

Nota. Ne possédant point le *buccinum sulcatum* de Born, qui est
la Var. [a]. de Bruguières, je n'ai pu le citer.

PHASIANELLE. (Phasianella.)

Coquille ovale ou conique, solide. Ouverture entière,
ovale, plus longue que large, à bords désunis supérieurement : le droit tranchant, non réfléchi. Columelle lisse,
comprimée, atténuée à sa base. Un opercule calcaire ou
corné.

*Testâ ovata vel conica, solida. Apertura ovata, longi-
tudinalis, integra; labiis supernè disjunctis : externo
simplici, acuto, non reflexo. Columella lævis, compressa,
basi attenuata. Operculum calcareum vel corneum.*

OBSERVATIONS.

Les *phasianelles* sont des coquillages marins, très-voisins des turbos par leurs rapports, et dont la plupart étaient confondus par les auteurs, soit parmi les hélices, soit parmi les bulimes. Voyez les Annales du Mus. vol. 4, p. 295, et vol. 11. p. 130.

La coquille des *phasianelles* est en spirale ovale-conique, dont le dernier tour est beaucoup plus grand que les autres. Son ouverture est dirigée obliquement vers la base de la columelle. Elle est entière, ovale, plus longue que large, arrondie inférieurement, et rétrécie dans sa partie supérieure, où l'avant-dernier tour fait une saillie. Ses bords sont désunis vers cet avant-dernier tour, et le droit est toujours simple, tranchant, sans bourrelet, et sans rebord renversé.

La plupart des *phasianelles* sont lisses, brillantes, sans drap marin, et ornées de couleurs vives, variées, fort agréables. Il en existe déjà un assez grand nombre d'espèces dans les collections.

L'animal de ces coquilles est un trachélipode ayant deux longs tentacules coniques, et les yeux portés sur des pédicules qui s'insèrent à la base de ces tentacules. Sa cavité branchiale contient deux branchies pectiniformes [M. *Cuvier*].

ESPÈCES.

1. Phasianelle bulimoïde. *Phasianella bulimoïdes.*

> *Ph. testâ oblongo-conicâ, tenuiusculâ, lævi, pallidè fulvâ, transversim fasciatâ; fasciis crebris diversimodè variegatis et maculatis; spirâ apice acutâ.*
> Chemn. Conch. 9. t. 120. f. 1033. 1034.
> *Buccinum australe.* Gmel. p. 3490. nº. 173.
> *Phasianella varia.* Encyclop. pl. 449. f. 1. a. b. c.
> Habite les mers de la Nouvelle-Zéelande et de la Nouvelle-Hollande; commune près de l'île Maria. *Péron.* Mon cabinet. Vulg. le *faisan.* Cette espèce est la plus grande de ce genre. Autrefois fort rare et très-recherchée, elle est devenue assez commune par le grand nombre d'exemplaires que *Péron* a rapportés de son voyage

à la Nouvelle-Hollande. Elle offre beaucoup de variétés dans la coloration de ses fascies. Longueur, 2 pouces 9 lignes. Son opercule est calcaire.

2. Phasianelle rougeâtre. *Phasianella rubens.*

Ph. testá ovato-conicá, lævi, nitidá, rubente, maculis albis parvis inæqualibus adspersá, lineis fuscis tenuissimis distantibus cinctá; anfractibus valdè convexis; spirá apice subacutá.

Encyclop. pl. 449. f. 2. a. b.

Habite les mers de la Nouvelle-Hollande. *Péron.* Mon cabinet. Elle est d'un rouge assez vif, mais interrompu par de petites taches blanches, nombreuses et irrégulièrement disposées. Longueur, 11 lignes 3 quarts.

3. Phasianelle bigarrée. *Phasianella variegata.*

Ph. testá ovato-conicá, lævi, nitidá, albo rubroque variegatá, fasciis angustis creberrimis albo et rubro articulatis cinctá; anfractibus valdè convexis; spirá apice obtusiusculá.

Habite les mers de la Nouvelle-Hollande. *Péron.* Mon cabinet. Longueur, 10 lignes.

4. Phasianelle élégante. *Phasianella elegans.*

Ph. testá parvulá, obliquè conicá, transversè striatá; anfractibus infernè argenteo-virentibus, supernè albis strigisque longitudinalibus aureo-rubris : ultimo subangulato; infimá facie albo et rubro tessellatá, subperforatá.

Habite les mers de la Nouvelle-Hollande. *Péron.* Mon cabinet. Le bord inférieur des tours est un peu proéminent. Elle est très-agréablement colorée. Longueur, 5 lignes 3 quarts.

5. Phasianelle péruvienne. *Phasianella peruviana.*

Ph. testá parvulá, obliquè conicá, glabrá, fusco-nigricante, maculis albis oblongis inæqualibus raris pictá; anfractibus convexis.

Habite sur les côtes du Pérou, près de Callao. MM. de *Humboldt* et *Bonpland.* Mon cabinet. Longueur, 7 lignes.

6. Phasianelle rayée. *Phasianella lineata.*

> *Ph. testâ parvulâ, obliquè conicâ, transversè striatâ, albâ; lineis longitudinalibus confertis undulato-flexuosis fuscescentibus; spirâ acutâ; aperturâ rufo-fuscâ.*

Habite.... Mon cabinet. Son dernier tour est subanguleux. Longueur de la précédente.

7. Phasianelle nébuleuse. *Phasianella nebulosa.*

> *Ph. testâ ovato-ventricosâ, conoideâ, subperforatâ, glabrâ, albidâ, rufo cœruleoque nebulosâ; anfractibus convexis.*

Habite sur les côtes de Saint-Domingue. *Riche.* Mon cabinet. Longueur de celle qui précède.

8. Phasianelle sillonnée. *Phasianella sulcata.*

> *Ph. testâ ovato-ventricosâ, obliquè conoideâ, transversìm sulcatô, cinereâ; apice acuto; labio columellari rufo; labro intùs albo.*

Habite sur les côtes de la Caroline. M. *Bosc.* Mon cabinet. Longueur, 8 lignes et demie.

9. Phasianelle mauricienne. *Phasianella mauritiana.*

> *Ph. testâ obliquè conicâ, transversìm tenuissimè striatâ, albido-cœrulescente; ultimo anfractu subangulato; spirâ apice acutâ; columellâ violaceo-cœrulescente.*

Habite sur les côtes de l'Ile-de-France. Mon cabinet. Longueur, 11 lignes et demie.

10. Phasianelle angulifère. *Phasianella angulifera.*

> *Ph. testâ oblongo-conicâ, basi ventricosâ, tenuiusculâ, transversìm striatâ; maculis in fundo vario pallidoque longitudinalibus inœqualibus rufo-fuscis; ultimo anfractu angulifero; spirâ apice acutâ.*

Lister, Conch. t. 583. f. 37. 58.

Habite l'Océan des Antilles. Mon cabinet. Ses tours sont très-convexes, et son bord droit assez mince. Le fond de sa coloration varie beaucoup, quoique ses taches soient en général d'un roux brun. Longueur, 16 lignes et demie.

TURRITELLE. (Turritella.)

Coquille turriculée, non nacrée. Ouverture arrondie, entière, ayant les bords désunis supérieurement : le droit muni d'un sinus. Un opercule corné.

Testa turrita, non margaritacea. Apertura rotundata, integra; marginibus supernè disjunctis : labrum sinu emarginatum. Operculum corneum.

OBSERVATIONS.

De même qu'il a été convenable de séparer les vis des buccins à cause de leur forme turriculée, de même aussi les *turritelles* me semblent devoir être distinguées des turbos, parce que, outre leur forme générale, pareillement turriculée, elles ont toutes un sinus au bord droit qu'on ne trouve nullement dans ces derniers.

Les anciens conchyliologistes, n'ayant égard qu'à la forme générale des coquilles, et ne profitant point des caractères qu'on peut obtenir de la considération de leur ouverture, donnaient indistinctement le nom de vis à toutes les coquilles turriculées. Ainsi les *turritelles*, les scalaires, les cérites, etc., se trouvaient confondues avec les vis proprement dites. Il y a cependant une grande différence entre la forme de l'ouverture d'une vis ou d'une cérite, et celle de l'ouverture d'une *turritelle*.

Toutes les *turritelles* sont des coquilles marines dont l'animal porte un opercule orbiculaire et corné. Ces coquilles sont la plupart munies de stries ou de carènes transverses; mais aucune d'elles, parmi les espèces connues, n'offre ni côtes verticales, ni bourrelets, ni tubercules épineux. Les bords de leur ouverture sont désunis supérieurement et ne sont point réfléchis en dehors. Quant au sinus du bord droit, souvent ce bord endommagé ne le

montre pas; mais en examinant la direction des stries d'accroissement qui l'avoisinent, on le reconnaît toujours.

ESPÈCES.

1. Turritelle double-carène. *Turritella duplicata.*

> *T. testâ turritâ, crassâ, ponderosâ, transversè sulcatâ et carina-
> tâ, albido-fulvâ, apice rufescente; anfractibus convexis, carina-
> tis : medio carinis duabus eminentioribus.*
> *Turbo duplicatus.* Lin. Gmel. p. 3607. n°. 79.
> Bonanni, Recr. 3. f. 114.
> Gualt. Test. t. 58. fig. C.
> Seba, Mus. 3. t. 56. f. 7. 8.
> Martini, Conch. 4. t. 151. f. 1414.
> *Turritella duplicata.* Encyclop. pl. 449. f. 1. a. b.
> Habite les mers de l'Inde, sur les côtes de Coromandel. Mon cabi-
> net. Vulg. la *vis-de-pressoir.* Coquille épaisse et pesante. Lon-
> gueur, 4 pouces 7 lignes. Elle devient plus grande.

2. Turritelle tarrière. *Turritella terebra.*

> *T. testâ elongato-turritâ, transversè sulcatâ, fulvo-rufescente aut
> rubente; anfractibus convexis, numerosissimis, sulcatis : sulcis
> subæqualibus; spirâ apice acutâ.*
> *Turbo terebra.* Lin. Gmel. p. 3608. n°. 81.
> Lister, Conch. t. 590. f. 54.
> Bonanni, Recr. 3. f. 115.
> Gualt. Test. t. 58. fig. A.
> D'Argenv. Conch. pl. 11. fig. D. et Zoomorph. pl. 4. fig. F.
> Favanne, Conch. pl. 39. fig. E. et pl. 71. fig. P.
> Adans. Seneg. t. 10. f. 6. le ligar.
> Seba, Mus. 3. t. 56. f. 12. 18. 25. 32. 40.
> Knorr, Vergn. 1. t. 8. f. 6.
> Martini, Conch. 4. t. 151. f. 1415—1419.
> *Turritella terebra.* Encyclop. pl. 449. f. 3. a. b.
> Habite les mers d'Afrique et de l'Inde. Mon cabinet. Coquille très-
> effilée. Longueur, 4 pouces 7 lignes et demie.

3. Turritelle imbriquée. *Turritella imbricata.*

> *T. testâ turritâ, transversè sulcatâ, ex albo rufo et fusco marmo-*
> *ratâ; anfractibus planulatis, sursùm declivibus, subimbricatis;*
> *spirâ apice peracutâ.*
> *Turbo imbricatus.* Lin. Gmel. p. 3606. n°. 76.
> Bonanni, Recr. 3. f. 117.
> Gualt. Test. t. 58. fig.-E.
> Seba, Mus. 3. t. 56. f. 26. 31. 33. 34.
> Knorr, Vergn. 6. t. 25. f. 2.
> Martini, Conch. 4. t. 152. f. 1422.
> Habite l'Océan des Antilles. Mon cabinet. La base de chaque tour
> fait une saillie au-dessus de la suture du tour suivant. Sillons un
> peu distans. Longueur, 3 pouces une ligne.

4. Turritelle torse. *Turritella replicata.*

> *T. testâ turritâ, lævigatâ, albido-fulvâ; anfractibus tumidis,*
> *medio subangulatis, spiratìm contortis; suturis coarctatis.*
> *Turbo replicatus.* Lin. Gmel. p. 3606. n°. 77.
> Bonanni, Recr. 3. f. 24.
> Petiv. Gaz. t. 127. f. 6.
> D'Argenv. Conch. pl. 11. fig. E.
> Knorr, Vergn. 6. t. 25. f. 3.
> Martini, Conch. 4. t. 151. f. 1412.
> Habite les mers de l'Inde. Mon cabinet. Elle ressemble à une colonne
> torse qui serait graduellement atténuée vers son sommet et ter-
> minée en pointe. Ses tours étant subanguleux, leur moitié infé-
> rieure est blanchâtre et la supérieure fauve; ils ne sont point
> striés. Longueur, 2 pouces 10 lignes et demie.

5. Turritelle rembrunie. *Turritella fuscata.*

> *T. testâ turritâ, transversìm striatâ, castaneo-fuscâ; anfractibus*
> *convexis.*
> Habite..... Mon cabinet. J'aurais pris celle-ci pour la variété du *turbo*
> *replicatus* que cite Gmelin, si ses tours eussent été plus renflés et
> plus contournés, ainsi que la figure de Lister, t. 590, f. 55, les
> représente. Longueur, 25 lignes et demie.

6. Turritelle cornée. *Turritella cornea.*

> *T. testâ turrito-acutâ, lævi, nitidâ, luteo-corneâ; anfractibus*
> *convexis; suturis coarctatis.*

Encyclop. pl. 449. f. 2. a. b.

Habite..... Mon cabinet. Elle a ses tours renflés et ses sutures très-resserrées ; point de stries. Longueur, 22 lignes et demie.

7. Turritelle bréviale. *Turritella brevialis.*

T. testâ abbreviato-turritâ, albâ; anfractibus convexis, lævibus, prope marginem superiorem unisulcatis : ultimo ventricoso.

Habite..... Mon cabinet. Elle est fort raccourcie, relativement à sa grosseur. Longueur, 2 pouces.

8. Turritelle bicerclée. *Turritella bicingulata.*

T. testâ turritâ, transversìm tenuissimè striatâ, albo rufo et fusco marmoratâ; anfractibus convexis, dorso bicingulatis.

Seba, Mus. 3. t. 56. f. 30. et 37. 38.

An turbo variegatus? Lin. Gmel. p. 3608. n°. 82.

An Martini, Conch. 4. t. 152. f. 1423?

Habite.... Mon cabinet. Ses tours sont constamment bicerclés. Longueur, 2 pouces.

9. Turritelle trisillonnée. *Turritella trisulcata.*

T. testâ turrito-acutâ, transversè sulcatâ, albidâ, supernè rubro-violacescente, infernè luteo-flammulatâ; anfractibus convexius-culis, dorso sulcis tribus eminentioribus.

Habite.... Mon cabinet. Ses flammules sont éparses. Les trois sillons élevés qui ceignent chacun de ses tours seraient de petites carènes s'ils étaient plus aigus. Longueur, 23 lignes.

10. Turritelle exolète. *Turritella exoleta.*

T. testâ turritâ, lævigatâ, albidâ; anfractibus medio concavis, supernè infernèque tumidis elatioribus obtusis.

Turbo exoletus. Lin. Gmel. p. 3607. n°. 80.

Bonanni, Recr. 3. f. 113.

Lister, Conch. t. 591. f. 58.

D'Argenv. Conch. pl. 11. fig. C.

Favanne, Conch. pl. 39. fig. D.

Martini, Conch. 4. t. 152. f. 1424.

Habite sur les côtes de la Guinée. Mon cabinet. Elle est remarquable par l'excavation de ses tours. Longueur, 2 pouces.

11. Turritelle carinifère. *Turritella carinifera.*

> *T. testâ turritâ, transversìm carinatâ, lævigatâ, diaphanâ, al-*
> *bâ; anfractibus medio carinâ cinctis : ultimo angulato; infimâ*
> *facie plano-concavâ.*

Habite.... Mon cabinet. Espèce inédite, dont les caractères sont bien tranchés. Longueur, 13 lignes.

12. Turritelle australe. *Turritella australis.*

> *T. testâ parvâ, turritâ, transversìm tenuissimè striatâ, cinereâ;*
> *anfractibus convexiusculis, infra medium unicingulatis, mar-*
> *gine superiore sulco prominulo instructis; apice obtuso.*

Habite les mers de la Nouvelle-Hollande. M. de *Labillardière.* Mon cabinet. Longueur, 9 lignes.

13. Turritelle de Virginie. *Turritella virginiana.*

> *T. testâ parvâ, turritâ, transversìm carinis minimis cinctâ, stra-*
> *mineâ; anfractibus convexiusculis, margine inferiore carinâ*
> *prominulâ cinctis : ultimo ventricoso, infrâ medium tricarinato,*
> *basi annulo griseo-violacescente notato.*

Habite sur les côtes de la Virginie. Mon cabinet. Ouverture oblon-gue. Longueur, 6 lignes et demie.

Espèces fossiles.

1. Turritelle térébrale. *Turritella terebralis.*

> *T. testâ elongato-turritâ, transversìm striatâ : striis confertis æqua-*
> *libus; anfractibus medio convexis, basi apiceque depressis; su-*
> *turis infrà marginatis.*

Habite..... Fossile des environs de Bordeaux, où il est très-commun. Mon cabinet. Cette coquille a des rapports avec le *T. terebra*; mais, outre son état fossile, elle en est très-distincte. Longueur, 4 pou-ces 7 lignes.

2. Turritelle rotifère. *Turritella rotifera.*

> *T. testâ turritâ, carinis maximis distantibus rotiformibus cinctâ;*
> *anfractibus planulatis, margine superiore carinâ maximâ roti-*
> *formi instructis, medio carinis duabus minimis : anfractuum*
> *superiorum carinis medianis sensìm majoribus.*

Habite... Fossile des environs de Montpellier, recueilli par *Bruguiè-res*. Mon cabinet. Coquille fort singulière, garnie dans sa longueur de grandes carènes droites et distantes qui ressemblent à des roues écartées l'une de l'autre. Longueur , 2 pouces et demi.

Nota : Voyez, dans les *Annales du Muséum*, vol. 4, p. 216 et suivantes, la description de dix autres espèces fossiles.

DEUXIÈME SECTION.

[Trach. Zoophages.]

Trachélipodes à siphon saillant, qui ne respirent que l'eau qui parvient aux branchies par ce siphon. Tous ne se nourrissent que de substances animales, sont marins, dépourvus de mâchoires, et munis d'une trompe rétractile.

Coquille spirivalve, engaînante, à ouverture, soit canaliculée, soit échancrée ou versante à sa base.

Ces trachélipodes sont bien distingués de ceux de la première section, soit par l'animal qui n'a point de mâchoires à la bouche, mais une trompe rétractile avec laquelle il perce et suce les autres coquillages, soit par leur coquille dont la base de l'ouverture est tantôt canaliculée, tantôt échancrée ou seulement versante.

Ils sont tous marins, et ne respirent que l'eau qui arrive aux branchies par un canal tubuleux qu'on nomme leur siphon et dont ils sont généralement munis. C'est ce siphon saillant qui produit à la base de l'ouverture de la coquille tantôt un canal et tantôt une échancrure ou un bord bas et versant. Ainsi l'échancrure et le canal de la coquille indiquent l'existence du siphon saillant de l'animal.

Tous ceux de ces mollusques que l'on connaît ont effectivement une trompe à la bouche, sont carnassiers, et manquent de mâchoires pour brouter l'herbe. Leur tête est munie de deux tentacules.

Comme la cavité spirale de la coquille est un cône creux qui s'est moulé sur le corps même de l'animal, elle offre, dans sa manière de tourner autour de son axe, et dans sa forme particulière, toutes les différences, selon les familles, les genres et les espèces, qu'on observerait dans les animaux mêmes.

Cela étant ainsi, nous partageons cette section en cinq familles différentes, d'après la considération de la coquille; familles qui conservent les rapports entre les animaux qu'elles comprennent.

Dans les deux premières de ces familles, le canal de la base de l'ouverture est toujours manifeste. Ce canal s'anéantit dans la troisième; et dans les deux dernières, on ne voit plus qu'une échancrure, et à la fin, un petit bord bas et versant. Voici l'énoncé de ces cinq familles :

> Les Canalifères.
> Les Ailées.
> Les Purpurifères.
> Les Columellaires.
> Les Enroulées.

LES CANALIFÈRES.

Coquille ayant un canal plus ou moins long à la base de son ouverture, et dont le bord droit ne change point de forme avec l'âge.

Les *canalifères* constituent une famille fort nombreuse et très-variée dans les races qu'elle embrasse. Ils ont tous une coquille spirivalve, à ouverture en général oblongue, munie à sa base d'un canal plus ou moins long, tantôt droit, tantôt recourbé vers le dos de la coquille. Le bord droit de cette dernière ne change point de forme avec l'âge. Il paraît que ces coquillages sont tous operculés.

Dans les uns, les accroissemens de la coquille ne s'exécutent que par de très-petites pièces parallèles au bord droit, et qui y sont successivement ajoutées ; ces accroissemens sont peu marqués. Dans les autres, un bourrelet constant borde leur ouverture, et parmi eux la plupart offrent en outre des bourrelets persistans sur les tours de leur spire : en sorte que ceux-ci indiquent la grandeur des pièces d'accroissement que l'animal a été obligé d'ajouter à sa coquille. Ainsi l'on peut diviser les *canalifères* en deux sections de la manière suivante :

Ire. Section — Point de bourrelet constant sur le bord droit, dans les espèces.

> Cérite.
> Pleurotome.
> Turbinelle.
> Cancellaire.
> Fasciolaire.
> Fuseau.
> Pyrule.

IIe. Section. — Un bourrelet constant sur le bord droit, dans toutes les espèces.

> Struthiolaire..... Point de bourrelet sur la spire.

Ranelle.
Rocher. } Des bourrelets sur la spire.
Triton.

PREMIÈRE SECTION.

Point de bourrelet constant sur le bord droit.

CÉRITE. (Cerithium.)

Coquille turriculée. Ouverture oblongue, oblique, terminée à sa base par un canal court, tronqué ou recourbé, jamais échancré. Une gouttière à l'extrémité supérieure du bord droit. Un opercule petit, orbiculaire et corné.

Testa turrita. Apertura oblonga, obliqua, basi canaliculo brevi, truncato vel recurvo, non emarginato, terminata. Labrum supernè in canalem subdistinctum desinens. Operculum parvum, orbiculare, corneum.

OBSERVATIONS.

C'est à Bruguières qu'on doit l'établissement du beau genre des *cérites*. Linné avait confondu la plupart de ces coquilles parmi ses *murex*, et rapportait les autres, soit à son genre *strombus*, soit à celui des *trochus*. Bruguières ayant senti que des coquilles éminemment turriculées, et munies d'un canal court à leur base, devaient être distinguées des *murex*, jugea convenable d'en former un genre particulier, auquel il assigna de bons caractères pour le reconnaître, et le nom de *cérite* qu'il emprunta d'une de ses espèces ainsi nommée par Adanson.

L'examen des coquilles connues a prouvé depuis que toutes celles qui se rapportent à ce nouveau genre, forment un assemblage très-naturel, d'après la considération des rapports qui lient les espèces les unes aux autres; ainsi il y a lieu de croire que les naturalistes adopteront ce beau genre.

L'ouverture de ces coquilles est courte, oblongue, oblique, et offre, dans sa partie supérieure, un sillon en gouttière renversée, lequel est plus ou moins exprimé ou distinct selon les espèces.

La spire forme au moins les deux tiers de la longueur de la coquille, parce que son dernier tour n'excède en grosseur celui qui le précède que d'une médiocre quantité; elle se présente sous la forme d'un cône allongé en pyramide, dont la surface est rarement lisse, mais presque toujours chargée de stries, de granulations, de tubercules, d'épines, et quelquefois de varices ou bourrelets persistans, qui sont diversifiés d'une manière admirable dans les espèces.

Les *cérites* sont très-voisines des pleurotomes par leurs rapports. Leur genre est très-nombreux en espèces; et déjà l'on en connaît un très-grand nombre, soit fraîches ou marines, soit dans l'état fossile. Or, comme l'extrême diversité des parties protubérantes de la surface de ces coquilles, ainsi que la régularité et l'élégance de leur distribution, ne laisse presque aucune forme possible dont la nature n'offre ici des exemples, on peut dire que l'architecture trouverait dans les espèces de ce genre, de même que dans celles des pleurotomes et des fuseaux, un choix de modèles pour l'ornement des colonnes, et que ces modèles seraient très-dignes d'être employés.

J'ai déjà fait remarquer que plus nos collections s'enrichissent, plus la détermination des genres, et surtout des espèces, devient difficile, les lacunes que nous prenons pour des limites imposées par la nature, se trouvant proportionnellement remplies. Les embarras que j'ai éprouvés pour fixer le caractère de chaque espèce de *cérites* me permettent d'avancer que c'est principalement dans ce genre que cette vérité se montre avec le plus d'évidence, parce que nous sommes fort avancés dans la collection de ces coquillages.

Les *cérites* vivent toutes dans la mer. Néanmoins plusieurs des espèces qui ont le canal droit et tronqué habitent dans les marais salins ou aux embouchures des fleuves, à l'endroit où les eaux douces se mêlent aux eaux marines. Ce ne sont pas cependant des coquilles vraiment fluviatiles, et elles n'offrent point de caractères suffisans pour les distinguer comme genre.

L'étude des espèces de ce genre est d'autant plus intéressante, que parmi les fossiles dont notre continent se trouve en différens lieux si abondamment rempli, un grand nombre d'entre eux nous présente une suite considérable de *cérites* qu'il importe de connaître, non-seulement pour l'avancement de l'histoire naturelle, mais encore pour celui de la théorie des mutations qu'a éprouvées la surface de notre globe.

L'animal des *cérites* rampe sur un disque petit et suborbiculaire, qu'on nomme son *pied*. Sa tête est tronquée en dessous, bordée d'une crête ou d'un bourrelet frangé, et munie de deux tentacules aigus qui portent les yeux sur un renflement de leur base externe.

ESPÈCES.

1. Cérite géante, *Cerithium giganteum.*

C. testâ turritâ, maximâ, subsesquipedali, ponderosissimâ, cinereo-fuscescente; anfractibus infra suturas tuberculis magnis seriatim coronatis; columellâ subbiplicatâ.

Habite les mers de la Nouvelle-Hollande. Mon cabinet. Cette coquille, rarissime, et probablement la première de cette espèce observée vivante, fut apportée à Dunkerque, en décembre 1810, par un anglais nommé *Mathews Tristram*, qui, interrogé sur la manière dont il se l'était procurée, répondit qu'étant embarqué sur la flûte le *Swalow*, qui naviguait dans la mer du Sud, il attaqua un jour, la sonde à la main, les bancs de rochers en avant de la Nouvelle-Hollande; et que, se servant alors d'une sonde de nouvelle invention, qui rapporte avec elle ce qu'elle peut ramasser, il avait ainsi retiré cette coquille du fond de la mer. Il ajouta qu'il n'avait eu que ce seul individu; et qu'une portion de la spire étant cassée, on n'en voulut point en Angleterre, ou du moins on en fit assez peu de cas pour ne lui en point donner ce qu'il en demandait. M. *Denis Montfort* en fit l'emplette. Connaissant l'importance du nouveau fait que présente cette belle coquille, pour l'étude de la géologie, je le priai de me la céder, ce à quoi il voulut bien consentir. Le fait dont il s'agit consiste en ce qu'elle nous offre l'analogue vivant d'une coquille semblable, pour les caractères et la taille, que l'on trouve fossile à Grignon, près de Paris. Longueur, un pied plus 2 lignes : sans la troncature de sa spire, elle aurait près de 2 pouces de plus.

2. Cérite cuiller. *Cerithium palustre.*

C. *testâ turritâ, crassâ, longitudinaliter plicatâ, transversim striatâ, fuscescente ; anfractibus tristriatis : ultimo striis numerosioribus sulciformibus ; labro subcrenulato.*

Strombus palustris. Lin. Gmel. p. 3521. nᵒ. 38.

Lister, Conch. t. 836. f. 62. et t. 837. f. 63.

Rumph. Mus. t. 30. fig. Q.

Petiv. Amb. t. 13. f. 13.

Seba, Mus. 3. t. 50. f. 13. 14. et 17—19.

Knorr, Vergn. 3. t. 18. f. 1.

Favanne, Conch. pl. 40. fig. A 1.

Martini, Conch. 4. t. 156. f. 1472.

Cerithium palustre. Brug. Dict. nᵒ. 19.

Habite sur les côtes des Indes orientales, dans les marais salins. Mon cabinet. Son canal est fort court. Longueur, 4 pouces 8 lignes. Vulg. la *grande cuiller-à-pot.*

3. Cérite sillonnée. *Cerithium sulcatum.*

C. *testâ turritâ, solidâ, longitudinaliter plicatâ, transversim striatâ, univaricosâ, rufo-fuscescente ; labro magno, semicirculari, basi ultra canalem porrecto.*

Bonanni, Recr. 3. f. 68.

Lister, Conch. t. 1021. f. 85.

Rumph. Mus. t. 30. fig. T.

Petiv. Amb. t. 13. f. 22.

Gualt. Test. t. 57. fig. E.

Knorr, Vergn. 5. t. 13. f. 8.

Martini, Conch. 4. t. 157. f. 1484. 1485.

Cerithium sulcatum. Brug. Dict. nᵒ. 20.

Murex moluccanus. Gmel. p. 3563. nᵒ. 151.

Cerithium sulcatum. Encyclop. pl. 442. f. 2.

Habite les mers des Indes orientales. Mon cabinet. Elle est très-remarquable par le caractère de son bord droit. Vulg. la *petite cuiller-à-pot.* Longueur, 2 pouces 5 lignes. J'en possède une variété des côtes de Saint-Domingue qui est plus petite.

4. Cérite télescope. *Cerithium telescopium.*

C. testâ conico-turritâ, transversìm sulcatâ, fuscâ; columellâ uniplicatâ; canali brevissimo, margine recurvo.

Trochus telescopium. Lin. Gmel. p. 3585. n°. 112.

Bonanni, Recr. 3. f. 92.

Lister, Conch. t. 624. f. 10.

Rumph, Mus. t. 21. f. 12.

Petiv. Amb. t. 4. f. 10.

Gualt. Test. t. 60. fig. D. E.

D'Argenv. Conch. pl. 11. fig. B.

Favanne, Conch. pl. 39. fig. B 2.

Seba, Mus. 3. t. 50. f. 1—12.

Knorr, Vergn. 3. t. 22. f. 2. 3.

Born, Mus. p. 326. vign. fig. A. D.

Chemn. Conch. 5. t. 160. f. 1507—1509.

Cerithium telescopium. Brug. Dict. n°. 17.

Habite les mers des Indes orientales. Mon cabinet. Son canal est encore fort court. Bord droit très-mince, échancré à son extrémité supérieure. Vulg. le *télescope.* Longueur, 2 pouces 10 lignes.

5. Cérite ébène. *Cerithium ebeninum.*

C. testâ turritâ, transversìm sulcatâ, nigrâ; anfractibus subangulatis, medio tuberculatis: tuberculis majusculis acuminatis; aperturâ dilatatâ.

Favanne, Conch. pl. 79. fig. N.

Chemn. Conch. 10. t. 162. f. 1548. 1549.

Cerithium ebeninum. Brug. Dict. n°. 26.

Encyclop. pl. 442. f. 1. a. b.

Habite les mers de la Nouvelle-Zéelande. Mon cabinet. Coquille rare et précieuse. Vulg. nommée la *cuiller d'ébène.* Longueur, 3 pouces 2 lignes.

6. Cérite noduleuse. *Cerithium nodulosum.*

C. testâ turritâ, transversìm striatâ, albidâ, lineolis fuscis maculatâ; anfractibus medio tuberculatis: tuberculis magnis acuminatis; labro crenulato, intùs substriato.

Lister, Conch. t. 1025. f. 87.

Rumph. Mus. t. 30. fig. O.

Petiv. Amb. t. 7. f. 12.

Gualt. Test. t. 57. fig. G.

Seba, Mus. 3. t. 50. f. 15. 16.

Knorr, Vergn. 1. t. 16. f. 4.

Favanne, Conch. pl. 39. fig. C 5.

Martini, Conch. 4. t. 156. f. 1473 et 1474.

Cerithium nodulosum. Brug. Dict. n°. 8.

Encyclop. pl. 442. f. 3. a. b.

Habite l'Océan des grandes Indes et des Moluques; se trouve aussi dans les mers de Saint-Domingue. Mon cabinet. Vulg. la *grande chenille.* Longueur, 3 pouces 4 lignes.

7. Cérite goumier. *Cerithium vulgatum.*

C. testâ turritâ, echinatâ, transversim striato-granulosâ, cinereo-fulvâ, rubro aut fusco marmoratâ; anfractuum medio tuberculis plicato-spinosis transversim seriatis; suturis crenulatis.

Bonanni, Recr. 3. f. 82.

Lister, Conch. t. 1019. f. 82.

Gualt. Test. t. 56. fig. L.

Adans. Seneg. t. 10. f. 3. le goumier.

Seba, Mus. 3. t. 50. f. 23.

Favanne, Conch. pl. 39. fig. C 1.

Cerithium vulgatum. Brug. Dict. n°. 13.

Habite la Méditerranée et l'Océan atlantique. Mon cabinet. Canal court, légèrement recourbé. Longueur, 2 pouces 7 lignes.

8. Cérite obélisque. *Cerithium obeliscus.*

C. testâ turritâ, transversè striatâ, fulvâ, rubro fuscoque punctatâ; anfractuum striis tribus granulatis suturisque tuberculatis; columellâ uniplicatâ; canali recurvo.

Lister, Conch. t. 1018. f. 80.

Gualt. Test. t. 56. fig. M.

D'Argenv. Conch. pl. 11. fig. F.

Favanne, Conch. pl. 39. fig. C 6.

Seba, Mus. 3. t. 50. f. 26. 27. et t. 51. f. 26.

Martini, Conch. 4. t. 157. f. 1489.

Cerithium obeliscus. Brug. Dict. n°. 1.

Murex sinensis. Gmel. p. 3542. n°. 54.

Cerithium obeliscus. Encyclop. pl. 443. f. 4. a. b.

Habite la mer des Antilles. Mon cabinet. Vulg. *l'obélisque* ou le *clocher-chinois.* Longueur, 2 pouces 2 lignes.

9. Cérite granuleuse. *Cerithium granulatum.*

> *C. testâ turritâ, transversè striatâ, rufo-fuscescente; anfractibus medio trifariàm granulatis ; interdùm varicibus brevibus sparsis.*
> Rumph. Mus. t. 3o. fig. L.
> Petiv. Amb. t. 8. f. 12.
> Seba, Mus. 3. t. 5o. f. 45. 46.
> Martini, Conch. 4. t. 157. f. 1492.
> *Cerithium granulatum.* Brug. Dict. n°. 6.
> *Murex cingulatus.* Gmel. p. 3561. n°. 138.
> *Cerithium granulatum.* Encyclop. pl. 442. f. 4.
> Habite l'Océan indien. Mon cabinet. Vulg. la *chenille granuleuse.* Longueur, 2 pouces et demi.

10. Cérite chenille. *Cerithium aluco.*

> *C. testâ turritâ, echinatâ, albidâ, rufo nigroque maculatâ; anfractibus infernè lœvibus, supernè tuberculatis : tuberculis acutis, ascendentibus ; canali recurvo.*
> *Murex aluco.* Lin. Syst. Nat. 2. p. 1225. n°. 572.
> Bonanni, Recr. 3. f. 69.
> Lister, Conch. t. 1017. f. 79.
> Rumph. Mus. t. 5o fig. N.
> Petiv. Gaz. t. 153. f. 2.
> Gualt. Test. t. 57. fig. A.
> D'Argenv. Conch. pl. 11. fig. H.
> Favanne, Conch. pl. 5g. fig. C 10.
> Seba, Mus. 3 t. 5o. f. 37. 3g. et t. 51. f. 22. 23. 25. 27.
> Knorr, Vergn. 3. t. 16. f. 5.
> Martini, Conch. 4. t. 156. f. 1478.
> *Cerithium aluco.* Brug. Dict. n°. 7.
> Encyclop. pl. 443. f. 5. a. b.
> Habite l'Océan des grandes Indes et des Moluques. Mon cabinet. Elle n'a qu'une rangée de tubercules sur chaque tour. Ses stries transverses sont très-fines. Vulg. la *chenille bariolée.* Longueur, 23 lignes un quart.

11. Cérite hérissée. *Cerithium echinatum.*

> *C. testâ turritâ, echinatâ, transversìm sulcatâ, albidâ, spadiceo-punctatâ; anfractibus medio tuberculiferis : tuberculis longiusculis acutis ascendentibus; ultimi anfractus sulcis asperatis; labro denticulato, scaberrimo.*

Habite..... Mon cabinet. Son canal est court, un peu recourbé. Longueur, 19 lignes.

12. Cérite érythréenne. *Cerithium erythræonense.*

C. testá turritá, tuberculato - muricátá, transversim sulcatá et striatá, albá, maculis ferrugineis sparsis nebulosá; anfractibus medio tuberculatis et infrà bisulcatis; canali brevi, subrecto; labro crenulato.

Habite dans la mer Rouge. Mon cabinet. Longueur, 2 pouces 3 lignes.

13. Cérite muriquée. *Cerithium muricatum.*

C. testá turritá, muricatá, rufo-fuscá; anfractibus supernè infernèque striá granosá instructis et medio tuberculis magnis acuminatis unicá serie muricatis; canali brevissimo.

Lister, Conch. t. 121. f. 17.

D'Argenv. Conch. pl. 11. fig. etc.

Favanne, Conch. pl. 39. fig. C 19.

Chemn. Conch. 9. t. 136. f. 1267. 1268.

Cerithium muricatum. Brug. Dict. n°. 27.

Habite sur les côtes occidentales de l'Afrique, à l'embouchure des rivières où les eaux sont saumâtres. Mon cabinet. Longueur, 19 lignes.

14. Cérite ratissoire. *Cerithium radula.*

C. testá turritá, muricatá, rufo-fuscá; anfractibus medio tuberculis unicá serie muricatis striisque pluribus granosis circumvallatis; canali brevi, recto.

Murex radula. Lin. Gmel. p. 3563. n°. 147.

Nerita aculeata. Muller, Verm. p. 193. n°. 380.

Lister, Conch. t. 122. f. 18 et 20.

Adans. Seneg. pl. 10. f. 1. le popel.

Born, Mus. t. 11. f. 16.

Favanne, Conch. pl. 40 fig. F.

Schroëtter, Einl. in Conch. 1. t. 3. f. 6.

Martini, Conch. 4. t. 155. f. 1459.

Cerithium radula. Brug. Dict. n°. 28.

Strombus aculeatus. Gmel. p. 3523. n°. 44.

Habite sur les côtes occidentales de l'Afrique, peut-être aussi à l'embouchure des rivières et dans les marais saumâtres, comme la précédente. Mon cabinet. Elle a en général sur chaque tour cinq stries

granuleuses : deux au-dessus de la rangée de tubercules, et trois
au-dessous. Longueur, 23 lignes.

15. Cérite épaisse. *Cerithium crassum.*

C. testá conico-turritá, crassá, longitudinaliter plicatá, transver-
sim striatá, rubro-violacescente; plicis latis, planulatis; an-
fractibus planiusculis, tristriatis; columellá elongatá, biplicatá;
labro crasso, margine incurvó, intùs dentifero.

Habite....., Mon cabinet. Elle a des rapports avec le *cerithium pa-*
lustre, mais en diffère par son ouverture qui est fort étroite, le
bord droit étant très-recourbé en dedans. Longueur, 2 pouces et
demi. Elle aurait quelques lignes de plus si la sommité de sa spire
n'était cassée.

16. Cérite décollée. *Cerithium decollatum.*

C. testá turritá, apice truncatá et consolidatá, longitudinaliter
plicato-sulcatá, transversìm tenuissimè striatá, univaricosá,
griseo-fulvá; plicis lævibus, ad interstitia transversè striatis;
ultimo anfractu subfasciato; labro margine exteriore marginato.
Murex decollatus. Lin. Gmel. p. 3563. n°. 150.
Cerithium decollatum. Brug. Dict. n°. 45.

Habite...... Mon cabinet. Elle n'a constamment que cinq tours et
demi, et ressemble par son aspect au bulime décollé. Ses côtes
longitudinales s'effacent en partie sur son dernier tour. Stries très-
fines ; canal presque nul. Longueur, 11 lignes trois quarts.

17. Cérite obtuse. *Cerithium obtusum.*

C. testá turritá, apice obtusá, crassiusculá, longitudinaliter pli-
catá, transversìm sulcatá, univaricosá, supernè cinereá, in-
fernè rufo-fuscescente; ultimo anfractu ventricoso; labro mar-
gine exteriore crassissimè marginato.
[b] *Var. testá angustiore, minùs ventricosá, cinereá; anfractibus*
numerosioribus. Mon cabinet.

Habite les mers de Timor. Mon cabinet. Cette espèce avoisine la
précédente par ses rapports ; mais, au lieu d'une troncature à son
sommet, sa spire va en s'atténuant et est obtuse à son extrémité.
La coquille a d'ailleurs six tours complets, plus un demi-tour
terminal ; et la var. [b] en offre jusqu'à neuf également complets.
Longueur de l'espèce principale, 19 lignes ; de sa variété, 18.
Cette espèce, ainsi que la précédente, a sur le dernier tour une
varice opposée à l'ouverture.

18. Cérite semi-granuleuse. *Cerithium semigranosum.*

> C. testâ fusiformi-turritâ , apice acutâ, transversìm tenuissimè
> striatâ et sulcato-granosâ, albido-flavescente ; anfractibus su-
> pernè sulcis duobus granosis cinctis : ultimo infernè sulcis tri-
> bus aut quatuor nudis notato; canali valdè recurvo.

Encyclop. pl. 443. f. 1. a. b.

Habite les mers de la Nouvelle-Hollande. Mon cabinet. La partie inférieure de chaque tour est toujours dépourvue de granulations.
Longueur, 18 lignes.

19. Cérite raboteuse. *Cerithium asperum.*

> C. testâ turrito-acutâ, asperatâ, longitudinaliter plicato-sulcatâ,
> transversìm striatâ, albâ ; plicis muricato-asperis ; columellâ
> uniplicatâ ; canali valdè recurvo.

Murex asper. Lin. Gmel. p. 3563. n°. 148.

Lister, Conch. t. 1020. f. 84.

Seba, Mus. 3. t. 50. f. 20. et t. 51. f. 35.

Favanne, Conch. pl. 39. fig. C 18.

Martini, Conch. 4. t. 157. f. 1483.

Cerithium asperum. Brug. Dict. n°. 5.

Habite les mers de l'Ile-de-France, d'où je l'ai reçue, et dans celles
des Antilles, selon *Bruguières.* Mon cabinet. Longueur, près de
22 lignes. Vulg. la *chenille blanche réticulée.*

20. Cérite rayée. *Cerithium lineatum.*

> C. testâ turrito-acutâ, scabriusculâ, longitudinaliter plicato-sul-
> catâ ; albidâ ; lineis luteis cinctâ ; plicis muricato - asper s ;
> anfractibus trilineatis : ultimo basi unisulcato; columellâ bipli-
> catâ.

Clava rugata. Martyns, Conch. 1. f. 12.

Cerithium lineatum. Encyclop. pl. 443. f. 3. a. b.

An cerithium asperum , var.? [b] Brug. Dict. n°. 5.

Habite la mer Pacifique, sur les côtes des îles des Amis. Mon cabinet. Elle est un peu plus effilée que celle qui précède , et n'a point
de stries transverses. Son canal est aussi plus court, quoique encore un peu recourbé. Des deux plis de sa columelle, l'un est plus
fort que l'autre. Longueur, 23 lignes.

21. Cérite buire. *Cerithium vertagus.*

*C. testâ elongato-turritâ, apice acutâ, læviusculâ, albido-fulvâ;
anfractuum parte superiore longitudinaliter plicato transversimque bistriato; columellâ uniplicatâ; canali recurvo, rostrato.*

Murex vertagus. Lin. Gmel. p. 3560. n°. 133.

Bonanni, Recr. 3. f. 84.

Lister, Conch. t. 1020. f. 83.

Rumph. Mus. t. 30. fig. K.

Petiv. Gaz. t. 56. f. 4. et Amb. t. 13. f. 14.

Gualt. Test. t. 57. fig. D.

D'Argenv. Conch. pl. 11. fig. P.

Favanne, Conch. pl. 39. fig. C 16.

Seba, Mus. 3. t. 50. f. 42. et t. 51. f. 24. 33. 34.

Knorr, Vergn. 6. t. 40. f. 4. 5.

Martini, Conch. 4. t. 156. f. 1479. et t. 157. f. 1480.

Cerithium vertagus. Brug. Dict. n°. 2.

Encyclop. pl. 443. f. 2. a. b.

Habite l'Océan des grandes Indes et des Moluques. Mon cabinet. Longueur, 3 pouces 2 lignes. Vulg. la *buire* ou la *chenille blanche.*

22. Cérite fasciée. *Cerithium fasciatum.*

*C. testâ cylindraceo-turritâ, apice acutâ, longitudinaliter plicatâ,
albâ, luteo-fasciatâ; anfractibus planulatis, tripartitis et trifas-
ciatis; columellâ uniplicatâ; canali recurvo, rostrato.*

Lister, Conch. t. 1021. f. 85. b.

Gualt. Test. t. 57. fig. H.

Seba, Mus. 3. t. 50. f. 43. 44.

Knorr, Vergn. 3. t. 20. f. 3. et 5. t. 15 f. 6.

Favanne, Conch. pl. 39. fig. C 15.

Martini, Conch. 4. t. 157. f. 1481. 1482.

Cerithium fasciatum. Brug. Dict. n°. 3.

Habite les mers de l'Inde, sur la côte de Coromandel et sur celle de
Ceylan. Mon cabinet. Elle avoisine la précédente par ses rapports.
Ses plis sont nombreux et serrés. Vulg. la *chenille blanche striée.*
Longueur, environ 2 pouces.

23. Cérite-subulée. *Cerithium subulatum.*

*C. testâ turrito-subulatâ, transversim tenuissimè striatâ, squalidè
albidâ; anfractuum margine superiore noduloso, subcrenato;
columellâ subuniplicatâ; canali recurvo.*

Habite.... Mon cabinet. Elle a un fort sillon à la base de son dernier tour. Le pli de sa columelle est peu saillant. Longueur, 16 lignes un quart.

24. Cérite hétéroclite. *Cerithium heteroclites.*

C. testâ turritâ, basi ventricosâ, transversim striatâ, granosâ, albo
fulvo et castaneo nebulosâ; anfractibus convexiusculis, bifà-
riàm granosis : ultimo subglobaso, nudo ; canali brevissimo ; la-
bro crenulato.

Habite les mers de la Nouvelle-Hollande. M. *Macleay.* Mon cabinet.
Coquille singulière par la forme ventrue et subglobuleuse de son
dernier tour, qui semble être absolument étranger aux autres ;
ceux-ci sont légèrement convexes, et ont chacun deux rangées de
granulations d'un beau noir de jais. Longueur, 15 lignes 3 quarts.

25. Cérite zonale. *Cerithium zonale.*

C. testâ turritâ, longitudinaliter obsoletè plicatâ, transversim stria-
to-granulosâ, albo et nigro alternâtìm zonatâ; plicis obliquis ;
canali brevissimo, truncato.

Cerithium zonale. Brug. Dict. n°. 59.

An Lister, Conch. t. 1018. f. 81 ?

Habite.... l'Océan des Antilles? Mon cabinet. La partie noire de
chaque tour est plus large que la partie blanche ; celle-ci est toujours la supérieure et ceinte à sa base d'une strie très-granuleuse.
Point de plis à la columelle. Longueur, 16 lignes.

26. Cérite semi-ferrugineuse. *Cerithium semiferrugineum.*

C. testâ abbreviato-turritâ, tuberculiferâ, squarrosâ, transversim
striatâ et granulosâ, infernè ferrugineâ, supernè albâ; anfrac-
tibus margine superiore tuberculato-coronatis ; aperturâ albâ ;
columellâ supernè uniplicatâ ; canali brevissimo.

Habite.... Mon cabinet. Le pli de la columelle forme une gouttière
sous le sommet du bord droit. Longueur, 14 lignes.

27. Cérite cordonnée. *Cerithium torulosum.*

C. testâ turritâ, transversim tenuissimè striatâ, albidâ ; anfracti-
bus infimis margine superiore cingulo tumido marginatis : su-
premis tuberculato-asperis ; canali brevi, recurvo.

Murex torulosus. Lin. Gmel. p. 3563. n°. 146.

Turbo annulatus. Martini. Conch. 4. t. 157. f. 1486.

Chemn. Conch. 10. t. 164. f. 1575. 1576.

Cerithium torulosum. Brug. Dict. n°. 14.
Murex annularis. Gmel. p. 3561. n°. 135.
Habite.... l'Océan des grandes Indes? Mon cabinet. Coquille singulière en ce que la partie supérieure de ses tours est comme corde-
lée. Longueur, 14 lignes.

28. Cérite tuberculée. *Cerithium tuberculatum*.

C. *testá ovato-conicá, basi ventricosá, transversìm tenuissimè stria-*
tá, albido et nigro colpratá, apice albá ; anfractibus supernè
tuberculis majusculis serie unicá coronatis : ultimo infernè tri-
fariàm nodoso; tuberculis nodisque nigerrimis; canali brevi,
truncato.
Strombus tuberculatus. Lin. Gmel. p. 3521. n°. 37.
Lister, Conch. t. 1024. f. 89.
Seba, Mus. 3. t. 55. f. 21. *in angulo dextro superiore.*
Born, Mus. t. 10. fig. 16. 17.
Martini, Conch. 4. t. 157. f. 1490.
Cerithium morus. Brug. Dict. n°. 44.
Habite dans la mer Rouge, et, selon *Linné*, dans la Méditerranée.
Mon cabinet. Elle a sur le dernier tour une varice opposée à l'ou-
verture. Longueur, 15 lignes.

29. Cérite mure. *Cerithium morus*.

C. *testá ovato-conoideá, transversim tenuissimè striatá, griseo-*
violacescente, nodis graniformibus æqualibus rubro-nigris se-
riatim cinctá ; anfractibus omnibus varicosis : varicibus alternis
sparsis; canali brevi, truncato.
Habite..... Mon cabinet. Celle-ci mérite mieux le nom de *mure* que
la précédente, parce qu'elle en a l'aspect, et que ses tours ne sont
point couronnés. Ses nodulations graniformes sont nombreuses,
serrées, et reposent sur un fond d'un gris rougeâtre, un peu violet. Longueur, 11 lignes et demie.

30. Cérite oculée. *Cerithium ocellatum*.

C. *testá conico-turritá, basi ventricosá, transversim striatá, gra-*
nulosá, cinereo-nigricante, albo-ocellatá ; anfractuum striis
pluribus granulosis : unicá majore tuberculatá ; canali brevis-
simo.
Cerithium ocellatum. Brug. Dict. n°. 43.
Habite.... Mon cabinet. Longueur, un pouce.

31. Cérite écrite. *Cerithium litteratum.*

C. testâ conico-turritâ, apice acutâ, transversìm striato-muricatâ, albidâ, rubro aut nigro punctatâ : punctis interdùm charactœres œmulantibus; anfractibus supernè tuberculis majoribus acutis unicâ serie cinctis; canali truncato.

Gualt. Test. t. 56. fig. N.

Murex litteratus. Born, Mus. t. 11. f. 14. 15.

Cerithium litteratum. Brug. Dict. n⁰. 42.

Murex litteratus. Gmel. p. 3548. n⁰. 83.

Habite l'Océan des Antilles; commune sur les côtes de la Guadeloupe. Mon cabinet. Longueur, 11 lignes et demie.

32. Cérite noircie. *Cerithium atratum.*

C. testâ turritâ, apice acutâ, varicosâ, ustulatâ; anfractuum striis transversis granosis, prope suturas bifariàm tuberculatis; varicibus sparsis nodiformibus; canali truncato.

Murex atratus. Born, Mus. t. 11. f. 17. 18.

Cerithium atratum. Brug. Dict. n⁰. 12.

Murex atratus. Gmel. p. 3564. n⁰. 156.

Habite l'Océan des Antilles, sur les côtes de la Guadeloupe. Mon cabinet. Longueur, 13 lignes.

33. Cérite ivoire. *Cerithium eburneum.*

C. testâ turritâ, transversìm striato-granulosâ, albâ, immaculatâ; anfractuum striis tribus aut quinque granoso-asperatis : medianâ valdè majore.

Cerithium eburneum. Brug. Dict. n⁰. 41.

Habite l'Océan des Antilles; se trouve aussi dans les mêmes lieux que les deux précédentes. Mon cabinet. Longueur, 10 lignes un quart.

34. Cérite ponctuée. *Cerithium punctatum.*

C. testâ turritâ, varicosâ, transversim striatâ, albâ, rubro aut fusco punctatâ; anfractibus medio striâ obsoletè tuberculatâ instructis; ultimo basi lineâ albâ cincto.

Cerithium punctatum. Brug. Dict. n⁰. 40.

Habite sur les côtes du Sénégal. Mon cabinet. Longueur, 6 lignes et demie.

55. Cérite lime. *Cerithium lima.*

C. testâ turrito-subulatâ, varicosâ, transversìm striato-granulo-
sâ, rufo-fuscescente; anfractibus quadristriatis; granulis mini-
mis punctiformibus; canali brevissimo.
Cerithium lima. Brug. Dict. n°. 33.

Habite sur les côtes de la Guadeloupe. Mon cabinet. Longueur, 5 à
6 lignes.

56. Cérite perverse. *Cerithium perversum.*

C. testâ contrariâ, cylindraceo-subulatâ, gracili, transversìm
striato-granulosâ, pallidè rufâ; anfractibus planulatis, tri-
striatis; ultimi anfractus basi plano-concavâ; canali recto, pro-
minulo.
An cerithium maroccanum? Brug. Dict. n°. 34.

Habite.... Mon cabinet. Longueur, 10 lignes trois quarts.

Espèces fossiles.

1. Cérite interrompue. *Cerithium interruptum.*

C. testâ pyramidatâ, subvaricosâ, transversè striatâ; striis alter-
nis minoribus; costellis longitudinalibus arcuatis; infimo an-
fractu ventricoso.
Cerithium interruptum. Ann. du Mus. vol. 3. p. 270. n°. 1.
[b] *Var. anfractibus subcarinatis.*

Habite.... Fossile de Grignon. Mon cabinet et celui de M. *Defrance.*
Longueur, près de 5 centimètres.

2. Cérite hexagone. *Cerithium hexagonum.*

C. testâ pyramidatâ, hexagonâ; striis transversis granosis; an-
fractu infimo turgido, supernè tuberculis subacutis spinoso.
Murex hexagonus. Chemn. Conch. 10. t. 162. f. 1554. 1555.
Cerithium hexagonum. Brug. Dict. n°. 31.
Cerithium hexagonum. Ann. ibid. p. 271. n°. 2.

Habite.... Fossile de Houdan et Courtagnon. Mon cabinet. Longueur,
plus de 6 centimètres.

3. Cérite à dents de scie. *Cerithium serratum.*

*C. testâ turritâ, echinatâ; anfractuum costis binis transversis ser-
rato-spinosis; serraturis compressis; costâ inferiori minimâ.*
Martyns, Conch. 2. t. 58.
Cerithium serratum. Brug. Dict. nº. 15.
Cerithium serratum. Ann. ibid. nº. 3.
Habite.... Fossile de Grignon, Courtagnon, etc. Mon cabinet. Lon-
gueur, environ 8 centimètres.

4. Cérite tricarinée. *Cerithium tricarinatum.*

*C. testâ pyramidatâ, asperatâ; anfractuum carinis tribus trans-
versis denticulatis : infimâ majore; labro angulato lamelloso.*
Cerithium tricarinatum. Ann. ibid. p. 272. nº. 4.
[b] *Var. carinâ intermediâ minimâ.*
Habite.... Fossile de Grignon et Houdan. Cabinet de **M.** *Defrance.*
Longueur, 57 millimètres.

5. Cérite à bandes. *Cerithium vittatum.*

*C. testâ turritâ; anfractibus supernè lœvibus, infernè tricarina-
tis; carinis transversis subtuberculosis : superiore majore.*
Cerithium vittatum. Ann. ibid. nº. 5.
Habite.... Fossile de Courtagnon. Mon cabinet. Longueur, environ
55 millimètres.

6. Cérite clavatulée. *Cerithium clavatulatum.*

*C. testâ subasperatâ; anfractibus costis transversis carinato-tu-
berculosis : infimo unicostato; superioribus bi seu tricostatis; la-
bro emarginato.*
Cerithium clavatulatum. Ann. ibid. nº. 6.
Habite..... Fossile de Courtagnon, Grignon et Houdan. Mon cabinet.
Longueur, 35 millimètres.

7. Cérite échidnoïde. *Cerithium echidnoides.*

*C. testâ asperatâ; anfractuum costis binis trinisve transversis tu-
berculato-muricatis inœqualibus.*
Cerithium echidnoides. Ann. ibid. p. 273. nº. 7.
Habite..... Fossile de Grignon. Mon cabinet. Longueur, environ
40 millimètres.

8. Cérite anguleuse. *Cerithium angulosum.*

C. testâ pyramidatâ, transversè striatâ; anfractibus medio carinato-angulatis; canali brevissimo.

An cerithium decussatum? Brug. Dict. n°. 23.

Cerithium angulosum. Ann. ibid. n°. 8.

Habite..... Fossile de Grignon. Mon cabinet. Longueur, environ 42 millimètres.

9. Cérite à crêtes. *Cerithium cristatum.*

C. testâ turritâ, basi transversè sulcatâ; anfractibus non striatis, medio carinato-dentatis.

Cerithium cristatum. Ann. ibid. n°. 9.

[*b*] *Var. anfractuum carinâ brevissimâ subdentatâ.* Mon cabinet.

Habite..... Fossile de Grignon. Cabinet de M. *Defrance.* Longueur, 3o à 35 millimètres.

10. Cérite calcitrapoïde. *Cerithium calcitrapoides.*

C. testâ turritâ, echinatâ; anfractuum costâ transversali mediâ tuberculis compressis muricatâ; striis transversis nullis.

Cerithium calcitrapoides. Ann. ibid. p. 274. n°. 10.

[*b*] *Var. anfractuum margine infimo crenato.*

Habite..... Fossile de Grignon. Mon cabinet. Longueur, 52 millimètres.

11. Cérite dentelée. *Cerithium denticulatum.*

C. testâ pyramidato-subulatâ; anfractibus supernè carinâ denticulatâ coronatis; posticè striâ transversâ unicâ vel geminâ tuberculatâ.

Cerithium denticulatum. Ann. ibid. n°. 11.

[*b*] *Var. spirâ supernè subulatâ muticâ.*

Habite..... Fossile de Grignon. Cabinet de M. *Defrance.* Longueur, 20 à 25 millimètres.

12. Cérite à ombrelles. *Cerithium umbrellatum.*

C. testâ anfractibus supernè carinâ denticulatâ coronatis; margine inferiore dilatato, crenato; spirâ apice muticâ subpunctatâ.

Cerithium umbrellatum. Ann. ibid. p. 343. n°. 12.

Habite..... Fossile de Grignon. Mon cabinet. Longueur, 35 millimètres.

13. Cérite lamelleuse. *Cerithium lamellosum.*

C. *testâ turritâ, longitudinaliter costatâ, subplicatâ; striis trans-*
versis distantibus; ultimo anfractu basi trilamellosc.
Cerithium lamellosum. Brug. Dict. n°. 22.
Cerithium lamellosum. Ann. ibid. n°. 13.
Habite...... Fossile de Grignon. Mon cabinet. Longueur, 44 mil-
limètres.

14. Cérite thiare. *Cerithium thiara.*

C. *testâ turritâ; anfractibus suprà planis, tuberculoso-coronatis,*
omnibus transversè striatis; aperturâ obliquâ.
Cerithium thiara. Ann. ibid. n°. 14.
[b] *Var. anfractibus inferioribus infra coronam sublævibus; su-*
premis costatis et striatis.
[c] *Var. anfractibus omnibus vix striatis.*
Habite..... Fossile de Grignon, Courtagnon, Betz, etc. Mon cabinet.
Longueur, 24 ou 25 millimètres.

15. Cérite changeante. *Cerithium mutabile.*

C. *testâ anfractibus transversè tristriatis : infimorum striâ supremâ*
tuberculato-coronatâ; superiorum striis omnibus subæqualibus
punctatis.
Cerithium mutabile. Ann. ibid. p. 344. n°. 15.
[b] *Var. granulis striarum transversarum eminentioribus.*
Habite.... Fossile de Grignon. Longueur, 34 millimètres.

16. Cérite demi-couronnée. *Cerithium semicoronatum.*

C. *testâ turritâ; anfractuum striis transversis tribus granosis :*
superiore tuberculatâ; columellâ uniplicatâ.
Cerithium semi-coronatum. Ann. ibid. n°. 16.
Habite..... Fossile de Grignon. Mon cabinet et celui de M. *Defrance.*
Longueur, environ 4o millimètres.

17. Cérite cerclée. *Cerithium cinctum.*

C. *testâ conico-turritâ; anfractuum costis transversis tribus sub-*
æqualibus granosis; suturis subcanaliculatis; columellâ uni-
plicatâ.
Cerithium cinctum. Brug. Dict. n°. 3o.
Cerithium cinctum. Ann. ibid. p. 545. n°. 17.

[b] *Var. Anfractuum costis granosis inæqualibus.*
Habite..... Fossile de Pontchartrain, Beynes, la falaise de Houdan, etc.
Longueur, 52 millimètres.

18. Cérite plissée. *Cerithium plicatum.*

*C. testâ turritâ, subcylindricâ; anfractibus longitudinaliter plica-
tis, transversim tri seu quadrisulcatis; labro crenulato.*
Cerithium plicatum. Ann. ibid. n°. 18.
[b] *Var. plicis anfractuum profundioribus et distinctioribus.* Mon
cabinet.
Cerithium plicatum. Brug. Dict. n°. 21.
Habite..... Fossile de Pontchartrain. Cabinet de M. *Defrance.* Longueur, 25 à 28 millimètres.

19. Cérite conoïde. *Cerithium conoideum.*

*C. testâ conicâ, brevi; anfractuum striis transversis quaternis
trinisque granulatis; anfractibus distinctis suprà spiratis.*
Cerithium conoideum. Ann. ibid. n°. 19.
Habite..... Fossile de Houdan. Cabinet de M. *Defrance.* Longueur,
25 millimètres.

20. Cérite confluente. *Cerithium confluens.*

*C. testâ turritâ; anfractibus carinis tribus transversis granulatis:
infimâ eminentiore; granulis confluentibus.*
Cerithium confluens. Ann. ibid. n°. 20.
Habite..... Fossile de Beynes. Cabinet de M. *Defrance.* Longueur,
environ 20 millimètres.

21. Cérite clou. *Cerithium clavus.*

*C. testâ tereti-subulatâ; anfractibus striis transversis binis granu-
latis; granulis verticaliter confluentibus; canali contorto.*
Cerithium clavus. Ann. ibid. p. 346. n°. 21.
[b] *Var. anfractuum striis transversis ternis.*
[c] *Var. granulis vix confluentibus.*
Habite..... Fossile de Beynes. Cabinet de M. *Defrance.* Longueur,
22 millimètres.

22. Cérite bâtonnet. *Cerithium bacillum.*

*C. testâ tereti-subulatâ; anfractuum striis transversis suboc-
tonis obscurè granulosis inæqualibus; costis longitudinalibus
obsoletis.*

Tome VII. 6

Cerithium bacillum. Ann. ibid. n°. 22.

Habite..... Fossile de Beynes. Cabinet de M. *Defrance.* Longueur, environ 20 millimètres.

23. Cérite scabre. *Cerithium scabrum.*

C. testâ pyramidatâ, echinatâ; anfractibus bicarinatis; carinis dentatis : inferiore majore.

Cerithium scabrum. Ann. ibid. n°. 23.

[*b*] *Var. carinarum dentibus minoribus et crebrioribus.*

Habite..... Fossile de Grignon. Cabinet de M. *Defrance.* Longueur, 22 millimètres.

24. Cérite aspérelle. *Cerithium asperellum.*

C. testâ conicâ; anfractibus bicarinatis : carinis multidentatis, obsoletè costatis, subæqualibus.

Cerithium asperellum. Ann. ibid. p. 347. n°. 24.

[*b*] *Var. spirâ productiore; anfractibus vix costellatis.*

Habite..... Fossile de Grignon, Pontchartrain. Cabinet de M. *Défrance.* Longueur, à peine 12 millimètres.

25. Cérite trois-stries. *Cerithium tristriatum.*

C. testâ turritâ; anfractibus convexis, transversìm striatis: striis tribus eminentioribus; costellis verticalibus subarcuatis.

Cerithium turritellatum. Ann. ibid. n°. 25.

[*b*] *Var. costellis brevioribus et rarioribus.*

[*c*] *Var. costellis minoribus, magis confertis et arcuatis.*

Habite..... Fossile de Beynes. Cabinet de M. *Defrance.* Longueur, 25 à 26 millimètres.

26. Cérite mitre. *Cerithium mitra.*

C. testâ conicâ; anfractibus suprà depressis, transversìm quadri-striatis : infimis dentato-coronatis; supremis costellis granosis verticalibus.

Cerithium mitra. Ann. ibid. n°. 26.

Habite..... Fossile de Beynes, Grignon. Cabinet de M. *Defrance.* Longueur, 17 millimètres.

27. Cérite pleurotomoïde. *Cerithium pleurotomoides.*

C. testâ conico-turritâ; anfractibus tuberculis obtusis biserialibus; labro emarginato rotundato.

Cerithium pleurotomoides. Ann. ibid. p. 548. n°. 27.

Habite..... Fossile de Grignon et de Crépy en Valois. Cabinet de M. *Defrance.* Longueur, 11 millimètres.

28. Cérite enveloppée. *Cerithium involutum.*

C. testâ conico-turritâ; anfractibus planis involuto-imbricatis : inferioribus lœvibus; superioribus striato-granulatis.
Cerithium involutum. Ann. ibid. n°. 28.
Habite..... Fossile de Houdan. Cabinet de M. *Defrance.* Longueur, 28 millimètres.

29. Cérite tuberculeuse. *Cerithium tuberculosum.*

C. testâ turritâ, echinatâ; anfractuum costis transversis binis tuberculatis: superiori tuberculis validioribus; margine inferiore crenato.
Cerithium tuberculosum. Ann. ibid. n°. 29.
Habite..... Fossile de Courtagnon. Mon cabinet. Longueur, 38 millimètres.

3o. Cérite bicarinée. *Cerithium bicarinatum.*

C. testâ turritâ; anfractibus bicarinatis; carinis subangulatis.
Cerithium bicarinatum. Ann. ibid. n°. 3o.
Habite..... Fossile de Betz, près Crépy. Mon cabinet. Longueur, 23 millimètres.

31. Cérite cabestan. *Cerithium trochleare.*

C. testâ conicâ, subturritâ, multicarinatâ; anfractibus septis verticalibus subfavosis; canali contorto.
Cerithium trochleare. Ann. ibid. p. 349. n°. 31.
Habite..... Fossile de Grignon, Pontchartrain. Cabinet de M. *Defrance.*

5z. Cérite trochiforme. *Cerithium trochiforme.*

C. testâ conicâ, brevi; striis transversis obsoletis; costis longitudinalibus serialibus crenulatis; aperturâ subquadratâ.
Cerithium trochiforme. Ann. ibid. n°. 32.
Habite..... Fossile de Beynes. Cabinet de M. *Defrance.* Longueur, 6 millimètres.

33. Cérite muricoïde. *Cerithium muricoides.*

*C. testâ ventricoso-conicâ, brevi, transversè striatâ; striis tuber-
culatis et striis granosis intermixtis; anfractibus convexis.*
Cerithium muricoides. Ann. ibid. n°. 33.

Habite..... Fossile de Grignon. Mon cabinet et celui de M. *Defrance.*
Longueur, environ 15 millimètres.

34. Cérite pourpre. *Cerithium purpura.*

*C. testâ conicâ, brevi, transversè striatâ; anfractibus carinatis,
tuberculosis; tuberculis compressis distantibus.*
Cerithium purpura. Ann. ibid. n°. 34.

Habite..... Fossile de Grignon. Cabinet de M. *Defrance.*

35. Cérite conoïdale. *Cerithium conoidale.*

*C. testâ conoideâ, brevi, transversè striatâ; striis inæqualibus:
aliis punctatis, aliis subtuberculosis; anfractibus planulatis.*
Cerithium conoidale. Ann. ibid. p. 350. n°. 35.

Habite.... Fossile de Grignon. Cabinet de M. *Defrance.* Longueur,
11 ou 12 millimètres.

36. Cérite costulée. *Cerithium costulatum.*

*C. testâ turrito-subulatâ; costellis longitudinalibus noduliformi-
bus; striis transversis obsoletis; spirâ subulatâ.*
Cerithium subulatum. Ann. ibid. n°. 36.
[b] *Var. costellis lævigatis.*

Habite..... Fossile de Grignon. Mon cabinet et celui de M. *Defrance.*

57. Cérite des pierres. *Cerithium lapidum.*

*C. testâ turritâ; anfractibus convexis, obtusis, medio subtubercu-
losis; costellis verticalibus arcuatis obsoletissimis.*
Cerithium lapidum. Ann. ibid. n°. 37.
[b] *Var. anfractibus lævigatis; striis transversis subbinis.*
[c] *Var. anfractibus multistriatis.* Cabinet de M. *Defrance.*

Habite..... Fossile des champs près de Grignon; se trouve aussi dans
les pierres des environs de Paris. Mon cabinet. Longueur, 34 millimètres.

38. Cérite pétricole. *Cerithium petricolum*.

C. testâ tùrritâ, lœvigatâ; anfractibus margine superiore crasso suprâque depresso coronatis : infimis transversè sulcatis.
Cerithium petricolum. Ann. ibid. p. 351. n°. 38.
[b] *Var. anfractuum margine superiore tuberculis raris coronato.*
Habite.... Fossile des pierres des carrières des environs de Paris, dans lesquelles il est incrusté. Mon cabinet. Longueur, 25 ou 30 millimètres.

39. Cérite à rampe. *Cerithium spiratum*.

C. testâ tereti-turritâ, lœvigatâ; anfractibus planiusculis, suprà canaliculatis, basi subunisulcatis; caudâ extùs plicatâ.
Favanne; Conch. pl. 66. fig. O 6.
Cerithium spiratum. Ann. ibid. n°. 39.
Habite..... Fossile de Chaumont. Mon cabinet. Longueur, 72 millimètres.

40. Cérite en colonne. *Cerithium columnare*.

C. testâ tereti-subulatâ, striis verticalibus et transversis decussatâ; anfractibus infra marginem superiorem sulco marginalis.
Cerithium columnare. Ann. ibid. n°. 40.
Habite.... Fossile des environs de Nogent-sur-Marne. Mon cabinet. Longueur, 26 à 28 millimètres.

41. Cérite substriée. *Cerithium substriatum*.

C. testâ conico-turritâ, sublœvigatâ; anfractibus inferioribus striis transversis laxis simplicibus : superioribus striis obsoletè crenatis.
Cerithium substriatum. Ann. ibid. p. 352. n°. 41.
Habite..... Fossile de Maulette. Mon cabinet et celui de M. *Defrance.* Longueur, 32 millimètres.

42. Cérite à quatre sillons. *Cerithium quadrisulcatum*.

C. testâ turrito-subulatâ; anfractibus planis, transversìm subquadrisulcatis; aperturâ quadratâ.
Cerithium quadrisulcatum. Ann. ibid. n°. 42.
[b] *Var. anfractibus obsoletè convexis; sulcis profundioribus.*
Habite...... Fossile de Grignon. Cabinet de M. *Defrance.* Longueur, environ 20 millimètres.

43. Cérite ombiliquée. *Cerithium umbilicatum.*

C. testâ turrito-subulatâ; anfractibus planis, transversìm qua-drisulcatis; columellâ umbilicatâ.
Cerithium umbilicatum. Ann. ibid. p. 456. n°. 43.
Habite..... Fossile de Grignon. Longueur, 15 millimètres.

44. Cérite perforée. *Cerithium perforatum.*

C. testâ subulatâ; anfractibus convexiusculis, transversìm mul-tistriatis; columellâ perforatâ.
Cerithium perforatum. Ann. ibid. n°. 44.
[b] *Var. lævigata; striis transversis subnullis; anfractibus obso-letè carinatis.*
Habite..... Fossile de Grignon. Cabinet de M. *Defrance.* Longueur, 16 millimètres.

45. Cérite en cheville. *Cerithium clavosum.*

C. testâ turritâ, lævigatâ; striis transversis obsoletissimis; an-fractibus planis : inferioribus superiores involventibus.
Cerithium clavosum. Ann. ibid. n°. 45.
Habite.... Fossile de Betz et d'autres lieux en France. Cabinet de M. *Defrance.* Longueur, près de 14 centimètres.

46. Cérite cancellée. *Cerithium cancellatum.*

C. testâ turrito-subulatâ; anfractibus convexis, striis transversis et verticalibus cancellatis; columellâ subplicatâ.
Cerithium cancellatum. Ann. ibid. p. 457. n°. 46.
Habite..... Fossile de Grignon. Longueur, 10 millimètres.

47. Cérite subgranuleuse. *Cerithium subgranosum.*

C. testâ turritâ, varicosâ; anfractibus striis transversis et verti-calibus decussatis subgranosis; canali brevissimo.
Cerithium semigranosum. Ann. ibid. n°. 47.
[b] *Var. varicibus nullis.*
Habite..... Fossile de Grignon. Cabinet de M. *Defrance.* Longueur, 12 millimètres.

48. Cérite aiguillette. *Cerithium acicula.*

C. testâ subulatâ, læviusculâ; anfractibus subcarinatis; striis transversis raris vix perspicuis; aperturâ quadratâ.

Cerithium acicula. Ann. ibid. n°. 48.

Habite...... Fossile de Parnes. Cabinet de M. *Defrance.* Longueur, 13 millimètres.

49. Cérite vissée. *Cerithium terebrale.*

C. testâ turritâ, muticâ, subvaricosâ; anfractibus convexis; striis transversis obsoletis.

Cerithium terebrale. Ann. ibid. n°. 49.

[*b*] *Var. brevior et latior; striis nullis.*

Habite..... Fossile de Grignon. Cabinet de M. *Defrance.* Longueur, 8 ou 9 millimètres.

50. Cérite inverse. *Cerithium inversum.*

C. testâ turritâ seu turrito-subulatâ, sinistrorsâ; anfractibus carinis tribus transversis striisque verticalibus subobliquis cancellatis et granulatis.

Cerithium inversum. Ann. ibid. p. 438. n°. 50.

[*b*] *Var. longior et gracilior.*

Habite.... Fossile de Grignon. Cabinet de M. *Defrance.* Longueur, 18 à 20 millimètres.

51. Cérite mélanoïde. *Cerithium melanoides.*

C. testâ ovato-turritâ, transversè tenuissimèque striatâ; aperturâ ovatâ, basi sinu obliquo terminatâ.

Cerithium melanoides. Ann. ibid. n°. 51.

Habite.... Fossile de Grignon. Cabinet de M. *Defrance.* Longueur, à peine 6 ou 7 millimètres.

52. Cérite larve. *Cerithium larva.*

C. testâ cylindrico-turritâ; anfractibus carinis transversis binis granosis æqualibus.

Cerithium larva. Ann. ibid. n°. 52.

Habite.... Fossile de Grignon. Cabinet de M. *Defrance.* Longueur, 3 millimètres.

53. Cérite grêle. *Cerithium gracile.*

C. testâ turrito-subulatâ; anfractibus inverso-imbricatis; striis tribus transversis obscurè granosis.

Cerithium gracile. Ann. ibid. p. 439. n°. 53.

Habite.... Fossile de Grignon. Cabinet de M. *Defrance.* Longueur, environ 9 millimètres.

54. Cérite indécise. *Cerithium incertum.*

C. testâ turritâ; anfractibus convexis; striis transversis distantibus : verticalibus crebrioribus; aperturâ rotundatâ.

Cerithium incertum. Ann. ibid. n°. 54.

Habite.... Fossile de Grignon. Cabinet de M. *Defrance.* Longueur, 7 ou 8 millimètres.

55. Cérite émarginée. *Cerithium emarginatum.*

C. testâ turritâ; transversè sulcatâ; sulcis superioribus granulatis; anfractibus margine superiore subcanaliculatis; labro emarginato.

Cerithium emarginatum. Ann. ibid. n°. 55.

Habite.... Fossile de Grignon. Cabinet de M. *Defrance.* Longueur, 52 millimètres.

56. Cérite ridée. *Cerithium rugosum.*

C. testâ turritâ; anfractibus superioribus decussato-granulatis : inferioribus lœvibus subunisulcatis : infimo subtùs rugoso.

Cerithium rugosum. Ann. ibid. n°. 56.

Habite.... Fossile de Grignon. Cabinet de M. *Defrance.* Longueur, 36 millimètres.

57. Cérite nue. *Cerithium nudum.*

C. testâ turritâ; anfractibus supernè plicatis, transversìm multistriatis; columellâ nudâ.

Cerithium nudum. Ann. ibid. p. 440. n°. 58.

Habite.... Fossile de Grignon. Mon cabinet. Longueur, 58 millimètres.

58. Cérite unisillonnée. *Cerithium unisulcatum.*

C. testâ turritâ, transversìm multistriatâ; anfractibus sulco submediano distinctis; plicis nullis.

Cerithium unisulcatum. Ann. ibid. n°. 59.

[b] *Var. minima, nitidula; striis transversis subnullis.*

Habite.... Fossile de Grignon. Mon cabinet et celui de M. *Defrance.* Longueur, près de 18 millimètres.

59. Cérite turritellée. *Cerithium turritellatum.*

C. testâ turritâ; anfractibus convexis, transversìm striatis; striis inæqualibus.

Cerithium turritellatum. Ann. ibid. p. 441. n°. 60.

Habite.... Fossile de Crépy. Cabinet de M. *Defrance.* Longueur, 8 ou 9 millimètres.

60. Cérite géante. *Cerithium giganteum.*

C. [testâ turritâ, longissimâ, transversè striatâ; anfractibus supernè tuberculato-nodosis; columellâ subbiplicatâ.

Cerithium giganteum. Ann. ibid. p. 439. n°. 57.

Habite.... Fossile de Grignon. Mon cabinet. Cette cérite singulière, tant par sa taille que par sa forme, et qui se trouve fossile à Grignon, est d'autant plus intéressante à considérer, que c'est précisément la même espèce qui est actuellement vivante dans les mers de la Nouvelle-Hollande; ce que constatent les deux individus de mon cabinet, dont l'un, dans l'état frais ou vivant, se trouve mentionné en tête de ce genre, et l'autre est le fossile dont il est ici question. Dans tous les deux, il n'y a réellement qu'un pli à la columelle; mais la base de cette columelle se relève en un bourrelet oblique qui borde le canal et qui a l'apparence d'un second pli. La longueur de l'individu fossile de ma collection est d'environ un pied; mais on en trouve qui sont un peu plus grands encore.

Le fait très-remarquable que présente cette espèce, dont les individus, dans deux états très-différens, se trouvent maintenant dans des régions du globe si éloignées l'une de l'autre, sans offrir néanmoins dans leur forme aucune différence notable, prouve assurément selon nous que les divers climats de la terre ont nécessairement changé, et les preuves que nous fournit ce fait ne sont pas les seules que nous puissions citer : nous en offrirons d'autres effectivement dans le cours de cet ouvrage.

PLEUROTOME. (*Pleurotoma.*)

Coquille soit turriculée, soit fusiforme, terminée inférieurement par un canal droit, plus ou moins long. Bord droit
muni, dans sa partie supérieure, d'une entaille ou d'un sinus.

*Testa vel turrita, vel fusiformis, infernè canali recto,
plùs minùsve elongato terminata. Labrum supernè fissurá
vel sinu emarginatum.*

OBSERVATIONS.

Jusqu'à présent les *pleurotomes* furent confondus avec les *murex* par Linné, et avec les fuseaux par Bruguières. Ils sont cependant très-distincts des uns et des autres, soit parce qu'ils manquent
de varices dont les *murex* sont pourvus, soit par l'entaille ou l'é-
chancrure singulière de leur bord droit, laquelle manque généralement dans les fuseaux, ainsi que dans les *murex.*

Je les avais distingués eux-mêmes en deux genres, séparant
ceux qui ont le canal allongé de ceux qui ont le canal court, et
donnant à ces derniers le nom de *clavatule* et celui de *pleurotome*
aux premiers ; mais les nuances intermédiaires qu'offrent certaines
espèces, relativement à la longueur du canal, m'ont engagé depuis
à réunir ces coquilles en un seul genre, en n'ayant égard qu'à l'entaille que présente le bord droit de leur ouverture, vers sa partie
supérieure.

J'ignore si tous ces coquillages offrent la singulière particularité
que mentionne d'*Argenville* à l'égard d'une de leurs espèces [1].
Selon cet auteur, lorsque l'animal rampe, il soutient à la fois sa
coquille et son manteau sur un pédicule assez allongé qui naît verticalement de son dos, ce qui le fait souvent trébucher, par suite
du poids qu'il supporte ; mais au lieu de s'en inquiéter, il reprend
aussitôt sa première attitude, et continue de ramper. Son manteau,

---

[1] Zoomorphose, pl. 4. fig. B.

toujours selon le même auteur, déborde sur les côtés de la coquille, et est terminé antérieurement par un prolongement en forme de tube. Un petit opercule oblong et corné est attaché à son pied.

Si d'après cette description, c'est le corps même de l'animal qui rampe sur le sol, il faut donc supposer qu'il ne soit nullement contourné en spirale, ce qui serait absolument contraire à tout ce que l'on observe à cet égard dans les trachélipodes.

ESPÈCES.

1. Pleurotome impérial. *Pleurotoma imperialis.*

Pl. testá abbreviato-fusiformi, medio ventricosissimá, tuberculi-ferá, squalidé rufá; anfractibus supernè squammis complicatis brevibus coronatis : ultimo medio lœvigato, basi striato.

Clavatula imperialis. Encyclop. pl. 440. f. 1. a. b.

Habite..... Mon cabinet. Son dernier tour, ventru dans le milieu, est plus grand que la spire. Longueur, 16 lignes trois quarts.

2. Pleurotome auriculifère. *Pleurotoma auriculifera.*

Pl. testá subturritá, infernè ventricosá, tuberculato-spinosá, lividá; anfractibus supernè squammis complicatis spiniformibus coronatis; spinis inferioribus auriculiformibus; caudá brevissimá.

Strombus lividus. Lin. Gmel. p. 3523. n°. 49.

Chemn. Conch. 9. t. 136. f. 1269. 1270.

Clavatula auriculifera. Encyclop. pl. 439. f. 10. a. b.

Habite..... Mon cabinet. Spire plus courte que le dernier tour. Longueur, un pouce.

3. Pleurotome muriqué. *Pleurotoma muricata.*

Pl. testá ovato-conicá, infernè ventricosá, tuberculiferá, striis decussatá, albidá, apice rufescente; anfractibus plano-concavis, supernè tuberculato-muricatis : ultimo angulato; caudá brevi, subumbilicatá.

Pleurotoma conica. Encyclop. pl. 439. f. 9. a. b.

Habite..... Mon cabinet. Longueur, 18 lignes.

4. Pleurotome hérissé. *Pleurotoma echinata.*

Pl. testá turritá, tuberculato-echinatá, albidá, maculis elongatis rufescentibus radiatim pictá; anfractibus medio angulatis: angulo tuberculis compressis instructo; caudá brevi, attenuatá.

Clavatula echinata. Encyclop. pl. 439. f. 8.
Habite..... Mon cabinet. Longueur, 20 lignes et demie.

5. Pleurotome flavidule. *Pleurotoma flavidula.*

Pl. testâ turrito-subulatâ, longitudinaliter subplicatâ, transversìm striatâ, flavidulâ; anfractuum plicis è margine inferiore ante superiorem evanidis; caudâ brevi.

Habite dans la mer Rouge. Mon cabinet. Ses plis naissent du bord inférieur de chaque tour et se terminent avant d'avoir atteint l'autre bord. Longueur, 17 lignes.

6. Pleurotome interrompu. *Pleurotoma interrupta.*

Pl. testâ turrito-subulatâ, longitudinaliter et interruptè costatâ, transversìm tenuissimè striatâ, pallidè fulvâ; anfractibus margine superiore cingulatis; costis lævibus, rufis, è margine inferiore enatis, cingulo terminatis; caudâ brevi.
Encyclop. pl. 438. f. 1. a. b.
Habite..... Mon cabinet. Longueur, 14 lignes.

7. Pleurotome crénulaire. *Pleurotoma crenularis.*

Pl. testâ turrito-acutâ, transversìm sulcatâ; anfractibus infernè griseis, supernè rufo-violaceis, nodoso-crenatis; nodis albis, lævibus; suturis marginatis; caudâ breviusculâ.
Clavatula crenularis. Encyclop. pl. 440. f. 3. a. b. *Mala.*
Habite..... Mon cabinet. La figure citée rend mal les nodosités oblongues qui couronnent l'angle supérieur de chacun de ses tours. Longueur, 15 lignes et demie.

8. Pleurotome cerclé. *Pleurotoma cincta.*

Pl. testâ oblongâ, cylindraceo-attenuatâ, succinctâ, flavo-rufescente; anfractibus annulis tumidis lævibus cinctis; caudâ brevi.
Habite les mers de l'Ile-de-France. Mon cabinet. Coquille courte, un peu renflée vers son milieu, et entièrement cerclée. Longueur, 7 lignes trois quarts.

9. Pleurotome unizonal. *Pleurotoma unizonalis.*

Pl. testâ subturritâ, longitudinaliter costellatâ, albido-griseâ; ultimo anfractu zonâ fuscâ cincto; caudâ subnullâ; columellâ supernè callosâ.
Habite..... Mon cabinet. Longueur, 9 lignes trois quarts.

10. Pleurotome rayé. *Pleurotoma lineata.*

Pl. testâ subfusiformi, caudatâ, ventre lœvi, albidâ; lineis lon-
gitudinalibus undulato–angulatis spadiceis; ultimo anfractu
supernè angulato; spirâ minimâ, mucronatâ; caudâ longius-
culâ, striatâ; columellâ supernè callosâ.

Clavatula lineata. Encyclop. pl. 440. f. 2. a. b.

[b] *Var. testâ castaneâ, fusco-lineatâ.*

Habite..... Mon cabinet. Coquille assez jolie, renflée et subanguleuse
au sommet de son dernier tour, et ayant la forme d'une massue
mucronée. Longueur, un pouce. Sa variété, qui n'en diffère que
par la coloration, a 11 lignes un quart.

11. Pleurotome escalier. *Pleurotoma spirata.*

Pl. testâ subfusiformi, caudatâ, lœviusculâ, albidâ, luteo-nebu-
losâ; anfractibus supernè planis, acutè angulatis : parte su-
periore in aream planam spiraliter ascendente; caudâ longius-
culâ.

Encyclop. pl. 440. f. 5. a. b.

An murex Perron? Chemn. Conch. 10. t. 164. f. 1573. 1574.

Gmel. p. 3559. n°. 167?

Habite les mers de la Chine. Mon cabinet. La figure citée de *Chem-*
niz offre, sur la base du dernier tour, des sillons dont notre coquille est absolument dépourvue. Longueur, 15 lignes et demie.

12. Pleurotome fascial. *Pleurotoma fascialis.*

Pl. testâ subfusiformi, caudatâ, transversìm striatâ et carinatâ,
albo et rufo alternatìm fasciatâ; anfractibus supernè angulato-
carinatis; caudâ breviusculâ.

Habite.... Mon cabinet. Elle est très distincte de la précédente, quoique, par sa forme générale, elle en soit rapprochée; mais ses tours,
au-dessus de leur angle supérieur, n'offrent qu'un talus en spirale
et non une rampe aplatie. Longueur, environ 20 lignes.

13. Pleurotome bimarginé. *Pleurotoma bimarginata.*

Pl. testâ fusiformi-turritâ, crassiusculâ, transversìm sulcatâ,
obsoletè decussatâ, fulvo-rubente; anfractibus medio concavis
et fuscatis, supernè infernèque marginatis; caudâ brevi.

Habite.... Mon cabinet. Longueur, 21 lignes.

14. Pleurotome buccinoïde. *Pleurotoma buccinoïdes.*

Pl. testâ turritâ, longitudinaliter costatâ, fulvâ aut fusco-nigri-cante; anfractibus convexiusculis; costellis subobliquis, è margine inferiore anfractuum enatis, ante suturas terminatis; aperturâ basi emarginatâ, ecaudatâ.

Martini, Conch. 4. t. 155. f. 1464. 1465.

Buccinum phallus. Gmel. p. 3503, n°. 146.

Habite l'Océan des grandes Indes. Mon cabinet. Coquille très-singulière en ce que son ouverture offre à sa base l'échancrure des buccins et n'a aucun canal, tandis que son bord droit présente supérieurement l'entaille ou le sinus des pleurotomes. Longueur, 2 pouces.

15. Pleurotome cingulifère. *Pleurotoma cingulifera.*

Pl. testâ turrito-subulatâ, transversìm striatâ, sulcatâ et cingulatâ, albâ; anfractibus convexiusculis, prope suturas cingulo unico circumvallatis : cingulo maculis quadratis rufis picto; caudâ brevi, recurvâ; labro margine scabro.

Habite..... Mon cabinet. Belle espèce, très-distincte, et qu'il est étonnant de trouver inédite. Longueur, 2 pouces 4 lignes.

16. Pleurotome unicolor. *Pleurotoma virgo.*

Pl. testâ fusiformi, transversìm striatâ et carinatâ, albâ aut fulvâ, immaculatâ; anfractibus convexis, medio carinâ majore cinctis; caudâ elongatâ.

D'Argenv. Zoomorph. pl. 4. fig. B.

Favanne, Conch. pl. 71. fig. D.

Martini, Conch. 4. p. 145. vign. 39. fig. B.

Encyclop. pl. 439. f. 2.

Habite..... Mon cabinet. Longueur, 3 pouces 9 lignes.

17. Pleurotome tour-de-Babel. *Pleurotoma babylonia.*

Pl. testâ fusiformi-turritâ, transversìm carinatâ et cingulatâ, albâ; cingulis nigro-maculatis : maculis quadratis; anfractibus convexis; caudâ longiusculâ.

Murex babylonius. Lin. Gmel. p. 3541. n°. 52.

Lister, Conch. t. 917. f. 11.

Rumph. Mus. t. 29. fig. L.

Petiv. Amb. t. 4. f. 7.

Gualt. Test. t. 52. fig. N.

D'Argenv. Conch. pl. 9. fig. M.
Favanne, Conch. pl. 33. fig. D ?
Seba, Mus. 3. t. 79. *figuræ laterales.*
Knorr, Vergn. 4. t. 13. f. 2.
Martini, Conch. 4. t. 143 f. 1331. 1332.
Pleurotoma babylonia. Encyclop. pl. 439. f. 1. a. b.
Habite l'Océan des grandes Indes et des Moluques. Mon cabinet.
Longueur, 3 pouces une ligne.

18. Pleurotome ondé. *Pleurotoma undosa.*

*Pl. testâ fusiformi-turritâ, transversìm striatâ et carinatâ, albâ,
strigis longitudinalibus undatis rufis ornatâ; anfractibus convexis, médio carinâ majore cinctis; caudâ breviusculâ.*
Encyclop. pl. 439. f. 5.
Habite..... Mon cabinet. Longueur, 2 pouces 4 lignes.

19. Pleurotome marbré. *Pleurotoma marmorata.*

*Pl. testâ fusiformi, transversìm striatâ et carinatâ, albo et rufo
marmoratâ; anfractibus convexis, medio carinâ majore cinctis;
caudâ elongatâ.*
Martini, Conch. 4. t. 145. f. 1345. 1346.
Habite..... Mon cabinet. Coquille remarquable par la profondeur de
son entaille que la figure citée de *Martini* ne rend pas. Longueur,
2 pouces 3 lignes.

20. Pleurotome tigré. *Pleurotoma tigrina.*

*Pl. testâ fusiformi-turritâ, multicarinatâ, albido-griseâ, nigro-
punctatâ; anfractibus convexis, medio carinâ majore cinctis;
caudâ longiusculâ.*
Pleurotoma marmorata. Encyclop. pl. 439. f. 6.
Habite.... Mon cabinet. Il diffère du précédent par sa queue plus
courte, ses carènes plus inégales et plus nombreuses, et les points
noirs dont il est muni. Son entaille est encore très-profonde. Longueur, 2 pouces une ligne.

21. Pleurotome crêpu. *Pleurotoma crispa.*

*Pl. testâ fusiformi, transversìm carinatâ, albidâ, lineolis rufis
longitudinalibus interruptis pictâ; anfractibus convexis, multicarinatis; carinarum interstitiis imbricato-crispis; caudâ elongatâ.*

Encyclop. pl. 439. f. 4.
Habite.... Mon cabinet. Longueur, 2 pouces une ligne.

22. Pleurotome albin. *Pleurotoma albina.*

Pl. testâ fusiformi-turritâ, tenuissimè decussatâ, albâ; anfracti-
bus supernè angulatis: angulo punctis quadratis rufis maculato;
caudâ gracili, spirâ breviore.

Habite.... Mon cabinet. Coquille grêle, ainsi que la précédente. Longueur, 19 lignes et demie.

23. Pleurotome nodifère. *Pleurotoma nodifera.*

Pl. testâ fusiformi-turritâ, fulvo-rubente; anfractibus medio an-
gulatis, ultra angulum lævibus, infrà transversìm sulcatis:
angulo nodulis oblongis obliqùis uniseriatis cincto; caudâ spirâ
breviore.

Pleurotoma javana. Encyclop. pl. 439. f. 3.
An murex javanus? Lin. Gmel. p. 3541. n°. 53.

Habite..... Mon cabinet. Les figures citées par *Gmelin* comme synonymes du *murex javanus* de Linné n'appartiennent point à mon
espèce, ni probablement à celle de Linné. Longueur, 20 lignes.

Espèces fossiles.

1. Pleurotome striatulé. *Pleurotoma striatulata.*

Pl. testâ fusiformi-turritâ, transversìm tenuiter striatâ; anfracti-
bus convexiusculis, supernè striâ eminentiore cinctis: ultimo
plicis longitudinalibus obsoletis et obliquis distincto.

Habite.... Fossile des environs de Bordeaux. Mon cabinet. Longueur,
2 pouces 4 lignes. Queue un peu fruste.

2. Pleurotome semi-marginé. *Pleurotoma semimarginata.*

Pl. testâ fusiformi-turritâ; anfractibus lævibus: supremis supernè
infernèque marginatis, subconcavis; inferioribus planulatis;
caudâ sulcatâ.

Habite.... Fossile des environs dè Bordeaux. Mon cabinet. Longueur,
2 pouces 3 lignes. Son dernier tour est subanguleux à sa base.

3. Pleurotome aspérulé. *Pleurotoma asperulata.*

Pl. testâ subturritâ, transversim sulcatâ, tuberculis acutis muri-
catâ; anfractibus medio angulato-tuberculatis: ultimo sulcis sca-
bris distincto; caudâ brevi.

Habite..... Fossile des environs de Bordeaux. Mon cabinet. Longueur,
environ 22 lignes.

4. Pleurotome ridé. *Pleurotoma turris.*

Pl. testâ fusiformi-turritâ, transversim sulcato-rugosâ; striis lon-
gitudinalibus tenuissimis, in areis planulatis perundulatis; an-
fractibus infra medium angulatis, ultra angulum plano-conca-
vis, prope suturas marginatis.

Encyclop. pl. 441. f. 7. a. b.

Habite.... Fossile des environs de Sienne en Italie. Mon cabinet. Deux
pouces une ligne et demie.

5. Pleurotome courte-queue. *Pleurotoma turbida.*

Pl. testâ subturritâ, transversim sulcatâ, longitudinaliter tenuis-
simè striatâ: striis undulatis; anfractibus infernè angulatis,
ultra angulum plano-concavis: angulo nodulifero; caudâ brevi.

Encyclop. pl. 441. f. 8.

An murex turbidus? Brander, Foss. p. 19. t. 2. f. 31.

Habite.... Fossile du Piémont. Mon cabinet. Longueur, 17 lignes et
demie.

6. Pleurotome à filets. *Pleurotoma filosa.*

Pl. testâ ovato-fusiformi, lineis transversis elevatis distinctis cinc-
tâ; labro alæformi.

Encyclop. pl. 440. f. 6. a. b.

Pleurotoma filosa. Ann. du Mus. vol. 3. p. 164. n°. 1.

Habite.... Fossile de Grignon. Mon cabinet. Longueur, 38 millimètres.

7. Pleurotome à petites lignes. *Pleurotoma lineolata.*

Pl. testâ ovato-fusiformi, lineis transversis coloratis subinterrup-
tis cinctâ; labro alæformi.

Encyclop. pl. 440. f. 11. a. b.

Pleurotoma lineolata. Ann. ibid. p. 165. n°. 2.

Habite.... Fossile de Grignon. Mon cabinet. Longueur, 28 millimètres.

8. Pleurotome claviculaire. *Pleurotoma clavicularis.*

*Pl. testâ fusiformi-turritâ, subglabrâ, basi transversè sulcatâ;
marginibus anfractuum striato-marginatis; labro alæformi.*
Encyclop. pl. 440. f. 4. *Mala.*
Pleurotoma clavicularis. Ann. ibid. n°. 3.
Habite.... Fossile de Grignon. Mon cabinet. Longueur, au moins 50
millimètres. M. *Defrance* en possède une variété qui a 75 millimètres de longueur, et dont les stries marginales ne sont plus apparentes. Elle a été trouvée à Betz près Crépy.

9. Pleurotome lisse. *Pleurotoma glabrata.*

*Pl. testá fusiformi, glabrâ, subnitidâ; labro alæformi, supérnè
sinu terminato.*
Pleurotoma glabrata. Ann. ibid. n°. 4.
Habite.... Fossile de Grignon. Mon cabinet. Longueur, 35 millimètres.

10. Pleurotome marginé. *Pleurotoma marginata.*

*Pl. testâ fusiformi, glabriusculâ, basi transversè sulcatâ; sulcis
et anfractuum marginibus impresso-punctatis.*
Encyclop. pl. 440. f. 9. a. b.
Pleurotoma marginata. Ann. ibid. p. 166. n°. 5.
[b] *Var. minùs ventricosa.*
[c] *Var. sulcis crispatis, impunctatis.*
Habite.... Fossile de Grignon. Mon cabinet et celui de M. *Defrance.*
Longueur, 15 à 20 millimètres.

11. Pleurotome transversaire. *Pleurotoma transversaria.*

*Pl. testâ fusiformi, transversìm sulcatâ, infernè decussatâ; sinu
maximo; anfractuum medio subcarinato.*
Pleurotoma transversaria. Ann. ibid. n°. 6.
Habite.... Fossile de Betz près Crépy. Cabinet de M. *Defrance.* Longueur, 7 centimètres.

12. Pleurotome à chaînettes. *Pleurotoma catenata.*

*Pl. testá fusiformi, undiquè decussatâ; striis transversis majori-
bus subtuberculatis catenatis; spirâ nodosâ.*
Pleurotoma catenata. Ann. ibid. n°. 7.
Habite.... Fossile de Grignon. Cabinet de M. *Defrance.* Longueur
54 millimètres.

13. Pleurotome denté. *Pleurotoma dentata.*

> *Pl. testâ fusiformi; striis transversis tenuissimis subundatis; an-*
> *fractibus medio carinato-nodosis.*
> *An murex exortus?* Brand. Foss. p. 20. f. 32.
> Encyclop. pl. 440. f. 8.
> *Pleurotoma dentata.* Ann. ibid. p. 167. n°. 8.
> [b] *Var. caudâ abbreviatâ.*
> [c] *Var. spirâ prælongâ, multidentatâ.* Mon cabinet.
> Habite.... Fossile de Grignon. Mon cabinet et celui de M. *Defrance.*
>   Longueur, 40 à 45 millimètres.

14. Pleurotome ondé. *Pleurotoma undata.*

> *Pl. testâ fusiformi-turritâ, transversìm striatâ; spirâ costellis un-*
> *dato-arcuatis crenulatâ; caudâ breviusculâ.*
> *An murex innexus?* Brand. Foss. p. 19. f. 30.
> Encyclop. pl. 440. f. 10. a. b.
> *Pleurotoma undata.* Ann. ibid. n°. 9.
> [b] *Var. anfractuum costellis eminentioribus et biserialibus.*
> Habite..... Fossile de Grignon. Mon cabinet. Longueur, 35 milli-
>   mètres.

15. Pleurotome multinode. *Pleurotoma multinoda.*

> *Pl. testâ fusiformi-turritâ, transversìm striatâ; anfractibus sub-*
> *marginatis, medio nodulosis.*
> Encyclop. pl. 440. f. 7. a. b.
> *Pleurotoma multinoda.* Ann. ibid. n°. 10.
> Habite..... Fossile de Grignon. Mon cabinet et celui de M. *Defrance.*
>   Longueur, 2 centimètres.

16. Pleurotome crénulé. *Pleurotoma crenulata.*

> *Pl. testâ fusiformi-turritâ, transversè striatâ; anfractibus medio*
> *costellis serialibus rotatìm crenulatis.*
> *Pleurotoma crenulata.* Ann. ibid. p. 168. n°. 11.
> Habite..... Fossile de Grignon. Cabinet de M. *Defrance.* Longueur,
>   18 millimètres.

17. Pleurotome double-chaîne. *Pleurotoma bicatena.*

> *Pl. testâ fusiformi-turritâ, transversè striatâ; anfractibus supernè*
> *biseriatìm nodosis : nodis marginalibus minoribus.*

Pleurotoma bicatena. Ann. ibid. nº; 12.

Habite....Fossile de Grignon. Cabinet de M. *Defrance.* Longueur, 19 millimètres.

18. Pleurotome à petites côtes. *Pleurotoma costellata.*

Pl. testâ ovato-fusiformi, transversìm striatâ; costellis longitudinalibus.

Pleurotoma costellata. Ann. ibid. nº. 13.

Habite.... Fossile de Grignon. Cabinet de M. *Defrance.* Longueur, près de 15 millimètres.

19. Pleurotome plissé. *Pleurotoma plicata.*

Pl. testâ fusiformi-turritâ; striis transversis exiguis; costellis longitudinalibus plicæformibus, curvulis.

Pleurotoma plicata. Ann. ibid. p. 169. nº. 14.

Habite.... Fossile de Grignon. Cabinet de M. *Defrance.* Longueur, 5 ou 6 millimètres.

20. Pleurotome sillonné. *Pleurotoma sulcata.*

Pl. testâ fusiformi-turritâ, infernè decussatâ, costellis crebris curvulisque longitudinaliter sulcatâ.

Pleurotoma sulcata. Ann. ibid. nº. 15.

Habite.... Fossile de Grignon. Cabinet de M. *Defrance.* Longueur, un centimètre.

21. Pleurotome à côtes courbes. *Pleurotoma curvicosta.*

Pl. testâ ovato-fusiformi, transversìm sulcatâ; costellis curvis supernè subbifidis; caudâ brevi.

Pleurotoma curvicosta. Ann. ibid. nº. 16.

Habite.... Fossile de Grignon. Cabinet de M. *Defrance.* Longueur, 15 millimètres.

22. Pleurotome fourchu. *Pleurotoma furcata.*

Pl. testâ fusiformi-turritâ, transversè striatâ; costellis ultra medium coarctatis : infimis basi furcatis.

Pleurotoma furcata. Ann. ibid. nº. 17.

[b] *Var. minor et gracilior; costellis undato-curvis.*

Habite.... Fossile de Grignon. Cabinet de M. *Defrance.* Longueur, 14 millimètres.

23. Pleurotome noduleux. *Pleurotoma nodulosa.*

Pl. testâ ovato-fusiformi; striis transversis obsoletis; spirâ pyra-
midatâ, nonofariàm nodulosâ.
Pleurotoma nodulosa. Ann. ibid. p. 170. n°. 18.
[b] *Var. spirâ breviore, octofariàm nodulosâ.*
Habite.... Fossile de Grignon. Cabinet de M. *Defrance.* Longueur,
près de 14 millimètres.

24. Pleurotome ventru. *Pleurotoma ventricosa.*

Pl. testâ ovato-fusiformi, caudatâ, medio-ventricosâ; striis trans-
versis; anfractibus costellis brevissimis æmulantibus.
Pleurotoma ventricosa. Ann. ibid. p. 266. n°. 19.
Habite.... Fossile de Grignon. Cabinet de M. *Defrance.* Longueur,
12 millimètres.

25. Pleurotome térébral. *Pleurotoma terebralis.*

Pl. testâ fusiformi, subventricosâ; striis transversis eleganter gra-
nulatis; anfractibus exquisitè carinatis : carinis dentatis rota-
formibus.
Pleurotoma terebralis. Ann. ibid. n°. 20.
Habite.... Fossile de Parnes. Cabinet de M. *Defrance.* Longueur,
près de 14 millimètres.

26. Pleurotome granulé. *Pleurotoma granulata.*

Pl. testâ subturritâ, undiquè granulatâ; granulorum seriebus
transversis, in anfractuum medio elevatioribus; caudâ brevis-
simâ.
Pleurotoma granulata. Ann. ibid. n°. 21.
Habite.... Fossile de Parnes. Cabinet de M. *Defrance.* Longueur, 11
millimètres.

27. Pleurotome à côtes pliées. *Pleurotoma inflexa.*

Pl. testâ subturritâ, transversìm striatâ; costellis plurimis medio
inflexis; anfractibus carinâ granulatâ distinctis.
Pleurotoma inflexa. Ann. ibid. p. 267. n°. 22.
Habite.... Fossile de Grignon. Cabinet de M. *Defrance.* Longueur,
8 millimètres.

28. Pleurotome tourelle. *Pleurotoma turrella.*

> *Pl. testâ subturritâ, transversìm striatâ; anfractibus carinatis;
> spirâ supernè tuberculatâ.*
> *Pleurotoma turrella.* Ann. ibid. n°. 23.
> [b] *Var. tuberculis spiræ nullis.*
> Habite.... Fossile de Grignon. Cabinet de M. *Defrance.* Longueur,
> 6 à 9 millimètres.

29. Pleurotome striarelle. *Pleurotoma striarella.*

> *Pl. testâ fusiformi-turritâ, muticâ; striis transversis tenuissimis
> contiguis; costis raris obsoletis.*
> *Pleurotoma striarella.* Ann. ibid. n°. 24.
> Habite.... Fossile de Grignon. Cabinet de M. *Defrance.* Longueur,
> 8 millimètres.

30. Pleurotome treillissé. *Pleurotoma decussata.*

> *Pl. testâ fusiformi-turritâ, striis transversis longitudinalibusque
> decussatâ; spirâ nodulosâ.*
> *Pleurotoma decussata.* Ann. ibid. n°. 25.
> Habite.... Fossile de Grignon. Mon cabinet. Longueur, 16 milli-
> mètres.

———

TURBINELLE. (Turbinella.)

Coquille turbinée ou subfusiforme, canaliculée à sa
base, ayant sur la columelle trois à cinq plis comprimés
et transverses.

*Testa turbinata vel subfusiformis, basi canaliculata.
Columella plicis tribus ad quinque compressis et transversalibus instructa.*

OBSERVATIONS.

La plupart des *turbinelles* furent rapportées par Linné à son
genre *voluta*; il laissa les autres parmi ses *murex*. Quoique la columelle de ces coquilles soit chargée de plis remarquables, il est

certain qu'elles ont beaucoup plus de rapports avec les *murex* qu'avec les volutes. Le canal de la base de leur ouverture les éloigne sans contredit de ces dernières, et suffit pour les en séparer; de même, leur défaut de varices s'oppose à ce qu'on les associe avec les *murex*. Il ne parait pas d'abord aussi aisé de les distinguer des fasciolaires; néanmoins la direction des plis de leur columelle m'a autorisé à les en séparer.

L'animal de ces coquilles est muni d'un petit opercule suborbiculaire et corné; il a deux tentacules obtus et en massue; les yeux saillans et situés à la base extérieure de ces tentacules; son manteau est terminé par un prolongement plié en tube, qui passe par le canal de la coquille. [D'Argenv. Zoomorph. pl. 3. fig. E.]

ESPÈCES.

1. Turbinelle artichaut. *Turbinella scolymus.*

> *T. testâ subfusiformi, medio ventricosâ, tuberculatâ, pallidè fulvâ; spirâ conicâ, tuberculato-nodosâ; ultimo anfractu supernè tuberculis magnis coronato; caudâ transversim sulcatâ; columellâ aurantiâ, triplicatâ.*

Martini, Conch. 4. t. 142. f. 1325.

Murex scolymus. Gmel. p. 3553. n°. 101.

Turbinella scolymus. Encyclop. pl. 431 bis. f. 2, a, b.

Habite.... l'Océan des grandes Indes? Mon cabinet. Coquille grande, épaisse, pesante, très-tuberculeuse supérieurement. Longueur, 9 pouces. Vulg. *l'artichaut.*

2. Turbinelle rave. *Turbinella rapa.*

> *T. testâ subfusiformi, medio ventricosâ, crassâ, ponderosissimâ, muticâ, albâ; anfractibus supernè basim præcedentis obtegentibus; caudâ breviusculâ; columellâ subquadriplicatâ.*

Knorr, Vergn. 6. t. 39. f. 1.

Martini, Conch. 3. t. 95. f. 916.

Encyclop. pl. 431. bis. f. 1.

Habite l'Océan des grandes Indes. Mon cabinet. Cette espèce, bien distincte, a été confondue par *Gmelin* avec le *voluta pyrum* de *Linné.* Mais elle n'est jamais mucronée à son sommet, devient beaucoup plus grosse et plus grande, très-massive, fort pesante, et n'offre qu'à son sommet et sur sa queue des stries que les marchands font disparaître en la polissant. Elle a sur la columelle trois véritables plis, et un faux à la naissance de la queue. Longueur, 6 pouces 9 lignes.

3. Turbinelle navet. *Turbinella napus.*

T. testâ abbreviato-clavatâ, ventricosissimâ, crassâ, ponderosâ; muticâ, subecaudatâ, albido-fulvâ; spirâ brevi, mucrone parvo terminatâ; caudâ non striatâ; columellâ triplicatâ.

Habite..... l'Océan des grandes Indes? Mon cabinet. Cette espèce paraît avoir de grands rapports avec celle dont *Chemniz* donne la figure dans sa Conch. [vol. 9, t. 104, f. 884, 885]; mais, outre que celle-ci est sinistrale, sa queue est un peu plus allongée que dans la mienne, et son bord columellaire est fortement réfléchi. La coquille que je mentionne ici ressemble à une grosse poire un peu raccourcie. Longueur, 4 pouces 3 lignes.

4. Turbinelle poire. *Turbinella pyrum.*

T. testâ supernè ventricoso-clavatâ, pyriformi, caudatâ, albido-fulvâ, maculis spadiceis punctiformibus pictâ; spirâ parvâ, mucrone tenui terminatâ: apice mamillato; caudâ longiusculâ, striatâ; columellâ quadriplicatâ.

Voluta pyrum. Lin. Syst. Nat. 2. p. 1195. n°. 433.

Lister, Conch. t. 816. f. 26. 27.

Rumph. Mus. t. 36. f. 7.

Knorr, Vergn. 6. t. 27. f. 2.

Martini, Conch. 3. t. 95. f. 918. 919.

Chemn. Conch. 11. t. 176. f. 1697. 1698.

Habite l'Océan des grandes Indes. Mon cabinet. Coquille agréablement tachetée ou ponctuée, surtout dans les jeunes individus; sa spire est légèrement noduleuse, ainsi que le sommet du dernier tour. Longueur, 3 pouces 10 lignes.

5. Turbinelle aigrette. *Turbinella pugillaris.*

T. testâ turbinatâ, umbilicatâ, crassâ, ponderosâ, transversìm sulcatâ, tuberculiferâ, albâ; ultimo anfractu supernè infernèque tuberculis conico-acutis muricato; columellâ quinqueplicatâ: plicis inæqualibus.

Lister, Conch. t. 810. f. 19.

Knorr, Vergn. 6. t. 35. f. 1.

Martini Conch. 3. t. 99. f. 949. 950.

Turbinella capitellum. Encyclop. pl. 431 bis. f. 3.

Habite l'Océan des Antilles. Mon cabinet. Coquille presque de la grosseur du poing, massive, pesante, sans queue particulière. Son dernier tour offre supérieurement une rangée de tubercules, et, près de sa base, trois autres inégales. Spire pointue, très-muriquée. Longueur, 3 pouces 7 lignes. Vulg. l'*aigrette*.

6. Turbinelle rhinocéros. *Turbinella rhinoceros.*

T. testâ ovato-turbinatâ, subtrigonâ, perforatâ, crassâ, transversim sulcatâ, tuberculiferâ, albâ, castaneo-venosâ; ultimo anfractu supernè tuberculis posticè furcatis subgeminatis coronato et prope basim tuberculis simplicibus muricato; columellâ fulvâ, triplicatâ; labro crenulato, intùs sulcato.

Voluta rhinoceros. Chemn. Conch. 10. t. 150. f. 1407. 1408.
Gmel. p. 3458. n°. 128.

Habite les mers de la Nouvelle-Guinée. Mon cabinet. Coquille fort rare, à spire courte, noduleuse, presque mucronée. Longueur, 3 pouces 2 lignes.

7. Turbinelle cornigère. *Turbinella cornigera.*

T. testâ ovato-turbinatâ, subtrigonâ, transversè sulcatâ, tuberculis albis undìquè muricatâ: tuberculorum interstitiis nigris; ultimo anfractu supernè tuberculis elongatis crassis posticè trifurcatis coronato et prope basim aliis simplicibus muricato; spirâ brevissimâ, acuminatâ; columellâ quadriplicatâ.

Voluta turbinellus. Lin. Gmel. p. 3462. n°. 99.
Bonanni, Recr. 3. f. 373.
Rumph. Mus. t. 24 fig. B.
Gualt. Test. t. 26. fig. L.
D'Argenv. Conch. pl. 14. fig. P.
Seba, Mus. 3. t. 60. f. 8.
Knorr, Vergn. 2. t. 2. f. 3. et t. 13. f. 2. 3.
Martini, Conch. 3. t. 99. f. 944.
Chemn. Conch. 11. t. 179. f. 1725. 1726.

Habite l'Océan des grandes Indes et-des Moluques. Mon cabinet. Celle-ci tient de très-près au *T. rhinoceros* par ses rapports; mais elle n'est point ombiliquée. Sa spire est armée de longs tubercules qui, ainsi que ceux de son dernier tour, ressemblent presque à des cornes. Vulg. la *dent-de-chien*. Longueur, 2 pouces 8 lignes.

8. Turbinelle de Céram. *Turbinella ceramica.*

T. testâ fusiformi, transversìm sulcatâ, tuberculis muricatâ, albo et nigro variâ; ultimo anfractu supernè tuberculis longis posticè furcatis echinato, medio basique, aliis simplicibus armato; spirâ conicâ, supernè muticâ; columellâ quinquéplicatâ.

Voluta ceramica. Lin. Gmel. p. 3462. n°. 101.

Lister, Conch. t. 829. f. 51.

Bonanni, Recr. 3. f. 286.

Rumph. Mus. t. 24. fig. A. et t. 49. fig. L.

Petiv. Amb. t. 11. f. 13.

Gualt. Test. t. 55. fig. D.

D'Argenv. Conch. pl. 15. fig. E.

Favanne. Conch. pl. 24. fig. C 5.

Knorr, Vergn. 2. t. 2. f. 2.

Martini, Conch. 3. t. 99. f. 943.

Habite l'Océan des Moluques, près de l'île de Céram. Mon cabinet. Elle se distingue éminemment par sa forme allongée. Point d'ombilic. Vulg. la *chausse-trappe.* Longueur, 3 pouces 2 lignes.

9. Turbinelle muriquée. *Turbinella capitellum.*

T. testâ ovato-subfusiformi, umbilicatâ, longitudinaliter costatâ, sulcis scaberrimis cinctâ, tuberculis acutis muricatissimâ, albâ; anfractibus angulatis : ultimo supernè basique tuberculis longis armato; spirâ conicâ; columellâ triplicatâ.

Voluta capitellum. Lin. Gmel. p. 3462. n°. 100.

Bonanni, Recr. 3. f. 270.

Gualt. Test. t. 37. fig. A.

D'Argenv. Conch. pl. 15. fig. K.

Seba, Mus. 3. t. 49. f. 76.

Knorr, Vergn. 6. t. 35. f. 2.

Martini, Conch. 3. t. 99. f. 947. 948.

Chemn. Conch. 11. t. 179. f. 1723. 1724.

Turbinella muricata. Encyclop. pl. 431 bis. f. 4. a. b.

Habite..... l'Océan indien ? Mon cabinet. Ses tours sont anguleux et très-muriqués. Longueur, 2 pouces 4 lignes. Il devient plus grand.

10. Turbinelle douce. *Turbinella mitis.*

T. testâ ovatâ, umbilicatâ, longitudinaliter costatâ, transversìm sulcatâ, tuberculato-nodosâ, fulvo-rufescente; tuberculis breviusculis obtusissimis nodiformibus : præcipuis in anfractuum summitatibus; sulcis nodisque albis; columellâ triplicatâ.

Habite.... Mon cabinet. Coquille apparemment très-rare, puisqu'elle paraît inédite : elle est fort remarquable par ses caractères. Longueur, environ 2 pouces.

11. Turbinelle petit-globe. *Turbinella globulus.*

T. testâ ventricoso-globosâ, umbilicatâ, crassâ, transversìm striatâ et sulcatâ, albâ; plicis longitudinalibus crassis; sulcis crenato-scabris; spirâ brevi; aperturâ roseâ; columellâ triplicatâ.

Voluta globulus. Chemn. Conch. 11. t. 178. f. 1715. 1716.
Turbinella globulus. Encyclop. pl. 431 bis. f. 2.

Habite..... Mon cabinet. Jolie coquille, raccourcie, sans queue, et dont l'ouverture est fort étroite. Longueur, 19 lignes.

12. Turbinelle cordon-blanc. *Turbinella leucozonalis.*

T. testâ ovato-acutâ, ventricosâ, muticâ, lævigatâ, rufâ aut fuscâ; anfractibus convexis : ultimo infra medium fasciâ albâ cincto; aperturâ albâ; columellâ triplicatâ.

An Favanne, Conch. pl. 35. fig. H 2?

Habite.... Mon cabinet. La coquille de *Favanne* est plus allongée et moins ventrue que la nôtre. Longueur, 19 lignes.

13. Turbinelle pruniforme. *Turbinella rustica.*

T. testâ ovato-ventricosissimâ, crassâ, lævigatâ, in fundo albo lineis spadiceis aut nigris confertissimis transversìm pictâ; anfractibus convexis; spirâ breviusculâ, tumidâ, apice obtusiusculâ; columellâ subquadriplicatâ.

Lister, Conch. t. 831. f. 55.
Gualt. Test. t. 43. fig. X.
Seba, Mus. 3. t. 54. f. 15. 16.
Knorr, Vergn. 3. t. 14. f. 5.
Martini, Conch. 3. t. 120. f. 1104. 1105.
Buccinum rusticum. Gmel. p. 3486. n°. 65.

Habite l'Océan indien et africain. Mon cabinet. Bord droit légèrement crénelé et strié à l'intérieur. Son ouverture est un peu étroite et d'un beau blanc. Longueur, 20 lignes.

14. Turbinelle porte-ceinture. *Turbinella cingulifera.*

T. testâ fusiformi-turritâ, tuberculato-nodosâ, læviusculâ, nitidâ, aurantiâ; anfractibus medio tuberculato-nodosis : ultimo cingulo lato calloso albo notabili; aperturâ albâ; columellâ triplicatâ.

Lister, Conch. t. 828. f. 50.

Knorr, Vergn. 6. t. 20. f. 7.

Martini, Conch. 4. t. 122. f. 1131. 1132. et t. 123. f. 1133. 1134.

Murex nassa. Gmel. p. 3551. n°. 93.

Fasciolaria cingulifera. Encyclop. pl. 429. f. 1. a. b.

Habite l'Océan des Antilles. Mon cabinet. Espèce très-distincte, variant un peu dans sa coloration, mais toujours munie d'une côte transversale blanche sur son dernier tour. Bord droit strié à l'intérieur. Longueur, 2 pouces 8 lignes.

15. Turbinelle polygone. *Turbinella polygona.*

T. testâ fusiformi, subpolygonâ, longitudinaliter plicatâ, transversìm striatâ, fulvo-rufescente; plicis distantibus nigris, transversìm albo-sulcatis; anfractibus medio angulatis, ultra angulum planulatis.

Lister, Conch. t. 922. f. 15.

Bonanni, Recr. 3. f. 75.

D'Argenv. Conch. pl. 10. fig. L.

Favanne, Conch. pl. 34. fig. L 2.

Seba, Mus. 3. t. 79. *in latere dextro.*

Knorr, Vergn. 6. t. 15. f. 5. et t. 37. f. 1.

Martini, Conch. 4. t. 140. f. 1306—1309. et t. 141. f. 1314—1316.

Murex polygonus. Gmel. p. 3555. n°. 109.

Fusus polygonus. Encyclop. pl. 423. f. 1.

Habite les mers de l'Inde, de l'Ile-de-France. Mon cabinet. Trois à quatre plis transverses sur la columelle; bord droit strié à l'intérieur. Vulg. l'*ananas.* Longueur, 2 pouces 7 lignes.

16. Turbinelle carinifère. *Turbinella carinifera.*

T. testâ fusiformi-turritâ, carinato-muricatâ, longitudinaliter costatâ, transversè sulcatâ, luteo-rufescente; anfractibus medio angulato-carinatis, tuberculatis; caudâ perforatâ, sulcato-scabrâ, spirâ breviore.

Martyns, Conch. 1. f. 5. *Bona.*

Fusus cariniferus. Encyclop. pl. 423. f. 3.

Habite...... Mon cabinet. Trois petits plis à la columelle; bord droit strié à l'intérieur. Longueur, 2 pouces 4 lignes.

17. Turbinelle étroite. *Turbinella infundibulum.*

T. testâ fusiformi-turritâ, angustâ, multicostatâ, transversè sulcatâ; costis longitudinalibus crassis; sulcis lœvibus rubris : interstitiis fulvis; caudâ perforatâ; aperturâ albâ.

Lister, Conch. t. 921. f. 14.

Bonanni, Recr. 3. f. 104.

Seba, Mus. 3. t. 5o. f. 54.

Martini, Conch. 4. p. 143. vign. 39. fig. A.

Murex infundibulum. Gmel. p. 3554. n°. 108.

Fusus infundibulum. Encyclop. pl. 424. f. 2.

Habite.... Mon cabinet. Trois petits plis à la columelle, dont un plus enfoncé dans l'ouverture; bord droit strié en dedans. Longueur, 2 pouces 10 lignes.

18. Turbinelle costulée. *Turbinella craticulata.*

T. testâ subturritâ, crassâ, longitudinaliter costulatâ, transversìm sulcatâ, albâ aut fulvo-rufescente; costellis obtusis obliquis rubro-castaneis; caudâ brevi.

Murex craticulatus. Lin. Gmel. p. 3554. n°. 105.

Lister, Conch. t. 919. f. 13. et t. 967. f. 22.

Seba, Mus. 3. t. 5o. f. 55. 56. et t. 51. f. 31. 32.

Knorr, Vergn. 2. t. 3. f. 6.

Martini, Conch. 4. t. 149. f. 1382. 1383.

Voluta craticulata. Gmel. p. 3464. n°. 108.

Fasciolaria craticulata. Encyclop. pl. 429. f. 3. a. b.

Habite.... dans la Méditerranée, selon *Linné.* Mon cabinet. Trois petits plis à la columelle, bien transverses. Longueur, 2 pouces une ligne.

19. Turbinelle siamoise. *Turbinella lineata.*

T. testâ subturritâ, longitudinaliter obsoletè plicatâ, transversìm sulcatâ, aurantio - rufescente; sulcis lœvibus rubro - fuscis; caudâ brevissimâ.

Martini, Conch. 4. t. 141. f. 1317. 1318.

Voluta turrita. Gmel. p. 3456. n°. 77.

Fasciolaria lineata. Encyclop. pl. 429. f. 4. a. b.

Habite.... Mon cabinet. Celle-ci tient à la précédente par ses rapports, et est rayée comme les étoffes dites *siamoises.* Trois petits plis transverses à la columelle. Longueur, 17 lignes.

20. Turbinelle nassatule. *Turbinella nassatula.*

T. testâ subturritâ, longitudinaliter costatâ, transversè sulcatâ et striatâ; costis interruptis albis : interstitiis luteo-roseis; caudâ brevissimâ; aperturâ roseo-violacescente.

Habite.... Mon cabinet. Son dernier tour est un peu ventru. Trois petits plis à la columelle, dont l'inférieur est presque obsolète; ouverture remarquable par sa coloration. Longueur, 16 lignes.

21. Turbinelle trisériale. *Turbinella triserialis.*

T. testâ ovato-acutâ, longitudinaliter plicatâ, transversìm striatâ, fulvo-rufescente; tuberculis albis subacutis transversìm seriatis: seriis tribus in ultimo anfractu; caudâ brevissimâ; aperturâ albâ.

An Lister, Conch. t. 924. f. 16 ?

Habite.... Mon cabinet. Elle est un peu ventrue et a trois petits plis transverses sur sa columelle. Longueur, 11 lignes trois quarts. Dans la figure citée de *Lister,* la queue est un peu trop allongée.

22. Turbinelle variolaire. *Turbinella variolaris.*

T. testâ ovatâ, abbreviatâ, tuberculato-nodosâ, nigricante; ultimo anfractu supernè tuberculis crassis obtusis confertis nodiformibus albis coronato; spirâ convideâ, nodulosâ, obtusâ; columellâ quadriplicatâ.

Habite.... Mon cabinet. Les tubercules nodiformes qui couronnent la sommité du dernier tour sont remarquables par leur grosseur. Toute la coquille d'ailleurs est couverte de nodosités blanches, obtuses, et comme pustuleuses; queue très-courte. Longueur, 10 lignes.

23. Turbinelle ocellée. *Turbinella ocellata.*

T. testâ ovato-acutâ, nodúliferâ, rufâ aut nigricante; ultimo anfractu supernè nodis remotis albis coronato; columellâ triplicatâ.

Martini, Conch. 4. t. 124. f. 1160. 1161.

Buccinum ocellatum. Gmel. p. 3488. n°. 73.

Habite....Mon cabinet. Coquille voisine de la précédente par ses rapports, mais qui en est très-distincte, sa spire étant conique-pointue, ses nodosités moins grosses, écartées entre elles, et sa columelle n'ayant que trois plis. Longueur, 11 lignes trois quarts.

CANCELLAIRE. (Cancellaria.)

Coquille ovale ou turriculée. Ouverture subcanaliculée à sa base : le canal, soit très-court, soit presque nul. Columelle plicifère : les plis tantôt en petit nombre, tantôt nombreux, la plupart transverses; bord droit sillonné à l'intérieur.

Testa ovalis vel turrita. Apertura basi subcanaliculata : canáli brevissimo, sœpiùs subnullo. Columella plicifera : plicis modò perpaucis, modó numerosis, plerisque transversis; labro intùs sulcato.

OBSERVATIONS.

Quoique le canal des *cancellaires* soit extrêmement court, et que même, dans la plupart des espèces, on ne l'aperçoive presque plus, cependant, comme il est manifeste dans quelques-unes, nous avons cru devoir placer ici leur genre. Elles ont en effet des rapports évidens avec les turbinelles, ce qui nous a obligé à ne les en point écarter. Sans doute la considération de toutes les espèces dans lesquelles le canal est peu apparent aurait pu nous porter à ranger les *cancellaires* parmi les columellaires; mais nous eussions altéré le caractère général de cette famille en y introduisant des coquilles qui ont encore un canal, quoique très-court. D'ailleurs nous eussions manqué à la conservation du rapport qui existe entre les *cancellaires* et les turbinelles.

Linné rapportait encore à son genre *voluta* les coquilles dont il s'agit ici. Elles sont cependant très-distinguées des olives, des volutes proprement dites, des mitres, des marginelles, etc., qu'il y rapportait également, puisque plusieurs d'entre elles sont subcanaliculées à leur base; ce qui n'a nullement lieu dans aucune espèce des genres que nous venons de citer.

Les *cancellaires* ne sont point véritablement lisses; ce sont des coquilles striées, cannelées, réticulées, et en général assez âpres au toucher. Toutes sont marines.

ESPÈCES.

1. Cancellaire réticulée. *Cancellaria reticulata.*

C. *testâ ovatâ, ventricosâ, perforatâ, crassâ, transversìm rugosâ, striis longitudinalibus obliquis reticulatâ, albo luteo rufoque subzonatâ; anfractibus convexis; suturis coarctatis; columellâ supernè lœvi, infernè triplicatâ.*

Voluta reticulata. Lin. Gmel. p. 3446. n°. 34.

Lister, Conch. t. 830. f. 52.

Bonanni, Recr. 3. f. 52.

D'Argenv. Conch. pl. 17. fig. M.

Seba , Mus. 3. t. 49. f. 53. et 55.

Knorr, Vergn. 5. t. 18. f. 7.

Martini, Conch. 3. t. 121. f. 1107—1109.

Encyclop. pl. 375. f. 3. a b.

[b] *Var. testâ minore, rufo-fuscescente, subgranosâ.*

Habite l'Océan atlantique austral. Mon cabinet. Son dernier tour est très – renflé et son ouverture d'une éclatante blancheur. Le bord gauche est muni d'une lame columellaire appliquée, qui n'existe pas dans la Var. [b], et le bord droit est fortement sillonné. Le pli supérieur de la columelle est très-proéminent. Longueur, 2 pouces.

2. Cancellaire aspérelle. *Cancellaria asperella.*

C. *testâ ovato-acutâ, ventricosâ, transversìm sulcatâ, longitudinaliter striatâ, cancellatâ, scabriusculâ, rufo-fuscescente; suturis canaliculatis; columellâ subquinqueplicatâ : plicis tribus elatioribus.*

Encyclop. pl. 374. f. 3. a. b.

Habite.... Mon cabinet. Coquille ventrue, bien réticulée, âpre au toucher. Elle est perforée, et a aussi une lame appliquée sur sa columelle. Ses plis columellaires sont très-inégaux, et parmi les trois plus grands, le supérieur est le plus élevé. Longueur, 16 lignes et demie.

3. Cancellaire scalarine. *Cancellaria scalarina.*

C. testâ ovato-conicâ, ventricosiusculâ, umbilicatâ, longitudina-. liter plicatâ, transversìm tenuissimè striatâ, albâ aut fusces-cente; plicis obliquis distantibus; spirâ contabulatâ; columellâ triplicatâ.

Petiv. Gaz. t. 102. f. 11.

Knorr, Vergn. 4. t. 26. f. 6.

Martini, Conch. 4. p. 1. vign. 37. fig. a. b. c. et t. 124. f. 1172. 1173.

Voluta nassa. Gmel. p. 3464. n°. 107.

Ejusd. buccinum scalare. p. 3495. n°. 113.

Habite les mers de l'Ile-de-France. Mon cabinet. Elle est un peu ventrue, et canaliculée à ses sutures. Côtes distantes et un peu obliques. Elle n'a rien de rude au toucher. Longueur, 12 lignes et demie.

4. Cancellaire scalariforme. *Cancellaria scalariformis.*

C. testâ ovato-acutâ, scalariformi, perforatâ, longitudinaliter plicatâ, transversìm tenuissimè striatâ, cinereo-cærulescente; anfractibus supernè angulatis, suprà planis; columellâ unipli-catâ.

Habite..... Mon cabinet. Ses côtes sont un peu moins distantes et moins obliques que dans la précédente, dont elle est d'ailleurs dis-tinguée par l'angle et la planulation de ses tours, ainsi que par sa columelle qui n'a qu'un pli. Longueur, 10 lignes et demie.

5. Cancellaire noduleuse. *Cancellaria nodulosa.*

C. testâ ovato-acutâ, ventricosâ, longitudinaliter costatâ, trans-versìm striatâ, rufescente; costis per totam longitudinem nodu-losis; anfractibus convexis, supernè angulatis, suprà planis; columellâ uniplicatâ.

Martini, Conch. 4. t. 124. f. 1151. 1152.

Buccinum piscatorium. Gmel. p. 3496. n°. 116.

Habite..... Mon cabinet. Celle-ci a un peu le port de la précédente, mais ses côtes sont moins élevées, non pliciformes, et portent, dans toute leur longueur, des nodulations qui la distinguent. Elle n'a aussi qu'un pli columellaire. Longueur, 11 lignes.

6. Cancellaire rosette. *Cancellaria cancellata.*

C. testâ ovato-acutâ, valdè ventricosâ, subcaudatâ, longitudina-liter et obliquè plicatâ, transversìm striatâ, albâ, castaneo-bi-

Tome VII. 8

zonatâ; anfractibus convexis; spirâ brevi; columellâ tri seu
quadriplicatâ.

Voluta cancellata. Lin. Gmel. p. 3448. n°. 39.

Gualt. Test. t. 48. fig. B. C.

Adans. Seneg. t. 8. f. 16. le bivet.

Knorr, Vergn. 4. t. 5. f. 5.

Born, Mus. t. 9. f. 7. 8.

Encyclop. pl. 374. f. 5. a. b.

Habite les mers du Sénégal. Mon cabinet. Jolie coquille, très-ventrue, un peu mince, presque transparente, bien treillissée par ses
plis longitudinaux et ses stries transverses. Longueur, 12 lignes
et demie.

7. Cancellaire lime. *Cancellaria senticosa.*

C. *testâ ovato-oblongâ, subturritâ, scabrâ, longitudinaliter plicatâ, striis transversis elevatis cancellatâ, albidâ aut pallidè
fulvâ, infernè zonâ rufo-rubente cinctâ; plicis per totam longitudinem denticulato-asperis; columellâ obsoletè triplicatâ.*

Murex senticosus. Lin. Gmel. p. 3539. n°. 49.

Bonanni, Recr. 3. f. 55.

Rumph. Mus. t. 29. fig. N.

Petiv. Amb. t. 9. f. 17.

Gualt. Test. t. 51. fig. G.

D'Argenv. Conch. pl. 9. fig. O.

Favanne, Conch. pl. 31. fig. L.

Seba, Mus. 3. t. 49. f. 45—48.

Knorr, Vergn. 4. t. 23. f. 4. 5.

Martini, Conch. 4. t. 155. f. 1466. 1467.

Chemn. Conch. 11. t. 193. f. 1864—1866.

Murex senticosus. Encyclop. pl. 419. f. 3. a. b.

[b] *Var. costis crebrioribus.*

Buccinum lima. Chemn. Conch. 11. t. 188. f. 1808. 1809.

Habite les mers de l'Inde, des Moluques et de la Nouvelle-Hollande.
M. *Macleay.* Mon cabinet. Coquille remarquable par sa forme
générale et les aspérités de ses côtes. Dans la var. [b], les côtes sont
plus fréquentes et tous les tours sont bien zonés. Longueur, 17
lignes et demie.

8. Cancellaire citharelle. *Cancellaria citharella.*

C. *testâ ovato-oblongâ, subfusiformi, longitudinaliter costatâ, albidâ, lineis luteo-rufis remotis eleganter cinctâ; costis lævibus;
columellâ multiplicatâ : plicis tenuissimis.*

Martini, Conch. 4. t. 142. f. 1330.

Habite..... Mon cabinet. Petite coquille oblongue, subfusiforme, peu ventrue, munie de côtes disposées comme les cordes d'une harpe, et agréablement rayée transversalement. Ouverture étroite, allongée, à bord droit épais, recourbé en dedans. Longueur, 10 lignes.

9. Cancellaire canaliculée. *Cancellaria spirata.*

C. testâ ovali, ventricosâ, lœviusculâ, striis impressis tenuissimis cinctâ, albido-fulvâ; anfractibus ad suturas canaliculatis; columellâ triplicatâ.

Habite..... Mon cabinet. Petite coquille mutique, douce au toucher, n'offrant à l'extérieur que de fines stries enfoncées, et canaliculée aux sutures. Longueur, 8 lignes et demie.

10. Cancellaire côtes-obliques. *Cancellaria obliquata.*

C. testâ ovato-acutâ, ventricosâ, umbilicatâ, albido-fulvâ; costis longitudinalibus crebris obliquis asperulatis; striis transversis tenuissimis; columellâ triplicatâ.

Habite..... Mon cabinet. Ses sutures sont enfoncées et un peu canaliculées. Un bourrelet en dehors, près du bord droit. L'obliquité de ses côtes la distingue. Longueur, 8 lignes et demie.

11. Cancellaire ridée. *Cancellaria rugosa.*

C. testâ ovali, ventricosâ, longitudinaliter costatâ, transversìm sulcatâ, albidâ; costis crassis rugæformibus; columellâ subquadriplicatâ.

Encyclop. pl. 375. f. 8. a. b.

Habite..... Mon cabinet. Tours convexes; spire courte. Longueur, 8 lignes un quart.

12. Cancellaire brune. *Cancellaria ziervogeliana.*

C. testâ ovato-acutâ, crassâ, longitudinaliter et obliquè rugosâ, infernè transversìm sulcatâ, castaneo-fuscâ; suturis crenato-crispis; ultimo anfractu supernè tumido, basi attenuato; aperturâ subringente : columellâ quadriplicatâ, calliferâ; labro dentato.

Voluta ziervogeliana. Chemn. Conch. 10. t. 149. f. 1406.

Voluta ziervoyelii. Gmel. p. 3457. n°. 127.

Encyclop. pl. 375. f. 9. a. b.

Habite..... Mon cabinet. Coquille fort rare, précieuse, et remarquable par ses caractères. Quoique son dernier tour soit bombé supérieurement et atténué vers sa base, ceux de sa spire n'offrent presque point de convéxité. Le bord supérieur des tours est froncé et comme crénelé contre les sutures. Columelle fortement plicifère, portant une callosité à son sommet. Longueur, 11 lignes trois quarts.

Espèces fossiles.

1. Cancellaire cabestan. *Cancellaria trochlearis.*

C. *testá ovato-oblongá, ventricosá, latè umbilicatá, transversìm rugosá; costis longitudinalibus obliquis obsoletis; anfractibus supernè valdè canaliculatis; columellá biplicatá.*

Habite.... Fossile des environs de Bordeaux. Mon cabinet. Grande et belle espèce, remarquable par le sommet largement canaliculé de ses tours. Longueur, 2 pouces 3 lignes.

2. Cancellaire acutangulaire. *Cancellaria acutangularis.*

C. *testá ovato-acutá, ventricosá, subumbilicatá, transversìm striatá, longitudinaliter et obliquè costatá; anfractibus supernè angulatis, suprà planis, ad angulum dentibus coronatis; columellá subtriplicatá.*

Habite..... Fossile des environs de Bordeaux. Mon cabinet. Coquille beaucoup plus courte que la précédente, à tours bien anguleux supérieurement. La columelle n'a que deux plis dans plusieurs individus. Canal de la base à peu près nul. Longueur, 18 lignes.

3. Cancellaire treillissée. *Cancellaria clathrata.*

C. *testá ovato-acutá, ventricosá, perforatá, costis longitudinalibus transversisque clathratá, asperatá; anfractibus convexis, supernè angulatis, suprà concavo-planis; columellá uniplicatá.*

Habite..... Fossile des environs de Plaisance. Mon cabinet. Elle a un pli columellaire bien exprimé et un autre postérieur très-obsolète. Ainsi elle est très-distincte de notre *buccinum clathratum* fossile. Longueur, près de 17 lignes.

4. Cancellaire tourelle. *Cancellaria turricula.*

C. *testá oblongo-turritá, infernè ventricosá, longitudinaliter costatá, transversìm et tenuissimè striatá, tuberculis asperatá; anfractibus medio angulatis: angulo tuberculis coronato; columellá triplicatá*

Knorr, Petrif. vol. 2. part. 1. pl. 46. f. 1.

Habite.... Fossile des environs de Florence. Mon cabinet. Longueur,
19 lignes.

5. Cancellaire buccinule. *Cancellaria buccinula.*

> C. *testâ ovato-conicâ, longitudinaliter tenuiterque costatâ, trans-*
> *versè striatâ, cancellatâ; anfractibus convexis; suturis coarc-*
> *tatis; columellâ triplicatâ.*

Habite.... Fossile des environs de Crépy, dans le Valois [M. *Héricart*
de Thuri], et se trouve aussi dans ceux de Bordeaux. Mon cabinet. Longueur, 6 lignes trois quarts.

6. Cancellaire petites-côtes. *Cancellaria costulata.*

> C. *testâ ovato-oblongâ, varicosâ; costis longitudinalibus crebris*
> *obsoletè decussatis; columellâ triplicatâ.*

Cancellaria costulata. Ann. du Mus. vol. 2. p. 63. n°. 1.

Habite..... Fossile de Grignon. Mon cabinet. Longueur, 6 lignes.

7. Cancellaire volutelle. *Cancellaria volutella.*

> C. *testâ turritâ, varicosâ; costis crebris longitudinalibus; striis*
> *transversis obsoletis; caudâ brevi, subèmarginatâ.*

Cancellaria volutella. Ann. ibid. n°. 2.

Habite..... Fossile de Grignon. Cabinet de M. *Defrance.* Longueur,
16 millimètres.

FASCIOLAIRE. (*Fasciolaria.*)

Coquille subfusiforme, canaliculée à sa base, sans bourrelets persistans, ayant sur la columelle, près du canal, deux
ou trois plis très-obliques.

Testa subfusiformis, basi canaliculata; varicibus nul-
lis. Columella plicis duabus seu tribus valdè obliquis
instructa.

OBSERVATIONS.

Les *fasciolaires* sont un démembrement du genre *murex* de Linné. Elles ont, en effet, comme les *murex*, un canal au bas de leur ouverture ; mais comme elles sont dépourvues de varices, Bruguières les en avait séparées et les confondait avec les fuseaux. Sans doute, il fut très-fondé dans cette séparation ; seulement il ne l'était point lorsqu'il les réunit aux fuseaux ; car elles en sont éminemment distinguées par des plis sur leur columelle, tandis que ceux-ci en manquent généralement. Ces plis rapprochent davantage les *fasciolaires* des turbinelles ; mais ils sont très-obliques, au lieu que ceux des turbinelles sont parfaitement transverses. Voici les principales espèces de ce genre.

ESPÈCES.

1. Fasciolaire tulipe. *Fasciolaria tulipa.*

> *F. testâ fusiformi, medio ventricosâ, muticâ, lævigatâ, nunc au-*
> *rantio-rufescente, nunc albâ et spadiceo-marmoratâ ; lineis fus-*
> *cis transversis inæqualiter confertis ; anfractibus valdè con-*
> *vexis ; suturis marginato-fimbriatis ; caudâ sulcatâ ; labro intùs*
> *albo, striato.*
>
> *Murex tulipa.* Lin. Gmel. p. 3550. n°. 91.
> Bonanni, Recr. 3. f. 187.
> Lister, Conch. t. 911. f. 2.
> Rumph. Mus. t. 49. fig. H.
> Gualt. Test. t. 46. fig. A.
> D'Argenv. Conch. pl. 10. fig. K.
> Favanne, Conch. pl. 34. fig. L.
> Seba, Mus. 3. t. 71. f. 23—32.
> Knorr, Vergn. 5. t. 18. f. 5. et 6. t. 29. f. 1.
> Martini, Conch. 4. t. 136. f. 1286. 1287. et t. 137. f. 1288—1291.
> *Fasciolaria tulipa.* Encyclop. pl. 431. f. 2.
> Habite l'Océan des Antilles. Mon cabinet. Belle coquille, très-variée dans sa coloration, et distincte de la suivante par ses sutures toujours marginées, même un peu froncées, ainsi que par le rapprochement de ses lignes transverses. Longueur, 6 pouces 3 lignes.

2. Fasciolaire distante. *Fasciolaria distans.*

F. testâ fusiformi-turritâ, ventricosâ, muticâ, lævi, albâ, stri-
gis longitudinalibus undatis luteo-roseis pictâ; lineis nigris
transversis distantibus; anfractibus convexis; suturis simplici-
bus; caudâ breviusculâ, sulcatâ; labro intùs striato.

Lister, Conch. t. 910. f. 1.

Habite dans la baie de Campêche. Mon cabinet. Cette espèce est
sans doute très-voisine de la précédente, et a, en effet, l'aspect
d'une tulipe; mais elle en est constamment distincte par ses sutures non marginées, par ses lignes transverses toujours distantes,
et par sa queue plus courte. Vulg. la *tulipe rubannée* ou la *tulipe*
d'Inde. Longueur, 3 pouces 10 lignes.

3. Fasciolaire robe-de-perse. *Fasciolaria trapezium.*

F. testâ fusiformi, ventricosâ, tuberculiferâ, læviusculâ, albâ auf
rufescente, lineis rufis cinctâ; tuberculis conicis subcompressis in
anfractuum medio uniserialis; columellâ fulvo-rubente; labro
intùs eleganter striato : striis rubris.

Murex trapezium. Lin. Gmel. p. 3552. n°. 99.
Bonanni, Recr. 3. f. 287.
Lister, Conch. t. 951. f. 26.
Rumph. Mus. t. 29. fig. E. et t. 49. fig. K.
Gualt. Test. t. 46. fig. B.
D'argenv. Conch. pl. 10. fig. E.
Favanne, Conch. pl. 35. fig. B 2.
Seba, Mus. 3. t. 79. *figuræ duæ in angulo superiore et exteriore*
paginarum.
Knorr, Vergn. 4. t. 20. f. 1.
Martini, Conch. 4. t. 139. f. 1298. 1299.
Fasciolaria trapezium. Encyclop. pl. 431. f. 3. a. b.

Habite l'Océan des grandes Indes. Mon cabinet. Belle espèce, fort
commune dans les collections. Vulg. la *robe* ou le *tapis-de-Perse.*
Longueur, 5 pouces 3 lignes.

4. Fasciolaire orangée. *Fasciolaria aurantiaca.*

F. testâ subfusiformi, ventricosâ, contabulatâ, tuberculato-nodo-
sâ, transversìm rugosâ, albo et aurantio variegatâ; anfractibus
medio angulatis, ultra angulum planulatis : angulo tubercu-
lifero; caudâ breviusculâ; aperturâ albâ; labro intùs striato.

D'Argenv. Conch. pl. 10. fig. N.

Favanne, Conch. pl. 34. fig. N.

Encyclop. pl. 430. f. 1. a. b.

Habite.... l'Océan des grandes Indes? Mon cabinet. Coquille fort rare, très-belle, remarquable par sa coloration, par ses tubercules noduleux, et par les rides transverses de son dernier tour, qui ont aussi des nodulations, mais plus petites. Son bord droit est fortement strié à l'intérieur. Vulg. la *veste-persienne*. Longueur, 3 pouces 10 lignes.

5. Fasciolaire filamenteuse. *Fasciolaria filamentosa.*

F. testâ elongatâ, fusiformi-turritâ, transversìm sulcatâ, albâ, strigis aurantio-rufis longitudinalibus radiatìm pictâ; anfractibus medio subangulatis, tuberculis compressis brevibus coronatis; caudâ longiusculâ; labro intùs striato.

Gualt. Test. t. 52. fig. T.

D'Argenv. Conch. pl. 10. fig. H.

Favanne, Conch. pl. 34. fig. H.

Seba, Mus. 3. t. 79. *figurœ duœ in parte supremâ tabulœ.*

Knorr, Vergn. 2. t. 15. f. 3.

Fusus filamentosus. Martini, Conch. 4. t. 140. f. 1310. 1311.

Fasciolaria filamentosa. Encyclop. pl. 424. f. 5.

Habite l'Océan des grandes Indes. Mon cabinet. Celle-ci est remarquable par sa forme allongée, peu ventrue, et par ses tubercules comprimés, à peine saillans. Bord droit ayant des stries colorées à l'intérieur. Longueur, 4 pouces 2 lignes.

6. Fasciolaire couronnée. *Fasciolaria coronata.*

F. testâ fusiformi, ventricosâ, transversìm sulcatâ, infernè ferrugineâ, supernè cinereo-virente; anfractibus medio tuberculato-nodosis : ultimo supernè tuberculis eminentioribus coronato; labro intùs lœvi.

Habite les mers de la Nouvelle-Hollande, près des îles King et des Kanguroos. *Péron.* Mon cabinet. Longueur, 3 pouces 4 lignes.

7. Fasciolaire ferrugineuse. *Fasciolaria ferruginea.*

F. testâ fusiformi-turritâ, muticâ, transversìm striatâ, ferrugineo-rufescente; anfractibus convexis; spirâ caudâ longiore; labro intùs striato : striis rubentibus.

Habite les mers de la Nouvelle-Hollande. Voyage de *Baudin.* Mon cabinet. Longueur, 3 pouces 2 lignes et demie.

8. **Fasciolaire de Tarente.** *Fasciolaria tarentina.*

> *F. testâ fusiformi-turritâ, noduliferá; nodis posticè in plicam ter-*
> *minatis, albis; interstitiis cinereo-cœrulescentibus; caudâ brevi;*
> *labro intùs sulcato.*

Habite dans le golfe de Tarente. Mon cabinet. Elle n'est nullement
striée; son bord droit seul est fortement sillonné. Longueur, environ un pouce et demi.

FUSEAU. (Fusus.)

Coquille fusiforme ou subfusiforme, canaliculée à sa
base, ventrue dans sa partie moyenne ou inférieurement,
sans bourrelets extérieurs, et ayant la spire élevée et allongée. Bord droit sans échancrure. Columelle lisse. Un opercule corné.

Testa fusiformis aut subfusiformis, basi canaliculata,
medio vel infernè ventricosa; varicibus nullis. Spira elon-
gata. Labrum non fissum. Columella lœvis. Operculum
corneum.

OBSERVATIONS.

C'est Bruguières qui, le premier, a établi le genre des *fuseaux*,
et il y rapportait tous les *murex* de Linné qui n'ont pas de bourrelets constans sur la spire. Ainsi il n'en distinguait point les pyrules,
les fasciolaires, les pleurotomes, etc., et alors le genre *fuseau* n'é-
tait pas réduit à ses véritables limites.

Nous croyons nous être plus rapproché du but qu'il fallait atteindre,
par les réductions que nous avons opérées; en sorte que notre genre
fuseau, démembrement des *murex* de Linné, et même des *fu-*
seaux de Bruguières, nous paraît maintenant convenablement
circonscrit et caractérisé.

Les *fuseaux* dont il s'agit sont des coquilles allongées, fusiformes en général, canaliculées à leur base, ventrues dans leur partie moyenne ou inférieurement, et dépourvues de bourrelets persistans sur les différens tours de leur spire. Leur columelle n'est presque jamais plissée, comme celle des fasciolaires et des turbinelles, et le bord droit de leur ouverture n'offre point cette fissure ou cette échancrure qui caractérise les pleurotomes. Enfin la spire formant un cône élevé, dans toutes les espèces, les distingue suffisamment des pyrules.

Tous les *fuseaux* sont des coquillages marins, la plupart ridés, striés ou tuberculeux à l'extérieur. Ils sont recouverts en dehors d'un *drap marin* qui cache, dans plusieurs espèces, les belles couleurs dont ils sont ornés.

ESPÈCES.

1. **Fuseau colossal.** *Fusus colosseus.*

> *F. testá maximá, fusiformi, ventricosá, transversìm sulcatá et striatá, pallidè fulvá; anfractibus convexis, medio serie unicá transversìm nodosis : ultimo sensìm in caudam attenuato; labro intùs lævi.*

Favanne, Conch. pl. 35. fig. B 4.

Encyclop. pl. 427. f. 2.

Habite.... Mon cabinet. Il paraît que ce grand fuseau est fort rare, puisqu'on trouve si peu d'auteurs qui en aient fait mention. Son bord droit se rétrécit insensiblement jusqu'à l'extrémité du canal, en sorte qu'il n'offre point de queue subite et particulière. Ses tours montent et tournent un peu obliquement. Longueur, 11 pouces quatre lignes.

2. **Fuseau élancé.** *Fusus longissimus.*

> *F. testá fusiformi, prælongá, transversìm sulcatá, penitùs candidá; anfractibus convexis, medio serie unicá transversìm tuberculato-nodosis; caudá gracili; labro crenulato, intùs sulcato.*

Seba, Mus. 3. t. 79. *figuræ tres in parte inferiore tabulæ : unicá centrali, duabus lateralibus.*

Fusus magnus. Martini, Conch. 4. t. 144. f. 1339.

Ejusd. fusus longissimus. Conch. 4. t. 145. f. 1344.

Murex candidus. Gmel. p. 3556. n°. 113.

Ejusd. murex longissimus. Ibid. n°. 116.

Habite l'Océan des grandes Indes. Mon cabinet. Queue grêle; spire presque aussi longue; bord droit assez épais. Longueur, 9 pouces trois à quatre lignes.

3. Fuseau quenouille. *Fusus colus.*

F. testâ fusiformi, angustâ, transversìm sulcatâ, albâ, apice basique rufâ; ventre parvulo; anfractibus convexis, medio carinato-nodulosis; caudâ gracili, longâ; labro intùs sulcato, margine denticulato.

Murex colus. Lin. Gmel. p. 3543. n°. 61.

Lister, Conch. t. 918. f. 11. a.

Rumph. Mus. t. 29. fig. F.

Petiv. Amb. t. 6. f. 5.

Gualt. Test. t. 52. fig. L.

D'Argenv. Conch. pl. 9. fig. B.

Seba, Mus. 3. t. 79. *figuræ duæ in medio tabulæ et laterales.*

Knorr, Vergn. 3. t. 5. f. 1.

Martini, Conch. 4. t. 144. f. 1342.

Fusus longicauda. Encyclop. pl. 423. f. 2.

Habite l'Océan des grandes Indes. Mon cabinet. Queue plus longue que la spire; bord droit dentelé et sillonné à l'intérieur; lame columellaire saillante. Vulg. la *quenouille blanche.* Longueur, 6 pouces deux lignes.

4. Fuseau tuberculé. *Fusus tuberculatus.*

F. testâ fusiformi, transversìm sulcatâ, albâ; ventre majusculo; anfractibus convexis, medio angulatis : angulo unicâ serie tuberculifero, interstitiis tuberculorum rufis; labro intùs sulcato.

Fusus colus. Encyclop. pl. 424. f. 4.

Habite.... l'Océan des grandes Indes? Mon cabinet. Voisin du précédent par ses rapports, il est moins grêle, plus ventru, et à queue beaucoup plus courte. Il a une rangée de tubercules sur chaque tour; ces tubercules sont assez éminens, et ont leurs interstices marqués de taches rousses. Longueur, 4 pouces sept lignes.

5. Fuseau de Nicobar. *Fusus nicobaricus.*

F. testâ fusiformi, transversìm sulcatâ et striatâ, albâ, rufo fusco nigroque variegatâ; anfractibus convexis, medio angulato-tuberculatis : tuberculis eminentibus acutiusculis; spirâ conico-subulatâ; labro margine dentato, intùs sulcato.

Favanne, Conch. pl. 33. fig. A 5.

Murex nicobaricus. Chemn. Conch. 10. t. 160. f. 1523.

Habite l'Océan des grandes Indes, près des îles de Nicobar. Mon cabinet. Vulg. la *quenouille tigrée.* Belle coquille, dont les extrémités sont bien effilées, surtout celle de la spire, et qui, outre sa
coloration, diffère fortement du *F. colus* par les tubercules éminens de sa spire et du sommet de son dernier tour. La lame qui
recouvre sa columelle se relève ensuite, et forme un bord interne
tranchant. Longueur, 5 pouces.

6. Fuseau distant. *Fusus distans.*

*F. testâ fusiformi, transversìm sulcatâ, rufescente; anfractibus
medio carinâ tuberculatâ cinctis; carinis inferioribus distantibus; caudâ spirâ longiore; columellâ nudâ; labro intùs sulcato.*

Habite.... Mon cabinet. Celui-ci, déjà distinct par sa forme et sa
coloration, l'est principalement par sa columelle nue, c'est-à-dire
dépourvue de lame recouvrante. Longueur, 3 pouces 9 lignes et
demie.

7. Fuseau toruleux. *Fusus torulosus.*

*F. testâ fusiformi, ventricosâ, transversìm sulcatâ, tuberculiferâ,
albo et rufo nebulosâ; anfractibus convexis, medio tricarina-
tis, longitudinaliter plicatis : plicis apice tuberculo terminatis;
aperturâ albâ; labro intùs sulcato.*

Encyclop. pl. 425. f. 4.

Habite.... Mon cabinet. Très-belle coquille, remarquable par ses
plis, ses carènes et ses nodulations. Longueur, 5 pouces et demi.

8. Fuseau épais. *Fusus incrassatus.*

*F. testâ fusiformi, solidâ, crassâ, plicato-nodosâ, transversìm
striatâ, albâ; anfractuum nodis posteriùs crassè plicatis; spirâ
conico-acutâ, ferè subulatâ; labro crasso, denticulato, intùs
sulcato.*

Fusus longissimus. Martini, Conch. 4. t. 145. f. 1343.

Murex undatus. Gmel. p. 3556. n°. 115.

Fusus incrassatus. Encyclop. pl. 425. f. 5.

Habite l'Océan des grandes Indes. Mon cab. Coquille rare, épaisse,
pesante, unicolore, et remarquable par les gros plis coudés qui se
terminent antérieurement par un nœud. Longueur, 5 pouces neuf
lignes.

9. Fuseau multicariné. *Fusus multicarinatus.*

F. testâ fusiformi, transversìm sulcatâ et striatâ, cinereo-rufes-
cente ; sulcis dorso acutis, cariniformibus; anfractibus con-
vexis, medio plicáto-nodosis ; labro intùs sulcato.

Habite dans la mer Rouge. Mon cabinet. Tours très-arrondis, à plis
ou nœuds d'autant plus saillans qu'ils approchent davantage du
sommet ; spire presque aussi longue que la queue. Longueur, 5
pouces deux lignes.

10. Fuseau sillonné. *Fusus sulcatus.*

F. testâ subfusiformi, ventricosâ, transversìm sulcatâ, griseâ ;
sulcis prominulis, spadiceis; anfractibus valdè convexis, ultimo
dempto longitudinaliter plicatis ; caudâ recurvâ, spirâ breviore ;
aperturâ albâ.

Encyclop. pl. 424. f. 3.

Habite.... Mon cabinet. Le bord droit est lisse dans le fond et n'est
sillonné qu'en son limbe interne ; il est un peu crénelé. Columelle
nue, c'est-à-dire sans lame relevée en bord. Longueur, 4 pouces
sept lignes.

11. Fuseau du Nord. *Fusus antiquus.*

F. testâ ovato-fusiformi, ventricosâ, muticâ, transversìm tenuis-
simè striatâ, albìdâ, in junioribus rufescente ; anfractibus valdè
convexis ; caudâ brevi ; aperturâ patulâ ; labro intùs lœvigato.

Murex antiquus. Lin. Gmel. p. 3546. n°. 73.

Muller, Zool. Dan. 3. t. 118. f. 1—3.

Oth. Fabr. Faun. Groenl. p. 397. n°. 396.

Bonanni, Recr. 3. f. 190.

Lister, Conch. t. 962. f. 15.

Seba, Mus. 3. t. 39. f. 75. t. 83. f. 3—6. et t. 93. f. 3.

Pennant, Zool. Brith. 4. t. 78. f. 98.

Martini, Conch. 4. t. 138. f. 1292 et 1294.

Fusus antiquus. Encyclop. pl. 426. f. 5.

Habite les mers du nord. Mon cabinet. Bord droit lisse à l'intérieur ;
columelle nue. Longueur, 5 pouces 9 lignes.

12. Fuseau double-crête. *Fusus despectus.*

F. testâ ovato-turritâ, subfusiformi, ventricosâ, transversìm stria-
tâ, albido-lutescente ; anfractibus convexis, medio bicarinatis :

*carinâ unicâ prominente tuberculato-nodosâ; caudâ brevi; aper-
turâ albâ; labro intùs lævigato.*
Murex despectus. Lin. Gmel. p. 3547. n°. 74.
Oth. Fabr. Faun. Groenl. p. 396. n°. 395.
Martini, Conch. 4. t. 138. f. 1293 et 1296.
Schroëtter, Einl. in Conch. 1. t. 3. f. 5.
Fusus despectus. Encyclop. pl. 426. f. 4.
Habite les mers du Nord. Mon cabinet. Voisin du précédent par ses
rapports, il s'en distingue par ses carènes et les tubercules de sa
spire. Longueur, 4 pouces deux lignes.

13. Fuseau cariné. *Fusus carinatus.*

*F. testâ fusiformi-turritâ, transversìm striatâ, cariniferâ, fulvo-
rufescente; anfractibus angulatis, suprà planulatis, bicarinatis : carinâ inferiore submarginali; spirâ apice mamillari; labro intùs albo, lævigato.*
Murex carinatus. Pennant, Brith. Zool. 4. t. 77. f. 96.
An Martini, Conch. 4. t. 138. f. 1295?
Habite dans les mers du Groënland. Mon cabinet. Queue courte;
ouverture arrondie; bord droit parfaitement lisse, ainsi que la
columelle qui est nue. Longueur, 2 pouces quatre lignes.

14. Fuseau proboscidifère. *Fusus proboscidiferus.*

*F. testâ fusiformi, ventricosâ, transversìm sulcatâ, fulvo-rufes-
cente; anfractibus angulatis, suprà planulatis : angulo tuberculis nodiformibus coronato; spirâ parte superiore cylindraceâ,
proboscidiforme, apice mamillari; labro intùs lævigato.*
Habite.... Mon cabinet. Je l'ai eu sous le nom de *trompe d'Aru;* mais
les caractères et les synonymes du *murex aruanus* de Linné et de
Gmelin ne lui conviennent nullement. Ce fuseau est extrêmement
remarquable par la partie supérieure de sa spire qui ressemble à
une trompe droite, comme implantée et terminale. Longueur, 3
pouces onze lignes.

15. Fuseau d'Islande. *Fusus islandicus.*

*F. testâ fusiformi-turritâ, infernè ventricosâ, muticâ, transversìm
striatâ, albidâ; anfractibus convexis; labro tenui, intùs lævi-
gato; caudâ breviusculâ, subrecurvâ.*
Fusus islandicus. Martini, Conch. 4. t. 141. f. 1312. 1313.
Murex islandicus. Gmel. p. 3555. n°. 110.
Fusus islandicus. Encyclop. pl. 429. f. 2.

Habite les mers d'Islande. Mon cabinet. Il est voisin par ses rapports
du *F. antiquus.* Columelle nue ; bord droit très-simple. Longueur,
3 pouces et demi.

16. Fuseau noir. *Fusus morio.*

*F. testâ fusiformi, ventricosâ, transversim striatâ, nigrâ, fasciis
albis binis inæqualibus cinctâ ; anfractibus convexis, medio
obsoletè nodulosis, versùs apicem tuberculatis ; caudâ spirâ
breviore.*

Murex morio. Lin. Gmel. p. 3544. n°. 62.

Adans. Seneg. pl. 9. f. 31. le nivar. *specimen junius.*

Knorr, Vergn. 1. t. 20. f. 1.

Fusus morio. Encyclop. pl. 430. f. 3. a.

Habite l'Océan atlantique, sur les côtes d'Afrique. Mon cabinet. Coquille fort commune dans les collections, et qui sans doute ne
l'était pas autrefois, puisqu'on n'en trouve presque aucune figure
dans les auteurs. *Linné* en exprime très-bien les caractères ; et
cependant sa synonymie indique l'espèce suivante qu'il ne distinguait pas. Le tour inférieur de notre coquille est arrondi et n'offre que des nodulations déprimées et fort obtuses. Columelle nue ;
intérieur du bord droit fortement sillonné. Vulg. la *cordelière.*
Longueur, 6 pouces.

17. Fuseau couronné. *Fusus coronatus.*

*F. testâ fusiformi, valdè ventricosâ, transversè sulcatâ, nigrâ,
fasciis albis binis inæqualibus cinctâ ; anfractibus angulatis,
suprà planulatis ; angulo tuberculis eminentibus compressis coronato ; caudâ spirâ breviore.*

Lister, Conch. t. 928. f. 22.

Bonanni, Recr. 3. f. 557.

Séba, Mus. 3. t. 79. *figuræ tres*, et t. 80. *ferè omnes.*

Martini, Conch. 4. t. 139. f. 1500. 1301.

Encyclop. pl. 430. f. 4.

[*b*] *Var. testâ multo minore ; tuberculis anfractuum crebrioribus.*

Fusus morio. Var. Encyclop. pl. 430. f. 3. b.

Habite l'Océan des Antilles. Mon cabinet. Seul parmi les auteurs
qui ont parlé de cette coquille, je ne la confonds point avec la
précédente, et je crois pouvoir la présenter comme espèce. Effectivement, elle en est toujours distincte : 1°. parce qu'elle s'offre
constamment sous une forme plus raccourcie ; 2°. qu'elle est plus
ventrue ; 3°. que ses tours sont très-anguleux ; 4°. que le dernier

surtout est couronné de grands tubercules; 5°. qu'enfin sa spire
est bien étagée. Longueur, 4 pouces une ligne ; de la variété, 2
pouces trois lignes.

18. Fuseau rampe. *Fusus cochlidium.*

> *F. testâ fusiformi, transversè sulcatâ, rufâ; anfractibus supernè*
> *angulatis, supra planissimis, areâ umbulacriformi et spirali*
> *æmulantibus : supremis angulo tuberculatis; aperturâ albâ;*
> *labro intùs lævigato.*

Murex cochlidium. Lin. Gmel. p. 3544. n°. 63.
D'Argenv. Conch. pl. 9. fig. A.
Favanne, Conch. pl. 35. fig. B 3.
Seba, Mus. 3. t. 52. f. 6. et t. 57. f. 27. 28.
Chemn. Conch. 10. t. 164. f. 1569.
Pyrula cochlidium. Encyclop. pl. 434. f. 2.

Habite l'Océan des grandes Indes. Mon cabinet. Espèce remarquable
par sa rampe spirale bien aplatie; cette rampe est divisée dans
sa longueur par un sillon qui la parcourt. Columelle nue. Longueur, 3 pouces 9 lignes.

19. Fuseau mexicain. *Fusus corona.*

> *F. testâ abbreviato-fusiformi, ventricosâ, coronatâ, rufo-fuscâ,*
> *albo-fasciatâ; anfractibus supernè angulatis, suprà planis : an-*
> *gulo lamellis plicato-acutis erectis spiniformibus coronato; caudâ*
> *sulcatâ; aperturâ albidâ; labro intùs lævigato.*

Murex corona mexicana. Chemn. Conch. 10. t. 161. f. 1526. 1527.
Murex corona. Gmel. p. 3552. n°. 161.
Fusus corona. Encyclop. pl. 430. f. 2.

Habite dans le golfe du Mexique. Mon cabinet. Son dernier tour a
deux fascies. Le bord droit se rétrécit graduellement jusqu'à l'extrémité du canal. Longueur, 2 pouces 8 lignes. Vulg. la *couronne
du Mexique.* Coquille fort rare, qui a aussi une rampe spirale
aplatie, mais bordée d'épines.

20. Fuseau raifort. *Fusus raphanus.*

> *F. testâ fusiformi-turritâ, ventricosâ, tenui, transversè striatâ,*
> *albidâ, fulvo-nebulosâ; anfractibus medio angulato-carinatis :*
> *ultimo bicarinato; carinis omnibus tuberculato-dentatis; aper-*
> *turâ albâ; labro intùs lævigato.*

Buccinum nodosum. Martyns, Conch. 1. f. 5.
Murex raphanus. Chemn. Conch. 10. t. 163. f. 1558.

Fusus raphanus. Encyclop. pl. 435. f. 1.

Habite la mer Pacifique, près des îles des Amis. Mon cabinet. Coquille rare, mince, légère, remarquable par ses carènes dentées et ses sutures crénelées. Longueur, 2 pouces 3 lignes.

21. Fuseau aurore. *Fusus filosus.*

F. *testâ fusiformi-turritâ, crassâ, nodosâ, tactu lævigatâ, albido-fulvâ, lineis aurantio-rubris creberrimis cinctâ; anfractibus supernè nodosis : nodis hemisphæricis ; aperturâ albâ ; labro intùs striato.*

Encyclop. pl. 429. f. 5.

Habite les mers de la Nouvelle-Hollande; expédition de *Baudin.* Mon cabinet. Queue courte, subombiliquée. Longueur, 2 pouces 11 lignes. Espèce rare.

22. Fuseau polygonoïde. *Fusus polygonoides.*

F. *testâ fusiformi, transversè sulcatâ, pliciferâ et tuberculatâ, albidâ, rufo-maculosâ; anfractibus medio angulato-tuberculatis, infernè pliciferis; labro margine dentato, intùs rufo et striato; lamina columellari albâ, prominente.*

Habite les mers de la Nouvelle-Hollande. *Péron.* Mon cabinet. Le dernier tour offre deux rangées de tubercules. Queue subombiliquée. Longueur, 2 pouces 8 lignes.

23. Fuseau verruculé. *Fusus verruculatus.*

F. *testâ fusiformi, transversè sulcatâ, pallidè rufescente ; sulcis dorso planulatis; anfractibus cingulo medio elatiore verrucoso instructis : verrucis rufo-fuscis; labro intùs lævigato ; caudâ subrecurvâ.*

Martini, Conch. 4. t. 144. f. 1341,

Fusus ocelliferus. Encyclop. pl. 429. f. 7.

Habite..... Mon cabinet. Variété du *murex verrucosus* de Gmelin. Ses verrues colorées le font paraître ocellifère. Longueur, 2 pouces et demi.

24. Fuseau veiné. *Fusus lignarius.*

F. *testâ subturritâ, crassiusculâ, glabrâ, albidâ, rufo aut fusco venulatâ ; anfractibus supernè unicâ serie nodulosis ; caudâ brevi; labro intùs sulcato.*

Murex lignarius. Lin. Gmel. p. 3552. n°. 98.

Tome VII. 9

Seba, Mus. 3. t. 52. f. 4.
Fusus lignarius. Encyclop. pl. 424. f. 6.
Habite les mers du Nord. Mon cabinet. Longueur, 2 pouces 5 lignes.

25. Fuseau rubané. *Fusus syracusanus.*

F. testâ fusiformi-turritâ, longitudinaliter plicatâ, transversìm striatâ, albo et rufo alternè zonatâ; anfractibus supérnè angulato-carinatis : carinis tuberculato-nodosis; caudâ breviusculâ; labro intùs striato.

Murex syracusanus. Lin. Gmel. p. 3554. n°. 104.
Bonanni, Recr. 5. f. 80.
Chemn. Conch. 10. t. 162. f. 1542. 1543.
Fusus syracusanus. Encyclop. pl. 423. f. 6. a. b.
Habite dans la Méditerranée. Mon cabinet. Spire bien étagée. Longueur, 22 lignes.

26. Fuseau de Tarente. *Fusus strigosus.*

F. testâ subfusiformi, scabrâ, longitudinaliter plicatâ, transversìm sulcatâ, albâ, rufo-nebulosâ; anfractibus convexis, medio carinâ dentatâ cinctis; plicis remotiusculis, dorso scabris; labro intùs striato, margine denticulato.

Habite dans le golfe de Tarente. Mon cabinet. Queue plus courte que la spire. Coquille assez jolie et âpre au toucher. Longueur, près de 23 lignes.

27. Fuseau varié. *Fusus varius.*

F. testâ fusiformi, scabriusculâ, longitudinaliter plicatâ, transversìm sulcatâ, albo et rufo variâ; anfractibus convexis, tuberculis minimis acutis submuricatis; caudâ gracili; labro crenulato, intùs lævigato.

Habite les mers de la Nouvelle-Hollande; voyage de *Baudin.* Mon cabinet. Longueur, 2 pouces une ligne. Il devient plus grand.

28. Fuseau côtes-serrées. *Fusus crebricostatus.*

F. testâ fusiformi-turritâ, longitudinaliter costatâ, transversìm sulcatâ; costis crassiusculis, crebris, albis, apice nodulosis : interstitiis spadiceo-punctatis; labro intùs sulcato.

Habite..... Mon cabinet. Longueur, 16 lignes.

29. Fuseau d'Afrique. *Fusus afer.*

F. testâ ovatâ, subfusiformi, ventricosâ, transversè sulcatâ, cinereo-rufescente; anfractibus planiusculis, margine inferiore tuberculato-nodosis : ultimo supernè tuberculis posticè costellatis coronato; labro intùs striato.

Adans. Seneg. pl. 8. f. 18. le lipin.

Murex afer. Gmel. p. 3558. n°. 129.

Fusus afer. Encyclop. pl. 426. f. 6. a. b.

Habite les mers du Sénégal. Mon cabinet. Longueur, 1 pouce.

30. Fuseau rougeâtre. *Fusus rubens.*

F. testâ fusiformi-abbreviatâ, subovatâ, transversìm sulcatâ, rubente, apice albidâ; sulcis prominulis, albis; anfractibus convexis, obsoletè plicato-nodulosis; aperturâ angustatâ, albâ; labro denticulato.

Habite les mers de l'Ile-de-France. Mon cabinet. Longueur, dix lignes.

31. Fuseau sinistral. *Fusus sinistralis.*

F. testâ sinistrorsâ, fusiformi-turritâ, angustâ, transversìm sulcatâ, longitudinaliter costatâ, albido-fulvâ; anfractibus convexis; caudâ breviusculâ, mucroneformi; labro intùs sulcato, margine denticulato.

Favanne, Conch. pl. 33. fig. A 6.

Fusus maroccanus. Chemn. Conch. 9. t. 105. f. 896.

Murex maroccensis. Gmel. p. 3558. n°. 132.

Fusus sinistralis. Encyclop. pl. 424. f. 1. a. b.

Habite l'Océan des Antilles, près de la Guadeloupe. Mon cabinet. Vulg. la *quenouille-d'enfant.* Ouverture arrondie. Longueur, 9 lignes et demie.

32. Fuseau marqueté. *Fusus Nifat.*

F. testâ fusiformi-turritâ, lœvi, albâ, maculis quadratis luteo-rufis transversìm seriatis pictâ; anfractibus convexis; caudâ brevi, emarginatâ; labro simplicissimo.

Lister, Conch. t. 914. f. 7.

Adans. Seneg. pl. 4. f. 3. le Nifat.

Favanne, Conch. pl. 33. fig. I.

Martini, Conch. 4. t. 147. f. 1357.

Buccinum Nifat. Brug. Dict. n°. 56.

Murex pusio. Gmel. p. 3550. n°. 90. *Non Linnæi.*

Habite les mers du Sénégal. Mon cabinet. Son canal, quoique court, est manifeste, et se termine par une échancrure analogue à celle des buccins; mais il ne saurait appartenir au genre de ceux-ci, puisqu'il est canaliculé. Longueur, 22 lignes.

33. Fuseau articulé. *Fusus articulatus.*

F. testâ fusiformi-turritâ, transversìm tenuissimè striatâ, nitidâ, luteâ aut violaceo-cærulescente, lineis spadiceo-fuscis articulatis cinctâ; labro intùs sulcato; columellâ supernè uniplicatâ; caudâ brevi, emarginatâ.

Fusus pusio. Encyclop. pl. 426. f. 1. a. b.

Habite..... Mon cabinet. L'extrémité de son canal offre l'échancrure du précédent; mais les caractères de son bord droit et du sommet de sa columelle l'en distinguent fortement. Outre ses lignes articulées, il a toujours une fascie blanche sur le milieu de son dernier tour et à la base du pénultième. Longueur, 18 lignes. Il a été nommé *pusio* mal à propos dans l'Encyclopédie.

34. Fuseau bucciné. *Fusus buccinatus.*

F. testâ subturritâ, transversìm tenuissimè striatâ, albâ aut fuscâ; anfractibus convexiusculis; labro simplici; caudâ brevi, dorso sulcatâ, emarginatâ.

An murex vulpinus? Born, Mus. t. 11. f. 10. 11.

Habite.... Mon cabinet. Couleur uniforme, mais variable; canal distinct, quoique court. Longueur, 17 lignes.

35. Fuseau aculéiforme. *Fusus aculeiformis.*

F. testâ subturritâ, angustâ, lævi, nitidâ, rufo-castaneâ; anfractibus planulatis: supremis longitudinaliter plicatis; aperturâ albâ; labro simplicissimo; caudâ brevi, dorso sulcatâ, emarginatâ.

Encyclop. pl. 426. f. 3. a. b.

Habite.... Mon cabinet. Coquille étroite, à spire très-pointue, d'un beau roux-marron, sauf le tour de l'ouverture qui est blanc vers le bord. Longueur, 14 lignes. La figure citée la rend assez mal, en ce qu'elle représente les tours de spire comme étant convexes, et qu'elle donne trop d'ampleur au dernier.

36. Fuseau scalarin. *Fusus scalarinus.*

F. testâ fusiformi-turritâ, subventricosâ, lævi, nitidâ, albo-lu-tescente, maculis quadratis fuscis subtessellatâ; anfractibus præsertim infimis supernè angulatis, suprà planulatis, aream ferè scalariformem æmulantibus; spirâ peracutâ; caudâ bre-viusculâ, emarginatâ.

Encyclop. pl. 437. f. 2.

Habite.... Mon cabinet. Jolie coquille, à rampe étroite, dont la pla-nulation est un peu inclinée. Bord droit lisse à l'intérieur. Lon-gueur, 16 lignes et demie.

37. Fuseau pervers. *Fusus contrarius.*

F. testâ sinistrorsâ, fusiformi-turritâ, contortâ, obliquè ventri-cosâ, transversìm striatâ, albâ aut fulvâ; anfractibus valdè convexis; labro simplici, intùs lævigato; caudâ brevi, emar-ginatâ.

Murex contrarius. Lin. Gmel. p. 3564. n°. 157.

Lister, Conch. t. 950. f. 44. b. c.

Favanne, Conch. pl. 32. fig. N. pl. 79. fig. F. et pl. 80. fig. R.

Chemn. Conch. 9. t. 105. f. 894. 895.

Fusus contrarius. Encyclop. pl. 437. f. 1. a. b.

Habite la mer du Nord. Mon cabinet. L'individu vivant ou frais que je possède est blanc; l'extrémité de son canal a une échancrure à la manière de celle des buccins. Longueur, 23 lignes. J'ai aussi deux individus fossiles de cette espèce, trouvés en Angleterre, dans le comté d'Essex. Ils sont fauves ou roussâtres. Longueur, 2 pouces 7 lignes.

Espèces fossiles.

1. Fuseau ventre-lisse. *Fusus longævus.*

F. testâ fusiformi, ventricosâ, crassâ; anfractibus infimis dorso planulatis, lævigatis, margine superiore obtuso incurvo : supre-mis striatis et plicato-nodulosis; caudâ gracili.

D'Argenv. Conch. pl. 29. f. 6. *fig. quarta.*

Martini, Conch. 4. t. 141. f. 1319. 1320.

Murex lævigatus. Gmel. p. 3555. n°. 111.

Murex longævus. Brander, Foss. Hant. f. 40. 73. et 95.

Fusus longævus. Annales du Mus. vol. 2. p. 317. n°. 3.

Encyclop. pl. 425. f. 3. a. b. et f. 4.

Habite.... Fossile de Grignon. Mon cabinet. Il offre différentes variétés d'âge, bien distinguées par leur aspect. Longueur, 4 pouces.

2. Fuseau Noé. *Fusus Noæ.*

F. testâ fusiformi, apice basique transversìm sulcatâ; spirâ costulis nodulosâ; anfractuum margine superiore retuso, crispo.

Murex Noæ. Chemn. Conch. 11. t. 212. f. 2096. 2097.

Fusus Noæ. Annales du Mus. ibid. n°. 2.

Encyclop. pl. 425. f. 5.

Habite..... Fossile de Grignon. Mon cabinet. Longueur, 3 pouces 3 lignes.

3. Fuseau ridé. *Fusus rugosus.*

F. testâ fusiformi, subcancellatâ; sulcis transversis remotiusculis; costis longitudinalibus distantibus : supremis nodulosis.

Murex porrectus. Brander, Foss. Hant. t. 2. f. 35.

Fusus rugosus. Annales du Mus. ibid. p. 316. n°. 1.

Encyclop. pl. 425. f. 6.

An murex fossilis? Gmel. p. 3555. n°. 112.

Habite..... Fossile de Grignon. Mon cabinet. Longueur, 2 pouces 8 lignes.

4. Fuseau clavellé. *Fusus clavellatus.*

F. testâ fusiformi-clavatâ, transversè striatâ; costis obtusis nodulosis; caudâ longâ, gracili.

Murex deformis. Brander, Foss. t. 2. f. 37. 38.

Fusus clavellatus. Annales, ibid. p. 317. n°. 4.

Encyclop. pl. 425. f. 1. a. b. et f. 2. a. b.

Habite.... Fossile de Grignon. Mon cabinet. Longueur, 2 pouces une ligne.

5. Fuseau en escalier. *Fusus scalaris.*

F. testâ abbreviato-fusiformi, ventricosâ; anfractibus duobus ultimis læviusculis, supernè scalariformibus : supremis striatis et margine inferiore nodulosis.

Encyclop. pl. 425. f. 7.

Habite.... Fossile de,... Mon cabinet. Longueur, 2 pouces.

6. Fuseau épineux. *Fusus minax.*

F. testâ abbreviato-fusiformi, ventricosâ, transversim striatâ, spinis longis armatâ; anfractibus supernè coronato-spinosis : ultimo infra spinas tuberculis acutis unicâ serie prædito; caudâ recurvâ.

Murex minax. Brander, Foss. t. 5. f. 62.

Murex minax. Encyclop. pl. 441. f. 4.

Habite.... Fossile de Moudieu, près Sedan, et des environs de Pontoise. Mon cabinet. Intérieur du bord droit muni de sillons interrompus. Longueur, 2 pouces 7 lignes.

7. Fuseau costulé. *Fusus costulatus.*

F. testâ ovato-fusiformi, ventricosâ, longitudinaliter costatâ, transversim sulcatâ; costis nodulosis; caudâ spirâ breviore.

Fusus torulosus. Encyclop. pl. 428. f. 3. a. b.

Habite.... Fossile de.... Mon cabinet. Limbe intérieur du bord droit subcrénelé. Longueur, 13 lignes et demie.

8. Fuseau bulbiforme. *Fusus bulbiformis.*

F. testâ ovato-fusiformi, ventricosâ, glabrâ; spirâ mucronatâ, brevi; caudâ obsoletè striatâ, subarcuatâ.

Lister, Conch. t. 1028. f. 3.

Favanne, Conch. pl. 66. fig. M 11.

Murex bulbus. Brander, Foss. t. 4. f. 54.

Murex bulbus. Chemn. Conch. 11. t. 212. f. 3000. 5001.

Fusus bulbiformis. Annales, ibid. p. 587. n°. 26.

Encyclop. pl. 428. f. 1. a. b.

Habite.... Fossile de Grignon, de Courtagnon, etc. Mon cabinet. Longueur, 2 pouces 7 lignes. Vulg. la *globosite.*

9. Fuseau petite-figue. *Fusus ficulneus.*

F. testâ ovato-fusiformi, ventricoso-turgidâ, lamelloso-costatâ; anfractibus spiræ margine inferiore squamoso-asperatis : ultimo supernè angulato, subspinoso; columellâ intortâ, basi uniplicatâ.

Murex ficulneus. Chemn. Conch. 11. t. 212. f. 3004. 3005.

Fusus ficulneus. Annales, ibid. p. 386. n°. 25.

Encyclop. pl. 428. f. 2. a. b.

Habite.... Fossile de Grignon. Mon cabinet. Le pli dont sa columelle est munie, contre l'ordinaire de son genre, le rend remarquable. Sa queue est courte et arquée. Longueur, un pouce.

10. Fuseau tortillé. *Fusus intortus.*

F. testâ fusiformi-turritâ, subtorulosâ, decussatim striatâ; striis transversis inferioribus eminentioribus distinctis; columellâ intortâ.
Fusus intortus. Annales, ibid. p. 318. n°. 8.
Encyclop. pl. 441. f. 6. a. b.
Habite.... Fossile de Grignon. Mon cabinet. Longueur, 17 lignes.

11. Fuseau aciculé. *Fusus aciculatus.*

F. testá fusiformi, angustissimâ, transversìm striatâ, longitudinaliter costulatâ; caudâ longâ, strictâ, subaciculatâ.
Fusus aciculatus. Annales, ibid. n°. 5.
Encyclop. pl. 425. f. 8. a. b.
Habite.... Fossile de Grignon. Mon cabinet. Il n'est presque point ventru. Longueur, 2 pouces.

12. Fuseau cordelé. *Fusus funiculosus.*

F. testâ fusiformi-elongatâ, obsoletè costatâ, decussatâ, rugosâ : rugis transversis, alternis majoribus; columellâ subplicatâ.
Fusus funiculosus. Annales, ibid. p. 386. n°. 22.
Encyclop. pl. 428. f. 6. a. b.
Habite.... Fossile de Grignon. Mon cabinet. Longueur, 14 lignes.

13. Fuseau coupé. *Fusus excisus.*

F. testâ ovato-oblongâ, transversè rugosâ; costis longitudinalibus obsoletis; columellâ obliquè excisâ; caudâ brevi; labro intùs dentato.
Fusus excisus. Annales, ibid. p. 319. n°. 11.
Encyclop. pl. 428. f. 4. a. b.
[*b*] *Var. columellâ basi subbiplicatâ.*
Habite.... Fossile de Grignon. Cabinet de M. *Defrance.* Longueur de sa variété, près de 9 lignes. Mon cabinet.
Nota. Voyez, pour les autres espèces fossiles, l'exposition qui s'en trouve dans les Annales.

PYRULE. (Pyrula.)

Coquille subpyriforme, canaliculée à sa base, ventrue dans sa partie supérieure, sans bourrelets en dehors, et ayant la spire courte, surbaissée quelquefois. Columelle lisse. Bord droit sans échancrure.

Testa subpyriformis, basi canaliculata, supernè ventricosa; varicibus nullis. Spira brevis, interdùm subretusa. Columella lævis. Labrum non fissum.

OBSERVATIONS.

Linné confondait les *pyrules*, ainsi que bien d'autres genres, parmi ses *murex*. Il lui suffisait, pour caractériser ce dernier genre, que la coquille eût un canal à sa base; aussi ce même genre est-il d'une étendue exorbitante; et il comprend des familles fort différentes qui méritaient d'en être distinguées. Bruguières, qui le réforma, ne distingua point les *pyrules* des fuseaux, et n'eut égard, pour ceux-ci, qu'à leur défaut de varices. Néanmoins les *pyrules* diffèrent fortement des fuseaux par leur spire courte, et parce que le renflement remarquable du dernier tour se trouve toujours dans la partie supérieure de la coquille; ce qui n'arrive jamais dans aucun de nos fuseaux, ces derniers étant ventrus, soit dans leur milieu, soit inférieurement. Aussi les coquilles des *pyrules* ont-elles à peu près la forme d'une poire ou d'une figue.

ESPÈCES.

1. **Pyrule canaliculée.** *Pyrula canaliculata.*

> *P. testâ pyriformi, ventricoso-tumidâ, tenui, læviusculâ, pallidè fulvâ; anfractibus supernè angulatis, suprà planulatis, ad suturam canali distinctis : anfractuum superiorum angulo crenulato; caudâ longiusculâ.*

Murex canaliculatus. Lin. Gmel. p. 3544. n°. 65.

Gualt. Test. t. 47. fig. A.

Martini, Conch. 3. t. 66. f. 738—740. et t. 67. f. 742. 743.

Pyrula canaliculata. Encyclop. pl. 436. f. 3.

Habite la mer Glaciale et celle du Canada. Mon cabinet. Grande coquille, peu pesante pour son volume, et éminemment canaliculée aux sutures. Dans les jeunes individus, l'angle du dernier tour est crénelé comme celui des autres. Spire un peu saillante. Longueur, 6 pouces 10 lignes.

2. Pyrule bombée. *Pyrula carica.*

P. testâ pyriformi, ventricoso-tumidâ, crassâ, ponderosâ, transversìm tenuissimè striatâ, albido-fulvâ; ultimo anfractu supernè unicâ serie tuberculato: superioribus basi tuberculiferis; caudâ breviusculâ.

Lister, Conch. t. 880. f. 3. b.

Gualt. Test. t. 47. fig. B.

Knorr, Vergn. 1. t. 30. f. 1. et 6. t. 27. f. 1.

Martini, Conch. 3. t. 67. f. 744. et t. 69. f. 756. 757.

Murex carica. Gmel. p. 3545. n°. 67.

Pyrula carica. Encyclop. pl. 433. f. 3.

Habite..... Mon cabinet. Coquille encore fort grande, épaisse, pesante, et souvent très-rembrunie ou colorée par le limon. Longueur, 6 pouces.

3. Pyrule sinistrale. *Pyrula perversa.*

P. testâ sinistrorsâ, pyriformi, valdè ventricosâ, glabrâ, albido-fulvâ, lineis longitudinalibus latis rufo-fuscis ornatâ; ultimo anfractu supernè tuberculis coronato: superioribus basi tuberculiferis; caudâ longiusculâ, striatâ.

Murex perversus. Lin. Gmel. p. 3546. n°. 72.

Lister, Conch. t. 907. f. 27. et t. 908. f. 28.

Gualt. Test. t. 30. fig. B.

D'Argenv. Conch. pl. 15. fig. F.

Favanne, Conch. pl. 23. fig. H 2.

Seba, Mus. 3. t. 68. f. 21. 22.

Born, Mus. t. 11. f. 8. 9.

Chemn. Conch. 9. t. 107. f. 904—907.

Pyrula perversa. Encyclop. pl. 433. f. 4. a. b.

Habite l'Océan des Antilles, la baie de Campêche, etc. Mon cabinet. Vulg. *l'unique.* Dans sa jeunesse, elle est finement striée en dehors, et a l'intérieur de son bord droit sillonné. Longueur, 6 pouces 10 lignes.

4. Pyrule candélabre. *Pyrula candelabrum.*

P. *testâ pyriformi, supernè ventricosâ, caudatâ, transversìm striatâ, griseo-cærulescente; ultimo anfractu supernè lamellis maximis complicatis distantibus muricato; spirâ planulatâ, retusissimâ; aperturâ albâ; labro intùs striato.*

Encyclop. pl. 437. f. 3. et pl. 438. f. 3.

Habite..... Mon cabinet. Coquille très-rare, et très-singulière par l'aplatissement extraordinaire de sa spire. Posée sur cette partie, elle s'y soutient, sa queue étant presque verticale, ce qui lui donne la forme d'un candélabre. Sa rareté est si grande, qu'aucun auteur, que je sache, ne l'a figurée ni mentionnée. Je l'ai eue de M. *Paris.* Longueur, 4 pouces 11 lignes.

5. Pyrule trompette. *Pyrula tuba.*

P. *testâ subpyriformi, caudatâ, transversìm sulcatâ, pallidè fulvâ; ventre superiùs ultra medium disposito; anfractibus medio angulato-tuberculatis: ultimo supernè tuberculis longis armato; spirâ exsertiusculâ.*

Martini, Conch. 4. t. 143. f. 1533.

Murex tuba. Gmel. p. 3554. n°. 103.

Fusus tuba. Encyclop. pl. 426. f. 2.

Habite les mers de la Chine. Mon cabinet. Vulg. la *trompette-des-dragons.* Longueur, 5 pouces 2 lignes.

6. Pyrule bucéphale. *Pyrula bucephala.*

P. *testâ pyriformi, crassâ, ponderosâ, anteriùs muricatâ, pallidè fulvâ; ultimo anfractu duplici serie tuberculorum armato: tuberculis seriei superioris multò majoribus; caudâ sulcatâ, subumbilicatâ.*

Lister, Conch. t. 885. f. 6. b.

Murex carnarius. Chemn. Conch. 10. t. 164. f. 1566. 1567.

Habite l'Océan indien. Mon cabinet. Spire courte, à tours anguleux et tuberculeux, et à sutures enfoncées; queue subombiliquée; ouverture d'un blanc rosé. Longueur, 4 pouces 9 lignes. Vulg. la *tête-de-taureau.*

7. Pyrule chauve-souris. *Pyrula vespertilio.*

P. testâ subpyriformi, crassâ, ponderosâ, anteriùs muricatâ, spadiceo-rufescente; ultimo anfractu supernè tuberculis compressis coronato; spirâ exsertiusculâ; suturis simplicibus; caudâ sulcatâ, subumbilicatâ.

Lister, Conch. t. 884. f. 6. a.

Fusus carnarius. Martini, Conch. 4. t. 142. f. 1323. 1324. *et forte* 1326. 1327.

Murex vespertilio. Gmel. p. 3553. n°. 100.

Pyrula carnaria. Encyclop. pl. 454. f. 3. a. b.

Habite l'Océan indien. Mon cabinet. Celle-ci a de grands rapports avec la précédente, et, en effet, a été confondue avec elle par quelques auteurs; mais elle en est constamment distincte : 1°. parce qu'elle n'a point de sutures enfoncées ou subcanaliculées; 2°. que sa spire est plus saillante; 3°. que son dernier tour n'a qu'une rangée de tubercules. Longueur, 4 pouces 4 lignes. Vulg. la *tête-de-veau.*

8. Pyrule mélongène. *Pyrula melongena.*

P. testâ pyriformi, ventricoso-turgidâ, glauco-cærulescente aut rufo-rubente, albo-fasciatâ; anfractibus ad suturas canaliculatis : ultimo interdùm mutico, sæpiùs tuberculis acutis variis muricato; spirâ brevi, acutâ; aperturâ lævi, albâ.

Murex melongena. Lin. Gmel. p. 3540. n°. 50.

Lister, Conch. t. 904. f. 24.

Bonanni, Recr. 3. f. 186. 295.

Rumph. Mus. t. 24. f. 2.

Gualt. Test. t. 26. fig. F.

D'Argenv. Conch. pl. 15. fig. H.

Favanne, Conch. pl. 24. fig. E 2.

Seba, Mus. 3. t. 72. f. 1—9.

Knorr, Vergn. 1. t. 17. f. 5. et 2. t. 10. f. 1.

Martini, Conch. 2. t. 39. f. 389—393. et t. 40. f. 394—397.

Chemn. Conch. 10. t. 164. f. 1568.

Pyrula melongena. Encyclop. pl. 435. f. 3. a. b. c. d. e.

Habite l'Océan des Antilles. Mon cabinet. Espèce bien distincte, et très-remarquable par ses caractères, mais qui offre un grand nombre de variétés dans sa taille, ses murications diverses, et sa coloration. Taille de la plus grande, dont le bord droit est un peu plus dentelé que dans les autres, 5 pouces 2 lignes.

9. Pyrule réticulée. *Pyrula reticulata.*

*P. testâ ficoideâ vel ampullaceâ, cancellatâ, albâ; striis trans-
versis majoribus distantibus; spirâ brevissimâ, convexo-retusâ,
centro mucronatâ; aperturâ candidâ.*

Gualt. Test. t. 26. fig. M.

Seba, Mus. 3. t. 68. f. 1. et 3. 4.

Knorr, Vergn. 3. t. 23. f. 1.

Martini, Conch. 3. t. 66. f. 733.

Encyclop. pl. 432. f. 2.

Habite l'Océan indien. Mon cabinet. Espèce constamment distincte
de la suivante, avec laquelle *Linné* l'a confondue. Le treillis épais
que forment ses stries la rend très-remarquable. Dans sa jeunesse,
elle a, sur celles qui sont transverses, de petites taches jaunes
qui disparaissent en grande partie dans un âge plus avancé. Longueur, 4 pouces. Vulg. la *figue-blanche.*

10. Pyrule figue. *Pyrula ficus.*

*P. testâ ficoideâ vel ampullaceâ, tenuissimè decussatâ, griseo-
cœrulescente, maculis variis spadiceis aut violaceis adspersâ;
striis transversis majoribus confertissimis; spirâ brevi, convexâ,
centro mucronatâ; fauce violaceo-cœrulescente.*

Bulla ficus. Lin. Gmel. p. 3426. n° 14.

Lister, Conch. t. 751. f. 46. a.

Bonanni, Recr. 3. f. 15.

Rumph. Mus. t. 27. fig. K.

Petiv. Amb. t. 6. f. 9.

Gualt. Test. t. 26. fig. I.

D'Argenville, Conch. pl. 17. fig. O.

Favanne, Conch. pl. 23. fig. H 5.

Seba, Mus. 3. t. 68. f. 5. 6.

Knorr, Vergn. 1. t. 19. f. 4.

Martini, Conch. 3. t. 66. f. 734. 735.

Pyrula ficus. Encyclop. pl. 432. f. 1.

Habite l'Océan des grandes Indes et des Moluques. Mon cabinet. Son
réseau très-fin et très-serré et son ouverture violette la distinguent
éminemment. Vulg. la *figue-truitée* ou *violette.* Longueur, 3 pouces
4 lignes.

11. Pyrule ficoïde. *Pyrula ficoides.*

P. testâ ficoideâ, cancellatâ, albo-lutescente., fasciis albis spadi-ceo-maculatis cinctâ; striis transversis distantibus; spirâ bre-vissimâ, plano-retusâ, centro mucronatâ; aperturâ albo-cœru-lescente.

Lister, Conch. t. 750. f. 46.
Knorr, Vergn. 6. t. 27. f. 7.

Habite.... l'Océan des grandes Indes ? Mon cabinet. Son réseau, moins fin que celui de la précédente, offrant des stries transverses bien écartées, et sa spire très-rétuse; ne permettent pas de la confon-dre avec celle que l'on vient de citer. Ses fascies d'ailleurs sont maculées d'une manière très - particulière. Longueur, 2 pouces 8 lignes.

12. Pyrule à gouttière. *Pyrula spirata.*

P. testâ pyriformi, subficoideâ, caudatâ, transversìm striatâ, albâ, luteo rufoque nebulosâ; anfractibus ad suturas cana-liculatis; spirâ exsertiusculâ, mucronatâ; labro intùs albo, sulcato.

Lister, Conch. t. 877. f. 1.
Martini, Conch. 3. t. 66. f. 736. 737.
Encyclop. pl. 433. f. 2. a. b.

Habite..... Mon cabinet. Quoique canaliculée aux sutures, cette co-quille est fort différente de notre *P. canaliculata*, n°. 1. Elle tient de très-près aux figues par sa forme générale; mais elle a une véritable queue. Longueur, 2 pouces 11 lignes. Vulg. la *contre-unique*.

13. Pyrule tête-plate. *Pyrula spirillus.*

P. testâ anteriùs ventricosâ, longè caudatâ, transversìm tenuis-simè striatâ, albidâ, luteo-maculatâ; ventre abbreviato, medio carinato, suprà planulato, infra medium tuberculato; spirâ depressissimâ, centro mamilliferâ.

Murex spirillus. Lin. Gmel. p. 3544. n°. 64.
Knorr, Vergn. 6. t. 24. f. 3.
Martini, Conch. 3. t. 115. f. 1069.
Schroëtter, Einl. in Conch. 1. t. 3. f. 4.
Pyrula spirillus. Encyclop. pl. 437. f. 4. a. b.

Habite l'Océan indien, sur les côtes de Tranquebar. Mon cabinet. Queue longue et grêle; ventre court, à carène légèrement feston-

née et toujours tachetée de fauve, ainsi que la spire. Longueur,
5 pouces une ligne. Vulg. le *ton-ton*.

14. Pyrule allongée. *Pyrula elongata.*

*P. testâ elongato-pyriformi, angustâ, longicaudâ, læviusculâ,
luteo -rufescente ; anfractibus supernè longitudinaliter plicatis :
plicis anteriùs nodo terminatis ; spirâ caudâque transversè
striatis.*

Martini, Conch. 3. t. 94. f. 908.
Buccinum tuba. Gmel. p. 3484. n°. 55.

Habite l'Océan des grar des In les. Mon cabinet. Ouverture étroite ;
bord droit lisse à l'intérieur. Longueur, 4 pouces 3 lignes.

15. Pyrule ternatéenne. *Pyrula ternatana.*

*P. testâ pyriformi, anteriùs ventricosâ, longè caudatâ, transver-
sìm striatâ, longitudinaliter plicatâ, luteo-rufescente ; anfractibus medio angulato-tuberculatis, suprà planulatis, contabu-
latis : ultimo supernè tuberculis longiusculis coronato.*

Lister, Conch. t. 892. f. 12.
Seba, Mus. 3. t. 52. f. 5.
Knorr, Vergn. 6. t. 15. f. 4. et t. 26. f. 1.
Fusus ternatanus. Martini, Conch. 4. t. 140. f. 1304. 1305.
Murex ternatanus. Gmel. p. 3554. n°. 107.
Fusus pyrulaceus. Encyclop. pl. 429. f. 6.

Habite les mers des Moluques, près de Ternate. Mon cabinet. Espèce
voisine de la précédente par ses rapports, mais plus ventrue, à
spire mieux étagée, et ayant ses tours couronnés de tubercules
plus saillans. Ouverture blanche ; bord droit lisse à l'intérieur.
Longueur, 4 pouces 11 lignes.

16. Pyrule bezoar. *Pyrula bezoar.*

*P. testâ ovato-abbreviatâ, ventricosissìmâ, crassâ, rudi, sulcis
latis transversìm cinctâ, tuberculiferâ, squalidè fulvâ ; ultimo
anfractu tuberculorum seriis tribus muricato, anteriùs lamelloso ;
canali brevi, emarginato.*

Buccinum bezoar. Lin. Gmel. p. 3491. n° 91.
Martini, Conch. 3. t. 68. f. 754. 755.

Habite les mers de la Chine. Mon cabinet. Coquille de forme très-
ramassée, raboteuse, d'une couleur sale, et d'un aspect peu agréable ; spire contabulée, médiocrement élevée ; queue courte, retroussée, ombiliquée. Longueur, 3 pouces une ligne.

17. Pyrule radis. *Pyrula rapa.*

P. testâ pyriformi, anteriùs ventricosissimâ, solidiusculâ, trans-
versìm striatâ, albido-rufescente; ultimo anfractu bifariàm aut
trifariàm tuberculato; suturis impressis; spirâ brevi; caudâ latè
umbilicatâ, depressâ, recurvâ.

Lister, Conch. t. 894. f. 14.
Knorr, Vergn. 5. t. 21. f. 2.
Martini, Conch. 3. t. 68. f. 750—753.
Murex rapa. Gmel. p. 3545. n°. 68.
Pyrula rapa. Encyclop. pl. 434. f. 1. a. b. *figuræ mediocres.*

Habite l'Océan indien. Mon cabinet. Queue fortement recourbée et
lamelleuse; large ombilic. Longueur, 2 pouces 5 lignes. Vulg. le
radis.

18. Pyrule papyracée. *Pyrula papyracea.*

P. testâ pyriformi, anteriùs ventricosissimâ, tenui, pellucidâ,
transversìm tenuissimè striatâ, posticè sulcatâ, pallidè citrinâ;
spirâ retusissimâ, mucronatâ; caudâ subumbilicatâ, recurvâ.

Bulla rapa. Lin. Gmel. p. 3426. n°. 15.
Rumph. Mus. t. 27. fig. F.
Petiv. Amb. t. 9. f. 8.
Gualt. Test. t. 26. fig. H.
D'Argenv. Conch. pl. 17. fig. K.
Seba, Mus. 3. t. 38. f. 13—24. et t. 68. f. 7. 8.
Knorr, Vergn. 1. t. 19. f. 5.
Martini, Conch. 3. t. 68. f. 747—749.
Pyrula papyracea. Encyclop. pl. 436. f. 1. a. b. c.

Habite l'Océan indien. Mon cabinet. Singulière par la ténuité de son
test et par ses sillons postérieurs qui sont presque imbriqués,
cette pyrule varie dans la longueur de sa queue, qui est tantôt
plus ou moins allongée et tantôt presque nulle. Longueur, 2 pouces 2 lignes. Vulg. le *radis papyracé.*

19. Pyrule galéode. *Pyrula galeodes.*

P. testâ ovato-pyriformi, anteriùs ventricosâ, crassâ, transversìm
sulcatâ, griseo-fulvâ; sulcis rufis; ultimo anfractu tuberculis
complicatis subquadriseriatis muricato, margine superiore squa-
moso; spirâ caudâque brevibus.

Rumph. Mus. t. 23. fig. D.
Petiv. Amb. t. 8. f. 11.

Gualt. Test. t. 31. fig. F.
D'Argenv. Conch. pl. 15. fig. G. *figura mediocris.*
Favanne, Conch. pl. 24. fig. F 3. *idem.*
Seba, Mus. 3. t. 49. f. 80—82.
Knorr, Vergn. 3. t. 7. f. 3.
Martini, Conch. 2. t. 40. f. 398. 399.
Pyrula hippocastanum. Encyclop. pl. 432. f. 4.
Habite l'Océan des Moluques. Mon cabinet. Queue subombiliquée;
un peu recourbée vers le dos, et échancrée; ouverture blanche;
bord droit lisse à l'intérieur. Longueur, 2 pouces une ligne.

20. Pyrule anguleuse. *Pyrula angulata.*

P. *testâ ovato-pyriformi, anteriùs ventricosâ, transversìm striatâ,
albidâ; ultimo anfractu supernè angulato, ad angulum et versùs basim tuberculis longiusculis armato; spirâ exsertiusculâ;
caudâ brevi.*
Seba, Mus. 3. t. 52. f. 19. 20. et t. 60. f. 10.
Martini, Conch. 2. t. 40. f. 400. 401.
Pyrula lineata. Encyclop. pl. 432. f. 5.
Habite la mer Rouge. Mon cabinet. Queue subombiliquée, légèrement recourbée, échancrée au bout. Longueur, 2 pouces.

21. Pyrule écailleuse. *Pyrula squamosa.*

P. *testâ pyriformi, anteriùs ventricosâ, transversìm sulcatâ, albidâ, fulvo-fasciatâ; ultimo anfractu penultimoque margine
superiore squamosis; spirâ exsertiusculâ; caudâ subumbilicatâ,
brevi, emarginatâ; labro margine interiore sulcato.*
Seba, Mus. 3. t. 60. f. 9.
Martini, Conch. 2. t. 40. f. 402.
Pyrula myristica. Encyclop. pl. 432. f. 3. a. b.
Habite.... Mon cabinet. Elle a quelquefois une rangée de petits tubercules au sommet de son dernier tour. Longueur, 2 pouces
cinq lignes.

22. Pyrule noduleuse. *Pyrula nodosa.*

P. *testâ pyriformi, anteriùs ventricosâ, medio lœviusculâ, infernè
sulcatâ, pallidè luteâ; ultimo anfractu supernè nodis coronato,
suprà depresso, concavo; spirâ brevi, acutâ; labro intùs striato.*
Murex ficus nodosa. Chemn. Conch. 10. t. 163. f. 1564. 1565.
Habite la mer Rouge. Mon cabinet. Queue courte, ombiliquée. Longueur, environ deux pouces. Elle a de grands rapports avec la
suivante.

Tome VII. 10

23. Pyrule citrine. *Pyrula citrina.*

P. testâ pyriformi, anteriùs ventricosâ, muticâ, medio lævi, infernè sulcatâ, citrinâ; ultimo anfractu supernè obtusè angulato, suprà depressiusculo; spirâ brevi, acutâ; aperturâ luteo-aurantiâ; labro crasso, margine interiore sulcato.

Martini, Conch. 3. t. 94. f. 909. 910.

Buccinum pyrum. Gmel. p. 3484. n°. 56.

Habite l'Océan indien et la mer Rouge, selon *Gmelin*. Mon cabinet. Coquille solide; queue courte, échancrée au bout. Longueur, 2 pouces une ligne. Vulg. la *poire lisse à bouche orangée*.

24. Pyrule raccourcie. *Pyrula abbreviata.*

P. testâ subpyriformi, ventricosissimâ, scabriusculâ, transversìm sulcatâ, albido-cinerascente; spirâ exsertiusculâ; caudâ brevi, latè umbilicatâ, dorso sulcis elevatis subechinatis muriculatâ; labro intùs striato, margine denticulato.

Lister, Conch. t. 896. f. 16.

Murex galea. Chemn. Conch. 10. t. 160. f. 1518. 1519.

Pyrula abbreviata. Encyclop. pl. 436. f. 2./a. b.

Habite.... Mon cabinet. Longueur, 18 lignes et demie.

25. Pyrule bouche-violette. *Pyrula neritoidea.*

P. testâ subpyriformi, ventricosâ, crassâ, rudi, transversìm striatâ, squalidè albâ; anfractibus turgidis; spirâ exsertiusculâ; caudâ brevi; fauce violaceâ.

Murex neritoideus. Chemn. Conch. 10. t. 165. f. 1577. 1578.

Gmel. p. 3559. n°. 169.

Fusus neritoideus. Encyclop. pl. 435. f. 2. a. b.

Habite.... Mon cabinet. Sa spire varie dans ses dimensions, selon les individus. Son ouverture, d'un violet foncé, la rend remarquable. Bord droit strié en dedans. Longueur, 18 lignes.

26. Pyrule difforme. *Pyrula deformis.*

P. testâ ventricosâ, scabriusculâ, albidâ; anfractibus angulato-carinatis, nodulosis : ultimo disjuncto, carinis duabus cincto, subplicifero; caudâ brevi, umbilicatâ; fauce violacescente; labro tenui.

Habite.... Mon cabinet. Ouverture arrondie; spire un peu saillante. Longueur, près d'un pouce.

27. Pyrule rayée. *Pyrula lineata.*

> P. *testâ pyriformi-abbreviatâ, ventricosâ, glabrâ, pallidè fulvâ,*
> *longitudinaliter rufo-lineatâ; aperturâ patulâ; columellâ albâ;*
> *labro intùs albo-lutescente.*

> Habite.... Mon cabinet. Son dernier tour est légèrement déprimé su-
> périeurement. Spire courte; queue un peu relevée, échancrée au
> bout; point d'ombilic. Longueur, 13 lignes.

28. Pyrule plissée. *Pyrula plicata.*

> P. *testâ pyriformi, obovatâ, ventricosâ, longitudinaliter plicatâ,*
> *transversìm tenuissimè striatâ, flavescente; plicis tenuibus dis-*
> *tantibus; anfractibus margine superiore carinulâ cinctis; spirâ*
> *brevi, acutâ; labro intùs lœvigato.*

> Habite.... les mers du Brésil ? Elle vient d'un cabinet de Lisbonne.
> Mon cabinet. Longueur, 14 lignes. Sa queue me paraît un peu
> fruste. Elle n'est point ombiliquée.

> *Nota.* Voyez, pour les espèces fossiles, les *Annales du Muséum,*
> vol. 2, p. 389 et suiv.

DEUXIÈME SECTION.

Un bourrelet constant sur le bord droit, dans toutes
les espèces.

STRUTHIOLAIRE. (Struthiolaria.)

Coquille ovale, à spire élevée. Ouverture ovale, sinueuse,
terminée à sa base par un canal très-court, droit, non
échancré. Bord gauche calleux, répandu; bord droit sinué,
muni d'un bourrelet en dehors.

Testa ovata; spirâ exsertâ. Apertura ovalis, sinuata,
canali brevissimo recto integroque basi terminata. Labio
calloso, ad ultimum anfractûs explanato; labro sinuato,
replicato, extùs marginato.

OBSERVATIONS.

Les *struthiolaires*, vulgairement nommées *pieds-d'autruche*, sont des coquillages exotiques fort rares et très-singuliers par les caractères des deux bords de leur ouverture. Elles paraissent tenir un peu aux buccins; mais, outre qu'elles n'ont point d'échancrure à la base de leur canal, elles offrent, sur leur bord droit, un bourrelet dont ceux-ci sont dépourvus. Quoique ces coquilles soient marines, je présume que les mollusques auxquels elles appartiennent viennent souvent sur les rivages, où alors, sortant fréquemment de leur coquille, ils y produisent les callosités qu'on observe aux deux bords de son ouverture.

Il est bon de remarquer que, dans ce genre, le bourrelet du bord droit est le seul qui se trouve sur la coquille; tandis que, dans les trois suivans, il y en a en outre sur la spire.

Nous ne connaissons encore que deux espèces de celui dont il s'agit maintenant.

ESPÈCES.

1. Struthiolaire noduleuse. *Struthiolaria nodulosa.*

> *St. testâ ovato - conicâ, crassâ, transversìm striatâ, albâ, flammulis longitudinalibus undatis luteis pictâ; anfractibus supernè angulatis, suprà planulatis, ad angulum nodulosis; suturis simplicibus; labro intùs luteo-rufescente.*

Martyns, Conch. 2. f. 53. 54.

Favanne, Conch. pl. 79. fig. S.

Murex pes struthiocameli. Chemn. Conch. 10. t. 160. f. 1520. 1521.

Murex stramineus. Gmel. p. 3542. n°. 55.

Struthiolaria nodulosa. Encyclop. pl. 431. f. 1. a. b.

Habite les mers de la Nouvelle-Zéelande. Mon cabinet. Longueur, 2 pouces une ligne. Vulg. le *pied-d'autruche.*

2. Struthiolaire crénulée. *Struthiolaria crenulata.*

> *St. testâ ovato-conicâ, griseo-lutescente; anfractibus supernè angulatis, suprà planulatis; suturis plicato-crenatis.*

Auris vulpina. Chemn. Conch. 11. t. 210. f. 2086. 2087.

Habite.... Collection du Muséum. Celle-ci a ses sutures crénelées et l'angle de ses tours simple, ce qui la distingue principalement de celle qui précède.

RANELLE. (Ranella.)

Coquille ovale ou oblongue, subdéprimée, canaliculée à sa base, et ayant à l'extérieur des bourrelets distiques. Ouverture arrondie ou ovalaire.

Bourrelets droits ou obliques, à intervalle d'un demi-tour, formant une rangée longitudinale de chaque côté.

Testa ovata vel oblonga, subdepressa, basi canaliculata, extùs varicibus distichis onusta. Apertura rotundata vel subovata.

Varices plùs minùsve obliqui, ad dimidiam partem anfractûs remoti, utroque latere seriem longitudinalem efformantes.

OBSERVATIONS.

Moyennes, en quelque sorte, entre les struthiolaires et les rochers, les *ranelles* sont singulièrement remarquables par la situation particulière de leurs bourrelets, et même par la légère dépression que leur coquille offre en général.

A chaque nouvelle pièce que l'animal ajoute à sa coquille, lorsque son accroissement l'y oblige, cet animal sort et se met à découvert d'un demi-tour entier, et reste ainsi stationnaire jusqu'à ce que le nouveau demi-tour soit formé. Ce fait, qu'indique l'examen de la coquille, se reconnaît par les bourrelets disposés constamment sur deux côtés opposés; et c'est en partie à ces bourrelets latéraux qu'est due la légère dépression de la coquille, puisqu'ils accroissent les dimensions de ses côtés, en n'ajoutant jamais à celles de son dos et de son ventre.

Les bourrelets des *ranelles* sont les uns mutiques, les autres tuberculeux, quelquefois même épineux.

ESPÈCES.

1. Ranelle géante. *Ranella gigantea.*

R. testâ fusiformi-turritâ, ventricosâ, transversìm sulcatâ et striatâ, albâ, rufo-nebulosâ; sulcis tuberculoso-asperatis; ultimo anfractu penultimoque medio tuberculis majoribus serie unicâ cinctis; caudâ ascendente.

Murex reticularis. Lin. Gmel. p. 3535, n°. 37.
Lister, Conch. t. 935. f. 30. *Mala.*
Bonanni, Recr. 3. f. 193. *idem.*
Petiv. Gaz. t. 153. f. 6. *idem.*
Gualt. Test. t. 49. fig. M. et t. 50. fig. A.
Born, Mus. t. 11. f. 5.
Martini, Conch. 4. t. 128. f. 1228.
Ranella gigantea. Encyclop. pl. 413. f. 1.

Habite les mers de l'Amérique. Mon cabinet. Grande coquille, éminemment tuberculeuse, et qui n'est point véritablement réticulée, mais dont les rangées de tubercules, qui sont toutes transverses, se trouvant fort rapprochées entre elles, particulièrement sur les tours supérieurs, semblent former un treillis qu'on a outré dans les figures. Bord droit denté en son limbe interne. Longueur, 6 pouces et demi.

2. Ranelle bouche-blanche. *Ranella leucostoma.*

R. testâ ovato-conicâ, transversìm tenuissimè striatâ, rufo-castaneâ; anfractibus medio tuberculis parvulis serie unicâ cinctis; varicibus albo nigroque variis; fauce albâ.

Habite les mers de la Nouvelle-Hollande. Mon cabinet. Très-belle coquille, fort rare, probablement inédite, remarquable par la blancheur de son ouverture et la coloration de ses bourrelets. Bord droit denté, très-lisse à l'intérieur; un pli assez fort au sommet de la columelle; queue un peu courte, recourbée. Longueur, 3 pouces 11 lignes.

3. Ranelle turriculée. *Ranella candisata.*

R. testâ turritâ, transversìm striato-granulosâ, albâ, luteo-nebulosâ; striis granosis confertis : unicâ majore prominulâ in dorso anfractuum; anfractibus infra suturas marginatis; columellâ rugosâ; labro intùs sulcato.

Murex candisatus. Chemn. Conch. 10. t. 162. f. 1544. 1545.

Murex conditus. Gmel. p. 3565. n°. 174.

Habite...... Mon cabinet. Ouverture ovale-arrondie; queue courte. Longueur, 2 pouces 9 lignes.

4. Ranelle Argus. *Ranella Argus.*

R. testâ ovali, valdè ventricosâ, transversìm tenuissimè striatâ, longitudinaliter plicato-nodosâ, lutescente, spadiceo-fasciatâ; nodis rubris, subocellatis; labro crasso, intùs albo, limbo interiore crenato.

Rumph. Mus. t. 49. fig. B.

Petiv. Amb. t. 6. f. 6.

Knorr, Vergn. 5. t. 3. f. 3.

Favanne, Conch. pl. 32. fig. F.

Martini, Conch. 4. t. 127. f. 1223.

Murex Argus. Gmel. p. 3547. n°. 78.

Ranella polyzonalis. Encyclop. pl. 414. f. 3. a. b.

Habite l'Océan indien et des Moluques. Mon cabinet. Belle coquille, large, épaisse, noduleuse, remarquable par ses fascies assez nombreuses, sur lesquelles seules ses nœuds sont situés. Longueur, 3 pouces une ligne. Vulg. l'*Argus fascié.*

5. Ranelle grenouille. *Ranella crumena.*

R. testâ ovato-acutâ, ventricosâ, tuberculato-muricatâ, transversè sulcatâ aut striato-granulosâ, albido-rufescente; tuberculis longiusculis acutis, fusco-maculatis; aperturâ aurantio-rubrâ, albo-sulcatâ.

Murex rana. Lin. Gmel. p. 3531. n°. 23.

Lister, Conch. t. 995. f. 58.

Bonanni, Recr. 3. f. 182.

Rumph. Mus. t. 24. fig. G.

Petiv. Gaz. t. 100. f. 12. et Amb. t. 11. f. 15.

Gualt. Test. t. 49. fig. L.

Seba, Mus. 3. t. 60. f. 13. et 15—18.

Knorr, Vergn. 2. t. 13. f. 6. 7.

Favanne, Conch. pl. 32. fig. B. 4.

Martini, Conch. 4. t. 133. f. 1270. 1271.

Ranella crumena. Encyclop. pl. 412. f. 3.

Habite les mers de l'Inde. Mon cabinet. Le dernier tour a trois rangées de tubercules pointus; les autres n'en ont qu'une. Longueur, 3 pouces. Vulg. la *bourse.*

6. Ranelle épineuse. *Ranella spinosa.*

R. testâ ovatâ, depressâ, tuberculis acutis brevibus sparsis muri-
catâ, griseo-fulvâ; varicibus lateralibus longè spinosis; caudâ
sulcatâ; labro intùs crenato.

Lister, Conch. t. 949. f. 44.
Seba, Mus. 3. t. 60. f. 19.
Knorr, Vergn. 3. t. 7. f. 5.
Favanne, Conch. pl. 32. fig. B 2.
Martini, Conch. 4. t. 133. f. 1274—1276.
Encyclop. pl. 412. f. 5. a. b.

Habite les mers de l'Inde. Mon cabinet. Espèce fort remarquable par
ses épines longues et latérales. Vulg. le *crapaud à pattes.* Longueur, 2 pouces 2 lignes.

7. Ranelle gibbeuse. *Ranella bufonia.*

R. testâ ovali, gibbâ, crassâ, tuberculato-nodosâ, albo-griseâ,
maculis minimis fuscis pictâ; laterum nodulis utrinquè tribus
canaliferis; aperturâ albâ, subrotundâ; labro crassissimo, mar-
gine interiore dentato.

D'Argenv. Conch. pl. 9. fig. R.
Favanne, Conch. pl. 32. fig. B 1.
Seba, Mus. 3. t. 60. f. 14. 20.
Martini, Conch. 4. t. 129. f. 1240. 1241.
Murex bufonius. Gmel. p. 3534. n°. 32.
Chemn. Conch. 11. t. 192. f. 1843—1846.
Ranella bufonia. Encyclop. pl. 412. f. 1. a. b.

Habite l'Océan indien. Mon cabinet. Coquille épaisse, gibbeuse,
chargée de grosses tubérosités noduleuses, à bourrelets scrobiculés
et munis de trois tuyaux canalifères qui s'élèvent à chaque côté
de la spire. Vulg. le *crapaud à gouttières.* Longueur, 2 pouces
10 lignes.

8. Ranelle granuleuse. *Ranella granulata.*

R. testâ ovato-acutâ, striis granulosis confertis cinctâ, pallidè
luteâ, fulvo-zonatâ; columellâ sulcatâ; labro crasso, dentato.

Lister, Conch. t. 995. f. 56?
Martini, Conch. 4. t. 133. f. 1272. 1273.
Encyclop. pl. 412. f. 4. a. b.
[b] *Var. dorso ventreque-unituberculatis.*

Habite..... l'Océan indien ? Mon cabinet. Espèce très-distincte par ses nombreuses rangées de granulations. La var. [b] n'en diffère que parce qu'elle offre un tubercule un peu élevé, comprimé sur les côtés, et disposé transversalement sur le dos et sur le ventre de son dernier tour. Longueur, 2 pouces 5 lignes.

9. Ranelle granifère. *Ranella granifera.*

R. testâ oblongâ, ovato-conicâ, scabriusculâ, striis. granosis cinctâ, albo-lutescente aut rufâ, albo-fasciatâ; granis subacutis; columellâ sulcatâ; labro margine dentato.

Lister, Conch. t. 939. f. 34.
Seba, Mus. 3. t. 60. f. 21—24.
Knorr, Vergn. 6. t. 24. f. 6.
Favanne, Conch. pl. 32. fig. B 6.
Martini, Conch. 4. t. 127. f. 1224—1227.
Encyclop. pl. 414. f. 4.

Habite.... Mon cabinet. Celle-ci est plus allongée et moins large que la précédente. Ses granulations sont assez fortes et un peu pointues. Longueur, 23 lignes.

10. Ranelle semi-grenue. *Ranella semigranosa.*

R. testâ ovato-conicâ, transversìm tenuissimè striatâ, rufo-fuscâ; ultimo anfractu dorso nudo, subtùs granifero; anfractibus superioribus utrinquè granosis; columellâ sulcatâ; labri limbo intùs nodoso.

Habite.... Mon cabinet. Le milieu des tours supérieurs a deux rangées de granulations plus fortes que celles qui sont proche des sutures. Longueur, 19 lignes.

11. Ranelle bituberculaire. *Ranella bitubercularis.*

R. testâ ovato-acutâ, transversè sulcatâ et striatâ, albidâ; anfractibus dorso subtùsque bituberculatis : tuberculis distinctis compressis apice spadiceis; caudâ ascendente.

Encyclop. pl. 412. f. 6.

Habite.... Mon cabinet. Espèce remarquable par les deux tubercules dorsaux de chacun de ses tours, qui sont répétés également en dessous. Longueur, 19 lignes et demie.

12. Ranelle grenouillette. *Ranella ranina.*

*R. testâ ovato-acutâ, striis granosis cinctâ, albâ, zonis rufo-cas-
taneis pictâ; caudâ brevi; aperturâ rotundâ; labro margine
dentato.*

Murex gyrinus. Lin. Gmel. p. 3531. n°. 24.
Seba, Mus. 3. t. 60. f. 25—27.
Knorr, Vergn. 6. t. 25. f. 5. 6.
Martini, Conch. 4. t. 128. f. 1233—1235.
Ranella ranina. Encyclop. pl. 412. f. 2. a. b.

Habite dans la Méditerranée, selon *Linné.* Mon cabinet. Espèce
petite et fort jolie, que Linné paraît comparer à l'insecte aqua-
tique nommé *Gyrin.* Longueur, 13 lignes et demie.

13. Ranelle gladiée. *Ranella anceps.*

*R. testâ parvulâ, sublanceolatâ, ancipiti, lævi, nitidâ, albâ;
varicibus lamelliformibus, ad latera oppositis; lamellis longitudinalibus medianis suprà infràque dispositis; caudâ brevi,
complanatâ.*

Habite.... Mon cabinet. Longueur, 6 lignes trois quarts.

14. Ranelle pygmée. *Ranella pygmœa.*

*R. testâ parvâ, ovato-acutâ, ventricosâ, decussatâ, cinereo-rufes-
cente; costellis longitudinalibus exiguis crebris; caudâ brevi;
labro denticulato.*

Habite dans la Manche, sur les côtes du Hâvre. M. *Lucas.* Mon cabinet. Ses stries et ses petites côtes la font paraître treillissée. Longueur, 5 lignes et demie.

15. Ranelle lisse. *Ranella lævigata.*

*R. testâ fossili, ovatâ, ventricosâ, lævi; caudâ spirâque brevibus;
labro intùs crenulato.*

Knorr, Foss. pl. 46. f. 819.

Habite.,... Fossile du Piémont. Mon cabinet. Longueur, 17 lignes.

ROCHER. (Murex.)

Coquille ovale ou oblongue, canaliculée à sa base, ayant à l'extérieur des bourrelets rudes, épineux ou tuberculeux. Ouverture arrondie ou ovalaire.

Bourrelets triples ou plus nombreux sur chaque tour de spire; les inférieurs se réunissant obliquement avec les supérieurs par rangées longitudinales. Un opercule corné.

Testa ovata vel oblonga, basi canaliculata, extùs varicibus asperis, tuberculatis aut spinosis onusta. Apertura rotundata.

Varices in anfractibus ternæ vel plures; inferioribus cum aliis per series longitudinales obliquè adjunctis. Operculum corneum.

OBSERVATIONS.

Après les nombreuses réductions qu'il a fallu faire subir au genre *murex* de Linné, celui que je présente ici sous le même nom constitue encore néanmoins un genre fort considérable en espèces, très-naturel quant à l'association de celles qu'il embrasse, et en outre fort intéressant par la beauté ou la singularité des coquillages qui s'y rapportent.

Bruguières avait réduit les *murex* à ceux qui offrent des bourrelets persistans sur la surface de la coquille; ce qui en écarte les fasciolaires, les fuseaux, les pyrules, etc., etc. En admettant cette considération, qui réunit des objets bien rapprochés par leurs rapports, j'ai remarqué que l'ensemble qui en résultait offrait cependant une sorte de famille. Cette famille néanmoins peut être encore partagée en trois coupes très-distinctes, telles que les ranelles, les rochers et les tritons, chacune d'elles embrassant un assez grand nombre d'espèces. Il ne s'agit pour cela que de considérer l'étendue des pièces que l'animal ajoute à sa coquille lorsqu'il a besoin de l'agrandir, et par suite la disposition des bourrelets, ainsi que leur nombre sur chaque tour de la spire.

Les *rochers* dont il s'agit ici sont, parmi les coquilles varici-fères, celles dont les bourrelets sont les plus nombreux. Il y en a au moins trois et souvent davantage sur chaque tour. Il suffit de les compter sur celui qui est inférieur. On remarquera que ces bour-relets s'ajustent, quoique un peu obliquement, avec ceux des tours supérieurs, et que tous ensemble forment sur la coquille des ran-gées longitudinales qui deviennent obliques vers le sommet de la spire.

Ainsi les *rochers* sont très-faciles à reconnaître au premier as-pect, ayant trois rangées de bourrelets ou davantage sur chaque tour, tandis que les ranelles n'en ont que deux, et que les struthio-laires n'ont que le bourrelet du bord droit. Les pièces que l'animal des *rochers* ajoute à sa coquille, à chaque station qu'il forme pour l'agrandir, sont donc toujours plus petites que celles que l'animal des ranelles ajoute à la sienne, dans les mêmes circons-tances.

ESPÈCES.

Queue grêle, subite, toujours plus longue que l'ouverture.

1. Rocher cornu. *Murex cornutus.*

> M. *testâ subclavatâ, anteriùs ventricosâ, longè caudatâ, trans-versìm striatâ, albidâ, luteo vel rufo zonatâ; ventre magno, bifariàm cornuto : cornibus canaliculatis crassiusculis. curvis; spirâ brevissimâ; caudâ spinis sparsis armatâ.*

Murex cornutus. Lin. Gmel. p. 3525. n°. 3.

Lister, Conch. t. 901. f. 21.

Bonanni, Recr. 3. f. 283.

Rumph. Mus. t. 26. f. 5.

Gualt. Test. t. 30. fig. D.

Seba, Mus. 3. t. 78. f. 7—9.

Favanne, Conch. pl. 38. fig. E 2.

Martini, Conch. 3. t. 114. f. 1057.

Habite l'Océan des grandes Indes et des Moluques. Mon cabinet. Vulg. la *grande-massue-d'Hercule*. Longueur, 6 pouces. —

2. Rocher droite-épine. *Murex brandaris.*

M. testâ subclavatâ, anteriùs ventricosâ, caudatâ, albido-cinereâ; ventre magno, bifariàm spinoso : spinis canaliculatis rectis ; spirâ prominulâ, muricatâ ; caudâ versùs extremitatem nudâ.

Murex brandaris. Lin. Gmel. p. 3526. n°. 4.

Bonanni, Recr. 3. f. 282.

Lister, Conch. t. 900. f. 20.

Rumph. Mus. t. 26. f. 4.

Petiv. Gaz. t. 68. f. 12.

Gualt. Test. t. 30. fig. F.

D'Argenv. Zoomorph. pl. 4. fig. C.

Favanne, Conch. pl. 38. fig. E 1. et pl. 71. fig. N 1.

Seba, Mus. 3. t. 78. f. 10. 11.

Knorr, Vergn. 6. t. 17. f. 1.

Martini, Conch. 3. t. 114. f. 1058. 1059.

Chemn. Conch. 10. t. 164. f. 1571.

Habite les mers Méditerranée et Adriatique. Mon cabinet. Coquille sillonnée transversalement ; ouverture fauve. Vulg. la *petite-massue*. Longueur, 3 pouces et demi.

3. Rocher forte-épine. *Murex crassispina.*

M. testâ anteriùs ventricosâ, longè caudatâ, per totam longitudinem trifariàm spinosâ, pallidè fulvâ; spinis longis validis infernè crassis ; ventre majusculo, transversè sulcato et striato ; spirâ prominente.

Murex tribulus. Lin. Gmel. p. 3525. n°. 2.

Bonanni, Recr. 3. f. 269.

Lister, Conch. t. 902. f. 22.

Rumph. Mus. t. 26. fig. G.

Gualt. Test. t. 31. fig. A. [*ultimâ dextrâ exceptâ.*]

Seba, Mus. 3. t. 78. f. 4.

Knorr, Vergn. 1. t. 11. f. 3. 4.

Martini, Conch. 3. t. 113. f. 1052—1054.

Murex tribulus maximus. Chemn. Conch. 11. t. 189. f. 1819. 1820.

Habite l'Océan des grandes Indes. Mon cabinet. Espèce assez commune dans les collections. Vulg. la *grande-bécasse épineuse*. Longueur, 4 pouces 8 lignes.

4. Rocher fine-épine. *Murex tenuispina.*

*M. testâ anteriùs ventricosâ, longè caudatâ, per totam longitudi-
  nem trifariàm elegantissimè spinosâ, griseâ; spinis longissimis
  tenuibus creberrimis supernè aduncis; ventre mediocri, transversìm sulcato et striato; spirâ prominente.*

Rumph. Mus. t. 26. f. 3.

Gualt. Test. t. 31. fig. B. [Fig. A. *ultimâ dextrâ.*]

D'Argenv. Conch. pl. 16. fig. A.

Favanne, Conch. pl. 38. fig. A 1. A 2.

Seba, Mus. 3. t. 78. f. 1—3.

Knorr, Vergn. 5. t. 27. f. 1.

Murex tribulus duplicatus. Chemn. Conch. 11. t. 189. f. 1821. et
  t. 190. f. 1822.

Habite l'Océan des grandes Indes et des Moluques. Mon cabinet. Espèce très-distincte de la précédente, quoique, dans l'une et l'autre,
  les mêmes sortes de parties se retrouvent; mais dans celle-ci, les
  épines des trois rangées principales sont beaucoup plus fines, plus
  longues, plus serrées, et forment des rangées plus élégantes. Elle
  est assez rare dans les collections et très-recherchée des amateurs.
  Longueur, 4 pouces 11 lignes.

5. Rocher rare-épine. *Murex rarispina.*

*M. testâ anteriùs ventricosâ, longè caudatâ, trifariàm spinosâ,
  griseo-violacescente; sulcis transversis submuricatis; spinis anterioribus longis raris subcurvis, cæteris brevioribus inæqualibus;
  caudâ versùs extremitatem nudâ.*

Martini, Conch. 3. t. 113. f. 1056.

Habite les mers de Saint-Domingue. Mon cabinet. Ouverture arrondie; partie nue de la queue assez grêle. Longueur, 3 pouces
  5 lignes.

6. Rocher triple-épine. *Murex ternispina.*

*M. testâ anteriùs ventricosâ, longè caudatâ, transversìm sulcatâ,
  trifariàm spinosâ, albidâ; spinis anterioribus prælongis ternis:
  unicâ minore; posterioribus brevioribus subcurvis.*

Habite.... Mon cabinet. Deux des trois épines supérieures sont extrêmement grandes; partie nue de la queue scabre sur les côtés; spire
  courte, muriquée. Longueur, 2 pouces 4 lignes.

7. Rocher courte-épine. *Murex brevispina.*

*M. testâ anteriùs ventricosâ, longè caudatâ, transversìm tenuis-
simè striatâ, tuberculiferâ, albido-glaucescente; caudâ nudâ,
anteriùs subspinosâ; spirâ brevi, muricatâ; spinis omnibus
brevissimis.*

Habite..... Mon cabinet. Quoique cette espèce soit très-distincte, je
ne la vois mentionnée nulle part. Elle a, entre ses varices, deux
rangées transverses de tubercules distans les uns des autres. Ouverture rousse; bord droit denté. Longueur, 2 pouces et demi.

8. Rocher tête-de-bécasse. *Murex haustellum.*

*M. testâ anteriùs ventricosâ, nudâ, submuticâ, fulvo-rubente,
spadiceo-lineatâ; ventre rotundato, tuberculorum seriis tribus
transversis intra varices instructo; caudâ longissimâ, gracili;
spirâ brevi; fauce subrotundâ, rubente.*

Murex haustellum. Lin. Gmel. p. 3524. n°. 1.
Lister, Conch. t. 903. f. 23.
Bonanni, Recr. 3. f. 268.
Rumph. Mus. t. 26. fig. F.
Petiv. Amb. t. 4. f. 8.
Gualt. Test. t. 30. fig. E.
D'Argenv. Conch. pl. 16. fig. B.
Seba, Mus. 3. t. 78. f. 5. 6.
Knorr, Vergn. 1. t. 12. f. 2. 3.
Martini, Conch. 3. t. 115. f. 1066.

Habite l'Océan des grandes Indes et des Moluques, etc. Mon cabinet.
Espèce bien connue et d'une forme remarquable. Ouverture ronde,
blanche et lisse dans le fond, couleur de chair et sillonnée à l'entrée, offrant sur la columelle une lame appliquée, fortement relevée, et dont le bord saillant complète la rondeur. Vulg. la *tête-
de-bécasse.* Longueur, 4 pouces.

9. Rocher tête-de-bécassine. *Murex tenuirostrum.*

*M. testâ anteriùs ventricosâ, nudâ, muticâ, albido-lutescente;
ventre mediocri, striis transversis nodulosis cincto; caudâ gracili, longissimâ; fauce albâ.*

Habite..... Mon cabinet. Coquille très-rare, et bien distincte de la
précédente, qu'elle avoisine néanmoins par ses rapports. Queue
extrêmement longue et fort grêle; couleur uniforme; ouverture

blanche; lame columellaire presque point relevée. Longueur, 3 pouces une ligne.

10. Rocher motacille. *Murex motacilla.*

> *M. testâ ventricosâ, posticè caudatâ, submuricatâ, longitudinaliter plicato-nodosâ, albâ, lineis spadiceis cinctâ; caudâ nudâ, longiusculâ, ascendente.*

Murex motacilla. Chemn. Conch. 10. t. 163. f. 1563.
Gmel. p. 3530. n°. 165.

[*b*] *Var. ventre minore, albido-rufescente; spirâ scabrâ; caudâ anteriùs bispinosâ.*

Habite l'Océan des grandes Indes. Mon cabinet. Bord droit crénelé et sillonné. Longueur, 2 pouces. Vulg. le *hoche-queue.*

Queue épaisse, non subite, plus ou moins longue.

[a] *Varices au nombre de trois.*

11. Rocher chicorée-renflée. *Murex inflatus.*

> *M. testâ ovato-oblongâ, ventricosâ, transversè sulcatâ et striatâ, trifariàm frondosâ, albo rufoque nebulosâ; frondibus maximis curvis, canaliculatis, inciso-serratis, sublaciniatis; caudâ recurvâ; columellâ roseâ.*

Murex ramosus. Lin. Gmel. p. 3528. n°. 13.
Bonanni, Recr. 3. f. 275.
Rumph. Mus. t. 26. fig. A.
Gualt. Test. t. 38. fig. A.
Seba, Mus. 3. t. 77. f. 4.
Martini, Conch. 3. t. 102. f. 980 et t. 103. f. 981.

Habite les mers des Indes orientales, etc. Mon cabinet. Belle coquille, dont il n'y a guère de bonnes figures, relativement aux proportions de ses parties. Elle a une rangée longitudinale de tubercules dans le milieu de l'intervalle qui sépare ses varices. Son ouverture est arrondie, blanche dans le fond et teinte de rose sur les bords. Linné comprenait avec elle, sous le nom de *M. ramosus,* plusieurs des espèces qui suivent. Longueur, 4 pouces 10 lignes. Elle devient plus grande.

12. Rocher chicorée-longue. *Murex elongatus.*

M. testâ fusiformi-elongatâ, trifariàm frondosâ, rufo-fuscescente; frondibus breviusculis, inciso-serratis, crispis; striis transversis scabriusculis; tuberculo majusculo intra varices; aperturâ albâ.

Habite l'Océan indien. Mon cabinet. Ce rocher, qu'on retrouve constamment le même dans les collections, n'atteint jamais la taille du précédent, et, sous une forme allongée, offre toujours des digitations plus courtes. Il est d'un roux très-brun, marqué transversalement de lignes noires, et n'a qu'un tubercule entre ses varices. Queue aplatie, assez grande, ascendante; digitations singulièrement hérissées du côté de leur canal; ouverture d'un beau blanc; point de lame relevée sur la columelle, ce qui est le contraire dans celui qui précède. Longueur, 4 pouces 2 lignes.

13. Rocher palme-de-rosier. *Murex palmarosæ.*

M. testâ fusiformi-elongatâ, angustâ, trifariàm frondosâ, transversè striatâ, luteo-rufescente, lineis fuscis cinctâ; frondibus brevissimis, dentato-crispis, in summitate roseo-violacescentibus; interstitiorum tuberculis parvis inæqualibus; spirâ longâ; aperturâ albâ.

Bonanni, Recr. 3. f. 276.

Lister, Conch. t. 946. f. 41.

Habite... l'Océan indien? Mon cabinet. Cette espèce est sans doute voisine de la précédente, et néanmoins on l'en distingue facilement; car elle est encore moins ventrue, plus allongée, à digitations beaucoup plus courtes, et à tubercules des interstices fort petits. Elle est fauve, rayée de brun, et les sommités de ses digitations sont teintes d'un rose qui tire sur le violet dans les individus bien conservés. Longueur, 4 pouces 3 lignes et demie.

14. Rocher laitue-sanguine. *Murex brevifrons.*

M. testâ subfusiformi, ventricosâ, crassâ, ponderosâ, transversè sulcatâ et striatâ, trifariàm frondosâ, albâ, sæpius lineis rubris cinctâ; frondibus brevibus; interstitiorum tuberculo maximo.

Knorr, Vergn. 1. t. 25. f. 1. 2.

Regenf. Conch. 1. t. 7. f. 6.

Martini, Conch. 3. t. 103. f. 983. et t. 104. f. 984—986.

Habite l'Océan américain. Mon cabinet. Coquille remarquable par son épaisseur, et qui est quelquefois toute blanche. Longueur, 4 pouces une ligne.

15. Rocher chausse-trape. *Murex calcitrapa.*

M. testâ fusiformi, transversè sulcatâ, trifariam frondosâ, luteo-rufescente, lineis fuscis cinctâ; frondibus anticis longissimis, dentato-muricatis; tuberculis intra varices; aperturâ rotundatâ, parvulâ, albâ.

D'Argenv. Conch. pl. 16. fig. C. *Mala.*
Favanne, Conch. pl. 36. fig. H 1. *idem.*
Knorr, Vergn. 5. t. 11. f. 1.
Martini, Conch. 3. t. 103. f. 982.
Habite.... Mon cabinet. Ses digitations antérieures sont fort longues; arquées au sommet. Longueur, 3 pouces 7 lignes.

16. Rocher chicorée-brûlée. *Murex adustus.*

M. testâ abbreviato-fusiformi, subovali, ventricosâ, crassâ, trifariàm frondosâ, transversìm sulcatâ, nigerrimâ; frondibus brevibus, curvis, hinc dentato-muricatis; interstitiorum tuberculo maximo; aperturâ parvâ, subrotundâ, albâ.

D'Argenv. Conch. pl. 16. fig. H.
Favanne, Conch. pl. 36. fig. I 1.
Séba, Mus. 3. t. 77. f. 9. 10.
Knorr, Vergn. 2. t. 7. f. 4. 5.
Martini, Conch. 3. t. 105. f. 990. 991.
Habite l'Océan des grandes Indes. Mon cabinet. Coquille épaisse, à gros tubercules intersticiaux, et singulière par sa coloration, qui est presque partout d'un beau noir, mais offrant au côté gauche de chacune de ses varices une partie blanche, en forme de raie, qui accompagne ce côté dans toute sa longueur. Sa columelle est teinte de jaune, et son ouverture est très-blanche. Longueur, 3 pouces 5 lignes.

17. Rocher chicorée-rousse. *Murex rufus.*

M. testâ ovatâ, subfusiformi, transversè sulcatâ et striatâ, trifariàm frondosâ, rufâ; frondibus rectis, compressis: anterioribus majoribus; interstitiorum tuberculo mediocri; aperturâ rotundatâ, albâ.

Habite.... Mon cabinet. Ce rocher est très-distinct du précédent, ses franges étant toujours plus grandes; droites et comprimées, ses tubercules intersticiaux plus petits, et sa coloration uniforme à l'extérieur. Queue comprimée, recourbée. Longueur, 2 pouces 9 lignes.

18. Rocher bois-d'axis. *Murex axicornis.*

M. testâ ovato-fusiformi, transversìm striatâ, trifariàm frondosâ, rufescente; frondibus laxis, rariusculis, tenuibus, supernè dilatato-ramosis; interstitiis bituberculatis; aperturâ parvâ, subrotundâ, albâ.

Rumph. Mus. t. 26. f. 1.

D'Argenv. Conch. pl. 16. fig. E.

Favanne, Conch. pl. 56. fig. G. 4.

Seba, Mus. 3. t. 77. f. 7.

Knorr, Vergn. 3. t. 9. f. 3.

Martini, Conch. 3. t. 105. f. 989.

Habite l'Océan des grandes Indes et des Moluques. Mon cabinet. Ce rocher est joli, élégant même, ayant ses digitations écartées, menues, subrameuses. Longueur, 2 pouces 2 lignes.

19. Rocher bois-de-cerf. *Murex cervicornis.*

M. testâ parvulâ, obovatâ, transversìm striatâ, trifariàm frondosâ, albo-lutescente; frondibus angustis, rectis, rariusculis, anterioribus apice furcatis; interstitiorum tuberculis obsoletis; aperturâ subrotundâ.

Habite les mers de la Nouvelle-Hollande. Mon cabinet. Espèce très-rare et fort recherchée. Longueur, 17 lignes.

20. Rocher à aiguillons. *Murex aculeatus.*

M. testâ parvulâ, oblongâ, transversè striatâ, trifariàm frondosâ, albâ, apice caudâque roseâ; frondibus brevibus, ramosis, roseis, apice aculeiformibus; interstitiis tuberculo posticè plicifero.

Habite.... Mon cabinet. Ouverture arrondie, rosée, à bord droit scabre. Sa coloration le rend fort joli. Longueur, 18 lignes et demie.

21. Rocher petites-feuilles. *Murex microphyllus.*

M. testâ subfusiformi, crassiusculâ, transversìm sulcatâ, trifariàm frondosâ, albidâ, fusco-lineatâ; frondibus brevissimis: posterioribus subramosis; interstitiis bituberculatis; spirâ exsertâ.

Favanne, Conch. pl. 57. fig. G.

Encyclop. pl. 415. f. 5.

Habite.... Mon cabinet. Ouverture ovale-arrondie; bord droit denté, sillonné au limbe interne. Longueur, 2 pouces 4 lignes.

22. Rocher capucin. *Murex capucinus.*

M. testâ elongatâ, fusiformi-turritâ, crassâ, transversè sulcatâ, trifariàm varicosâ, rufo-fuscescente; varicibus subdepressis, scabris; aperturâ albâ; labro margine crenato.

Murex monachus capucinus. Chemn. Conch. 11. t. 192. f. 1849. 1850. *Specimen junius.*

Habite..... Mon cabinet. Coquille très-rare dans son entier développement. Elle est épaisse, pesante, à queue un peu relevée, et d'un roux très-rembruni. Longueur de mon plus-grand individu, 4 pouces 9 lignes.

23. Rocher raboteux. *Murex asperrimus.*

M. testâ fusiformi, valdè ventricosâ, scaberrimâ, transversìm striatâ et carinato-muricatâ, trifariàm varicosâ, fulvo aut rufo-fuscescente; varicibus lamellis complicatis brevibus echinatis; aperturâ majusculâ, lutescente; lamellâ columellari margine erectâ.

Lister, Conch. t. 944. f. 59 a.

Favanne, Conch. pl. 37. fig. B 2.

Martini, Conch. 3. t. 109. f. 1021—1023.

Murex pomum. Gmel. p. 3527. n°. 6.

Habite l'Océan atlantique. Mon cabinet. Bord droit denté et sillonné en son limbe interne; queue large, aplatie, ascendante. Longueur, 4 pouces 2 lignes.

24. Rocher phylloptère. *Murex phyllopterus.*

M. testâ oblongâ, fusiformi, trialatâ, transversìm sulcatâ, albâ, roseo tinctâ; alis magnis, membranaceis; supernè inciso-fimbriatis; interstitiorum costellis duabus tuberculiferis; aperturâ ovato-angustâ; labro margine dentato.

Habite.... Mon cabinet. Coquille très-belle et très-rare, dont l'individu que je possède, qui paraît unique par son volume et le bel état de sa conservation, a été figuré dans les dessins posthumes et inédits de *Chemniz*, qui me furent communiqués par *M. le baron de Moll.* J'ignore si on les a publiés. La coquille dont il s'agit a sa spire pyramidale, pointue, la queue assez longue, un peu relevée au bout, et le bord droit de son ouverture très-denté. Ce n'est point le *M. tripterus* de Gmelin. Longueur, 3 pouces 2 lignes.

25. Rocher acanthoptère. *Murex acanthopterus.*

M. testâ oblongâ, fusiformi, trialatâ, transversìm sulcatâ et striatâ, albâ; alis membranaceis, supernè incisis, ad spiram interruptis et subspinosis; anfractibus angulatis; aperturâ ovato-rotundatâ.

Schroëtter, Einl. in Conch. 1. t. 3. f. 8.

Encyclop. pl. 417. f. 2. a. b.

Habite.... Mon cabinet. *Schroëtter*, en figurant notre coquille, renvoie à différentes figures de *Martini* qui n'y appartiennent nullement. Le caractère essentiel de cette espèce consiste en ce que les trois ailes membraneuses dont elle est munie sont interrompues sur tous les étages de la spire, et ne sont continues que depuis le sommet du dernier tour jusqu'à l'extrémité de la queue. Son ouverture est ovale-arrondie, à bord droit crénelé en son limbe interne. Longueur, 2 pouces 7 lignes.

26. Rocher triptère. *Murex tripterus.*

M. testâ oblongâ, subfusiformi, trialatâ, transversè sulcatâ, albâ, interdùm rufo-zonatâ; alis membranaceis, supernè inciso-crenatis, ad spiram interruptis; interstitiis bicarinatis : carinis uni-tuberculatis.

Murex tripterus. Born, Mus. t. 10. f. 18. 19.

Murex purpura alata. Chemn. Conch. 10. t. 161. f. 1538. 1539.

Murex tripterus. Gmel. p. 3530. n°. 21.

Habite l'Océan des grandes Indes. Mon cabinet. Il a une zone rousse sur la sommité de chacun de ses tours et une autre sur le milieu du dernier. Son ouverture est ovalaire, blanche, à bord droit crénelé. Spire plus courte que le dernier tour. Longueur, 23 lignes. Notre *M. tripteroides* s'en rapproche, mais en est distinct.

27. Rocher trigonulaire. *Murex trigonularis.*

M. testâ ovato-oblongâ, subfusiformi, trigono-alatâ, lœviusculâ, albo-lutescente; alis perangustis, continuis; tuberculis interstitiorum geminis; aperturâ ovali.

An Martini, Conch. 3. t. 110. f. 1031? 1032?

Habite..... l'Océan indien? Mon cabinet. Ses ailes sont fort étroites. Longueur, 15 lignes.

28. Rocher à crochets. *Murex uncinarius.*

M. testâ ovatâ, trigono-alatâ, albido-fulvâ; alis infernè denta-
tis : lateralibus anticè divisis: laciniis acutis sursùm uncinatis;
aperturâ ovato-rotundatâ.
An Martini, Conch. 3. t. 111. f. 1054? 1035?
Habite..... Mon cabinet. Ses ailes latérales seules ont antérieurement
des crochets qui le rendent fort remarquable. Longueur, 11 lignes.

29. Rocher hémitriptère. *Murex hemitripterus.*

M. testâ oblongo-clavatâ, infernè trialatâ, transversè sulcatâ,
squalidè albâ; anfractibus angulatis, suprà planulatis, intra
alas costato-tuberculatis; spirâ brevi.
Encyclop. pl. 418. f. 4. a. b.
Habite..... Mon cabinet. Son dernier tour seul est ailé. Ouverture
arrondie. Longueur, 13 lignes.

30. Rocher gibbeux. *Murex gibbosus.*

M. testâ oblongo-trigoná, infernè trialatâ, supernè gibboso-cal-
losâ, rufâ; varicibus anticè perobtusis, callosis; tuberculo
interstitiali majusculo; tuberculis varicibusque albis.
Adans. Seneg. pl. 9. f. 21. le jaton.
Murex lingua vervecina. Chemn. Conch. 10. t. 161. f. 1540. 1541.
Murex jatonus. Encyclop. pl. 418. f. 1. a. b.
Habite les mers du Cap-Vert, près de l'île de Gorée. Mon cabinet.
Spire un peu courte; ouverture blanche, ovale-arrondie. Lon-
gueur, 16 lignes. Vulg. la *langue-de-mouton.*

31. Rocher triquètre. *Murex triqueter.*

M. testâ oblongâ, subfusiformi, trigonâ, trifariàm varicosâ, lon-
gitudinaliter supplicatâ, transversè sulcatâ, albâ, interdùm
rubro-maculatâ; varicibus muticis, dorso rotundatis; aperturâ
ovato-rotundatâ.
Murex triqueter. Born, Mus. t. 11. f. 1. 2.
Martini, Conch. 3. t. 111. f. 1038.
Murex trigonulus. Encyclop. pl. 417. f. 4. a. b.
[b] *Var. testâ minore, magis ventricosâ et plicatâ, rubro tinctâ.*
Encyclop. pl. 417. f. 1. a. b.
Habite..... l'Océan indien. Mon cabinet. Longueur de l'espèce principale, 21 lignes et demie; de la variété, 18 lignes et demie.

32. Rocher trigonule. *Murex trigonulus.*

M. testâ oblongâ, subfusiformi, transversìm striatâ, obsolete pli-
catâ, trifariàm varicosâ, albo rufoque nebulosâ; varicibus
dorso subacutis.

Habite..... Mon cabinet. Coquille plus étroite que la précédente, et
qui en est bien distincte d'ailleurs par ses bourrelets subanguleux.
Longueur, 18 lignes.

[b] *Plus de trois varices.*

33. Rocher pomme-de-chou. *Murex brassica.*

M. testâ ventricosissimâ, tuberculiferâ, sexfariàm varicosâ, trans-
verse sulcatâ, albâ; varicibus planis, decumbentibus, lamelli-
formibus, hinc serratis, roseis; tuberculis maximis, ad caudam
subspinosâ; caudâ umbilicatâ, recurvâ; fauce purpureâ.

Habite..... Mon cabinet. Grande et belle coquille, voisine de la suivante par ses rapports, mais qui en est très-distincte par ses varices aplaties et nues sur le dos, ainsi que par ses tubercules. Du
reste, elle a, comme le *M. saxatilis*, une ouverture grande, arrondie, avec la columelle d'un rose vif, de même que le limbe
interne du bord droit; celui-ci denté en scie, comme les varices.
Queue large et comprimée. Longueur, 6 pouces 2 lignes.

34. Rocher feuille-de-scarole. *Murex saxatilis.*

M. testâ subfusiformi, valde ventricosâ, sexfariàm frondosâ,
transversìm rugosâ et striatâ, albâ, roseo aut purpureo zonatâ;
frondibus simplicibus, erectis, foliaceis, complicato-canalicu-
latis; caudâ umbilicatâ, compressâ; fauce roseo-purpuras-
cente.

Murex saxatilis. Lin. Gmel. p. 3529. n°. 15.
Rumph. Mus. t. 26. f. 2.
Regenf. Conch. 1. t. 9. f. 26.
Martini, Conch. 3. t. 108. f. 1011—1014.

Habite l'Océan des grandes Indes, etc. Mon cabinet. C'est peut-être
la plus grande des espèces parmi les rochers à six rangs de franges. Ses varices sont formées par des rangées de lames foliacées,
en général assez droites, canaliculées, non laciniées; et un peu
pointues à leur sommet. Ouverture grande, vivement colorée de
rose. Longueur, 7 pouces 4 lignes. Vulg. la *pourpre-de-Gorée.*
Cette coquille est d'un roux brun dans sa jeunesse.

35. Rocher endive. *Murex endivia.*

M. testâ ovato-subglobosâ, ventricosâ, sexfariàm frondosâ, transversè sulpatâ, albâ, interdùm rufo-zonatâ; frondibus foliaceis, complicato-canaliculatis, laciniato-muricatis, breviusculis, curvis, nigris; caudâ depressâ, ascendente.

D'Argenv. Conch. pl. 16. fig. K.

Favanne, Conch. pl. 36. fig. K.

Seba, Mus. 3. t. 77. f. 5. 6.

Knorr, Vergn. 3. t. 9. f. 2.

Regenf. Conch. 1. t. 1. f. 6.

Martini, Conch. 3. t. 107. f. 1008.

Murex cichoreum. Gmel. p. 3530. n°. 17.

Habite..... Mon cabinet. Jolie coquille, très-distincte de la précédente, bien moins grande, de forme presque globuleuse, et à six rangs de franges foliacées, un peu courtes, très-laciniées, muriquées; et dont la couleur noirâtre tranche sur un fond blanc, quelquefois fascié de brun. Spire plus courte que le dernier tour; ouverture arrondie; bord droit denté. Longueur, 2 pouces 9 lignes. Vulg. la *pourpre-impériale.*

36. Rocher hérisson. *Murex radix.*

M. testâ ovato-globosâ, rotundatâ, multifariàm frondosâ, echinatâ, albâ; frondibus foliaceis, laciniato-muricatis, breviusculis, nigris; spirâ brevissimâ; caudâ brevi, umbilicatâ.

D'Argenv. Conch. Append. pl. 2. fig. K.

Favanne, Conch. pl. 37. fig. D.

Murex radix. Gmel. p. 3527. n°. 10.

Habite la mer Pacifique, sur les côtes d'Acapulco. MM. *de Humboldt* et *Bonpland.* Coquille très-rare et très-précieuse. Je ne la possède point; mais j'ai eu occasion de l'observer et d'examiner ses caractères.

37. Rocher échidné. *Murex melanomathos.*

M. testâ obovato-globosâ, octofariàm varicosâ, echinatâ, albâ; varicibus spiniferis : spinis simplicibus; subfistulosis, clausis, nigerrimis; spirâ brevi.

Martini, Conch. 3. t. 108. f. 1015.

Murex melanomathos. Gmel. p. 3527. n°. 9.

Encyclop. pl. 418. f. 2. a. b.

Habite..... Mon cabinet. Coquille toujours plus petite que la précé-

dentè, dont elle est éminemment distinguée par ses épines constamment simples et subfistuleuses. Queue un peu allongée. Longueur, environ 15 lignes.

38. Rocher scolopendre. *Murex hexagonus.*

M. *testâ subfusiformi, hexagonâ, sexfariàm spinosâ, albidâ aut
fulvâ; spinis tenuibus, simplicibus, breviusculis, crebris, rufis;
spirâ exsertâ.*

Encyclop. pl. 418. f. 3. a. b.

Habite..... Mon cabinet. Coquille rarissime, ayant six rangées d'é-
pines simples, rousses et très-fines. Elle est sillonnée transversalement. Ouverture ovale-arrondie. Longueur, près de 17 lignes.

39. Rocher scorpion. *Murex scorpio.*

M. *testâ oblongâ, quinquefariàm frondosâ, albido-rufescente;
varicibus dentatis, nigris : unicâ laterali majore : frondibus
apice dilatatis, subpalmatis; corpore anticè subcapitato; suturâ
ultimâ valdè coarctatâ; spirâ brevissimâ.*

Murex scorpio. Lin. Gmel. p. 3529. n°. 14.
Rumph. Mus. t. 26. fig. D.
Petiv. Amb. t. 9. f. 14.
Gualt. Test. t. 37. fig. M.
D'Argenv. Conch. pl. 16. fig. D.
Favanne, Conch. pl. 36. fig. G-3.
Seba, Mus. 3. t. 77. f. 13—16.
Knorr, Vergn. 2. t. 11. f. 4. 5.
Martini, Conch. 3. t. 106. f. 998—1003.

Habite l'Océan des grandes Indes et des Moluques. Mon cabinet.
Les digitations palmées de son bord droit et la strangulation suturale de son dernier tour le rendent fort remarquable. Ouverture
blanche et arrondie. Longueur, 17 lignes et demie. Vulg. la *patte-
de-crapaud.*

40. Rocher unilatéral. *Murex secundus.*

M. *testâ obovatâ, transversè sulcatâ; sexfariàm frondosâ, albâ;
varicibus nigerrimis : unicâ laterali marginalique multò latiore:
frondibus simplicibus, planis, confertis, hinc fissurâ notatis;
suturâ ultimâ subcoarctatâ; spirâ brevi.*

Habite..... Mon cabinet. Ce rocher tient un peu au précédent par sa
forme générale; mais les languettes de son bord droit sont ser-

rées, très-simples et nullement palmées au bout. Longueur,
21 lignes.

41. Rocher quaterné. *Murex quadrifrons.*

*M. testâ ovatâ, ventricosâ, transversìm sulcatâ, quadrifariàm
frondosâ, asperrimâ, rufâ; frondibus brevibus, inæqualiter
muricatis; tuberculis interstitialibus obtusis, subsolitariis; spirâ
exsertâ, scabrâ.*

Habite.... Mon cabinet. Ouverture très-blanche; bord droit denté, à
limbe interne crénelé. Longueur, 2 pouces 8 lignes.

42. Rocher turbiné. *Murex turbinatus.*

*M. testâ subturbinatâ, ventricosâ, transversè sulcatâ; tuberculis
coronatâ, septifariàm varicosâ, albâ, fasciis rufis interruptis
cinctâ; varicibus supernè tuberculo majore complicato acuto terminatis; spirâ breve conicâ.*

Habite...... Mon cabinet. Bord droit légèrement crénelé en son limbe
interne. Son dernier tour seul est couronné de tubercules subé-
pineux. Cette coquille avoisine la suivante, mais elle est plus
raccourcie et de forme presque turbinée. Longueur, 2 pouces
5 lignes.

43. Rocher fascié. *Murex trunculus.*

*M. testâ subfusiformi, ventricosâ, transversìm sulcatâ et striatâ,
tuberculiferâ, anteriùs muricatâ, sexfariàm varicosâ, albo et
fusco zonatâ; anfractibus angulatis, ad angulum tuberculato-
coronatis; spirâ exsertâ; caudâ subumbilicatâ, ascendente.*

Murex trunculus. Lin. Gmel. p. 3526. n°. 5.

Lister, Conch. t. 947. f. 42.

Bonanni, Recr. 3. f. 271.

Gualt. Test. t. 31. fig. C. *Mala.*

Seba, Mus. 3. t. 54. f. 15. 16.

Knorr, Vergn. 3. t. 15. f. 1. et 5. t. 15. f. 4. et t. 19. f. 6.

Martini, Conch. 3. t. 109. f. 1018—1020.

Habite la Méditerranée et l'Océan atlantique. Mon cabinet. Coquille
commune, quelquefois très-muriquée par les tubercules pointus
qui couronnent ses étages. Ses zones blanches ont souvent une légère teinte de rose. Ouverture ample. Longueur, 2 pouces 9 lignes.

44. Rocher angulifère. *Murex anguliferus.*

M. testâ abbreviato-fusiformi, valdè ventricosâ, subtrigonâ,
crassâ, transversim striatâ, trifariàm aut quadrifariàm vari-
cosâ, albo-flavescente; varicibus vel muticis vel anticè tuber-
culatis; interstitiis tuberculo magno, posticè in plicàm termi-
nato; caudâ ascendente, spinis muricatâ.
Adans. Seneg. pl. 8. f. 19. le sirat.
Martini, Conch. 3. t. 110. f. 1029. 1030.
Murex costatus. Gmel. p. 3549. n°. 86.
Ejusd. murex senegalensis. p. 3537. n°. 40.

Habite l'Océan atlantique, sur les côtes d'Afrique. Mon cabinet.
Coquille épaisse, pesante, très-ventrue, dont les varices sont terminées antérieurement, sur le dernier tour, par un gros tubercule conique. Spire pointue, muriquée; canal de la queue ouvert;
ouverture blanche, rose sur ses bords : le droit denté. Longueur,
3 pouces 8 lignes.

45. Rocher côtes-de-melon. *Murex melonulus.*

M. testâ ovato-subglobosâ, ventricosâ, septifariàm varicosâ, trans-
versè sulcatâ, albâ; varicibus nodosis, anticè tuberculatis,
nigro-maculatis, uno latere roseo tinctis; fauce roseâ.
Favanne, Conch. pl. 37. fig. B 1 ?
An murex rosarium? Chemn. Conch. 10. t. 161. f. 1528. 1529.

Habite.... Mon cabinet. Jolie coquille, très-rare, dont les caractères
sont fort remarquables. Elle est blanche, et ses côtes, bordées de
rose, sont en outre ornées de larges taches noires carrées. Spire
conoïde; queue tantôt presque droite et muriquée en dessus, tantôt un peu relevée et mutique; ombilic peu apparent. Longueur,
2 pouces 7 lignes.

46. Rocher feuilleté. *Murex magellanicus.*

M. testâ ovato-subfusiformi, Mventricosâ, multifariàm varicosâ,
albâ; varicibus lamelliformibus, fornicatis : interstitiis trans-
versè sulcatis; anfractibus supernè angulatis, suprà planis;
caudâ umbilicatâ, ascendente; aperturâ amplâ; labro simplici.
Buccinum fimbriatum. Martyns, Conch. 1. f. 6.
Buccinum geversianum. Pallas, Spicil. Zool. t. 3. f. 1.
Knorr, Vergn. 4. t. 30. f. 2.
Favanne, Conch. pl. 37. fig. H 1.
Martini, Conch. 4. t. 139. f. 1297.

Murex magellanicus. Gmel. p. 3548. n°. 80.

Encyclop. pl. 419. f. 4. a. b.

[*b*] *Var. lamellis angustissimis, subnullis.*

Murex peruvianus. Encyclop. pl. 419. f. 5. a. b.

Habite dans le détroit de Magellan. Mon cabinet. Coquille toute la-melleuse, à spire conique, et étagée par l'aplatissement de la partie supérieure de ses tours. Elle est unicolore; mais, dans les jeunes individus, l'ouverture est roussâtre. Longueur, 3 pouces 9 lignes. Vulg. le *rocher feuilleté.* La variété [b] habite dans les mers du Pérou. Je l'ai reçue de Dombey.

47. Rocher foliacé. *Murex lamellosus.*

M. testâ ovato-oblongâ, tenui, multifariàm varicosâ, albâ; varicibus lamelliformibus, suberéctis, apice truncàtis, angulo externo subspinosis : interstitiis lœvibus; anfractibus supernè angulatis, suprà planis; caudâ breviusculâ; aperturâ fulvo-rufescente.

Buccinum laciniatum. Martyns, Conch. 2. f. 42.

Favanne, Conch. pl. 79. fig. I.

Murex foliaceus minor. Chemn. Conch. 11. t. 190. f. 1823. 1824.

Murex lamellosus. Gmel. p. 3536. n°. 174.

Habite les mers australes, près des îles Falkland. Mon cabinet. Vulg. le *buccin feuilleté.* Espèce bien distincte de la précédente, et toujours moins grande. Longueur, 20 lignes.

48. Rocher érinacé. *Murex erinaceus.*

M. testâ ovatâ, subfusiformi, transversìm sulcato-rugosâ, quadrifariàm ad septifariàm varicosâ, albido-fulvâ; varicibus valdè elevatis, frondoso-muricatis; spirâ contabulatâ, echinatâ; caudâ recurvâ; canali clauso.

Murex erinaceus. Lin. Gmel. p. 3530. n°. 19.

Gualt. Test. t. 49. fig. H.

Pennant, Brith. Zool. 4. t. 76. f. 95.

Knorr, Vergn. 4. t. 23. f. 3.

Born, Mus. t. 11. f. 3. 4.

An Favanne, Conch. pl. 37. fig. C 1?

Martini, Conch. 3. t. 110. f. 1026—1028.

Murex decussatus. Gmel. p. 3527. n°. 7.

Murex erinaceus. Encyclop. pl. 421. f. 1. a. b. c.

[*b*] *Var. testâ minore, rugarum interstitiis imbricato-squamosis.*

Habite les mers d'Europe; commun dans la Manche. Mon cabinet.

Il est très-scabre. Ses rides transversales sont fort élevées. Longueur, 2 pouces 4 lignes.

49. Rocher de Tarente. *Murex Tarentinus.*

M. testâ ovato-oblongâ, transversìm sulcatâ, sexfariàm varicosâ, fulvo-rufescente; varicibus muticis, anteriùs nodosis; caudâ spirâ breviore, recurvâ; aperturâ albâ; labro margine intùs crenato.

Habite dans le golfe de Tarente. Mon cabinet. Longueur, 17 lignes.

50. Rocher scabre. *Murex scaber.*

M. testâ ovato-conicâ, ventricosâ, scabrâ, transversìm sulcatâ, octofariàm varicosâ, griseâ; anfractibus supernè angulatis; caudâ brèviusculâ; aperturâ albâ.

Encyclop. pl. 419. f. 6. a. b.

[b] *Var. testâ minore, minùs scabrâ; spirâ contabulatâ.*

Encyclop. pl. 438. f. 5. a. b.

Habite..... Mon cabinet. Spire pointue; queue subombiliquée. Longueur, 18 lignes.

51. Rocher costulaire. *Murex costularis.*

M. testâ ovatâ, infra medium ventricosâ, transversìm acutè sulcatâ, septifariàm varicosâ, griseâ; spirâ caudâ longiore; aperturâ violaceâ; labro subdenticulato.

Encyclop. pl. 419. f. 8. a. b.

Habite..... Mon cabinet. L'extrémité des sillons rend le bord droit dentelé. Longueur, environ 16 lignes.

52. Rocher polygonule. *Murex polygonulus.*

M. testâ ovatâ, subfusiformi, ventricosâ, transversè sulcatâ et striatâ, novemfariàm varicosâ, albâ; anfractibus supernè angulatis, suprà planulatis, ad angulum tuberculato-coronatis; spirâ prominente.

Habite..... Mon cabinet. Ouverture grande et ovalaire. Longueur, 21 lignes.

53. Rocher râpe. *Murex vitulinus.*

M. testâ ovato-oblongâ, ventricosâ, scabriusculâ, septifariàm varicosâ; varicibus obtusis, asperulatis, rufo-rubentibus: in-

terstitiis albidis; caudâ angustâ, subacutâ; aperturâ albâ; labro internè dentato.

Knorr, Vergn. 3. t. 29. f. 5. *Mala.*

Martini, Conch. 3. p. 303. Vign. 55. f. 1—5.

Murex purpura scabra. Chemn. Conch. 10. t. 161. f. 1532. 1533.

Murex miliaris. Gmel. p. 3536. n°. 39.

Murex vitulinus. Encyclop. pl. 419. f. 1. a. b. et f. 7, a. b.

Habite..... Mon cabinet. Vulg. la *langue-de-veau.* Spire médiocre, émoussée au sommet. Longueur, 23 lignes.

54. Rocher angulaire. *Murex angularis.*

M. testâ ovatâ, valdè ventricosâ, transversìm sulcatâ et striatâ, septifariàm varicosâ; varicibus elevatis, angulatis, tuberculife-ris, aurantio-rubentibus : interstitiis albis; caudâ breviusculâ, subumbilicatâ.

An cofar? Adans. Seneg. pl. 9. f. 22.

Habite..... Mon cabinet. Ouverture arrondie, légèrement crénelée en son limbe interne. Longueur, 19 lignes.

55. Rocher crispé. *Murex crispatus.*

M. testâ ovato-turritâ, infernè ventricosâ, transversìm rugosâ, scabrâ, multifariàm varicosâ, luteo-rufescente; varicibus la-mellosis, cariniformibus, crispatis; caudâ brevissimâ; labro intùs lœvigato.

Buccinum crispatum. Chemn. Conch. 11. t. 187. f. 1802. 1803.

Murex crispatus. Encyclop. pl. 419. f. 2. *Mala.*

Habite..... Mon cabinet. Il a le port d'une cancellaire; mais son bord droit l'en distingue. Longueur, 20 lignes.

56. Rocher croisé. *Murex fenestratus.*

M. testâ fusiformi, crassiusculâ, septifariàm varicosâ; sulcis transversis cancellatâ, areis impressis quadratis fenestratâ; va-ricibus sulcisque albis; areis rufis; caudâ longiusculâ; labro margine intùs dentato.

Favanne, Conch. pl. 35. fig. G 1. *Pessima.*

Murex fenestratus. Chemniz, Conch. 10. t. 161 c. 1536. 1537.

Habite..... Mon cabinet. Coquille très-singulière, des plus rares, et précieuse. Vulg. le *cul-de-dé.* Longueur, 22 lignes.

57. Rocher cerclé. *Murex cingulatus.*

M. testâ ovato-acutâ, ventricosâ, transversim cingulatâ, octofa-
riàm varicosâ, albo-fulvâ; anfractibus supernè angulatis : ul-
timo nodulis coronato; caudâ brevissimâ, perforatâ; labro intùs
sulcato.

Habite..... Mon cabinet. Bord droit entièrement sillonné à l'antérieur.
Longueur, 18 lignes.

58. Rocher cingulifère. *Murex cinguliferus.*

M. testâ ovato-fusiformi, subventricosâ, transversim sulcatâ,
sexfariàm varicosâ, rufâ; anfractibus supernè angulatis, ad
angulum cingulo albo notatis; caudâ breviusculâ; aperturâ
albâ; canali clauso.

Habite.... Mon cabinet. Longueur, 17 lignes et demie.

59. Rocher subcariné. *Murex subcarinatus.*

M. testâ ovato-fusiformi, medio ventricosâ, transversè sulcatâ,
novemfariàm varicosâ, griseâ; anfractibus supernè angulato-
carinatis, suprà planulatis : ultimo infra angulum sulco emi-
nentiore; caudâ longiusculâ, angustâ.

Habite.... Mon cabinet. Bord droit sillonné en dedans. Longueur,
15 lignes et demie.

60. Rocher cordonné. *Murex torosus.*

M. testâ ovato-oblongâ, medio ventricosâ, exquisitè cingulatâ,
septifariàm varicosâ, rufescente; anfractibus supernè angulato-
nodulosis, suprà planis; cingulorum interstitiis profundè cavis;
spirâ caudâ breviore.

Encyclop. pl. 441. f. 5. a. b.
Habite.... Mon cabinet. Ouverture ovale. Vulg. le *faux-cabestan.*
Longueur, près de 15 lignes.

61. Rocher turricule. *Murex lyratus.*

M. testâ fusiformi-turritâ, tenui, multifariàm varicosâ, corneo-
fulvâ; varicibus tenuibus, lamelliformibus; interstitiis lœviga-
tis; anfractibus convexis; caudâ brevi.

Encyclop. pl. 438. f. 4. a. b.
Habite.... Mon cabinet. Coquille assez élégante; ayant ses tours bien
arrondis, à varices étroites, lamelliformes, un peu inclinées. Queue
courte; bord droit simple. Longueur, 14 lignes et demie.

62. Rocher enchaîné. *Murex concatenatus.*

*M. testâ ovatâ, tuberculato-nodulosâ, transversim tenuissimè
striatâ, octofariàm varicosâ, luteâ aut rubente; tuberculorum
seriebus varices æmulantibus; caudâ brevi; labro intùs dentato.*
Lister, Conch. t. 954. f. 5.
Knorr, Vergn. 4. t. 26. f. 2.
Martini, Conch. 4. t. 124. f. 1155—1157.
Habite les mers de l'Ile-de-France. Mon cabinet. Son ouverture est
ovale, et son bord droit, assez épais, est denté en son limbe intérieur. Longueur, près de 11 lignes.

63. Rocher chagriné. *Murex granarius.*

*M. testâ ovato-acutâ, multifariàm varicosâ, transversè sulcatâ,
luteo-aurantiâ; sulcis crebris, lævibus, albis; caudâ breviusculâ.*
An Martini, Conch. 4. t. 122. f. 1124? 1125?
Habite.... Mon cabinet. les sillons transverses, se croisant avec les
varices, le font paraître comme granuleux. Ouverture étroite,
blanche; bord droit épais, à limbe interne denté. Longueur, 10
lignes.

64. Rocher côtes-aiguës. *Murex fimbriatus.*

*M. testâ ovato-acutâ, scabrâ, transversè sulcatâ, septifariàm va-
ricosâ, cinereâ; varicibus dorso acutis, subcristatis; caudâ breviusculâ; aperturâ roseo-violacescente.*
Habite les mers de la Nouvelle-Hollande; port du roi Georges. Mon
cabinet. Bord droit denticulé et sillonné en dedans. Longueur,
8 lignes un quart.

65. Rocher élégant. *Murex pulchellus.*

*M. testâ parvulâ, ovato-turritâ, transversim striatâ, multifariàm
varicosâ, albâ; varicibus tenuibus, rufo-fuscis; anfractibus
convexis: ultimo zonâ albâ cincto.*
Habite.... Mon cabinet. Longueur, 6 lignes un quart.

66. Rocher aciculé. *Murex aciculatus.*

*M. testâ angusto-turritâ, subaciculatâ, parvulâ, novem aut de-
cemfariàm varicosâ, corneo-glaucescente, transversim lineatâ;
varicibus tenuibus, lævigatis; caudâ breviusculâ.*

Habite l'Océan européen, sur les côtes de Bretagne, près de Vannes.
M. *Aubry*. Mon cabinet. Ouverture étroite. Longueur, 6 lignes
un quart.

67. Rocher triptéroïde. *Murex tripteroïdes.*

M. testâ fossili, elongatâ, subfusiformi, trigonâ, transversè sul-
catâ, trialatâ; alis membranaceis, indivisis; tuberculis inters-
titialibus majusculis; labro crenulato, intus dentato.

Murex tripterus. Annales du Mus. vol. 2. p. 222 n°. 1.

Murex tripterus. Encyclop. pl. 417. f. 3. a. b.

Habite... Fossile de Grignon. Mon cabinet. Je le considérais comme
l'analogue fossile du *rocher triptère*, n°. 26; mais il est plus allongé, et offre des caractères différens. Longueur, 2 pouces 4 lignes.

68. Rocher tricariné. *Murex tricarinatus.*

M. testâ fossili, ovato-oblongâ, trigonâ, transversè sulcatâ, tri-
fariam varicosâ; varicibus dentato-crispis, antice subspinosis;
caudâ ascendente.

Murex asper. Brand. Foss. t. 3. f. 77. 78.

Murex tricarinatus. Annales, ibid. p. 223. n°. 2.

Encyclop. pl. 418. f. 5. a. b.

Habite... Fossile de Grignon. Mon cabinet. Longueur, 18 lignes.

Nota. Pour les autres fossiles de ce genre, voyez-en la suite dans le
volume cité des Annales du Muséum.

TRITON. (Triton.)

Coquille ovale ou oblongue, canaliculée à sa base; à
bourrelets, soit alternes, soit rares ou subsolitaires, et ne
formant jamais de rangées longitudinales. Ouverture oblongue. Un opercule.

Testa ovata vel oblonga, basi canaliculata; varicibus
vel alternis vel raris aut subsolitariis, seriesque longitu-
dinales nequaquàm formantibus. Apertura oblonga. Oper-
culum.

Tome VII. 12

Quelque grands que soient les rapports qui lient les *tritons* aux rochers et aux ranelles, il y a dans les coquilles de chacun de ces genres des différences constantes qui les font toujours distinguer au premier aspect. En effet, dans les ranelles, les bourrelets de la coquille sont disposés par rangées longitudinales, mais seulement sur deux côtés opposés; en sorte que la coquille n'offre que deux séries de bourrelets. Dans les rochers, les bourrelets sont encore disposés par rangées longitudinales; mais ces rangées sont plus nombreuses que dans les ranelles, car il y en a toujours trois ou davantage. Enfin, dans les *tritons*, la disposition des bourrelets est très-différente de celle qui s'observe dans les deux genres précédens. Ici, jamais ces bourrelets ne forment de rangées longitudinales, c'est-à-dire ne sont pas disposés en séries continues dans la longueur de la coquille; au contraire, ils sont alternes, rares, et presque solitaires sur chaque tour de la spire. Cette disposition des bourrelets provient de ce que chaque nouvelle pièce que l'animal a ajoutée à sa coquille est de plus d'un demi-tour. Chaque pièce ajoutée est donc plus grande que dans les ranelles, et l'est bien davantage encore que dans les rochers. Quelquefois il n'y a de bourrelet que celui du bord droit qui ne manque jamais. Ces bourrelets sont en général mutiques, toujours sans épines.

ESPÈCES.

1. Triton émaillé. *Triton variegatum.*

Tr. testâ elongato-conicâ, tubæformi, infernè ventricosâ, costis lævibus obtusissimis cinctâ, albo rubro spadiceoque eleganter variegatâ; suturis marginato-crispis; aperturâ rubrâ; columellâ albo-rugosâ, supernè uniplicatâ; labri limbo nigro-maculato: maculis albo-bidentatis.

Murex Tritonis. Lin. Gmel. p. 3549. n°. 89.

Bonanni, Recr. 3. f. 188.

Lister, Conch. t. 959. f. 12.

Rumph. Mus. t. 28. fig. B. et 1.

Petiv. Gaz. t. 151. f. 5. et Amb. t. 12. f. 15.

Gualt. Test. t. 48. fig. A.

Seba, Mus. 3. t. 81. *fig. omnes.*

Knorr, Vergn. 2. t. 16. f. 2. 3. et 5. t. 5. f. 1.

Favanne, Conch. pl. 32. fig. G 1, G 2.

Martini, Conch. 4. t. 134. f. 1277—1281. et t. 135. f. 1282. 1285.

Triton variegatum. Encyclop. pl. 421. f. 2. a. b.

Habite les mers de l'Asie, et spécialement celles de la zone torride. Mon cabinet. Très-belle coquille, vivement colorée, agréablement émaillée, ayant ses tours bien arrondis, et qui n'est point noduleuse comme les deux suivantes. Elle est cerclée par des espèces de rides larges et très-peu élevées, et le bord supérieur de chacun de ses tours forme un cordon ridé transversalement. Sa queue est courte et ascendante. Elle est assez commune dans les collections. Vulg. la *trompette-marine* ou la *conque-de-Triton.* L'un des individus que je possède a jusqu'à 15 pouces 8 lignes de longueur.

2. Triton nodifère. *Triton nodiferum.*

Tr. testâ ovato-conicâ, tubæformi, infernè ventricosâ, nodiferâ, albo et rufo-fuscescente nebulosâ; anfractibus cingulato-nodosis, supernè obtusè angulatis; columellâ supernè biplicatâ, infernè rugosâ.

Lister, Conch. t. 960. f. 13.

Martini, Conch. 4. t. 136. f. 1284. 1285.

Habite la Méditerranée et l'Océan atlantique. Mon cabinet. Espèce très-distincte de la précédente. Elle est très-ventrue, raccourcie dans sa forme générale, éminemment noueuse sur ses tours, et faiblement colorée. Elle acquiert aussi une assez grande taille.

3. Triton austral. *Triton australe.*

Tr. testâ ovato-conicâ, tubæformi, infernè ventricosâ, transversìm cingulatâ et striatâ, striis longitudinalibus tenuissimis decussatâ, albo et roseo-violacescente nebulosâ, maculis rufescentibus pictâ; anfractibus dorso biseriatim tuberculatis; columellâ supernè uniplicatâ, medio lævigatâ, basi rugosâ.

Murex tritonium australe. Chemn. Conch. 11. t. 194. f. 1867. 1868.

Habite les mers de la Nouvelle-Hollande, près de Botani-Baie. Mon cabinet. Ses tubercules sont d'autant plus élevés que la coquille est plus jeune. Ouverture très-blanche, à limbe interne du bord droit marqué de taches d'un roux brun, offrant chacune deux petites dents blanches. Longueur, 6 pouces 7 lignes.

4. Triton tuberculeux. *Triton lampas.*

Tr. testâ ovato-conicâ, infernè ventricosâ, transversìm striato-gra-
nosâ, tuberculis eminentibus valdè muricatâ, fulvo-rufescente ;
anfractibus angulatis : ultimo tuberculis magnis coronato ;
caudâ breviusculâ, contortâ ; columellâ rugosâ ; labro margine
dentato.

Murex lampas. Lin. Gmel. p. 3552. n°. 26.

Lister, Conch. t. 1025. f. 88.

Bonanni, Recr. 5. f. 103.

Rumph. Mus. t. 28. fig. C. D.

Petiv. Amb. t. 12. f. 16. 17.

Gualt. Test. t. 50. fig. D.

D'Argenv. Conch. pl. 9. fig. D.

Favanne, Conch. pl. 31. fig. E 2. E 3.

Knorr, Vergn. 2. t. 28. f. 1.

Martini, Conch. 4. t. 128. f. 1236. 1237 et t. 129. f. 1238. 1239.

Triton lampas. Encyclop. pl. 420. f. 3. a. b.

Habite les mers de l'Inde. Mon cabinet. Coquille fortement tuberculeuse, et qui devient quelquefois fort grande. Ses varices sont
noueuses et accompagnées de fossettes comme dans l'espèce qui suit.
Lame columellaire relevée. Longueur de mon plus grand individu,
8 pouces 10 lignes. Vulg. la *culotte-suisse.*

5. Triton scrobiculé. *Triton scrobiculator.*

Tr. testâ subturritâ, infernè ventricosâ, lœviusculâ, fulvo et
rufo variegatâ ; varicibus nodosis, ad laterâ scrobiculatis ; aper-
turâ dilatatâ, intùs albâ : marginibus luteis, albo-rugosis.

Murex scrobiculator. Lin. Gmel. p. 3535. n°. 36.

Lister, Conch. t. 943. f. 39.

Gualt. Test. t. 49. fig. B.

Favanne, Conch. pl. 32. fig. E.

Chemn. Conch. 10. t. 163. f. 1556. 1557.

Triton scrobiculator. Encyclop. pl. 414. f. 1. a. b.

Habite la Méditerranée, selon *Linné.* Mon cabinet. Ses bourrelets
sont fort noueux, et accompagnés de chaque côté d'une rangée de
fossettes ; de chacun des nœuds part une côte obtuse, souvent à
peine apparente, qui fait le tour de la coquille. Limbe interne du
bord droit fortement denté. Longueur, 3 pouces et demi. Vulg.
la *patte-de-lion.*

6. Triton ridé. *Triton Spengleri.*

> *Tr. testâ ovato-oblongâ, ventricosâ, transversìm rugosâ, albido-*
> *flavescente; rugis transversè striatis, sulco excavato rufo-rubente*
> *separatis, anfractibus supernè tuberculato-nodosis; aperturâ*
> *albâ, amplâ, ætate valdè dilatatâ; caudâ brevi, rectâ.*
> *Murex Spengleri.* Chemn. Conch. 11. t. 191. f. 1839. 1840.

Habite les mers de la Nouvelle-Hollande. Mon cabinet. Belle coquille,
fort rare, épaisse, et dont les individus, selon leur âge, varient
dans leur aspect, les plus âgés ayant leur bord droit fort dilaté.
A l'intérieur, ce bord est fortement sillonné. Longueur, 4 pouces
et demi.

7. Triton froncé. *Triton corrugatum.*

> *Tr. testâ fusiformi-turritâ, transversìm rugosâ, noduliferâ, albâ;*
> *rugis elevatis, noduliferis; interstitiis striatis; aperturâ angus-*
> *tatâ; labro crasso, intus valdè dentato, sulcato.*
> Encyclop. pl. 416. f. 3. a, b.

Habite..... Mon cabinet. Spire un peu allongée et très-noduleuse;
ouverture médiocre, petite même, toujours moins dilatée que
dans le suivant; queue subascendante. Longueur, 3 pouces
4 lignes.

8. Triton cerclé. *Triton succinctum.*

> *Tr. testâ fusiformi-turritâ, ventricosâ, rugis elevatis succinctâ,*
> *decussatìm striatâ, albâ aut fulvo-rufescente; anfractibus su-*
> *pernè angulatis, suprà planulatis, ad angulum nodulosis;*
> *aperturâ dilatatâ : marginibus fulvo-rubentibus, albo-rugosis.*
> Lister, Conch. t. 932. f. 27. et t. 936. f. 31.
> Seba, Mus. 3. t. 57. f. 29—31.
> Knorr, Vergn. 5. t. 21. f. 1.
> Martini, Conch. 4. t. 131. f. 1252. 1253.
> Chemn. Conch. 11. t. 191. f. 1837. 1838.
> Encyclop. pl. 416. f. 2.

Habite les mers de la Nouvelle-Hollande. Mon cabinet. Spire allongée, plus ou moins étagée; limbe interne du bord droit tacheté
de noir et bien denté. Longueur, 5 pouces 2 lignes.

9. **Triton bouche-sanguine.** *Triton pileare.*

> *Tr. testâ fusiformi-turritâ, transversè sulcatâ, striis longitudina-*
> *libus decussatâ, albo et rufo variegatâ; anfractibus convexis,*
> *distortis, supernè noduliferis ; caudâ ascendente ; aperturâ lon-*
> *gitudinali, sanguineâ, albo rugosâ.*
>
> *Murex pileare.* Lin. Gmel. p. 3534. n°. 31.
> Lister, Conch. t. 934. f. 29.
> Gualt. Test. t. 49. fig. G.
> D'Argenv. Conch. pl. 10. fig. M.
> Favanne, Conch. pl. 34. fig. G. 4.
> Seba, Mus. 3. t. 57. f. 23. 24.
> Knorr, Vergn. 3. t. 9. f. 5.
> Martini, Conch. 4. t. 130. f. 1242. 1245. et 1246—1249.
> Schroetter, Einl. in Conch. 1. t. 3. f. 3.
> *Triton pileare.* Encyclop. pl. 415. f. 4. a. b.
> Habite l'Océan des Antilles. Mon cabinet. Coquille épaisse, fort
> belle, remarquable par la vive coloration de son ouverture. Bord
> droit denté et sillonné à l'intérieur. Longueur, 4 pouces une
> ligne.

10. **Triton baignoire.** *Triton lotorium.*

> *Tr. testâ fusiformi-turritâ, infernè distortâ, valdè tuberculatâ,*
> *transversè rugosâ et striatâ, rufo-rubente ; anfractibus supernè*
> *angulato-tuberculatis ; caudâ tortuosâ, extremitate recurvâ ;*
> *aperturâ trigono-elongatâ, albâ ; labro intùs dentato.*
>
> *Murex lotorium.* Lin. Gmel. p. 3533. n°. 30.
> Rumph. Mus. t. 26. fig. B.
> Petiv. Amb. t. 12. f. 3.
> D'Argenv. Conch. pl. 10. fig. B.
> Favanne, Conch. pl. 34. fig. A. 3.
> Regenf. Conch. 1. t. 2. f. 21.
> Knorr, Vergn. 6. t. 26. f. 2.
> *Triton distortum.* Encyclop. pl. 415. f. 3.
> Habite l'Océan des grandes Indes. Mon cabinet. Grande et belle co-
> quille, épaisse, très-tuberculeuse, et qui se distingue principa-
> lement de la suivante par la forme tortueuse de sa queue. Bord
> droit replié en dedans, mince dans la jeunesse, et fort épais avec
> l'âge. Longueur, 4 pouces 11 lignes. Vulg. le *rhinocéros* ou la
> *gueule-de-lion.*

11. Triton triangulaire. *Triton femorale.*

Tr. testâ fusiformi-trigonâ, transversìm sulcato-rugosâ et striatâ,
fulvo-rufescente; anfractibus supernè angulatis : ultimo trian-
gulari, ad angulum tuberculo majusculo instructo ; caudâ
rectâ, longiusculâ.

Murex femorale. Lin. Gmel. p. 3533, n°. 28.

Lister, Conch. t. 941. f. 57.

Bonanni, Recr. 3. f. 290.

Gualt. Test. t. 50. fig. C.

Seba, Mus. 3. t. 63. f. 7—10.

Knorr, Vergn. 4. t. 16. f. 1.

Martini, Conch. 3. t. 111. f. 1039.

Triton lotorium. Encyclop. pl. 415. f. 2.

Habite l'Océan des Antilles. Mon cabinet. Sa queue grêle et droite et
la forme triangulaire de son dernier tour le distinguent éminemment de celui qui précède. Ouverture blanche, trigone ; spire un
peu courte. Longueur, 3 pouces 3 lignes et demie ; mais il devient
plus grand. Vulg. le *dragon.*

12. Triton poire. *Triton pyrum.*

Tr. testá subpyriformi, ventricosâ, caudatâ, tuberculiferâ, trans-
versim sulcatâ, longitudinaliter striatâ, luteo-rufescente; an-
fractibus supernè angulatis; spirâ brevè conicâ; fauce luteâ,
albo-rugosâ; caudâ ascendente, contortâ.

Murex pyrum. Lin. Gmel. p. 3534. n°. 33.

Rumph. Mus. t. 26. fig. E.

Petiv. Amb. t. 12. f. 4.

Gualt. Test. t. 57. fig. F.

D'Argenv. Conch. pl. 10. fig. O. et pl. 16. fig. I.

Favanne, Conch. pl. 34. fig. A 2 ?

Knorr, Vergn. 2. t. 7. f. 2. 3.

Regenf. Conch. 1. t. 6. f. 60.

Martini, Conch. 3. t. 112. f. 1040—1043.

Habite l'Océan des grandes Indes. Mon cabinet. Coquille épaisse,
à spire étagée. Bord droit épais, bien denté. Longueur, 3 pouces
7 lignes.

13. Triton cynocéphale. *Triton cynocephalum.*

*Tr. testâ ovato-oblongâ, ventricosâ, caudatâ, transversè sulcatâ
et striatâ, striis longitudinalibus decussatâ, albido-fulvâ; tuberculis parvis crebris noduliformibus; anfractibus supernè angulatis, suprà planulatis; caudâ subascendente; labro valdè
dentato.*

Seba, Mus. 3. t. 49. f. 74. 75.
Favanne, Conch. pl. 34. fig. A 1 ?.
Encyclop. pl. 422. f. 3. *Mala.*

Habite.... Mon cabinet. Ses tubercules sont moins gros et plus nombreux que dans le précédent. Columelle en grande partie lisse;
limbe interne du bord droit très-denté. Longueur, 3 pouces 4
lignes.

14. Triton à gouttière. *Triton tripus.*

*Tr. testâ ovato-oblongâ, subtrigonâ, caudatâ, tuberculatâ, trans-
versè sulcatâ et striatâ, albo-flavescentę; sulcis transversè striatis; anfractibus supernè angulatis, ad suturas canaliculatis.*

Murex tripus. Chemn. Conch. 11. t. 193. f. 1858. 1859.

Habite.... Mon cabinet. Spire subconique, muriquée; quéue grêle.
Longueur, 3 pouces une ligne.

15. Triton canalifère. *Triton canaliferum.*

*Tr. testâ subpyriformi, caudatâ, transversim sulcatâ, longitudi-
naliter plicato-nodulosâ, subdecussatâ, albido-fulvâ; anfractibus ad suturas canaliculatis; spirâ brevi; caudâ gracillimâ.*

Martini, Conch. 5. t. 112. f. 1045—1047.
Murex caudatus. Gmel. p. 3535. n°. 34.

Habite.... l'Océan des grandes Indes? Mon cabinet. Coquille mince,
à tours bien arrondis. Spire en cône court; ouverture arrondie-
ovale; le bord droit légèrement denté. Longueur, 2 pouces.

16. Triton masse-rétuse. *Triton retusum.*

*Tr. testâ subclavatâ, ventricoso-globosâ, apice retusâ, longè cau-
datâ, transversè sulcatâ, albidâ; ventre supernè angulato et
tuberculifero; spirâ brevissimâ; caudâ rectâ, pergracili.*

Martini, Conch. 3. t. 67. f. 745. 746.

Habite.... Mon cabinet. Ouverture ovale-allongée; columelle ridée;
bord droit fortement denté à l'intérieur. Longueur, 23 lignes.

17. Triton masse-torse. *Triton clavator.*

Tr. testâ ovato-ventricosâ, caudatâ, longitudinaliter plicatâ, transversè sulcatâ, albo et luteo variâ; anfractibus supernè angulato-tuberculatis; spirâ breviusculâ.

Regenf. Conch. 1. t. 5. f. 50.

Martini, Conch. 3. t. 112. f. 1048. 1049.

Murex clavator. Chemn. Conch. 11. t. 190. f. 1825. 1826.

Habite.... l'Océan des grandes Indes? Mon cabinet. Queue un peu torse; ouverture jaunâtre; bord droit sillonné à l'intérieur. Longueur, 20 lignes.

18. Triton dos-noueux. *Triton tuberosum.*

Tr. testâ ovatâ, caudatâ, transversìm sulcatâ, rufo-rubente; ventre magno, tuberoso, supernè angulato; anfractibus angulo tuberculiferis : tuberculo dorsali magno, compresso; caudâ ascendente; columellâ supernè callosâ.

Lister, Conch. t. 935. f. 29. a.

Rumph. Mus. t. 24. fig. I. *et fortè* fig. H.

Petiv. Amb. t. 11. f. 16. et 17 ?

Martini, Conch. 3. t. 112. f. 1050. 1051.

Habite l'Océan des grandes Indes. Mon cabinet. Il varie un peu dans sa coloration, et offre quelquefois une zone blanche sur son dernier tour. Columelle calleuse et très-blanche; bord droit jaune dans le fond, blanc et denté en son limbe. Longueur, 23 lignes.

19. Triton guêpe-de-mer. *Triton vespaceum.*

Tr. testâ oblongâ, medio subventricosâ, transversìm sulcatâ, longitudinaliter striatâ, tuberculato-nodosâ, cinereo-cœrulescente; anfractibus supernè angulatis; caudâ breviusculâ, curvâ.

Habite.... Mon cabinet. Petite coquille, à spire saillante, à dos élevé et noduleux, et à queue un peu aplatie. Longueur, 14 lignes.

20. Triton chlorostome. *Triton chlorostomum.*

Tr. testâ subturritâ, crassiusculâ, transversìm sulcatâ et striatâ, tuberculato-muricatâ, griseo-cœrulescente, maculis variis pictâ; caudâ breviusculâ, contortâ; aperturâ flavâ; columellâ rugosâ; labro intùs dentato.

Habite l'Océan des Antilles. Mon cabinet. Coquille subturriculée, bien muriquée, ayant ses tours convexes, anguleux, très-tuberculeux sur leur angle. Longueur, 2 pouces 3 lignes.

21. Triton grimaçant. *Triton anus.*

Tr. testâ ovatâ, ventricoso-gibbosâ, distortâ, subtùs planulatâ, suprà nodulosâ, subcancellatâ, albidâ, rufo-maculatâ; aperturâ coarctatâ, sinuosâ, irregulari, ringente; labro valdè dentato; caudâ brevi, recurvâ.

Murex anus. Lin. Gmel. p. 3536. n°. 38.

Bonanni, Recr. 3. f. 279. 280.

Lister, Conch. t. 833. f. 57.

Rumph. Mus. t. 24. fig. F.

Petiv. Gaz. t. 74. f. 9. t. 99. f. 10. et amb. t. 6. f. 4.

Gualt. Test. t. 37. fig. B. E.

D'Argenv. Conch. pl. 9. fig. H.

Favanne, Conch. pl. 31. fig. H 1.

Seba, Mus. 3. t. 60. f. 4. et 6. 7.

Knorr, Vergn. 3. t. 3. f. 5.

Martini, Conch. 2. t. 41. f. 403. 404.

Triton anus. Encyclop. pl. 413. f. 3. a. b.

Habite l'Océan des grandes Indes. Mon cabinet. Coquille très-singulière, difforme, et surtout fort remarquable par son ouverture. Elle est beaucoup plus bombée que la suivante, et marquée de taches ou nébulosités rousses. Les bords externes de sa face plane sont minces et presque membraneux. Longueur, 3 pouces. Vulg. la grimace ramassée.

22. Triton gauffré. *Triton clathratum.*

Tr. testâ fusiformi-turritâ, distortâ, dorso gibbosâ, obsoletè nodulosâ, sulcis eminentibus clathratâ, albâ; caudâ longiusculâ; aperturâ ferè præcedentis.

Gualt. Test. t. 31. fig. D.

Favanne, Conch. pl. 31. fig. H 2.

Martini, Conch. 2. t. 41. f. 405. 406.

Encyclop. pl. 413. f. 4. a. b.

Habite les mers de l'Amérique méridionale. Mon cabinet. Coquille bien moins ventrue que celle qui précède, éminemment réticulée, ordinairement toute blanche, et à queue allongée, presque droite. Longueur, 2 pouces 4 lignes. Vulg. la grimace gauffrée.

23. Triton subdistors. *Triton subdistortum.*

Tr. testâ ovato-conicâ, subdistortâ, nodulosâ, transversè sulcatâ, fulvo-rufescente; ultimo anfractu cingulo albo notato; aperturâ obovatâ, albâ; columellâ medio lævigatâ; caudâ brevi.

Habite les mers de la Nouvelle-Hollande. Mon cabinet. Les tours de
sa spire sont un peu distors, ce qui lui a fait donner le nom de
fausse grimace ; mais son ouverture n'offre rien qui soit analogue
à celle des deux espèces précédentes. Longueur, 23 lignes.

24. Triton treillissé. *Triton cancellatum.*

Tr. testâ ovato-conicâ, ventricosâ, tenui, cancellatâ, albidâ; an-
fractibus valdè convexis; caudâ breviusculâ; aperturâ albâ;
labro lævigato.

Davila, Cat. 1. t. 7. fig. Q.
Murex magellanicus. Chemn. Conch. 10. t. 164. f. 1570.
Triton cancellatum. Encyclop. pl. 415. f. 1.

Habite les mers de l'Amérique méridionale. Mon cabinet. Coquille
assez mince, légère, éminemment treillissée, et fort différente
par ses varices très-rares et surtout son défaut de lames, de notre
murex magellanicus. Elle a un pli transverse, bien marqué, au
sommet de sa columelle. Son bord droit est très-simple et très-
lisse. Longueur, 3 pouces 4 lignes.

25. Triton tour-tachetée. *Triton maculosum.*

Tr. testâ turritâ, crassâ, striis decussatâ, albâ, luteo et rufo ma-
culatâ; aperturá angustâ, albâ; columellâ medio lævigatâ;
labro crenulato, intùs sulcato; caudâ brevi.

Lister, Conch. t. 1022. f. 86.
Bonanni, Recr. 3. f. 48.
Rumph. Mus. t. 49. fig. G.
Petiv. Amb. t. 8. f. 15.
Seba, Mus. 3. t. 51. f. 20. 21.
Favanne, Conch. pl. 33. fig. X 3 ?
Martini, Conch. 4. t. 132. f. 1257. 1258.
Chemn. Conch. 10. t. 162. f. 1552. 1553.
Murex maculosus. Gmel. p. 3548. n°. 79.
Triton maculosum. Encyclop. pl. 416. f. 1. a. b. et pl. 420. f. 2.

Habite les mers des Indes orientales. Mon cabinet. Coquille épaisse,
solide, et bien distincte par sa forme turriculée. Queue un peu
relevée. Longueur, 2 pouces 10 lignes et demie.

26. Triton filé. *Triton clandestinum.*

Tr. testá oblongá, subfusiformi, transversìm elegantissimè sul-
catâ, fulvâ; sulcis lævibus, spadiceis : interstitiis longitudina-
liter et subtilissimè striatis; anfractibus convexis; caudâ bre-
viusculâ, ascendente.

Lister, Conch. t. 940. f. 36.
Knorr, Vergn. 6. t. 29. f. 5.
Murex clandestinus. Chemn. Conch. 11. t. 193. f. 1856. 1857.
Triton clandestinum. Encyclop. pl. 433. f. 1.
Habite les mers de l'Ile-de-France. Mon cabinet. Spire renflée et ob-
tuse; ouverture ovale-arrondie; limbe interne du bord droit muni
d'une série de petites dents d'un rouge brun. Longueur, 2 pouces,
2 lignes.

27. Triton rouget. *Triton rubecula.*

*Tr. testâ ovato-oblongâ, crassâ, transversim sulcato-granosâ, au-
rantio-rubente; ultimo anfractu zonâ albâ cincto; spirâ obtusâ;
columellâ albo-striatâ; labro intùs albo, margine dentato;
caudâ breviusculâ.*

Murex rubecula. Lin. Gmel. p. 3535. n°. 35.
Gualt. Test. t. 49. fig. I.
D'Argenv. Conch. pl. 9. fig. K.
Seba, Mus. 3. t. 49. f. 1—6.
Knorr, Vergn. 1. t. 13. f. 3. 4. et 3. t. 5. f. 2. 3.
Martini, Conch. 4. t. 132. f. 1259—1267.
Triton rubecula. Encyclop. pl. 413. f. 2. a. b.
Habite.... les mers équatoriales? Mon cabinet. Ses varices sont alter-
nativement blanches et rouges, et il a un tubercule au sommet du
dernier tour. Longueur, près de 18 lignes.

28. Triton cutacé. *Triton cutaceum.*

*Tr. testâ ovatâ, ventricoso-depressâ, cingulatâ, tuberculato-no-
dosâ, fulvo-rufescente; cingulis prominulis, sulco divisis; anfractibus supernè angulato-tuberculatis, suprà planulatis; caudâ
brevi, umbilicatâ; labro intùs crenato.*

Murex cutaceus. Lin. Gmel. p. 3533. n°. 29.
Lister, Conch. t. 942. f. 58.
Seba, Mus. 3. t. 49. f. 71—73.
Martini, Conch. 3. t. 118. f. 1085—1088.
Triton cutaceum. Encyclop. pl. 414. f. 2. a. b.
Habite l'Océan atlantique, etc. Mon cabinet. Spire un peu saillante,
subconique; queue courte, déprimée; ouverture blanche, ova-
laire; de grosses dents obtuses au limbe interne du bord droit; co-
lumelle lisse, ayant un pli au sommet. Longueur, 2 pouces et
demi.

29. Triton rétus. *Triton dolarium.*

Tr. testâ ovato-ventricosâ, tenui, cinguliferâ, tuberculato-nodosâ, rufescente; cingulis elevatis, sulco divisis, transversè striatis, noduliferis; anfractibus supernè angulatis, suprà planis; spirâ brevi, apice retusâ; caudâ brevi, perforatâ.

Murex dolarium. Lin. Gmel. p. 3552. n°. 96.

An Bonanni, Recr. 3. f. 347?

Petiv. Gaz. t. 101. f. 14.

Seba, Mus. 3. t. 52. f. 10. 11.

Knorr, Vergn. 2. t. 24. f. 5. et 5. t. 3. f. 5.

Triton cutaceum. Encyclop. pl. 422. f. 1. a. b. et. pl. 441. f. 2. a. b. [var.]

Habite..... Mon cabinet. Coquille toujours distincte de la précédente par sa spire rétuse, comme tronquée. Elle n'a toujours qu'une varice, qui est celle du bord droit. Longueur, 2 pouces 5 lignes.

30. Triton annelé. *Triton tranquebaricum.*

Tr. testâ ovatâ, ventricosâ, cingulatâ, nodulosâ, fulvo-rubente; cingulis prominulis, sulco divisis, transversè striatis, cœrulescentibus; spirâ contabulatâ, subacutâ; aperturâ albâ; columellâ rugosâ; caudâ brevi.

Encyclop. pl. 422. f. 6.

Habite l'Océan indien, sur les côtes de Tranquebar. Mon cabinet. Coquille élégamment cerclée. Ouverture ovale; bord droit épais, crénelé et sillonné. Longueur, 18 lignes.

31. Triton bucciné. *Triton undosum.*

Tr. testâ ovato-acutâ, crassiusculâ, elegantissimè cingulatâ : cingulis creberrimis, lævibus, vel spadiceis vel nigris : interstitiis albis; ultimo anfractu plicis crassis longitudinalibus distincto; aperturâ candidâ; labro intùs sulcato; caudâ brevissimâ.

Buccinum undosum. Lin. Gmel. p. 3490. n°. 84.

Lister, Conch. t. 938. f. 33.

Rumph. Mus. t. 29. fig. O.

Petiv. Amb. t. 13. f. 4.

D'Argenv. Conch. pl. 9. fig. N.

Favanne, Conch. pl. 31. fig. K.

Seba, Mus. 3. t. 52. f. 26.

Knorr, Vergn. 2. t. 14. f. 4. 5.

Martini, Conch. 4. t. 122. f. 1126. 1127. et t. 123. f. 1135. et 1145. 1146.

Buccinum affine. Gmel. p. 5490. n°. 85.
Triton undosum. Encyclop. pl. 422. f. 5. a. b.

Habite dans le détroit de Malacca. Mon cabinet. Le bourrelet de son
bord droit décide son genre et l'exclut des buccins. On le distingue en deux variétés : l'une à cordelettes noires, l'autre à cordelettes rougeâtres. Longueur, 19 lignes et demie.

LES AILÉES.

*Coquille ayant un canal plus ou moins long à la base
de son ouverture, et dont le bord droit change de forme
avec l'âge, et a un sinus inférieurement.*

Les *ailées* constituent une famille très-naturelle, qui
avoisine celle des canalifères par ses rapports, mais qui en
est éminemment distincte. Cette famille offre un fait très-
remarquable, parce qu'il est peu commun : c'est celui d'une
coquille qui, dans sa jeunesse, a une forme différente de
celle qu'elle acquiert dans un âge plus avancé. Ce n'est
guères que dans les *cyprœa* [les porcelaines] que l'on
observe un fait analogue.

Linné a réuni toutes les races de cette famille en un seul
genre auquel il a donné le nom de *strombus* ; mais il y a
joint des coquillages qui ne lui appartiennent point. D'ailleurs, il n'en a point indiqué le caractère essentiel, qui consiste dans le développement singulier du bord droit de la
coquille à un certain âge de l'animal, et surtout dans le
sinus particulier qu'on observe constamment vers le bas de
ce bord, lorsqu'il est développé en aile. L'opercule des mollusques de cette famille est corné, allongé et étroit.

D'*Argenville* donnait le nom de rocher à toutes ces
coquilles, et confondait avec elles des coquilles de familles
différentes.

Je divise cette famille, c'est-à-dire les vrais *strombus* de Linné, en trois genres, d'après la considération du canal de la base, jointe à celle des caractères du bord droit de l'ouverture. Voici les noms de ces trois genres : *rostellaire*, *ptérocère* et *strombe.*

ROSTELLAIRE.   (Rostellaria.)

Coquille fusiforme ou subturriculée, terminée inférieurement par un canal en bec pointu. Bord droit entier ou denté, plus ou moins dilaté en aile avec l'âge, et ayant un sinus contigu au canal.

Testa fusiformis vel subturrita, basi desinens in canalem rostrum acutum simulantem. Labrum integrum vel dentatum, plùs minùsve ætate dilatatum, lacuná canali contiguá instructum.

OBSERVATIONS.

Les *rostellaires* commencent à s'approcher des strombes, mais elles en sont moins voisines que les ptérocères. Ce sont des coquilles fusiformes, à spire allongée, et qui sont terminées inférieurement par un canal en bec pointu. Leur bord droit s'appuie supérieurement sur la spire, et y est quelquefois décurrent. Mais ce qui caractérise fortement ce genre, c'est que le sinus de la partie inférieure du bord droit est entièrement contigu au canal, ce qui n'a nullement lieu dans les ptérocères, ni dans les strombes. Voici les espèces qui se rapportent à ce genre.

ESPÈCES.

1. Rostellaire bec-arqué. *Rostellaria curvirostris.*

*R. testâ fusiformi-turritâ, crassissimâ, ponderosâ, lævigatâ, trans-
versìm subtilissimè striatâ, fulvo-rufescente; anfractibus convexiusculis : supremis obsoletè plicatis; aperturâ albâ; labro
margine dentato; rostro breviusculo, curvo.*

Strombus fusus. Lin. Gmel. p. 3506. nᵒ. 1.

Lister, Conch. t. 854. f. 12.

Seba, Mus. 3. t. 56. f. 1.

Knorr, Vergn. 5. t. 6. f. 1. et t. 7. f. 1.

Martini, Conch. 4. t. 158. f. 1495. 1496.

Rostellaria curvirostra. Encyclop. pl. 411. f. 1. a. b.

Habite l'Océan des Moluques. Mon cabinet. Belle coquille, épaisse,
pesante, en fuseau conique, la plus grande de son genre, et très-
distincte de celle qui suit. Vulg. le *fuseau de Ternate.* Longueur,
7 pouces 5 lignes.

2. Rostellaire bec-droit. *Rostellaria rectirostris.*

*R. testâ fusiformi-turritâ, medio lævigatâ, squalidè albâ; anfrac-
tibus convexiusculis : ultimo infernè transversìm sulcato : supremis convexioribus cancellatis; labro margine dentato; rostro
prælongo, gracili, rectissimo.*

Lister, Conch. t. 854. f. 11. et t. 916. f. 9.

Bonanni, Recr. 3. f. 121.

D'Argenv. Conch. pl. 10. fig. D.

Favanne, Conch. pl. 34. fig. B 3.

Seba, Mus. 3. t. 56. f. 2.

Martini, Conch. 4. t. 159. f. 1500. et p. 544. Vign. 41.

Eadem testâ juniore; labro indiviso.

D'Argenv. Conch. pl. 10. fig. A.

Favanne, Conch. pl. 34. fig. B 1.

Martini, Conch. 4. t. 159. f. 1501. 1502.

Strombus clavus. Gmel. p. 3510. nᵒ. 7.

Habite..... les mers de la Chine? Mon cabinet. Espèce fort différente
de celle qui précède, étant toujours plus étroite et n'en acquérant
jamais l'épaisseur. C'est une coquille précieuse, rare, très-recherchée dans les collections, en fuseau allongé, turriculé, fort
pointu au sommet, et remarquable par son canal en bec long,
grêle et très-droit. Dans sa jeunesse, le bord droit, n'étant pas

encore développé, n'offre aucune dent; aussi est-il alors mince et tranchant. Vulgair. le *fuseau de la Chine*. Longueur, 5 pouces 10 lignes.

3. **Rostellaire pied-de-pélican.** *Rostellaria pes pelecani.*

> *R. testâ turritâ, griseo-rufescente; anfractibus medio angulato-nodulosis; labro palmato, in tres digitos partito : digitis acutis, divaricatis; canali baseos obliquo, subfoliaceo.*

Strombus pes pelecani. Lin. Gmel. p. 3507. n°. 2.

Lister, Conch. t. 865. f. 20. t. 866. f. 21. b. et t. 1059. f. 3.

Bonanni, Recr. 3. f. 85 et 87.

Petiv. Gaz. t. 79. f. 6.

Gualt. Test. t. 53. fig. A. B. C.

D'Argenv. Conch. pl. 14. fig. M.

Favanne, Conch. pl. 22. fig. D 1. D 2.

Seba, Mus. 3. t. 62. f. 17.

Knorr, Vergn. 3. t. 7. f. 4.

Martini, Conch. 3. t. 85. f. 848—850.

Habite les mers d'Europe. Mon cabinet. Coquille commune, très-connue, même des anciens naturalistes. Son canal, rejeté un peu de côté, semble former une quatrième digitation à son bord droit. Le sinus de ce bord, étant contigu au canal, la distingue des ptérocères auxquelles elle semble appartenir. Longueur, 20 lignes.

4. **Rostellaire grande-aile.** *Rostellaria macroptera.*

> *R. testâ fossili, fusiformi-turritâ, lævigatâ, apice acutâ; labro latissimo, in alam maximam rotundatam, supernè spirâ adnatam ampliato; rostro breviusculo.*

[b] Var. labro supernè sinu mediocri distincto.

Strombus amplus. Brander, Foss. pl. 6. f. 76.

Rostellaria macroptera. Annales du Mus. vol. 2; p. 220, n°. 1.

Habite.... Fossile de Saint-Germain-en-Laye. Mon cabinet. Coquille très-singulière par la grandeur de son aile qui s'appuye assez près du sommet de la spire et s'étend en demi-cercle jusque sur le canal, vers son extrémité. Longueur, 4 pouces 2 lignes.

5. **Rostellaire aile-de-colombe.** *Rostellaria columbata.*

> *R. testâ fossili, fusiformi-turritâ, lævigatâ, apice acutâ; labro in alam sursùm falcatam formato et parte internâ supra spiram decurrente; rostro longiusculo, recto.*

Tome VII. 13

Knorr, Petrif. 2. t. 102. f. 1.
Strombus fissura. Bullet. des Sciences, n°. 25. f. 4.
Rostellaria columbaria. Annales, ibid. n°. 2.
Rostellaria columbina. Encyclop. pl. 411. f. 2. a. b.

Habite.... Fossile de Saint-Germain-en-Laye. Mon cabinet. Jolie espèce, dont les tours de spire n'offrent aucune convexité et se continuent en formant un cône allongé, pointu. Longueur, 2 pouces et demi.

6. Rostellaire fissurelle. *Rostellaria fissurella.*

R. testâ fossili, turritâ, longitudinaliter costulatâ; costellis dorso acutis; labro supernè in carinam fissam usquè ad apicem decurrente; rostro brevi, acuto.

Strombus fissurella. Lin. Gmel. p. 3518. n°. 28.
Petiv. Gaz. t. 73. f. 7. 8.
D'Argenv. Conch. pl. 29. ligne 2.
Favanne, Conch. pl. 66. fig. M 5.
Martini, Conch. 4. t. 158. f. 1498. 1499.
Rostellaria fissurella. Annales, ibid. p. 221, n°. 3.
Encyclop. pl. 411. f. 3. a. b.

Habite.... Fossile de Grignon et de Courtagnon. Mon cabinet. Elle vit dans les mers de l'Inde, selon *Linné.* Longueur, 17 lignes et demie.

PTÉROCÈRE. (Pterocera.)

Coquille ovale-oblongue, ventrue, terminée inférieurement par un canal allongé. Bord droit se dilatant avec l'âge en aile digitée, et ayant un sinus vers sa base. Spire courte.

Testa ovato-oblonga, ventricosa, in canalem elongatum basi desinens. Labrum ætate ampliatum, in alam digitatam, infernè lacunâ interruptam distinctum. Spira brevis.

OBSERVATIONS.

Les coquilles de ce genre n'ont pas le canal de leur base rac-courci et tronqué comme dans les strombes. Il est au contraire allongé en manière de queue, atténué vers son extrémité, et souvent fermé. D'ailleurs leur bord droit est fort remarquable en ce qu'il se dilate avec l'âge en aile digitée éminemment, dont le bord supérieur s'appuie sur toute la spire, tandis que l'inférieur est interrompu par une lacune assez grande. Ici, cette lacune n'est point contiguë au corps de la coquille comme dans les rostellaires; mais elle en est écartée et se trouve semblable à celle que l'on observe dans nos strombes, lesquels ne se distinguent que par leur défaut de digitations, et leur canal raccourci.

La plupart des *ptérocères* deviennent fort grandes. On les compare à des araignées, des scorpions, à cause des grandes digitations arquées de leur bord droit.

ESPÈCES.

1. **Ptérocère tronquée.** *Pterocera truncata.*

> *Pt. testâ ovato-oblongâ, ventricosâ, dorso tuberoso subgibbosâ, heptadactylâ, albidâ; digitis unilateralibus; spirâ tuberculatâ, apice truncato-retusâ; aperturâ lævissimâ, roseâ.*

Lister, Conch. t. 882. f. 4.
Seba, Mus. 3. t. 63. f. 3.
An Favanne, Conch. pl. 21. fig. E 1 ? E 2 ? E 3 ?
Martini, Conch. 3. t. 93. f. 904. 905.
Chemn. Conch. 10. t. 159. f. 1512—1515.
Strombus bryonia. Gmel. p. 3520. n°. 33.

Habite.... Mon cabinet. La plupart des auteurs ne représentent cette espèce que dans son jeune âge et manquant de ses digitations. Je la possède complète; et, dans cet état, elle ressemble à un très-grand *lambis*. Mais sa spire est aplatie et tout-à-fait tronquée; caractère qui lui est tellement particulier, qu'aucune autre espèce, soit de son genre, soit de toute sa famille, n'en offre d'exemple. En lui attribuant sept digitations, j'y comprends le canal. De l'extrémité de la supérieure à celle de l'inférieure, l'intervalle est de 13 pouces. Vulg. la *racine-de-bryone*.

2. Ptérocère lambis. *Pterocera lambis*.

Pt. testâ ovato-oblongâ, tuberculato-gibbosâ, heptadactylâ, albo rufo et fusco variegatâ; digitis terminalibus rectis; spirâ conico-acutâ; aperturâ lævissimâ, roseâ.

Strombus lambis. Lin. Gmel. p. 3508. n°. 5.

Lister, Conch. t. 866. f. 21.

Rumph. Mus. t. 35. fig. D. E. F. H. et t. 36. fig. G.

Petiv. Amb. t. 14. f. 4—6.

Gualt. Test. t. 30. fig. A. t. 35. fig. C. et t. 36. fig. A. B.

D'Argenv. Conch. pl. 14. fig. E.

Favanne, Conch. pl. 22. fig. A 4.

Seba, Mus. 3. t. 82. *figuræ plures.*

Knorr, Vergn. 1. t. 28. f. 1. 2. t. 27. f. 4. et 3. t. 7. f. 1.

Martini, Conch. 3. t. 86. f. 855. t. 87. f. 858. 859. t. 90. f. 884. t. 91 f. 888. 889. et t. 92. f. 902. 903.

Strombus camelus. Chemn. Conch. 10. t. 155. f. 1478.

Habite les mers de l'Inde. Mon cabinet. Moins grande que celle qui précède, celle-ci a la spire conique-pointue, et est fort commune dans les collections. Dans l'une comme dans l'autre, la digitation supérieure est accollée contre la spire; mais ici, les digitations moyennes sont toutes crochues. Quant aux tubercules dorsaux, l'un d'entre eux est très-comprimé de devant en arrière. L'intervalle entre les extrémités des digitations terminales est de 6 pouces 4 lignes.

3. Ptérocère mille-pieds. *Pterocera millepeda*.

Pt. testâ ovato-oblongâ, tuberculato-gibbosâ, sulcato-nodosâ, decadactylâ, rufescente; digitis medianis et posticis brevibus inflexis; caudâ breviusculâ, contortâ; fauce rubro-violacescente, albo-rugosâ.

Strombus millepeda. Lin. Gmel. p. 3509. n°. 6.

Lister, Conch. t. 868. f. 23. et t. 869. f. 23.

Bonanni, Recr. 3. f. 311.

Rumph. Mus. t. 36. fig. I.

Petiv. Amb. t. 14. f. 7.

D'Argenv. Conch. pl. 15. fig. B.

Favanne, Conch. pl. 22. fig. A 6.

Martini, Conch. 3. t. 88. f. 861. 862. et t. 93. f. 906. 907.

Chemn. Conch. 10. t. 155. f. 1479. 1480. et t. 157. f. 1494. 1495.

Pterocera millepeda. Encyclop. pl. 410. f. 1. a. b.

Habite l'Océan indien. Mon cabinet. Elle est éminemment distincte de ses congénères par un plus grand nombre de digitations, lesquelles sont très-courtes, à l'exception des deux antérieures. L'intervalle, etc., est de 5 pouces 10 lignes.

4. Ptérocère faux-scorpion. *Pterocera pseudo-scorpio.*

Pt. testâ majusculâ, ovato-oblongâ, tuberculato-gibbosâ, heptadactylâ, albo et rufo variegatâ; digitis obsoletè nodosis, spadiceo-fuscis; fauce rufo-violacescente, albo-rugosâ.

Bonanni, Recr. 3. f. 312.

Lister, Conch. t. 867. f. 22.

Habite.... Mon cabinet. Cette coquille, plus grande, et à digitations plus épaisses, bien moins noueuses, et plus fortement colorées que dans la suivante, paraît à peine mentionnée par les conchyliologistes. Vulg. le *grand scorpion.* L'intervalle, etc., est de 6 pouces deux lignes.

5. Ptérocère scorpion. *Pterocera scorpio.*

Pt. testâ ovato-oblongâ, tuberculato-gibbosâ, transversìm rugoso-nodosâ, heptadactylâ, albidâ, rufo-maculosâ; dactylis gracilibus per longitudinem nodosis: anterioribus caudâque prælongis, curvis; fauce rubro-violaceâ, albo-rugosâ.

Strombus scorpius. Lin. Gmel. p. 3508. nº. 4.

Rumph. Mus. t. 36. fig. K.

Petiv. Amb. t. 3. f. 2.

Gualt. Test. t. 36. fig. C.

D'Argenv. Conch. pl. 14. fig. B.

Favanne, Conch. pl. 22. fig. B.

Seba, Mus. 3. t. 82. *fig. duæ.*

Knorr, Vergn. 2. t. 3. f. 1.

Martini, Conch. 3. t. 88. f. 860.

Pterocera nodosa. Encyclop. pl. 410. f. 2.

Habite les mers des grandes Indes. Mon cabinet. Vulg. le *scorpion goutteux.* L'intervalle, etc., est de 5 pouces 2 lignes.

6. Ptérocère orangée. *Pterocera aurantia.*

Pt. testâ ovatâ, tuberculato-gibbosâ, transversìm rugosâ, hepta-dactylâ, albo et luteo nebulosâ; dactylis gracilibus peracutis, obsoletissimè nodulosis; caudâ prælongâ, gracillimâ, lævi, curvâ; fauce aurantiâ, lævissimâ.

Knorr, Vergn. 5. t. 4. f. 3.
Schroëtter, Einl. in Conch. 1. t. 2. f. 15. et 2. t. 7. f. 1.
Chemn. Conch. 10. t. 158. f. 1508. 1509.

Habite les mers des Indes orientales. Mon cabinet. Espèce très-distincte des deux précédentes par son ouverture lisse. Vulg. la *scorpion orangé.* L'intervalle, etc., est de 4 pouces et demi.

7. Ptérocère araignée. *Pterocera chiragra.*

Pt. testâ ovato-oblongâ, crassâ, dorso tuberoso subgibbosâ, hexa-dactylâ, albâ, rufo-maculosâ; dactylis longiusculis, sursùm curvis, utroque latere prominentibus; fauce roseâ, albo-striatâ.

Strombus chiragra. Lin. Gmel. p. 3507. n°. 3.
Lister, Conch. t. 870. f. 24. t. 875. f. 31. et t. 883. f. 6.
Bonanni, Recr. 3. f. 314. 315.
Rumph. Mus. t. 35. fig. A. B. C. et t. 37. f. 1.
Petiv. Amb. t. 14. f. 1—3.
Gualt. Test. t. 35. fig. A. B.
Seba, Mus. 3. t. 82. *fig. septem.*
Knorr, Vergn. 1. t. 27. f. 1.
Favanne, Conch. pl. 21. fig. C 2.
Martini, Conch. 3. t. 85. f. 851. 852. t. 86. f. 853. 854. t. 87. f. 856. 857. et t. 92. f. 895. 896. 898. 900 et 901.

Habite les mers des grandes Indes. Mon cabinet. Grande et belle coquille, singulièrement remarquable par la disposition de ses digitations sur deux côtés opposés, ce qui lui donne en quelque sorte l'aspect d'une *araignée.* Sa spire est en cône court et pointu. L'ouverture est allongée et un peu étroite. Lorsque la coquille est incomplète, c'est-à-dire sans digitations, l'espèce alors est presque méconnaissable; mais si l'on étudie la spire, dans les objets comparés, cette espèce se reconnaît facilement. Longueur du corps de la coquille, les digitations non comprises, 6 pouces 2 lignes.

STROMBE. (Strombus.)

Coquille ventrue, terminée à sa base par un canal court, échancré ou tronqué. Bord droit se dilatant avec l'âge en une aile simple, lobée ou crénelée supérieurement, et ayant inférieurement un sinus séparé du canal ou de l'échancrure de sa base.

Testa ventricosa, basi desinens in canalem brevem emarginatum vel truncatum. Labrum ætate amplia-tum in alam simplicem, integram, supernè unilobatam vel crenatam, infernè lacuná è canali distinctá inter-ruptam.

OBSERVATIONS.

Les *strombes*, ici réformés, sont éminemment distingués des ptérocères en ce que leur bord droit, agrandi en aile, n'est point divisé dans sa longueur en digitations, et en ce que le canal de leur base est très-court, tronqué ou échancré. Quoique leur bord droit soit simple, lorsqu'il est développé, on ne peut les confondre avec les rostellaires, parce que dans celles-ci le sinus est contigu au canal, tandis qu'il en est constamment séparé par une portion du bord dans les *strombes*.

Tous les *strombes* vivent dans les mers des climats chauds. Beaucoup d'espèces sont d'une taille médiocre, même petite; mais il y en a qui deviennent très-grandes et qui ont leur coquille fort épaisse.

ESPÈCES.

1. Strombe aile-d'aigle. *Strombus gigas.*

St. testâ turbinatâ, ventricosissimâ, maximâ, transversìm sul-
cato-rugosâ, albâ; ventre supernè spiráque tuberculis lóngis co-
nicis patentibus coronatis; labro latissimo, supernè rotundato,
apertúrâ lœvi, roseâ.

Strombus gigas. Lin. Gmel. p. 3515, n°. 20.
Lister, Conch. t. 863. f. 18. b.
Bonanni, Recr. 3; f. 404 et 405.
Gualt. Test. t. 33. fig. A. et t. 34. fig. A.
Favanne, Conch. pl. 20. fig. C 1.
Martini, Conch. 3. t. 80. f. 824.

Habite l'Océan des Antilles. Mon cabinet. C'est peut-être la plus
grande espèce de ce genre. Elle est remarquable par les longs tubercules coniques et divergens qui couronnent le sommet de son
dernier tour et hérissent sa spire. Celle-ci est très-pointue et médiocrement élevée. Ouverture lisse et d'un rose pourpré assez vif.
Longueur, 9 pouces 8 lignes.

2. Strombe aile-d'autour. *Strombus accipitrinus.*

St. testâ turbinatâ, ventricosâ, transversè sulcatâ, albâ, subroseâ;
ultimo anfractu supernè tuberculis coronato, quorum unico
maximo, posticè ad latera compresso; spirâ muticâ, acutâ;
apertúrâ lœvi; labro crassissimo.

Favanne, Conch. pl. 20. fig. A 2.
Martini, Conch. 3. t. 81. f. 829.
Strombus costatus. Gmel. p. 3520. n°. 32.

Habite.... Mon cabinet. Bien moins grande que celle qui précède, et
cependant proportionnellement plus pesante, cette coquille s'en
rapproche par sa forme générale; mais sa spire est mutique, légèrement noduleuse vers sa base, et le sommet de son dernier
tour est couronné par des tubercules inégaux, dont celui du milieu est fort élevé et comprimé. Ouverture blanche; bord droit
très-épais. Longueur, 5 pouces 3 lignes.

3. Strombe aile-large. *Strombus latissimus.*

St. testâ turbinatâ, ventricosâ, dorso lœvigatâ, ad alam subru-
gosâ, aurantiâ, albo-maculatâ; spirâ brevi, nodulosâ; labro

latissimo, supernè rotundato, ultra spiram prominente, margine
acuto, latere crassissimo; aperturâ lœvi, albâ, roseo tinctâ.

Strombus latissimus. Lin. Gmel. p. 3516. n°. 21.

Lister, Conch. t. 856. f. 12. c. *imperfecta.* et t. 862. f. 18 a. *completa.*

Rumph. Mus. t. 36. fig. L.

Petiv. Amb. t. 14. f. 9.

Seba, Mus. 3. t. 63. f. 1. 2. et t. 83. f. 12—14.

Martini, Conch. 3. t. 82. f. 832. t. 83. f. 835. et t. 89. f. 874.

Strombus Goliath. Chemn. Conch. 11. t. 195 b. fig. A.

Habite l'Océan des grandes Indes. Mon cabinet. Coquille fort belle
et même précieuse, lorsque ses couleurs sont bien conservées. Elle
est surtout très-remarquable par la partie supérieure de son bord
droit, qui est fort large, mince, tranchante, arrondie, et saillante
au-dessus de la spire, tandis que le côté de ce même bord est fort
épais dans le reste de sa longueur. Il paraît qu'elle devient très-
grande; mais je n'en possède qu'un individu de taille fort
médiocre et dont la longueur n'excède pas 5 pouces et demi.

4. Strombe aile-cornue. *Strombus tricornis.*

St. testâ turbinato-trigonâ, albo et rufo longitudinaliter pictâ;
dorso trituberculato : tuberculo medio majore, lateribus com-
presso; spirâ acutâ, subnodosâ; labro anteriùs in acumen elon-
gatum producto; aperturâ lœvi, albâ.

Lister, Conch. t. 873. f. 29.

Martini, Conch. 3. t. 84. f. 843—845.

Encyclop. pl. 408. f. 1. et pl. 409. f. 2.

Habite l'Océan des Antilles. Mon cabinet. Espèce constamment distincte de la suivante. Les tubercules du sommet de son dernier
tour ne sont point comprimés transversalement; mais le plus
grand offre postérieurement un prolongement comprimé qui est
longitudinal. Longueur, 4 pouces 2 lignes.

5. Strombe aile-d'ange. *Strombus gallus.*

St. testâ turbinatâ, tuberculiferâ, transversìm sulcâtâ, albo et
rufo variegatâ; ultimo anfractu supernè tuberculis magnis com-
pressis coronato : tuberculis carinâ transversâ coadunatis; labro
tenui, supernè in lobum sœpiùs prœlongum producto.

Strombus gallus. Lin. Gmel. p. 3511. n°. 11.

Lister, Conch. t. 874. f. 30.

Bonanni, Recr. 3. f. 309. 310.

Rumph. Mus. t. 57. f. 5.
Gualt. Test. t. 52. fig. M.
Seba, Mus. 3. t. 62. f. 1. 2.
Knorr, Vergn. 4. t. 12. f. 1.
Favanne, Conch. pl. 21 fig. A 1.
Martini, Conch. 5. t. 84. f. 841. 842. et t. 85. f. 846.

Habite les mers d'Asie et d'Amérique, dans les climats chauds. Mon cabinet. Espèce commune dans les collections. Ici, les tubercules du dernier tour sont comprimés transversalement à la coquille, ce qui est fort différent dans l'espèce précédente. Spire noduleuse, un peu élevée et pointue; ouverture blanche et lisse. Longueur du corps de la coquille, 4 pouces 4 lignes. Vulg. le coq.

6. Strombe bituberculé. *Strombus bituberculatus.*

St. testâ turbinatâ, tuberculiferâ, transversim sulcato-nodulosâ, albo et rufo-fuscescente marmoratâ; ultimi anfractus tuberculis duobus versùs labrum aliis eminentioribus, trigonis, posticè compressis; spirâ abbreviatâ; labro latere crassiusculo, supernè in lobum brevem terminato.

Lister, Conch. t. 871. f. 25.
Bonanni, Recr. 3. f. 307. 308.
Gualt. Test. t. 52. fig. F.
Seba, Mus. 3. t. 62. f. 4. 5. 9. 10. 12. 14. 15 et 27.
Knorr, Vergn. 3. t. 11. f. 1.
Martini, Conch. 3. t. 83. f. 836. 837.

Habite l'Océan des Antilles. Mon cabinet. Il est constamment distinct du précédent par les tubercules de son dernier tour, dont deux plus grands sont prismatiques, et par son bord droit un peu épais latéralement. Ouverture lisse et blanchâtre. Longueur, 3 pouces.

7. Strombe crête-de-coq. *Strombus cristatus.*

St. testâ ovato-oblongâ, tuberculiferâ, albo et luteo variâ; ultimi anfractus tuberculo aliis multò majore; spirâ exsertâ, nodosâ, peracutâ; labro dilatato, latere replicato, supernè crenis profundis cristatìm inciso.

Seba, Mus. 3. t. 62. f. 3.
Favanne, Conch. pl. 22. fig. A 2.
Strombus laciniatus. Chemn. Conch. 10. t. 158. f. 1506. 1507.

Habite.... Mon cabinet. Coquille très-rare, et remarquable par les caractères de son bord droit. Ce bord, dilaté et avancé supérieurement jusqu'à la hauteur de la spire, est replié en dedans sur le côté, et offre, dans sa partie supérieure, quatre ou cinq grandes crénelures qui le font paraître lacinié. Ouverture lisse, fauve dans le fond. Longueur, 4 pouces. Vulg. *l'aile-large-couronnée.*

8. Strombe aile-dilatée. *Strombus dilatatus.*

St. testâ ovato-oblongâ, turgidâ, lœvigatâ, lutescente, maculis albis triseriatìm cinctâ; spirâ breviusculâ, noduliferâ, labrum superante; labro dilatato, undato, infra marginem crassiusculo.

Seba, Mus. 3. t. 65. f. 4. 5.

Strombus latus. Gmel. p. 3520. n°. 55.

Habite.... Mon cabinet. La partie supérieure de son bord droit, sans former aucun lobe, vient s'appuyer un peu au-dessous du milieu de la spire. Ouverture lisse. Longueur, 4 pouces.

9. Strombe aile-de-hibou. *Strombus bubonius.*

St. testâ ovatâ, subturbinatâ, tuberculatâ et noduliferâ, flavescente, albo-maculatâ, roseo-fasciatâ; spirâ conicâ, obtusiusculâ, nodulosâ, labrum superante.

Lister, Conch. t. 860. f. 17.

Bonanni, Recr. 3. f. 306.

Seba, Mus. 3. t. 62. f. 6—8.

Knorr, Vergn. 3. t. 17. f. 1.

Martini, Conch. 3. t. 82. f. 833. 834.

Strombus fasciatus. Gmel. p. 3510. n°. 9.

Habite l'Océan des Antilles. Mon cabinet. Ses fascies roses passent sur les rangées de ses tubercules. Sommet du bord droit simplement arrondi; ouverture lisse. Longueur, 3 pouces 5 lignes.

10. Strombe grenouille. *Strombus lentiginosus.*

St. testâ turbinatâ, crassâ, tuberculiferâ et undiquè nodosâ, squalidè albâ, cinereo-fuscescente nigroque maculosâ; ultimo anfractu supernè tuberculis majusculis subfurcatis coronato; labro crasso, supernè undatim tricrenato.

Strombus lentiginosus. Lin. Gmel. p. 3510. n°. 8.

Lister, Conch. t. 861. f. 18.

Bonanni, Recr. 3. f. 300.

Rumph. Mus. t. 37. fig. Q.

Petiv. Amb. t. 14. f. 10.

Gualt. Test. t. 32. fig. A.

D'Argenv. Conch. pl. 15. fig. C.

Seba, Mus. 3. t. 62. f. 11 et 3o.
Knorr, Vergn. 3. t. 13. f. 2.
Martini, Conch. 3. t. 8o. f. 825. 826. et t. 81. f. 827. 828.

Habite l'Océan des grandes Indes. Mon cabinet. Ses sillons trans- verses sont très-noduleux. Les deux ou trois crénelures du som- met de son bord droit le diſtinguent. Spire courte et pointue. Longueur, 3 pouces 8 lignes. Vulg. la *tête-de-serpent.*

11. Strombe oreille-de-Diane. *Strombus auris Dianœ.*

St. testâ ovato-oblongâ, tuberculiferâ, transversìm striatâ, griseâ; spirâ exsertâ, acutâ; caudâ recurvâ; fauce aurantio-nigri- cante; labro incrassato, anteriùs lobo digitiformi terminato, intùs lœvigato.

Strombus auris Dianœ. Lin. Gmel. p. 3512. n°. 12.
Lister, Conch. t. 871. f. 26. et t. 872. f. 27. 28.
Bonanni, Recr. 3. f. 3o1. 3o2.
Rumph. Mus. t. 37. fig. R.
Petiv. Amb. t. 14. f. 11.
Gualt. Test. t. 32. fig. D. H.
D'Argenv. Conch. pl. 14. fig. O.
Favanne, Conch. pl. 21. fig. A 5. A 6.
Seba, Mus. 3. t. 61. f. 1—6. et t. 62. f. 13 et 16.
Knorr, Vergn. 2. t. 15. f. 1. 2.
Martini, Conch. 5. t. 84. f. 838. 839.
Chemn. Conch. 10. t. 156. f. 1487. 1488.
Encyclop. pl. 409. f. 3. a. b.

Habite l'Océan des grandes Indes. Mon cabinet. Vulg. l'*oreille-d'âne.* Longueur, 3 pouces 4 lignes.

12. Strombe muriqué. *Strombus pugilis.*

St. testâ turbinatâ, ventricosâ, luteo-rufescente; ultimo anfractu supernè tuberculis coronato, medio lœvi, basi sulcato; spirâ tuberculis patentibus muricatâ; transversè striatâ; labro ante- riùs lobo brevi, rotundato, et intùs versùs basim sulcato.

Strombus pugilis. Lin. Gmel. p. 3512. n°. 13.
Lister, Conch. t. 864. f. 19.
Bonanni, Recr. 3. f. 299.
Gualt. Test. t. 32. fig. B.
D'Argenv. Conch. pl. 15. fig. A.
Knorr, Vergn. 1. t. 9. f. 1.

Martini, Conch. 3. t. 81. f. 830. 831.

Encyclop. pl. 408. f. 4. a. b.

Habite dans la Méditerranée et peut-être l'Océan atlantique. Mon cabinet. Son ouverture est d'un jaune d'œuf très-foncé, presque rougeâtre. Spire très-pointue. Longueur, 3 pouces 5 lignes. Vulg. l'*oreille-de-cochon*.

13. Strombe pyrulé. *Strombus pyrulatus*.

St. testâ turbinatâ, dorso lævigatâ, basi spiráque transversim striatâ, rufescente; ultimo anfractu supernè obtusè angulato; spirâ conico-acutâ, nodulosâ, basi subtuberculiferâ; labro anterius lobo rotundato et intùs striato.

An Knorr, Vergn. 3. t. 16. f. 1?

Martini, Conch. 3. t. 91. f. 894.

Schroëtter, Einl. in Conch. 1. t. 2. f. 14.

Strombus alatus. Gmel. p. 3513. n°. 14.

Habite..... Mon cabinet. très-voisin du précédent, il s'en distingue par sa spire non muriquée, mais seulement un peu tuberculeuse à sa base. Bord droit un peu épais, strié en son limbe interne, qui est d'un violet très-rembruni, ainsi que la columelle. Longueur, 5 pouces 2 lignes.

14. Strombe bossu. *Strombus gibberulus*.

St. testâ oblongo-ovali, medio lævigatâ, supra labrum infernèque striatâ, luteo-rufescente, albo-fasciatâ; anfractibus inæqualiter gibbosis; spirâ brevi, acutâ; columellâ albâ; labro intùs striato, violaceo.

Strombus gibberulus. Lin. Gmel. p. 3514. n°. 17.

Lister, Conch. t. 847. f. 1.

Bonanni, Recr. 3. f. 150.

Rumph. Mus. t. 37. fig. V.

Petiv. Amb. t. 14. f. 13.

Gualt. Test. t. 31. fig. N.

D'Argenv. Conch. pl. 14. fig. N.

Seba, Mus. 3. t. 61. f. 17—19. et 51—53. et t. 62. f. 48. 49.

Knorr, Vergn. 2. t. 14. f. 3.

Martini, Conch. 3. t. 77. f. 792—798.

Strombus succinctus. Encyclop. pl. 408. f. 3. a. b. *è specimine juniore.*

Habite les mers de l'Inde et des Moluques. Mon cabinet. Longueur, 2 pouces 5 lignes.

15. Strombe bouche-de-sang. *Strombus luhuanus.*

St. testâ oblongo - ovali, tenuiter striatâ, fulvâ, albo-fasciatâ; ultimo anfractu supernè obtusè angulato; spirâ brevi, mucronatâ; columellâ purpureo nigroque tinctâ; labro intùs striato, rubro.

Strombus luhuanus. Lin. Gmel. p. 3513. n°. 16.

Lister, Conch. t. 851. f. 6.

Rumph. Mus. t. 37. fig. S.

Petiv. Gaz. t. 98. f. 10. et Amb. t. 14. f. 12.

Gualt. Test. t. 31. fig. H. I.

Seba, Mus. 3. t. 61. f. 11. 12. 20. 21.

Knorr, Vergn. 5. t. 16. f. 5.

Martini, Conch. 3. t. 77. f. 789. 790.

Habite l'Océan indien et des Moluques. Mon cabinet. Sa columelle, vivement colorée de pourpre et de noir, le rend très-remarquable. Longueur, 2 pouces 3 lignes.

16. Strombe bouche-aurore. *Strombus mauritianus.*

St. testâ oblongo-ovali, lævissimâ, albâ, lineolis rufis angulatis transversim fasciatâ; spirâ brevi, longitudinaliter plicatâ, mucronatá; columellâ albâ; labro intùs striato, roseo.

Lister, Conch. t. 849. f. 4 a. et t. 850. f. 5.

Seba, Mus. 3. t. 61. f. 13.

Knorr, Vergn. 6. t. 15. f. 3.

Martini, Conch. 3. t. 88. f. 865—867.

Habite les mers de l'Ile-de-France. Mon cabinet. Il est bien distinct du précédent, non-seulement par sa columelle toute blanche, mais encore par son dernier tour qui est très-lisse. Longueur, 2 pouces 5 lignes.

17. Strombe poule. *Strombus canarium.*

St. testâ obovatâ, dorso læviusculâ, basi striatâ, albâ, lineis rufis confertissimis longitudinalibus flexuosis pictâ; spirâ brevi, mucronatá, basi planulatâ; aperturâ intùs albâ, extùs aureo tinctâ; labro crasso, dilatato, anteriùs sinu distincto.

Strombus canarium. Lin. Gmel. p. 3517. n°. 24.

Lister, Conch. t. 853. f. 9.

Bonanni, Recr. 3. f. 146.

Rumph. Mus. t. 36. fig. N.

Petiv. Amb. t. 14. f. 17.

Gualt. Test. t. 52. fig. N.

D'Argenv. Conch. pl. 14. fig. Q.

Seba, Mus. 3. t. 62, f. 28. 29.

Knorr, Vergn. 1. t. 18. f. 5.

Martini, Conch. 3. t, 79. f, 818.

Habite les mers de Ceylan et des Moluques. Mon cabinet. Coquille raccourcie, large, épaisse, à spire courte, mucronée, ayant sa base planulée. Longueur, 23 lignes.

18. Strombe Isabelle. *Strombus Isabella.*

St. testâ ovato-oblongâ, dorso lœviusculâ, basi striatâ, albidâ aut pallidè fulvâ; spirâ exsertâ : anfractibus valdè convexis; aperturâ intùs albâ, extùs aureo tinctâ; labro anteriùs sinu distincto.

Bonanni, Recr. 3. f. 147.

Gualt. Test. t. 32. fig. L.

Seba, Mus. 3. t. 62. f. 23. 25.

Knorr, Vergn. 3. t. 13. f. 3.

Martini, Conch. 3. t. 79. f. 817.

Habite l'Océan des grandes Indes. Mon cabinet. Très-rapproché du précédent, avec lequel on l'a confondu, mais bien plus allongé, il s'en distingue d'ailleurs par sa spire dont tous les tours sont très-convexes. Il est en outre dépourvu des lignes colorées et flexueuses que l'on observe dans l'autre. Longueur, 2 pouces 7 lignes.

19. Strombe élancé. *Strombus vittatus.*

St. testâ fusiformi-turritâ, fulvo-rufescente, albo-fasciatâ; ultimo anfractu supernè obtusè angulato, infernè sulcato; spirâ longitudinaliter plicatâ, transversìm tenuissimè striatâ; suturis marginatis; labro mediocri, rotundato.

Strombus vittatus. Lin. Gmel. p. 3517. nº. 25.

Lister, Conch. t. 852. f. 8.

Rumph. Mus. t. 36. fig. O.

Petiv. Gaz. t. 98. f. 12. et Amb. t. 7. f. 9.

D'Argenv. Conch. pl. 9. fig. F.

Seba, Mus. 3. t. 62. f. 18—20.

Knorr, Vergn. 3. t. 20. f. 2.

Martini, Conch. 3. t, 79. f. 819. 820 et 822. 823.

Encyclop. pl. 409. f. 1. a. b.

Habite l'Océan des grandes Indes et des Moluques. Mon cabinet. Ce qui caractérise cette espèce, c'est d'avoir la spire éminemment

allongée et l'aile d'une étendue médiocre, toujours peu épaisse ;
néanmoins elle offre différentes variétés qui lui appartiennent
car tantôt la spire présente des plis longitudinaux dans presque
toute sa longueur, et tantôt on ne lui en voit qu'à sa sommité.
Elle varie en outre dans l'étendue de l'allongement de sa spire,
certains individus l'ayant extrêmement longue, tandis qu'elle l'est
bien moins dans d'autres. Ouverture blanche. Longueur, 3 pouces
3 lignes.

20. Strombe aile-relevée. *Strombus epidromis.*

> *St. testá ovato-oblongá, apice acutá, lœvi, albo et luteo variá;
> ultimo anfractu supernè subtuberculato; anfractibus spiræ an-
> gulatis, crenato-plicatis; labro dilatato, rotundato, crassiusculo,
> margine acuto, recurvo.*

Strombus epidromis. Lin. Gmel. p. 3516. n°. 22.

Lister, Conch. t. 853. f. 10.

Rumph. Mus. t. 36. fig. M.

Petiv. Gaz. t. 98. f. 12. et Amb. t. 14. f. 18.

Seba, Mus. 3. t. 62. f. 21. 22 et 26.

Knorr, Vergn. 6. t. 33. f. 2.

Martini, Conch. 3. t. 79. f. 821.

Habite l'Océan des grandes Indes et des Moluques. Mon cabinet.
Bord droit arrondi, sans aucun lobe, s'appuyant antérieurement
contre la spire. Celle-ci élevée, étagée et fort aiguë. Ouverture
lisse et très-blanche. Longueur, 2 pouces 8 lignes.

21. Strombe aile-de-colombe. *Strombus columba.*

> *St. testá ovato-oblongá, longitudinaliter plicatá, transversìm striatá,
> albá; anfractibus spiræ convexis; labro suprà infràque valdè
> striato, margine recurvo; columellá striatá.*

Habite.... la mer des Indes? Mon cabinet. Jolie espèce, très-distincte. Son bord droit, remarquable par un pli longitudinal, est
fortement strié en dessus et en dessous. Sa columelle, pareillement
striée, est munie d'une raie verte, ainsi que le limbe interne du
bord droit. Longueur, 2 pouces.

22. Strombe quadrifascié. *Strombus succinctus.*

> *St. testá ovato-oblongá, apice acutá, transversìm subtilissimè
> striatá, lutescente; ultimo anfractu fasciis quatuor albis fusco-
> lineolatis cincto, supernè tuberculis raris instructo; anfractibus
> spiræ angulatis, plicato-crenatis; labro angusto, margine in-
> curvo, intùs striato.*

Strombus succinctus. Lin. Gmel. p. 3518. n°. 26.

Lister, Conch. t. 859. f. 16.

Rumph. Mus. t. 37. fig. X.

Petiv. Gaz. t. 98. f. 13. et Amb. t. 14. f. 19.

Gualt. Test. t. 33. fig. B.

D'Argenv. Conch. pl. 10. fig. C.

Seba, Mus. 3. t. 61. f. 15.

Born, Mus. t. 10. f. 14. 15.

Martini, Conch. 3. t. 79. f. 815. et t. 89. f. 877.

Habite les mers des Indes orientales. Mon cabinet. Son aile est étroite, à bord courbé en dedans, et a un sinus à sa partie antérieure. Ouverture blanche. Longueur, 23 lignes et demie.

23. Strombe aile-de-roitelet. *Strombus troglodytes.*

St. testâ ovato-acutâ, dorso læviusculâ, luteo-rufescente, albo-zonatâ; ultimo anfractu supernè tuberculifero; spiræ anfractibus angulatis, plicato-crenatis; labro crassiusculo, anteriùs sinu distincto, intùs flavescente; columellâ albâ, callosâ.

Strombus minimus. Lin. Gmel. p. 3516. n°. 23.

Rumph. Mus. t. 36. fig. P.

Petiv. Amb. t. 14. f. 16.

Gualt. Test. t. 31. fig. L.

Schroëtter, Einl. in Conch. 1. t. 2. f. 11.

Chemn. Conch. 10. t. 156. f. 1491. 1492.

Habite l'Océan des grandes Indes. Mon cabinet. Longueur, 17 lignes.

24. Strombe tridenté. *Strombus tridentatus.*

St. testâ oblongâ, supernè attenuato-acutâ, lævigatâ, longitudinaliter subplicatâ, luteo-rufescente; anfractibus spiræ convexis; labro angusto, basi tridentato, intùs striato, rufo-fuscescente.

Lister, Conch. t. 858. f. 14.

Rumph. Mus. t. 37. fig. Y.

Petiv. Amb. t. 14. f. 15.

Gualt. Test. t. 33. fig. C. D.

Seba, Mus. 3. t. 61. f. 34. et 41—47.

Martini, Conch. 3. t. 78. f. 810—814.

Strombus Samar. Chemn. Conch. 10. t. 157. f. 1503.

Strombus tridentatus. Gmel. p. 3519. n°. 30.

Habite l'Océan indien. Mon cabinet. Spire à tours convexes, un peu renflés. Les figures citées de cette coquille sont plus ou moins médiocres, à l'exception de celles de *Seba* qui rendent bien sa forme générale et les trois dentelures de son bord droit. Longueur, 22 lignes.

25. Strombe bouche-noire. *Strombus urceus.*

St. testâ ovato-oblongâ, apice acutâ, transversè striatâ, cinereo-rufescente, supra labrum caudâque nigricante; anfractibus supernè angulato-tuberculatis, longitudinaliter subplicatis; fauce nigrâ; labro intùs striato.

Strombus urceus. Lin. Gmel. p. 3518. n°. 29.

Lister, Conch. t. 857. f. 13.

Bonanni, Recr. 3. f. 144.

Petiv. Gaz. t. 98. f. 14.

Gualt. Test. t. 32. fig. E.

Seba, Mus. 3. t. 60. f. 28. 29. et t. 61. f. 30. 31. etc.

Knorr, Vergn. 3. t. 13. f. 5.

Martini, Conch. 3. t. 78. f. 803—805.

Habite l'Océan des grandes Indes. Mon cabinet. Spire étagée et pointue; ouverture noire, mais d'un roux orangé dans le fond; aile étroite, atténuée inférieurement. Longueur, 21 lignes et demie.

26. Strombe plissé. *Strombus plicatus.*

St. testâ ovato-oblongâ, apice acutâ, longitudinaliter plicatâ, luteo-rufescente, albo fasciatâ et punctatâ; spirâ contabulatâ; ultimo anfractu supernè tuberculis coronato; aperturâ striatâ; columellâ flavâ; labro parvo, intùs violacescente.

Strombus dentatus. Lin. Gmel. p. 3519. n°. 31.

Rumph. Mus. t. 37. fig. T.

Petiv. Amb. t. 14. f. 21.

Gualt. Test. t. 32. fig. G.

Seba, Mus. 3. t. 61. f. 24. 25.

Schroëtter, Einl. in Conch. 1. t. 2. f. 12.

Strombus plicatus. Encyclop. pl. 408. f. 2. a. b.

Habite l'Océan des grandes Indes et des Moluques. Mon cabinet. Son bord droit n'est point denté, mais offre inférieurement le sinus caractéristique du genre. Ses plis longitudinaux, sa spire bien étagée; et ses tubercules dorsaux élevés et comprimés le rendent très-distinct. Longueur, 19 lignes.

27. Strombe fleuri. *Strombus floridus.*

> *St. testâ ovato-acutâ, supra labrum infernèque striatâ, coloribus variis pictâ; ultimo anfractu anticè tuberculifero; spirâ brevi, longitudinaliter subplicatâ; fauce striatâ, rubente.*

Lister, Conch. t. 848. f. 3. et t. 859. f. 15.

Rumph. Mus. t. 37. fig. W.

Petiv. Amb. t. 14. f. 20.

Seba, Mus. 3. t. 61. f. 26. 27. 32. 33. 40. 48. 50. 54. 65, et t. 62. f. 42. 43.

Martini, Conch. 3. t. 78. f. 807—809.

Habite l'Océan indien et des Moluques. Mon cabinet. Coquille ventrue, tuberculeuse, et très-variée dans sa coloration. Longueur, 17 lignes.

28. Strombe aile-de-papillon. *Strombus papilio.*

> *St. testâ ovatâ, subacutâ, tuberculiferâ, albâ, luteo-maculosâ; ultimo anfractu tuberculis triseriatis cincto; columellâ lævi, albâ; labro spiræ adnato, anteriùs sinu distincto, intùs striato, aurantio-fuscescente.*

Seba, Mus. 3. t. 52. f. 17. 18.

Knorr, Vergn. 3. t. 26. f. 2. 3.

Strombus papilio. Chemn. Conch. 10. t. 158. f. 1510. 1511.

Habite.... Mon cabinet. Il n'a point les trois crénelures du *St. lentiginosus*, mais un seul sinus au sommet de son bord droit. Ce dernier est d'ailleurs strié et très-coloré. Longueur, 22 lignes.

29. Strombe rayé. *Strombus lineatus.*

> *St. testâ ovato-acutâ, lævi, albâ, lineis nigris distantibus cinctâ; ultimo anfractu supernè tuberculis majusculis coronato; aperturâ striatâ, aurantiâ; labro anteriùs sinu distincto.*

Martini, Conch. 3. t. 78. f. 800—802.

Strombus polyfasciatus. Chemn. Conch. 10. t. 155. f. 1483. 1484.

Habite.... l'Océan indien? Mon cabinet. Espèce bien distincte par les lignes pourpres ou noires, bien espacées, dont elle est ceinte. Longueur, 21 lignes.

30. Strombe cariné. *Strombus marginatus.*

> *St. testâ ovato-acutâ, transversìm striatâ, luteo-fulvâ, albo-fasciatâ; anfractibus dorso carinatis, suprà planulatis; spirâ brevi,*

mucronatâ; aperturâ albâ; labro acuto, incurvo, intùs striato;
spiræ adnato, anteriùs sinu distincto.

Strombus marginatus. Lin. Gmel. p. 3513. n°. 15.

Schroëtter, Einl. in Conch. 1. t. 2. f. 10.

Martini, Conch. 3. t. 79. f. 816.

Chemn. Conch. 10. t. 156. f. 1489. 1490.

Habite.... Mon cabinet. Le dernier tour, turbiné, fait la principale
partie de la coquille; il est anguleux et cariné antérieurement, et
s'atténue postérieurement en queue courte et sillonnée. Longueur,
22 lignes et demie.

51. Strombe turriculé. *Strombus turritus.*

St. testâ turritâ, longitudinaliter plicatâ, transversè striatâ, albâ,
luteo-submaculosâ; anfractibus convexis, ad suturas marginatis;
labro parvo, intùs striato.

An Lister, Conch. t. 855. f. 12 b?

Favanne, Conch. pl. 20. fig. A 8?

Chemn. Conch. 10. t. 155. f. 1481. 1482.

Habite.... Mon cabinet. Il est beaucoup plus turriculé que le *Str.*
vittatus, et n'a ses tours striés que dans leur partie inférieure.
Longueur, 2 pouces 5 lignes.

52. Strombe treillissé. *Strombus cancellatus.*

St. testâ ovato-turritâ, cancellatâ, albâ; varicibus interruptis,
alternis; labro intùs striato, extùs marginato; columellâ callosâ.

Encyclop. pl. 408. f. 5. a. b.

Habite.... Mon cabinet. Petite coquille, singulière en ce qu'elle a le
sinus des strombes, et qu'elle offre des varices alternes, comme
dans les tritons. Longueur, 12 lignes et demie.

33. Strombe à fissure. *Strombus canalis.*

St. testâ fossili, parvulâ, ovato-turritâ, longitudinaliter costulatâ;
labro columellâque supernè coalitis et carinam fissam usquè ad
apicem currentem formantibus; caudâ brevi.

Strombus canalis. Bullet. de la Soc. philom. n°. 25. f. 5.

Strombus canalis. Annales du Muséum, vol. 2. p. 219.

Encyclop. pl. 409. f. 4. a. b.

Habite.... Fossile de Grignon. Mon cabinet. Les interstices de ses
côtes sont finement striés. Longueur, 8 lignes et demie.

Obs. Le *strombus spinosus* de Linné n'a point le sinus des strombes,
et appartient au genre des volutes, ayant sa columelle plissée inférieurement.

LES PURPURIFÈRES.

Coquille ayant un canal court, ascendant postérieurement, ou une échancrure oblique en demi-canal, à la base de son ouverture, se dirigeant vers le dos.

Les *purpurifères* n'ont presque plus de canal à la base de leur ouverture, ou n'en ont qu'un qui est court, soit ascendant postérieurement, soit recourbé vers le dos de la coquille; la plupart même n'offrent à la base de l'ouverture qu'une échancrure oblique, dirigée en arrière, et qui est très-apparente lorsqu'on regarde la coquille du côté du dos. Il paraît que toutes les coquilles des *purpurifères* sont operculées.

Cette famille est nombreuse en races diverses, et embrasse au moins onze genres qu'il a été nécessaire d'établir pour en faciliter l'étude et la connaissance. Je lui ai donné le nom de *purpurifère*, parce que les trachélipodes qui ont produit les coquilles qu'elle comprend, et surtout ceux du genre pourpre, contiennent, dans un réservoir particulier, cette matière colorante dont les romains formaient cette belle couleur si connue, et qui n'est plus en usage depuis la découverte de la cochenille.

Voici la manière dont nous divisons cette famille.

[1] *Un canal ascendant, ou recourbé vers le dos.*

Cassidaire.
Casque.

[2] *Une échancrure oblique, dirigée en arrière.*

Ricinule.
Pourpre.
Licorne.
Concholépas.
Harpe.
Tonne.
Buccin.
Éburne.
Vis.

———————

[1] *Un canal ascendant; ou recourbé vers le dos.*

CASSIDAIRE. (Cassidaria.)

Coquille ovoïde ou ovale-oblongue. Ouverture longitudinale, étroite, terminée à sa base par un canal courbé,
subascendant. Bord droit muni d'un bourrelet ou d'un
repli; bord gauche appliqué sur la columelle, le plus
souvent rude, granuleux, tuberculeux ou ridé.

*Testa obovata vel ovato-oblonga. Apertura longitudi-
nalis, angustata, in canalem curvum, subascendentem
basi desinens. Labrum marginatum seu margine repli-
catum; labium columellam obtegens, sœpiùs asperulum,
granulosum, tuberculatum vel rugosum.*

OBSERVATIONS.

Le genre des *cassidaires* comprend des coquillages très-voisins
des casques par leurs rapports, mais qui n'en ont pas complétement
les caractères. Il importe donc de les en séparer, afin de pouvoir

circonscrire plus nettement et avec précision chacun de ces genres, lesquels forment évidemment des coupes particulières.

La coquille des *cassidaires* est en général moins bombée que celle des casques; mais ce qui la distingue principalement de celle-ci, c'est que le canal plus ou moins court qui termine inférieurement son ouverture n'est point replié brusquement vers le dos, et n'offre qu'une légère courbure, c'est-à-dire n'est qu'un peu ascendant.

La spire des *cassidaires* est courte, conoïde, composée de tours convexes, et ne présente point de bourrelets persistans. Le bord gauche est apparent, appliqué sur la columelle, et presque toujours chargé de petits tubercules oblongs, transverses, rugiformes, qui concourent à caractériser ces coquillages.

Les *cassidaires* sont des coquilles marines que leurs rapports avec les casques, les harpes, les buccins, etc., font nécessairement rapporter à la famille des purpurifères.

ESPÈCES.

1. Cassidaire échinophore. *Cassidaria echinophora.*

C. testâ ovato-globosâ, ventricosâ, cinguliferâ, supernè infernè-que striatâ, pallidè fulvâ; cingulis quatuor aut quinque tuber-culiferis; spiræ anfractibus angulatis: angulo tuberculis crenato.

Buccinum echinophorum. Lin. Gmel. p. 3471. n°. 9.

Lister, Conch. t. 1003. f. 68.

Bonanni, Recr. 3. f. 18. 19.

Rumph. Mus. t. 27. f. 1.

Gualt. Test. t. 43. f. 3.

D'Argenv. Conch. pl. 17. fig. P. et Zoomorph. pl. 3. fig. H.

Favanne, Conch. pl. 26. fig. E 3. et pl. 70. fig. P 1.

Seba, Mus. 3. t. 68. f. 18. et t. 70. f. 2.

Knorr, Vergn. 1. t. 17. f. 1.

Born, Mus. p. 238. Vign. fig. a. b.

Martini, Conch. 2. t. 41. f. 407. 408.

Cassidea echinophora. Brug. Dict. n°. 19.

Cassidaria echinophora. Encyclop. pl. 405. f. 3. a. b.

Habite les mers Méditerranée et Adriatique. Mon cabinet. Coquille bombée, légèrement transparente, et cerclée sur le dos : la plupart des cercles chargés de tubercules verruciformes. Longueur, près de 4 pouces.

2. Cassidaire thyrrénienne. *Cassidaria thyrrena.*

C. testâ ovatâ, transversìm sulcatâ, fulvo-rufescente; spiræ anfractibus convexis; ultimo anfractu supernè sulco unico noduloso; aperturâ albâ; columellâ rugoso-tuberculàtâ.

Lister, Conch. t. 1011. f. 71. e.
Bonanni, Recr. 3. f. 160.
Gualt. Test. t. 43. f. 2.
Favanne, Conch. pl. 26. fig. E 1. E 2.
Chemn. Conch. 10. t. 153. f. 1461. 1462.
Cassidea thyrrena. Brug. Dict. n°. 21.
Buccinum thyrrenum. Gmel. p. 3478. n°. 180.
Cassidaria thyrrena. Encyclop. pl. 405. f. 1. a. b.

Habite la Méditerranée, particulièrement la mer de Toscane. Mon cabinet. Coquille élégamment et régulièrement sillonnée, un peu transparente, et bien distincte de celle qui précède, n'ayant qu'une seule rangée de nodosités. Longueur, 3 pouces 9 lignes.

3. Cassidaire cerclée. *Cassidaria cingulata.*

C. testâ ovatâ, cingulatâ, albo-rufescente; anfractibus convexis, supernè subangulatis; caudâ longiusculâ.

Martini, Conch. 3. t. 118. f. 1083.
An buccinum caudatum? Gmel. p. 3471. n°. 6.

Habite.... Mon cabinet. Elle semble avoir quelques rapports avec le *triton cynocephalum.* Longueur, 2 pouces 2 lignes.

4. Cassidaire striée. *Cassidaria striata.*

C. testâ ovatâ, transversìm et elegantissimè striatâ, albido-cinerascente; anfractibus convexiusculis; spirâ abbreviatâ, subcancellatâ; caudâ brevi; labro crasso, intùs sulcato.

Encyclop. pl. 405. f. 2. a. b.

Habite.... Elle vient d'une collection de Lisbonne. Mon cabinet. Columelle un peu plissée. Longueur, 20 lignes.

5. Cassidaire cloporte. *Cassidaria oniscus.*

C. testâ parvulâ, ovatâ, crassâ, costis tribus nodosis cinctâ, albo spadiceo fuscoque variâ, subtùs rubrâ; spirâ caudâque brevissimis; columellâ granulosâ; labro intùs dentato et sulcato.

Strombus oniscus. Lin. Gmel. p. 3514. n°. 18.

Lister, Conch. t. 791. f. 44.

Petiv. Gaz. t. 48. f. 16.

Gualt. Test. t. 22. fig. L

Seba, Mus. 3. t. 55. f. 23. *fig. plures.*

Knorr, Vergn. 4. t. 12. f. 4. et 6. t. 15. f. 6.

Favanne, Conch. pl. 26. fig. K.

Martini, Conch. 2. t. 34. f. 357. 358.

Chemn. Conch. 11. t. 195. a. f. 1872. 1873.

Cassidea oniscus. Brug. Dict. n°. 15.

Habite les mers d'Amérique. Mon cabinet. Petite coquille assez commune, mais très-singulière; car, quoique son ouverture soit celle des casques, sa queue n'est point brusquement retroussée comme dans ce dernier genre. Longueur, 13 lignes.

6. Cassidaire gauffrée. *Cassidaria cancellata.*

C. testâ fossili, ovato-inflatâ, decussatìm striatâ; ultimo anfractu supernè angulato, ad angulum infràque cingulo tuberculoso instructo; spirâ breviusculâ, acutâ; columellâ rugosâ; labro dentato.

Cassis cancellata. Annales du Mus. vol. 2. p. 169. n°. 2.

Habite.... Fossile de Chaumont. Mon cabinet. Longueur, 22 lignes.

7. Cassidaire carinée. *Cassidaria carinata.*

C. testâ fossili, ovatâ, transversìm tenuissimè striatâ; cingulis subquinque carinatis : supremis tuberculosis; anfractibus sursùm complanatis; caudâ longiusculâ, ascendente.

Buccinum nodosum. Brander, Foss. Frontisp. n°. 131.

Knorr, Foss. t. 39. f. 6.

Cassidea carinata. Brug. Dict. n°. 20.

Cassis carinata. Annales, ibid. n°. 3.

Habite.... Fossile de Grignon. Mon cabinet. Cette coquille semble avoir quelques rapports avec le *C. echinophora*; mais, outre ses côtes carinées et plus ou moins noduleuses, son dernier tour est partout également strié. Longueur, environ 18 lignes.

CASQUE. (Cassis.)

Coquille bombée. Ouverture longitudinale, étroite, terminée à sa base par un canal court, brusquement recourbé vers le dos de la coquille. Columelle plissée ou ridée transversalement. Bord droit presque toujours denté.

Testa inflata. Apertura longitudinalis, angusta, in canalem brevem subitòque dorso reflexum desinens. Columella transversè plicata vel rugosa. Labrum sæpissimè dentatum.

OBSERVATIONS.

Les *casques*, que Linné rapportait à son genre *buccinum*, diffèrent des vrais buccins : 1°. par la forme de leur ouverture qui est longitudinale, étroite, et presque toujours dentée sur son bord droit; 2°. par l'aplatissement de leur bord gauche ou columellaire qui fait une saillie ordinairement considérable sur ce côté de la coquille; 3°. par le canal qui termine leur base, et qui est brusquement replié vers le dos de la coquille. Ce repli les fait reconnaître au premier aspect, et les distingue des vrais buccins, qui n'ont aucun canal, mais seulement une échancrure à la base de leur ouverture.

Les coquilles de ce genre ont en général la spire peu élevée. Celle-ci est souvent interrompue par des bourrelets obliques, cariniformes, et qui sont les sommités persistantes des anciennes ouvertures. Ces bourrelets forment un caractère assez constant dans les espèces en qui on l'observe, pour qu'on puisse l'employer à distinguer ces espèces de celles qui ne l'offrent point, et à former par son moyen une section dans le genre.

Plusieurs *casques* deviennent fort grands et acquièrent souvent une épaisseur considérable. Ces coquillages vivent dans la mer, à quelque distance des rivages et sur des fonds sablonneux, où ils trouvent le moyen de s'enfoncer en totalité.

ESPÈCES.

[a] *Spire ayant des bourrelets.*

1. Casque de Madagascar. *Cassis madagascariensis.*

C. testâ maximâ, ovato-ventricosâ, elevato-rotundatâ, fasciolis transversis cinctâ, squalidè albâ; tuberculis dorsalibus transversìm triseriatis; infernâ facie carneâ; aperturâ purpureo-nigricante, nitidâ, albo-plicatâ.

Habite les mers de Madagascar. Mon cabinet. Ce casque est peut-être le plus grand et le plus gros de tous ceux qui sont connus. Il est très-bombé, à dos arrondi et fort élevé, sans mailles réticulaires, et n'offre que des bandelettes transversales et inégales, avec trois rangées de tubercules médiocres. Sa spire est très-courte. Longueur, 10 pouces 7 lignes.

2. Casque tricoté. *Cassis cornuta.*

C. testâ ovato-ventricosâ, scrobiculis reticulatâ, cingulis tribus instructâ, albidâ; in juniori cingulis duabus lævibus maculatis, in adultâ omnibus tuberculosis : tuberculis anticis maximis, corniformibus; labro intùs citrino.

Buccinum cornutus. Lin. Gmel. p. 3472. n° 11.

Lister, Conch. t. 1006. f. 70. t. 1008. f. 71. b. et t. 1009. f. 71. c.

Bonanni, Recr. 3. f. 155.

Rumph. Mus. t. 23. f. 1. et fig. A.

Petiv. Gaz. t. 151. f. 9. et Amb. t. 7. f. 10. 14. et t. 11. f. 10.

Gualt. Test. t. 40. fig. D.

Seba, Mus. 3. t. 73. f. 7. 8. et 17. 18.

Knorr, Vergn. 3. t. 2. f. 1.

Favanne, Conch. pl. 26. fig. A 1.

Martini, Conch. 2. t. 33. f. 348. 349. et t. 35. f. 362.

Cassis labiata. Chemn. Conch. 11. t. 184. f. 1790. et t. 185. f. 1791.

Cassidea cornuta. Brug. Dict. n°. 17.

Habite l'Océan indien et des Moluques. Mon cabinet. Ce casque devient aussi fort grand, et il est singulier en ce que son aspect

dans sa jeunesse est fort différent de celui qu'il offre dans un âge
avancé. Sa face inférieure est large, fort plane, calleuse, et présente un bord antérieur qui s'avance d'une manière remarquable.
Le fond de l'ouverture est d'un beau jaune-orangé. Les plis de la
columelle sont peu étendus, et le bord droit est garni d'une rangée de dents épaisses. Vulg. le *fer-à-repasser* ou la *tête-de-cochon*.
Longueur, 9 pouces 5 lignes.

3. Casque triangulaire. *Cassis tuberosa.*

*C. testâ ovato-ventricosâ, trigonâ, decussatìm striatâ, castaneo
fusco nigroque marmoratâ; cingulis tribus tuberculosis; spirâ
retusâ, triangulari, mucronatâ; columellâ tuberculiferâ, purpureo-nigricante, albo-rugosâ; labro intùs dentato.*

Buccinum tuberosum. Lin. Gmel. p. 3473. n°. 13.

Gualt. Test. t. 41. fig. AAA.

Seba, Mus. 3. t. 73. f. 2.

Knorr, Vergn. 3. t. 10. f. 1. 2.

Favanne, Conch. pl. 25. fig. B 2.

Martini, Conch. 2. t. 38. f. 381. 382.

Cassidea tuberosa. Brug. Dict. n°. 18.

Cassis tuberosa. Encyclop. pl. 406. f. 1. et pl. 407. f. 2.

Habite l'Océan des Antilles. Mon cabinet. Le tubercule du milieu
de la rangée antérieure est beaucoup plus élevé que les autres. Bord
columellaire externe marqué en dessus de larges taches noires qui
alternent sur un fond jaunâtre. Longueur, 8 pouces 8 lignes.

4. Casque flambé. *Cassis flammea.*

*C. testâ ovato-inflatâ, subtrigonâ, in juniori longitudinaliter pli-
catâ, in adultâ seriebus quatuor aut quinque tuberculosis cinctâ,
griseo-violacescente, flammulis rufo-fuscis pictâ; spirâ convexâ,
mucronatâ; columellâ rufâ, albo-rugosâ.*

Buccinum flammeum. Lin. Gmel. p. 3473. n°. 14.

Lister, Conch. t. 1004. f. 69. et t. 1005. f. 72.

Bonanni, Recr. 3. f. 156.

Rumph. Mus. t. 23. f. 2.

Petiv. Gaz. t. 153. f. 1.

Seba, Mus. 3. t. 73. f. 5. 6. 10. 11. 14. 15. 16. 19 et 20.

Knorr, Vergn. 4. t. 4. f. 1.

Favanne, Conch. pl. 25. fig. E.

Martini, Conch. 2. t. 34. f. 353. 54.

Cassidea flammea. Brug. Dict. n°. 13.

Cassis flammea. Encyclop. pl. 406. f. 3. a. b.

Habite l'Océan indien. Mon cabinet. Dans sa jeunesse, il présente encore une forme très-différente de celle qu'il a dans l'état adulte. Longueur, environ 5 pouces et demi.

5. Casque fascié. *Cassis fasciata.*

C. testâ oblongo-ovatâ, tenui, longitudinaliter subplicatâ, pallidè fulvâ; fasciis quinque transversis albis rufo-maculatis; ultimi anfractus parte anticâ spiráque tuberculis graniformibus seriatìm muricatis.

Lister, Conch. t. 997. f. 62.

Seba, Mus. 3. t. 73. f. 1. 12. 13.

Favanne, Conch. pl. 26. fig. B 1.

Martini, Conch. 2. t. 36. f. 369. et t. 37. f. 374.

Cassidea fasciata. Brug. Dict. n°. 14.

Buccinum tessellatum. Gmel. p. 3476. n°. 20.

Ejusd. buccinum maculosum. n°. 22.

Habite.... la mer du Sud? Mon cabinet. Spire convexe, mucronée, garnie de cercles granuleux. Partie supérieure de la columelle un peu bombée. Longueur, près de 7 pouces.

6. Casque bezoar. *Cassis glauca.*

C. testâ ovato-turgidâ, lœvi, glaucâ; ultimo anfractu anteriùs subangulato; spirâ striatâ, papillis coronatâ, mucronatâ; labro basi quadridentato, intùs croceo-fuscescente.

Buccinum glaucum. Lin. Gmel. p. 3478. n°. 35.

Lister, Conch. t. 996. f. 60.

Rumph. Mus. t. 25. fig. A. et f. 4.

Petiv. Amb. t. 7. f. 4. et t. 11. f. 18.

Gualt. Test. t. 40. fig. A.

Seba, Mus. 3. t. 71. f. 11—16.

Knorr, Vergn. 3. t. 8. f. 3.

Favanne, Conch. pl. 25. fig. D 3.

Martini, Conch. 2. t. 32. f. 342. 343.

Cassidea glauca. Brug. Dict. n°. 3.

Habite l'Océan indien et des Moluques. Mon cabinet. Son dernier tour est lisse, traversé quelquefois par une varice longitudinale, et offre, vers son sommet, un angle émoussé. Ouverture élargie inférieurement. Longueur, 3 pouces 9 lignes.

7. **Casque bourse.** *Cassis crumena.*

> *C. testâ ovata, crassâ, longitudinaliter plicatâ, anteriùs nodiferâ, carneâ, flavo aut rubro maculatâ; spirâ brevè conicâ, tuberculato-nodulosâ; columellâ rugosâ.*

Lister, Conch. t. 1002. f. 67.
Bonanni, Recr. 3. f. 161.
Favanne, Conch. pl. 26. fig. I.
Martini, Conch. 2. t. 37. f. 379. 380.
Cassidea crumena. Brug. Dict. n°. 12.

Habite l'Océan atlantique austral, près de l'île de l'Ascension, selon *Lister.* Mon cabinet. Longueur, 2 pouces 11 lignes.

8. **Casque plicaire.** *Cassis plicaria.*

> *C. testâ ovato-oblongâ, longitudinaliter plicatâ, nitidâ, albâ, strigis longitudinalibus luteis ornatâ; ultimo anfractu supernè papillis coronato; spirâ conicâ, striatâ, granosâ; labro basi tridentato, margine externo maculato.*

Seba, Mus. 3. t. 53. f. 1. 2.
Knorr, Vergn. 3. t. 28. f. 1.
Favanne, Conch. pl. 25. fig. D 4.
Chemn. Conch. 10. t. 153. f. 1459. 1460.

Habite.... Mon cabinet. Espèce très-rare, ayant une varice longitudinale qui traverse obliquement son dernier tour. Cette varice et le limbe externe du bord droit offrent des taches orangées. La partie supérieure de la columelle est plissée longitudinalement, et le limbe interne du bord droit est dentelé. Longueur, 3 pouces 2 lignes.

9. **Casque pavé.** *Cassis areola.*

> *C. testâ ovatâ, lævi, nitidâ, albâ, maculis luteis quadratis tessellatâ; spirâ brevè conicâ, decussatìm striatâ; columellâ infernè rugosâ.*

Buccinum areola. Lin. Gmel. p. 3475. n°. 17.
Lister, Conch. t. 1012. f. 76.
Bonanni, Recr. 3. f. 154.
Rumph. Mus. t. 25. f. 1. et fig. B.
Petiv. Amb. t. 2. f. 11.
Gualt. Test. t. 39. fig. H.
D'Argenv. Conch. pl. 15. fig. I.

Favanne, Conch. pl. 24. fig. I.
Seba, Mus. 3. t. 70. f. 7—9.
Knorr, Vergn. 3. t. 8. f. 5.
Martini, Conch. 2. t. 34. f. 355. 356.
Cassidea areola. Brug. Dict. n°. 8.
Cassis areola. Encyclop. pl. 407. f. 3. a. b.

Habite l'Océan des grandes Indes et des Moluques. Mon cabinet.
C'est une des espèces les plus jolies de ce genre. Limbe interne du
bord droit bien denté. Longueur, 2 pouces 9 lignes.

10. Casque zèbre. *Cassis zebra.*

*C. testâ ovatâ, lævigatâ, infernè striatâ, albidâ, strigis longitu-
dinalibus luteis pictâ; spirâ brevè conicâ, decussatim striatâ;
columellâ infernè rugosâ.*

Lister, Conch. t. 1014. f. 78.
Rumph. Mus. t. 25. f. 2.
D'Argenv. Conch. pl. 15. fig. D.
Favanne, Conch. pl. 24. fig. D.
Martini, Conch. 2. t. 34. f. 356. a.
Chemn. Conch. 10. t. 153. f. 1457. 1458.
Cassidea areola. Brug. Dict. n°. 8. var. [b.]
Buccinum strigatum. Gmel. p. 3477. n°. 179.

Habite l'Océan indien et des Moluques. Mon cabinet. Il est très-voisin du précédent par ses rapports; mais il est moins bombé, moins
lisse, et sa coloration est disposée différemment. Son bord droit
est aussi garni de dents bien saillantes. Long., 2 pouces 8 lignes.

11. Casque treillissé. *Cassis decussata.*

*C. testâ ovatâ, penitùs decussatâ, cœruleo-violacescente aut vi-
rescente; strigis luteis longitudinalibus undulatis continuis vel
interruptis; spirâ brevè conicâ.*

Buccinum decussatum. Lin. Gmel. p. 3474. n°. 16.
Gualt. Test. t. 40. fig. B. *ad dexteram;* et fig. B. *ad sinistram.*
Knorr, Vergn. 2. t. 10. f. 3. 4.
Martini, Conch. 2. t. 35. f. 360. 361. et f. 367. 368.
Cassidea decussata. Brug. Dict. n°. 9.

Habite la Méditerranée et l'Océan atlantique. Mon cabinet. Il a une
varice opposée au bourrelet du bord droit. Longueur, 2 pouces
une ligne.

12. Casque raccourci. *Cassis abbreviata.*

*C. testâ ovato-abbreviatâ, subglobosâ, decussatim striatâ, albâ,
maculis luteis quadratis pictâ; spirâ parvâ, subgranulosâ;
columellâ infernè graniferâ.*

Lister, Conch. t. 1000. f. 65.

Bonanni, Recr. 3. f. 157.

Habite sur les côtes du Portugal, selon *Bonanni.* Mon cabinet. Coquille bombée, presque globuleuse, ayant quelquefois une varice
qui s'étend en partie sur la spire, et très-distincte du *C. decussata*
par sa forme plus raccourcie et par sa columelle qui est granuleuse
inférieurement. Longueur, 13 lignes.

[b] *Spire sans bourrelets.*

13. Casque rouge. *Cassis rufa.*

*C. testâ ovato-ventricosâ, crassissimâ, ponderosâ, tuberculiferâ,
rubrâ; cingulis pluribus tuberculato-nodosis; spirâ brevi,
mucronatâ; columellâ labroque intensè purpureis, albo-rugosis.*

Buccinum rufum. Lin. Gmel. p. 3473. n°. 12.

Bonanni, Recr. 3. f. 328. 329. *fig. mediocres.*

Rumph. Mus. t. 23. fig. B.

Petiv. Amb. t. 5. f. 5.

Gualt. Test. t. 40. fig. F.

Seba, Mus. 3. t. 73. f. 3—6. 9.

Knorr, Vergn. 2. t. 9. f. 2.

Regenf. Conch. 1. t. 12. f. 69.

Favanne, Conch. pl. 26. fig. D 2.

Martini, Conch. 2. t. 32. f. 341 et t. 33. f. 346. 347.

Cassidea rufa. Brug. Dict. n°. 16.

Habite l'Océan des grandes Indes et des Moluques. Mon cabinet.
C'est un des plus beaux casques qui soient connus. Il offre, à la
base de son dernier tour, deux rangées de sillons blancs longitudinaux, et il est fort remarquable par la grande épaisseur des deux
bords de son ouverture, ainsi que par la vive coloration de cette
dernière. Longueur, 5 pouces 2 lignes.

14. Casque plume. *Cassis pennata.*

*C. testâ ovato-turbinatâ, tenui, glabrâ, obsoletè decussatâ, car-
neâ, flammis longitudinalibus rubris pictâ; ultimo anfractu*

superně angulato, suprà plano, ad angulum noduloso; spirâ
brevissimâ, mucronatâ; labro tenui, acuto.

Lister, Conch. t. 1007. f. 71.
Rumph. Mus. t. 23. fig. C.
Petiv. Amb. t. 10. f. 10.
Martini, Conch. 2. t. 36. f. 372. 373.
Cassidea pennata. Brug. Dict. n°. 11.
Buccinum pennatum. Gmel. p. 3476. n°. 21.

Habite l'Océan indien et des Moluques. Mon cabinet. *Bruguières*
soupçonnait que cette coquille n'était qu'un individu jeune et
imparfait du *C. rufa.* Nous pensons différemment, considérant qu'il
n'a aucun tubercule sur son dernier tour, et qu'il manque de sillons blancs dans sa partie postérieure. Il est d'ailleurs toujours
mince et léger, et offre une spire presque plane, mucronée au
centre. Longueur, 2 pouces 10 lignes. Mais il acquiert au moins
un pouce de plus.

15. Casque bonnet. *Cassis testiculus.*

C. testâ ovato-oblongâ, cingulatâ, longitudinaliter striatâ, fulvo-
rubente aut violacescente, maculis rubris furcatis transversim
serialis pictâ; spirâ brevi, convexâ, mucronatâ; aperturâ angustâ, rugosâ.

Buccinum testiculus. Lin. Gmel. p. 3474. n°. 15.
Lister, Conch. t. 1001. f. 66.
Bonanni, Recr. 3. f. 162.
Rumph. Mus. t. 23. f. 5.
Petiv. Gaz. t. 152. f. 17.
Gualt. Test. t. 39. fig. C.
Seba, Mus. 3. t. 72. f. 17—21.
Knorr, Vergn. 3. t. 8. f. 2. et 4. t. 6. f. 1.
Favanne, Conch. pl. 26. fig. D 3.
Martini, Conch. 2. t. 37. f. 375. 376.
Cassidea testiculus. Brug. Dict. n°. 10.
Cassis crumena. Encyclop. pl. 406. f. 2. a. b.

Habite les mers situées entre les tropiques. Mon cabinet. Ce casque
a un peu l'aspect de certains *cyprœa*, tant par sa forme oblongue
que par celle de son ouverture, qui est étroite. Long., 3 pouces.

16. Casque agathe. *Cassis achatina.*

C. *testâ ovato-acutâ, ventricosâ, lævissimâ, nitidâ, fulvo aut carneo-violacescente, flammulis rùbris ornatâ; spirâ brevi, aperturâ dilatatâ.*

Encyclop. pl. 407. f. 1. a. b.

Habite les mers de la Nouvelle-Hollande. Mon cabinet. Jolie coquille, très-lisse, brillante, agréablement colorée, à spire conique, courte et pointue, dont les tours, légèrement convexes, sont continus. Columelle et bord droit lisses supérieurement. Longueur, 2 pouces 2 lignes.

17. Casque poire. *Cassis pyrum.*

C. *testâ ovato-ventricosâ, lævigatâ, basi striatâ, albâ; ultimo anfractu penultimoque anteriùs obtusè angulatis, ad angulum nodulosis; spirâ exsertâ : anfractibus superioribus convexis, striatis; aperturâ dilatatâ, basi obsoletè striatâ et dentatâ.*

[b] *Var. testâ minore, penitùs lævigatâ, pallidè fulvâ; ultimo anfractu supernè noduloso.*

Habite les mers de la Nouvelle - Hollande. Mon cabinet. Il est bien moins bombé que le suivant, et a sa spire plus saillante. Bourrelet du bord droit peu épais, maculé de noir. Longueur, 2 pouces 5 lignes.

18. Casque de Ceylan. *Cassis zeylanica.*

C. *testâ subturbinatâ, ventricoso-globosâ, crassiusculâ, lævi, albâ, interdùm fulvo-nebulatâ; ultimo anfractu anteriùs angulato, biseriatìm tuberculato; spirâ brevi, basi planulatâ; labro marginato, crasso, subedentulo, intùs rufescente.*

Habite les mers de Ceylan, près des côtes. Mon cabinet. Espèce très-rare, offrant une coquille presque globuleuse, et fort remarquable par son bord droit ayant à peine quelques vestiges de dents, et par sa columelle en très-grande partie lisse. Longueur, 2 pouces 10 lignes et demie.

19. Casque cannelé. *Cassis sulcosa.*

C. *testâ ovato-ventricosâ, crassâ, cingulatâ, griseo-fulvâ, flammulis rufis maculatâ; cingulis latis rotundatis; spirâ exsertâ, conico-acutâ : anfractibus convexis; columellâ basi granosâ; labro marginato, crasso, intùs sulcato, rufo.*

Bonanni, Recr. 3. f. 159.

Lister, Conch. t. 996. f. 61.

Petiv. Gaz. t. 15. f. 8.

Gualt. Test. t. 39. fig. B.

Seba, Mus. 3. t. 68. f. 14. 15.

Favanne, Conch. pl. 25. fig. A 3.

Cassidea sulcosa. Brug. Dict. n°. 6.

Buccinum undulatum. Gmel. p. 3475. n°. 18.

Habite l'Océan des Antilles. Mon cabinet. Celui-ci est cerclé comme une tonne. Longueur, 3 pouces 5 lignes.

20. Casque granuleux. *Cassis granulosa.*

C. *testâ ovato-ventricosâ, transversìm sulcatâ, longitudinaliter striatâ, albâ, maculis luteis quadratis transversìm seriatis tessellatâ; spirâ conico-acutâ, subdecussatâ; columellâ infernè granosâ; labro margine dentato.*

Bonanni, Recr. 3. f. 158.

Lister, Conch. t. 999. f. 64. et t. 1056. f. 9.

Favanne, Conch. pl. 25. fig. A 4.

Martini, Conch. 2. t. 32. f. 344. 345. et t. 34. f. 350—352.

Cassidea granulosa. Brug. Dict. n°. 5.

Habite la Méditerranée, selon *Davila.* Mon cabinet. Il n'est point lisse comme le *C. areola*, ni cerclé comme le *C. sulcosa.* Longueur, 2 pouces 10 lignes et demie.

21. Casque saburon. *Cassis saburon.*

C. *testâ ovato-globosâ, transversìm densè sulcatâ, albido-carneâ, interdùm fulvo-maculosâ; spirâ brevi, acutâ; columellâ infernè rugosâ; labro margine crenato.*

Bonanni, Recr. 3. f. 20.

Rumph. Mus. t. 25. fig. C.

Petiv. Amb. t. 9. f. 6.

Gualt. Test. t. 39. fig. G.

Adans. Seneg. pl. 7. f. 8. le saburon.

Cassidea saburon. Brug. Dict. n°. 4.

Habite l'Océan atlantique, près de l'île de Gorée. Mon cabinet. Il n'a point de stries longitudinales, mais seulement des stries transverses très-serrées, et la base de sa columelle n'est point granuleuse. Il est quelquefois parqueté de taches fauves quadrangulaires. Longueur, 23 lignes.

22. Casque canaliculé. *Cassis canaliculata.*

C. testâ ovatâ, pellucidâ, transversìm sulcatâ, albido-roseâ, maculis luteolis transversìm seriatis pictâ; spirâ brevi; suturis ca naliculatis; columellâ infernè rugosâ; labro margine crenato;
Cassidea canaliculata. Brug. Dict. n°. 7.

Habite sur les côtes de Ceylan. M. *Macleay.* Mon cabinet. Il ressemble beaucoup au précédent par sa forme; mais il en diffère fortement par ses sutures canaliculées. Longueur, 22 lignes.

23. Casque semi-granuleux. *Cassis semigranosa.*

C. testâ ovato-acutâ, infernè læviusculâ, supernè granosâ, albâ; dorso anteriùs longitudinaliter plicato : plicis granuliferis; spirâ decussatâ, granosâ; labro edentulo, intùs rufescente.

Habite les mers de la Nouvelle-Hollande. Mon cabinet. Espèce singulière, ayant des rapports par sa forme avec le *C. achatina*, mais qui en est très-distincte par les granulations de sa partie supérieure, qui commencent sur la partie antérieure du dernier tour, et s'étendent ensuite sur toute la spire. Longueur, 22 lignes et demie.

24. Casque baudrier. *Cassis vibex.*

C. testâ ovato-oblongâ, lævigatâ, nitidâ, pallidè fulvâ; spiræ an- fractibus convexiusculis; aperturâ lævi; labro infernè denticulis muricato.
Buccinum vibex. Lin. Gmel. p. 3479. n°. 36.
Bonanni, Recr. 3. f. 151.
Rumph. Mus. t. 25. fig. E. et f. 9.
Petiv. Amb. t. 4. f. 9.
Gualt. Test. t. 39. fig. F. L.
D'Argenv. Conch. pl. 14. fig. H.
Favanne, Conch. pl. 25. fig. H 1.
Seba, Mus. 3. t. 53. f. 3—7. 10. 18. 19.
Knorr, Vergn. 6. t. 11. f. 3.
Regenf. Conch. 1. t. 10. f. 40.
Martini, Conch. 2. t. 35. f. 364—366.
Cassidea vibex. Brug. Dict. n°. 1.

Habite dans la Méditerranée, près de l'Egypte, etc. Mon cabinet. Il a quelquefois une varice longitudinale et oblique en manière de baudrier; mais il est le plus souvent lisse, n'ayant que le bourrelet du bord droit. Longueur, 2 pouces et demi.

25. Casque hérisson. *Cassis erinaceus.*

> C. testâ ovatâ, longitudinaliter subplicatâ, anteriùs papillis coronatâ, griseo-fulvâ; ultimo anfractu supernè angulato; aperturâ lævi; labro crasso, infernè denticulis muricato.

Buccinum erinaceus. Lin. Gmel. p. 3478. n°. 34.

Bonanni, Recr. 3. f. 152. 153.

Lister, Conch. t. 1015. f. 73.

Rumph. Mus. t. 25. f. 7. et fig. D.

Petiv. Amb. t. 9. f. 9.

Gualt. Test. t. 39. fig. D. I.

D'Argenv. Conch. pl. 14. fig. G.

Favanne, Conch. pl. 24. f. G 1 ?

Seba, Mus. 3. t. 53. f. 8. 11. 12. 29. 50.

Born, Mus. p. 238. Vign. fig. D.

Martini, Conch. 2. t. 35. f. 363.

Schroëtter, Einl. in Conch. 1. t. 2. f. 9. a. b.

Cassidea erinaceus, Brug. Dict. n°. 2.

Buccinum nodulosum. Gmel. p. 3479. n°. 38.

Habite les mers de l'Inde, comme probablement le précédent, dont il est très-voisin par ses rapports; mais sa forme est plus raccourcie. D'ailleurs son dernier tour est toujours anguleux supérieurement, avec des nodulations plicifères qui se retrouvent quelquefois sur les tours suivans. Le bourrelet externe de son bord droit est fort large. Longueur, 23 lignes.

26. Casque en harpe. *Cassis harpæformis.*

> C. testâ fossili, ovato-inflatâ, longitudinaliter costulatâ, transversè striatâ; cingulâ subunicâ tuberculosâ.

Cassis harpæformis. Annales du Mus. vol. 2. p. 169. n°. 1.

Habite.... Fossile de Grignon. Mon cabinet. Ses côtes longitudinales sont saillantes, disposées comme les cordes d'une harpe, et forment, vers le sommet du dernier tour, une rangée de tubercules bien exprimées et une autre à peine distincte. Longueur, 2 pouces, une ligne.

[2] *Une échancrure oblique, dirigée en arrière.*

RICINULE. (Ricinula.)

Coquille ovale, le plus souvent tuberculeuse ou épineuse en dehors. Ouverture oblongue, offrant inférieurement un demi-canal recourbé vers le dos, terminé par une échancrure oblique. Des dents inégales sur la columelle et sur la paroi interne du bord droit, rétrécissant en général l'ouverture.

Testa ovata, sæpiùs externè tuberculato - spinosa. Apertura longitudinalis, in canalem brevissimum posticè recurvum, obliquè emarginatum. Plicæ vel dentes inœquales ad columellam et ad parietem internam labri, aperturam sæpè coarctantes.

OBSERVATIONS.

Les *ricinules* tiennent de très-près aux pourpres, et cependant en diffèrent assez pour qu'on doive les en distinguer. Ce sont des coquilles en général d'un petit volume, d'une forme ovale, à spire souvent peu élevée, et qui offrent la plupart des tubercules ou des pointes épineuses comme les fruits du ricin. Leur ouverture présente presque toujours une teinte de pourpre ou de violet, et son bord droit est muni de dents inégales qui assez souvent en resserrent l'entrée. Leur columelle n'est point simple et polie comme dans les pourpres; mais elle offre de faux plis ou des dents inégales.

ESPÈCES.

1. Ricinule muriquée. *Ricinula horrida.*

R. *testâ obovatâ, subglobosâ, tuberculis crassis brevibus acutis nigris echinatâ; interstitiis albis; spirâ brevissimâ; aperturâ ringente, violaceâ.*

Bonanni, Recr. 3. f. 173.
Lister, Conch. t. 804. f. 13.
Klein, Ostr. t. 1. f. 30.
Knorr, Vergn. 1. t. 25. f. 5. 6.
Favanne, Conch. pl. 24. fig. A 1.
Martini, Conch. 3. t. 101. f. 972. 973.
Murex neritoideus. Gmel. p. 3537. nº. 43.
Ricinula horrida. Encyclop. pl. 395. f. 1. a. b.

Habite l'Océan indien. Mon cabinet. Espèce fort remarquable par ses gros tubercules noirs et pointus, par sa spire aplatie, mucronée, et son ouverture grimaçante et violette. Cette coquille est épaisse et solide. Longueur, 18 lignes. Vulg. la *mûre.*

2. Ricinule doucette. *Ricinula miticula.*

R. *testâ obovatâ, tuberculiferâ, griseo-rubente; tuberculis oblongis obtusis quinquefariàm seriatis; spirâ brevissimâ, obtusâ; aperturâ violaceâ; columellâ pliciferâ; labro intus dentato.*

Habite.... Mon cabinet. Son ouverture n'est point grimaçante, et les tubercules qui hérissent le test ne sont point piquans. Longueur, 13 lignes.

3. Ricinule gauffrée. *Ricinula clathrata.*

R. *testâ ovatâ, muricatâ, costis spiniferis longitudinalibus et transversis grossè cancellatâ, aurantio-luteâ; spinis breviusculis canaliculatis; aperturâ pallidè violaceâ; columellâ tortuosâ, rugiferâ; labro dentibus validis armato.*

Encyclop. pl. 395. f. 5. a. b.

Habite..... Mon cabinet. Jolie coquille, très-rare et fort singulière. Elle est comme gauffrée par le croisement de côtes spinifères, les unes transverses, les autres longitudinales, qui ne sont que des carènes courbées en voûte. Longueur, 13 lignes et demie.

4. Ricinule arachnoïde. *Ricinula arachnoides.*

R. testâ obovatâ, spinis subulatis muricatâ **albo-lutescente;**
spinis basi nigris, inæqualibus, prope la **um** *longioribus;*
aperturâ ringente, albâ, luteo-maculatâ.
Rumph. Mus. t. 24. fig. E.
Petiv. Amb. t. 11. f. 11.
Seba, Mus. 3. t. 60. f. 39.
Martini, Conch. 3. t. 102. f. 976. 977.
Encyclop. pl. 395. f. 3. a. b.
Habite l'Océan indien. Mon cabinet. Spire très-courte; épines avoi-
sinant le bord droit plus longues que les autres; ouverture gri-
maçante. Longueur, près d'un pouce.

5. Ricinule digitée. *Ricinula digitata.*

*R. testâ obovatâ, depressâ, lutescente; costis transversis tuber-
culato-nodosis; spirâ brevissimâ; aperturâ angustatâ, luteâ;
labro anteriùs digitis d* **bus** *armato.*
Lister, Conch. t. 804. f. 1²
Seba, Mus. 3. t. 60. f. 48.
Martini, Conch. 3. t. 102. f. 9. .0
Encyclop. pl. 395. f. 7. a. b.
Habite..... Mon cabinet. Petite coquille, remarquable par les deux
grandes digitations que son bord droit présente antérieurement.
Longueur, 10 lignes.

6. Ricinule raboteuse. *Ricinula aspera.*

*R. testâ ovatâ, scabriusculâ, transversìm sulcatâ, cinereâ; costis
longitudinalibus nigris; carinis transversis albis dentato-as-
peris; aperturâ violaceâ, dentibus validis angustatâ.*
Encyclop. pl. 395. f. 4. a. b.
Habite..... Mon cabinet. Celle-ci, très-distincte de la suivante, nous
paraît inédite. Longueur, environ 10 lignes.

7. Ricinule mûre. *Ricinula morus.*

*R. testâ ovatâ, nodulis nigris crebris transversìm seriatis cinctâ;
interstitiis albidis; spirâ obtusiusculâ; aperturâ violaceâ, dentibus validis angustatâ.*
Lister, Conch. t. 954. f. 4. 5.
Petiv. Gaz. t. 48. f. 14.

Martini, Conch. 3. t. 101. f. 970.

Ricinula nodus. Encyclop. pl. 395. f. 6. a. b.

Habite les mers de l'Ile-de-France. Mon cabinet. Elle ressemble à une petite mûre, n'ayant que des nodosités en général mutiques, et qui sont disposées sur de petites côtes transverses. Longueur, 11 lignes et demie.

8. Ricinule mutique. *Ricinula mutica.*

R. testâ parvulâ, ovato-globosâ, muticâ, crassâ, transversè striatâ, fusco-nigricante; spirâ obtusissimâ; aperturâ angustâ, albo-violacescente; labro crassissimo, valdè dentato.

Encyclop. pl. 395. f. 2. a. b.

Habite..... Mon cabinet. Elle est courte, très-épaisse, à spire presque rétuse, et à ouverture fortement rétrécie par les dents du bord droit. Longueur, 9 lignes et demie.

9. Ricinule pisoline. *Ricinula pisolina.*

R. testâ parvâ, subglobosâ, muticâ, transversim striatâ, fundo rufescente nigro-lineolatâ; spirâ brevi, acutâ; aperturâ violaceâ; labro intùs dentato.

Habite les mers de l'Ile-de-France. Mon cabinet. Celle-ci et la précédente sont les seules de ce genre qui soient mutiques à l'extérieur. Longueur, 7 lignes un quart.

POURPRE. (Purpura.)

Coquille ovale, soit mutique, soit tuberculeuse ou anguleuse. Ouverture dilatée, se terminant inférieurement en une échancrure oblique, subcanaliculée. Columelle aplatie, finissant en pointe à sa base.

Testa ovata, vel mutica, vel tuberculifera aut angulosa. Apertura dilatata, infernè emarginata : sinu obliquo, subcanaliculato. Columella depresso-plana, basi in mucronem desinens.

OBSERVATIONS.

Les *pourpres* constituent un genre fort nombreux en espèces, et nous offrent les dernières coquilles qui aient encore une apparence de canal à la base de leur ouverture. Elles conduisent donc, dans l'ordre des rapports, ainsi que les licornes et le concholépas, aux genres harpe, tonne, buccin, etc., dans lesquels l'échancrure de la base n'offre plus le moindre indice de canal. La diminution insensible du canal dont il s'agit, jusqu'à sa disparution complète, fut cause que *Linné* a rangé une partie de nos pourpres parmi ses *murex*, et l'autre parmi ses *buccinum*. Mais dans le cas où un caractère qui nous guidait diminue insensiblement, et finit par disparaître en entier, c'est toujours d'après la considération de l'ensemble des autres rapports que les objets doivent être rangés. Or, c'est ici précisément celui des *pourpres*. Au reste, leur genre est éminemment caractérisé par leur ouverture non rétrécie dans son milieu, tant par des rides de la columelle que par des deuts du bord droit, comme dans les ricinules, mais qui est au contraire dilatée et à columelle en général nue, aplatie, et finissant en pointe à sa base. L'échancrure de cette dernière est plus ou moins oblique, et semble encore un peu ascendante postérieurement.

C'est principalement dans les mollusques de ce genre, et surtout dans certaines de ses espèces, que l'on trouve cette matière colorante dont les anciens formaient leur belle couleur pourpre. En quelque sorte analogue à l'encre des sèches, elle est dans un réservoir particulier en forme de vessie, placé près de l'estomac. Mais on prétend que cette matière singulière n'acquiert sa couleur rouge qu'après avoir été étendue dans l'eau et exposée au contact de l'air. On a négligé cette teinture depuis la découverte de la cochenille.

L'animal des *pourpres* a un pied elliptique, plus court que la coquille; deux tentacules coniques, pointus, portant les yeux dans leur partie moyenne et extérieure [Adans. Seneg. 1. pl. 7. f. 1]; un manteau formant, pour la respiration, un tube qui passe au-

dessus de la tête, se rejetant sur la gauche; et un opercule cartilagineux et semi-lunaire, attaché au pied, près du manteau.

ESPÈCES.

1. Pourpre persique. *Purpura persica.*

> *P. testâ ovatâ, transversìm sulcatâ, asperiusculâ, fusco-nigricante;
> sulcis obsoletè asperatis, albo-maculatis; spirâ brevi; aperturâ
> patulâ; columellâ luteâ, medio longitudinaliter excavatâ; labro
> margine interiore sulcato, nigricante, et intùs albo, lineis luteis
> picto.*

Buccinum persicum. Lin. Gmel. p. 3482. n°. 49.

Lister, Conch. t. 987. f. 46.

Rumph. Mus. t. 27. fig. E.

Petiv. Amb. t. 12. f. 7.

Gualt. Test. t. 51. fig. H. L.

D'Argenv. Conch. pl. 17. fig. E.

Favanne, Conch. pl. 27. fig. D 2.

Seba, Mus. 3. t. 72. f. 10. 11.

Knorr, Vergn. 3. t. 2. f. 5.

Martini, Conch. 3. t. 69. f. 760.

Buccinum hauritorium. Chemn. Conch. 10. t. 152. f. 1449. 1450.

Buccinum haustorium. Gmel. p. 3498. n°. 175.

Purpura persica. Encyclop. pl. 397. f. 1. a. b.

Habite l'Océan des grandes Indes. Mon cabinet. Jolie coquille, très-
connue, et commune dans les collections. Vulg. la *conque-persique.*
Longueur, 2 pouces 9 lignes.

2. Pourpre tachetée. *Purpura Rudolphi.*

> *P. testâ ovatâ, transversìm sulcatâ, nodulosâ, fusco-nigricante,
> albo-maculatâ; anfractibus supernè angulato-nodosis; spirâ
> exsertiusculâ; columellâ luteâ.*

Lister, Conch. t. 987. f. 47.

Seba, Mus. 3. t. 72. f. 12—16.

Knorr, Vergn. 4. t. 5. f. 4.

Favanne, Conch. pl. 27. fig. D 3.

Buccinum Rudolphi. Chemn. Conch. 10. t. 154. f. 1467. 1468.

Habite l'Océan des grandes Indes. Mon cabinet. Quoique très-voisine
de la précédente, on l'en distingue néanmoins par sa spire plus
élevée, ses tours noduleux et anguleux vers leur sommet, son

ouverture moins dilatée, non rayée dans le fond, et sa columelle
plus étroite. D'ailleurs elle est marquée de grosses taches noires et
blanches, outre ses fascies articulées. Longueur, 2 pouces 8 lignes
et demie.

3. Pourpre antique. *Purpura patula.*

P. *testâ ovatâ, transversìm sulcatâ, tuberculato-nodôsâ, rufo-*
nigricante; spirâ breviusculâ; aperturâ patulâ; columellâ lu-
teo-rufescente; labro intùs albido, limbo sulcato.
Buccinum patulum. Lin. Gmel. p. 3483. n°. 51.
Bonanni, Recr. 3. f. 368.
Lister, Conch. t. 989. f. 49.
Petiv. Gaz. t. 152. f. 3.
D'Argenville, Conch. pl. 17. fig. H.
Favanne, Conch. pl. 27. fig. D 4.
Adans. Seneg. pl. 7. f. 3. le pakel.
Knorr, Vergn. 6. t. 24. f. 1.
Martini, Conch. 3. t. 69. f. 758. 759.
Habite l'Océan atlantique et la Méditerranée. Mon cabinet. Elle est
éminemment tuberculeuse dans sa jeunesse. Son ouverture est fort
dilatée et même évasée. Selon *Columna*, c'est de l'animal de cette
coquille que les Romains tiraient leur couleur pourpre. Longueur
de celle qui précède.

4. Pourpre columellaire. *Purpura columellaris.*

P. *testâ ovatâ, crassâ, transversìm rugosâ et striatâ, rufescente;*
spirâ brevi; columellâ planâ, uniplicatâ; labro crassissimo,
dentibus validis intùs muricato.
Encyclop. pl. 398. f. 3. a. b.
Habite.... Mon cabinet. Coquille très-singulière en ce qu'elle a un
pli au milieu de sa columelle, et surtout en ce que son bord droit,
fort épais, offre en son limbe interne une rangée de dents un peu
fortes, ce qui semble particulier à cette espèce. Longueur, deux
pouces.

5. Pourpre cordelée. *Purpura succincta.*

P. *testâ ovatâ, crassiusculâ, transversìm striatâ, rugis crassis ob-*
tusis elevatis costæformibus cinctâ, griseâ; spiræ anfractibus
subintrusis; labro intùs sulcato.]
Buccinum succinctum. Martyns, Conch. 2. f. 45.
Buccinum orbita. Chemn. Conch. 10. t. 154. f. 1471. 1472.

Gmel. p. 5490. n°. 183.

Purpura succincta. Encyclop. pl. 598. f. 1. a. b.

Habite les mers de la Nouvelle-Zéelande. Mon cabinet. Coquille fort
remarquable par les gros cercles très-saillans qui l'entourent. Sa
spire est courte, et ses tours paraissent comme enfoncés les uns
dans les autres par l'effet de la saillie de leurs rides supérieures.
Longueur, 2 pouces 3 lignes.

6. Pourpre consul. *Purpura consul.*

*P. testâ ovato-turbinatâ, ventricosâ, crassâ, ponderosâ, transver-
sim sulcatâ, albidâ; ultimo anfractu supernè tuberculis maximis
compressis coronato; spirá conico-acutâ, nodiferâ; columellâ
flavâ; labro intùs sulcato, supernè emarginato.*

Murex consul. Chemn. Conch. 10. t. 160. f. 1516. 1517.

Gmel. p. 3540. n°. 159.

An buccinum hæmastoma? Chemn. Conch. 11. t. 187. f. 1796. 1797.

Habite l'Océan indien. Mon cabinet. Celle-ci est la plus grande des
pourpres connues. Elle est épaisse, pesante, et remarquable par
les grands tubercules comprimés qui couronnent son dernier tour.
Columelle parfaitement lisse. Longueur, 3.pouces 10 lignes.

7. Pourpre armigère. *Purpura armigera.*

*P. testâ ovatâ, subturbinatâ, transversìm striatâ, tuberculis elon-
gatis obtusis transversìm pluriseriatis armatâ, albido-flavescente;
spirá conicâ, tuberculato-nodosâ; labro tenui, undatìm sinuoso.*

Buccinum armigerum. Chemn. Conch. 11. t. 187. f. 1798. 1799.

Habite.... Mon cabinet. Les tubercules des deux rangées supérieures
de son dernier tour sont plus grands que les autres, coniques,
épais, et la plupart obtus. Trois plis obsolètes à la base de la columelle. Longueur, 2 pouces et demi ou environ.

8. Pourpre bituberculaire. *Purpura bitubercularis.*

*P. testâ ovatâ, tuberculis acutis nigris muricatâ, albo et nigro
longitudinaliter pictâ; ultimo anfractu biseriatìm tuberculato;
spirá exsertiusculâ; aperturâ lœvi.*

Seba, Mus. 3. t. 52. f. 22. 23.

Habite.... Mon cabinet. Ses deux derniers tours offrent chacun deux
rangées de tubercules pointus, et elle a à sa base quelques carènes
transverses et interrompues qui la rendent rude au toucher. Longueur, 21 lignes.

9. Pourpre marron-d'Inde. *Purpura hippocastanum.*

P. testâ ovato-abbreviatâ, sulcis subsquamosis cinctâ, tuberculis elongatis spiniformibus muricatâ, albo et nigro marmoratâ; labro sinuoso, intùs verrucoso.

Murex hippocastanum. Lin. Gmel. p. 3539. n°. 48.

Rumph. Mus. t. 24. fig. C.

Petiv. Amb. t. 4. f. 12.

Gualt. Test. t. 43. fig. V.

D'Argenv. Conch. pl. 14. fig. L?

Seba, Mus. 3. t. 52. f. 27. et t. 60. f. 12.

Regenf. Conch. 1. t. 2. f. 18.

Martini, Conch. 3. t. 99. f. 945. 946.

Habite l'Océan des grandes Indes, etc. Mon cabinet. Elle est hérissée de pointes spiniformes comme un marron-d'Inde chargé de son brou. Longueur, 19 lignes.

10. Pourpre ondée. *Purpura undata.*

P. testâ ovato-acutâ, transversìm tenuissimè striatâ, muricatâ, albo et fusco-nigricante longitudinaliter undatìmque pictâ; anfractibus supernè angulato-tuberculatis : tuberculis brevibus acutis.

Lister, Conch. t. 939. f. 34. a?

An murex undatus? Chemn. Conch. 11. t. 192. f. 1851. 1852.

Habite.... Mon cabinet. Elle a des côtes longitudinales interrompues, et son dernier tour offre deux rangées de petits tubercules. Ouverture blanche; bord droit un peu denté et sillonné en son limbe interne. Longueur, 22 lignes.

11. Pourpre hémastome. *Purpura hæmastoma.*

P. testâ ovato-conicá, crassiusculâ, transversìm striatâ, nodulosâ, fulvo-rufescente; anfractibus supernè obtusè angulatis, noduliferis : ultimo nodulis quadrifariàm seriatis cincto; aperturá luteo-purpurascente; labro intùs sulcato.

Buccinum hæmastoma. Lin. Gmel. p. 3483. n°. 52.

Lister, Conch. t. 988. f. 48.

Rumph. Mus. t. 24. f. 5.

Gualt. Test. t. 51. fig. A.

Adans. Seneg. pl. 7. f. 1. le sakem.

Martini, Conch. 3. t. 101. f. 964. 965.

Habite l'Océan atlantique et peut-être celui des grandes Indes. Mon cabinet. Coquille assez commune, dont néanmoins on trouve à peine une bonne figure. Longueur, 2 pouces 2 lignes.

12. Pourpre bourgeonnée. *Purpura mancinella.*

P. testâ ovato-ventricosâ, crassâ, tuberculis subacutis basi rubris transversìm seriatis muricatâ, albo-rubente ; spirâ conico-acutâ ; aperturâ flavâ ; labro intùs striato : striis rubro coloratis.

Murex mancinella. Lin. Gmel. p. 3538. n°. 47.

Rumph. Mus. t. 24. f. 5.

Murex pyrum nodosum sylvestre. Chemn. Conch. 11. t. 192. f. 1847. 1848.

Purpura gemmulata. Encyclop. pl. 397. f. 3. a. b.

[b] *Var. testâ minore, oblongâ, albido-flavescente ; tuberculis gemmiformibus aurantiis.*

Petiv. Gaz. t. 48. f. 14.

Knorr, Vergn. 3. t. 29. f. 6.

Born, Mus. t. 9. f. 19. 20.

Habite les mers des Indes orientales. Mon cabinet. C'est une des belles espèces de ce genre. Les tubercules des grands individus ne sont colorés que sur la spire. Longueur, 2 pouces 4 lignes.

13. Pourpre crapaud. *Purpura bufo.*

P. testâ ovato-abbreviatâ, ventricosâ, transversìm striatâ, tuberculiferâ, rufo-nigricante ; ultimo anfractu tuberculis quadriseriatis cincto ; spirâ brevissimâ, acutiusculâ ; aperturâ dilatatâ, lævissimâ, albo-lutescente.

Petiv. Gaz. t. 19. f. 10.

Habite.... les mers de l'Inde ? Mon cabinet. Elle n'a point la spire calleuse comme la suivante ; mais elle s'en rapproche par sa forme générale. Longueur, 20 lignes et demie.

14. Pourpre calleuse. *Purpura callosa.*

P. testâ obovatâ, ventricosâ, transversìm striatâ, tuberculiferâ, griseo-fuscescente ; ultimo anfractu tuberculis biseriatis cincto ; spirâ brevissimâ, retusâ, callosâ, mucronatâ ; aperturâ lævissimâ, albo-lutescente.

Seba, Mus. 3. t. 60. f. 11.

Habite..... Mon cabinet. Coquille très-singulière, large, courte, à spiré comme écrasée et calleuse. Vulg. le *cul-de-singe*. Longueur, 20 lignes.

15. Pourpre néritoïde. *Purpura neritoides.*

P. testâ ovato-abbreviatâ, ventricosâ, crassâ, transversim striatâ, tuberculato-nodosâ, squalidè albâ; ultimo anfractu nodis quadriseriatis cincto; spirâ brevissimâ, retusâ; columellâ planâ, · medio bipunctatâ ✳ punctis nigris inæqualibus.

Lister, Conch. t. 990. f. 50.

Bonanni, Recr. 3. f. 174.

Gualt. Test. t. 66. fig. BB.

Martini, Conch. 3. t. 100. f. 959—962.

Murex fucus. Gmel. p. 3558. n°. 44.

Habite..... Mon cabinet. Espèce bien caractérisée par sa forme, qui rappelle celle d'une nérite, et surtout par sa columelle plane, très-large, et biponctuée de noir. Ouverture blanche et lisse. Longueur, près de 2 pouces. Le *M. neritoideus* de Linné comprend à la fois cette espèce et notre *ricinula horrida.*

16. Pourpre planospire. *Purpura planospira.*

P. testâ obovatâ, ventricosâ, apice retusissimâ, crassâ, costis subacutis distantibus cinctâ, albâ, luteo-lineatâ; spirâ planâ; fauce sulcis aurantiis lineatâ; columellâ medio profundè excavatâ; labro crasso.

Purpura lineata. Encyclop. pl. 397. f. 5. a. b.

Habite.... Mon cabinet. Coquille très-rare, et fort remarquable par sa spire comme tronquée, plane, même un peu enfoncée, et surtout par son ouverture dont les deux bords sont élégamment rayés par des rides ou sillons colorés d'un orangé rougeâtre très-vif, et dont la columelle est fortement excavée dans son milieu. Longueur, 17 lignes et demie.

17. Pourpre callifère. *Purpura callifera.*

P. testâ ventricosâ, semiglobosâ, nodulosâ, albidâ; ultimo anfractu supernè callis gibbosis subascendentibus coronato; spirâ brevi, apice mamillari; aperturâ lævi.

Habite.... Mon cabinet. Elle avoisine la suivante par ses rapports; mais elle en est très-distincte par la rangée de callosités gibbeuses qui couronnent son dernier tour, s'avancent au-dessus de la suture, et font paraître la spire comme enfoncée. Long., 16 lignes.

18. **Pourpre couronnée.** *Purpura coronata.*

> *P. testâ ovato-acutâ, ventricosâ, transversè striatâ, tuberculiferâ; anfractibus angulato-tuberculatis: ultimo cinereo, anteriùs tuberculis elongatis rectis coronato; spirâ conicâ, fusco-nigricante; suturis laciniato-crispis; aperturâ lævi, lutescente.*

Adans. Seneg. pl. 7. f. 2. le labarin.

Encyclop. pl. 397. f. 4.

Habite les mers du Sénégal. Mon cabinet. Jolie coquille, qui ne me parait pas avoir été connue de *Martini*, quoiqu'il applique le labarin d'*Adanson* à une espèce qui en est différente. Celle dont il s'agit ici a tous ses tours couronnés de tubercules, mais le dernier l'est éminemment. Elle est bicolore, et surtout fort remarquable par le caractère de ses sutures, qui sont imbriquées et laciniées. Longueur, 21 lignes.

19. **Pourpre carinifère.** *Purpura carinifera.*

> *P. testá ovato-acutâ, transversìm striatâ et carinatâ, muricatâ, fulvo-rufescente; carinis tuberculato-muricatis : tuberculis distantibus; aperturâ lævigatâ.*

Seba, Mus. 3. t. 60. f. 30—32?

An Martini, Conch. 3. t. 100. f. 951?

Habite..... l'Océan atlantique austral? Mon cabinet. Tours très-anguleux, souvent deux carènes transversales sur le dernier. Longueur, 21 lignes et demie. Si la figure citée de *Martini* ne représentait pas le canal trop allongé, elle conviendrait assez à notre espèce.

20. **Pourpre escalier.** *Purpura scalariformis.*

> *P. testá ovatâ, scalariformi, umbilicatâ, albâ; anfractibus decussatis, supernè angulato-carinatis, suprà planis; spirâ exsertâ; aperturâ rotundatâ; labro margine interiore sulcato.*

Habite..... Mon cabinet. Elle est treillissée par des rides, les unes longitudinales, les autres transverses; mais ce treillis est très-fin sur l'aplatissement de chaque tour. Cette coquille est scalariforme, et l'angle du sommet de ses tours est bien cariné. Long., 15 lignes.

21. **Pourpre pagode.** *Purpura sacellum.*

> *P. testá ovatâ, scalariformi, transversìm striatâ et cingulatâ, flavescente, rubro-punctatâ; anfractibus supernè angulatis, suprà planis, ad angulum muricatis; labro crenulato, intùs sulcato.*

Tome VII. 16

Murex sacellum. Chemn. Conch. 10. t. 163. f. 1561. 1562.
Gmel. p. 5530. n°. 164.

Habite les mers de l'Inde, près des îles de Nicobar. Mon cabinet. Elle est encore scalariforme. Ouverture arrondie-ovale, à bord droit légèrement crénelé. Longueur, 14 lignes et demie. Elle devient plus grande.

22. Pourpre écailleuse. *Purpura squamosa.*

P. testâ ovato-acutâ, subdecussatâ, scabriusculâ, luteo-testaceâ; striis longitudinalibus tenuibus; sulcis transversis acutis squamuloso-scabris; anfractibus convexis; suturis coarctatis; aperturâ albâ; labro denticulato.

Encyclop. pl. 398. f. 2. a. b.

Habite.... Mon cabinet. Elle est bien distincte de la suivante par ses stries transverses comme écailleuses et très-âpres au toucher. Longueur, 21 lignes.

23. Pourpre ridée. *Purpura rugosa.*

P. testâ ovato-oblongâ, transversìm rugosâ, squalidè albâ; rugis obsoletè imbricato-squamosis, alternis minoribus; anfractibus convexis; labro margine interiore sulcato.

Martyns, Conch. 1. f. 7.
Chemn. Conch. 10. t. 154. f. 1473.
Buccinum bicostatum. Brug. Dict. n°. 7.
Ejusd. buccinum lacunosum. n°. 19.

Habite les mers de la Nouvelle-Zéelande. Mon cabinet. Elle a deux sortes de côtes ou de rides alternativement grandes et petites et légèrement imbriquées d'écailles. Dans sa jeunesse, elle a quelques teintes brunes. Longueur, 22 lignes et demie.

24. Pourpre nattée. *Purpura textilosa.*

P. testâ ovato-acutâ, ventricosâ, rugis crassis elevatis alternis minoribus succinctâ, striis longitudinalibus tenuissimis decussatâ, squalidè albâ; spirâ mediocri; aperturâ patulâ; labro intùs profundè sulcato.

Encyclop. pl. 398. f. 4. a. b.

Habite les mers de la Nouvelle-Hollande. Mon cabinet. Plus ventrue que celle qui précède, les grosses rides dont elle est cerclée ne sont point écailleuses, mais seulement treillissées par de fines stries longitudinales. Longueur, 2 pouces.

25. Pourpre guirlande. *Purpura sertum.*

P. testâ ovato-oblongâ, transversim striato-granulosâ, striis lon-gitudinalibus impressis decussatâ, maculis latis albis et rufis inæqualibus variegatâ; anfractibus convexis, supernè depressis; columellâ fulvâ.

Lister, Conch. t. 986. f. 45.
Klein, Ostr. t. 4. f. 75.
Martini, Conch. 3. t. 121. f. 1115. 1116.
Buccinum sertum. Brug. Dict. n°. 25.
Buccinum coronatum. Gmel. p. 3486. n°. 68.
Purpura sertum. Encyclop. pl. 397. f. 2.

Habite.... Mon cabinet. Coquille assez jolie, distincte de la suivante par les granulations de ses stries transverses. Columelle fauve, ayant à son sommet un pli qui répond à une dent de la sommité interne du bord droit; ce bord, lisse et très-blanc à l'intérieur, a une autre petite dent à sa base. Longueur, 2 pouces 2 lignes.

26. Pourpre Francolin. *Purpura Francolinus.*

P. testâ ovato-oblongâ, læviusculâ, striis exilibus simplicissimis cinctâ, fulvo-rufescente, maculis albis parvulis sparsis ornatâ; anfractibus convexis, supernè depressis; aperturâ ut in præcedente.

Seba, Mus. 3. t. 53. fig. T.
Buccinum Francolinus. Brug. Dict. n°. 24.

Habite.... Mon cabinet. Très-voisine de celle qui précède, elle en diffère par ses stries plus fines et qui ne sont nullement granuleu-ses. Les petites taches blanches qui l'ornent agréablement sont même tout-à-fait lisses. Longueur, 2 pouces 2 lignes.

27. Pourpre à collet. *Purpura limbosa.*

P. testâ ovato-oblongâ, transversim tenuissimè striatâ, fulvo-ru-bente; anfractuum margine superiore compresso limboso; labro tenui, acuto.

Habite.... Mon cabinet. Les tours de spire sont aplatis sous les su-tures et y forment comme des collets appliqués, ce qui caractérise cette espèce. Longueur, 16 lignes et demie. Je n'en ai que des individus jeunes.

28. Pourpre ficelée. *Purpura ligata.*

P. *testâ ovato - oblongâ, rugis convexiusculis succinctâ, griseo-rufescente; anfractibus convexis, margine superiore plano et adnato limbosis; aperturâ albâ, lœvigatâ.*

Habite.... Mon cabinet. Longueur, 19 lignes.

29. Pourpre fustigée. *Purpura cruentata.*

P. *testâ ovato-acutâ, striis exilissimis cinctâ, griseâ, maculis irregularibus rubris aut spadiceis adspersâ; anfractibus convexis, subangulatis; aperturâ testaceo-luteâ; labro intùs striato.*

Martini, Conch. 4. t. 123. f. 1143. 1144.

Buccinum cruentatum. Gmel. p. 3491. n°. 88.

Habite les mers de la Guyane. Mon cabinet. Longueur, 14 lignes.

30. Pourpre à teinture. *Purpura lapillus.*

P. *testâ ovato-acutâ, transversìm striatâ, sublœvigatâ, cinereo-lutescente, sœpiùs albo-zonatâ; anfractibus convexis; spirâ conicâ; labro crasso, intùs dentato.*

Buccinum lapillus. Lin. Gmel. p. 3484. n°. 53.

Lister, Conch. t. 965. f. 18. 19.

Bonanni, Recr. 3. f. 52.

Adans. Seneg. pl. 7. f. 4. le sadot.

Knorr, Vergn. 6. t. 29. f. 4.

Pennant, Zool. Brith. 4. pl. 72. f. 89.

Martini, Conch. 3. t. 121. f. 1111. 1112. et 4. t. 122. f. 1128. 1129.

Buccinum lapillus. Brug. Dict. n° 17.

Habite les mers d'Europe; très-commune sur les côtes occidentales de la France. Mon cabinet. On l'a confondue avec la suivante, qui y tient, en effet, par de très-grands rapports, mais dont elle diffère par son défaut d'imbrications. Toutes deux, suivant leur âge, varient dans leur forme, leur coloration et l'épaisseur de leur bord droit. L'animal de l'une et de l'autre fournit une teinture pourpre ou cramoisie qui était autrefois fort en usage avant la découverte de la Cochenille. Longueur de la coquille, 15 lignes et demie.

31. Pourpre imbriquée. *Purpura imbricata.*

P. *testâ ovato-acutâ, costis imbricato-squamosis cinctâ, scabrâ, cinereo-lutescente, sœpiùs albo-zonatâ; anfractibus convexis; spirâ conicâ; labro ut in prœcedente.*

Martini, Conch. 4. t. 122. f. 1124. 1125. et t. 123. f. 1136. 1137.

Habite dans les mers d'Europe, où elle est aussi très-commune. Mon. cab. Cette coquille peut n'être qu'une variété de celle qui précède; car, à l'égard des produits de la nature, tous sont variétés les uns des autres, ce que constate partout l'observation des avoisinans; néanmoins la coquille dont il s'agit diffère éminemment de la précédente par ses côtes transverses imbriquées d'écailles qui la rendent rude au toucher. Au reste, relativement à ces coquillages, voyez le mémoire de *Réaumur*, actes de l'académie des sciences, 1711. Longueur de la coquille, 16 lignes un quart.

32. Pourpre calebasse. *Purpura lagenaria.*

P. testâ ovatâ, transversìm tenuissìmè striatâ, fulvâ, fasciis albis cinctâ, lineolis longitudinalibus undatis spadiceis ornatâ; anfractibus supernè angulatis, infra suturas compresso-planis; labro tenui, intùs lævi, fulvo-rubente.

An Rumph. Mus. t. 24. fig. D?

Habite.... Mon cab. Spire courte, un peu obtuse. Longueur, 16 lignes.

33. Pourpre cataracte. *Purpura cataracta.*

P. testâ ovato-acutâ, scabriusculâ, griseâ, strigis longitudinalibus undatis fuscis pictâ; striis, transversis prominulis strias longitudinales impressas decussántibus; anfractibus supernè subangulatis; labro intùs striato.

Buccinum cataracta. Chemn. Conch. 10. t. 152. f. 1455.

Buccinum catarrhacta. Gmel. p. 3498. n°. 177.

Habite les mers de la Nouvelle-Zéelande. Mon cabinet. Longueur, 19 lignes et demie.

34. Pourpre bicostale. *Purpura bicostalis.*

P. testâ ovato-acutâ, tuberculiferâ, transversìm striatâ, griseâ, strigis longitudinalibus angulato-flexuosis rufo-fuscis pictâ; anfractibus supernè angulatis, tuberculato-coronatis : ultimo biseriatìm tuberculato; labro intùs sulcato.

Encyclop. pl. 398. f. 5. a. b.

[b] *Var. testâ cinereâ, subimmaculatâ; tuberculis biseriatis minoribus.*

Habite.... Mon cabinet. Elle n'a point de côtes; mais les deux rangées de tubercules de son dernier tour la font paraître comme bicostale. Ouverture dilatée. Longueur, 17 lignes et demie.

35. Pourpre plissée. *Purpura plicata.*

P. testá ovatá, longitudinaliter et obliquè plicatá, tuberculato-muricatá, albo et nigro per longitudinem coloratá; in ultimo anfractu tuberculis transversìm quadriseriatis; spirá brevi, apice obtusá ; labro intùs dentato.

Martini, Conch. 4. t. 123. f. 1141. 1142.
Murex plicatus. Gmel. p. 3551. n°. 94.

Habite.... l'Océan indien ? Mon cabinet. Elle est obscurément plissée, très-tuberculeuse, à sommet de la spire obtus ainsi que celui des tubercules. Longueur, 15 lignes.

36. Pourpre corbulée. *Purpura fiscella.*

P. testá ovato-oblongá, longitudinaliter plicato-nodosá, transversìm striatá, albo et nigro per longitudinem coloratá; spirá exsertá, obtusiusculá; labro intùs dentato.

Murex fiscellum. Chemn. Conch. 10. t. 160. f. 1524. 1525.
Gmel. p. 3552. n°. 160.

Habite les mers de la Chine. Mon cabinet. Ouverture peu évasée, teinte de rose-violâtre. Longueur, 14 lignes.

37. Pourpre thiarelle. *Purpura thiarella.*

P. testá ovato-acutá, ventricosiusculá, transversìm striatá, longitudinaliter subplicatá, griseo-fulvá ; anfractibus supernè angulatis, suprà planulatis, ad angulum tuberculato-coronatis ; spirá subcontabulatá ; labro intùs sulcato.

Habite.... Mon cabinet. Longueur, 14 lignes.

38. Pourpre rustique. *Purpura rustica.*

P. testá parvulá, ovato-acutá, longitudinaliter plicato - nodosá, transversìm striatá; plicis fuscis ; interstitiis plumbeis; plicarum nodulis flavescentibus ; anfractibus spiræ angulatis.

Habite.... Mon cabinet. Elle est petite, mais fort jolie. Longueur, 7 lignes et demie.

59. Pourpre semi-imbriquée. *Purpura semiimbricata.*

P. testá ovato-acutá, transversìm costatá, asperatá, albá ; ultimi anfractus costis squamoso-imbricatis; spirá exsertá; aperturá oblongá; labro crasso : limbo interiore lato, intùs dentifero.

Habite les côtes occidentales du Mexique. M. *Bonpland.* Mon cabinet. Son dernier tour est un peu ventru, anguleux supérieurement, et remarquable par ses côtes transverses imbriquées d'é-
cailles. Ouverture un peu resserrée dans le fond. Longueur, un
pouce.

40. Pourpre échinulée. *Purpura echinulata.*

*P. testâ ovatâ, ventricosâ, transversìm tenuissimè striatâ, longi-
tudinaliter plicatâ, tuberculis crebris echinulatâ, albâ; anfractibus supernè angulatis; spirâ brevi, obtusiusculâ; aperturâ
lœvi; labro intùs lutescente.*

Habite.... Mon cabinet. Je l'avais prise d'abord pour le *M. mancinella* de Linné; mais la description que l'on fait de ce dernier et
les synonymes qu'on y rapporte ne conviennent point à ma coquille. Son dernier tour est assez ventru, et offre quatre rangées
de tubercules fréquens et un peu élevés. Longueur, 15 lignes.

41. Pourpre hérisson. *Purpura hystrix.*

*P. testâ obovatâ, ventricosâ, transversìm striatâ, spinosâ, lutes-
cente; spinis longiusculis, canaliculatis, transversìm quadriseriatis; spirâ brevi, acutâ; fauce roseâ; labro margine interiore
dentifero.*

Murex hystrix. Lin. Gmel. p. 3538. n°. 46.

Gualt. Test. t. 28. fig. R.

Knorr, Vergu. 6. t. 24. f. 7.

Regenf. Conch. 1. t. 3. f. 32.

Martini, Conch. 3. t. 101. f. 974. 975.

Habite.... Mon cabinet. Son ouverture est teinte de rose. Columelle
légèrement ridée à sa base. Longueur, 16 lignes.

42. Pourpre deltoïde. *Purpura deltoidea.*

*P. testâ ovato-abbreviatâ, ventricosâ, subdeltoideâ, rubente; ultimo
anfractu supernè tuberculis raris majusculis coronato; spirâ
brevi, obtusiusculâ; labro intùs lœvigato.*

Habite.... Mon cabinet. Elle a une rangée de nodosités au-dessous de
celle de ses tubercules. Longueur, environ 15 lignes.

43. Pourpre unifasciale. *Purpura unifascialis.*

*P. testâ ovato-acutâ, ventricosâ, transversìm tenuissimè striatâ,
rufescente; ultimo anfractu supernè nodulis transversìm seriatis*

coronato, medio fasciâ albâ cincto; spirâ brevi; aperturâ dila-
tatâ, albâ; labro tenui, intùs striato.

Encyclop. pl. 397. f. 6.

Habite.... Mon cabinet. Elle est peu épaisse, légère, très-ventrue, et
bien distincte de ses congénères. Longueur, 15 lignes.

44. Pourpre rétuse. *Purpura retusa.*

P. testâ ovatâ, lævi, squalidè albidâ; ultimo anfractu medio
obtusè angulato, dein excavato, parte superiore turgidâ, obso-
letè angulosâ; spirâ brevissimâ, retusâ; columellâ supernè cal-
loso-gibbosâ, infernè arcuatâ.

An Martini, Conch. 3. t. 94. f. 912?

An buccinum fossile? Gmel. p. 3485. n°. 58.

Habite.... Mon cabinet. Notre coquille ne paraît nullement fossile : la
forme de son dernier tour est extraordinaire. Ouverture petite,
lisse ; bord droit mince. Longueur, 12 lignes et demie.

45. Pourpre cabestan. *Purpura trochlea.*

P. testâ ovatâ, cingulatâ, cinereâ; cingulis elevatis, latis, con-
vexiusculis, lævissimis, albis, in ultimo anfractu ternis; inter-
stitiis profundis, decussatìm striatis; spirâ exsertiusculâ; labro
intùs lævigato.

Petiv. Gaz. t. 101. f. 14.

Knorr, Vergn. 3. t. 7. f. 2.

Favanne, Conch. pl. 34. fig. E.

Martini, Conch. 3. t. 118. f. 1089. a. b.

Schroëtter, Einl. in Conch. 1. t. 2. f. 8. a. b.

Buccinum trochlea. Brug. Dict. n°. 8.

Buccinum scala. Gmel. p. 3485. n°. 61.

Triton trochlea. Encyclop. pl. 422. f. 4. a. b.

Habite le détroit de Magellan et les mers du cap de Bonne-Espérance.
Mon cabinet. Coquille fort recherchée à cause de sa forme singulière qui l'a fait comparer à un cabestan chargé de quelques tours
de corde. Elle est comme étagée, et offre une rampe spirale scalariforme. Son bord droit n'a jamais de bourrelet marginal. Longueur,
17 lignes et demie.

46. Pourpre cheville. *Purpura clavus.*

P. testâ ovato-conicâ, scalariformi, apice acutâ, transversìm ele-
gantissimè striatâ, longitudinaliter obsoletè costatâ, griseo-cæ-
rulescente; labro tenui, intùs striato, rubente.

Habite.... Mon cabinet. Celle-ci est obscurément uniciugulée sur l'angle de chacun de ses tours. Elle est grêle, presque turriculée. Longueur, 11 lignes et demie.

47. Pourpre fasciolaire. *Purpura fasciolaris.*

P. testâ ovato-conicâ, transversìm tenuissimè striatâ, nitidâ, albo-cærulescente, fulvo-nebulosâ, fasciis crebris albo et fusco-articulatis cinctâ; columellâ supernè uniplicatâ; labro intùs striato.

An Gualt. Test. t. 55. fig. C?

Habite.... Mon cabinet. Coquille assez jolie, remarquable en ce que les taches de ses fascies forment, par leur disposition, des rangées longitudinales et comme onduleuses sur la spire. Celle-ci est rougeâtre. Longueur, environ 15 lignes.

48. Pourpre pavillon. *Purpura vexillum.*

P. testâ ovatâ, lævigatâ, nitidâ, rufo-rubente, fasciis fuscis cinctâ: spirâ brevi, obtusâ; aperturâ albâ, basi effusâ; canali brevissimo.

Strombus vexillum. Chemn. Conch. 10. t. 157. f. 1504. 1505.

Gmel. p. 3520. n°. 52.

Habite l'Océan indien. Mon cabinet. Coquille petite, subcylindrique, alternativement fasciée de rouge et de brun, comme ailée à la manière des strombes, mais sans le sinus du bord droit qui caractérise ces derniers. Ce bord est un peu épais et sillonné à l'intérieur. Longueur, 9 lignes.

49. Pourpre bizonale. *Purpura bizonalis.*

P. testâ parvulâ, ovato-globosâ, crassâ, lævi, luteâ, albo-bizonatâ; spirâ brevi, obtusâ; aperturâ lævi; canali brevissimo.

Habite.... Mon cabinet. Elle est fort petite, et remarquable par sa forme globuleuse et son épaisseur. Longueur, 8 lignes.

50. Pourpre noyau. *Purpura nucleus.*

P. testâ parvâ, ovatâ, lævi, nitidâ, prope labrum basique transversìm striatâ, castaneo-fuscescente; aperturâ rotundatâ; labro intùs striato.

Lister, Conch. t. 976. f. 32.

Martini, Conch. 4. t. 125. f. 1183.

Buccinum nucleus. Brug. Dict. n°. 14.

Habite les mers de Madagascar, selon *Bruguières*, et celles de la
Barbade, selon *Lister*. Mon cabinet. Elle n'est ni entièrement lisse
ni totalement striée. C'est la plus petite des espèces connues de ce
genre. Longueur, 6 à 7 lignes.

LICORNE. (Monoceros.)

Coquille ovale. Ouverture longitudinale, se terminant
inférieurement par une échancrure oblique. Une dent conique à la base interne du bord droit.

*Testa ovata. Apertura longitudinalis, basi posticè
emarginata : sinu obliquo. Dens conica ad basim internam labri.*

OBSERVATIONS.

Les *licornes* ressemblent tellement aux pourpres par la plupart
de leurs caractères et par leurs rapports, que je ne les en aurais pas
séparées, si plusieurs espèces bien distinctes ne se trouvaient réunies les unes aux autres par ce caractère singulier qui consiste en
une dent conique à la base intérieure du bord droit. Leur columelle en général est aplatie comme celle des pourpres; ainsi la
dent particulière de leur bord droit est le seul caractère qui les
en distingue; mais il est constant dans les espèces, et ne laisse
jamais de doute sur le genre auquel il faut les rapporter.

On en connaît déjà cinq espèces, qui vivent toutes dans les
mers de l'Amérique.

ESPÈCES.

1. **Licorne cerclée.** *Monoceros cingulatum.*

*M. testâ ovato-oblongá, contabulatâ, cinguliferâ, transversìm
tenuissimèque striatâ, fulvo-rufescente; cingulis lævibus nigris;
anfractibus supernè angulatis; aperturâ candidissimâ.*
Encyclop. pl. 396. f. 4. a. b.

Habite les côtes occidentales du Mexique. MM. *de Humboldt* et *Bonpland*. Mon cabinet. Belle coquille, à tours étagés, ayant la dent conique de son bord droit aussi longue et aussi aiguë que celle de la suivante. C'est une espèce très-rare. Longueur, 25 lignes.

2. Licorne tuilée. *Monoceros imbricatum.*

M. testâ ovatâ, ventricosâ, scabriusculâ, cinereâ aut griseo-rufâ; costis transversis confertis imbricato-squamosis; anfractibus convexis; spirâ brevi; labro crenulato.

Pallas, Spicil. Zool. Fasc. 10. t. 3. f. 3. 4.
Martyns, Conch. 1. f. 10. et 2. f. 50.
Knorr, Vergn. 4. t. 30. f. 1.
Favanne, Conch. pl. 27. fig. D 1.
Martini, Conch. 3. t. 69. f. 761.
Buccinum monoceros. Chemn. Conch. 10. t. 154. f. 1469. 1470.
Buccinum monoceros. Brug. Dict. n°. 11.
Buccinum monodon. Gmel. p. 3483. n°. 50.
Monoceros imbricatum. Encyclop. pl. 396. f. 1. a. b.

Habite les mers Magellaniques. Mon cabinet. Coquille fort remarquable par ses côtes imbriquées. Longueur, 25 lignes.

5. Licorne striée. *Monoceros striatum.*

M. testâ ovatâ, ventricosâ, transversìm undulato-striatâ, subdecussatâ, rufo-castaneâ; anfractibus convexis: ultimo anteriùs obtusè angulato; spirâ brevi, apice albâ; aperturâ lœvi.

Monoceros narval. Encyclop. pl. 396. f. 3. a. b.

Habite:... Mon cab. Ses stries transverses, légèrement onduleuses, semblent décussées par d'autres beaucoup plus fines. Longueur, près de 18 lignes.

4. Licorne glabre. *Monoceros glabratum.*

M. testâ ovatâ, lœvi, rufo-castaneâ; anfractibus convexis: ultimo basi unisulcato; spirâ exsertiusculâ; labro tenui, intùs lœvigato, fulvo-rufescente.

An buccinum narval? Brug. Dict. n°. 12.
Monoceros glabratum. Encyclop. pl. 396. f. 5. a. b.

Habite..... Mon cabinet. La spire un peu élevée et le dernier tour peu ventru de ma coquille me font penser qu'elle constitue une

espèce différente du *B. narval* de Bruguières. La dent de son bord
droit est aussi longue que celle des précédentes. Long., 18 lignes
et demie.

5. Licorne lèvre-épaisse. *Monoceros crassilabrum.*

*M. testâ ovatâ, crassâ, lævigatâ, cinereo-rubente; anfractibus
convexis; spirâ exsertiusculâ; labro crasso, subduplicato, intùs
dentato: dente baseos brevi, obtusato.*

Buccinum unicorne. Brug. Dict. n°. 13.

Monoceros crassilabrum. Encyclop. pl. 396. f. 2. a. b.

Habite les mers Magellaniques. Mon cabinet. Glabre comme la précédente, celle-ci s'en distingue éminemment par son bord droit
qui semble doublé et offre au-dessous du limbe un bourrelet épais,
dentelé, ayant la dent conique de sa base peu allongée et à peine
aiguë. Longueur, 15 lignes et demie.

CONCHOLÉPAS. (Concholepas.)

Coquille ovale-bombée, en demi-spirale; à sommet incliné obliquement vers le bord gauche. Ouverture ample,
longitudinale, oblique, ayant inférieurement une légère
échancrure. Deux dents à la base du bord droit. Un opercule oblong, mince, corné.

*Testa ovato-inflata, semispiralis; vertice versùs la-
bium obliquè inclinato. Apertura ampla, longitudinalis,
obliqua, infernè sinu parvulo instructa. Dentes duo ad
basim labri. Operculum oblongum, tenue, corneum.*

OBSERVATIONS.

Le *concholépas* est une coquille fort singulière qu'on a d'abord
rapportée au genre des patelles, quoiqu'elle en soit très-distinguée
par sa conformation et surtout par l'opercule que porte l'animal.

Bruguières, en considérant cette coquille, ainsi que la petite
échancrure qui termine son ouverture inférieurement, et l'opercule

de l'animal, sentit que ses rapports l'éloignaient considérablement des patelles, et crut pouvoir l'associer au genre des buccins. C'était déjà faire un pas convenable vers la rectification des rapports à conserver dans le rang à donner à cette coquille. Mais les caractères très-particuliers de cette même coquille ne permettent pas de la réunir à aucun des genres déjà établis. Elle doit donc constituer un genre propre qui nous paraît devoir être placé immédiatement après les licornes, ayant deux dents à la base du bord droit au lieu d'une seule. On ne connaît de ce genre singulier que l'espèce suivante qui en est le type.

ESPÈCE.

1. Concholépas du Pérou. *Concholepas peruvianus.*

D'Argenv. Conch. pl. 2. fig. D.
Favanne, Conch. pl. 4. fig. H 2.
Chemn. Conch. 10. p. 320. Vign. 25. fig. A. B.
Buccinum concholepas. Brug. Dict. n°. 10.
Patella lepas. Gmel. p. 3697. n°. 26.

Habité sur les côtes du Pérou. Rapporté par *Dombey.* Mon cabinet. Aucune coquille n'est plus isolée que celle dont il s'agit ici, ses avoisinantes n'étant pas encore connues. Elle est assez grande, et sa spire, incomplète et abaissée vers le bord, est sillonnée dans sa longueur. Les deux dents de son bord droit sont courtes et obtuses; le bord gauche représente une columelle aplatie. Longueur de la coquille, 2 pouces 11 lignes; largeur, 23 lignes.

HARPE. (Harpa.)

Coquille ovale, plus ou moins bombée, munie de côtes longitudinales parallèles, inclinées et tranchantes. Spire courte. Ouverture échancrée inférieurement et sans canal. Columelle lisse, aplatie et pointue à sa base.

Testa ovata, plùs minùsve turgida; costis longitudi-

nalibus parallelis, compressis, inclinatis, acutis. Spirâ
brevis. Apertura longitudinalis, infernè emarginata ?
canali nullo. Columella lœvis, basi plana et acuta.

OBSERVATIONS.

Les *harpes* sont de fort belles coquilles auxquelles il ne manque
pour être précieuses que d'être plus rares. Quelques-unes néanmoins
le sont beaucoup, et sont effectivement fort recherchées. Linné les
rapportait à son genre *buccinum*, et les comprenait presque toutes
sous la dénomination de *buccinum harpa*, comme ne constituant
qu'une seule espèce. Nous en connaissons cependant plusieurs qui
sont constamment distinctes, et qui offrent autant d'espèces éminemment caractérisées. Sans doute, elles se réunissent toutes sous
le caractère commun d'offrir à l'extérieur des côtes longitudinales
parallèles, comprimées, inclinées et tranchantes ; dans toutes,
même, l'extrémité supérieure de chaque côte forme une petite
pointe détachée et saillante. Malgré cette réunion de caractères,
laquelle appartient aux espèces de ce genre, chacune d'elles est
distinguée par des caractères propres et constans qui ne permettent
pas de la confondre avec aucune des autres. Leur ensemble indique donc l'existence, dans la nature, d'un groupe particulier,
offrant ici, comme dans tous les autres genres, une suite d'espèces
constantes et distinctes qu'il était nécessaire de faire connaître.

Les *harpes* se trouvent dans les mers des Indes ; on en voit en
abondance dans les parages des îles de la Sonde, ainsi que dans la
mer Rouge. On en trouve aussi dans les mers de l'Amérique, principalement dans les climats chauds.

ESPÈCES.

1. **Harpe impériale.** *Harpa imperialis.*

H. testâ ovato-turgidâ, costis angustis creberrimis instructâ, al-
bidâ; zonis interruptis luteo-rubescentibus; spirâ brevi, apice
mucronatâ: carinâ spirali minimâ, asperatâ, spiram obvallante.

Buccinum costatum. Lin. Gmel. p. 3482. n°. 48.

D'Argenv. Append. pl. 2. fig. F.

Favanne, Conch. pl. 28. fig. A 4.

Martini, Conch. 3. t. 119. f. 1093.

Chemn. Conch. 10. t. 152. f. 1452.

Buccinum harpa. Brug. Dict. n°. 9. [var. e.]

Habite.... les mers de l'Amérique méridionale? Mon cabinet. Très-belle coquille, fort rare, précieuse, et recherchée dans les collections. C'est la seule de ce genre qui ait une petite carène spirale autour de la spire. Vulg. le *manteau-de-Saint-James*. Longueur, 3 pouces et demi.

2. Harpe ventrue. *Harpa ventricosa.*

H. testâ ovato-ventricosâ; costis latis, compressis, purpureo tinctis, apice mucronatis, infra mucronem subunidentatis; interstitiis albidis, maculis arcuatis spadiceo-fuscis notatis; columellâ purpureo et nigro maculatâ.

Buccinum harpa. Lin. Gmel. p. 3482. n°. 47.

Bonanni, Recr. 3. f. 185.

Rumph. Mus. pl. 32. fig. K.

Seba, Mus. 3. t. 70. *absque numero.*

Knorr, Vergn. 2. t. 19. f. 1. 2.

Regenf. Conch. 2. t. 6. f. 51.

Favanne, Conch. pl. 28. fig. A 3.

Martini, Conch. 3. t. 119. f. 1090.

Buccinum harpa. Brug. Dict. n°. 9. [var. a.]

Harpa. ventricosa. Encyclop. pl. 404. f. 1. a. b.

Habite les mers des Indes orientales. Mon cabinet. Certes, cette coquille ne saurait être considérée comme une variété de la précédente, non plus que de celles qui suivent. Ses caractères de forme l'en distinguent éminemment. Elle est d'ailleurs vivement et élégamment colorée, et remarquable par ses larges côtes pourprées qui se détachent sur un fond lilas. On pourrait même la regarder comme la plus belle de son genre. Vulg. la *Cassandre.* Longueur, 3 pouces 8 lignes et demie.

3. Harpe conoïdale. *Harpa conoidalis.*

H. testâ ovatâ, subventricosâ, albidâ; costis distantibus, inæqualibus, roseo tinctis, apice submucronatis; interstitiorum lineis arcuatis pallidè luteis; spirâ conoideâ, exsertiusculâ.

Habite.... Mon cabinet. Celle-ci n'est que médiocrement ventrue, et se distingue particulièrement par la forme et l'état de sa spire, qui n'est presque pas muriquée. La côte qui suit celle de l'ouverture est beaucoup plus large que les autres. Longueur, 3 pouces 2 lignes et demie.

4. Harpe noble. *Harpa nobilis.*

H. testâ ovatâ, subventricosâ, griseo albo et fusco variâ, maculis amplis purpureo-sanguineis pictâ; costis latiusculis : lineis nigris capillaribus transversìm fasciculatis; spirâ submuricatâ.

Lister, Conch. t. 992. f. 55.

Rumph. Mus. t. 32. fig. L.

Gualt. Test. t. 29. fig. C. E. G.

D'Argenv. Conch. pl. 17. fig. D.

Favanne, Conch. pl. 28. fig. A 1.

Seba, Mus. 3. t. 70. *absque numero.*

Knorr, Vergn. 1. t. 9. f. 3.

Martini, Conch. 3. t. 119. f. 1091.

Buccinum harpa. Brug. Dict. n°. 9. [var. c.]

Habite l'Océan des grandes Indes. Mon cabinet. Ce qui la distingue spécialement, ce sont les faisceaux de lignes noires qui traversent ses côtes, ainsi que ses grandes taches sanguinolentes. Longueur, 2 pouces 7 lignes.

5. Harpe articulaire. *Harpa articularis.*

H. testâ ovatâ, subventricosâ, griseâ; costis angustis distantibus albo nigroque articulatìm maculatis; spirâ exsertiusculâ, muriculatâ.

Gualt. Test. t. 29. fig. D.

Martini, Conch. 3. t. 119. f. 1092.

Harpa nobilis. Encyclop. pl. 404. f. 3. a. b.

Habite.... Mon cabinet. Espèce qu'on ne saurait confondre avec aucune autre de son genre, ayant des côtes étroites, distantes, comme articulées par des lignes noires qui ne sont point groupées par faisceaux. Les interstices de ces côtes offrent des pennations grisâtres un peu obscures. Columelle d'un pourpre noirâtre. Longueur, 2 pouces 7 lignes et demie.

6. Harpe rose. *Harpa rosea.*

H. testâ ovatâ, subventricosâ, tenui, griseâ, maculis latis roseis ornatâ; costis angustissimis distantibus; columellâ roseo tinctâ.

Martini, Conch. 3. t. 119. f. 1094.

Buccinum harpa. Brug. Dict. nº. 9. [var. b.]

Harpa rosea. Encyclop. pl. 404. f. 2.

Habite... Mon cabinet. Coquille rare, assez jolie, très-distincte de ses congénères par ses côtes menues et écartées, ainsi que par les larges taches roses dont elle est ornée. Longueur, 2 pouces une ligne.

7. Harpe allongée. *Harpa minor.*

H. testâ ovato-oblongâ, grisea, fusco-maculosâ; costis angustis distantibus nigro-lineatis: lineis geminatis; spirâ exsertius-culâ.

Lister, Conch. t. 994. f. 57.

Rumph. Mus. t. 32. fig. M. *harpa minor.*

Petiv. Amb. t. 15. f. 10.

Klein, Ostr. t. 6. f. 105.

Seba, Mus. 3. t. 70. *in inferiori ordine utrinque.*

Martini, Conch. 5. t. 119. f. 1097.

Buccinum harpa. Brug. Dict. nº. 9. [var. d.]

Habite l'Océan indien. Mon cabinet. Longueur, 20 lignes.

8. Harpe striée. *Harpa striata.*

H. testâ ovato-abbreviatâ, ventricosâ, griseo-rufescente; costis angustis, remotiusculis, albo rufo et fusco maculatis; intersti-tiis transversè striatis; spirâ planulatâ, mucronatâ.

Seba, Mus. 3. t. 70. *figura prima in serie ultimâ. Bona.*

Encyclop. pl. 404. f. 4.

Habite... Mon cabinet. C'est la plus petite des harpes que je connaisse. Elle paraît avoisiner le *harpa cancellata* de Chemniz, Conch. 10. t. 152. f. 1453, mais n'est pas la même. La nôtre a la spire bien plus courte, les côtes autrement colorées, et ne paraît que très-peu treillissée dans les interstices. Longueur, 10 lignes trois quarts.

Harpe mutique. *Harpa mutica.*

H. testâ fossili, ovato-oblongâ; costis acutis, distantibus, apice muticis; striis intercostalibus decussatis: longitudinalibus ma-joribus; spirâ exsertâ.

Harpa mutica. Annales du Mus. vol. 2. p. 167. nº. 1.

Habite.... Fossile de Grignon. Mon cabinet. Longueur, 16 lignes.

Tome VII. 17

TONNE. (Dolium.)

Coquille mince, ventrue, bombée, le plus souvent sub-globuleuse, rarement oblongue, cerclée transversalement; à bord droit denté ou crénelé dans toute sa longueur. Ouverture oblongue, échancrée inférieurement.

Testa tenuis, ventricosa, inflata, sæpius subglobosa, rarò oblonga, transversìm cingulata; labro per totam longitudinem dentato vel crenato. Apertura longitudinalis, basi emarginata.

OBSERVATIONS.

D'Argenville, pénétré de l'analogie qu'ont entre elles toutes les coquilles de ce genre, les avait distinguées et leur avait donné le nom de *tonne* que je leur conserve. Néanmoins *Linné,* et, depuis, tous les naturalistes qui ont écrit sur les coquilles, ne considérant que l'échancrure de la base de l'ouverture, ont confondu les *tonnes* avec les buccins; et dès lors non-seulement les harpes furent des buccins, mais les vis, les éburnes, etc., si distinguées des *tonnes* par leur forme générale, furent rapportées au même genre. Ainsi les groupes que je viens de citer, et que la nature a si évidemment tracés, semblent disparaître sous la considération isolée d'une échancrure à la base de la coquille. Nous avons préféré de suivre la nature dans le tracé de ces groupes, parce qu'il est extrêmement remarquable, et que des harpes ni des vis, etc., ne sauraient être associées, dans un même genre, avec les *tonnes.* Ici, point de côtes longitudinales; ailleurs, une conformation allongée ou turriculée contraste fortement avec celle des objets que nous allons mentionner. En effet, les *tonnes* sont remarquables par leur forme ventrue, bombée, subglobuleuse, leur spire étant beaucoup plus courte que le tour inférieur; ce qui est cause que leur ouverture est très-ample et occupe toujours plus des deux tiers de la longueur de la coquille. Quoique minces, certaines de ces coquilles sont quelquefois très-volumineuses. Toutes sont cerclées transversalement en leur surface externe, ce qui les distingue fortement et rend leur bord droit denté ou crénelé dans sa longueur. On les voit rarement tuberculeuses, et même je n'en connais pas qui le soient. Voici les espèces que nous rapportons à ce genre.

ESPÈCES.

1. Tonne cannelée. *Dolium galea.*

D. testâ maximâ, ovato-globosâ, ventricosissimâ, umbilicatâ, tenui, albido-fulvâ; costis convexis : anteriùs alternis minoribus; anfractibus prope suturas incurvato-excavatis, canaliculatis.

Buccinum galea. Lin. Gmel. p. 3469. n°. 2.

Lister, Conch. t. 898. f. 18.

Bonanni, Recr. 3. f. 183.

Gualt. Test. t. 42. fig. A.

Favanne, Conch. pl. 27. fig. B 1.

Schroëtter, Einl. in Conch. 1. t. 2. f. 1.

Martini, Conch. 3. t. 116. f. 1070.

Buccinum galea. Brug. Dict. n°. 2.

Habite la Méditerranée. Mon cabinet. C'est la plus grande des espèces de ce genre; quoique légère, elle devient aussi grosse que la tête d'un homme. Longueur, 8 pouces 9 lignes.

2. Tonne pelure-d'oignon. *Dolium olearium.*

D. testâ ovato-globosâ, ventricosâ, tenui, fulvo-rufescente; costis latis, complanatis, sulco impresso separatis; anfractibus prope suturas canaliculatis.

Buccinum olearium. Lin. Gmel. p. 3469. n°. 1.

Rumph. Mus. t. 27. fig. D.

Petiv. Amb. t. 9. f. 7.

Gualt. Test. t. 44. fig. T.

Seba, Mus. 3. t. 69.

Knorr, Vergn. 5. t. 12. f. 1.

Martini, Conch. 3. t. 117. f. 1076. 1077.

Buccinum olearium. Brug. Dict. n°. 1.

Dolium olearium. Encyclop. pl. 403. f. 1.

Habite l'Océan des grandes Indes. Mon cabinet. Bien moins grande que celle qui précède, elle est aussi très-mince et légère, et est ordinairement maculée de blanc et de brun. Longueur, 4 pouces 7 lignes.

3. Tonne tachetée. *Dolium maculatum.*

D. testâ ovato-globosâ, ventricoso-inflatâ, tenui, albâ; costis convexis, distantibus, fulvo aut rufo maculatis; interstitiis striâ prominulâ divisis.

Buccinum dolium. Lin. Gmél. p. 3470. n°. 5.

Lister, Conch. t. 899. f. 19.

Bonanni, Recr. 3. f. 16. 17. et 25.

Rumph. Mus. t. 27. fig. A.

Petiv. Gaz. t. 99. f. 11. et Amb. t. 12. f. 5.

Gualt. Test. t. 59. fig. E.

D'Argenv. Conch. pl. 17. fig. C.

Favanne, Conch. pl. 27. fig. C 1. C 2.

Adans. Seneg. pl. 7. f. 6. le minjac.

Seba, Mus. 3. t. 68. f. 9—11. t. 69. et t. 70. f. 1 et 5.

Knorr, Vergn. 5. t. 8. f. 4.

Martini, Conch. 3. t. 117. f. 1073. et t. 118. f. 1082.

Buccinum dolium. Brug. Dict. n°. 4.

Dolium tessellatum. Encyclop. pl. 403. f. 3. a. b.

Habite l'Océan des grandes Indes; se trouve aussi sur les côtes du Sénégal. Mon cabinet. Ses cordelettes, distantes, très-convexes, et maculées de jaune-roussâtre, la font aisément reconnaître. Longueur, 4 pouces 8 lignes. Vulg. le *tonneau*.

4. Tonne fasciée. *Dolium fasciatum.*

D. testâ ovato-ventricosâ, tenuiusculâ, albâ, fasciis quatuor fulvo-rufis versùs labrum evanidis cinctâ; costis convexo-planis, plerisque confertis, supremis remotiusculis; labro intùs dentato, extùs marginato.

Seba, Mus. 3. t. 68. f. 17.

Favanne, Conch. pl. 27. fig. B 2.

Martini, Conch. 3. t. 118. f. 1081.

Buccinum fasciatum. Brug. Dict. n°. 5.

Habite l'Océan des grandes Indes. Mon cabinet. Celle-ci n'est point tachetée; mais elle offre quatre fascies transverses d'un fauve plus ou moins foncé, et qui n'arrivent point jusqu'au bord. L'extrémité de la spire est rembrunie. Longueur, 4 pouces.

5. **Tonne cassidiforme.** *Dolium pomum.*

> *D. testâ ovato-turgidâ, crassiusculâ, albâ, luteo-maculatâ; costis*
> *convexiusculis, latis, confertis; spirâ brevi; aperturâ coarctatâ,*
> *utrinquè dentatâ; labro crasso, extùs marginato.*

> *Buccinum pomum.* Lin. Gmel. p. 3470. n°. 4.

> Bonanni, Récr. 3. f. 22.
> Rumph. Mus. t. 27. fig. B.
> Petiv. Amb. t. 12. f. 6.
> Gualt. Test. t. 51. fig. C.
> D'Argenv. Conch. pl. 17. fig. L.
> Favanne, Conch. pl. 27. fig. G.
> Seba, Mus. 3. t. 70. f. 3. 4.
> Knorr, Verga. 6. t. 23. f. 2.
> Martini, Conch. 2. t. 36. f. 370. 371.
> *Buccinum pomum.* Brug. Dict. n°. 6.
> *Dolium pomum.* Encyclop. pl. 403. f. 2. a. b.

> Habite l'Océan des grandes Indes. Mon cabinet. Son ouverture est
> tout-à-fait celle d'un casque; mais elle n'en a point la queue.
> Longueur, 2 pouces et demi.

6. **Tonne panachée.** *Dolium variegatum.*

> *D. testâ ovato-globosâ, ventricosâ, umbilicatâ, tenui, albo et rufo*
> *variegatâ; costis convexis, confertis, aliis albis rufo-maculatis,*
> *aliis rufis; spirâ brevi.*

> Habite les mers de la Nouvelle-Hollande, dans la baie des Chiens-
> Marins. Mon cabinet. Elle a quelques rapports avec le *D. macu-*
> *latum;* mais ses cordelettes ou côtes sont serrées, les unes blan-
> ches, les autres roussâtres, et sont couvertes de taches rousses
> irrégulières qui forment des rangées en zig-zag, à peu près longi-
> tudinales. Longueur, 2 pouces 8 lignes.

7. **Tonne perdrix.** *Dolium perdix.*

> *D. testâ ovato-oblongâ, inflatâ, tenui, fulvo-rufescente, maculis*
> *albis lunatisque seriatim notatâ; costis convexiusculis confertis;*
> *spirâ exsertiusculâ, conicâ.*

> *Buccinum perdix.* Lin. Gmel. p. 3470. n°. 3.
> Lister, Conch. t. 984. f. 43.
> Bonanni, Recr. 3. f. 191.
> Rumph. Mus. t. 27. fig. C.

Petiv. Gaz. t. 153. f. 13. et Amb. t. 4. f. 11.
Gualt. Test. t. 51. fig. F.
D'Argenv. Conch. pl. 17. fig. A.
Favanne, Conch. pl. 27. fig. A 1.
Adans. Seneg. pl. 7. f. 5. le tesan.
Seba, Mus. 3. t. 68. f. 16. et t. 69.
Knorr, Vergn. 3. t. 8. f. 1.
Marlini, Conch. 3. t. 117. f. 1078—1080.
Buccinum perdix. Brug. Dict. n°. 3.
Habite les mers équatoriales, indiennes, africaines et américaines.
Mon cabinet. Quoique son dernier tour soit grand et fort renflé,
la forme générale de cette tonne est plus allongée que celle des
autres espèces. La coquille d'ailleurs est mince et légère, et agréa-
blement émaillée de petites taches blanches, arquées en croissant.
Longueur, 4 pouces 3 lignes.

BUCCIN. (Buccinum.)

Coquille ovale ou ovale-conique. Ouverture longitudinale, ayant à sa base une échancrure sans canal. Columelle
non aplatie, renflée dans sa partie supérieure.

*Testa ovata vel ovato-conica. Apertura longitudinalis,
basi emarginata : canali nullo. Columella non depressa,
supernè turgida, undato-curva.*

OBSERVATIONS.

Les *buccins*, beaucoup trop nombreux et trop vaguement déter-
minés par les auteurs, sont ici considérablement réduits ; et cependant ces coquillages offrent encore un grand nombre d'espèces.
Bruguières, convaincu de la nécessité de réformer le genre *buccinum* de Linné, en a séparé les casques et même les vis. Depuis,
j'ai cru devoir porter plus loin la réforme ; et, avec d'autres dé-
membremens de cet énorme genre, j'ai établi les harpes, les tonnes,
les licornes, le concholépas et les éburnes. Chacun de ces genres
se trouve distingué par des caractères propres que les *buccins*
réformés n'offrent point.

Ainsi le genre dont il est maintenant question se compose d'un résidu des anciens *buccinum*, duquel je n'ai pu détacher aucun groupe convenablement séparable. Les nombreuses espèces qu'il embrasse présentent cependant beaucoup de diversité dans leur aspect, quoiqu'elles se lient par de grands rapports.

Les *buccins* sont des coquilles marines, littorales, la plupart fort petites, quoique certaines espèces soient d'une taille moyenne ou ordinaire. L'animal de ces coquilles a deux tentacules coniques, portant les yeux à leur base externe; un pied plus court que sa coquille; un siphon saillant, sortant par l'échancrure de la base du test, et un opercule cartilagineux, attaché au pied.

ESPÈCES.

1. Buccin ondé. *Buccinum undatum.*

B. testá ovato-conicá, ventricosá, transversim sulcatá et striatá, striis longitudinalibus tenuissimis decussatá, longitudinaliter plicatá, albidá vel griseo-lutescente; plicis crassis obliquis undatis; anfractibus convexis; aperturá albá aut flavá.

Buccinum undatum. Lin. Gmel. p. 3492. n°. 95.

Lister, Conch. t. 962. f. 14. 15.

Bonanni, Recr. 3. f. 189. 190.

Seba, Mus. 3. t. 39. f. 76—80. et t. 83. f. 7.

Pennant, Brith. Zool. 4. t. 73. f. 90.

Born, Mus. t. 9. f. 14. 15. *Var. sinistra.*

Favanne, Conch. pl. 32. fig. D.

Martini, Conch. 4. t. 126. f. 1206—1211.

Chemn. Conch. 9. t. 105. f. 892. 893. *Var. sinistra.*

Buccinum undatum. Brug. Dict. n°. 20.

Encyclop. pl. 399. f. 1. a. b.

Habite les mers de l'Europe. Mon cabinet. C'est la plus grande des espèces de ce genre. La coquille est quelquefois sinistrale. Longueur, 3 pouces 3 lignes et demie. Vulg. la *bouche-aurore.*

2. Buccin du Nord. *Buccinum glaciale.*

B. testá ovato-conicá, longitudinaliter subplicatá, fulvo-rubente; anfractibus carinato-noduliferis : ultimo carinis tribus cincto; labro repando, margine reflexo.

Buccinum glaciale. Lin. Gmel. p. 3491. n°. 92.

Tritonium glaciale. Muller, Zool. Dan. Prodr. n°. 2942.

Oth. Fabric. Faun. Groënl, n°. 397.

Chemn. Conch. 10. t. 152. f. 1446. 1447.

Buccinum glaciale. Brug. Dict. n°. 21.

Encyclop. pl. 399. f. 3. a. b.

Habite les mers du Nord. Mon cabinet. Il a un peu le port d'une struthiolaire. Ses carènes sont obscurément noduleuses ; chaque tour de la spire n'en a qu'une seule, mais le dernier en offre trois. dont celle du milieu est la plus forte ; la dernière est peu apparente. Longueur, 2 pouces 3 lignes.

3. Buccin anglican. *Buccinum anglicanum.*

> *B. testâ oblongâ, conicâ, tenuiusculâ, transversìm sulcatâ et striatâ, rufo-fuscescente ; sulcis prominulis ; anfractibus convexis, supernè depressis ; spirâ apice obtusâ ; columellâ subverrucosâ.*

Lister, Conch. t. 963. f. 17.

Buccinum anglicanum. Martini, Conch. 4. t. 126. f. 1212.

Buccinum anglicum. Gmel. p. 3494. n°. 104.

Buccinum norvegicum. Encyclop. pl. 399. f. 5. a. b.

Habite les mers d'Angleterre et de Norwège. Mon cabinet. Bord droit mince, tranchant, lisse à l'intérieur. Longueur, environ 23 lignes.

4. Buccin papyracé. *Buccinum papyraceum.*

> *B. testâ ovato-conicâ, tenui, transversìm striatâ, albidâ, infernè supernèque rufescente ; anfractibus convexis, anteriùs depressiusculis ; spirâ peracutâ ; labro tenuissimo, acuto, intùs striato.*

Buccinum papyraceum. Brug. Dict. n°. 22.

Encyclop. pl. 400. f. 3. a. b.

Habite.... Mon cabinet. La moitié inférieure de son dernier tour est rousse et fortement striée ; la supérieure est blanchâtre et moins striée. Longueur, 22 lignes et demie.

5. Buccin annelé. *Buccinum annulatum.*

> *B. testâ ovato-conicâ, transversìm tenuissimè striatâ, albidâ, luteo-nebulosâ ; anfractibus supernè angulatis : angulo ànnulatim cingulifero ; aperturâ lœvi ; labro tenui, simplici, infernè repando.*

Encyclop. pl. 399. f. 4. a. b.

Habite.... Mon cabinet. Coquille rare, et singulière en ce que les tours de sa spire ne sont nullement convexes et qu'à leur angle supérieur se trouve un bourrelet en forme d'anneau ; ce bourrelet est froncé et comme écailleux sur le dernier tour. Long., 21 lignes.

6. Buccin lisse. *Buccinum lævissimum.*

B. testá ovato-oblongá, lævissimá, nitidá, luteo-fulvá et cœru-lescente ; anfractibus convexiusculis, connatis ; spirá breviusculá, obtusiusculá ; aperturá lævi ; labro arcuato, inferné repando.

Lister, Conch. t. 978. f. 35.

Buccinum lævigatum. Martini, Conch. 4. t. 127. f. 1215. 1216.

Buccinum flammeum. Brug. Dict. n°. 32.

Buccinum lævissimum. Gmel. p. 3494. n°. 106.

Buccinum lævigatum. Encyclop. pl. 400. f. 1. a. b.

Habite.... Mon cabinet. Les sutures paraissent fort peu, la partie supérieure des tours étant confluente ; ceux-ci sont très-lisses, brillans, ayant quelques nuances bleuâtres sur un fond d'un fauve clair. Longueur, 22 lignes.

7. Buccin écaille. *Buccinum testudineum.*

B. testá ovato-conicá, lævigatá, cinereo-fuscescente ; tœniis transversis albo et nigro tessellatìm articulatis ; aperturá lævi ; labro tenui, margine acuto.

Martyns, Conch. 1. f. 8.

Buccinum testudineum. Chemn. Conch. 10. t. 152. f. 1454.

Brug. Dict. n°. 31.

Gmel. p. 3498. n°. 176.

Encyclop. pl. 399. f. 2.

Habite les mers de la Nouvelle-Zéelande. Mon cabinet. Bord droit mince, tranchant. Longueur, 18 lignes et demie.

8. Buccin agathe. *Buccinum achatinum.*

B. testá ovato-turritá, lævi, luteo-rufescente ; anfractibus convexiusculis, superné confluentibus ; spirá apice obtusiusculá ; aperturá lævi, basi latiusculá.

Lister, Conch. t. 977. f. 33.

Petiv. Gaz. t. 102. f. 15.

Martini, Conch. 4. t. 155. f. 1468. 1469.

Encyclop. pl. 400. f. 4. a. b.

Habite..... Mon cabinet. Longueur, 22 lignes.

9. Buccin luisant. *Buccinum glans.*

B. testâ ovato-conicâ, tenui, lævi, nitidâ, albâ, luteo-nebulosâ, lineis spadiceo-fuscis distantibus cinctâ; spirâ anteriùs longitudinaliter plicatâ; labro basi repando, margine inferiore denticulis muricato.

Buccinum glans. Lin. Gmel. p. 3480. n°. 41.

Lister, Conch. t. 981. f. 40.

Rumph. Mus. t. 29. fig. P.

Petiv. Amb. t. 13. f. 5.

Seba, Mus. 3. t. 39. f. 56. 57. 60.

Knorr, Vergn. 3. t. 5. f. 5.

Favanne, Conch. pl. 33. fig. L.

Martini, Conch. 4. t. 125. f. 1196—1198.

Buccinum glans. Brug. Dict. n°. 34.

Encyclop. pl. 400. f. 5. a. b.

Habite l'Océan indien. Mon cabinet. Jolie coquille, constituant une espèce très-distincte. Les lignes transversales dont elle est rayée sont très-fines et assez également espacées. Longueur, 22 lignes.

10. Buccin tuberculeux. *Buccinum papillosum.*

B. testâ ovato-conicâ, crassiusculâ, in fundo fulvo-fuscescente tuberculis albis seriatis creberrimis undiquè obsitâ; aperturâ albâ; labro infernè denticulis muricato.

Buccinum papillosum. Lin. Gmel. p. 3479. n°. 40.

Lister, Conch. t. 969. f. 23.

Rumph. Mus. t. 29. fig. M.

Petiv. Amb. t. 9. f. 16.

Gualt. Test. t. 44. fig. G.

D'Argenv. Conch. pl. 9. fig. I.

Favanne, Conch. pl. 31. fig. G 2.

Seba, Mus. 3. t. 49. f. 57—59.

Knorr, Vergn. 2. t. 27. f. 2.

Martini, Conch. 4. t. 125. f. 1204. 1205.

Buccinum papillosum. Brug. Dict. n°. 35.

Encyclop. pl. 400. f. 2. a. b.

Habite l'Océan indien. Mon cabinet. Ses tubercules sont nodiformes, blancs, et ressemblent à des perles disposées par rangées transverses sur un fond rembruni. Longueur, 19 lignes et demie.

11. Buccin olivâtre. *Buccinum olivaceum.*

B. testâ ovato-conicâ, longitudinaliter plicatâ, transversè striatâ, rufo-fuscescente aut olivaceâ; ultimo anfractu medio lævigato; labro crassiusculo, extùs marginato, posticè denticulis muricato, intùs sulcato.

Favanne, Conch. pl. 33. fig. K 2.

Buccinum olivaceum. Brug. Dict. n°. 38.

Nassa olivacea. Encyclop. pl. 394. f. 7.

Habite les mers des Antilles, sur les côtes de la Guadeloupe. Mon cabinet. Il a une fascie blanchâtre un peu obscure sur le dernier tour. Sa columelle est rugueuse. Longueur, 16 lignes 3 quarts.

12. Buccin canaliculé. *Buccinum canaliculatum.*

B. testâ ovato-conicâ, supernè longitudinaliter plicatâ, basi striatâ, pallidè fulvâ, interdùm castaneo-bizonatâ; anfractibus supernè canaliculatis : duobus infimis dorso lævibus : aperturâ rugosâ et sulcatâ.

Habite..... Mon cabinet. Spire pointue; quelques petites dents à la base du bord droit. Longueur, 16 lignes et demie.

13. Buccin crénelé. *Buccinum crenulatum.*

B. testâ ovato-conicâ, longitudinaliter plicatâ, transversìm tenuissimè striatâ, pallidè fulvâ, maculis rufo-fuscis pictâ; anfractibus supernè angulatis, suprà complanatis, ad angulum crenulatis; aperturâ utrinquè sulcatâ.

Petiv. Gaz. t. 64. f. 8.

Buccinum crenulatum. Brug. Dict. n°. 37.

Nassa crenulata. Encyclop. pl. 394. f. 6.

Habite.... Mon cabinet. Coquille assez jolie, luisante, dont les stries fines et transverses passent sous ses plis longitudinaux. L'angle du sommet de ses tours est crénelé. Longueur, 13 lignes 3 quarts.

14. Buccin réticulé. *Buccinum reticulatum.*

B. testâ ovato-conicâ, longitudinaliter plicatâ, striis transversis decussatâ, subgranulosâ, variè coloratâ; anfractibus convexoplanis; aperturâ rugosâ et dentatâ.

Buccinum reticulatum. Lin. Gmel. p. 3495. n°. 111.

Lister, Conch. t. 966. f. 21. a.

Petiv. Gaz. t. 75. f. 4.

Gualt. Test. t. 44. fig. C. E.

Pennant, Brith. Zool. 4. t. 72. f. 92.

Born, Mus. t. 9. f. 16.

Martini, Conch. 4. t. 124. f. 1162—1164.

Schroëtter, Einl. in Conch. 1. t. 2. f. 5.

Buccinum reticulatum. Brug. Dict. n° 40.

Habite les mers d'Europe. Mon cabinet. Il varie beaucoup dans sa coloration, en sorte qu'il y en a de blancs, de jaunâtres, de bleuâtres, de bruns, etc. Espèce commune. Longueur, 14 lignes et demie.

15. Buccin de Tranquebar. *Buccinum tranquebaricum.*

B. testâ ovatâ, ventricosâ, longitudinaliter costatâ, transversìm striatâ, albâ; anfractibus supernè angulatis; spirâ contabulatâ.

Martini, Conch. 4. t. 123. f. 1146. 1147.

Buccinum tranquebaricum. Gmel. p. 3491. n°. 86.

Habite les mers de l'Inde, sur la côte de Coromandel. Mon cabinet. Longueur, environ 19 lignes.

16. Buccin rayé. *Buccinum lineatum.*

B. testâ ovatâ, ventricosâ, transversìm minutissimè striatâ, albido-griseâ, lineis rufis distantibus cinctâ; anfractibus supernè angulatis, ad angulum tuberculato-coronatis; aperturæ labiis aurantiis.

Buccinum cingulatum. Encyclop. pl. 400. f. 6. a. b.

Habite..... Mon cabinet. Les tubercules qui couronnent son dernier tour sont plus forts que les autres. Bord droit finement strié et d'un beau blanc à l'intérieur, ayant son limbe orangé, ainsi que la columelle. Longueur, 17 lignes et demie.

17. Buccin brunâtre. *Buccinum fuscatum.*

B. testâ ovato-conicâ, lævigatâ, rufo-fuscâ; anfractibus convexis, supernè longitudinaliter plicatis; aperturâ lævi, fuscâ; labro tenui, simplici, margine acuto.

Buccinum fuscatum. Brug. Dict. n°. 55.

Habite.... Mon cabinet. Spire pointue, de la longueur du dernier tour. Longueur de la coquille, 14 lignes trois quarts.

18. Buccin linéolé. *Buccinum lineolatum.*

> B. *testâ ovato-conicâ, læviusculâ, albido-cærulescente, lineolis fusco-nigris creberrimis interruptis seriátim cinctâ; anfractibus convexis, supernè depressis; labro margine acuto, intùs striato.*

Encyclop. pl. 400. f. 8. a. b.

Habite.... Mon cabinet. Longueur, 15 lignes.

19. Buccin truité. *Buccinum maculosum.*

> B. *testâ ovato-acutâ, crassiusculâ, transversìm tenuissimè striatâ, maculis irregularibus albis rufis aut nigris undiquè pictâ; ultimo anfractu spirâ majore; aperturâ angustatâ; labro intùs dentato, striato.*

Encyclop. pl. 400. f. 7. a. b.

Habite la Méditerranée, sur les côtes de Syrie; envoyé par *Bruguières* sous le nom que je lui conserve. Mon cabinet. Columelle un peu plissée à sa base. Longueur, 1 pouce.

20. Buccin poli. *Buccinum politum.*

> B. *testâ ovato-conicâ, apice peracutâ, lævissimâ, nitidâ, albo aut luteo cærulescente; anfractibus convexiusculis: supremis obsoletè plicatis; aperturâ lævi; labro simplici, margine acuto.*

Habite les mers du Sénégal. Mon cabinet. Longueur, 12 lignes et demie.

21. Buccin sutural. *Buccinum suturale.*

> B. *testâ ovato-conicâ, lævi, nitidâ, albâ, luteo-nebulosâ; anfractibus convexiusculis, prope suturas noduliferis: supremis longitudinaliter plicatis; aperturâ lævi; labro posticè denticulato.*

Habite.... Mon cabinet. Une rangée de petites nodulations près de chaque suture le distingue. Sommet de la spire rougeâtre. Longueur, 12 lignes et demie.

22. Buccin ceinturé. *Buccinum mutabile.*

> B. *testâ ovato-conicâ, lævi, nitidâ, basi striatâ, supernè longitudinaliter plicatâ, fulvo aut luteo nebulosâ; anfractibus convexis, prope suturas fasciâ albâ et rufo articulatâ cinctis; spirâ exsertâ, apice acutâ; labro intùs striato.*

Buccinum mutabile. Lin. Gmel. p. 5481. n°. 45.

Lister, Conch. t. 975. f. 3o.

Bonanni, Recr. 3. f. 60—63.

Gualt. Test. t. 44. fig. B.

Born, Mus. t. 9. f. 13.

Favanne, Conch. pl. 33. fig. S 2.

Chemn. Conch. 11. t. 188. f. 1810. 1811.

Habite dans la Méditerranée. Mon cabinet. Coquille assez jolie, luisante, agréablement variée dans sa coloration. Elle a quelques ru-
gosités longitudinales à l'extérieur de son bord droit. Longueur,
10 lignes et demie.

23. Buccin renflé. *Buccinum inflatum.*

*B. testâ ovato-turgidâ, ventricosâ, lœvi., basi striatâ, albidâ aut
pallidè fulvâ; anfractibus convexis, prope suturas fasciâ albo et
rufo articulatâ cinctis; spirâ brevi, apice obtusâ; aperturâ infernè dilatatâ; labro basi repando.*

Rumph. Mus. t. 29. fig. Y.

Petiv. Amb. t. 13. f. 25.

Martini, Conch. 2. t. 38. f. 387. 388.

Buccinum tessulatum. Gmel. p. 3479. n°. 37.

Habite.... Mon cabinet. Ce buccin est fort différent de celui qui précède, quoiqu'il ait de même, sous chaque suture, une fascie articulée de blanc et de roux; mais sa spire est courte et obtuse, et
son dernier tour est fort grand, très-enflé. Son ouverture d'ailleurs
est bien dilatée inférieurement. Longueur, 15 lignes.

24. Buccin rétus. *Buccinum retusum.*

*B. testâ ovato-abbreviatâ, transversìm minutissimè striatâ, luteo-
rubente; spirâ brevi, turgidâ, apice retusâ; aperturâ albâ,
infernè dilatatâ; labro intùs striato.*

An Chemn. Conch. 10. t. 153. f. 1465?

Nassa ventricosa. Encyclop. pl. 394. f. 3. a. b.

Habite.... Mon cabinet. Il a à peine quatre tours complets. Sa spire
est courte, rétuse et enflée. Dernier tour ceint de deux ou trois
fascies articulées et obscures. Longueur, 11 lignes et demie.

25. Buccin ventru. *Buccinum ventricosum.*

*B. testâ ovatâ, ventricosâ, lœviusculâ, rufâ; anfractibus con-
vexis : ultimo supernè basique striato; spirâ brevi, apice obtusiusculâ; labro simplici, infernè repando.*

Nassa mutabilis. Encyclop. pl. 394. f. 4. a. b.

Habite.... Mon cabinet. Longueur, 10 lignes trois quarts.

26. Buccin perlé. *Buccinum gemmulatum.*

B. testâ ovali, ventricosâ, crassiusculâ, longitudinaliter plicato-granosâ, striis impressis transversis decussatâ, albâ, rubro-nebulosâ; suturis excavatis; spirâ breviusculâ; columellâ basi granosâ; labro intùs sulcato.

Nassa clathrata. Encyclop. pl. 394. f. 5. a. b.

Habite.... Mon cabinet. Coquille ventrue, à spire courte, remarquable par ses rangées longitudinales de granulations qui ressemblent à de petites perles. Il ne faut pas la confondre avec le *B. clathratum* de Bruguières. Longueur, 10 lignes et demie.

27. Buccin de Coromandel. *Buccinum coromandelianum.*

B. testâ ovatâ, longitudinaliter plicatâ, transversè sulcatâ et striatâ, rufescente; plicis nodiferis; ultimo anfractu supernè angulato; spirâ exsertiusculâ; aperturâ albâ; labro crassiusculo, intùs striato.

Martini, Conch. 4. t. 123. f. 1148. 1149.

Habite sur la côte de Coromandel, près de Tranquebar. Mon cabinet. Longueur, un pouce.

28. Buccin fascié. *Buccinum fasciatum.*

B. testâ ovato-conicâ, apice acutâ, longitudinaliter plicato-granulosâ, transversim striatâ, albâ vel cinereâ aut lutescente; fasciis transversis diversimodè coloratis; labro intùs dentato.

Habite les mers de la Nouvelle-Hollande, près des îles Saint-Pierre et Saint-Francois, de Diémen, etc. M. *Macleay.* Mon cabinet. Cette espèce, bien caractérisée par ses petits plis longitudinaux et granuleux, offre beaucoup de variétés, tant dans la couleur du fond de la coquille que dans celle de ses fascies. Son ouverture est ovale-arrondie. Longueur, 8 à 9 lignes.

29. Buccin miga. *Buccinum miga.*

B. testâ ovata, longitudinaliter plicatâ, transversìm minutissimè striatâ, albo-lutescente aut rubente, posticè rufo-zonatâ; plicis distantibus obliquis; anfractibus convexis; aperturâ subrotundâ.

Adans. Seneg. pl. 8. f. 10. le miga.

Martini, Conch. 4. i. 124. t. 1167—1169.

Buccinum miga. Brug. Dict. n°. 41.

Buccinum stolatum. Gmel. p. 3496. n°. 121.

Habite sur les côtes de Barbarie et de l'Afrique occidentale. Mon cabinet. Ses stries transverses sont plus apparentes sur la moitié inférieure de son dernier tour. Longueur, 7 lignes trois quarts.

3o. Buccin en lyre. *Buccinum lyratum.*

B. *testâ ovatâ, crassiusculâ, longitudinaliter plicatâ, supernè infernèque transversìm striatâ, albo - cærulescente ; plicis distantibus prominulis, basi obliquis, versùs labrum tenuioribus magisque confertis ; spirâ brevi ; labro intùs striato.*

Habite les mers du Sénégal. Mon cabinet. Bord droit un peu épais. Longueur, 8 lignes un quart.

3i. Buccin tricariné. *Buccinum tricarinatum.*

B. *testâ ovato-conicâ, cylindraceo-attenuatâ, apice acutâ, lævigatâ, rufo-fuscescente ; anfractibus angulato-carinatìs : ultimo tricarinato ; columellâ albâ ; labro tenui, simplicissimo.*

Buccinum tricarinatum. Brug. Dict. n°. 5i.

Habite...... Mon cabinet. Columelle calleuse supérieurement ; bord droit très-mince. Longueur, 7 lignes et demie.

3a. Buccin du Brésil. *Buccinum brasilianum.*

B. *testâ ovato-conicâ, crassiusculâ, lævissimâ, albâ ; anfractibus convexo-planis, connatis ; labri limbo striato.*

Habite sur les côtes du Brésil, près de Rio-Janéiro ; communiqué par madame *Paterson.* Mon cabinet. Sutures à peine apparentes. Longueur, 8 lignes.

33. Buccin semi-convexe. *Buccinum semiconvexum.*

B. *testâ ovato-conicâ, apice peracutâ, lævi, basi striatâ, pallidè rubente ; anfractibus supernè fusco-maculatis : duobus infimis convexis, superioribus planulatis ; labro intùs dentato.*

Habite.... Mon cabinet. Dernier tour un peu déprimé supérieurement ; le pénultième plus convexe. Longueur, 8 lignes un quart.

34. Buccin fasciolé. *Buccinum fasciolatum.*

B. *testâ ovato-conicâ, lævigatâ, rubente ; anfractibus convexiusculis, subconnatis : ultimo zonis duabus cærulescentibus remotis cincto ; labro intùs striato.*

Habite.... Mon cabinet. Les deux zônes de son dernier tour sont disposées, l'une vers la base, l'autre près de la suture. Longueur,
7 lignes et demie.

55. Buccin vineux. *Buccinum vinosum.*

B. *testâ ovato-acutâ, transversè rugosâ, longitudinaliter tenuissimè striatâ, subcancellatâ, griseo-cinerascente; anfractibus
subangulatis; fauce violaceo-fuscâ; labro intùs striato.*

Habite les mers de la Nouvelle-Hollande. *Péron.* Mon cabinet.
Espèce petite, mais très-distincte. Longueur, 7 lignes un quart.

56. Buccin petits-plis. *Buccinum tenuiplicatum.*

B. *testâ parvulâ, ovato-conicâ, longitudinaliter tenuissimè plicatâ,
transversè striatâ, fulvo-rufescente; anfractibus convexis: ultimo
fasciâ albâ cincto; labro tenui, intùs striato.*

Habite..... Mon cabinet. Longueur, 6 lignes.

37. Buccin subépineux. *Buccinum subspinosum.*

B. *testâ parvulâ, ovatâ, longitudinaliter plicato-tuberculatâ,
transversim striatâ, griseo-fuscescente; tuberculis acutis, subspinosis; aperturâ rotundatâ; labro intùs striato.*

Habite.... Mon cabinet. Deux rangées de tubercules sur le dernier
tour. Longueur, 6 lignes.

58. Buccin Ascagne. *Buccinum Ascanias.*

B. *testâ ovato-conicâ, longitudinaliter plicatâ, transversim striatâ,
cinereâ aut luteo-fulvâ; anfractibus valdè convexis: ultimo
spirâ breviore; aperturâ rotundatâ; labro extùs marginato, intùs
striato.*

Gualt. Test. t. 44. fig. N.

Buccinum Ascanias. Brug. Dict. n°. 42.

Habite la Méditerranée, sur les côtes de Naples et celles de la Barbarie. Mon cabinet. Il a une fascie bleuâtre sur son dernier tour.
Longueur, 7 lignes et demie.

39. Buccin varié. *Buccinum lævigatum.*

B. *testâ ovato-oblongâ, lævi, nitidâ, luteo-rufescente, lineolis
fuscis longitudinalibus flexuosis sæpiùs ornatâ; ultimo anfractu*

spirâ longiore, medio fasciâ albo nigroque articulatâ cincto ; aperturâ subdilatatâ, lœvi, albâ.
Buccinum lœvigatum. Lin. Gmel. p. 3497. n°. 129.
Gualt. Test. t. 52. fig. B.
Habite la Méditerranée, selon *Linné.* Mon cabinet. Coquille assez jolie. Longueur, 7 lignes et demie.

40. Buccin flexueux. *Buccinum flexuosum.*

B. testâ oblongâ, subfusiformi, basi transversè striatâ, albido-obido fulvâ, lineis luteis aut fuscis longitudinalibus flexuosis ornatâ; aperturâ angustiusculâ; labro obsoletè striato.
Habite les mers de l'Ile-de-France. Mon cabinet. Dernier tour au moins aussi long que la spire. Longueur totale, 8 lignes trois quarts.

41. Buccin aciculé. *Buccinum aciculatum.*

B. testâ elongato-subulatâ, transversìm minutissimè striatâ, colore variâ, diversimodè fasciatâ aut zonatâ; anfractibus longitudinaliter plicatis, noduloso-crenulatis : ultimo spirâ breviore.
Habite.... Mon cabinet. Spire aiguë, plus longue que le dernier tour. Longueur totale, 7 lignes trois quarts.

42. Buccin corniculé. *Buccinum corniculatum.*

B. testâ parvulâ, oblongo-conicâ, angustâ, lœvi, nitidâ, basi obsoletè striatâ, corneâ, maculis fulvis aut rubris ornatâ; anfractibus connatis; labro intùs dentato.
Habite.... Mon cabinet. Sutures peu distinctes. Longueur, 5 lignes.

43. Buccin criblaire. *Buccinum cribrarium.*

B. testâ parvulâ, oblongâ, cylindraceâ, lœvi, rufâ, albo-punctatâ; anfractibus subconnatis, margine superiore fasciâ albo et fusco articulatâ cinctis; spirâ apice truncatâ; aperturâ angustiusculâ; labro intùs striato.
Habite les mers de Java. M. *Leschenault.* Mon cabinet. Longueur, 4 lignes un quart.

44. Buccin graine. *Buccinum grana.*

B. testâ parvulâ, ovatâ, crassiusculâ, lœvi, albâ, lineolis rufis interruptis cinctâ; spirâ obtusiusculâ; aperturâ lœvi.
Habite.... Mon cabinet. Longueur du précédent.

45. Buccin coccinelle. *Buccinum coccinella.*

> B. testâ parvulâ, ovato-conicâ, crassiusculâ, longitudinaliter et obliquè plicatâ, transversìm tenuissìmèque striatâ, colore variâ; anfractibus convexis; labro margine inflexo, crasso, intùs dentato.

Habite sur les côtes de la Bretagne. Mon cabinet. Longueur, 5 lignes et demie.

46. Buccin zèbre. *Buccinum zebra.*

> B. testâ parvulâ, ovato-oblongâ, albo spadiceoque transversìm fasciatâ : fasciis albis subgranosis alternis; spirâ obtusâ; aperturâ angustiusculâ.

Lister, Conch. t. 929. f. 23.

Habite.... Mon cabinet. Petite coquille, jolie et très-distincte. Longueur, 5 lignes.

47. Buccin dermestoïde. *Buccinum dermestoideum.*

> B. testâ parvâ, ovato-oblongâ, lœvi, nitidâ, albâ, lineis rufis reticulatâ; anfractibus convexiusculis, fasciâ rubrâ ad margines albo-crenatâ cinctis; spirâ obtusiusculâ; aperturâ angustatâ.

Habite..... Mon cabinet. La fascie de chaque tour est placée à la base de ceux de la spire et sur le milieu du dernier. Longueur, 3 lignes trois quarts.

48. Buccin orangé. *Buccinum aurantium.*

> B. testâ minimâ, ovato-acutâ, longitudinaliter et tenuissimè plicatâ, obsoletè decussatâ, luteo-aurantiâ, apice rubrâ; anfractibus convexo-planis; aperturâ angustiusculâ.

Martini, Conch. 4. t. 125. f. 1188. 1189.

Habite..... Mon cabinet. Ses plis sont serrés et fréquens. Longueur, 3 lignes.

49. Buccin pédiculaire. *Buccinum pediculare.*

> B. testâ minimâ, ovato- conicâ, lœvigatâ, lineis albidis et spadiceo-fuscis alternis eleganter cinctâ; spirâ acutâ; aperturâ rotundatâ.

Habite les mers de Java. M. *Leschenault.* Mon cabinet. Longueur, 2 lignes trois quarts.

Columelle calleuse. [Les Nasses.]

50. Buccin casquillon. *Buccinum arcularia.*

B. testâ ovato-abbreviatâ, ventricosâ, crassâ, cinereâ aut griseo-cærulescente ; ultimo anfractu turgido, tuberculis coronato ; anfractibus spiræ longitudinaliter grossèque plicatis ; labro intùs striato.

Buccinum arcularia. Lin. Gmel. p. 3480. n°. 42.

Lister, Conch. t. 970. f. 24.

Bonanni, Recr. 3. f. 175. 340.

Gualt. Test. t. 44. fig. O. R.

D'Argenv. Conch. pl. 14. fig. C.

Seba, Mus. 3. t. 53. f. 32. 33. 57. 40.

Born, Mus. p. 238. Vign. fig. E.

Martini, Conch. 2. t. 41. f. 409. 410.

Buccinum arcularia. Brug. Dict. n°. 47.

Nassa arcularia. Encyclop. pl. 394. f. 1. a. b.

[b] *Var. spirâ exsertiore, plicis tenuibus confertis subcancellatis.*

Rumph. Mus. t. 27. fig. M.

Petiv. Amb. t. 12. f. 9.

Gualt. Test. t. 44. fig. Q.

Seba, Mus. 3. t. 53. f. 34. 35. 41.

Knorr, Vergn. 6. t. 22. f. 3.

Favanne, Conch. pl. 33 fig. F 3.

Martini, Conch. 2. t. 41. f. 411. 412.

Encyclop. pl. 394. f. 2.

Habite l'Océan des grandes Indes et des Moluques. Mon cabinet. Coquille ventrue, épaisse, lisse sur le milieu de son dernier tour, mais striée transversalement à sa base. Columelle très-calleuse. Longueur, 13 lignes ; de la variété, 15.

51. Buccin couronné. *Buccinum coronatum.*

B. testâ ovato-acutâ, crassiusculâ, dorso lævigatâ, basi striatâ, pallidè olivaceâ, obscurè zonatâ ; anfractibus prope suturas tuberculatis ; labro posticè denticulis muricato, intùs striato.

Seba, Mus. 3. t. 53. f. 28. 39.

Schroëtter, Einl. in Conch. 1. t. 2. f. 4.

Buccinum coronatum. Brug. Dict. n°. 46.

Habite les mers de Madagascar. Mon cabinet. Longueur, 11 lignes.

5a. Buccin Thersite. *Buccinum Thersites.*

> *B. testâ ovatâ, dorso valdè gibbâ, longitudinaliter partimque pli-*
> *catâ, basi striatâ, olivaceâ vel pallidè cærulescente, albo aut*
> *fusco fasciatâ; gibbo lævi, maculato; labro crasso, intùs den-*
> *tato.*

Lister, Conch. t. 971. f. 26.
Seba, Mus. 3. t. 53. f. 44—46.
An Knorr, Vergn. 6. t. 22. f. 5 ?
Martini, Conch. 2. t. 41. f. 413.
Buccinum Thersites. Brug. Dict. n°. 48.
Nassa Thersites. Encyclop. pl. 394. f. 8. a. b.

Habite l'Océan asiatique. Mon cabinet. Spire pointue; une tache
brune au sommet de la bosse; bord droit épais, marginé en dehors,
crénelé en dedans; columelle blanche et très-calleuse. Longueur,
9 lignes.

53. Buccin bossu. *Buccinum gibbosulum.*

> *B. testâ ovatâ, dorso gibbâ, lævi, albidâ aut olivaceâ; spirâ*
> *brevi, acutâ; marginibus oppositis anteriùs usquè ad spiram*
> *decurrentibus.*

Buccinum gibbosulum. Lin. Gmel. p. 3481. n°. 44.
Lister, Conch. t. 973. f. 28.
Bonanni, Recr. 3. f. 383. *ampliata.*
Gualt. Test. t. 44. fig. L.
Knorr, Vergn. 6. t. 22. f. 6.
Schroëtter, Einl. in Conch. 1. t. 2. f. 3. a. b.
Martini, Conch. 2. t. 41. f. 414. 415.
Buccinum gibbosulum. Brug. Dict. n°. 5o.

Habite l'Océan asiatique. Mon cabinet. Sa bosse est moins élevée
que dans celui qui précède. Bord droit lisse en dedans; columelle
encore très-calleuse. Longueur, 8 lignes.

54. Buccin totombo. *Buccinum pullus.*

> *B. testâ ovato-acutâ, plicis longitudinalibus tenuibus striisque*
> *transversis decussatâ, cinereo-cærulescente; anfractibus supernè*
> *angulatis : ultimo ad angulum trituberculato; labro intùs*
> *striato.*

Buccinum pullus. Lin. Gmel. p. 3481. n°. 43.

Lister, Conch. t. 970. f. 25.
Gualt. Test. t. 44. fig. M.
Adans. Seneg. t. 8. f. 11. le totombo.
Schrœtter, Einl. in Conch. 1. t. 2. f. 2. a. b.
Buccinum pullus. Brug. Dict. n°. 45.

Habite l'Océan des grandes Indes. Mon cabinet. Longueur, 9 lignes et demie.

55. Buccin marginulé. *Buccinum marginulatum*.

B. testâ ovato-acutâ, plicis tenuibus longitudinalibus confertis striisque transversis decussatâ, subgranulosâ, colore variâ; anfractuum margine superiore crassiusculo, crenulato; spirâ exsertiusculâ; labro intùs striato.

Habite la Méditerranée, sur les côtes de Barbarie et de Naples. Mon cabinet. Il varie beaucoup dans sa coloration, tantôt blanche, tantôt verdâtre, et tantôt fauve ou rose. Longueur, 7 lignes trois quarts.

56. Buccin pauvret. *Buccinum pauperatum*.

B. testâ ovatâ, ventricosâ, crassiusculâ, longitudinaliter undatim plicatâ, transversìm minutissimè striatâ, albâ, luteo-fasciatâ; ultimo anfractu spirâ longiore, maculâ rufâ tincto; labro intùs striato.

Habite.... Mon cabinet. Il a deux rangées de granulations sous les sutures. Longueur, 7 lignes un quart.

57. Buccin polygoné. *Buccinum polygonatum*.

B. testâ ovatâ, longitudinaliter costatâ, transversè striatâ, rubente; costis prominentibus; spirâ obtusiusculâ; aperturâ rotundatâ; labro extùs marginato, intùs striato.

Habite.... mon cabinet. La saillie de ses côtes le rend comme polygonal. Longueur, 7 lignes trois quarts.

58. Buccin néritoïde. *Buccinum neriteum*.

B. testâ orbiculari, convexo-depressâ, lœvi, albido-fulvâ; ultimo anfractu ad peripharriam subangulato; spirâ retusissimâ.
Buccinum neriteum. Lin. Gmel. p. 3481. n°. 46.
Gualt. Test. t. 65. fig. C. I.
Born, Mus. t. 10. f. 3. 4.

Favanne, Conch. pl. 11. fig. Q.

Chemn. Conch. 5. t. 166. f. 1602. 1. 2. 3.

Buccinum neriteum. Brug. Dict. n°. 60.

Nassa neritoides. Encyclop. pl. 394. f. 9. a. b.

Habite dans la Méditerranée, etc. Mon cabinet. Son port lui est tout-à-fait particulier. Diam., 5 lignes un quart.

Espèces fossiles.

1. Buccin stromboïde. *Buccinum stromboides.*

> B. *testâ oblongo-ovatâ, lœvi; anfractibus convexis : ultimo spirâ multò longiore; labro extùs subcostato, supernè soluto.*

Buccinum stromboides. Gmel. p. 3489. n°. 82.

Annales du Mus. vol. 2. p. 164. n°. 1.

Habite.... Fossile de Grignon. Mon cabinet. Il est légèrement sillonné à sa base, et son bord droit, un peu ample, lui donne l'aspect d'un strombe; ce bord est lisse en dedans. Longueur, près de 2 pouces.

2. Buccin treillissé. *Buccinum clathratum.*

> B. *testâ ovato-acutâ, ventricosâ, longitudinaliter plicatâ, costis transversis cinctâ, cancellatâ; anfractibus convexis; suturis profundè excavatis; labro crenulato, intùs striato.*

Bonanni, Recr. 3. f. 62.

Petiv. Gaz. t. 56. f. 5.

Buccinum clathratum. Born, Mus. t. 9. f. 17. 18.

Knorr, Petrif. 2. t. 46. f. 7.

Buccinum clathratum. Brug. Dict. n°. 43.

Gmel. p. 3495. n°. 110.

Habite..... On le dit vivant dans l'Océan des grandes Indes, et on le trouve dans l'état fossile en Italie, près de Sienne, et en France, à Courtagnon, etc. Je ne le possède que dans ce dernier état. Mon cabinet. Longueur, 15 lignes.

ÉBURNE. (Eburna.)

Coquille ovale ou allongée, à bord droit très-simple. Ouverture longitudinale, échancrée à sa base. Columelle ombiliquée dans sa partie supérieure, et canaliculée sous l'ombilic.

Testa ovata vel elongata : labro simplicissimo. Apertura longitudinalis, basi emarginata. Columella supernè umbilicata, infra umbilicum canaliculata.

OBSERVATIONS.

Le genre que nous présentons ici, quoique tenant de très-près aux buccins par ses rapports, en est éminemment distingué par la position singulière de l'ombilic de la columelle, et surtout parce que cet ombilic se prolonge inférieurement en un canal qui occupe le reste du bord gauche, ce qui ne se rencontre, ni dans les autres genres de cette famille, ni ailleurs. Or ce caractère nous a paru si éminent, que nous avons jugé convenable d'établir le genre dont il s'agit, quoiqu'il soit peu nombreux en espèces.

Les *éburnes* sont des coquilles lisses à l'extérieur, assez semblables aux buccins par leur forme générale, ainsi que par l'échancrure de leur base; mais qui en sont très-distinctes par le caractère que l'on vient de citer.

ESPÈCES.

1. Éburne allongée. *Eburna glabrata.*

> E. *testâ ovato-elongatâ, basi bisulcatâ, lævissimâ, nitidâ, pallidè luteâ; anfractibus convexiusculis, supernè confluentibus; suturis obsoletis.*

Buccinum glabratum. Lin. Gmel. p. 3489. n°. 81.
Lister, Conch. t. 974. f. 29.
Bonanni, Recr. 3. f. 149.
Gualt. Test. t. 43. fig. T.
D'Argenv. Conch. pl. 9. fig. G. *ad sinistram.*
Favanne, Conch. pl. 31. fig. F 1.
Knorr, Vergn. 2. t. 16 f. 4. 5.
Martini, Conch. 4. t. 122. f. 1117.
Buccinum glabratum. Brug. Dict. n°. 28.
Eburna glabrata. Encyclop. pl. 401. f. 1. a. b.

Habite l'Océan américain et peut-être celui de l'Inde. Mon cabinet.
Belle coquille, extrêmement lisse, vulg. nommée l'*ivoire*. Long.,
3 pouces.

2. Éburne de Ceylan. *Eburna zeylanica.*

*E. testâ ovato-conicâ, apice acutâ, lævi, albâ, maculis luteo-
fulvis pictâ; anfractibus convexis; suturis distinctis; spirâ
apice cœruleâ; columellæ canali squammifero.*

Lister, Conch. t. 982. f. 42.
Klein, Ostr. t. 2. f. 47.
Gualt. Test. t. 51. fig. B.
Martini, Conch. 4. t. 122. f. 1119.
Buccinum zeylanicum. Brug. Dict. n°. 27.
Eburna zeylanica. Encyclop. pl. 401. f. 3. a. b.

Habite sur les côtes de Ceylan. Mon cab. Celle-ci est remarquable
par les écailles violacées qui garnissent le canal de sa columelle.
Longueur, 2 pouces 4 lignes.

3. Éburne canaliculée. *Eburna spirata.*

*E. testâ ovato-acutâ, ventricosâ, lævi, albâ, maculis luteo-fulvis
pictâ; anfractibus supernè canaliculatis: canalis margine externo acuto; spirâ apice cœruleâ; callo columellæ umbilicum
partim obtegente.*

Buccinum spiratum. Lin. Gmel. p. 3487. n°. 70.
Lister, Conch. t. 983. f. 42. c.
Bonanni, Recr. 3. f. 370.
Rumph. Mus. t. 49. fig. D.
Petiv. Gaz. t. 101. f. 13. et Amb. t. 9. f. 21.
D'Argenv. Conch. pl. 17. fig. N.

Favanne, Conch. pl. 33. fig. E 1.
Seba, Mus. 3. t. 73. f. 21. 22. 24. 25.
Knorr, Vergn. 2. t. 6. f. 5. et 3. t. 3. f. 4.
Martini, Conch. 4. t. 122. f. 1118.
Buccinum spiratum. Var. [a]. Brug. Dict. n°. 26.
Eburna spirata. Encyclop. pl. 401. f. 2. a. b.

Habite les mers de Ceylan. M. *Macleay.* Mon cabinet. Coquille grosse, ventrue, pesante, très-canaliculée. Le bord externe de son canal, étant aigu, la distingue éminemment. Long., 2 pouces 3 lignes.

4. Éburne parquetée. *Eburna areolata.*

E. testâ ovato-ventricosâ, lœvi, albâ, maculis rufis quadratis triseriatis tessellatâ; anfractibus supernè angulatis, suprà plano-cavis : angulo obtuso; spirâ apice albâ; columellæ canali nuda.

Lister, Conch. t. 981. f. 41.
Bonanni, Recr. 3. f. 70.
Rumph. Mus. t. 49. fig. C.
Petiv. Amb. t. 9. f. 20.
Seba, Mus. 3. t. 73. f. 23. 26.
Favanne, Conch. pl. 33. fig. E 2.
Martini, Conch. 4. t. 122. f. 1120. 1121.
Buccinum spiratum. Var. [b]. Brug. Dict. n°. 26.

Habite les mers de la Chine. Mon cabinet. Ses caractères distinctifs sont constans; ainsi c'est une véritable espèce. Longueur, 2 pouces.

5. Éburne boueuse. *Eburna lutosa.*

E. testâ ovato-acutâ, subventricosâ, lœvigatâ, squalidè albidâ; zonis duabus aut tribus obscurè fulvis; anfractibus supernè angulo obtusissimo prœditis; umbilico semiobtecto.

Encyclop. pl. 401. f. 4. a. b.

Habite..... Mon cabinet. Celle-ci est encore très-distincte des précédentes, et n'est plus que légèrement planulée au sommet de ses tours. Sa coloration n'offre rien d'agréable. Long., 23 lignes.

VIS. (Terebra.)

Coquille allongée, turriculée, très-pointue au sommet. Ouverture longitudinale, plusieurs fois plus courte que la spire, échancrée à sa base postérieure. Base de la columelle torse ou oblique.

Testa elongata, turrita, apice peracuta. Apertura longitudinalis, spirá dupló vel ultrà brevior, basi pos-ticè emarginata. Columellœ basis contorta vel obliqua.

OBSERVATIONS.

C'est *Bruguières* qui a établi ce genre aux dépens du genre *buccinum* de Linné; et il l'a fait avec d'autant plus de raison, qu'indépendamment de la forme très-turriculée de la coquille des *vis*, la columelle très-courte offre un caractère particulier, et que l'animal, selon *Adanson*, n'a point d'opercule.

Les *vis* se reconnaissent facilement au premier aspect. Leur forme générale est à peu près la même que celle des turritelles; mais leur ouverture et l'échancrure de leur base postérieure les en distinguent. Elles n'ont point un ombilic canaliculé, comme les éburnes, et elles diffèrent des buccins par une ouverture plusieurs fois plus courte que la spire. Ces coquilles sont marines, lisses ou munies de stries transverses, avec ou sans crénelures. On en connaît un assez grand nombre d'espèces.

ESPÈCES.

1. Vis tachetée. *Terebra maculata.*

T. testá conico-subulatá, crassá, ponderosá, lœvi, albá, maculis fusco-cœruleis seriatis cinctá, versùs basim pallidè luteo-ma-culatá; anfractibus planulatis.

Buccinum maculatum. Lin. Gmel. p. 3499. n°. 130.
Lister, Conch. t. 846. f. 74.
Bonanni, Recr. 3. f. 317.
Rumph. Mus. t. 30. fig. A.
Petiv. Amb. t. 5. f. 4.
Gualt. Test. t. 56. fig. I.
D'Argenv. Conch. pl. 11. fig. A.
Favanne, Conch. pl. 39. fig. A.
Seba, Mus. 3. t. 56. f. 4. 6.
Knorr, Vergn. 3. t. 23. f. 2. et 6. t. 19. f. 6.
Martini, Conch. 4. t. 153. f. 1440.
Terebra maculata. Encyclop. pl. 402. f. 1. a. b.

Habite l'Océan des Moluques et la mer Pacifique. J'en possède un
exemplaire recueilli sur les rives de Owyhée, l'une des îles
Sandwich, où le capitaine *Cook* fut tué par les sauvages. Mon
cabinet. Cette vis est la plus belle de son genre, et c'est du moins
la plus grosse à son dernier tour. Sa surface lisse et bien maculée
la rend fort remarquable. Longueur, 4 pouces 9 lignes.

2. Vis flambée. *Terebra flammea.*

*T. testâ turrito-subulatâ, prælongâ, longitudinaliter undatimque
striatâ, albidâ, flammis longitudinalibus rufo-fuscis pictâ; anfractibus convexiusculis, medio sulco impresso divisis et infra
transversìm excavatis.*

Lister, Conch. t. 841. f. 69.
Martini, Conch. 4. t. 154. f. 1446.

Habite l'Océan des grandes Indes. Mon cabinet. Longueur, 5 pouces
une ligne.

3. Vis crénelée. *Terebra crenulata.*

*T. testâ turrito-subulatâ, lævi, albidâ; anfractibus margine su-
periore plicato-crenatis, punctis rufis biseriatim cinctis : supremis sulco impresso transversìm divisis.*

Buccinum crenulatum. Lin. Gmel. p. 3500. n°. 132.
Lister, Conch. t. 846. f. 75.
Rumph. Mus. t. 30. fig. E.
Petiv. Amb. t. 8. f. 13.
Gualt. Test. t. 57. fig. L.
Seba, Mus. 3. t. 56. f. 9. 10.
Knorr, Vergn. 1. t. 8. f. 7.
Favanne, Conch. pl. 40. fig. A 1.

Martini, Conch. 4. t. 154. f. 1445.

Terebra crenulata. Encyclop. pl. 402. f. 3. a. b.

Habite l'Océan des grandes Indes. Mon cabinet. Espèce remarquable par les crénelures de la sommité de ses tours. Longueur, 4 pouces 3 lignes.

4. Vis polie. *Terebra dimidiata.*

T. testâ turrito-subulatâ, lœvi, luteo-carneâ, maculis albis longitudinalibus undatis subbifidis ornatâ; anfractibus planulatis, supernè sulco impresso divisis : supremis longitudinaliter striatis.

Buccinum dimidiatum. Lin. Gmel. p. 3501. n°. 158.

Lister, Conch. t. 843. f. 71.

Bonanni, Recr. 3. f. 107.

Rumph. Mus. t. 30. fig. C.

Petiv. Amb. t. 13. f. 17.

Gualt. Test. t. 57. fig. M.

Seba, Mus. 3. t. 56. f. 15. 19.

Knorr, Vergn. 1. t. 23. f. 5. et 6. t. 18. f. 5.

Martini, Conch. 4. t. 154. f. 1444.

Habite l'Océan des grandes Indes et des Moluques. Mon cabinet. Ses tours sont très-lisses et divisés dans leur partie supérieure par un sillon transverse. Elle est élégamment maculée de blanc, sur un fond couleur de chair. Longueur, 4 pouces et demi.

5. Vis mouchetée. *Terebra muscaria.*

T. testâ turrito-subulatâ, lœvi, albidâ; anfractibus planulatis, singulis supernè sulco impresso divisis, maculis rufo-fuscis inœqualibus triseriatìm cinctis.

Seba, Mus. 3. t. 56. f. 16. 23. 24. 27.

Knorr, Vergn. 1. t. 23. f. 4.

Martini, Conch. 4. t. 153. f. 1441. et t. 154. f. 1443.

Terebra subulata. Encyclop. pl. 402. f. 2. a. b.

Habite l'Océan des grandes Indes. Mon cabinet. Outre qu'elle est moins effilée que la suivante, et que son dernier tour est aussi plus ventru, elle s'en distingue encore par ses taches disposées sur trois rangées et qui sont très-inégales entre elles, celles des rangées inférieures étant toujours les plus grandes. Longueur, 3 pouces 5 lignes et demie.

6. Vis tigrée. *Terebra subulata.*

T. testâ turrito-subulatâ, angustâ, lævigatâ, albidâ; anfractibus convexiusculis, maculis quadratis rufo-fuscis biseriatim cinctis: supremis sulco impresso divisis.

Buccinum subulatum. Lin. Gmel. p. 3499. n°. 131.

Lister, Conch. t. 842. f. 70.

Bonanni, Recr. 3. f. 118.

Rumph. Mus. t. 30. fig. B.

Gualt. Test. t. 56. fig. B.

D'Argenv. Conch. pl. 11. fig. X.

Favanne, Conch. pl. 40. fig. D.

Seba, Mus. 3. t. 56. f. 28. 39.

Born, Mus. t. 10. f. 9.

Habite l'Océan des grandes Indes. Mon cabinet. Coquille longue, grêle, effilée, très-pointue, remarquable par les taches carrées et bisériales de chacun de ses tours, sauf le dernier qui en a trois. Celui-ci n'est presque point ventru. Longueur, 4 pouces 3 lignes et demie.

7. Vis oculée. *Terebra oculata.*

T. testâ turrito-subulatâ, peracutâ, lævigatâ, pallidè fulvâ, infra suturas maculis albis rotundatis unicâ serie cinctâ; anfractibus supernè convexis, ferè marginatis, infernè planulatis.

Rumph. Mus. t. 30. fig. D.

Petiv. Amb. t. 2. f. 4.

Seba, Mus. 3. t. 56. f. 11.

Favanne, Conch. pl. 40. fig. Z.

Schroëtter, Einl. in Conch. 1. t. 2. f. 6.

Martini, Conch. 4. t. 153. f. 1442.

Habite l'Océan des grandes Indes et des Moluques. Mon cabinet. Jolie espèce, bien caractérisée par ses taches oculaires, et à spire très-aiguë, blanche vers son sommet. Longueur, 3 pouces 4 lignes trois quarts.

8. Vis tressée. *Terebra duplicata.*

T. testâ turrito-subulatâ, longitudinaliter striatâ, cinereo-cærulescente; anfractibus planulatis, supernè sulco impresso cinctis, ferè duplicatis, basi fasciâ albâ in margine superiore maculis nigris quadratis pictâ notatis; striis suturisque impressis.

Buccinum duplicatum. Lin. Gmel. p. 3501. n°. 136.

Lister, Conch. t. 837. f. 64.

Bonanni, Recr. 3. f. 110.

Gualt. Test. t. 57. fig. N.

Knorr, Vergn. 6. t. 18. f. 6. et t. 24. f. 5.

Martini., Conch. 4. t. 155. f. 1455.

[b]. *Var. testâ luteo-fulvâ.*

Habite l'Océan indien. Mon cabinet. Longueur, 3 pouces; de sa variété, 3 pouces 4 lignes trois quarts.

9. Vis Tour-de-Babel. *Terebra babylonia.*

T. testâ turrito-subulatâ, longitudinaliter undatimque plicatâ : plicis retùsis albis; interstitiis luteis; anfractibus supernè convexis, infrà planulatis, transversim tristriatis : ultimo infernè rufo, minutissimè striato.

Encyclop. pl. 402. f. 5.

Habite.... Mon cabinet. Longueur, 2 pouces 7 lignes et demie.

10. Vis froncée. *Terebra corrugata.*

T. testâ turrito-subulatâ, luteo-fulvâ; anfractibus supernè sulco impresso divisis, infernè planulatis, biseriatim spadiceo-punctatis; suturis marginatis : margine tumido, plicis transversis fimbriato; plicarum interstitiis spadiceis.

Habite..... Mon cabinet. Les deux rangées de points de chaque tour et le bourrelet frangé qui accompagne chaque suture la rendent remarquable. Longueur, 2 pouces 4 lignes et demie, et un peu plus, la pointe de mon exemplaire étant cassée.

11. Vis du Sénégal. *Terebra senegalensis.*

T. testâ turrito-subulatâ, longitudinaliter striatâ, parte superiore castaneo-rubrâ, inferiore luteo-rufescente; anfractibus convexiusculis, supernè sulco impresso divisis : ultimo obsoletè striato.

Habite les mers du Sénégal. Mon cabinet. Espèce distincte par les proportions de ses parties et sa coloration; elle n'a que quelques maculations brunâtres et est comme veinée dans sa moitié inférieure. Longueur, 2 pouces 4 lignes trois quarts.

12. Vis bleuâtre. *Terebra cærulescens.*

T. testâ turritâ, lævigatâ, cærulescente aut albo cæruleoque variâ; anfractibus planiusculis, indivisis, subconnatis, longitudinaliter et undatìm venosis; suturis obsoletis.

Habite les mers de la Nouvelle-Hollande. Mon cabinet. Longueur, 25 lignes un quart.

13. Vis striatule. *Terebra striatula.*

T. testâ turritâ, longitudinaliter et obliquè striatâ, squalidè albidâ aut pallidè fulvâ, maculis fusco-cærulescentibus signatâ; anfractibus convexiusculis, supernè sulco impresso divisis.

Martini, Conch. 4. t. 154. f. 1447.

Habite.... Mon cabinet. Longueur, 2 pouces 4 lignes.

14. Vis chlorique. *Terebra chlorata.*

T. testâ turritâ, lævigatâ, squalidè albidâ, maculis et venis luteolis obscurè pictâ; anfractibus convexiusculis, supernè sulco impresso divisis, infra suturas appressis, planis; spirâ versus extremitatem longitudinaliter striatâ.

An buccinum hecticum? Lin. Gmel. p. 3500. n°. 133.

Habite.... Mon cabinet. Longueur, 22 lignes un quart.

15. Vis céritine. *Terebra cerithina.*

T. testâ turrito-acutâ, infernè lævigatâ, supernè longitudinaliter striatâ, squalidè albidâ, lineis longitudinalibus pallidè luteis pictâ; anfractibus convexo-planis, supernè sulco impresso divisis, infra suturas marginatis.

Habite les mers de Timor. Mon cabinet. Longueur, 2 pouces une ligne et demie.

16. Vis petite-rave. *Terebra raphanula.*

T. testâ turrito-subulatâ, glabrá, nitidulâ, albâ; anfractibus convexiusculis, supernè sulco impresso divisis, infernè lævibus, suturis unimarginatis : cingulo planulato, lævi.

Habite..... Mon cabinet. Coquille bien distincte de la suivante. Longueur, 23 lignes et demie.

Vis cingulifère. *Terebra cingulifera.*

T. testâ turrito-subulatâ, longitudinaliter striatâ, albidâ; striis tenuissimis, undulatis; anfractibus convexiusculis, supernè sulco impresso divisis, infrà striis tribus minoribus impressis cinctis, prope suturam marginatis.

Habite...... Mon cabinet. Le renflement de la partie supérieure de chaque tour la fait paraître comme cerclée sous les sutures. Longueur, 2 pouces 8 lignes.

Vis queue-de-rat. *Terebra myuros.*

T. testâ turrito-subulatâ, gracili, perangustâ, acutissimâ, longitudinaliter et obliquè striatâ, rufo-rubente; anfractibus planulatis, trisulcatis, subdecussatis, prope suturas bimarginatis.

Lister, Conch. t. 845. f. 73.
Rumph. Mus. t. 30. fig. H.
Petiv. Amb. t. 5. f. 12.
Knorr, Vergn. 6. t. 22. f. 8. 9.
Martini, Conch. 4. t. 155. f. 1456.
Buccinum strigilatum. Gmel. p. 3501. n°. 135.

Habite l'Océan des grandes Indes et des Moluques. Mon cabinet. Ses doubles bourrelets et son défaut de maculations, ainsi que sa forme particulière, la distinguent du *B. strigilatum* de Linné, avec lequel Martini et Gmelin l'ont confondue. Vulg. l'*aiguille-tressée.* Longueur, 2 pouces 9 lignes un quart.

Vis scabrelle. *Terebra scabrella.*

T. testâ turrito-subulatâ, angustâ, scabriusculâ, longitudinaliter minutissimè striatâ transversimque sulcatâ, subdecussatâ, albido-cinereâ, flammulis fuscis pictâ; anfractibus convexo-planis; suturis bimarginatis : cingulis asperatis.

Habite les mers de la Nouvelle-Hollande. M. *Macleay.* Mon cabinet. Les deux cordonnets qui accompagnent chaque suture sont comme tressés par de petits plis longitudinaux et obliques qui les rendent un peu rudes au toucher. Cette espèce a de grands rapports avec celle qui précède, et n'en diffère presque que par les légères aspérités que l'on remarque à sa surface, outre celles de ses sutures. Longueur, 25 lignes et demie.

Tome VII. 19

20. Vis forêt. *Terebra strigilata.*

T. testâ turrito-subulatâ, longitudinaliter et obliquè striatâ, nitidulâ, in junioribus cinereo-cœrulescente, in adultis luteo-rufescente; anfractibus plano-convexis, prope suturas fasciâ albâ fusco-maculatâ cinctis : maculis quadratis.

Buccinum strigilatum. Lin. Syst. Nat. 2. p. 1206. n°. 484.

Gualt. Test. t. 57. fig. O.

D'Argenv. Conch. pl. 11. fig. R. *fig. mediocris.*

Favanne, Conch. pl. 39. fig. L 1. *idem.*

Born., Mus. t. 10. f. 10. *icon optima.*

An Martini, Conch. 4. p. 235. Vign. 40. f. 3?

Habite l'Océan des grandes Indes. Mon cabinet. Jolie coquille, très-distincte par la rangée de taches brunes qui occupe le bord inférieur de la fascie blanche de chaque suture. Le sommet de sa spire est bleuâtre. Longueur, 23 lignes et demie.

21. Vis linéolée. *Terebra lanceata.*

T. testâ turrito-subulatâ, glaberrimâ, albâ, pellucidâ; lineis luteis longitudinalibus remotis, ad suturas interruptis; anfractibus indivisis, planulatis, lœvibus : supremis longitudinaliter striatis.

Buccinum lanceatum. Lin. Gmel. p. 3501. n°. 137.

Rumph. Mus. t. 30. fig. G.

Petiv. Amb. t. 13. f. 20.

D'Argenv. Conch. pl. 11. fig. Z.

Knorr, Vergn. 6. t. 24. f. 4.

Martini, Conch. 4. t. 154. f. 1450.

Habite l'Océan des Moluques. Mon cabinet. Jolie coquille. Longueur, 19 lignes et demie.

22. Vis aiguillette. *Terebra aciculina.*

T. testâ turrito-subulatâ, glabrâ, pellucidâ, albido-cinereâ; anfractibus indivisis, planulatis, præsertìm prope suturas longitudinaliter striatis.

Petiv. Gaz. t. 75. f. 6.

Buccinum cinereum. Born, Mus. t. 10. f. 11. 12.

Gmel. p. 3505. n°. 167.

Habite.... Mon cabinet. Longueur. 15 lignes.

23. Vis granuleuse. *Terebra granulosa.*

T. testá conico-acutá, subturritá, longitudinaliter et obliquè striatá, striis minutis impressis distantibus cinctá, cinereo-lutescente aut cœrulescente; anfractibus convexis, prope suturas biseriatìm granulosis : ultimo lœvigato, basi striato.

Habite les mers du Sénégal. Mon cabinet. Elle a quelquefois une petite fascie bleuâtre au sommet de ses tours. Longueur, 14 lignes.

24. Vis buccinée. *Terebra vittata.*

T. testá conico-acutá, subturritá, albido-corneá vel cinereo-cœrulescente; anfractibus convexis, striis impressis tenuibus distantibus cinctis, supernè bicingulatis : cingulis plicato-granulosis; fauce fulvo-fuscescente.

Buccinum vittatum. Lin. Gmel. p. 3500. n°. 134.

Lister, Conch. t. 977. f. 34.

Petiv. Gaz. t. 98. f. 15.

Klein, Ostr. t. 7. f. 121.

Knorr, Vergn. 6. t. 36. f. 4.

Favanne, Conch. pl. 40. fig. C 2.

Schroëtter, Einl. in Conch. 1. t. 2. f. 7. *icon optima.*

Martini, Conch. 4. t. 155. f. 1461. 1462.

Terebra vittata. Encyclop. pl. 402. f. 4. a. b.

Habite l'Océan indien. Mon cab. Espèce en quelque sorte moyenne entre les buccins et les vis; néanmoins la longueur de la spire, comparée à celle de l'ouverture, décide son genre. Longueur totale, 2 pouces une ligne.

LES COLUMELLAIRES.

Point de canal à la base de l'ouverture, mais une échancrure subdorsale, plus ou moins distincte, et des plis sur la columelle.

Dans la coquille de ces trachélipodes, le canal de la base de l'ouverture a tout-à-fait disparu, et la columelle, offrant

constamment des plis dentiformes, a dû servir à caractériser
la famille.

Les *columellaires* effectivement constituent une famille
naturelle, nombreuse en races diverses, et fort remarquable
par la beauté des coquilles qui y appartiennent. Ces coquilles faisaient partie du genre *voluta* de Linné, genre
immense en étendue, auquel Linné associait des coquillages
de familles différentes.

Maintenant réduite, dans notre méthode, et ne comprenant plus, parmi les coquilles qui ont des plis sur la
columelle, celles dont l'ouverture est essentiellement entière
à sa base, ni celles qui se terminent inférieurement par un
canal, cette belle famille embrasse encore cinq genres
distincts qui sont les suivans : *colombelle*, *mitre*, *volute*,
marginelle et *volvaire*.

COLOMBELLE. (Colombella.)

Coquille ovale, à spire courte, à base de l'ouverture
plus ou moins échancrée et sans canal. Des plis sur la columelle. Un renflement à la paroi interne du bord droit,
rétrécissant l'ouverture.

*Testa ovalis; spirá brevi. Aperturæ basis subemargi-
nata : canali nullo. Columella plicifera. Labrum internè
gibbum, aperturam coarctans.*

OBSERVATIONS.

Les *colombelles* sont des coquilles courtes, petites, assez épaisses,
souvent striées transversalement, et très-variées dans leurs couleurs.
Elles paraissent avoisiner les mitres. *Linné* les a confondues parmi
ses volutes; mais elles s'en distinguent essentiellement par le ren-

flement de la paroi interne de leur bord droit, renflement qui rend l'ouverture de la coquille étroite et sinueuse, et parce que l'animal qui les produit est muni d'un petit opercule.

Ces coquilles sont marines, littorales, et les espèces déjà connues sont fort nombreuses.

L'animal des *colombelles* est un trachélipode dont la tête est munie de deux tentacules portant les yeux au-dessous de leur partie moyenne. Un syphon au-dessus de la tête pour la respiration. Un très-petit opercule elliptique et fort mince, attaché au pied.

ESPÈCES.

1. Colombelle strombiforme. *Colombella strombiformis.*

C. *testâ ovato-turbinatâ, subalatâ, leviusculâ, castaneâ, strigis albis longitudinalibus breviusculis ornatâ; anfractibus supernè angulatis; spirâ exsertiusculâ: labro majusculo, crasso, intùs denticulato.*

Habite la mer Pacifique, sur les côtes d'Acapulco. MM. *de Humboldt* et *Bonpland.* Mon cabinet. Elle est striée transversalement à sa base, et a deux plis sur la columelle. Longueur, un pouce.

2. Colombelle étoilée. *Colombella rustica.*

C. *testâ ovato-turbinatâ, lævi, albo spadiceoque reticulatâ, prope suturas maculis albis angularibus stellatis ornatâ; labro intùs denticulato.*

Voluta rustica. Lin. Gmel. p. 3447. n°. 36.

Lister, Conch. t. 825. f. 46. et t. 826. f. 49.

Petiv. Gaz. t. 30. f. 6.

Gualt. Test. t. 43. fig. E. G. H.

Adans. Seneg. pl. 9. f. 28. le siger.

Knorr, Vergn. 6. t. 18 f. 4.

Martini, Conch. 2. t. 44. f. 470.

Habite l'Océan atlantique et celui des Antilles. Mon cabinet. Jolie coquille, lisse, réticulée de rouge-brun, comme ponctuée de blanc, et marquée contre les sutures de taches blanches, irrégulières et stelliformes. Longueur, 9 lignes un quart.

5. Colombelle commune. *Colombella mercatoria.*

C. testâ ovato-turbinatâ, transversim sulcatâ, albâ, lineolis rufo-fuscis transversis subfasciculatis pictâ, interdùm fasciatâ; labro intùs denticulato.

Voluta mercatoria. Lin. Gmel. p. 3446. n°. 35.

Lister, Conch. t. 824. f. 43.

Bonanni, Recr. 3. f. 56. *ampliata.*

Petiv. Gaz. t. 9. f. 4.

Gualt. Test. t. 43. fig. L.

Adans. Seneg. pl. 9. f. 29. le staron.

Knorr, Vergn. 4. t. 12. f. 5.

Martini, Conch. 2. t. 44. f. 452—458.

Encyclop. pl. 375. f. 4. a. b.

Habite l'Océan atlantique, sur les côtes de l'île de Gorée, et les mers des Antilles. Mon cabinet. Petite coquille assez jolie, et commune dans les collections. Longueur, 9 lignes.

4. Colombelle jaunâtre. *Colombella flavida.*

C. testâ ovato-turbinatâ, lævi, basi striatâ, flavicante: spirâ exsertiusculâ; labro intùs denticulato.

Buccinum flavum. Brug. Dict. n°. 53.

Habite..... Mon cabinet. Longueur, 9 lignes un quart.

5. Colombelle semi-ponctuée. *Colombella semipunctata.*

C. testâ ovato-turbinatâ, turgidâ, lævi, basi striatâ, parte inferiore rufâ, albo-punctatâ, superiore pallidiore, maculis albis irregularibus pictâ; spirâ obtusiusculâ; labro intùs denticulato.

Lister, Conch. t. 826. f. 48.

Gualt. Test. t. 43. fig. D.

Martini, Conch. 2. t. 44. f. 465. 466.

Buccinum punctatum. Brug. Dict. n°. 52.

Habite sur les côtes orientales de l'Afrique. Mon cabinet. Jolie coquille, luisante, et agréablement colorée. Longueur, 9 lignes.

6. Colombelle bizonale. *Colombella bizonalis.*

C. testâ ovato-turbinatâ, lævi, basi striatâ, albâ; strigis longitudinalibus luteo-rufis confertis in zonas duabus dispositis; columellâ quadriplicatâ.

Martini, Conch. 2. t. 44. f. 463. 464.

Encyclop. pl. 375. f. 7. a. b.

Habite.... Mon cabinet. Ouverture un peu dilatée inférieurement. Longueur, 10 lignes et demie.

7. Colombelle réticulée. *Colombella reticulata.*

C. testâ ovato-turbinatâ, lævi, basi striatâ, albâ, lineis spadiceis reticulatâ; plicis columellæ obsoletis.

Encyclop. pl. 375. f. 2. a. b.

Habite.... Mon cabinet. Longueur, 8 lignes.

8. Colombelle hébraïque. *Colombella hebræa.*

C. testâ ovato-oblongâ, lævi, basi striatâ, albâ, litturis fuscis longitudinalibus interruptis fasciatâ; columellâ quadriplicatâ.

Habite.... Mon cabinet. Longueur, 8 lignes un quart.

9. Colombelle panthérine. *Colombella pardalina.*

C. testâ ovali, lævi, basi striatâ, albâ, maculis rufo-fuscis pictâ; columellâ obscurè plicatâ.

Habite.... Mon cabinet. Le fond blanc de cette coquille ressort en taches rondes entre ses maculations brunâtres. Long. , 7 lignes.

10. Colombelle écrite. *Colombella scripta.*

C. testâ ovali, lævi, basi striatâ, albâ, litturis fuscis minimis fasciatìm cinctâ; columellâ biplicatâ, extùs denticulatâ.

Habite.... Mon cabinet. Petite coquille, ayant des fascies transverses de linéoles brunes verticales ressemblant à des caractères d'écriture. Long. , 5 lignes 3 quarts.

11. Colombelle ovulée. *Colombella ovulata.*

C. testâ ovali, nitidâ, transversìm et minutissimè striata, rufo-castaneâ, maculis albis irregularibus sparsis ornatâ; spirâ brevi, obtusiusculâ.

Habite.... Mon cabinet. Plis de la columelle obsolètes; bord droit légèrement denté. Longueur, 6 lignes.

12. Colombelle luisante. *Colombella nitida.*

C. testâ ovato-oblongâ, lævi, nitidâ, albâ, maculis punctisque fulvis aut rubris irregularibus pictâ; spirâ brevi; columellâ subbiplicatâ.

Lister, Conch. t. 827. f. 49. b.

Habite les mers des Antilles. Mon cabinet. Jolie coquille , très-variée
dans la disposition et la couleur de ses taches. Longueur, 7 lignes
et demie.

13. **Colombelle foudroyante.** *Colombella fulgurans.*

C. *testâ ovatâ, dorso lævi, basi striatâ, spadiceo-nigricante; strigis
albis longitudinalibus angulato-flexuosis fulmen æmulantibus;
spirâ brevi, obtusâ; aperturâ ringente, subviolaceâ.*

Petiv. Gaz. t. 49. f. 9. 10.

Encyclop. pl. 374. f. 7. a. b.

Habite.... l'Océan indien? Mon cabinet. Jolie coquille, remarquable
par sa coloration, à bord droit épais, gibbeux, très-denté. Longueur, 7 lignes 3 quarts.

14. **Colombelle rubanée.** *Colombella mendicaria.*

C. *testâ ovatâ, ventricosâ, nodulosâ, transversìm striatâ, tæniis
alternè nigris et albis aut luteolis cinctâ; aperturâ subcinna-
momeâ; labro crasso, dentato.*

Voluta mendicaria. Lin. Gmel. p. 3448. n°. 38.

Lister, Conch. t. 826. f. 47.

Petiv. Gaz. t. 11. f. 5.

Gualt. Test. t. 52. fig. È.

Knorr, Vergn. 4. t. 16. f. 3. *bona.*

Martini, Conch. 2. t. 44. f. 460. 461.

Encyclop. pl. 375. f. 10. a. b.

Habite les mers de l'Inde. Mon cabinet. Petite coquille, comme zé-
brée par des rubans alternativement blancs et noirs qui la ceignent. Elle est obscurément noduleuse. Spire tantôt obtuse, tantôt
plus saillante et pointue. Longueur, 7 lignes 3 quarts.

15. **Colombelle tourterelle.** *Colombella turturina.*

C. *testâ ovato-turbinatâ, supernè lævigatâ, infernè transversìm
striatâ, albâ, lineolis punctisque fulvis pictâ; spirâ brevi;
aperturâ ringente, subroseâ.*

Encyclop. pl. 374. f. 2. a. b.

Habite.... Mon cabinet. Ouverture fortement dentée, tant sur la
columelle que sur le limbe interne du bord droit. Longueur, 6
lignes et demie.

16. Colombelle ponctuée. *Colombella punctata.*

> C. testâ ovato-turbinatá, infernè transversìm striatâ, in fundo
> spadiceo-nigricante punctis albis laxè dispersis pictâ; spirâ
> brevi, obtusâ; labro crasso, dentato.

Petiv. Gaz. t. 18. f. 1.

Martini, Conch. 2. t. 44. f. 471.

Encyclop. pl. 374. f. 4. a. b.

Habite l'Océan indien. Mon cabinet. Les points blancs de son dernier
tour sont ronds; mais sur la spire, on ne voit que de petites taches
blanches et oblongues. Longueur, 6 lignes et demie.

17. Colombelle unifasciale. *Colombella unifascialis.*

> C. testâ ovatâ, infernè transversìm striatâ, fulvo-rufescente; ul-
> timo anfractu supernè fasciâ obscurè albâ cincto; spirâ brevius-
> culâ, obtusâ.
>
> [b] Var. testâ penitùs et exquisitè striatâ; fasciâ nullâ; spirâ
> exsertiusculâ.

Habite les mers de l'Ile-de-France. Mon cabinet. Quatre plis à la
columelle. Longueur, 6 lignes un quart.

18. Colombelle zonale. *Colombella zonalis.*

> C. testâ parvâ, ovato-oblongâ, transversim striatâ, longitudina-
> liter et obsoletè costulatâ, subnodulosâ, fasciis alternè albis et
> nigris cinctâ; spirâ exsertâ.

Martini, Conch. 2. t. 44. f. 459.

Habite... Mon cabinet. Celle-ci est distincte par sa forme du *C. mendicaria*, sa spire étant presque aussi longue que le dernier tour.
Elle lui ressemble d'ailleurs par sa coloration. Longueur, 4 lignes
un quart.

MITRE. (*Mitra.*)

Coquille turriculée ou subfusiforme, à spire pointue au
sommet, à base échancrée et sans canal. Columelle chargée
de plis parallèles entre eux, transverses, et dont les inférieurs
sont les plus petits. Bord columellaire mince et appliqué.

Testa turrita vel subfusiformis, apice acuta , basi emarginata ; canali nullo. Columella plicata : plicis omnibus parallelis , transversis ; inferioribus minoribus. Labium columellare tenue, adnatum.

OBSERVATIONS.

Les *mitres* forment un genre très-naturel, nombreux en espèces, et qui est bien distingué des volutes. Non-seulement elles en diffèrent par une forme plus allongée, la plupart étant turriculées ou subfusiformes, mais en outre par des caractères précis.

En effet, les *mitres* diffèrent constamment des volutes : 1°. parce que le sommet de leur spire est véritablement pointu, et non terminé en mamelon; 2°. parce que les plis de leur columelle vont insensiblement en diminuant de grandeur vers le bas, de manière que les inférieurs sont toujours plus petits que les autres. Ces plis sont transverses et tous parallèles entre eux.

Ici, le bord columellaire existe : il est mince, appliqué, et quelquefois ne paraît que vers la base de la columelle. Le drap marin n'est pas non plus entièrement nul dans les *mitres*, car j'en possède plusieurs qui en sont encore munies.

Quoique les trachélipodes qui produisent ces coquilles ne soient pas encore connus, leurs rapports prochains avec ceux qui forment les volutes indiquent qu'ils doivent être aussi privés d'opercule.

Les *mitres* sont agréablement variées dans leurs couleurs. Elles vivent, comme les volutes, dans les mers des pays chauds. Parmi les espèces connues de ce genre, plusieurs sont rares, précieuses et fort recherchées. En France, les conchyliologistes nomment *minarets* celles qui sont grêles, allongées, fort pointues.

On en connaît un assez grand nombre d'espèces dans l'état fossile, et même dont les analogues vivans n'ont pas été observés.

ESPÈCES.

1. Mitre épiscopale. *Mitra episcopalis.*

M. testâ turritâ, lævi, albâ, rubro-maculatâ : maculis inferio-
ribus quadratis transversim seriatis : superioribus irregularibus,
anfractuum margine superiore integro ; columellâ quadriplicatâ :
labro posticè denticulato.

Voluta episcopalis. Lin. Gmel. p. 3459. n°. 94.

Lister, Conch. t. 839. f. 66.

Bonanni, Recr. 3. f. 120.

Rumph. Mus. t. 29. fig. K.

Petiv. Amb. t. 15. f. 11.

Gualt. Test. t. 53. fig. G.

D'Argenv. Conch. pl. 9. fig. C.

Favanne, Conch. pl. 31. fig. C 2.

Seba, Mus. 3. t. 51. f. 8—19.

Knorr, Vergn. 1. t. 6. f. 2.

Regenf. Conch. 1. t. 3. f. 33.

Martini, Conch. 4. t. 147. f. 1360. 1360. a.

Encyclop. pl. 369. f. 2 et 4.

Mitra episcopalis. Ann. du Mus. vol. 17. p. 197. n°. 1.

Habite l'Océan des grandes Indes. Mon cabinet. Très-belle coquille,
remarquable par la vivacité de la couleur de ses taches. Ses derniers tours sont très-lisses ; mais les supérieurs présentent des
stries transverses très-fines, munies de points enfoncés. Longueur,
3 pouces 11 lignes.

2. Mitre papale. *Mitra papalis.*

M. testâ turritâ, crassâ, ponderosâ, striis impresso-punctatis
remotiusculis cinctâ, albâ, rubro maculatâ : maculis irregula-
ribus transversim seriatis ; anfractuum margine superiore plicis
dentiformibus coronato ; columellâ subquinqueplicatâ ; labro
posticè denticulato.

Voluta papalis. Lin. Gmel. p. 3459. n°. 95.

Lister, Conch. t. 839. f. 67.

Bonanni, Recr. 3. f. 119.

Rumph. Mus. t. 29. fig. I.

Petiv. Amb. t. 15. f. 12.

Gualt. Test. t. 53. fig. I.

D'Argenv. Conch. pl. 9. fig. E.
Favanne, Conch. pl. 31. fig. D 2.
Seba, Mus. 3. t. 51. f. 1—5.
Knorr, Vergn. 1. t. 6. f. 1.
Regenf. Conch. 1. t. 1. f. 1.
Martini, Conch. 4. t. 147. f. 1553. 1554.
Encyclop. pl. 370. f. 1. a. b.
Mitra papalis. Ann. ibid. n°. 2.

Habite l'Océan des grandes Indes, les côtes des Moluques. Mon cabinet. C'est la plus grande et la plus belle de son genre. Ses
taches sont d'un rouge de sang très-vif, et les plis dentiformes
qui couronnent la sommité de ses tours la caractérisent. Vulg. la
thiare. Longueur, 4 pouces 8 lignes.

3. Mitre pontificale. *Mitra pontificalis.*

M. *testá ovato-turritá, striis impressis cinctá, punctis majusculis*
perforatá, albá, maculis aurantio-rubris irregularibus pictá ;
anfractuum margine superiore elevato, tuberculis crassis coro-
nato; columellá quadriplicatá.

Lister, Conch. t. 840. f. 68.
Petiv. Amb. t. 9. f. 15.
Gualt. Test. t. 53. fig. I. *ad dexteram.*
Seba, Mus. 3. t. 51. f. 37. *figuræ quatuor.*
Knorr, Vergn. 4. t. 28. f. 2.
Martini, Conch. 4. t. 147. f. 1555. 1556.
Encyclop. pl. 370. f. 2. a. b.
Mitra pontificalis. Ann. ibid. p. 198. n°. 3.

Habite l'Océan des grandes Indes. Mon cabinet. Espèce voisine de
la précédente par ses rapports, mais qui en diffère constamment
par sa taille et par les caractères précités. Vulg. la *petite thiare.*
Longueur, 2 pouces 2 lignes.

4. Mitre pointillée. *Mitra puncticulata.*

M. *testá ovato-acutá, transversim striatá, luteo-rufescente,*
inferné albido-zonatá, flammulis fuscis longitudinalibus
pictá; striis impressis, punctatis, subdenticulatis; anfractibus
tuberculato-coronatis; columellá quadriplicatá.

Seba, Mus. 3. t. 50. f. 29. 30.
Favanne, Conch. pl. 31. fig. D 3.
Mitra puncticulata. Ann. ibid. n°. 4.

Habite l'Océan indien. Mon cabinet. Cette espèce se distingue de la suivante en ce que les tubercules qui couronnent ses tours sont assez grands pour faire paraître la spire comme muriquée et étagée. Ces mêmes tubercules sont un peu pointus. Longueur, 17 lignes.

5. Mitre millépore. *Mitra millepora.*

M. testá ovato-oblongá, transversim striatá, albo luteo rufo et fusco variá; striis impressis, excavato-punctatis; anfractuum margine superiore tuberculis parvis obtusis coronato; columellá quinqueplicatá.

An voluta pertusa? Lin. Syst. Nat. 2. p. 1193. n°. 424.

Seba, Mus. 3. t. 50. f. 28.

Voluta digitalis. Chemn. Conch. 10. t. 151. f. 1432. 1433.

Encyclop. pl. 370. f. 5.

Mitra millepora. Ann. ibid. n°. 5.

Habite l'Océan indien. Mon cabinet. Celle-ci a ses stries plus serrées et plus régulièrement piquetées que l'espèce précédente. Sa spire n'est point étagée, et les tubercules qui en couronnent les tours sont petits et obtus. Longueur, 21 lignes 3 quarts.

6. Mitre cardinale. *Mitra cardinalis.*

M. testá ovato-acutá, transversim striatá, punctis minutis perforatá, albá; maculis spadiceis ut plurimùm tessellatis seriatis; columellá quinqueplicatá.

Lister, Conch. t. 838. f. 65.

Gualt. Test. t. 53. fig. G. *ad dexteram.*

Seba, Mus. 3. t. 50. f. 50. 51.

Knorr, Vergn. 4. t. 28. f. 3.

Voluta pertusa. Born, Mus. t. 9. f. 11. 12.

Martini, Conch. 4. t. 147. f. 1358. 1359.

Voluta cardinalis. Gmel. p. 3458. n°. 93.

Encyclop. pl. 369. f. 3. a. b.

Mitra cardinalis. Ann. ibid. p. 199. n°. 6.

Habite l'Océan indien. Mon cabinet. Plus grande et moins rare que les deux mitres qui précèdent, cette espèce est éminemment distinguée par ses petites taches carrées et d'un rouge brun, disposées par rangées transverses sur un fond blanc, avec quelques nébulosités violâtres. Longueur, 2 pouces une ligne.

7. Mitre archiépiscopale. *Mitra archiepiscopalis.*

M. testâ ovato-acutâ, fulvâ; maculis rufis inæqualibus subse-
riatis; striis transversis puncticulatis; labro crenulato; colu-
mellâ quinqueplicatâ.

Gualt. Test. t. 53. fig. L. et t. 54. fig. H.
Seba, Mus. 3. t. 5o. f. 47.
Favanne, Conch. pl. 31. fig. C 5.
Encyclop. pl. 369. f. 1. a. b.
Mitra archiepiscopalis. Ann. ibid. n°. 7.

Habite l'Océan indien. Mon cabinet. Voisine de la précédente par
ses rapports, mais plus petite et moins belle, cette espèce s'en
distingue par ses stries plus serrées, régulièrement pointillées,
par sa couleur sombre, blanc-fauve nué de brun, avec des taches
rousses inégales, subsériales, et surtout par son bord droit crénelé.
Longueur, 22 lignes.

8. Mitre fleurie. *Mitra versicolor.*

M. testâ subfusiformi, lutescente, albo rufo fuscoque maculatâ et
nebulosâ; striis transversis puncticulatis; labro crenulato; co-
lumella quadriplicatá.

Mitra versicolor. Martyns, Conch. 1. f. 25.
Voluta nubila. Gmel. p. 3450. n°. 145.
Mitra versicolor. Ann. ibid. n°. 8.

Habite les mers de la Nouvelle-Hollande et sur les côtes des îles des
Amis. Mon cabinet. Cette espèce est différente du *V. nubila* de
Chemniz. Elle est munie transversalement de stries un peu distantes et finement pointillées. Les interstices de ces stries forment
des rides aplaties qui sont traversées par des stries longitudinales
très-fines. Longueur, 22 lignes trois quarts.

9. Mitre sanguinolente. *Mitra sanguinolenta.*

M. testâ ovato-fusiformi, albâ, maculis flammulisque sanguineis
pictâ; sulcis transversis excavato-punctatis; columella quin-
queplicatá.

Voluta nubila. Chemn. Conch. 11. t. 177. f. 1705. 1706. *synonymis*
exclusis.
Mitra sanguinolenta. Ann. ibid. p. 200. n°. 9.

Habite.... l'Océan austral? Collect. du Mus. Espèce fort jolie et très-
rare. Sa superficie offre des sillons transverses munis de gros points

enfoncés, et des rides ou très-petites côtes longitudinales qui la
font paraître un peu granuleuse. Longueur, 33 millimètres.

10. Mitre ferrugineuse. *Mitra ferruginea.*

*M. testâ ovato-fusiformi, albâ, aurantio vel ferrugineo maculatâ;
sulcis transversis elevatis; columellâ subquinqueplicatâ.*

An Martini, Conch. 4. t. 149. f. 1380? 1381?

Mitra ferruginea. Ann. ibid. n°. 10.

[b] *Var. testâ elongatâ, subturritâ.*

Voluta mitra abbatis. Chemn. Conch. 11. t. 177. f. 1709. 1710.

Habite..... Mon cabinet. Celle-ci est dépourvue de points enfoncés et
offre des sillons élevés qui la traversent. Longueur, 13 lignes et
demie; l'exemplaire du Muséum a 46 millimètres. Le mien est un
individu jeune.

11. Mitre térébrale. *Mitra terebralis.*

*M. testâ turritâ, prælongâ, lutescente, flammulis spadiceis lon-
gitudinalibus ornatâ; sulcis transversis elevatis; costis longitudinalibus crebris parvulis inæqualibus sulcos decussantibus;
columellâ sexplicatâ.*

Mitra terebralis. Ann. ibid. p. 201. n°. 11.

Habite.... Mon cabinet. Cette espèce très-remarquable semble tenir
le milieu entre la précédente et celle qui suit. Elle est allongée,
turriculée, et offre huit tours de spire. Son ouverture est blanche.
Longueur, 3 pouces une ligne.

12. Mitre rôtie. *Mitra adusta.*

*M. testâ fusiformi-turritâ, albido-lutescente, maculis rufo-fuscis
longitudinalibus ornatâ; striis transversis impressis remotiusculis puncticulatis; suturis crenulatis; columellâ quinqueplicatâ.*

Lister, Conch. t. 822. f. 4o.

Seba, Mus. 3. t. 5o. f. 49.

Knorr, Vergn. 2. t. 3. f. 5.

Martini, Conch. 4. t. 147. f. 1561.

Voluta pertusa. Gmel. p. 3458. n°. 92.

Encyclop. pl. 369. f. 5. a. b.

Mitra adusta. Ann. ibid. n°. 12.

[b] *Var. testâ breviore, ventricosiore; maculis nigricantibus.*

Habite les côtes de Timor. Mon cabinet. Bord droit un peu crénelé postérieurement. Longueur, 2 pouces 8 lignes. La variété [b] est plus raccourcie, plus ventrue, en fuseau court, et offre sur un fond roussâtre des taches brunes, presque noires. Long., 23 lignes.

13. Mitre granulée. *Mitra granulosa.*

M. testá subturritá, decussatá, granosá, rufo-fuscescente; granis confertis, crassiusculis, transversim et longitudinaliter ordinatis; columellá quadriplicatá.

Martyns, Conch. 1. f. 19.
Martini, Conch. 4. t. 149. f. 1390.
Encyclop. pl. 370. f. 6.
Mitra granulosa. Ann. ibid. n°. 13.

Habite l'Océan des grandes Indes. Mon cabinet. Ses tours sont légèrement étagés. Longueur, 20 lignes trois quarts.

14. Mitre safranée. *Mitra crocata.*

M. testá ovato-turritá, decussatá, granulosá, croceá; anfractibus basi lineá albá cinctis, supernè angulatis: angulo granis eminentioribus coronato; columellá quadriplicatá.

Mitra crocata. Ann. ibid. p. 202. n°. 14.

Habite..... Les mers des Indes orientales? Mon cabinet. Cette espèce, plus petite, mais plus élégante que celle qui précède, est très-rare, et paraît même inédite. Sa spire est étagée, et chacun de ses tours est terminé inférieurement par une ligne blanche transverse; mais le dernier porte cette ligne vers sa partie supérieure. Longueur, 15 lignes.

15. Mitre bicolore. *Mitra casta.*

M. testá turritá, lævi, bruneá, albo-fasciatá; spiræ fasciis seriatim punctatis, subplicatis; columellá sexplicatá.

Mitra fasciata. Martyns, Conch. 1. f. 20.
Voluta casta. Chemn. Conch. 10. p. 136. Vign. 20. fig. C. D.
Gmel. p. 3455. n°. 137.
Mitra casta. Ann. ibid. n°. 15.

Habite les côtes septentrionales de l'île d'Amboine. Longueur, selon les figures de *Chemniz*, 2 pouces et un peu plus.

16. Mitre rayée. *Mitra nexilis.*

> *M. testâ subfusiformi, transversim fusco-lineatâ, punctis albis cinctâ.*

Martyns, Conch. 1. f. 22.

Mitra nexilis. Ann. ibid. n°. 16.

Habite sur les côtes des îles des Amis. Cette mitre et la précédente offrent tant d'intérêt par leurs caractères, que j'ai dû les mentionner, quoique je ne les connaisse pas.

17. Mitre olivaire. *Mitra olivaria.*

> *M. testâ ovato-fusiformi, læviusculâ, albidâ, fusco-fasciatâ; striis transversis obsoletis; columellâ quinqueplicatâ.*

An Lister, Conch. t. 813. f. 23. a ?

Encyclop. pl. 371. f. 3. a. b.

Mitra olivaria. Ann. ibid. n°. 17.

Habite.... Mon cabinet. Espèce rare, ayant un peu la forme d'une olive; et à spire pointue, beaucoup plus courte que le dernier tour. Longueur, 23 lignes.

18. Mitre scabriuscule. *Mitra scabriuscula.*

> *M. testâ fusiformi, longitudinaliter striatâ, transversè rugosâ : rugis ut plurimùm albo fuscoque articulatis; anfractibus convexis; columellâ quadriplicatâ, perforatâ; labro crenulato.*

Voluta scabriuscula. Lin. Gmel. p. 3450. n°. 48.

Mitra sphærulata. Martyns, Conch. 1. f. 21.

Encyclop. pl. 371. f. 5. a. b.

Mitra scabriuscula. Ann. ibid. p. 203. n°. 18.

Habite l'Océan des grandes Indes, les côtes des îles des Amis. Mon cab. Très-belle et très-rare espèce, qui paraît plus ou moins perfectionnée dans ses caractères, selon qu'elle vit ou dans l'Océan Pacifique ou dans les mers de l'Inde. Elle est allongée, fusiforme, à tours arrondis. Dans les individus de la mer Pacifique, les rides transverses sont toutes articulées de blanc et de brun; mais dans ceux de l'Océan indien, la moitié supérieure de la coquille est grisâtre, légèrement nuée de fauve, et ce n'est que sur le dernier tour, principalement sur la zône du milieu, que les rides sont articulées de blanc et de rouge-brun. L'exemplaire que je possède est au nombre de ces derniers. Longueur, 25 lignes.

Tom. VII.   20

19. Mitre granatine. *Mitra granatina.*

> *M. testâ fusiformi, longitudinaliter striatâ, albidâ, subfasciatâ,*
> *cingulis elevatis, angustis, granulatis, albo spadiceoque arti-*
> *culatis ; columellâ subquinqueplicatâ.*

Rumph. Mus. t. 29. fig. T.
Petiv. Amb. t. 9. f. 18.
Encyclop. pl. 571. f. 4. a. b.
Mitra granatina. Ann. ibid. nº. 19.

Habite l'Océan des grandes Indes. Mon cabinet. Voisine de la précédente par ses rapports, celle-ci s'en distingue par ses cordelettes transverses qui, au lieu d'être aplaties, sont distinctement
granuleuses. Elle est d'ailleurs moins grande et moins vivement
colorée. Longueur, 22 lignes.

20. Mitre à créneaux. *Mitra crenifera.*

> *M. testâ fusiformi, albâ, spadiceo seu fusco fasciatâ ; fusciis*
> *margine superiore lobatis ; rugis transversis granulatis ; colu-*
> *mellâ quadriplicatâ.*

Seba, Mus. 3. t. 49. f. 19. 20.
Encyclop. pl. 370. f. 3. a. b.
Mitra crenifera. Ann. ibid. p. 204. nº. 20.

Habite les mers de l'Inde. Mon cabinet. Elle est fort jolie, vivement
colorée, peu ventrue, et remarquable par les crénelures du bord
supérieur de ses zônes, lesquelles ressemblent à celles des anciennes
fortifications. Longueur, 14 lignes 3 quarts.

21. Mitre serpentine. *Mitra serpentina.*

> *M. testâ subfusiformi, albâ, aurantio-zonatâ, lineis spadiceis*
> *longitudinalibus undatis pictâ ; striis transversis excavato-*
> *punctatis ; columellâ quinque seu sexplicatâ.*

Encyclop. pl. 370. f. 4. a. b.
Mitra serpentina. Ann. ibid. nº. 21.

Habite..... l'Océan indien? Mon cabinet. Plus jolie encore, et au
moins aussi rare que la précédente, cette espèce est remarquable
par ses lignes longitudinales, ondées, colorées d'un rouge brun.
Les interstices de ses stries offrent des cordelettes lisses, un peu
aplaties, et ses tours de spire présentent un angle obtus vers leur
sommet. Longueur, 15 lignes et demie.

22. Mitre rubanée. *Mitra tæniata.*

*M. testâ elongatâ, fusiformi, angustâ, zonis alternatim luteis et
    albis ornatâ : earumdem marginibus nigris ; costis longitudina-
    libus obtusis ; interstitiis transversè striatis ; columellâ quadri-
    plicatâ; labro internè striato.*

Chemn. Conch. 10. t. 151. f. 1444. 1445.

Encyclop. pl. 373. f. 7. a. b.

Mitra tæniata. Ann. ibid. n°. 22.

Habite l'Océan indien. Mon cabinet. Très-belle espèce, toujours dis-
    tincte de la suivante par sa forme et sa coloration. Elle est fort
    allongée, et sa base forme une espèce de queue un peu ascen-
    dante. C'est une de celles auxquelles on donne vulgairement
    le nom de *minarets.* Longueur, 23 lignes et demie. Mais elle
    devient plus grande.

23. Mitre plicaire. *Mitra plicaria.*

*M. testâ ovato-fusiformi, longitudinaliter plicatâ, albidâ; fasciis
    fusco-nigris interruptis cinctâ; plicis elevatis, remotiusculis,
    anticè subspinosis; anfractibus supernè angulatis : ultimo zonâ
    lividâ cincto ; columellâ quadriplicatâ; labro intùs striato.*

Voluta plicaria. Lin. Gmel. p. 3452. n°. 55.

Lister, Conch. t. 820. f. 37.

Bonanni, Recr. 3. f. 65.

Petiv. Gaz. t. 56. f. 1.

Gualt. Test. t. 54. fig. F.

D'Argenv. Conch. pl. 9. fig. Q.

Favanne, Conch. pl. 31. fig. I 4.

Seba, Mus. 3. t. 49. f. 23. 24.

Knorr, Vergn. 1. t. 15. f. 5. 6. et 3. t. 27. f. 4.

Martini, Conch. 4. t. 148. f. 1362. 1363.

Encyclop. pl. 373. f. 6.

Mitra plicaria. Ann. ibid. p. 205. n°. 23.

Habite l'Océan indien. Mon cabinet. C'est une des moins effilées et
    des plus communes parmi les *minarets.* Bien plus raccourcie et
    autrement colorée que la précédente, elle est fortement plissée,
    et a sa spire bien étagée, presque muriquée, l'extrémité des plis
    formant une saillie un peu pointue à l'angle des tours. Elle est
    ridée transversalement vers sa base. Long., 23 lignes un quart.

24. Mitre ridée. *Mitra corrugata.*

*M. testâ ovato-fusiformi, longitudinaliter plicatâ, transversè
rugosâ, albidâ; fasciis cingulisque fuscis; anfractibus supernè
angulatis : ultimi anfractus angulo submuricato; columellâ
quadriplicatâ.*

Rumph. Mus. t. 29. fig. S.
Petiv. Amb. t. 13. f. 7.
Gualt. Test. t. 54. fig. A. E.
Seba, Mus. 3. t. 49. f. 31. 32. 35. 36. 38. 43. 44.
Encyclop. pl. 373. f. 8. a. b.
Mitra corrugata. Ann. ibid. n°. 24.
[b] *Var. testâ rubente; zonis albis.*
Knorr, Vergn. 6. t. 12. f. 5.
Martini, Conch. 4. t. 148. f. 1364.

Habite l'Océan indien. Mon cabinet. Celle-ci n'est pas moins commune que la précédente, et s'en rapproche beaucoup par ses rapports; mais elle est un peu moins ventrue, et s'en distingue
surtout par ses rides transverses, quoique petites, et par sa coloration, offrant, sur un fond blanc, des zônes brunâtres et des
fascies de même couleur, qui ne sont jamais interrompues. Longueur, 19 lignes.

25. Mitre costellaire. *Mitra costellaris.*

*M. testâ fusiformi, transversè striatâ, fuscatâ, albo-fasciatâ;
costis longitudinalibus crebris; anfractibus supernè angulatis,
ad angulum crenato-muricatis; columellâ quadriplicatâ.*

Gualt. Test. t. 54. fig. D.
Chemn. Conch. 10. t. 151. f. 1456. 1437.
Encyclop. pl. 373. f. 3.
Mitra costellaris. Ann. ibid. p. 206. n°. 25.
]b] *Var. costis laxioribus.*

Habite l'Océan indien. Mon cabinet. Quoique voisine des précédentes, on l'en distingue facilement en ce qu'elle est allongée,
étroite, que sa spire est bien étagée, et que ses côtes sont fréquentes et menues. Longueur, 21 lignes.

26. Mitre en lyre. *Mitra lyrata.*

*M. testâ fusiformi, angustâ, muticâ, albidâ, fasciis spadiceis
cinctâ; costis longitudinalibus angustis creberrimis; interstitiis
transversè striatis; anfractibus supernè obtusissimè angulatis;
columellâ quadriplicatâ.*

Chemn. Conch. 10. t. 151. f. 1434. 1435.

Encyclop. pl. 373. f. 1. a. b.

Mitra subdivisa. Ann. ibid. n°. 26.

Habite l'Océan indien. Mon cabinet. Elle est très-différente de celle qui précède, avec laquelle cependant on l'a confondue. C'est, en effet, une coquille tout-à-fait mutique, l'angle de chaque tour étant très-obtus et sans aspérités. Elle offre, dans toute sa longueur, une multitude de côtes étroites qui ressemblent, en quelque sorte, aux cordes d'une lyre. Longueur, 20 lignes un quart.

27. Mitre mélongène. *Mitra melongena.*

M. testâ fusiformi, albidâ, rufo-fuscescente fasciatâ; costellis longitudinalibus creberrimis; striis transversis, infra suturas profundioribus; spirá peracutâ; columellâ quadriplicatâ.

Encyclop. pl. 373. f. 9.

Mitra melongena. Ann. ibid. n°. 27.

Habite.... l'Océan indien? Mon cabinet. Plus ventrue au milieu et autrement colorée que le *M. lyrata,* bien distinguée du *M. costellaris* par son défaut d'angles et d'aspérités, elle constitue une espèce particulière, rare, et très-distincte. Elle a plusieurs zônes transverses, les unes d'un roux très-brun, les autres d'un fauve livide. Longueur, 17 lignes un quart.

28. Mitre sanglée. *Mitra cinctella.*

M. testâ fusiformi, transversè striatâ, albidâ, zonis lividis lineisque aliis rubris aliis cœruleis cinctâ; costis longitudinalibus infernè obsoletis; anfractibus supernè obtusè angulatis; columellâ quadriplicatâ.

Mitra cingulata. Ann. ibid. p. 207. n°. 28.

Habite..... l'Océan indien? Mon cabinet. C'est avec l'espèce suivante que cette mitre a le plus de rapports, et néanmoins elle paraît devoir en être distinguée. Elle est allongée, fusiforme, blanchâtre, zonée obscurément, et est ornée, sur chacun de ses tours, de deux lignes transverses, l'une rouge, l'autre bleuâtre. Son bord droit est strié intérieurement. Longueur, 2 pouces une ligne.

29. Mitre renardine. *Mitra vulpecula.*

M. testâ fusiformi, transversìm impresso-striatâ, longitudinaliter et obtusè costatâ, luteo-rufescente, fusco-zonatâ; apice basique nigricantibus; columellâ quadriplicatâ; labro intùs striato.

Voluta vulpecula. Lin. Gmel. p. 3451. n°. 54.

Rumph. Mus. t. 29. fig. R.

Petiv. Amb. t. 13. f. 6.

Gualt. Test. t. 54. fig. B. C.

Seba, Mus. 3. t. 49. f. 27. 28. 29. 30. 39. 40.

Knorr, Vergn. 3. t. 15. f. 2. et 5. t. 16. f. 3.

Martini, Conch. 4. t. 148. f. 1366.

Encyclop. pl. 373. f. 2.

Mitra vulpecula. Ann. ibid. n°. 29.

Habite l'Océan indien. Mon cabinet. On la distingue par ses côtes longitudinales obtuses, lesquelles sont presque nulles vers la base du dernier tour. Sa columelle et son bord droit sont maculés de brun. Longueur, 22 lignes un quart.

30. Mitre nègre. *Mitra caffra.*

M. testâ fusiformi, medio lævi, zonis alternatìm albo-luteis et rufo-fuscescentibus ornatâ ; basi transversè rugosâ ; spirâ longitudinaliter plicatâ transversimque striatâ ; columellâ quadriplicatâ.

Voluta caffra. Lin. Gmel. p. 3451. n°. 51.

Gualt. Test. t. 53. fig. E.

Seba, Mus. 3. t. 49. f. 21. 22. 41.

Knorr, Vergn. 5. t. 19. f. 4.

Martini, Conch. 4. t. 148. f. 1369. 1370.

Encyclop. pl. 373. f. 4.

Mitra caffra. Ann. ibid. p. 208. n°. 30.

Habite les mers de l'Asie. Mon cabinet. Bord droit strié à l'intérieur. Longueur, 20 lignes un quart.

31. Mitre sangsue. *Mitra sanguisuga.*

M. testâ fusiformi, transversim impresso-striatâ, longitudinaliter costatâ, fulvo-cærulescente, albo-zonatâ ; costis granulatis sanguineis ; columellâ quadriplicatâ.

Voluta sanguisuga. Lin. Gmel. p. 3450. n°. 50.

Lister, Conch. t. 821. f. 58.

Petiv. Gaz. t. 4. f. 5.

An Gualt. Test. t. 53. fig. F?

Seba, Mus. 3. t. 49. f. 11. 12. 15. 16.

Martini, Conch. 4. t. 148. f. 1373. 1374.

Encyclop. pl. 373. f. 10.

Mitra sanguisuga. Ann. ibid. n°. 31.

Habite l'Océan indien. Mon cabinet. Espèce très-jolie, mais imparfaitement figurée dans la plupart des ouvrages, ce qui l'a fait confondre avec la suivante. Ses côtes longitudinales sont très-menues, granuleuses, et d'un rouge vif. Longueur, 17 lignes.

32. Mitre stigmataire. *Mitra stigmataria.*

M. testâ cylindraceo-fusiformi, transversim impresso-striatâ, longitudinaliter costatâ, cinereo-cœrulescente ; lineis punctatis sanguineis cinctâ; costis granosis ; columellâ triplicatâ.

Rumph. Mus. t. 29. fig. V.

Petiv. Amb. t. 13. f. 9.

Knorr, Vergn. 4. t. 11. f. 4.

Regenf. Conch. 1. t. 1. f. 5.

Martini, Conch. 4. t. 148. f. 1367. 1368.

An voluta granosa? Chemn. Conch. 10. t. 151. f. 1442. 1443.

Mitra stigmataria. Ann. ibid. n°. 32.

Habite l'Océan indien. Mon cabinet. Jolie coquille, plus grêle que la précédente, et qui s'en distingue par des rangées transverses de points rouges situés sur les côtes et par sa columelle à trois plis. Longueur, 15 lignes et demie.

33. Mitre filifère. *Mitra filosa.*

M. testâ fusiformi, tenuissimè cancellatâ, cinguliferâ, straminea ; cingulis elevatis, angustis, crebris, intensè rubris ; columellâ quadriplicatâ.

Gualt. Test. t. 53. fig. H.

Voluta filosa. Born, Mus. t. 9. f. 9. 10.

Favanne, Conch. pl. 31. fig. C 7.

Voluta filosa. Gmel. p. 3465. n°. 111.

Mitra filosa. Ann. ibid. p. 209. n°. 33.

Habite.... Mon cabinet. Jolie espèce, facile à reconnaître par les nombreuses cordelettes élevées et purpurines qui l'entourent et l'ornent agréablement. Longueur, 16 lignes.

34. Mitre fendillée. *Mitra fissurata.*

M. testâ fusiformi, lœvissimâ, pallidè griseâ ; lineis albis obliquis reticulatim cancellatis fissuras œmulantibus ; columellâ quadriplicatâ.

Encyclop. pl. 371. f. 1. a. b.

Mitra fissurata. Ann. ibid. n°. 34.

Habite.... Mon cabinet. Espèce rare, très-singulière, et dont la surface, quoique fort lisse, ressemble, par ses lignes en réseau, à de
la faïence légèrement fendillée. Elle est fusiforme-cylindracée. Bord
supérieur des tours resserré près des sutures. Longueur, 17 lignes
3 quarts.

35. Mitre lactée. *Mitra lactea.*

M. testâ fusiformi, sublœvigatâ, pellucidâ, albâ ; striis transversis
obsoletis subpuncticulatis ; columellâ quadriplicatâ.

Chemn. Conch. 11. t. 179. f. 1735. 1736.
Encyclop. pl. 371. f. 2. a. b.
Mitra lactea. Ann. ibid. p. 210. n°. 35.

Habite.... les côtes occidentales d'Afrique ? Mon cabinet. Cette espèce,
que *Chemniz* regarde comme une variété de la suivante, me paraît en être bien distincte. Non-seulement elle devient plus grande,
mais elle est unicolore, et lorsque les individus ne sont pas usés
ou roulés, on aperçoit des stries transverses un peu pointillées que
l'autre n'offre pas. Longueur, 14 lignes un quart.

36. Mitre corniculaire. *Mitra cornicularis.*

M. testâ subturritâ, basi vix emarginatâ, lœvi, corneâ, albo fulvo-
que nebulatâ ; columellâ quadriplicatâ.

Schroëtter, Einl. in Conch. 1. t. 1. f. 13.
Chemn. Conch. 11. t. 179. f. 1733. 1734.
Mitra cornicula. Ann. ibid. n°. 36.

Habite les côtes occidentales d'Afrique. Mon cabinet. A-t-elle quelque
chose de commun avec le *V. cornicula* de Linné ? Ses tours sont
à peine convexes et presque continus, et la pointe de sa spire est
émoussée. Longueur, 9 lignes et demie.

37. Mitre jaunâtre. *Mitra lutescens.*

M. testâ subturritâ, basi vix emarginatâ, lœvi, corneâ, lutescente
aut pallidè fulvâ, immaculatâ ; columellâ triplicatâ.

Mitra lutescens. Ann. ibid. n°. 37.

Habite les côtes occidentales d'Afrique. Mon cabinet. Celle-ci est,
sans doute, très-voisine de la précédente ; mais elle est unicolore
et n'a que trois plis à la columelle. Longueur, 9 lignes un quart.

38. Mitre striatule. *Mitra striatula.*

> *M. testâ subturritâ, acutâ, striis elegantissimè cinctâ, albido-fulvâ; anfractibus margine superiore appressis; columellâ quinque seu sexplicatâ.*

Lister, Conch. t. 819. f. 33.

Encyclop. pl. 372. f. 6.

Mitra striatula. Ann. ibid. n°. 38.

Habite les mers d'Amérique. Mon cabinet. Ses stries fines, serrées, et régulièrement espacées, la caractérisent. Sa base est médiocrement échancrée. On en voit beaucoup de petits individus dans les collections. Longueur, 19 lignes. Mais rare de cette taille.

39. Mitre subulée. *Mitra subulata.*

> *M. testâ fusiformi-turritâ, subulatâ, longitudinaliter transversìmque impresso-striatâ, albido-carneâ, fulvo-nebulosâ; caudâ subreflexâ; columellâ quadriplicatâ.*

An Schroëtter, Einl. in Conch. 1. t. 1. f. 17?

Mitra subulata. Ann. ibid. p. 211. n°. 39.

Habite.... Mon cabinet. Celle-ci est allongée, étroite, subulée, et a l'aspect d'une vis. La strie transverse, voisine de chaque suture, est plus profonde que les autres. Longueur, 16 lignes et demie.

40. Mitre cornée. *Mitra cornea.*

> *M. testá ovato-fusiformi, acutâ, medio lœvigatâ, apice basique transversìm striatâ, corneo-fuscescente; columellâ quadriplicatâ.*

Mitra cornea. Ann. ibid. n°. 40.

Habite les côtes occidentales d'Afrique. Mon cabinet. Son dernier tour est ventru, lisse, mais ridé transversalement à sa base, qui est à peine échancrée. Spire pointue. Long., 12 lignes et demie.

41. Mitre bigarrée. *Mitra tringa.*

> *M. testâ ovato-acutâ, lœvi, basi rugosâ, albâ, maculis ferrugineis inœqualibus pictâ; columellâ triplicatâ; labro internè striato, gibbosulo.*

Voluta tringa. Lin. Gmel. p. 3449. n°. 44.

Gualt. Test. t. 43. fig. B.

Schroëtter, Einl. in Conch. 1. t. 1. f. 12.

Encyclop. pl. 374. f. 10. a. b.

Mitra tringa. Ann. ibid. n°. 41.

Habite la Méditerranée, sur les côtes d'Afrique. Mon cabinet. Elle a neuf ou dix tours. Les trois plis de sa columelle sont peu apparens, et elle semble se rapprocher des colombelles par le renflement de son bord droit. Longueur, 11 lignes.

42. Mitre mélanienne. *Mitra melaniana.*

M. testâ ovato-fusiformi, lævigatâ, fusco-nigricante; spirâ acutâ; columellâ quadriplicatâ.
Voluta nigra. Chemn. Conch. 10. t. 151. f. 1430. 1431.
Gmel. p. 3452. n°. 132.
Mitra melaniana. Ann. ibid. p. 212. n°. 42.
Habite les côtes de la Guinée, de l'Inde, et du Groënland, selon les auteurs cités. Espèce bien remarquable, partout brune ou noirâtre, et ayant l'aspect d'une mélanie. Elle est peu ventrue, à tours médiocrement convexes, dont le dernier est un peu strié à sa base. Columelle blanche. Longueur, 46 ou 47 millimètres. Collection du Muséum.

43. Mitre pie. *Mitra scutulata.*

M. testâ ovato-acutâ, transversim striatâ, fusco-nigricante, albo-maculatâ; columellâ quadriplicatâ.
Voluta scutulata. Chemn. Conch. 10. t. 151. f. 1428. 1429.
Gmel. p. 3452. n°. 131.
Mitra scutulata. Ann. ibid. n°. 43.
Habite l'Océan indien. Celle-ci m'est inconnue; ainsi je me borne à la mentionner.

44. Mitre dactyle. *Mitra dactylus.*

M. testá ovato-turbinatâ, striis impressis obsoletè punctulatis cinctâ, albidâ, fulvo-nebulosâ; spirâ brevissimâ, subdecussatâ; columellâ sexplicatâ.
Voluta dactylus. Lin. Gmel. p. 3443. n°. 25.
Lister, Conch. t. 813. f. 23.
Seba, Mus. 3. t. 53. fig. S.
Chemn. Conch. 10. t. 150. f. 1411. 1412.
Encyclop. pl. 372. f. 5. a. b.
Mitra dactylus. Ann. ibid. n°. 44.
Habite dans le golfe du Bengale. Mon cabinet. Coquille peu commune, épaisse, turbinée comme un cône, à spire fort courte, légèrement treillissée. Longueur, 17 lignes.

45. Mitre gauffrée. *Mitra fenestrata.*

M. testâ ovato-cylindraceâ, subturbinatâ, clathratâ, albido-fulvâ; costellis longitudinalibus obtusis; cingulis transversis acutioribus, fusco-maculatis, costellas decussantibus; spirâ brevissimâ, acutâ; columellâ novemplicatâ.

Encyclop. pl. 372. f. 3. a. b.

Mitra fenestrata. Ann. ibid. n°. 45.

Habite les mers de l'Inde. Mon cabinet. Coquille très-rare, précieuse, plus petite, moins turbinée et moins épaisse que la précédente. Spire courte et conique. Longueur, 12 lignes et demie.

46. Mitre crénelée. *Mitra crenulata.*

M. testâ cylindraceâ, striis impresso-punctatis cinctâ, albâ, lutec-nebulosâ; suturis labroque crenulatis; spirâ brevissimâ, conicâ; columellâ octoplicatâ.

Voluta crenulata. Chemn. Conch. 10. t. 150. f. 1413. 1414.

Gmel. p. 3452. n°. 130.

Encyclop. pl. 372. f. 4. a. b.

Mitra crenulata. Ann. ibid. p. 213. n°. 46.

Habite l'Océan des grandes Indes. Mon cabinet. Celle-ci est plus cylindracée que celle qui précède. Elle est finement striée et treillissée, et a ses sutures marginées et crénelées. Longueur, 13 lignes et demie.

47. Mitre tricotée. *Mitra texturata.*

M. testâ ovato-acutâ, ventricosâ, albo ferrugineoque variegatâ; sulcis transversis impressis distantibus : interstitiis rugæformibus granosis; striis longitudinalibus impressis confertis; columellâ quadriplicatâ.

Lister, Conch. t. 819. f. 36.

Encyclop. pl. 372. f. 2. a. b.

Mitra texturata. Ann. ibid. n°. 47.

Habite..... Mon cabinet. Elle s'éloigne un peu des précédentes par sa forme et le nombre des plis de sa columelle. Spire un peu saillante. Longueur, 14 lignes un quart.

48. Mitre petit-cône. *Mitra conulus.*

M. testâ obversè conicâ, albo-virente, lineis fuscis tenuissimis remotiusculis cinctâ; spirá brevi, conico-acutâ, crenulatâ et granosâ; ultimo anfractu basi transversìm striato; columellâ sexplicatâ.

Lister, Conch. t. 814. f. 23. b.
Voluta conus. Chemn. Conch. 10. t. 150. f. 1415. 1416.
Gmel. p. 3449. n°. 140.
Encyclop. pl. 382. f. 2. a. b.
Mitra conulus. Ann. ibid. n°. 48.
Habite... Mon cabinet. Coquille turbinée, ayant la forme et l'aspéct d'un petit cône, mais dont le genre est caractérisé par les plis de sa columelle. Longueur, 14 lignes trois quarts.

49. Mitre limbifère. *Mitra limbifera.*

M. testâ ovato-fusiformi, lævigatâ, basi rugosâ, aurantio-fulvâ; anfractuum inferiorum limbo albo planiusculo; columellâ quadriplicatâ.

An Martini, Conch. 4. t. 150. f. 1393? 1394?
An voluta aurantia? Gmel. p. 3454. n°. 60.
Mitra limbifera. Ann. ibid. p. 214. n°. 49.
Habite..... Collection du-Muséum. Longueur, 38 millimètres.

50. Mitre orangée. *Mitra aurantiaca.*

M. testâ ovatâ, transversìm sulcatâ, aurantiá, albo-zonatâ; columellâ quadriplicatâ; labro crenulato.

Encyclop. pl. 375. f. 5.
Mitra aurantiaca. Ann. ibid. n°. 50.
Habite.... Mon cabinet. Plus petite que la précédente, et simplement ovale, elle est partout sillonnée transversalement, et offre, vers le sommet de son dernier tour, une fascie blanche. Les autres tours sont blancs inférieurement, et orangés vers leur partie supérieure. Longueur, 10 lignes un quart.

51. Mitre amphorelle. *Mitra amphorella.*

M. testâ ovato-acutâ, lævigatâ, basi transversè sulcatâ, olivaceo-fuscâ; anfractuum limbo superiore lutescente; columellâ quadriplicatâ, supernè callosâ.

Mitra amphorella. Ann. ibid. n°. 51.

Habite.... Mon cabinet. Coquille ovale, lisse et bombée en son milieu, pointue et sillonnée aux extrémités, et ayant une callosité
blanchâtre au sommet de sa columelle. Longueur, près d'un pouce.

52. Mitre couronnée. *Mitra coronata.*

*M. testâ ovato-fusiformi, striis excavato-punctatis cinctâ, fulvâ
vel spadiceâ; anfractuum limbo superiore albo subcrenato; columellâ quinqueplicatâ.*

Voluta coronata. Chemn. Conch. 11. t. 178. f. 1719. 1720.

Encyclop. pl. 371. f. 6. a. b.

Mitra coronata. Ann. ibid. n°. 52.

Habite.... Mon cabinet. Celle-ci est plus allongée et moins bombée
que la précédente, et a ses tours bordés de blanc et un peu crénelés sous les sutures. Longueur, 11 lignes trois quarts.

53. Mitre zébrée. *Mitra paupercula.*

*M. testâ ovato-oblongâ, lævigatâ, basi striatâ, albâ, lineis spadiceis
longitudinalibus radiatìm pictâ; columellâ quadriplicatâ; labro
sinuoso.*

Voluta paupercula. Lin. Gmel. p. 3447. n°. 37.

Lister, Conch. t. 819. f. 35.

Gualt. Test. t. 54. fig. L.

Knorr, Vergn. 4. t. 26. f. 5.

Martini, Conch. 4. t. 149. f. 1386. 1387.

Encyclop. pl. 372. f. 8. a. b.

Mitra zebra. Ann. ibid. p. 215. n°. 53.

[b] *Var. testâ penitùs transversìm striatâ; labro non sinuoso.*

An voluta pica? Chemn. Conch. 11. t. 178. f. 1721. 1722.

Encyclop. pl. 372. f. 7. a. b.

Habite l'Océan indien. Mon cabinet. Jolie coquille, remarquable
par les raies longitudinales, ondées, et d'un beau rouge-brun,
dont elle est ornée. Longueur, 16 lignes et demie.

54. Mitre cucumérine. *Mitra cucumerina.*

*M. testâ ovatâ, ventricosâ, sulcis elevatis cinctâ, aurantiâ; ul-
timo anfractu fasciâ albâ subinterruptâ cincto; spirâ apice
obtusâ; columellâ quadriplicatâ.*

Martini, Conch. 4. t. 150. f. 1398. 1399.

Encyclop. pl. 375. f. 1.

Mitra cucumerina. Ann. ibid. n°. 54.

Habite.... Mon cabinet. Cette mitre ressemble à un petit baril ventru, bien cerclé. Longueur, un pouce.

55. Mitre patriarchale. *Mitra patriarchalis.*

M. testâ ovatâ, transversè striatâ, basi granosâ, albâ, fulvo vel spadiceo zonatâ; anfractibus supernè angulatis, longitudinaliter plicatis, nodosis : nodis albis; spirâ apice obtusâ; columellâ quadriplicatâ.

Chemn. Conch. 1o. t. 15o. f. 1425. 1426.

Voluta patriarchalis. Gmel. p. 346o. n°. 138.

Encyclop. pl. 374. f. 1. a. b. *è specimine juniore.*

Mitra patriarchalis. Ann. ibid. p. 216. n°. 55.

Habite l'Océan indien. Mon cabinet. Cette mitre est fort jolie, et ses caractères sont bien prononcés. Sa moitié supérieure ressemble à une thiare blanche, étagée, et couronnée de tubercules. Une large zône d'un rouge brun orne son dernier tour. Long., 9 lignes un quart.

56. Mitre muriculée. *Mitra muriculata.*

M. testâ ovatâ, transversè sulcato-granosâ, aurantiâ; anfractibus supernè angulatis : angulo tuberculis coronato ; spirâ brevi ; columellâ quadriplicatâ.

Chemn. Conch. 10. t. 15o. f. 1427.

Mitra muriculata. Ann. ibid. n°. 56.

Habite..... l'Océan indien ? Mon cabinet. Moins ornée et plus raccourcie que la précédente, celle-ci doit être distinguée comme espèce. Sa spire est courte et pointue ; ses stries granuleuses sont toutes égales, et sa coloration est uniforme. Bord droit crénelé. Longueur, 8 lignes un quart.

57. Mitre toruleuse. *Mitra torulosa.*

M. testâ ovato-turritâ, tenuissimè decussatâ, cinereâ; anfractibus longitudinaliter plicatis : plicis spadiceis, in ultimo anfractu supernè eminentioribus, compressis; columellâ quadriplicatâ.

Mitra torulosa. Ann. ibid. n°. 57.

Habite.... l'Océan indien? Mon cabinet. Petite coquille ovale-turriculée, à spire allongée, pointue, composée de huit ou neuf tours bien convexes, et ayant l'intérieur du bord droit strié. Elle est jolie et même élégante. Longueur, 10 lignes un quart.

58. Mitre bois-d'ébène. *Mitra ebenus.*

> M. *testâ ovato-acutâ, lævigatâ, basi subrugosâ, nigrâ; plicis longitudinalibus obsoletis; anfractibus convexis, infra suturas lineâ albidâ obscurè cinctis; columellâ quadriplicatâ.*
>
> *Mitra ebenus.* Ann. ibid. n°. 58.
>
> Habite la Méditerranée, dans le Golfe de Tarente. Mon cabinet. Coquille remarquable par sa coloration. Longueur, 9 lignes et demie.

59. Mitre harpiforme. *Mitra harpæformis.*

> M. *testâ ovato-turritâ, apice obtusâ, aurantio-rubrâ, albo-fasciatâ; costellis albis longitudinalibus, æqualiter distantibus, in summitate nodulosis; interstitiis transversè striatis; columellâ subquadriplicatâ.*
>
> *Mitra harpifera.* Ann. ibid. p. 217. n°. 59.
>
> [b] *Var. testâ vix turritâ, apice acutâ, fuscescente, albo-fasciatâ; columellâ triplicatâ.*
>
> Habite l'Océan indien. Mon cabinet. Petite coquille, remarquable par ses côtes longitudinales qui ressemblent aux cordes d'une harpe et qui, près de leur sommet, portent chacune un petit nœud rougeâtre ou pourpré. Longueur, 9 lignes.

60. Mitre semi-fasciée. *Mitra semifasciata.*

> M. *testâ ovatâ, longitudinaliter costatâ, supernè albâ, basi fulvo-rubente; costellis confertis, in summitate crassulatis; interstitiis transversè striatis; columellâ triplicatâ.*
>
> *Mitra semifasciata.* Ann. ibid. n°. 60.
>
> Habite l'Océan indien. Mon cabinet. Voisine de la précédente par ses rapports, mais plus petite et moins jolie, ses côtes ne portent point de nœuds à leur sommet, et sa coloration est différemment disposée. Une ligne brune, transverse et interrompue, se trouve sur la partie inférieure de chaque tour. Longueur, 7 lignes et demie.

61. Mitre rétuse. *Mitra retusa.*

> M. *testâ obovatâ, infernè transversìm striatâ, albâ, lineis longitudinalibus spadiceis radiatìm pictâ; ultimo anfractu fasciâ albâ lineas decussante; spirâ brevi, obtusâ; columellâ quadriplicatâ.*

Schroëtter, Einl. in Conch. 1. t. 1. f. 11.

Mitra retusa. Ann. ibid. n°. 61.

[*b*] *Var. lineis rubris.*

Habite l'Océan indien. Mon cabinet. Constamment distincte de M. *paupercula*, cette espèce est principalement remarquable par sa spire courte, presque rétuse. Elle a, sur le milieu de son dernier tour, une fascie blanche qui croise quantité de lignes rougeâtres et longitudinales. Bord droit épaissi et un peu renflé en sa face interne. Longueur, 9 lignes un quart.

62. Mitre petites-zônes. *Mitra microzonias.*

M. testâ ovatâ, longitudinaliter obtusèque costatâ, basi transversè rugosâ, fusco-nigricante, fasciis albis angustis subinterruptis cinctâ; columellâ triplicatâ.

Encyclop. pl. 374. f. 8. a. b.

Mitra microzonias. Ann. ibid. p. 218. n°. 62.

Habite l'Océan indien. Mon cabinet. Spire un peu obtuse; une seule fascie sur chaque tour. Longueur, 8 lignes un quart.

63. Mitre ficuline. *Mitra ficulina.*

M. testâ ovatâ, transversè striatâ, rufo-fuscá seu nigrâ; costis longitudinalibus supernè incrassatis, obtusis; columellâ subquadriplicatâ.

Mitra ficulina. Ann. ibid. n°. 63.

Habite l'Océan indien. Mon cabinet. Celle-ci est partout striée transversalement et n'a point de fascies. Spire un peu obtuse. Longueur, 9 lignes.

64. Mitre nucléole. *Mitra nucleola.*

M. testâ ovatâ, longitudinaliter et obsoletè costatâ, transversìm tenuissimè striatâ, luteo-fulvâ; spirâ apice obtusâ; columellâ subquadriplicatâ.

Mitra nucleola. Ann. ibid. n°. 64.

Habite.... Mon cabinet. Elle est moins ventrue que la précédente, et n'offre que des côtes obsolètes. Spire émoussée au sommet. Longueur, 7 lignes et demie.

65. Mitre unifasciale. *Mitra unifascialis.*

M. testâ ovato-acutâ, transversim striatâ, longitudinaliter et
obsoletè costatâ, aurantiâ; anfractibus fasciâ albidâ cinctis;
columellâ quadri seu quinqueplicatâ.

Mitra unifascialis. Ann. ibid. p. 219. n°. 65.

Habite..... Mon cabinet. Longueur, 8 lignes.

66. Mitre bâtonnet. *Mitra bacillum.*

M. testâ fusiformi, subcylindraceâ, transversè sulcatâ, fuscescente, albido-undatâ; spirâ brevi, obtusiusculâ; columellâ sexplicatâ.

Mitra bacillum. Ann. ibid. n°. 66.

Habite.... Mon cabinet. Ouverture allongée, étroite. Long., 7 lignes
et demie.

67. Mitre conulaire. *Mitra conularis.*

M. testâ angusto-turbinatâ, albo fuscoque marmoratâ; striis transversis remotis; spirâ acuminatâ; columellâ quadriplicatâ.

Mitra conularis. Ann. ibid. n°. 67.

Habite.... Collection du Muséum. Longueur, 19 à 20 millimètres.

68. Mitre sablée. *Mitra arenosa.*

M. testâ ovato-turritâ, decussatâ, subgranosâ, albâ; anfractibus
fasciâ pallidè fulvâ distinctis; columellâ quadriplicatâ.

Mitra arenosa. Ann. ibid. n°. 68.

Habite.... Collection du Muséum. Queue un peu ascendante. Long.,
2 centimètres.

69. Mitre petit-clou. *Mitra clavulus.*

M. testâ turritâ, lœvi, albido-lutescente; lineis nigris transversis
remotis; anfractibus complanatis; columellâ tri seu quadriplicatâ.

Mitra clavulus. Ann. ibid. n°. 69.

Habite.... Collection du Muséum. Ses tours sont au nombre de sept
et planulés. Longueur, 25 à 26 millimètres.

70. Mitre écrite. *Mitra litterata.*

M. testâ ovatâ, ventricosâ, albidâ; striis transversis puncticulatis;
maculis fuscis oblongis characteriformibus fasciatis.

Tome VII. 21

Mitra litterata. Ann. ibid. p. 220. n°. 70.

Habite l'Océan indien. Collection du Muséum. Long., 2 cent.

71. Mitre de Péron. *Mitra Peronii.*

M. *testâ ovato-conicâ, transversè sulcatâ, aurantiâ vel fuscâ, anfractibus fasciâ albidâ cinctis; columellâ quadriplicatâ.*

Mitra Peronii. Ann. ibid. n°. 71.

[b] *Var. testâ breviore.*

Habite l'Océan austral ou des grandes Indes. *Péron.* Mon cabinet. La fascie des tours de la spire est à leur base; celle du dernier tour est un peu au-dessus de son milieu. Long., 9 lignes 3 quarts.

72. Mitre côtes-obliques. *Mitra obliquata.*

M. *testâ ovato-conicâ, fulvâ; costis longitudinalibus obliquatis, subgranosis; columellâ quadriplicatâ.*

Mitra obliquata. Ann. ibid. n°. 72.

Habite.... Collection du Muséum. Long., 15 ou 16 millimètres.

73. Mitre plombée. *Mitra plumbea.*

M. *testâ ovato-conicâ, lævi, nitidâ, corneâ; lineâ albidâ transversali; columellâ triplicatâ.*

Mitra plumbea. Ann. ibid. n°. 73.

Habite.... Collection du Muséum. Coquille lisse, luisante, d'un brun corné et comme plombé. Long., 16 millimètres.

74. Mitre larve. *Mitra larva.*

M. *testâ ovato-conicâ, basi transversè rugosâ, griseâ, subfulvâ; costellis longitudinalibus supernè granosis; columellâ bi seu triplicatâ.*

Mitra larva. Ann. ibid. n°. 74.

Habite l'Océan des grandes Indes. Collection du Muséum. Bord droit strié intérieurement. Long., 17 ou 18 millimètres.

75. Mitre pisoline. *Mitra pisolina.*

M. *testâ ovatâ, longitudinaliter et obtusè costatâ, lutescente, nigro-maculatâ; striis transversis intercostalibus; columellâ bi seu triplicatâ.*

Mitra pisolina. Ann. ibid. p. 221. n°. 75.

[b] *Var. testâ aurantiâ, albo-maculatâ.*

Habite l'Océan indien. Mon cabinet. Petite coquille ovale, ventrue, presque globuleuse; jaunâtre ou orangée, et tachetée irrégulièrement, soit de noir, soit de blanc. Elle est assez jolie. Longueur, 5 lignes 3 quarts; de sa variété, 7.

76. Mitre dermestine. *Mitra dermestina.*

M. testâ ovatâ, costellatâ, inter costas transversè striatâ, castaneo et albo variegatâ; plicis columellæ quáternis.

Mitra dermestina. Ann. ibid. n°. 76.

Habite l'Océan des grandes Indes. Mon cabinet. Longueur, 6 lignes un quart.

77. Mitre granulifère. *Mitra granulifera.*

M. testâ minimâ, ovatâ; costis longitudinalibus granosis spadiceis; interstitiis cinereis; columellâ obsoletè plicatâ; labro intùs dentato.

Mitra granulifera. Ann. ibid. n°, 77.

Habite l'Océan des grandes Indes. Mon cabinet. Longueur, près de 4 lignes.

78. Mitre cloportine. *Mitra oniscina.*

M. testâ ovato-acutâ, decussatâ, granosâ, fusco alboque fasciatâ; columellâ quadriplicatâ.

Mitra oniscina. Ann. ibid. n°. 78.

Habite l'Océan des grandes Indes. Mon cabinet. Longueur, 6 lignes quarts.

79. Mitre petit-taon. *Mitra tabanula.*

M. testâ ovato-acutâ, fulvo rubente; cingulis elevatis transversis; interstitiis longitudinaliter striatis; columellâ tri seu quadriplicatâ; labro crenulato.

Mitra tabanula. Ann. ibid. p. 222. n°. 79.

Habite l'Océan des grandes Indes. Mon cabinet. Celle-ci est remarquable par ses cordelettes transverses et nombreuses, et par les stries fines et longitudinales de leurs interstices. Long., 6 lignes.

80. Mitre pou. *Mitra pediculus.*

M. testâ ovatâ, spadiceâ; cingulis albis elevatis crebris; columellâ triplicatâ; labro crenulato.

Mitra pediculus. Ann. ibid. n°. 80.

-Habite l'Océan des grandes Indes. Mon cabinet. Cette mitre et les
six précédentes ont été rapportées par *Péron* des mers de l'Inde
et de la Nouvelle-Hollande. Long., 5 lignes 3 quarts.

Espèces fossiles.

1. Mitre petites-côtes. *Mitra crebricosta.*

M. *testâ ovato-fusiformi; costis crebris longitudinalibus, infernè
obsoletis; columellâ quadriplicatâ.*

Mitra crebricosta. Annales du Mus. vol. 2. p. 58. n°. 1.

Habite.... Fossile de Grignon. Mon cabinet et celui de M. *Defrance.*
Longueur de l'individu que je possède, 4 lignes et demie.

2. Mitre monodonte. *Mitra monodonta.*

M. *testâ ovato-acutâ, læviusculâ, supernè longitudinaliter striatâ;
labro intùs unidentato.*

Mitra monodonta. Ann. ibid. n°. 2.

Habite.... Fossile de Grignon. Mon cabinet. Elle est remarquable
par une dent placée sur la face interne du bord droit de son ouverture. Longueur, 6 lignes trois quarts.

3. Mitre marginée. *Mitra marginata.*

M. *testâ ovatâ, læviusculâ; anfractibus margine variculoso cre-
nulatoque subduplicatis.*

Mitra marginata. Ann. ibid. n°. 3.

Habite..... Fossile de Grignon. Mon cabinet. Le bord supérieur de
chaque tour de spire offre un petit bourrelet crénelé qui distingue
cette espèce. Longueur, 5 lignes.

4. Mitre plicatelle. *Mitra plicatella.*

M. *testâ fusiformi, lævigatâ; anfractibus margine subplicatis;
columellâ quadriplicatâ.*

Mitra plicatella. Ann. ibid. n°. 4.

Habite.... Fossile de Grignon. Cabinet de M. *Defrance.* Elle est
lisse, un peu plissée sur le bord de ses tours de spire.

5. Mitre labratule. *Mitra labratula.*

M. testâ ovato-acutâ, lœviusculâ, supernè costulis striisque transversis decussatâ; labro crasso, marginato.

Mitra labratella. Encyclop. pl. 392. f. 3. a. b.

Mitra labratula. Ann. ibid. n°. 5.

Habite.... Fossile de Grignon, où elle est assez commune. Mon cab.
Longueur, 10 lignes un quart.

6. Mitre côtes-rares. *Mitra raricosta.*

M. testâ ovato-acutâ; costis longitudinalibus, distantibus, muticis; labro crasso, marginato, intùs subunidentato.

Voluta labiata. Chemn. Conch. 11. t. 212. f. 3008. 3009.

Mitra raricosta. Ann. ibid. n°. 6.

Habite..... Fossile de Grignon. Mon cabinet. Elle est remarquable
par les côtes rares et longitudinales dont elle est ornée à l'extérieur. Sa columelle a quatre plis, et laisse voir la lèvre gauche
qui la recouvre. Longueur, 9 lignes.

7. Mitre mixte. *Mitra mixta.*

M. testâ fusiformi, lœvigatâ, basi apiceque obsoletè striatâ
aperturâ vix emarginatâ.

Mitra mixta. Ann. ibid. p. 59. n°. 7.

Habite..... Fossile de Grignon. Mon cabinet. Elle a des rapports avec
certaines marginelles; mais elle a les plis des mitres, et n'a point
de bourrelet marginal. Longueur, 9 lignes un quart.

8. Mitre cancelline. *Mitra cancellina.*

M. testâ subfusiformi, lœvigatâ; labro internè striato; aperturâ
basi subintegrâ.

Mitra cancellina. Ann. ibid. n°. 8.

Habite..... Fossile de Grignon. Cabinet de M. *Defrance.* Le bord
droit de son ouverture est strié intérieurement.

9. Mitre tarrière. *Mitra terebellum.*

M. testâ fusiformi-turritâ, lœvigatâ, infernè striatâ; aperturâ
basi subintegrâ.

Encyclop. pl. 392. f. 2. a. b. c. d.

Mitra terebellum. Ann. ibid. n°. 9.

Habite..... Fossile de Grignon. Mon cabinet. Coquille grêle, un peu...
turriculée, et à peine échancrée à la base de son ouverture...
Longueur, 7 lignes.

10. **Mitre fuselline.** *Mitra fusellina.*

M. testâ ovato-fusiformi, lœvi, minutâ, basi transversìm striatâ...
anfractibus superné marginatis.

Mitra fusellina. Ann. ibid. n°. 10.

Habite.... Fossile de Grignon. Cabinet de M. *Defrance.* Elle est fort...
petite, et n'a que 4 ou 5 millimètres de longueur.

11. **Mitre graniforme.** *Mitra graniformis.*

M. testâ ovatâ, longitudinaliter costulatâ; anfractibus margi-
natis.

Mitra graniformis. Ann. ibid. n°. 11.

Habite.... Fossile de Parnes, près Magny. Mon cabinet. Espèce très—
petite, fort jolie et bien caractérisée par ses côtes longitudinales
et par les bourrelets de ses tours. Longueur, 2 à 3 lignes.

12. **Mitre mutique.** *Mitra mutica.*

M. testâ ovato-acutâ, lœvigatâ; anfractibus undiquè simplicibus;
plicis columellæ quaternis.

Encyclop. pl. 392. f. 1. a. b.
Mitra mutica. Ann. ibid. p. 60. n°. 12.

Habite..... Fossile de Grignon. Mon cabinet. Elle est remarquable...
en ce que ses tours ne sont nullement striés. Longueur, 11 lignes...
et demie.

13. **Mitre allongée.** *Mitra elongata.*

M. testâ fusiformi-turritâ, lœvigatâ; columellâ subquinque-
plicatâ.

D'Argenv. Fossiles, pl. 29. [Buccinite, 2ᵉ. fig. du n°. 6.]
Mitra elongata. Ann. ibid. n°. 13.
[*b*] *Eadem striis transversis vix perspicuis.*

Habite..... Fossile de Montmirail en Brie. Mon cabinet. Coquille...
allongée, turriculée, lisse, et qui a 2 pouces une ligne de longueur. Sa variété est encore un peu plus longue.

14. **Mitre citharelle.** *Mitra citharella.*

> M. testâ ovato-acutâ, subventricosâ; costis longitudinalibus, dis-
> tantibus, muticis; columellâ nudâ, quadriplicatâ.
>
> *Mitra citharella.* Ann. ibid. n°. 14.
>
> Habite.... Fossile de Grignon. Cabinet de M. *Defrance.* Elle a beau-
> coup de rapports avec la mitre côtes-rares; mais elle est plus
> ventrue. Son bord droit n'a ni bourrelet ni dent intérieure, et
> sa columelle n'est pas recouverte par un bord gauche apparent.

VOLUTE. (Voluta.)

Coquille ovale, plus ou moins ventrue, à sommet obtus
ou en mamelon, à base échancrée et sans canal. Columelle
chargée de plis dont les inférieurs sont les plus grands et
les plus obliques. Point de bord gauche.

*Testa ovata, plùs minusvè ventricosa; apice papil-
lari; basi emarginatá; canali nullo. Columella plicata :
plicis inferioribus majoribus et magis obliquis. Lamina
columellaris nulla.*

OBSERVATIONS.

Le genre *voluta* de Linné, quoique caractérisé d'une manière
assez distincte, d'après la considération de l'existence des plis sur
la columelle de la coquille, est très-peu naturel; car il réunit des
coquillages de familles différentes qu'il faut distinguer, séparer et
écarter, parce qu'elles ne s'avoisinent point. Il comprend effectivement des coquilles à ouverture entière, comme les auricules;
d'autres à ouverture canaliculée à la base, comme les fasciolaires
et les turbinelles qui avoisinent les rochers; enfin, d'autres encore
dont l'ouverture est simplement échancrée à sa base, comme celle
des buccins, etc. : ce qui lui donne une étendue extrêmement considérable, nuisible à l'étude des espèces, et défectueuse à l'égard
des rapports entre les objets réunis.

Bruguières avait commencé la réforme de ce genre trop nombreux, établi par *Linné*, en supprimant avec raison les espèces dont la coquille n'est pas échancrée à sa base. J'ai ensuite porté plus loin cette réforme, et j'ai séparé du genre *voluta* de Linné les mitres, les colombelles, les marginelles, les cancellaires et les turbinelles, qui sont des genres distingués d'une manière remarquable des véritables *volutes*, et dont deux sont d'une autre famille.

Le genre des *volutes*, tel qu'il est ici caractérisé, est beaucoup plus circonscrit qu'il ne l'était, paraît plus naturel, et n'offre plus d'association disparate, comme auparavant. Il comprend néanmoins un grand nombre d'espèces, parmi lesquelles quantité sont très-précieuses par leur rareté, par la beauté, la vivacité et la diversité de leurs couleurs. On peut dire que c'est un des plus beaux genres de la conchyliologie, et qu'il forme un des plus riches ornemens des collections.

Les espèces sont en général lisses, brillantes, et il ne paraît pas qu'aucune d'elles soit pourvue de drap marin. Dans les unes, la coquille est très-ventrue et presque bombée comme les tonnes; dans d'autres, elle est simplement ovale et chargée de tubercules plus ou moins piquans; enfin, dans d'autres encore, elle est ovale-conique, allongée, presque fusiforme ou turriculée, et se rapproche de la forme des mitres. Ces considérations fournissent des moyens de diviser le genre, sans rompre les rapports qui lient entre elles les espèces et en facilitent l'étude.

Ces coquillages sont tous marins, et vivent en général dans les mers des pays chauds. Aucune des espèces connues de ce genre ne vit dans nos mers.

C'est avec les mitres que les *volutes* ont le plus de rapports; mais elles en sont éminemment distinguées : 1°. par les plis de leur columelle dont les inférieurs sont les plus gros et les plus obliques; 2°. par l'extrémité de leur spire qui est obtuse ou en mamelon.

J'ai distingué les espèces de ce genre en quatre petites familles que les rapports indiquent assez bien, mais que l'on ne doit pas

séparer, parce qu'elles sont liées entre elles de manière à devoir
constituer un seul genre.

L'animal des *volutes* est un trachélipode carnassier qui ne respire que l'eau. Sa tête est munie de deux tentacules pointus, portant
les yeux à leur base extérieure. Sa bouche est en trompe allongée,
cylindrique, rétractile, garnie de petites dents crochues. Un tube
pour conduire l'eau aux branchies et saillant obliquement derrière la tête ; pied fort ample ; point d'opercule.

ESPÈCES.

[a] *Coquille ventrue, bombée.* Les Gondolières. [*Cymbiolæ.*]

1. Volute nautique. *Voluta nautica.*

> *V. testâ ventricosissimâ, tumidâ, fulvo-rufescente ; spirâ brevis-*
> *simâ, spinis brevibus, versùs axem penitùs inflexis coronatâ ;*
> *columellâ triplicatâ.*

Seba, Mus. 3. t. 64. f. 2.

Martini, Conch. 3. t. 75. f. 785.

Encyclop. pl. 387. f. 2.

Habite l'Océan asiatique. Mon cabinet. Grande et belle coquille,
très-bombée, singulièrement remarquable par la direction des
épines qui couronnent sa spire. Ces épines sont courtes, surtout
dans les vieux individus, pliées en deux, et toutes couchées horizontalement, se dirigeant vers l'axe de la spire. Long., 7 pouces
9 lignes.

2. Volute diadème. *Voluta diadema.*

> *V. testâ ventricosâ, fulvo-aurantiâ, interdùm albo-marmoratâ ;*
> *spirâ spinis fornicatis rectiusculis coronatâ ; columellâ tri-*
> *plicatâ.*

Rumph. Mus. t. 31. fig. B.

Petiv. Amb. t. 7. f. 5.

Gualt. Test. t. 29. fig. H.

An Favanne, Conch. pl. 28. fig. B 3? *spinis nimiùm longis.*

Martini, Conch. 3. t. 74. f. 780.

Encyclop. pl. 388. f. 2.

Voluta diadema. Annales du Mus. vol. 17. p. 57. n°. 1.

Habite l'Océan asiatique. Mon cabinet. Cette belle volute constitue une espèce très-distincte, et qui acquiert aussi un assez grand volume. Elle est marbrée de blanc sur un fond jaunâtre; mais, dans son plus grand accroissement, elle est presque unicolore. Ses épines sont des écailles concaves, voûtées, pointues, presque droites, peu fréquentes sur le sommet du dernier tour; et plus grandes à mesure qu'elles s'approchent du bord droit. Longueur, 7 pouces une ligne.

3. Volute armée. *Voluta armata.*

V. testâ ventricosâ, supernè attenuatâ, luteo-aurantiâ, anteriùs albo-marmoratâ; spirâ spinis rectis prælongis coronatâ; columellâ triplicatâ.

Martini, Conch. 3. t. 76. f. 787. 788.

Encyclop. pl. 388. f. 1.

Voluta armata. Ann. ibid. n°. 2.

[*b*] *Var. testâ transversìm bifasciatâ.*

Seba, Mus. 3. t. 65. f. 1. 2.

Habite les mers du cap de Bonne-Espérance. Collect. du Mus. Elle est distincte de la précédente par les longues épines dont elle est couronnée, et parce que son dernier tour s'amincit davantage vers son sommet.

4. Volute ducale. *Voluta ducalis.*

V. testâ cylindraceo-ventricosâ, albidâ, maculis castaneis irregularibus biseriatìm cinctâ, venis rufis longitudinalibus flexuosis subreticulatâ; spirâ spinis brevissimis coronatâ; columellâ quadriplicatâ.

Voluta ducalis. Ann. ibid. n°. 3. *varietatibus exclusis.*

Habite l'Océan indien. Mon cabinet. Celle-ci est remarquable par ses épines très-courtes, qui ressemblent à des dents ou à de petits tubercules pointus, et qui sont toujours dépassées par le mamelon très-saillant et très-renflé de la spire. Long., 2 pouces 8 lignes.

5. Volute mouchetée. *Voluta tessellata.*

V. testâ ventricosâ, albido-sulphureâ; zonis duabus fusco-tessellatis; spirâ spinis brevibus incurvis coronatâ; columellâ quadriplicatâ.

Lister, Conch. t. 797. f. 4.

Bonanni, Recr. 3. f. 1.

Seba, Mus. 3. t. 65. f. 10. et t. 66. f. 6.

Martini., Conch. 3. t. 74. f. 781.

Voluta tessellata. Ann. ibid. p. 58. n°. 4.

Habite.... Collect. du Mus. Elle paraît constamment distincte de celle qui suit, en ce qu'elle est plus bombée, et qu'elle offre deux rangées de taches brunâtres, presque carrées. Les épines qui la couronnent sont moins nombreuses et plus inclinées vers l'axe de la spire. Longueur, 8 centimètres.

6. Volute éthiopienne. *Voluta æthiopica.*

V. testâ obovatâ, ventricosâ, aurantio-cinnamomeâ, immaculatâ; spirâ spinis brevibus crebris complicatis rectiusculis coronatâ; columellâ quàdriplicatâ.

Voluta æthiopica. Lin. Gmel. p. 3465. n°. 113.

Lister, Conch. t. 801. f. 7. b.

Gualt. Test. t. 29. fig. I.

Knorr, Delic. tab. B 6. f. 2.

Martini, Conch. 3. t. 75. f. 784.

Encyclop. pl. 387. f. 1.

Voluta æthiopica. Ann. ibid. n°. 5.

[*b*] *Var. testâ fasciâ albâ transversali.*

D'Argenv. Conch. pl. 17. fig. F.

Seba, Mus. 3. t. 65. f. 4. 11. et t. 66. f. 9.

Martini, Conch. 3. t. 73. f. 777—779.

[*c*] *Var. fasciis duabus fuscis.*

Knorr, Vergn. 2. t. 4. f. 1.

Martini, Conch. 3. t. 74. f. 782.

Encyclop. pl. 388. f. 3.

Habite l'Océan africain, le golfe Persique, etc. Mon cabinet. Cette volute, assez commune dans les collections, n'est jamais marbrée ni tachetée comme les précédentes. Les jeunes individus n'ont que trois plis à la columelle. Longueur, 4 pouces 2 lignes : elle devient beaucoup plus grande. Vulg. la *couronne d'Ethiopie.*

7. Volute melon. *Voluta melo.* Soland.

V. testâ ventricosissimâ, apice coarctatâ, albido-lutescente; maculis fuscis raris subtriseriatis; spirâ muticâ, ferè occultatâ; columellâ quadriplicatâ.

Knorr, Vergn. 5. t. 8. f. 1.

Favanne, Conch. pl. 28. fig. F.

Martini, Conch. 3. t. 72. f. 772. 773.

Voluta indica. Gmel. p. 3467. n°. 120.
Encyclop. pl. 589. f. 1.
Voluta melo. Ann. ibid. p. 59. n°. 6.
Habite l'Océan indien. Mon cabinet. Espèce très-belle et constamment distincte de toutes celles que l'on connaît. Elle offre une coquille ovoïde, très-ventrue, bombée, et tellement resserrée au sommet, qu'on voit à peine le mamelon de la spire. Sa base est très-ridée. Longueur, près de 6 pouces.

8. Volute de Neptune. *Voluta Neptuni.*

V. testâ obovatâ, ventricoso-tumidâ, rufo-fuscescente; spirâ penitùs obtectâ, carinatâ; columellâ quadriplicatâ.

Lister, Conch. t. 795. f. 2. et t. 802. f. 8.
Gualt. Test. t. 27. fig. AA.
Adans. Seneg. pl. 3. f. 1. l'yet.
Seba, Mus. 3. t. 64. f. 3. t. 65. f. 3. 7. et t. 66. f. 4.
Martini, Conch. 3. t. 71. f. 767—771.
Voluta Neptuni. Gmel. p. 3467. n°. 117.
Ejusd. voluta navicula. p. 3467. n°. 118.
Encyclop. pl. 386. f. 1.
Voluta Neptuni. Ann. ibid. n°. 7.
Habite l'Océan africain, le golfe Persique. Mon cabinet. La spire, entourée d'une carène, caractérise cette espèce. Son mamelon paraît dans les jeunes individus, et se trouve tout-à-fait recouvert dans les vieux. Alors ceux-ci offrent une grande coquille très-bombée, ridée à sa base, et d'un roux foncé ou rembruni. Vulg. la *Tasse de Neptune.* Longueur, 7 pouces une ligne.

9. Volute gondole. *Voluta cymbium.*

V. testâ ovatâ, albo rufoque marmoratâ; spirâ canaliculatâ, marginato-carinatâ: mamillâ terminali conspicuâ; columellœ plicis variis.

Voluta cymbium. Lin. Gmel. p. 3466. n°. 114.
Lister, Conch. t. 796. f. 5.
Gualt. Test. t. 29. fig. B.
D'Argenv. Conch. pl. 17. fig. G.
Favanne, Conch. pl. 28. fig. C 4.
Seba, Mus. 3. t. 65. f. 8. 9.
Martini, Conch. 3. t. 70. f. 762. 763.
Encyclop. pl. 386. f. 5. a. b.
Voluta cymbium. Ann. ibid. p. 60. n°. 8.

Habite l'Océan atlantique. Mon cabinet. Cette coquille est moins bombée que la précédente, et se distingue par sa spire canaliculée et carinée en spirale, ayant, dans tous les âges, son mamelon à découvert. Les plis de sa columelle varient de quatre à six dans les individus, selon leur âge. Longueur, 5 pouces 9 lignes. Vulg. le *char de Neptune*.

20. Volute bouton. *Voluta olla.*

V. testâ ovatâ, ventricosâ, pallidè luteo-fulvâ, immaculatâ; spirâ canaliculatâ, obtusâ : mamillâ glandiformi prominente; columellâ adultiorum biplicatâ.

Voluta olla. Lin. Gmel. p. 3466. n°. 115.]

Bonanni, Recr. 3. f. 6.

Gualt. Test. t. 29. fig. A.

Klein, Ostr. t. 5. f. 97.

D'Argenv. Conch. Append. pl. 2. fig. H. *Var. marmorata.*

Favanne, Conch. pl. 28. fig. C. 2. *idem.*

Knorr, Vergn. 6. t. 22. f. 2.

Martini, Conch. 3. t. 71. f. 766.

Schroëtter, Einl. in Conch. 1. t. 1. f. 14.

Encyclop. pl. 385. f. 2.

Voluta olla. Ann. ibid. n°. 9.

[*b*] *Var. labro dilatatissimo, extùs sulco transversali distincto.*

Lister, Conch. t. 794. f. 1.

Habite l'Océan des grandes Indes. Mon cabinet. Celle-ci est très-distincte par la forme de sa spire. Le sommet de chaque tour est obtus, arrondi, et se replie pour former un canal en spirale. Le mamelon terminal est allongé, glandiforme, bien saillant. Les jeunes individus seuls ont trois plis à la columelle. Long., 4 pouces une ligne.

21. Volute proboscidale. *Voluta proboscidalis.*

V. testâ elongatâ, ventricoso-cylindraceâ, pallidè fulvâ; suturis nullis; spirâ truncatâ, carinatâ : mamillâ obsoletâ; columellâ quadriplicatâ.

Lister, Conch. t. 800. f. 7.

Encyclop. pl. 389. f. 2.

Voluta proboscidalis. Ann. ibid. n°. 10.

Habite l'Océan des Philippines. Mon cabinet. Grande coquille, fort singulière en ce que son dernier tour fait lui seul toute sa longueur. Deux lignes élevées et obsolètes en traversent obliquement le dos. Sa spire est comme tronquée, et, quoique un peu enfoncée, n'a point de canal ; ses bords sont bien carinés, et le mamelon qui la termine est presque entièrement recouvert. Long., 10 pouces et demi.

12. Volute porcine. *Voluta porcina.*

V. testâ subcylindricâ, apice truncatâ, albidâ; spirâ plano-concavâ, marginato-carinatâ: mamillâ partim tectâ; columellâ tri seu quadriplicatâ.

Adans. Seneg. pl. 3. f. 2. le philin.

Seba, Mus. 3. t. 65. f. 5. 6. et t. 66 f. 5.

Knorr, Delic. tab. B. 6. f. 3.

Ejusd. Vergn. 2. t. 3o. f. 1.

Martini, Conch. 3. t. 70. f. 764. 765.

Encyclop. pl. 386. f. 2.

Voluta porcina. Ann. ibid. p. 61. n°. 11.

Habite l'Océan africain. Mon cabinet. Linné a confondu cette espèce avec son *V. cymbium,* qui en est constamment distinct. Celle dont il s'agit ici n'est jamais marbrée, n'a point sa spire canaliculée, et n'est point bombée comme la V. gondole. C'est avec la V. proboscidale qu'elle a les plus grands rapports; mais cette dernière est toujours allongée, devient bien plus grande, et a deux lignes dorsales qui ne se montrent point dans la V. porcine. Celle-ci a son bord droit dilaté inférieurement. Longueur, 5 pouces 5 lignes. Vulg. la *cuiller-de-Neptune.*

13. Volute pied-de-biche. *Voluta scapha.*

V. testâ turbinato-ventricosâ, crassâ, ponderosâ, albidâ, lineis longitudinalibus angulato-flexuosis rufis vel spadiceis undatâ; ultimo anfractu anteriùs obtusè angulato; labro subalato; columellâ quadriplicatâ.

Lister, Conch. t. 799. f. 6.

Bonanni, Recr. 3. f. 10.

Gualt. Test. t. 28. fig. S.

Klein, Ostr. t. 5. f. 94.

Seba, Mus. 3. t. 64. f. 5. 6.

Martini, Conch. 3. t. 72. f. 774. et t. 73. f. 775. 776.

Voluta scapha. Gmel. p. 3468. n°. 121.

Encyclop. pl. 391. fig. a. b.

Voluta scapha. Ann. ibid. n°. 12.

[b] *Var. testâ rubente, subnodulosâ.*

Habite les mers du cap de Bonne-Espérance; la variété [b] se trouve sur les côtes de Java. Mon cabinet, pour l'espèce principale.

Coquille belle et assez rare, et qui devient très-épaisse, pesante, et presque ailée par le développement de son bord droit, qui forme un sinus en canal dans sa partie supérieure. La variété [b] a le fond rosé ou couleur de chair, les lignes ondées et les taches d'un rouge brun. On est tenté à son aspect de la distinguer comme une espèce. Longueur de la première, 5 pouces 11 lignes.

14. Volute du Brésil. *Voluta brasiliana*. Soland.

V. testâ obovatâ, subturbinatâ, inflatâ, pallidè luteâ, immaculatâ; ultimo anfractu supernè obtusè angulato : angulo nodoso; spirâ brevi, conicâ; columellâ triplicatâ.

Voluta colocynthis. Chemn. Conch. 11. t. 176. f. 1695. 1696.
Voluta brasiliana. Ann. ibid. p. 62. n°. 13.

Habite les mers du Brésil. Collection du Mus. Cette volute, très-rare, a des rapports évidens avec la précédente ; mais elle est plus petite, moins épaisse, et unicolore. Longueur, 86 millimètres. Vulg. la *coloquinte*.

[b] *Coquille ovale, épineuse ou tuberculeuse*. Les Muricines.

[*Muricinæ.*]

15. Volute impériale. *Voluta imperialis*.

V. testâ turbinatâ, carneâ, maculis lincisque angulatis rubro-fuscis undatâ; spirâ spinis longis erectis subincurvis coronatâ; columellâ quadriplicatâ.

Martini, Conch. 3. t. 97. f. 934. 935.
Encyclop. pl. 382. f. 1.
Voluta imperialis. Ann. ibid. n°. 14.

Habite l'Océan oriental des grandes Indes. Mon cabinet. Volute très-rare, précieuse, et l'une des plus belles de ce genre. Sa spire est courte, et élégamment couronnée d'épines, dont celles du dernier tour sont très-grandes, presque droites, un peu courbées en dedans à leur sommet. Sur un fond couleur de chair, elle est ornée de quantité de lignes en zig-zag et de taches angulaires, les unes et les autres d'un rouge brun, avec une disposition dans les taches à former deux zônes plus colorées. Longueur, 5 pouces 11 lignes.

16. **Volute peau-de-serpent.** *Voluta pellis serpentis.*

V. testâ ovato-oblongâ, pallidè carneâ, lineis maculisque rufis [illegible]
ornatâ; ultimo anfractu supernè obtusè angulato : angulo nodis [illegible]
posticè plicatis instructo; spirâ conicâ, tuberculis acutis brevibus [illegible]
muricatâ; columellâ quadriplicatâ.

Rumph. Mus. t. 32. fig. I.

Petiv. Amb. t. 15. f. 12.

Seba, Mus. 3. t. 67. *Series infima.*

An Knorr, Vergn. 2. t. 6. f. 4?

Encyclop. pl. 378. f. 1. a. b.

Voluta pellis serpentis. Ann. ibid. p. 63. n°. 15.

Habite l'Océan des grandes Indes. Mon cabinet. Cette volute, fort
rare dans les collections, est une des espèces assez nombreuses et
constamment distinctes que l'on a confondues avec le *V. vespertilio.*
Elle est grande, allongée, ornée de nébulosités fines et de taches
rousses sur un fond couleur de chair un peu pâle. Son dernier
tour est presque mutique, et sa spire est légèrement tuberculée.
Le bord droit ne forme point de pli ou d'angle dans sa partie
supérieure, comme dans l'espèce suivante. Longueur, 4 pouces
4 lignes.

17. **Volute chauve-souris.** *Voluta vespertilio.*

V. testâ turbinatâ, tuberculis validis distantibus acutis armatâ,
albidâ vel griseo-fulvâ, lineis angulato-flexuosis maculisque
angularibus rufo-fuscis pictâ; spirâ muricatâ; labro supernè
sinu instructo; columellâ quadriplicatâ.

Voluta vespertilio. Lin. Gmel. p. 3461. n°. 97.

Lister, Conch. t. 808. f. 17.

Bonanni, Recr. 3. f. 294.

Rumph. Mus. t. 32. fig. H.

Petiv. Amb. t. 15. f. 8.

Gualt. Test. t. 28. fig. F. G. I. M. V.

Klein, Ostr. t. 5. f. 89.

Seba, Mus. 3. t. 67. *Serie infimâ demptâ.*

Knorr, Vergn. 1. t. 22. f. 3.

Martini, Conch. 3. t. 98. f. 937—939.

Encyclop. pl. 378. f. 2. a. b.

Voluta vespertilio. Ann. ibid. n°. 16.

[b] *Var. testâ abbreviatâ.*

Martini, Conch. 3. t. 97. f. 936.

[c] *Var. testâ fasciâ albâ latissimâ transversali.*
Chemn. Conch. 10. t. 149. f. 1399. 1400.

[d] *Var. testâ transversim bifasciatâ : fasciis albidis spadiceo vel fusco maculatis.*
Chemn. Conch. 11. t. 176. f. 1699. 1700.

[e] *Var. testâ castaneâ, immaculatâ.*
Chemn. Conch. 10. t. 149. f. 1397. 1398.

[f] *Var. testâ reticulo arachnideo pictâ, e Nov.-Holl.*
Petiv. Gaz. t. 70. f. 10.

Habite l'Océan des grandes Indes, des Moluques et de la Nouvelle-Hollande. Mon cab. Quelque nombreuses que soient des variétés de cette volute, on ne saurait la confondre avec la précédente. Elle est toujours véritablement turbinée ; moins allongée ; à spire bien muriquée, et à tubercules du dernier tour beaucoup plus grands que les autres et bien écartés. Long., 3 pouces 9 lignes ; de la variété [f], 2 pouces 9 lignes. Mon cabinet.

18. Volute douce. *Voluta mitis.*

V. testâ ovato-oblongâ, subturbinatâ, luteo-fulvâ, flammis angularibus spadiceis ornatâ; anfractibus primariis tuberculato-nodosis : ultimo mutico; columellâ quadriplicatâ.

Voluta mitis. Ann. ibid. p. 64. n°. 17.

[b] *Var. testâ breviore, nunc dextrâ, nunc sinistrorsâ; flammis confluentibus fuscatis.*
Seba, Mus. 3. t. 57. f. 4. 5.
Martini, Conch. 3. t. 98. f. 940.
Chemn. Conch. 9. t. 104. f. 888. 889. *Testa sinistra.*

Habite les mers de la Nouvelle-Hollande et des grandes Indes. Collection du Mus.; et mon cabinet, pour la variété [b]. Cette espèce, extrêmement rare, diffère essentiellement de la précédente en ce que sa spire n'est nullement muriquée, mais simplement noduleuse, et que son dernier tour est tout-à-fait mutique. Longueur, 8 centimètres; de la variété [b], 22 lignes et demie.

19. Volute neigeuse. *Voluta nivosa.*

V. testâ ovatâ, pallidè fulvâ seu roseâ, maculis niveis adspersâ; fasciis duabus transversis fusco-lineatis : lineolis longitudinalibus; columellâ quadriplicatâ.

Voluta nivosa. Ann. du Mus. vol. 5. p. 158. pl. 12. f. 2. a. b. et vol. 17. p. 64. n°. 18.

Tome VII. 22

[*b*] *Var. testâ breviore, supernè tuberculiferâ.*
Ann. vol. 5. pl. 12. f. 3.

Habite les côtes de la Nouvelle-Hollande. *Péron.* Mon cabinet. Jolie
coquille, offrant, sur un fond ventre de biche un peu rosé, et parsemé de petites taches blanches ou neigeuses, deux fasciés transverses composées de linéoles brunes verticales, plus ou moins
interrompues. L'espèce se divise en deux variétés remarquables:
dans la première, la coquille est mutique, à peine tuberculée sur
les premiers tours de la spire; dans la seconde, elle est plus raccourcie, anguleuse et tuberculeuse, même sur le dernier tour.
Longueur, 2 pouces 9 lignes et demie.

20. Volute serpentine. *Voluta serpentina.*

V. testâ cylindraceo-fusiformi, anteriùs obsoletè tuberculatâ, albâ,
lineis fulvis longitudinalibus flexuosis pictâ; cingulo obliquo
granoso ad basim columellæ; columellâ quadriplicatâ.

Voluta serpentina. Ann. du Mus. vol. 17. p. 65. n°. 19.

Habite l'Océan des grandes Indes. Mon cabinet. Peu ventrue, et
cylindracée-fusiforme, elle offre une spire courte, légèrement tuberculeuse. Ses raies colorées sont comme serpentantes. Espèce
très-rare. Longueur, 2 pouces 3 lignes.

[*c*] *Coquille ovale, subtuberculeuse.* Les Musicales. [*Musicales.*]

21. Volute bois-veiné. *Voluta hebræa.*

V. testâ ovato-turbinatâ, crassâ, albido-fulvâ, lineis spadiceis
undatis veniformibus confertìm fasciatis cinctâ; ultimo anfractu
supernè tuberculis majusculis muricato; spirâ conicâ, tubercu-
lato-nodosâ; columellâ plicis quinque inferioribus majoribus;
cæteris superioribus minimis.

Voluta hebræa. Lin. Gmel. p. 3461. n°. 98.
Lister, Conch. t. 809. f. 18.
Bonanni, Recr. 3. f. 293.
D'Argenv. Conch. pl. 14. fig. D.
Favanne, Conch. pl. 23. fig. B.
Seba, Mus. 3. t. 57. f. 1. 2. 3. 6.
Knorr, Vergn. 1. t. 24. f. 1. 2. et 6. t. 15. f. 1.
Martini, Conch. 3. t. 96. f. 924. 925.
Encyclop. pl. 380. f. 2.
Voluta hebræa. Ann. ibid. n°. 20.

Habite l'Océan indien et celui des Antilles. Mon cabinet. Belle coquille, la plus grande des musicales, et qui serait précieuse si elle n'était commune. Sa moitié inférieure est turbinée, terminée par une rangée de grands tubercules non piquans. L'autre moitié constitue une spire conique, un peu tuberculeuse. Long., 4 pouces 5 lignes.

22. Volute musique. *Voluta musica.*

V. testâ ovato-turbinatâ, albidâ, quadrifasciatâ : fasciis alternis : aliis lineis fuscis transversis parallelis ; aliis punctis compositis, ad margines maculis nigris majoribus instructis ; ultimo anfractu anteriùs valdè tuberculato ; spirâ tuberculis asperatâ ; columellâ plicis sex inferioribus majoribus, cæteris minimis.

Voluta musica. Lin. Gmel. p. 3460. n°. 96.
Lister, Conch. t. 805. f. 14.
Bonanni, Recr. 3. f. 296. 297.
Gualt. Test. t. 28. fig. X. ZZ.
D'Argenv. Conch. pl. 14. fig. F.
Favanne, Conch. pl. 23. fig. G. 1. G. 2.
Seba, Mus. 3. t. 57. f. 7—19.
Knorr, Vergn. 1. t. 23. f. 1. et 2. t. 15. f. 4. 5.
Martini, Conch. 3. t. 96. f. 927—929.
Encyclop. pl. 380. f. 1. a. b.
Voluta musica. Ann. ibid. p. 66. n°. 21.
[b] *Var. testâ violacescente.*

Habite l'Océan des Antilles. Mon cabinet. Coquille commune dans les collections, et remarquable par les fascies ponctuées et sans lignes dont les deux bords offrent des taches plus grandes qui ressemblent à des notes de musique. Les tubercules de son dernier tour se prolongent postérieurement en côtes obtuses. Long., 2 pouces 8 lignes.

23. Volute chlorosine. *Voluta chlorosina.*

V. testâ ovato-turbinatâ, anteriùs tuberculatâ, albo-lutescente ; fasciis fulvo-fuscis interruptis ; guttis spadiceis raris ; columellâ decemplicatâ : plicis inferioribus majoribus.

Voluta chlorosina. Ann. ibid. n°. 22.

Habite..... Collect. du Mus. On distingue cette volute de la précédente en ce qu'elle n'a point de zône ponctuée ni de lignes trans-

verses fines et parallèles; et que le fond de sa couleur est jaunâtre.
Quant à la forme, c'est à peu près celle du *V. musica*; mais la
coquille est moins grande. Longueur, 55 millimètres.

24. Volute thiarelle. *Voluta thiarella.*

> *V. testá ovato-oblongá, anteriùs tuberculis obtusis instructá,*
> *albidá, transversìm quadrifasciatá : fasciis alternis : aliis*
> *lineis transversis parallelis; aliis punctatis, ad margines albo*
> *fuscoque articulatis; columellá decem seu duodecimplicatá : su-*
> *perioribus minimis.*

Lister, Conch. t. 8o5. f. 15.
Seba, Mus. 3. t. 57. f. 21.
Knorr, Vergn. 3. t. 12. f. 1.
Chemn. Conch. 10. t. 149. f. 1401. 1402.
Encyclop. pl. 38o. f. 3. a. b.
Voluta thiarella. Ann. ibid. n°. 23.
[b] *Var. zoná undato-nebulosá.*

Habite..... les mers d'Amérique? Mon cabinet. Cette espèce diffère
éminemment des trois précédentes par sa forme allongée, non
turbinée, par ses tubercules peu élevés, presque nodiformes, et
par les dix ou douze plis de sa columelle. Elle est ornée de lignes
musicales transverses et d'une zône étroite, semée de points rouge-
bruns. Longueur, 2 pouces 7 lignes.

25. Volute carnéolée. *Voluta carneolata.*

> *V. testá ovatá, muticá, albido-luteá, vel carneá vel croceá,*
> *lineis punctis maculisque fasciatìm cinctá; costis longitudi-*
> *nalibus crassis obtusis; columellá decemplicatá : superioribus*
> *minimis.*

Encyclop. pl. 379. f. 4. a. b.
Voluta carneolata. Ann. ibid. p. 67. n. 24.
[b] *Var. transversìm rugosa.*
[c] *cadem penitùs rubente.*
Knorr, Vergn. 6. t. 23. f. 1.
Martini, Conch. 5. t. 96. f. 930. 931.

Habite..... Collect. du Mus.; et mon cabinet, pour la variété [c].
Elle ne devient jamais grande comme le *V. thiarella*, ni large
comme le *V. musica.* On la reconnaît au premier aspect par ses
côtes longitudinales grosses et obtuses. Elle varie du blanc pâle
ou jaunâtre à la couleur de chair, au fauve orangé, et enfin au

rouge-brun. Longueur, 46 à 48 millimètres ; de la variété [c],
22 lignes et demie.

26. Volute de Guinée. *Voluta guinaica.*

*V. testâ ovatâ, anteriùs tuberculatâ, albidâ, violaceo-nebulosâ ;
lineis fuscis transversim fasciatis decussatis ; fasciis fusco-punctatis ; columellâ quatuordecimplicatâ : superioribus minimis.*

Voluta musica guineensis. Chemn. Conch. 11. t. 178. f. 1717. 1718.
Voluta guinaica. Ann. ibid. n°. 25.

Habite..... les côtes de la Guinée ? Mon cabinet. Espèce très-distincte
du *V. musicâ* par sa forme moins élargie, sa coloration particulière,
et les plis nombreux de sa columelle. Longueur, 2 pouces 4 lignes.
Vulg. la *musique de Guinée.*

27. Volute lisse. *Voluta lævigata.*

*V. testâ ovatâ, muticâ, obsoletè nodulosâ, albidâ, cinereo-viola-
cescente ; lineis fuscis transversim fasciatis decussatis ; fasciis
fusco-punctatis ; columellâ octoplicatâ : plicis minoribus ternis.*

Encyclop. pl. 379. f. 2. a. b.
Voluta lævigata. Ann. ibid. n°. 26.

Habite..... Mon cabinet. Les nodulations de sa spire sont peu éminentes, et le sommet de chacun de ses tours est orné de lignes
rouges verticales. Longueur, 23 lignes. Vulgairement la *musique
lisse.*

28. Volute polyzonale. *Voluta polyzonalis.*

*V. testâ ovato-turbinatâ, cinereo-virescente, spadiceo-punctatâ ;
tœniis pluribus transversis lacteis ; guttis fuscis raris ; ultimo
anfractu supernè angulato, tuberculis subacutis coronato ; spirâ
brevi, conicâ ; columellâ duodecimplicatâ : superioribus minimis.*

Seba, Mus. 3. t. 57. f. 22.
Martini, Conch. 3. t. 97. f. 932. 933.
Encyclop. pl. 379. f. 1. a. b.
Voluta polyzonalis. Ann. ibid. p. 68. n°. 27.
[b] *Var. valdè punctata.*

Habite l'Océan indien. Mon cabinet. Coquille fort rare et très-précieuse. Ce qui la rend remarquable, c'est d'offrir cinq ou six
rubans transverses et d'un blanc de lait, sur un fond cendré, quel —

quefois verdâtre, parsemé de points rouge - bruns , et de présenter en outre des taches brunes ou noirâtres, écartées, assez
semblables à des notes de musique. Les tubercules de son dernier
tour se terminent postérieurement en côtes étroites. Cette coquille
est striée transversalement à sa base et à son sommet. Longueur,
2 pouces 2 lignes. Vulg. la *musique verte*.

29. Volute fauve. *Voluta fulva.*

*V. testâ ovato - turbinatâ, transversim striatâ, fulvo-rubellâ,
tæniis quatuor albidis cinctâ; ultimi anfractûs angulo tuberculis coronato; spirâ brevi, conicâ, nodulosâ; columellâ duo-
decim ad quatuordecimplicatâ: superioribus minimis.*

Encyclop. pl. 382. f. 3. a. b.
Voluta fulva. Ann. ibid. n°. 28.

Habite..... l'Océan indien? Mon cabinet. Coquille aussi et peut-être
plus rare que la précédente, avec laquelle elle a les plus grands
rapports, quoique elle en soit très-distincte. En effet, elle est
plus petite, traversée partout par des stries élevées, et n'offre
quelques points colorés que vers sa base. Elle est peu connue.
Longueur, 21 lignes et demie.

30. Volute sillonnée. *Voluta sulcata.*

*V. testâ ovatâ, scabrâ, transversim sulcatâ, albidâ; costis longi-
tudinalibus obtusis; spirâ nodulosâ; ore croceo.*

Chemn. Conch. 10. t. 149. f. 1403. 1404.
Voluta sulcata. Ann. ibid. n°. 29.

Habite.... Elle appartient encore à la division des volutes musicales;
mais sa coloration n'en offre plus les caractères. Ne la connaissant
pas elle-même, je renvoie à l'ouvrage cité de *Chemniz*, qui en a
publié la description et la figure.

31. Volute noduleuse. *Voluta nodulosa.*

*V. testâ ovatâ, costato-nodulosâ, albido-fulvâ, maculis rufo-
fuscis irregularibus biseriatìm cinctâ; columellâ septemplicatâ:
superioribus minimis.*

Habite..... Mon cabinet. Celle-ci est la dernière de la division des
musicales; et, comme la précédente, sa coloration n'en offre pas
plus les caractères. Cinq grands plis à la columelle, et deux autres
très-petits. Long., 2 pouces 5 lignes et demie.

[d] *Coquille allongée, ventrue, presque en fuseau.* Les Fusoïdes.
[*Fusoideæ.*]

32. Volute émaillée. *Voluta magnifica.*

> *V. testá ovato-oblongá, ventricosá, pallidè fulvá, fasciis latis tribus aurantio-castaneis albo fuscoque maculátis cinctá; spirá conoideá, exsertiusculá; columellá quadriplicatá.*

Voluta magnifica. Chemn. Conch. 11. t. 174. f. 1693. et t. 175. f. 1694.

Voluta magnifica. Ann. ibid. p. 69. n°. 30.

Habite les mers de la Nouvelle-Hollande [*Péron*]; les côtes de l'île de Norfolk. Mon cabinet. Grande et très-belle coquille, nouvellement découverte dans l'Océan austral, et fort remarquable par les vives couleurs dont elle est émaillée. Elle offre, sur un fond isabelle ou ventre de biche, trois ou quatre zônes transverses, larges, d'un orangé marron, ornées de taches blanches hastées ou en fer-de-lance, de différentes grandeurs, entremêlées de taches brunes nébuleuses. Columelle orangée. Long., 7 pouces 8 lignes.

33. Volute ancille. *Voluta ancilla.* Soland.

> *V. testá ovato-oblongá, ventricosiusculá, albidá seu pallidè fulvá, interdùm flammulis rufis angustis longitudinalibus undatis pictá; suturis anfractuum subplicatis; spirá conoideá, exsertiusculá; columellá triplicatá.*

Knorr, Vergn. 4. t. 29. f. 1. 2.

Favanne, Conch. pl. 28. fig. E.

Voluta spectabilis. Gmel. p. 3468. n°. 142.

Encyclop. pl. 385. f. 3.

Voluta ancilla. Ann. ibid. n°. 31.

Habite au détroit de Magellan. Mon cabinet. Elle est voisine de la précédente par sa forme; mais elle est moins grande, moins ventrue, et surtout beaucoup moins belle. Cette coquille n'est pas rare dans les collections. Longueur, 5 pouces 11 lignes.

34. Volute magellanique. *Voluta magellanica.*

> *V. testá ovato-oblongá, albidá; flammis angustis longitudinalibus undatis ferrugineis; spirá conicá, exsertá; columellá quadri-plicatá.*

Voluta magellanica. Chemn. Conch. 10. t. 148. f. 1383. 1384. Gmel. p. 3465. n°. 110.

Encyclop. pl. 385. f. 1. a. b.

Voluta magellanica. Ann. ibid. n°. 32.

Habite au détroit de Magellan. Mon cabinet. Plus rare et moins grande que celle qui précède, elle lui ressemble par sa forme; mais sa columelle est comme tronquée obliquement à sa base, et offre quatre et quelquefois cinq plis tous rapprochés les uns des autres. La coquille est d'ailleurs constamment ornée de flammes rousses, longitudinales, plus ou moins en zig-zag. Longueur, 3 pouces. Elle devient néanmoins un peu plus grande.

35. Volute robe-turque. *Voluta pacifica.* Soland.

V. testâ ovato-fusiformi, anteriùs tuberculiferâ, pallidè fulvâ vel carneâ; fasciis tribus fusco-maculatis; venulis spadiceis; columellâ quinqueplicatâ.

Buccinum arabicum. Martyns, Conch. 2. f. 52.

Voluta arabica. Gmel. p. 3461. n°. 144.

Voluta pacifica. Chemn. Conch. 11. t. 178. f. 1713. 1714.

Voluta pacifica. Ann. ibid. p. 70. n°. 33.

Habite les côtes de la Nouvelle-Zéelande. Mon cabinet. Très-belle, très-rare et très-précieuse volute. Dans sa jeunesse, elle est d'une couleur de chair presque rosée, avec des veinules d'un rouge brun, ondées ou en zig-zag, et elle offre trois bandes transverses, composées de taches irrégulières, brunes ou de couleur marron. Cet état me parait être celui de sa plus grande beauté; car, en vieillissant, ses couleurs se rembrunissent et rendent son aspect moins agréable. Son dernier tour est couronné de tubercules inégaux, et sa spire est simplement noduleuse. Long., 3 pouces 4 lignes.

36. Volute foudroyée. *Voluta fulminata.*

V. testâ fusiformi, transversìm impresso-striatâ, obsoletè decussatâ, anteriùs longitudinaliter costatâ, fulvo-carneâ; lineis longitudinalibus flexuoso-undatis spadiceis; columellâ novemplicatâ.

Martini, Conch. 3. t. 98. f. 941. 942.

Voluta rupestris. Gmel. p. 3464. n°. 106.

Encyclop. pl. 381. f. 2. a. b.

Voluta fulminata. Ann. ibid. n°. 34.

Habite.... Mon cabinet. Coquille rare, très-précieuse, et fort recherchée dans les collections. Sur un fond presque couleur de

chair, elle offre des raies longitudinales ondées, en zig-zag, d'un
rouge brun, et qui représentent les traits de la foudre. Sa columelle a neuf plis éminens, entre lesquels on en aperçoit quelques-
uns plus petits. Longueur, 3 pouces une ligne.

57. Volute queue-de-paon. *Voluta junonia.*

> *V. testâ ovato-fusiformi, lœvi, albo-flavescente, maculis sub-*
> *quadratis rubris seriatìm tessellatâ; spirâ sub apice cancellatâ;*
> *columellâ subseptemplicatâ.*

Favanne, Conch. pl. 79. fig. A.
Voluta junonia. Chemn. Conch. 11. t. 177. f. 1703. 1704.
Voluta junonia. Ann. ibid. n°. 35.

Habite.... Mon cabinet. Volute très-précieuse, l'une des plus rares
que l'on connaisse, et singulièrement remarquable par sa coloration. Elle est ovale-allongée, subfusiforme, lisse, striée transversalement à sa base, et un peu treillissée au-dessous de son sommet. Sur un fond d'un blanc jaunâtre, elle offre une multitude de
taches d'un rouge rembruni, les unes rondes, les autres presque
carrées, et disposées par rangées transverses, voisines les unes
des autres. Longueur, 3 pouces 8 lignes et demie.

58. Volute ondulée. *Voluta undulata.*

> *V. testâ ovato-fusiformi, lœvigatâ, albido-flavescente, maculis*
> *fulvis aut violaceis nebulatâ; lineis spadiceis longitudinalibus*
> *crebris undatìm flexuosis; columellœ plicis præcipuis quaternis,*
> *interdùm duabus minoribus adjunctis.*

Voluta undulata. Ann. du Mus. vol. 5. p. 157. pl. 12. f. 1. a. b. et
vol. 17. p. 71. n°. 36.

Habite sur les côtes de la Nouvelle-Hollande, au détroit de Basse,
et à l'île Maria. *Péron.* Mon cabinet. Espèce fort belle, très distincte, singulièrement remarquable par ses lignes onduleuses, et
qui était inédite et extrêmement rare dans les collections, lorsque *Péron* en a rapporté de beaux individus de son voyage à la
Nouvelle-Hollande. Longueur, environ 3 pouces.

59. Volute ponctuculée. *Voluta lapponica.*

> *V. testâ ovatâ, subfusiformi, lœvi, basi transversè striatâ, albâ,*
> *fulvo-nebulatâ; punctis lineolisque spadiceis creberrimis seria-*
> *tìm cinctâ; spirâ infra apicem longitudinaliter striatâ; columellâ*
> *septemplicatâ : superioribus duabus minoribus.*

Voluta lapponica. Lin. Gmel. p. 3463. n°. 105.

Rumph. Mus. t. 37. f. 3.

Seba, Mus. 3. t. 57. f. 25. 26.

Knorr, Vergn. 6. t. 11. f. 2.

Martini, Conch. 3. t. 89. f. 872. 873. et t. 95. f. 920. 921.

Encyclop. pl. 381. f. 3. a. b.

Voluta lapponica. Ann. du Mus. vol. 17. p. 71. n°. 37.

Habite l'Océan des grandes Indes. Mon cabinet. Espèce peu commune, ayant à peu près la forme du *V. undulata*, et offrant, sur un fond blanchâtre, nué de taches fauves, une multitude de très-petits points et de linéoles d'un rouge brun, disposés par rangées transverses, nombreuses et serrées. Sa spire, un peu gonflée à sa base, semble acuminée, malgré le petit mamelon qui la termine. Longueur, 2 pouces 8 lignes et demie. Elle devient plus grande.

40. Volute pavillon. *Voluta vexillum.*

V. testâ ovatâ, subfusiformi, lœvi, nitidâ, albidâ, tœniis aurantio-rubris numerosis cinctâ; ultimo anfractu supernè tuberculis compressis remotiusculis coronato; columellâ sex ad octoplicatâ : tribus superioribus minimis.

Rumph. Mus. t. 37. f. 2.

D'Argenv. Conch. Append. pl. 2. fig. G.

Favanne, Conch. pl. 33. fig. O 1.

Knorr, Vergn. 5. t. 1. f. 1.

Martini, Conch. 3. t. 120. f. 1098. *Mala.*

Chemn. Conch. 10. p. 136. Vign. 20. fig. A. B.

Voluta vexillum. Gmel. p. 3464. n°. 104.

Encyclop. pl. 381. f. 1. a. b.

Voluta vexillum. Ann. ibid. p. 72. n°. 38.

Habite l'Océan des grandes Indes. Mon cabinet. Coquille très-rare, l'une des plus belles et des plus précieuses de son genre, et remarquable par les rubans transverses, d'un rouge-orangé très-vif, dont elle est ornée. Sa spire est conique, obscurément noduleuse, et n'est point reconnaissable dans la figure citée de *Martini*. Vulg. le *pavillon d'orange.* Longueur, 2 pouces 11 lignes et demie.

41. Volute volvacée. *Voluta volvacea.*

V. testâ ovato-oblongâ, subpyriformi, lœvi, albido-flavescente, infra suturas fusco-nebulatâ; spirâ brevi; columellâ quadriplicatâ.

Seba, Mus. 5. t. 67. fig. A. B.

Martini, Conch. 3. t. 95. f. 922. 923.

Voluta flavicans. Gmel. p. 3464. n°. 105.

Voluta volvacea. Ann. ibid. n°. 39.

[*b*] *Var. testâ elongatâ.*

Voluta volva. Chemn. Conch. 10. t. 148. f. 1389. 1590.

Gmel. p. 3457. n°. 126.

Habite l'Océan africain, les côtes de la Guinée. Collection du Mus. Cette volute est fort rare, mais n'offre rien de bien agréable dans son aspect. Elle a la forme générale d'une grande marginelle qui serait privée de rebord. Sa couleur est d'un blanc sale, un peu jaunâtre, et elle est nuée de brun sous les sutures de chaque tour de spire, ainsi que dans le voisinage de la columelle. Longueur, 62 millimètres.

42. Volute parée. *Voluta festiva.*

V. testâ fusiformi, ventricosâ, longitudinaliter costatâ, carneâ, fulvo-maculatâ, lineolis verticalibus guttisque spadiceis raris seriatim cinctâ; columellâ triplicatâ.

Voluta festiva. Ann. ibid. p. 73. n°. 40.

Habite.... les mers de l'Amérique méridionale? Collection du Mus. Très-belle et très-rare coquille, qui avoisine le *V. magellanica* par ses rapports, mais qui en est très-distincte et plus ornée. Côtes longitudinales bien exprimées sur la spire, plus effacées dans la moitié inférieure du dernier tour. Longueur, 71 millimètres.

43. Volute mitrée. *Voluta mitræformis.*

V. testâ ovato-fusiformi, albidâ, fusco-maculatâ; costis longitudinalibus creberrimis, transversè spadiceo-lineatis; columellâ multiplicatâ : plicis inferioribus majoribus subternis.

Voluta mitræformis. Ann. ibid. n°. 41.

Habite les mers de Java [M. *Leschenault*], et celles de la Nouvelle-Hollande [*Péron*]. Mon cabinet. Le mamelon bien exprimé qui termine le sommet de la spire, étant fort petit, donne à cette spire l'apparence d'être pointue, à la manière des mitres. Ce qui distingue singulièrement cette coquille, ce sont les côtes longitudinales nombreuses et serrées dont elle est munie, lesquelles sont maculées de brun et traversées par des linéoles rougeâtres qui lui donnent un aspect fort agréable. Sa base est striée transversalement. Longueur, 21 lignes.

44. Volute noyau. *Voluta nucleus.*

V. testâ ovatâ, longitudinaliter costatâ, fulvâ, albo castaneoque maculatâ; spirâ brevi; columellæ plicis duabus inferioribus majoribus.

Voluta nucleus. Ann. ibid. n°. 42.

Habite.... Je l'ai acquise avec d'autres venant de la mer du Sud. Mon cabinet. Beaucoup plus petite que l'espèce ci-dessus, et ressemblant par ses couleurs et ses côtes à une très-petite harpe, elle semble être l'analogue vivant du *V. harpula*, qui se trouve fossile en abondance à Grignon, quoique sa spire soit un peu plus raccourcie. Quelques stries transverses très-fines s'observent sur la base de la coquille. Longueur, 9 lignes et demie.

Espèces fossiles.

1. Volute harpe. *Voluta cithara.*

V. testâ turbinato-ventricosâ, basi transversè sulcatâ; costis longitudinalibus distantibus supernè bispinosis; spirâ brevi, acuminatâ, muriculatâ; columellâ quinqueplicatâ.

Favanne, Conch. pl. 66. fig. I 4 ?

Citharœdus. Chemn. Conch. 11. t. 212. f. 2098. 2099.

Encyclop. pl. 384. f. 1. a. b.

Voluta harpa. Ann. du Mus. vol. 1. p. 476. et vol. 17. p. 74. n°. 1.

Habite.... Fossile de Grignon. Mon cabinet. Grande et belle volute fossile dont l'analogue vivant n'est pas connu. Longueur, 3 pouces 9 lignes.

2. Volute épineuse. *Voluta spinosa.*

V. testâ turbinatâ, basi transversè striatâ, longitudinaliter partim costatâ; ultimo anfractu spinis peracutis coronato; spirâ brevi, acutâ, spinosâ; columellâ quadri ad sexplicatâ.

Strombus spinosus. Lin. Gmel. p. 3518. n°. 27.

Lister, Conch. t. 1033. f. 7.

Gualt. Test. t. 55. fig. E.

Petiv. Gaz. t. 78. f. 11.

D'Argenv. Conch. pl. 29. f. 10.

Favanne, Conch. pl. 66. fig. I 9.

Chemn. Conch. 11. t. 212. f. 3002. 3003.

Brand. Foss. Hant. t. 5. f. 65.

Encyclop. pl. 392. f. 5. a. b.

Voluta spinosa. Ann. du Mus. vol. 1. p. 477. n°. 2. et vol. 17. n°. 2.

Habite..... Fossile de Grignon, où il est très-commun, ainsi que le précédent. Mon cabinet. Ses côtes longitudinales s'effacent vers sa base, et se terminent à l'angle de sa spire par des pointes fort aiguës. Longueur, près de 19 lignes.

3. Volute musicale. *Voluta musicalis.*

V. testâ turbinato-fusiformi, longitudinaliter transversìmque striatâ; costis longitudinalibus apice spinosis ; spirâ exsertâ, conico-acutâ, muricatâ; columellæ plicis inferioribus quatuor maximis.

D'Argenv. Conch. pl. 29. f. 9. *figuræ duæ ad dexteram.*

Strombus luctator. Brand. Foss. Hant. t. 5. f. 64.

Voluta musicalis. Chemn. Conch. 11. t. 212. f. 3006. 3007.

Encyclop. pl. 392. f. 4. a. b.

Voluta musicalis. Ann. du Mus. vol. 1. p. 477. n°. 3. vol. 6. pl. 43. f. 7. et vol. 17. p. 75. n°. 3.

Habite.... Fossile de Courtagnon et de Grignon. Mon cabinet. Très-belle espèce, qui avoisine par ses rapports le *V. musica.* Elle est ovale-pointue, à spire conique et muriquée. Son dernier tour, un peu turbiné, est muni de côtes longitudinales qui se terminent à leur sommet par autant de tubercules épineux ; en outre, il est finement strié longitudinalement et en même temps treillissé par des rides écartées et transverses. Bord droit sinueux supérieurement. Longueur, 2 pouces 10 lignes et demie.

4. Volute hétéroclite. *Voluta heteroclita.*

V. testâ ovatâ, infernè lævi ; spirá costatâ, subtuberculatâ; columellæ plicis inferioribus majoribus inæqualibus : superioribus minimis.

Voluta heteroclita. Ann. du Mus. vol. 17. p. 75. n°. 4.

Habite.... Fossile de Betz, près de Grignon. Collect. du Mus. Cette espèce se distingue de la précédente en ce qu'elle n'est point striée transversalement, que sa moitié inférieure est lisse, à côtes effacées, et que sa spire est plus courte, à peine tuberculeuse. Longueur, 68 millimètres.

5. Volute muricine. *Voluta muricina.*

*V. testâ ovato-fusiformi, subcaudatâ, infernè lævi, superne lon-
gitudinaliter costato-spinosâ; columellâ inter plicas sulco la-
exaratâ.*

Favanne, Conch. pl. 66. fig. I 1.

Encyclop. pl. 383. f. 1. a. b.

Voluta muricina. Ann. du Mus. vol. 1. p. 477. n°. 4. et vol. 17. p.
75. n°. 5.

Habite..... Fossile de Courtagnon. Mon cabinet. Grande et belle espèce qui a presque l'aspect d'un *murex*, et dont la partie antérieure est hérissée de grands tubercules spiniformes. Spire saillante,
pyramidale. Le pli inférieur de la columelle est grand et séparé
des autres par un sillon assez large. Longueur, 3 pouces 4 lignes.

6. Volute côtes-douces. *Voluta costaria.*

*V. testâ fusiformi-turritâ, subcaudatâ; costis longitudinalibus
muticis, dorso acutis, remotiusculis; columellâ subquinqueplicatâ.*

Lister, Conch. t. 1033. f. 6.

Cochlea mixta. Chemn. Conch. 11. t. 212. f. 3010. 3011.

Encyclop. pl. 383. f. 9. a. b.

Voluta costaria. Ann. du Mus. vol. 1. p. 477. n°. 5. et vol. 17. p.
76. n°. 6.

[*b*] *Var. testâ breviore; costis tuberculiferis.*

Encyclop. pl. 383. f. 7.

Habite.... Fossile de Grignon et de Courtagnon. Mon cabinet. Coquille allongée, à tours convexes sans être très-renflés, offrant
huit côtes longitudinales séparées, un peu plus élevées et comme
comprimées dans leur partie supérieure, lisses et douces au toucher. Celles de la var. [b], portent un tubercule court, obtus et
comprimé. Longueur de l'espèce principale, 2 pouces 5 lignes et
demie; de la var. [b], 21 lignes trois quarts.

7. Volute lyre. *Voluta lyra.*

*V. testâ ovato-oblongâ, supernè subventricosâ; costis longitudina-
libus crebris muticis, versùs apicem denticulatis; spirâ brevi,
acutâ; columellâ quadri seu quinqueplicatâ.*

Favanne, Conch. pl. 66. fig. I 10?

Encyclop. pl. 383. f. 6. a. b.

Voluta lyra. Ann. du Mus. vol. 1. p. 478. n°. 6. et vol. 17. p. 76. n°. 7.

Habite.... Fossile que je crois de Courtagnon. Mon cabinet. Longueur, 22 lignes un quart.

8. Volute couronne-double. *Voluta bicorona.*

V. testâ ovato-acutâ, transversìm striatâ, longitudinaliter costatâ: costis supernè dentatis; spiræ anfractibus supernè angulo duplici dentato bicoronatis; columellâ tri seu quadriplicatâ.

Brand. Foss. Hant. pl. 5. f. 69.

Favanne., Conch. pl. 66. fig. I 4.

Encyclop. pl. 384. f. 6.

Voluta bicorona. Ann. du Mus. vol. 1. p. 478. n°. 7. et vol. 17. p. 76. n°. 8.

Habite.... Fossile de Chaumont et de Courtagnon. Mon cabinet. Espèce remarquable par la double couronne de dents qui orne le sommet de chacun de ses tours. Outre ses stries transverses, elle en a de longitudinales assez serrées. Longueur, environ 2 pouces.

9. Volute côtes-crénelées. *Voluta crenulata.*

V. testâ ovato-acutâ, transversìm striatâ, longitudinaliter costatâ : costis granoso-crenulatis; anfractibus supernè angulo duplici dentato coronatis; columellâ quadriplicatâ.

Brand. Foss. Hant. t. 5. f. 71?

Encyclop. pl. 384. f. 5.

Voluta crenulata. Ann. du Mus. vol. 1. p. 478. n°. 8. et vol. 17. p. 77. n°. 9.

Habite.... Fossile de Courtagnon. Mon cabinet. Cette espèce a beaucoup de rapports avec la précédente; mais, outre qu'elle est entièrement granuleuse, les intervalles qui séparent ses côtes sont très-étroits et n'offrent point de stries longitudinales comme dans le *V. bicorona.* Longueur, 18 lignes.

10. Volute petit-dé. *Voluta digitalina.*

V. testâ ovatâ, decussatâ, subgranosâ; spirâ brevi.

Voluta digitalina. Ann. du Mus. vol. 17. p. 77. n°. 10.]

Habite..... Fossile de Courtagnon. Collect. du Mus. Cette volute n'est peut-être qu'une variété du *V. crenulata;* mais elle est plus raccourcie, plus bombée, éminemment treillissée, et moins granuleuse. Sa spire est courte, presque obtuse. Le dernier tour forme un bourrelet en couronne à sa suture. Longueur, 26 millimètres.

11. Volute treillissée. *Voluta clathrata.*

V. testâ ovato-acutâ, sulcis transversis longitudinalibusque can-cellatâ ; costis exilibus longitudinalibus remotis ; anfractibus supernè angulo duplici dentato coronatis; columellâ multipli-catâ.

Murex suspensus. Brand. Foss. Hant. t. 5. f. 70.
Voluta clathrata. Ann. ibid. n°. 11.

Habite..... Fossile de Courtagnon. Mon cabinet. C'est encore une vo-lute très-voisine des précédentes par ses rapports; néanmoins elle en est réellement distincte. Elle est éminemment treillissée, même entre ses côtes qui sont bien séparées. Longueur, 18 lignes.

12. Volute ambiguë. *Voluta ambigua.*

V. testâ ovato-oblongâ, transversè striatâ, longitudinaliter cos-tatâ ; ultimo anfractu supernè angulato : angulo simplici denti-culato; spirá brevi, conico-acutá ; labro internè sulcato; colu-mellâ tri seu quadriplicatâ.

Strombus ambiguus. Brand. Foss. Hant. t. 5. f. 69.
Voluta ambigua. Ann. ibid. n°. 12.

Habite.... Fossile de Courtagnon. Mon cabinet. Celle-ci se distingue principalement des trois espèces qui précèdent par l'angle simple du sommet de son dernier tour, et parce que son bord droit est sillonné en son limbe interne. Longueur, 17 lignes.

13. Volute petite-harpe. *Voluta harpula.*

V. testâ ovato-fusiformi , longitudinaliter costatâ ; anfractibus supernè crenatis, subcanaliculatis ; columellâ multiplicatâ : plicis tribus infimis majoribus : penultimo elatiore.

Encyclop. pl. 383. f. 8.
Voluta harpula. Ann. du Mus. vol. 1. p. 478. n°. 9. et vol. 17. p. 78. n°. 13.

[*b*] *Var. testâ minore ; costis supernè denticulatis.*

Habite.... Fossile de Grignon, où elle est très-commune. Mon cabi-net. Côtes fréquentes et disposées à peu près comme celles du *V. mitræformis.* Longueur, 18 lignes et demie. La var. [b] est plus petite, striée transversalement à sa base, ainsi qu'au limbe interne de son bord droit, et a ses côtes denticulées près de leur sommet. On pourrait peut-être la distinguer comme espèce.

14. Volute labrelle. *Voluta labrella.*

V. testâ ovato-turbinatâ, ventricosâ, basi transversè sulcatâ; ultimo anfractu supernè angulato, suprà plano; spirâ brevi, infernè carinatâ, supernè decussatìm striatâ, acutâ; columellâ quinque seu sexplicatâ.

Encyclop. pl. 384. f. 3. a. b.

Voluta labrella. Ann. du Mus. vol. 1. p. 478. n°. 10. et vol. 17. p. 78. n°. 14.

Habite.... Fossile de Grignon. Mon cabinet. Coquille courte, turbinée, ventrue, un peu carinée à la base de sa spire. Columelle calleuse dans sa partie supérieure, et munie de cinq à six plis dont les deux inférieurs sont les plus grands. Cette coquille est assez épaisse. Longueur, 21 lignes et demie.

15. Volute ficuline. *Voluta ficulina.*

V. testâ ovato-turbinatâ, transversè striatâ; ultimo anfractu spinis coronato; spirâ brevi, acutâ; labro crassiusculo, extùs marginato, intùs striato, supernè arcuato; columellæ plicis inferioribus quatuor vel quinque majoribus.

Voluta ficulina. Ann. du Mus. vol. 17. p. 79. n°. 15.

[b] *Var. testâ depressiusculâ; striis transversis obsoletis.*

Voluta depressa. Ann. du Mus. vol. 1. p. 479. n°. 12.

Habite.... Fossile des environs de Bordeaux, communiqué par M. *Rodrigues.* Mon cabinet. Longueur, près de 2 pouces. La var. [b] est un peu déprimée, surtout du côté de l'ouverture, et se trouve aux environs de Beauvais.

16. Volute rare-épine. *Voluta rarispina.*

V. testâ obovatâ, basi transversè sulcatâ; ultimo anfractu supernè spinis raris instructo; spirâ brevissimâ, mucronatâ; labro crasso, marginato, intùs striato; columellâ callosâ, depressâ, triplicatâ.

Encyclop. pl. 384. f. 2. a. b.

Voluta rarispina. Ann. du Mus. vol. 17. p. 79. n°. 16.

Habite..... Fossile des environs de Dax. Mon cabinet. Elle est ovoïde, et n'offre sur le sommet de son dernier tour que deux ou trois épines distantes. Spire très-courte, presque nulle, ne présentant qu'une pointe très-aiguë. Longueur, 17 lignes 3 quarts.

Tome VII.   23

17. **Volute à bourrelet.** *Voluta variculosa.*

V. testá oblongá, subfusiformi, lævigatá; varice marginali interdùmque dorsali notatá; plicis columellæ subquaternis.

Voluta variculosa. Ann. du Mus. vol. 1. p. 479. n°. 13. et vol. 17. p. 79. n°. 17.

Habite..... Fossile de Grignon. Mon cabinet. Petite coquille, remarquable par le bourrelet extérieur de son bord droit. Elle paraît lisse; mais quand on l'examine à la loupe, on voit qu'elle est finement striée transversalement. Longueur, 7 lignes un quart.

18. **Volute mitréole.** *Voluta mitreola.*

V. testá ovato-acutá, lævi; labro intùs obsoletè bidentato.

Voluta mitreola. Ann. du Mus. vol. 1. p. 479. n°. 14. et vol. 17. p. 80. n°. 18.

Habite.... Fossile de Grignon. Cabinet de M. *Defrance.* Longueur, à peine 9 millimètres.

MARGINELLE. (Marginella.)

Coquille ovale-oblongue, lisse, à spire courte, et à bord droit garni d'un bourrelet en dehors. Base de l'ouverture à peine échancrée. Des plis à la columelle, presque égaux.

Testa ovato-oblonga, lævis; spirá brevi; labrum extùs varice marginatum. Aperturæ basis subemarginata. Columella plicata : plicis subæqualibus.

OBSERVATIONS.

Les *marginelles* sont des coquilles généralement lisses, polies, munies la plupart d'assez belles couleurs, et remarquables par le bourrelet ou le rebord saillant qui garnit à l'extérieur le bord droit de leur ouverture. Elles tiennent de très-près aux volutes par leurs rapports; mais leur columelle n'en offre point réellement

les caractères, et bien moins encore ceux des mitres. D'ailleurs
eur ouverture occupe presque toute la longueur de la coquille,
leur spire étant fort courte, quelquefois même presque nulle. Linné
les rapportait à son genre *voluta*; mais il est évident qu'elles constituent un genre très-particulier, tant par leur forme singulière,
que par l'état des plis de leur columelle, et enfin parce que la
base de leur ouverture est à peine échancrée. Les *marginelles* habitent dans les mers des pays chauds; et déjà l'on en connaît un
assez grand nombre d'espèces, parmi lesquelles celles qui n'ont
presque plus de spire semblent faire une transition naturelle à
notre famille des enroulées.

L'animal des *marginelles* est un trachélipode à deux tentacules
pointus, qui portent les yeux près de leur base extérieure, et à tube
cylindrique se prolongeant obliquement au – dessus de la tête,
formé par un repli du manteau, et qui sert à faire arriver l'eau
aux branchies. Son disque ventral dépasse postérieurement la coquille. Point d'opercule.

ESPÈCES.

[a] *Spire saillante.*

1. Marginelle neigeuse. *Marginella glabella.*

M. *testâ ovato-oblongâ, griseo-fulvâ, zonis rufo-rubentibus
cinctâ, maculis minimis albis adspersâ; spirâ brevè conicâ,
apice obtusâ; columellâ quadriplicatâ.*

Voluta glabella. Lin. Gmel. p. 3445. n°. 32.

Lister, Conch. t. 818. f. 29.

Klein, Ostr. t. 5. f. 92.

Adans. Seneg. pl. 4. f. 1. la porcelaine.

Knorr, Vergu. 4. t. 21. f. 3.

Martini, Conch. 2. t. 42. f. 429.

Encyclop. pl. 377. f. 6. a. b.

Habite les mers du Sénégal et celles des Antilles. Mon cabinet. Belle
espèce, très-distincte, et dont on trouve peu de bonnes figures.
Limbe interne du bord droit crénelé. Long., 16 lignes et demie.

2. Marginelle rayonnée. *Marginella radiata.*

M. testâ ovato-oblongâ, albidâ, strigis luteo-rufis longitudinalib[us]
angustis undulatis crebris radiatìm pictâ; spirâ brevè conicâ
obtusâ; columellâ quadriplicatâ; labro intùs lœvi.

Leach, Miscell. Zool. 1. t. 12. f. 1.

Habite.... Communiquée par M. *Alex. Macleay.* Mon cabinet. Bel[le]
coquille, d'une forme semblable à celle de la précédente, mais très
différente par sa coloration et par l'intérieur de son bord droit.
Longueur, 19 lignes.

3. Marginelle nubéculée. *Marginella nubeculata.*

M. testâ ovato-oblongâ, subturbinatâ, albidâ., flammulis longi-
tudinalibus undatis pallidè fulvis uno latere nigrinis; ultimo
anfractu superiùs obtusè angulato; spirâ brevè conicâ, obtusius-
culâ; columellâ quadriplicatâ; labro intùs lœvi.

Lister, Conch. t. 818. f. 52.

Martini, Conch. 2. t. 42. f. 434. 435.

Encyclop. pl. 377. f. 2. a. b.

Habite.... Mon cabinet. Elle est très-distincte du *M. glabella* par
l'angle obtus de son dernier tour, par le limbe interne de son
bord droit qui est lisse, et sa coloration. Long., 14 lignes 3 quarts.

4. Marginelle bleuâtre. *Marginella cœrulescens.*

M. testâ ovato-oblongâ, albido-cœrulescente; spirâ brevi, sub-
acutâ; labro intùs castaneo, margine interiore lœvigato; colu-
mellâ quadriplicatâ.

Lister, Conch. t. 817. f. 28.

Adans. Seneg. pl. 4. f. 3. l'egouen.

Martini, Conch. 2. t. 42. f. 422. 423.

Voluta prunum. Gmel. p. 3446. n°. 33.

Encyclop. pl. 376. f. 8. a. b.

Habite l'Océan atlantique, sur les côtes de l'île de Gorée. Mon cabinet. Elle est quelquefois un peu zônée, et toujours sans taches.
Longueur, 15 lignes.

5. Marginelle cinq-plis. *Marginella quinqueplicata.*

M. testâ ovato-oblongâ, squalidè albidâ, immaculatâ; spirâ bre-
vissimâ, apice obtusiusculâ; plicis columellœ quinis; labro
intùs lœvi.

Encyclop. pl. 376. f. 4. a. b.

Habite.... Mon cabinet. Le bourrelet de son bord droit est fort épais. Longueur, 14 lignes.

6. Marginelle galonnée. *Marginella limbata.*

M. testâ ovato-oblongâ, albidâ, strigis longitudinalibus angustis undatis pallidè luteis lineatâ; spirâ brevè conicâ; labro intùs crenato, extùs varice transversìm lineato : lineolis rufo-fuscis; columellâ quadriplicatâ.

Encyclop. pl. 376. f. 2. a. b.

Habite.... Mon cabinet. Espèce bien remarquable par les caractères de son bord droit. Le sommet de sa spire est un peu obtus. Longueur, 11 lignes 3 quarts.

7. Marginelle rose. *Marginella rosea.*

M. testâ ovatâ, albo roseoque tessellatâ; spirâ conoideâ, obtusâ; labro intùs lævi, extùs varice transversìm rubro-lineato; columellâ quadriplicatâ.

Habite.... Mon cabinet. Espèce fort jolie, parquetée de rose et de blanc, particulièrement sur le milieu de son dernier tour, où son parquetage imite celui d'un damier. Long., 10 lignes et demie.

8. Marginelle bifasciée. *Marginella bifasciata.*

M. testâ ovato-oblongâ, nitidâ, anteriùs longitudinaliter costulatâ, griseo-fulvâ, fasciis duabus fuscescentibus cinctâ; punctis nigrinis per series transversas dispositis; spirâ exsertiusculâ; labro intùs crenato; columellâ quadriplicatâ.

An Martini, Conch. 2. t. 42. f. 431?

Encyclop. pl. 377. f. 8. a. b.

Habite les mers du Sénégal. Mon cabinet. Petite coquille, singulière par les côtes longitudinales de sa partie antérieure, et par ses points noirâtres disposés en lignes transverses. Ses deux fascies sont subinterrompues et distantes. Long., près de 11 lignes.

9. Marginelle féverolle. *Marginella faba.*

M. testâ ovato-oblongâ, anteriùs longitudinaliter costulatâ, albidâ, fulvo-nebulatâ, nigro-punctatâ: punctis sæpiùs oblongis, per series transversas longitudinalesque digestis; spirâ exsertiusculâ; labro intùs crenulato; columellâ quadriplicatâ.

Voluta faba. Lin. Gmel. p. 3445. n°. 31.
Petiv. Gaz. t. 10. f. 5.
Gualt. Test. t. 28. fig. Q.
Adans. Seneg. pl. 4. f. 2. le narel.
Knorr, Vergn. 4. t. 17. f. 6.
Martini, Conch. 2. t. 42. f. 432. 433.
Encyclop. pl. 377. f. 1. a. b.

Habite les mers du Sénégal. Mon cabinet. Elle est distincte de la
précédente par son défaut de fascies, et ses points la plupart oblongs.
Longueur, 11 lignes.

10. Marginelle orangée. *Marginella aurantia.*

*M. testâ ovatâ, aurantio-rubente; spirâ conoideâ, obtusiusculâ;
labro intùs crenato; columellâ quadriplicatâ.*

Habite.... Mon cabinet. Sa couleur n'est point uniforme, car elle offre
quelques petites maculations blanches et irrégulières. Longueur,
8 lignes.

11. Marginelle double-varice. *Marginella bivaricosa.*

*M. testâ ovato-oblongâ, albâ; varicibus duobus utrisque luteo-
aurantiis, spirâ adnatis : labri varice aliarum, altero latere
opposito; spirâ brevissimâ, acutâ; columellâ quadriplicatâ.*

Voluta marginata. Born, Mus. t. 9. f. 5. 6.
Favanne, Conch. pl. 29. fig. E.
Chemn. Conch. 10. t. 150. f. 1421.
Voluta marginata. Gmel. p. 3449. n°. 42.
Encyclop. pl. 376. f. 9. a. b.

Habite les mers du Sénégal. Mon cabinet. Les deux varices sont tantôt
colorées particulièrement, et tantôt ne le sont pas. Celle qui est
sur le côté opposé au bord droit est moins prononcée; et cependant assez distincte. Longueur, 10 lignes trois quarts.

12. Marginelle longue-varice. *Marginella longivaricosa.*

*M. testâ ovato-oblongâ, nitidâ, pallidè fulvâ, maculis albis mi-
nimis irregularibus àdspersâ; labri varice longo, usquè ad apicem spiræ adnato, luteo-maculato; spirâ brevissimâ; columellâ
quadriplicatâ; labro intùs obsoletè crenato.*

Habite les mers du Sénégal. Mon cabinet. La varice de son bord droit,
s'étendant jusqu'au sommet de la spire, caractérise cette espèce.

Ses petites taches blanches la rendent comme porphyrisée. Long.,
9 lignes et demie.

13. Marginelle mouche. *Marginella muscaria.*

M. testâ parvulâ, ovato-oblongâ, diaphanâ, albâ, interdùm lu-
teo-aurantiâ; spirâ exsertiusculâ, obtusâ; columellâ quadri-
plicatâ; labro intùs lœvi.

Habite les mers de la Nouvelle-Hollande, près de l'île Maria. *Péron.*
Mon cabinet. Elle est si commune qu'on la ramasse dans son lieu
natal par poignées. Longueur, 5 lignes et demie.

14. Marginelle formicule. *Marginella formicula.*

M. testâ parvâ, ovato-oblongâ, anteriùs longitudinaliter costatâ,
albidâ aut corneo-lutescente; anfractibus supernè angulatis:
angulo costis subcrenato; spirâ exsertiusculâ; columellâ qua-
driplicatâ; labro intùs lœvi.

Habite les mers de la Nouvelle-Hollande, près de l'île Maria. *Péron.*
Mon cabinet. Petite coquille, à côtes nombreuses. Long., à peine
5 lignes.

15. Marginelle éburnée. *Marginella eburnea.*

M. testâ fossili, parvâ, ovato-oblongâ; spirâ exsertiusculâ; mar-
ginibus anfractuum confluentibus; columellâ quadriplicatâ;
labro mutico.

Marginella eburnea. Ann. du Mus. vol. 2. p. 61. n°. 1.

Habite.... Fossile de Grignon. Mon cabinet. Elle est le plus souvent
d'un blanc et d'un luisant d'ivoire. Long., environ 5 lignes.

16. Marginelle dentifère. *Marginella dentifera.*

M. testâ fossili, parvâ, gracili; spirâ elongatâ, subpyramidali;
labro brevi, intùs unidentato.

Marginella dentifera. Ann. ibid. n°. 2.

Habite.... Fossile de Grignon. Cabinet de M. *Defrance.* Petite coquille, grêle, à spire allongée en pyramide, et ayant une petite
dent à l'intérieur de son bord droit.

17. Marginelle ovulée. *Marginella ovulata.*

M. testâ fossili, parvâ, ovatâ; spirâ brevissimâ; labro intùs sul-
cato; columellâ quinque seu sexplicatâ.

Marginella ovulata. Ann. ibid. n°. 3.

Encyclop. pl. 376. f. 1. a. b.

Habite.... Fossile de Grignon. Mon cabinet. Coquille ayant l'aspect
d'une petite ovule ou d'une jeune porcelaine. Sa spire est très-
courte et un peu pointue; son bourrelet marginal étroit et peu
épais. Longueur, 5 lignes 3 quarts.

[b] *Spire non saillante.*

18. Marginelle dactyle. *Marginella dactylus.*

M. testâ oblongâ, angustâ, subtereti, griseo-fulvâ; apice obtuso; aper-
turâ angustâ; columellâ quinqueplicatâ; labro intùs lævigato.

Habite.... Mon cabinet. Coquille singulière par sa forme. Longueur,
10 lignes 3 quarts.

19. Marginelle bullée. *Marginella bullata.*

M. testâ ovato-oblongâ, cylindraceâ, albidâ, fasciis crebris an-
gustis rubro-lividis cinctâ; apice obtuso; columellâ quadripli-
catâ; labro intùs lævigato.

Lister, Conch. t. 8o3. f. 11.

Knorr, Vergn. 4. t. 23. f. 1. et t. 27. f. 1.

Martini, Conch. 2. t. 42. f. 424. 425.

Chemn. Conch. 10. t. 150. f. 1409. 1410.

Voluta bullata. Gmel. p. 3452. n°. 129.

Encyclop. pl. 376. f. 5. a. b.

Habite l'Océan indien. Mon cabinet. Longueur, 10 lignes; mais il
paraît qu'elle devient beaucoup plus grande.

20. Marginelle cornée. *Marginella cornea.*

M. testâ ovato-oblongâ, nitidâ, albido-griseâ, zonis tribus luteolis
obscurè cinctâ; apice obtuso; labro intùs crenato, anteriùs api-
cem superante; columellâ septemplicatâ.

Habite.... Mon cabinet. Longueur, 9 lignes un quart.

21. Marginelle aveline. *Marginella avellana.*

M. testâ obovatâ, apice retuso-concavâ, nitidâ, pallidè fulvâ,
punctis rufis creberrimis adspersâ; columellâ octoplicatâ; labro
intùs crenulato.

Encyclop. pl. 377. f. 5. a. b.

Habite.... Mon cabinet. Ouverture blanche ; quelquefois une ou deux zônes obscures sur le dernier tour. Longueur , 9 lignes et demie.

22. Marginelle tigrine. *Marginella persicula.*

M. testâ obovatâ, apice retuso-concavâ, albâ, punctis luteis con- fertis adspersâ; columellâ septemplicatâ; labro intùs crenulato.

Voluta persicula. Lin. Gmel. p. 3444. n°. 29.

Lister, Conch. t. 803. f. 10.

Petiv. Gaz. t. 8. f. 2.

Bonanni, Recr. 3. f. 246.

Gualt. Test. t. 28. fig. C. D. E.

Martini, Conch. 2. t. 42. f. 421. *Bona.*

Encyclop. pl. 377. f. 3. a. b.

Habite l'Océan atlantique austral. Mon cabinet. Espèce distincte de la suivante, au moins par sa coloration. Long., 9 lignes et demie.

23. Marginelle rayée. *Marginella lineata.*

M. testâ obovatâ, apice retuso-concavâ, albâ, lineis spadiceis re- motiusculis prope labrum subramosis cinctâ; columellâ subsep- templicatâ; labro intùs striato.

Voluta persicula. Var. [b]. Lin. Gmel. p. 3444. n°. 29.

Lister, Conch. t. 803. f. 9.

Petiv. Gaz. t. 8. f. 10.

Bonanni, Recr. 3. f. 238.

Gualt. Test. t. 28. fig. B.

Adans. Seneg. pl. 4. f. 4. le bobi.

Knorr, Vergn. 6. t. 21. f. 6.

Martini, Conch. 2. t. 42. f. 419. 420.

Encyclop. pl. 377. f. 4. a. b.

Habite les mers du Sénégal. Mon cabinet. Quoique voisine de la précédente, elle en diffère constamment par les caractères de sa coloration. Longueur, 10 lignes.

24. Marginelle parquetée. *Marginella tessellata.*

M. testâ obovatâ, apice retusâ, albidâ, punctis rufis quadratis transversìm seriatis tessellatâ : seriis confertis; columellâ plicis praecipuis quinis instructâ : suprà aliis duobus seu tribus mi- nimis ; labro intùs crenulato.

An voluta porcellana? Chemn. Conch. 10. t. 150. f. 1419. 1420.

Gmel. p. 3449, n°. 139.

Habite.... Mon cab. Ses points ne sont pas sagittés comme dans la
figure citée de *Chemniz*, mais carrés. Long., 7 lignes et demie.

25. Marginelle interrompue. *Marginella interrupta.*

> M. *testâ parvâ, obovatâ, apice retusâ, albidâ, lineis transversis*
> *confertissimis interruptis purpureis pictâ; columellâ subquadri-*
> *plicatâ; labro intùs obsoletè crenulato.*

Habite.... Mon cabinet. Espèce fort petite, et très-distincte de toutes
les autres. Longueur, 5 lignes.

VOLVAIRE. (Volvaria.)

Coquille cylindracée, roulée sur elle-même, à spire
presque sans saillie. Ouverture étroite, aussi longue que
la coquille. Un ou plusieurs plis sur la partie inférieure
de la columelle.

Testa cylindracea, convoluta; spirâ vix exsertâ. Aper-
tura angusta, longitudine testæ. Columella infernè pli-
cifera.

OBSERVATIONS.

Ce genre fait évidemment le passage de la famille des columellaires à celle des enroulées; il appartient à la première par les plis
de la columelle des coquilles qu'il embrasse, et à la seconde par
la forme de ces coquilles, lesquelles sont enroulées sur elles-mêmes
par des tours dont la largeur égale la longueur de l'axe. C'est avec
les marginelles que les *volvaires* ont le plus de rapports; mais en
général elles n'offrent plus de bourrelets à l'extérieur de leur bord
droit qui est peu épais, tranchant. Quelquefois seulement on en
aperçoit encore quelques vestiges peu remarquables. Les espèces
de ce genre sont la plupart de petite taille, surtout quelques-unes
d'entre elles. Toutes sont marines.

ESPÈCES.

1. Volvaire à collier. *Volvaria monilis.*

V. testâ ovatâ, subcylindricâ, opacâ, nitidâ, lacteâ; spirâ vix perspicuâ; columellâ subquinqueplicatâ.

Voluta monilis. Lin, Gmel. p. 3443. n°. 27.

Habite les mers du Sénégal, et, selon *Linné*, celles de la Chine. Mon cabinet. Petite coquille opaque, luisante, d'un blanc de lait éclatant, et qui fait tellement la transition des marginelles aux *volvaires*, qu'on aperçoit encore sur certains individus quelques vestiges de bourrelet, mais sans épaisseur. On s'en sert à faire des colliers; et j'en possède un assez grand nombre d'exemplaires encore réunis sous cette forme. Longueur, 4 à 5 lignes.

2. Volvaire hyaline. *Volvaria pallida.*

V. testâ ovato-oblongâ, cylindraceâ, tenui, pellucidâ, albido-corneâ; spirâ vix prominulâ, obtusâ; columellâ basi incurva, quadriplicatâ.

Voluta pallida. Lin. Gmel. p. 3444. n°. 30.

Lister, Conch. t. 714. f. 70.

An Adans. Seneg. pl. 5. f. 2? le falier.

Martini, Conch. 2. t. 42. f. 426.

Schroëtter, Einl. in Conch. 1. t. 1. f. 10. a. b.

Habite les mers du Sénégal. Mon cabinet. Celle-ci est bien transparente, d'un corné blanchâtre, quelquefois obscurément fasciée de fauve. Longueur, 5 lignes trois quarts.

5. Volvaire grain-de-blé. *Volvaria triticea.*

V. testâ ovato-oblongâ, subcylindricâ, albidâ, fulvo-fasciatâ; spirâ subprominulâ; labro versùs medium depresso; columellâ rectâ, subquadriplicatâ.

Petiv. Gaz. t. 102. f. 13.

Adans. Seneg. pl. 5. f. 3. le siméri.

Martini, Conch. 2. t. 42. f. 427.

Voluta exilis. Gmel. p. 3444. n°. 28.

[b] *Var. testâ albidâ aut rubente; fasciis nullis.*

Habite les mers du Sénégal. Mon cabinet. Long., 4 lignes 3 quarts.

4. Volvaire grain-de-riz. *Volvaria oryza.*

*V. testâ parvâ, obovatâ, albâ, fulvo latè zonatâ; spirâ vix pro-
minulâ; columellâ rectâ, quadriplicatâ.*

An Adans. Seneg. pl. 5. f. 4? le stipon.
An Martini, Conch. 2. t. 42. f. 428?
Encyclop. pl. 374. f. 6. a. b.

Habite.... les mers du Sénégal? Mon cabinet. Il paraît que cette petite coquille est quelquefois toute blanche; mais je ne la connais
qu'avec une large zône. Néanmoins *Adanson* dit que la lèvre
gauche [la columelle] de son stipon est munie de huit ou dix
dents, tandis que celle de notre espèce n'en offre que quatre.
Longueur, 3 lignes.

5. Volvaire grain-de-mil. *Volvaria miliacea.*

*V. testâ minimâ, obovatâ, albâ, subpellucidâ; spirâ vix conspi-
cuâ; columellâ rectâ, subquinqueplicatâ.*

An voluta miliaria? Lin. Gmel. p. 3443. n°. 26.

Habite.... Mon cabinet. C'est une des plus petites coquilles connues,
surtout dans ce genre. Elle est un peu transparente. Longueur,
près de 2 lignes.

6. Volvaire bulloïde. *Volvaria bulloides.*

*V. testâ fossili, cylindricâ, transversè striatâ : striis impresso-
punctatis; spirâ subinclusâ, mucronatâ; columellâ basi triplicatâ.*

Volvaria bulloides. Ann. du Mus. vol. 5. p. 29. n°. 1.
Encyclop. pl. 384. f. 4. a. b.

Habite.... Fossile de Grignon. Mon cabinet. Elle est cylindrique, à
spire comme enfoncée, n'offrant qu'une petite pointe à peine en
saillie. Les trois plis de la columelle sont obliques. Long., 8 lignes.

LES ENROULÉES.

*Coquille sans canal, mais ayant la base de son ouverture
échancrée ou versante, et ses tours de spire étant*

larges, comprimés ; enroulés de manière que le dernier recouvre presque entièrement les autres.

Les *enroulées* constituent la dernière famille de nos trachélipodes. De même que les columellaires, leur coquille n'a point de canal inférieurement, et la base de son ouverture est échancrée ou versante. Ce qui la rend remarquable, c'est que ses tours de spire sont larges, comprimés, et s'enveloppent successivement de manière que le dernier recouvre presque entièrement les autres. Il en résulte que la cavité spirale de la coquille est large et étroite, ce qui montre que le corps de l'animal est lui-même aplati.

Des six genres qu'embrassent les *enroulées*, les deux premiers comprennent des coquilles dont le bord droit de l'ouverture est roulé ou recourbé en dedans. Voici ces six genres : *ovule, porcelaine, tarrière, ancillaire, olive* et *cône.*

OVULE. (Ovula.)

Coquille bombée, atténuée et subacuminée aux deux bouts ; à bords roulés en dedans. Ouverture longitudinale, étroite, versante aux extrémités, non dentée sur le bord gauche.

Testa turgida, utrinquè attenuata, subacuminata ; marginibus convolutis. Apertura longitudinalis, angusta, ad extremitates effusa ; margine sinistro vel columellari edentulo.

OBSERVATIONS.

Les *ovules*, que Bruguières a le premier distinguées, et que Linné confondait parmi ses *bulla*, forment un genre naturel très-voisin des porcelaines par ses rapports.

Ce sont en effet des coquilles bombées, subfusiformes, atténuées
et quelquefois comme rostrées aux deux bouts, à peu près lisses, et
fort rapprochées des porcelaines par leur conformation. Elles sont
enroulées sur elles-mêmes de manière que leur cavité tourne autour de l'axe de la coquille et l'enveloppe entièrement; en sorte
qu'elles n'ont réellement point de spire.

Dans la coquille parfaite, le bord droit de l'ouverture est replié
et comme roulé en dedans. Il est quelquefois plissé et comme
denté; mais le bord gauche ou columellaire ne l'est jamais.

Ce caractère du bord gauche jamais denté, et celui d'un défaut
constant de spire, suffisent pour distinguer les *ovules* des porcelaines. Enfin leur bord droit, replié ou roulé en dedans, ne permet
pas qu'on les confonde avec les bulles, celles-ci ayant toujours
leur bien tranchant.

Les coquilles de ce genre n'ont jamais sur leur bord gauche de
lame particulière appliquée; il est toujours nu, lisse, et plus ou
moins bombé. Il en est de ces coquilles comme des porcelaines;
elles n'ont ni drap marin ni opercule.

E S P È C E S.

[a] *Bord droit denté par des plis.*

1. Ovule des Moluques. *Ovula oviformis.*

*O. testá ovato-inflatá, medio ventricosá, lœvi, lacteá; extremita-
tibus prominulis, subtruncatis; fauce aurantiacá.*

Bulla ovum. Lin. Gmel. p. 3422. n°. 1.

Lister, Conch. t. 711. f. 65.

Bonanni, Recr. 3. f. 252.

Rumph. Mus. t. 38. fig. Q.

Petiv. Gaz. t. 97. f. 7. et Amb. t. 8. f. 6.

Gualt. Test. t. 15. fig. A. B.

D'Argenv. Conch. pl. 18. fig. A.

Favanne, Conch. pl. 30. fig. N.

Seba, Mus. 3. t. 76. *figuræ tres.*

Knorr, Vergn. 6. t. 33. f. 1.

Martini, Conch. 1. t. 22. f. 205. 206.

Encyclop. pl. 358. f. 1. a. b.

Ovula oviformis. Ann. du Mus. vol. 16. p. 110. n°. 1.

Habite l'Océan des Moluques et celui des îles des Amis. Mon cabinet. Coquille oviforme, d'un blanc de lait en dehors, d'une couleur orangée un peu rembrunie en dedans, et ayant ses deux extrémités saillantes et tronquées. Dans sa jeunesse, elle est mince, comme papyracée, partout très-blanche, et a son bord droit tranchant. Dans cette espèce, comme dans toutes les autres, l'ouverture occupe toute la longueur de la coquille. C'est, de toutes les *ovules*, celle dont le ventre est le plus bombé. Longueur, 3 pouces 5 lignes.

2. Ovule anguleuse. *Ovula angulosa.*

O. testâ ovato-ventricosâ, subgibbosâ, albâ; ventre medio transversìm obtusè angulato, lineis promìnulis cincto; extremitatibus obtusis; fauce roseo-violaceâ.

Ovula costellata. Ann. ibid. n°. 2.

Habite.... l'Océan des grandes Indes? Mon cabinet. Cette espèce, quoique très-voisine de la précédente par ses rapports, en est constamment distincte, et toujours plus petite. Elle est ovale, un peu bossue, comme anguleuse transversalement dans sa partie moyenne, avec des lignes transverses légèrement en saillie. Elle est blanche en dehors, et offre à l'intérieur une teinte d'un rose violet. Longueur, 17 lignes.

3. Ovule à verrues. *Ovula verrucosa.*

O. testâ ovatâ, gibbosâ, transversè angulatâ, albâ; verrucâ globosâ ad utramque extremitatem in foveâ inclusâ.

Bulla verrucosa. Lin. Gmel. p. 3423. n°. 5.

Lister, Conch. t. 712. f. 67.

Rumph. Mus. t. 38. fig. H.

Petiv. Amb. t. 16. f. 23.

Gualt. Test. t. 16. fig. F.

D'Argenv. Conch. pl. 18. fig. M.

Seba, Mus. 3. t. 55. f. 17.

Knorr, Vergn. 4. t. 26. f. 7.

Martini, Conch. 1. t. 23. f. 220. 221.

Encyclop. pl. 357. f. 5. a. b.

Ovula verrucosa. Ann. ibid. p. 111. n°. 3.

[b] *Var. testâ cærulescente.*

Habite l'Océan des grandes Indes. Mon cabinet. Coquille ovale, bossue, anguleuse sur le dos, d'un beau blanc, teinte de rose à ses extrémités, et fort remarquable par la verrue singulière dont elle est munie à chaque bout. Longueur, près d'un pouce.

4. Ovule lactée. *Ovula lactea.*

O. testâ ovatâ, subgibbosâ, lævi, extùs intùsque candidâ; columellâ basi compressâ.

Ovula lactea. Ann. ibid. n°. 4.

[b] Eadem minor, albo-cærulescens.

Habite les mers de Timor. Mon cabinet. Petite coquille ovale, à peine un peu bossue, non rostrée aux extrémités, et d'un beau blanc. Longueur, 7 lignes un quart; de sa variété, 6 lignes trois quarts.

5. Ovule incarnate. *Ovula carnea.*

O. testâ ovatâ, gibbâ, utrinquè subrostratâ, carneo-rubente; labro arcuato; columellâ anteriùs uniplicatâ.

Bulla carnea. Poiret, Voy. 2. p. 21.

Bulla carnea. Gmel. p. 3434. n°. 50.

Encyclop. pl. 357. f. 2. a. b.

Ovula carnea. Ann. ibid. n°. 5.

Habite la Méditerranée, sur les côtes de Barbarie. Mon cabinet. Coquille plus petite encore que la précédente, un peu bossue, légèrement en pointe aux deux bouts, et d'une couleur de chair rougeâtre ou vineuse, mais plus pâle sur le dos et en dessous. Long., 5 lignes un quart.

6. Ovule grain-de-blé. *Ovula triticea.*

O. testâ ovato-oblongâ, lævi, rubro-aurantiâ; labro albido; columellâ anteriùs uniplicatâ.

Petiv. Gaz. t. 66. f. 2?

Ovula triticea. Ann. ibid. n°. 6.

Habite les côtes de l'Afrique. Mon cabinet. C'est la plus petite des ovules connues, et elle a beaucoup de rapports avec la précédente; mais elle est plus étroite et très-peu bombée. Son bord extérieur, presque droit, est blanc, ainsi que le pli tuberculeux du sommet de sa columelle. Longueur, 5 lignes.

7. **Ovule grain-d'orge.** *Ovula hordacea.*

> O. testâ oblongâ, utrinquè acutiusculâ, rubro-castaneâ; dorso
> anticè subangulato; columellâ supernè uniplicatâ.
>
> Ovula hordacea. Ann. ibid. p. 112. n°. 7.

Habite.... les côtes de l'Afrique? Collect. du Mus. Coquille voisine
de celle qui précède, mais plus grêle, presque cylindracée, et un
peu anguleuse sur le dos antérieurement. Elle offre un gros pli
blanc au sommet de sa columelle. Longueur, 11 à 12 millimètres.

[b] Bord droit lisse, non denté.

8. **Ovule gibbeuse.** *Ovula gibbosa.*

> O. testâ ovato-oblongâ, utrinquè obtusâ, angulo elevato obtuso
> cinctâ, albo-flavescente.

Bulla gibbosa. Lin. Gmel. p. 3423. n°. 6.
Column. Purp. p. 29. t. 30. f. 5.
Lister, Conch. t. 711. f. 64.
Bonanni, Recr. 3. f. 249. 339.
Petiv. Gaz. t. 15. f. 5.
Gualt. Test. t. 15. f. 3.
D'Argenv. Conch. pl. 18. fig. Q.
Favanne, Conch. pl. 30. fig. G 1.
Seba, Mus. 3. t. 55. f. 18.
Knorr, Vergn. 1. t. 14. f. 3. 4. et 6. t. 32. f. 4.
Martini, Conch. 1. t. 22. f. 211—214.
Encyclop. pl. 357. f. 4. a. b.
Ovula gibbosa. Ann. ibid. n°. 8.

Habite les mers du Brésil. Mon cabinet. Coquille ovale-oblongue,
obtuse aux deux bouts, et très-remarquable par l'angle ou pli
transversal qui fait une forte saillie sur son dos. Elle est commune
dans les collections. Longueur, 11 lignes et demie.

9. **Ovule aciculaire.** *Ovula acicularis.*

> O. testâ lineari, perangustâ, diaphanâ, cinereo-cœrulescente;
> extremitatibus subacutis; labro vix marginato.

Ovula acicularis. Ann. ibid. n°. 9.

Habite l'Océan des Antilles. *Maugé.* Mon cabinet. Espèce qui paraît
très-distincte des deux suivantes, dont elle se rapproche par ses

Tome VII. 24

rapports. Elle est subcylindrique, grêle, d'un cendré bleuâtre, et ressemble à un grain d'avoine allongé et peu renflé. Elle n'offre qu'un sinus léger et oblique sur sa columelle. Longueur, 6 lignes et demie.

10. Ovule spelte. *Ovula spelta.*

O. testâ oblongâ, ad utramque extremitatem obsoletè rostratâ, lævi, albâ; dorso tumidiusculo; labro arcuato, margine intùs incrassato.

Bulla spelta. Lin. Gmel. p. 3423. n°. 4.
Lister, Conch. t. 712. f. 68.
Gualt. Test. t. 15. f. 4.
Martini, Conch. 1. t. 23. f. 215. 216.
Ovula spelta. Ann. ibid. p. 113. n°. 10.

Habite la Méditerranée. Mon cabinet. Coquille blanche, lisse, un peu renflée sur le dos, et qui n'est ni carinée ni striée transversalement, comme l'indiquent les figures citées de *Lister* et de *Martini.* Elle offre un petit pli au sommet de sa columelle, et a son bord droit margiué en dedans. Longueur, 8 lignes un quart.

11. Ovule birostre. *Ovula birostris.*

O. testâ oblongâ, dorso tumidiusculâ, ad utramque extremitate rostratâ, lævi, albâ; labro margine exteriore incrassato.

Bulla birostris. Lin. Gmel. p. 3423. n°. 3.
An Lister, Conch. t. 711. f. 66?
Knorr, Vergn. 6. t. 20. f. 5.
Favanne, Conch. pl. 30. fig. K 1.
Martini, Conch. 1. t. 23. f. 217. a. b.
Encyclop. pl. 357. f. 1. a. b.
Ovula birostris. Ann. ibid. n°. 11.

Habite les côtes de Java. Mon cabinet. Cette espèce est un peu plus grande que celle qui précède, et s'en distingue principalement en ce qu'elle est birostrée, et que son bord droit est muni d'un bourrelet en dehors. On la nomme vulgairement la *fausse-navette,* mais elle est constamment distincte de l'espèce qui suit. Longueur, 8 lignes un quart; mais je n'ai qu'un jeune individu.

12. Ovule navette. *Ovula volva.*

O. testâ medio ventricosâ, tumidâ, utrinquè rostratâ, albidâ; rostris prælongis, cylindraceis, obliquè striatis.

Bulla volva. Lin. Gmel. p. 3422. n°. 2.

Lister, Conch. t. 711. f. 63. *Mala*.

D'Argenv. Conch. pl. 18. fig. I.

Favanne, Conch. t. 30. fig. K 2.

Seba, Mus. 3. t. 55. f. 13—16.

Knorr, Vergn. 5. t. 1. f. 2. 3. et 6. t. 32. f. 1.

Martini, Conch. 1. t. 23. f. 218.

Encyclop. pl. 357. f. 3. a. b.

Ovula volva. Ann. ibid. n°. 12.

[b] *Eadem albido-roseá, transversìm striatá.*

Habite l'Océan des Antilles. Mon cabinet. Coquille bien singulière par sa forme, précieuse dans le commerce, assez rare, et toujours fort recherchée dans les collections, surtout lorsqu'elle est bien conservée. Elle est presque globuleuse dans son milieu, et se termine à chaque extrémité par un bec long, grêle, cylindracé et canaliculé. Longueur, 2 pouces 10 lignes et demie. La variété teinte de rose est fort rare. Je la crois des côtes du Brésil. [Collect. du Mus.]

Espèces fossiles.

1. Ovule passérinale. *Ovula passerinalis.*

O. *testá ovato-ventricosá, lœvi, vix rostratá ; labro arcuato lœvissimo.*

Ovula passerinalis. Annales du Mus. vol. 16. p. 114. n°. 1.

Habite.... Fossile des environs de Fiorenzola, dans le Plaisantin. Cabinet de feu M. *Faujas.* Petite ovule très-distincte comme espèce, et dont l'analogue vivant n'est pas encore connu. Elle est ovale, ventrue, à peine rostrée, et n'offre ni dents ni plis sur le bord droit. On voit un gros pli vers l'extrémité antérieure de la columelle. La grosseur de cette coquille est à peu près égale à celle d'un œuf de moineau. Sa longueur est de 23 millimètres.

2. Ovule birostre. *Ovula birostris.*

Ovula birostris. Ann. ibid. n°. 2.

Habite.... Fossile des environs de Fiorenzola, dans le Plaisantin. Cabinet de feu M. *Faujas.* Elle ressemble en tout à son analogue vivant, qui habite sur les côtes de Java. Son bord extérieur est bien marginé en dehors. Elle a un pli oblique sur la columelle du bec antérieur. Longueur, 28 millimètres.

PORCELAINE. (Cypræa.)

Coquille ovale ou ovale-oblongue, convexe, à bords roùlés en dedans. Ouverture longitudinale, étroite, dentée des deux côtés, versante aux deux bouts. Spire très-petite, à peine apparente.

Testa ovata vel ovato-oblonga, convexa, marginibus involutis. Apertura longitudinalis, angustata, utrinquè dentata, ad extremitates effusa. Spira minima, obtecta.

OBSERVATIONS.

Les *porcelaines* sont en général des coquilles lisses, luisantes, agréablement variées dans leurs couleurs, et qui n'ont jamais de drap marin. Elles constituent un genre très-naturel, bien distinct, fort nombreux en espèces, et singulièrement remarquable par les différens états de la coquille du même individu, selon l'âge de l'animal et à certaines époques de sa vie.

Dans leur état complet, ces coquilles [enroulées autour de leur axe longitudinal de manière que le dernier tour enveloppe presque entièrement les autres] sont ovales, convexes en dessus, un peu aplaties en dessous, et ont leur spire presque totalement cachée ou recouverte. Leur ouverture s'étend dans toute leur longueur, est étroite et dentée sur ses deux bords, lesquels sont roulés en dedans.

Mais dans la jeunesse de l'animal, ces mêmes coquilles présentent une forme bien différente; car alors leur ouverture est plus lâche, surtout inférieurement, n'est point dentée, et a son bord droit tranchant [Encyclop. pl. 349, fig. a. b.]. Ensuite, lorsqu'une de ces coquilles a acquis la forme générale qui caractérise son genre, elle n'est pas encore complète, parce qu'elle n'a que son premier plan de matière testacée, que sa spire, quoique très-petite, n'est pas encore recouverte, et que les couleurs qui doivent former dans son état complet ne sont point encore acquises [Encyclop. pl. 349, fig. c.].

Ainsi les individus de chaque espèce de porcelaine peuvent être trouvés sous trois états différens : 1°. Sous l'état de première jeunesse : la coquille de ces individus est alors très-imparfaite, et ressemble à un petit cône mince, à columelle courbée et tronquée à sa base, et n'offre nullement le caractère du genre ; 2°. sous l'état moyen d'accroissement : la coquille, dans cet état, est conformée comme l'exprime le caractère de ce genre ; mais elle est mince, offre une spire saillante, et n'a que son premier plan de matière testacée, muni de couleurs particulières ; 3°. enfin sous l'état adulte ou de développement complet : alors la coquille est plus épaisse, a un second plan de matière testacée dont les couleurs sont différentes de celles de son premier plan, et sa spire est recouverte.

Le second plan dont est munie la coquille complète lui a été fourni par les dépôts des deux ailes membraneuses du manteau de l'animal, qui, dans l'état adulte de cet animal, ont pris beaucoup d'accroissement et sont devenues fort grandes. Ces deux ailes se déploient sur le dos de la coquille, au moins dans les mouvemens de translation, la recouvrent alors entièrement, et y déposent les matériaux de son second plan testacé. Il résulte des dépôts ou de la transsudation des deux ailes de l'animal sur la coquille, qu'outre que celle-ci en acquiert plus d'épaisseur, elle se trouve alors émaillée de couleurs très-différentes de celles dont la coquille inférieure ou première était ornée. J'ajoute que l'on a des observations qui tendent à prouver que l'animal des *porcelaines*, parvenu à pouvoir former une coquille complète, a encore la faculté de grandir, et qu'alors il est obligé de quitter sa coquille pour en former une nouvelle ; il en résulte qu'un même individu a pu former successivement plusieurs coquilles à plan simple et plusieurs autres à plan double ou complètes, ce que prouvent évidemment les *porcelaines* complètes de la même espèce et de différentes grandeurs.

Il faut donc distinguer soigneusement trois états très-particuliers dans lesquels les *porcelaines* peuvent se rencontrer dans le cours de leur formation, si l'on ne veut s'exposer à prendre pour espèces différentes trois individus qui appartiennent à la même.

Dans quelques espèces, le lieu de la spire présente un enfoncement ou une fossette qui imite un ombilic; mais dans d'autres, cette fossette s'efface insensiblement et se prête difficilement à une division des espèces.

Il en est de même des deux bords extérieurs de la coquille, dont tantôt l'un et l'autre sont dilatés, tantôt un seul est dans ce cas, et tantôt ni l'un ni l'autre ne sont saillans ou renflés.

L'animal des *porcelaines* a sur la tête deux tentacules coniques, effilés, à pointe très-fine, portant les yeux près de leur base à leur côté externe. Le tube par lequel cet animal reçoit l'eau qu'il respire est court, placé sur le cou, formé par la partie antérieure de son manteau, et logé dans l'échancrure de la coquille, qui termine son ouverture du côté de la spire. Enfin son pied est un disque ventral, charnu, linguiforme, sur lequel il se traîne dans ses mouvemens de translation.

Les deux ailes amples et membraneuses dont cet animal est muni dans son état adulte sont placées aux côtés du corps, et ne sont que des extensions de son manteau. Lorsque ce mollusque sort de sa coquille pour se déplacer et chercher sa nourriture, ces ailes se redressent et s'étendent sur la convexité de la coquille, la couvrent ou l'enveloppent entièrement, et alors la coquille n'est plus apparente. A l'endroit où ces ailes se joignent par leurs bords, on voit sur la coquille une ligne longitudinale d'une couleur particulière qui indique leur réunion; mais comme dans beaucoup d'espèces ces ailes sont inégales, de manière que l'une recouvre l'autre, alors la coquille complète n'offre point la ligne dont il s'agit.

Dans leur état de repos, les *porcelaines* se tiennent enfoncées et cachées dans le sable, à quelque distance des rivages de la mer, dans les climats chauds et tempérés. On en connaît beaucoup d'espèces; mais leur détermination est difficile, parce que les caractères indépendans des couleurs de la coquille sont peu nombreux.

ESPÈCES.

1. Porcelaine cervine. *Cyprœa cervina.*

C. *testâ ovato-ventricosâ, fulvâ aut castaneâ; guttis albidis parvis
numerosissimis sparsis; lineâ longitudinali rectâ, pallidâ; labro
intùs violacescente.*

Lister, Conch. t. 697. f. 44.

Bonanni, Recr. 3. f. 267.

Knorr, Vergn. 1. t. 5. f. 3. 4.

Martini, Conch. 1. t. 26. f. 257. 258.

Chemn. Conch. 10. t. 145. f. 1343.

Cyprœa oculata. Gmel. p. 3403. n°. 18.

Encyclop. pl. 351. f. 3.

Cyprœa cervus. Ann. du Mus. vol. 15. p. 447. n°. 1.

Habite les mers de l'Amérique. Mon cabinet. C'est une des plus
grandes de ce genre. Elle est ventrue, comme enflée, et se distingue par ses taches petites, nombreuses et d'un beau blanc. Sa raie
longitudinale est droite, blanchâtre ou d'un fauve pâle, et à bords
bien terminés, surtout dans les individus de taille moyenne. Longueur, 4 pouces une ligne. Vulgairement le *firmament.*

2. Porcelaine exanthème. *Cyprœa exanthema.*

C. *testâ ovato-cylindricâ, fulvâ; maculis albidis rotundis subocellatis sparsis; lineâ longitudinali pallidâ; labro intùs violacescente.*

Cyprœa exanthema. Lin. Gmel. p. 3397. n°. 1.

Ejusd. cyprœa zebra. p. 3400. n°. 8.

Lister, Conch. t. 669. f. 15. t. 698. f. 45. et t. 699. f. 46.

Bonanni, Recr. 3. f. 257. 266.

Gualt. Test. t. 16. fig. N. O.

Seba, Mus. 3. t. 76. f. 4. 5.

Martini, Conch. 1. t. 28. f. 289. et t. 29. f. 298—300.

Encyclop. pl. 349. fig. a. b. c. d. e.

Cyprœa exanthema. Ann. ibid. n°. 2.

[b] *Eadem maculis perparvis ocellatis.*

Favanne, Conch. pl. 29. fig. B 1.

Habite l'Océan des Antilles, etc. Mon cabinet. Elle devient aussi
fort grande, et est parsemée de taches blanchâtres, rondes, souvent oculées et inégales, sur un fond fauve. Son intérieur est d'un
bleu violet, et les dents de l'ouverture d'une couleur marron-

Les figures citées de l'*Encyclopédie* la représentent dans les différens états par où elle passe avant d'arriver à celui où elle est complète. Longueur, 3 pouces 7 lignes. La Var. [b] est si particulière qu'on pourrait la distinguer comme espèce. Elle est plus effilée, plus cylindracée, et ses taches sont extrémement petites, d'un blanc violâtre, et la plupart oculées. Longueur, 2 pouces 10 lignes. Vulg. le *faux Argus*.

3. Porcelaine Argus. *Cyprœa Argus.*

C. *testâ ovato-oblongâ, subcylindricâ, albido-flavescente, ocellis fulvis adspersâ; subtùs maculis quatuor fuscis.*

Cyprœa Argus. Lin. Gmel. p 3398. n°. 4.

Lister, Conch. t. 705. f. 54.

Bonanni, Recr. 3. f. 263.

Rumph. Mus. t. 38. fig. D.

Petiv. Gaz. t. 97. f. 6. et Amb. t. 5. f. 9.

Gualt. Test. t. 16. fig. T.

Klein, Ostr. t. 6. f. 101.

D'Argenv. Conch. pl. 18. fig. D.

Favanne, Conch. pl. 29. fig. B 2.

Knorr, Vergn. 3. t. 11. f. 5.

Martini, Conch. 1. t. 28. f. 285. 286.

Chemn. Conch. 10. t. 145. f. 1344. 1345.

Encyclop. pl. 350. f. 1. a. b.

Cyprœa Argus. Ann. ibid. p. 448. n°. 3.

Habite l'Océan des grandes Indes. Mon cabinet. Très-belle espèce, remarquable par ses taches assez grandes, lesquelles sont constituées par une multitude de petits cercles d'un fauve brun, dont le centre montre le fond de la coquille; mais plusieurs de ces taches, plus grandes que les autres, sont pleines et tout-à-fait d'un fauve foncé. Le dessous de la coquille offre quatre larges taches d'un brun noirâtre, deux sur chaque bord de son ouverture. Cette espèce, sans être rare, est recherchée dans les collections. Longueur, 3 pouces 9 lignes.

4. Porcelaine lièvre. *Cyprœa testudinaria.*

C. *testâ ovato-oblongâ, subcylindricâ, albido fulvo castaneoque nebulosâ, punctulis albidis furfuraceis adspersâ; extremitatibus depressis; aperturâ albâ.*

Cyprœa testudinaria. Lin. Gmel. p. 3399. n°. 5.

Lister, Conch. t. 689. f. 56.
Rumph. Mus. t. 38. fig. C.
Petiv. Amb. t. 8. f. 7.
Knorr, Vergn. 4. t. 27. f. 2.
Favanne, Conch. pl. 30. fig. O.
Martini, Conch. 1. t. 27. f. 271. 272.
Encyclop. pl. 351. fig. O.
Cypræa testudinaria. Ann. ibid. n°. 4.

Habite l'Océan des grandes Indes. Mon cabinet. C'est encore une des grandes espèces de ce genre ; elle acquiert même un peu plus de longueur que la précédente, et se distingue facilement de toutes les autres par sa forme et ses couleurs. Vulg. le *lièvre.* Longueur, 4 pouces.

5. Porcelaine Maure. *Cypræa mauritiana.*

C. testâ ovato-triquetrâ, gibbâ, posteriùs depressâ, subtùs planâ, dorso fulvo-fuscâ, maculatâ ; lateribus infràque nigerrimis ; labro intùs cœrulescente.

Cypræa mauritiana. Lin. Gmel. p. 3407. n°. 41.
Lister, Conch. t. 703. f. 52.
Bonanni, Recr. 3. f. 261.
Rumph. Mus. t. 38. fig. E.
Petiv. Gaz. t. 96. f. 8.
Gualt. Test. t. 15. fig. S.
Seba, Mus. 3. t. 76. f. 19.
Knorr, Vergn. 1. t. 13. f. 1. 22. t. 27. f. 5. et 6. t. 18. f. 2.
Favanne, Conch. pl. 30. fig. F 2.
Martini, Conch. 1. t. 30. f. 317—319.
Chemn. Conch. 10. t. 144. f. 1335. 1336.
Encyclop. pl. 350. f. 2. a. b.
Cypræa mauritiana. Ann. ibid. n°. 5.

Habite les mers de l'Ile-de-France, de l'Inde et de Java. Mon cabinet. Coquille bien caractérisée par sa forme et ses couleurs, et qui, dans son état parfait, est pesante, ovale, trigone, bombée en dessus, aplatie en dessous, et à côtés comprimés. Les parties noires de cette coquille ont été d'abord d'un fauve ou roux livide, et l'on en rencontre beaucoup d'individus qui sont encore dans cet état. Cette espèce est commune dans les collections. Longueur, 2 pouces 10 lignes.

6. Porcelaine géographique. *Cypræa mappa.*

*C. testâ ovato-ventricosâ, albidâ, characteribus fulvis inscriptâ;
lineâ longitudinali ramosâ; guttis albidis sparsis.*

Cypræa mappa. Lin. Gmel. p. 3397. n°. 2.

Rumph. Mus. t. 38. fig. B.

Petiv. Gaz. t. 96. f. 6. et amb. t. 16. f. 2.

D'Argenv. Conch. pl. 18. fig. B.

Favanne, Conch. pl. 29. fig. A 3.

Seba, Mus. 3. t. 76. f. 3. 13. 17.

Knorr, Vergn. 1. t. 26. f. 3.

Martini, Conch. 1. t. 25. f. 245. 246.

Encyclop. pl. 352. f. 4.

Cypræa mappa. Ann. ibid. p. 449. n°. 6.

[*b*] *Eadem roseo tincta.*

Habite l'Océan des grandes Indes. Mon cabinet. Belle espèce, singulièrement caractérisée par sa ligne dorsale constamment rameuse.
Elle est ovoïde, bombée, à côtés bien arrondis, et couleur de chair
en dessous. Vulgair. la *carte géographique.* Longueur, 2 pouces
9 lignes. La Var. [b] est fort rare et très-belle.

7. Porcelaine arabique. *Cypræa arabica.*

*C. testâ ovato-ventricosâ, albidâ, characteribus fuscis inscriptâ;
lineâ longitudinali simplici; lateribus fusco-maculatis, obsoletè
angulatis.*

Cypræa arabica. Lin. Gmel. p. 3398. n°. 3.

Lister, Conch. t. 658. f. 3.

Gualt. Test. t. 16. fig. V.

Knorr, Vergn. 3. t. 12. f. 2. et 6. t. 20. f. 2.

Martini, Conch. 1. t. 31. f. 328.

Encyclop. pl. 352. f. 1. 2.

Cypræa arabica. Ann. ibid. n°. 7.

[*b*] *Var. laterum angulo eminentiore, dorso maculis irregularibus
notato.*

D'Argenv. Conch. Append. pl. 2. fig. I.

Favanne, Conch. pl. 29. fig. A 2.

Knorr, Vergn. 2. t. 16. f. 1.

Martini, Conch. 1. t. 31. f. 330. 331.

Encyclop. pl. 352. f. 5.

Habite l'Océan des grandes Indes. Mon cabinet. Cette espèce est bien
distinguée de la précédente par sa ligne dorsale non rameuse, et par

les taches brunes ou noirâtres de ses deux bords. Sa face inférieure est aplatie, d'un blanc teint de fauve, et les dents de l'ouverture sont d'une couleur marron. La coquille imparfaite est cendrée avec des bandes transverses nuées de brun. Longueur, 3 pouces et une demi-ligne ; la Var. [b] a 2 pouces 6 lignes et demie. On rencontre des individus complets et parfaits de cette espèce à différentes tailles.

8. Porcelaine arlequine. *Cyprœa histrio.*

> *C. testâ ovato-turgidâ, fulvâ, albido-ocellatâ : ocellis subpoly-gonis ; lateribus nigro-maculatis.*

Lister, Conch. t. 659. f. 3. a.
Bonanni, Recr. 3. f. 260.
Rumph. Mus. t. 39. fig. R.
Petiv. Amb. t. 16. f. 3.
Knorr, Vergn. 2. t. 16. f. 1.
Cyprœa arlequina. Chemn. Conch. 10. t. 145. f. 1346. 1347.
Cyprœa histrio. Gmel. p. 3403. n°. 120.
Encyclop. pl. 351. f. 1. a. b.
Cyprœa histrio. Ann. ibid. p. 450. n°. 8.
Testa incompleta.
Cyprœa amethystea. Lin. Gmel. p. 3401. n°. 10.
Lister, Conch. t. 662. f. 6.
Rumph. Mus. t. 39. fig. Q.
Petiv. Amb. t. 16. f. 5.
Seba, Mus. 3. t. 76. f. 32.
Knorr, Vergn. 5. t. 28. f. 5.
Martini, Conch. 1. t. 25. f. 247—249.

Habite l'Océan indien, les côtes de Madagascar. Mon cabinet. Cette espèce est plus rare que celle qui précède, plus bombée, et s'en distingue aisément par ses taches polygones et assez serrées. Toutes ces taches sont bien circonscrites, ce qui n'a point lieu dans le *cyprœa arabica.* Sa face inférieure est un peu violâtre, légèrement bossue du côté du bord gauche. Lorsqu'elle est incomplète, elle offre, sur un fond bleuâtre ou violet, des bandes transverses, avec des nébulosités en zigzag. Longueur, 2 pouces 5 lignes.

9. Porcelaine bouffonne. *Cyprœa scurra.*

> *C. testâ ovato-cylindricâ, albo-lividâ, characteribus fulvis in-scriptâ ; ocellis dorsalibus pallidis incompletis ; lateribus fusco-punctatis.*

Rumph. Mus. t. 38. fig. M.

Martini, Conch. 1. t. 27. f. 276. 277.

Cyprœa scurra. Chemn. Conch. 10. t. 144. f. 1538. a. b.

Cyprœa scurra. Gmel. p. 3409. n°. 122.

Encyclop. pl. 352. f. 3.

Cyprœa scurra. Ann. ibid. n°. 9.

Habite l'Océan des grandes Indes. Mon cabinet. Espèce très-distincte du *C. arabica* par une taille toujours moindre, par sa forme cylindracée, ses extrémités tachées de brun, et parce que ses côtés sont ornés de points bruns et épars, au lieu de grosses taches noirâtres. Elle n'est point commune. Longueur, 22 lignes et demie.

10. Porcelaine rat. *Cyprœa rattus.*

C. testâ ovato-ventricosâ, turgidâ, pallidâ, maculis fulvo-fuscis irregularibus nebulosâ, subtùs albido-lividâ; dentibus incoloratis.

Petiv. Gaz. t. 96. f. 7.

Gualt. Test. t. 15. fig. T.

Encyclop. pl. 551. f. 4.

Cyprœa rattus. Ann. ibid. p. 451. n°. 10.

Habite.... l'Océan africain ? Mon cabinet. Celle-ci ne doit pas être confondue avec le *C. stercoraria ;* car elle devient plus grande, et quoiqu'elle soit bombée, elle n'est point bossue. D'ailleurs toute sa partie convexe est couverte de taches irrégulières, plus ou moins confluentes, d'un roux brun ou marron, sur un fond blanchâtre et livide. On aperçoit une grosse tache brune dans le voisinage de la spire. Longueur, 2 pouces 10 lignes.

11. Porcelaine livide. *Cyprœa stercoraria.*

C. testâ ovato-ventricosâ, gibbâ, albido-virescente; lineâ dorsali nullâ; maculis fulvis sparsis raris; infimâ facie dilatatâ, lividâ.

Cyprœa stercoraria. Lin. Gmel. p. 3399. n°. 6.

Lister, Conch. t. 687. f. 34.

Knorr, Vergn. 4. t. 13. f. 1.

Adans. Seneg. pl. 5. f. 1. a. le majet.

Schroëtter, Einl. in Conch. 1. t. 1. f. 5.

Born, Mus. t. 8. f. 1.

Favanne, Conch. pl. 30. fig. C.

Chemn. Conch. 11. t. 180. f. 1759. 1740.

Encyclop. pl. 554. f. 5.

Cyprœa stercoraria. Ann. ibid. n°. 11.

Habite les mers occidentales de l'Afrique. Mon cabinet. Cette porcelaine, que l'on nomme vulg. le *lapin* lorsqu'elle est parfaite, et l'*écaille* lorsqu'elle n'a point sa dernière couche testacée, se distingue de la précédente en ce qu'elle est bossue, d'une couleur livide, et chargée de petites taches rousses, rares et éparses. Les dents de son ouverture sont blanches, et leurs interstices rembrunis. Longueur, 2 pouces 5 lignes.

12. Porcelaine saignante. *Cyprœa mus.*

C. testâ ovatâ, gibbâ, subtuberculatâ, cinereâ, anteriùs maculâ fusco - sanguineâ insignitâ ; lineâ dorsali albâ, guttis rufo-fuscis utroque latere seriatìm pictâ ; lateribus undatìm nebulosis.

Cyprœâ mus. Lin. Gmel. p. 3407. n°. 43.
Rumph. Mus. t. 39. fig. S.
Petiv. Amb. t. 16. f. 4.
Seba, Mus. 3. t. 76. f. 33. 34.
Knorr, Vergn. 3. t. 12. f. 3.
Favanne, Conch. pl. 30. fig. A.
Martini, Conch. 1. t. 23. f. 222. 223.
Encyclop. pl. 354. f. 1.
Cyprœa mus. Ann. ibid. n°. 12.

Habite l'Océan américain et la Méditerranée. Mon cabinet. Elle est ovale, presque deltoïde, un peu bossue, et munie antérieurement de deux ou trois tubercules écartés. Elle offre, sur un fond cendré, une ligne dorsale blanche, accompagnée sur les côtés de petites taches très-rembrunies, et en avant une autre large et sanguinolente qui la rend remarquable. Les dents de son ouverture sont de couleur marron. Vulg. le *léopard* ou le *coup-de-poignard.* Longueur, 2 pouces.

13. Porcelaine gésier. *Cyprœa ventriculus.*

C. testâ ovato-ventricosâ, castaneâ, subtùs albidâ ; maculâ dorsali albâ lanceolatâ ; lateribus cinereo - lividis, transversim lineatis.

Cyprœa ventriculus. Ann. ibid. p. 452. n°. 13.

Habite les mers de la Nouvelle-Hollande. Collect. du Mus. Nouvelle espèce, voisine des deux précédentes, mais qui en est très-distincte. C'est une coquille ovale, bombée sans être bossue, épaisse, pesante, et qui ressemble, en quelque sorte, à un estomac d'oiseau. Longueur, un peu plus de 2 pouces et demi.

14. Porcelaine aurore. *Cyprœa aurora.*

C. testâ ovato-ventricosâ, turgidâ, subglobosâ, aurantiâ, imma-culatâ; lateribus albis; fauce aurantiâ.

Cyprœa aurantium. Martyns, Conch. 2. f. 59.
Favanne, Conch. pl. 30. fig. S.
Cyprœa aurantium. Gmel. p. 3403. n°. 121.
Cyprœa aurora Solandri. Chemn. Conch. 11. t. 180. f. 1737. 1738.
Cyprœa aurora. Ann. ibid. n°. 14.

Habite les mers de la Nouvelle-Zéclande, des îles des Amis, d'O-taïti, etc. Mon cabinet. Coquille très-belle, fort rare, bombée, presque globuleuse, d'une couleur orangée, sans ligne dorsale et sans taches. Ses côtés, ainsi que ses extrémités et sa face infé-rieure, sont blancs; mais les interstices des dents de son ouverture sont d'un orangé vif et même rougeâtre. On la nomme l'*orange.* Longueur, 3 pouces et demi.

15. Porcelaine tigre. *Cyprœa tigris.*

C. testâ ovato-ventricosâ, turgidâ, albo-cœrulescente, subtùs albâ; dorso guttis nigris majusculis numerosis sparsis; lineâ dorsali rectâ, ferrugineâ; anticè labiis retusis.

Cyprœa tigris. Lin. Gmel. p. 3408. n°. 44.
Lister, Conch. t. 682. f. 29.
Rumph. Mus. t. 38. fig. A.
Petiv. Gaz. t. 96. f. 8.
Gualt. Test. t. 14. fig. G. I. L.
D'Argenv. Conch. pl. 18. fig. F.
Favanne, Conch. pl. 30. fig. L 2.
Seba, Mus. 3. t. 76. f. 7. 9. 14.
Knorr, Vergn. 6. t. 21. f. 4.
Martini, Conch. 1. t. 24. f. 232—234.
Encyclop. pl. 353. f. 3.
Cyprœa tigris. Ann. ibid. n°. 15.
Testa incompleta.
Lister, Conch. t. 672. f. 18.
Gualt. Test. t. 16. fig. S.
Seba, Mus. 3. t. 76. f. 1. 2. 8.
Born, Mus. t. 8. f. 7.
Cyprœa feminea. Gmel. p. 3409. n°. 47.

Habite les mers de Madagascar, de l'Ile-de-France, de Java, des Mo-luques, etc. Mon cabinet. C'est encore une des plus belles espèces de ce genre, et à la fois une des plus communes dans les collections. Elle est ovale, ventrue, très-bombée, épaisse, et devient presque aussi grosse que le poing. Quoique très-blanche en dessous, son dos est orné d'une multitude de grosses taches noires arrondies, éparses sur un fond blanc nué d'un gris bleuâtre. Sa ligne dorsale est ferrugineuse, droite, quelquefois ondulée. Longueur, 4 pouces 2 lignes. Cette espèce se trouve dans l'état parfait et complet à différentes tailles; ce qui prouve qu'après avoir fait une coquille complète, l'animal grandit encore et en forme d'autres.

16. Porcelaine tigrine. *Cyprœa tigrina.*

C. testá ovatá, ventricosiusculá, albidá, subtùs albá; dorso guttis fusco-nigris parvulis punctiformibus sparsis; lineá dorsali undosá, ferrugineá; anticè labiis prominulis.

Lister, Conch. t. 681. f. 28.
Gualt. Test. t. 14. fig. H.
Knorr, Vergn. 1. t. 26. f. 4.
Martini, Conch. 1. t. 24. f. 235—236.
Encyclop. pl. 353. f. 5.
Cyprœa guttata. Ann. ibid. p. 453. n°. 16.
[b] *Eadem castaneo-rubra.*

Habite l'Océan indien. Mon cabinet. Toujours d'une taille inférieure à celle de la précédente, et bien moins bombée, elle n'offre sur sa partie convexe que de petites taches ponctiformes, brunes et éparses. Longueur, 2 pouces 8 lignes; de sa var., 2 pouces 5 lignes et demie. Cette dernière est très-rare. Toute sa partie convexe est d'un marron rougeâtre et foncé, qui cache, en grande partie, les points dont elle est tigrée. Mon cabinet.

17. Porcelaine taupe. *Cyprœa talpa.*

C. testá ovato-oblongá, subcylindricá, fulvá; zonis tribus pallidè albis; subtùs lateribusque fusco-nigricantibus.

Cyprœa talpa. Lin. Gmel. p. 3400. n°. 9.
Lister, Conch. t. 668. f. 14.
Rumph. Mus. t. 38. fig. I.
Petiv. Amb. t. 16. f. 1.
Gualt. Test. t. 16. fig. N.
D'Argenv. Conch. pl. 18. fig. H.
Favanne, Conch. pl. 29. fig. C 1.

Knorr, Vergn. 1. t. 27. f. 2. 3.
Regenf. Conch. 1. t. 10. f. 37.
Martini, Conch. 1. t. 27. f. 273. 274.
Encyclop. pl. 353. f. 4.
Cypræa talpa. Ann. ibid. n°. 17.

Habite l'Océan indien, les côtes de Madagascar. Mon cabinet. Coquille oblongue, peu bombée, à dos d'une couleur fauve, avec
trois zônes pâles ou d'un blanc jaunâtre, et ayant la face inférieure et les côtés d'un roux très-brun, presque noir. Vulg. le
café au lait. Longueur, 2 pouces 9 lignes.

18. Porcelaine carnéole. *Cypræa carneola.*

C. *testâ ovato-oblongâ, pallidâ, fasciis incarnatis cinctâ; lateribus arenoso-cinereis; fauce violaceâ.*

Cypræa carneola. Lin. Gmel. p. 3400. n°. 7.
Lister, Conch. t. 664. f. 8.
Rumph. Mus. t. 38. fig. K.
Gualt. Test. t. 13. fig. H.
D'Argenv. Conch. pl. 18. fig. O.
Favanne, Conch. pl. 29. fig. C 5.
Knorr, Vergn. 6. t. 17. f. 4.
Born, Mus. t. 8. f. 2.
Martini, Conch. 1. t. 28. f. 287. 288.
Encyclop. pl. 354. f. 3.
Cypræa carneola. Ann. ibid. n°. 18.

Habite l'Océan des grandes Indes. Mon cabinet. Coquille oblongue,
médiocrement bombée, non marginée, ayant trois ou quatre zônes
rougeâtres ou couleur de chair, et les côtés comme sablés par une
multitude de très-petits points blanchâtres sur un fond cendré.
Longueur, 23 lignes et demie. Elle devient un peu plus grande.

19. Porcelaine souris. *Cypræa lurida.*

C. *testâ ovato-oblongâ, luridâ; zonis binis pallidis; extremitatibus
incarnatis, nigro-bimaculatis.*

Cypræa lurida. Lin. Gmel. p. 3401. n°. 11.
Lister, Conch. t. 671. f. 17. et t. 673. f. 19.
Bonanni, Recr. 3. f. 251.
Gualt. Test. t. 13. fig. E. I.
D'Argenv. Conch. pl. 18. fig. C.
Adans. Seneg. pl. 5. fig. D.

Martini, Conch. 1. t. 30. f. 315.

Encyclop. pl. 354. f. 2.

Cyprœa lurida. Ann. du Mus. vol. 16. p. 89. n°. 19.

Habite l'Océan atlantique, les mers du Sénégal, etc. Mon cabinet. Espèce fort remarquable par les deux taches noires qui sont à chacune de ses extrémités. Sa couleur est d'un gris de souris, avec deux zones transversales très-pâles, blanchâtres ou bleuâtres. Elle n'est pas très-commune. Longueur, 20 lignes et demie.

10. Porcelaine neigeuse. *Cyprœa vitellus.*

C. testâ ovato-ventricosâ, subturgidâ, fulvâ, guttulis punctisque niveis adspersâ; lateribus substriatis arenaceis.

Cyprœa vitellus. Lin. Gmel. p. 3407. n°. 42.

Lister, Conch. t. 693. f. 40.

Bonanni, Recr. 3. f. 254.

Rumph. Mus. t. 38. fig. L.

Petiv. Gaz. t. 80. f. 2.

Gualt. Test. t. 13. fig. T. V.

Knorr, Vergn. 6. t. 20. f. 3.

Favanne, Conch. pl. 30. fig. I 1, I 2.

Martini, Conch. 1. t. 25. f. 228.

Encyclop. pl. 354. f. 6.

Cyprœa vitellus. Ann. ibid. n°. 20.

Habite l'Océan indien. Mon cabinet. Jolie porcelaine, bien caractérisée par ses petites taches d'un blanc de lait, éparses sur un fond fauve ou jaunâtre. La coquille jeune, quoique complète, est ovale-oblongue, médiocrement bombée; mais celle qui, par l'âge avancé de l'animal, a acquis son plus grand volume, est alors très-bombée, et fort rembrunie sur les côtés. Long., 2 pouces 4 lignes.

11. Porcelaine tête-de-serpent. *Cyprœa caput serpentis.*

C. testâ ovatâ, scutellatâ, subtùs planulatâ; dorso gibbo, maculis punctisque albis reticulato; lateribus depressis fusco-nigricantibus; fauce albidâ.

Cyprœa caput serpentis. Lin. Gmel. p. 3406. n°. 39.

Lister, Conch. t. 702. f. 50.

Bonanni, Recr. 3. f. 258.

Rumph. Mus. t. 38. fig. F.

Petiv. Gaz. t. 96. f. 9. 10. et Amb. t. 16. f. 7.

Gualt. Test. t. 15. fig. I. O.

Tome VII. 25

Adans. Seneg. pl. 5. fig. G.
Knorr, Vergn. 4. t. 9. f. 3.
Favanne, Conch. pl. 30. fig. F 1.
Martini, Conch. 1. t. 30. f. 316.
Encyclop. pl. 354. f. 4.
Cypræa caput serpentis. Ann. ibid. p. 90. n°. 21.

Habite l'Océan indien, les côtes de l'Ile-de-France, du Sénégal, etc.
Mon cabinet. Ses deux côtés dilatés, aplatis et presque tranchans,
lui donnent la forme d'un écusson. Elle est très-commune. Long.
17 lignes.

22. Porcelaine cendrée. *Cypræa cinerea.*

*C. testâ ovato-oblongâ, cinereâ, immaculatâ; fasciis duabus pal-
lidis; lateribus submarginatis; fauce dentibus albidis.*

Lister, Conch. t. 667. f. 11.
Gualt. Test. t. 16. fig. M.
Martini, Conch. 1. t. 25. f. 254. 255.
Cypræa cinerea. Gmel. p. 3402. n°. 16.
Cypræa cinerea. Ann. ibid. n°. 22.

Habite.... l'Océan asiatique? Mon cabinet. Coquille ovale-oblongue, un
peu bombée, mince, à côtés un peu marginés sans dilatation, d'un
cendré légèrement roussâtre, avec deux fascies transverses d'un
blanc pâle ou bleuâtre, et sans aucune tache. Elle a à peu près la
forme et la taille du *cypr. lurida.* Longueur, 16 lignes et demie.

23. Porcelaine fasciée. *Cypræa zonata.*

*C. testá ovatâ, cinereo-cœrulescente, flammis fulvis undatis fas-
ciatâ; lateribus albidis, purpureo-guttatis.*

Cypræa zonata. Chemn. Conch. 10. t. 145. f. 1342.
Cypræa zonaria. Gmel. p. 3414. n°. 119.
Cypræa zonata. Ann. ibid. n°. 23.

Habite les côtes de Guinée. Collect. du Mus. La coquille de *Chemnitz*
paraît être imparfaite; mais parmi celles du Muséum se trouve
un individu complet, qui offre néanmoins trois bandes transverses,
composées chacune d'une série de flammes rousses ondées ou en
zigzags. Les côtés, sans être marginés, sont blanchâtres, et par-
semés de gros points purpurins. La spire est légèrement enfoncée.
Longueur, 35 millimètres.

4. Porcelaine sale. *Cypræa sordida.*

C. testâ ovato-ventricosâ, subcinereâ vel pallidè fulvâ, ad latera maculis sordidis minimis irregularibus notatâ; zonis binis albidis.

Cypræa sordida. Ann. ibid. n°. 24.

Habite.... Mon cabinet. Sa couleur est d'un fauve très-pâle ou d'un gris un peu couleur de chair. Ses deux zônes sont peu apparentes, et elle est comme salie sur les côtés par des points noirâtres et irréguliers. Longueur, 17 lignes et demie.

25. Porcelaine ictérine. *Cypræa icterina.*

C. testâ ovato-oblongâ, pallidè lutescente et viridescente; lineis duabus transversis fuscatis distantibus; infernâ facie albidâ.

Cypræa icterina. Ann. ibid. p. 91. n°. 25.

Habite.... Mon cabinet. Cette coquille, que je crois inédite, paraît complète, et constitue une espèce très-distincte. Sa couleur est d'un blanc jaunâtre, mêlé d'une nuance de vert. Long., 1 pouce.

26. Porcelaine miliaire. *Cypræa miliaris.*

C. testâ ovatâ, ventricosâ, luteo-lividâ, punctis albis ocellisque pallidis adspersâ; lateribus albidis, fulvo-guttatis.

Lister, Conch. t. 701. f. 48.

Martini, Conch. 1. t. 30. f. 323.

Cypræa miliaris. Gmel. p. 3420. n°. 106.

Cypræa miliaris. Ann. ibid. n°. 26.

Habite l'Océan des grandes Indes. Mon cabinet. Elle a de grands rapports avec le *cypr. ocellata*; mais, outre qu'elle est beaucoup plus grande, son dos n'est jamais orné de points noirs entourés d'un cercle blanc. Son extrémité postérieure est rayée par des lignes longitudinales d'un roux marron. Long., 20 lignes et demie.

27. Porcelaine rougeole. *Cypræa variolaria.*

C. testâ ovatâ; dorso flavescente, maculis albidis nebulato; lateribus incrassatis, albis, purpureo-guttatis.

Rumph. Mus. t. 38. fig. O.

Petiv. Amb. t. 8. f. 8.

Martini, Conch. 1. t. 29. f. 303.

Encyclop. pl. 353. f. 2.

Cypræa variolaria. Ann. ibid. n°. 27.

Habite l'Océan indien. Mon cabinet. Espèce bien distincte, la coquille
offrant sur ses côtés des taches d'un rouge pourpre, presque violet
éparses sur un fond blanc, et qui imitent celles de la rougeole. Le
bord droit de son ouverture est grossièrement denté. Longueur
18 lignes.

28. Porcelaine roussette. *Cyprœa rufa.*

*C. testâ ovatâ, immarginatâ, fulvo-rufescente; dorso subfasciato
et maculis albidis nebulato; lateribus subtùsque fulvo-croceis;
fauce dentibus albidis.*

Martini, Conch. 1. t. 26. f. 267. 268.
Cyprœa pyrum. Gmel. p. 3411. n°. 59.
Encyclop. pl. 353. f. 1.
Cyprœa rufa. Ann. ibid. p. 92. n°. 28.

Habite l'Océan africain, les côtes du Sénégal, la Méditerranée. Mon
cabinet. Elle est ovale, un peu allongée, à bords non dilatés, d'un
roux ferrugineux ou rougeâtre. Ses côtés, ses extrémités et sa
face inférieure offrent une couleur de safran ou un aurore roussâtre. Dans la coquille très-jeune et complète, les côtés sont glau-
ques, et le dessous couleur de chair. J'en ai reçu de très-beaux
individus du golfe de Tarente. Longueur, 19 lignes et demie.

29. Porcelaine lynx. *Cyprœa lynx.*

*C. testâ ovatâ, ventricosâ, albâ; dorso nebulato, subpunctato,
fulvo vel cœrulescente; guttis fuscis raris sparsis; lineâ dorsali
flavescente; rimâ croceâ.*

Cyprœa lynx. Lin. Gmel. p. 3409. n°. 48.
Lister, Conch. t. 683. f. 30.
Rumph. Mus. t. 38. fig. N.
Petiv. Gaz. t. 97. f. 17.
Gualt. Test. t. 13. fig. Z. et t. 14. fig. B. C. D.
Seba, Mus. 3. t. 55.
Knorr, Vergn. 6. t. 23. f. 6.
Born, Mus. t. 8. f. 8. 9.
Martini, Conch. 1. t. 23. f. 230. 231.
Encyclop. pl. 355. f. 8. a. b.
Cyprœa lynx. Ann. ibid. n°. 29.
Testa incompleta.
Lister, Conch. t. 684. f. 51.
Gualt. Test. t. 16. fig. R.

Martini, Conch. 1. t. 25. f. 250. 251.

Cypræa squalina. Gmel. p. 3420. n°. 101.

Habite l'Océan indien, les côtes de Madagascar, de l'Ile-de-France, etc. Mon cabinet. Coquille commune dans les collections, et d'un aspect assez agréable, surtout lorsqu'elle a acquis son plus grand volume. Alors elle est très-bombée. Longueur, 21 lignes et demie.

Porcelaine rôtie. *Cypræa adusta.*

C. *testâ ovato-ventricosâ, anticè subumbilicatâ; dorso fusco-rufescente; zonis binis obscuris; lateribus subtùsque nigris.*

Lister, Conch. t. 657. f. 2.

Cypræa adusta. Chemn. Conch. 10. t. 145. f. 1341.

Cypræa adusta. Ann. ibid. n°. 30.

Habite l'Océan asiatique. Mon cabinet. Coquille assez rare, ovale-ventrue, bombée, enfoncée et comme ombiliquée à la spire, et qui, dans un âge avancé, devient toute brune. Ses côtés et sa face inférieure, très noirs la font paraître comme rôtie. Vulg. *l'agathe brûlée.* Longueur, 18 lignes.

Porcelaine rongée. *Cypræa erosa.*

C. *testâ ovato-oblongâ; dorso luteo-virescente, punctis albidis ocellisque raris ornato; marginibus incrassatis rugosis maculâ subfuscâ notatis.*

Cypræa erosa. Lin. Gmel. p. 3415. n°. 84.

Lister, Conch. t. 692. f. 59.

Rumph. Mus. t. 39. fig. A.

Petiv. Gaz. t. 97. f. 19.

Gualt. Test. t. 15. fig. H.

Knorr, Vergn. 6. t. 20. f. 4.

Born, Mus. t. 8. f. 13.

Favanne, Conch. pl. 30. fig. E 2?

Martini, Conch. 1. t. 30. f. 320. 321.

Encyclop. pl. 355. f. 4. a. b.

Cypræa erosa. Ann. ibid. p. 93. n°. 31.

Habite l'Océan indien, les côtes de l'Ile-de-France, etc. Mon cab. Coquille très-commune; mais bien distincte par sa forme, ses couleurs et la large tache de chacun de ses côtés. Cette tache, ordinairement très-brune, est quelquefois rougeâtre ou violâtre. Longueur, 18 lignes.

52. Porcelaine caurique. *Cypræa caurica.*

C. testâ ovato-oblongâ ; dorso livido-lutescente , punctis fulvis
nebulato ; lateribus incrassatis albidis fusco-guttatis.

Cypræa caurica. Lin. Gmel. p. 3415. n°. 83.
Lister, Conch. t. 677. f. 24. et t. 678. f. 25.
Rumph. Mus. t. 38. fig. P.
Gualt. Test. t. 15. fig. AA.
Favanne, Conch. pl. 30 fig. E 1?
Martini, Conch. 1. t. 29. f. 301. 302.
Encyclop. pl. 356. f. 10.
Cypræa caurica. Ann. ibid. n°. 52.

Habite l'Océan des grandes Indes, les côtes de Madagascar, etc.
Mon cabinet. Coquille encore très-commune. Ses côtés sont ornés
chacun de plusieurs taches d'un roux brun ou noirâtre. Sa spire
est un peu enfoncée. Vulg. la *peau-d'âne.* Longueur, 19 lignes.

53. Porcelaine isabelle. *Cypræa isabella.*

C. testâ ovato-oblongâ , subcylindricâ , cinereo-fulvá aut incar-
natá ; extremitatibus aurantio-maculatis ; infimá facie albâ.

Cypræa isabella. Lin. Gmel. p. 3409. n°. 49.
Lister, Conch. t. 660. f. 4.
Rumph. Mus. t. 39. fig. G.
Petiv. Gaz. t. 97. f. 16. et Amb. t. 16. f. 16.
D'Argenv. Conch. pl. 18. fig. P.
Favanne, Conch. pl. 29. fig. C 6.
Knorr, Vergn. 4. t. 9. f. 5.
Martini, Conch. 1. t. 27. f. 275.
Encyclop. pl. 355. f. 6.
Cypræa isabella. Ann. ibid. n°. 53.

Habite l'Océan asiatique, les côtes de Madagascar et de l'Ile-de-
France. Mon cabinet. Coquille oblongue, cylindracée, d'un fauve
cendré ou couleur de chair, et remarquable par les deux taches
orangées qui ornent ses extrémités. On aperçoit sur son dos de
très-petites linéoles brunes, disposées par rangées longitudinales
et interrompues. Elle n'est pas rare. Longueur, 14 lignes.

34. Porcelaine ocellée. *Cypræa ocellata.*

C. testâ ovatâ, turgidâ, submarginatâ, luteâ; dorso albo-punctato-ocellisque nigris circulo albo circumdatis confertìm instructa; lateribus rufo-punctatis.

Cypræa ocellata. Lin. Gmel. p. 3417. n°. 91.

Lister, Conch. t. 696. f. 43.

Bonanni, Recr. 3. f. 359.

Petiv. Gaz. t. 9. f. 7.

Martini, Conch. 1. t. 31. f. 333. 334.

Encyclop. pl. 355. f. 7.

Cypræa ocellata. Ann. ibid. p. 94. n°. 34.

Habite.... Mon cabinet. Jolie coquille, ovale, à dos renflé, d'un jaune fauve ou canelle, parsemée de points blancs, et ornée de petits yeux noirs entourés chacun d'un cercle blanc. Ses côtés, un peu dilatés, offrent des points roussâtres ou purpurins. Elle est blanche en dessous, et a une ligne dorsale étroite et livide. Longueur, 13 lignes et demie.

35. Porcelaine crible. *Cypræa cribraria.*

C. testâ ovato-oblongâ, subumbilicatâ, luteâ vel cinnamomeâ; maculis rotundis albis subæqualibus confertis; ventre lateribusque albidis.

Cypræa cribraria. Lin. Gmel. p. 3414. n°. 80.

Lister, Conch. t. 695. f. 42.

Petiv. Gaz. t. 8. f. 3.

D'Argenv. Conch. pl. 18. fig. X.

Favanne, Conch. pl. 29. fig. B 4. B 6.

Regenf. Conch. 1. t. 12. f. 14.

Martini, Conch. 1. t. 31. f. 336.

Encyclop. pl. 355. f. 5.

Cypræa cribraria. Ann. ibid. n°. 35.

Habite.... Mon cabinet. Coquille oblongue, peu renflée, d'un jaune fauve un peu canelle, et ornée d'une multitude de taches rondes, d'un blanc de lait, qui lui donnent l'aspect d'un crible. Elle n'est pas moins jolie que la précédente. Vulg. le *petit Argus.* Longueur, 15 lignes.

36. Porcelaine grive. *Cyprœa turdus.*

C. testâ ovato-ventricosâ, turgidâ, albidâ; punctis fulvis inœqua-
libus sparsis; aperturâ basi dilatatâ.

Encyclop. pl. 355. f. 9.
Cyprœa turdus. Ann. ibid. n°. 36.

Habite..... Mon cabinet. Coquille ovale, bombée, oviforme, à dos
d'un blanc légèrement bleuâtre, parsemé de points roux, inégaux
et épars. Elle est blanche en dessous, et son ouverture est dilatée
inférieurement. Longueur, 12 lignes et demie.

37. Porcelaine olivacée. *Cyprœa olivacea.*

C. testâ ovato-oblongâ, flavo-viridescente, punctis fulvis confertis
nubeculatâ; lateribus ventreque albidis, immaculatis; rimâ
flavescente, intùs violaceâ.

Martini, Conch. 1. t. 27. f. 278. 279.
Cyprœa ovum. Gmel. p. 3412. n°. 65.
Cyprœa olivacea. Ann. ibid. p. 95. n°. 37.
[b] *Var. maculâ dorsali rufo-fuscâ.*

Habite.... Mon cabinet. Espèce bien distincte, ayant un peu l'aspect
d'une olive par sa forme ovale-oblongue, cylindracée, et par sa
couleur d'un jaune verdâtre, nuée de très-petites taches fauves et
serrées. Le dessous et les côtés sont immaculés et d'un blanc pâle.
Longueur, 13 lignes trois quarts.

38. Porcelaine tête-de-dragon. *Cyprœa stolida.*

C. testâ oblongâ, albidâ; maculis dorsalibus fulvis, albo-punc-
tatis, quadratis, angulis decurrentibus; anticâ extremitate
sursùm prominulâ; rimâ rufescente.

Cyprœa stolida. Lin. Syst. Nat. 2. p. 1180. n°. 360.
Petiv. Gaz. t. 97. f. 18.
D'Argenv. Conch. pl. 18. fig. Y.
Favanne, Conch. pl. 29. fig. S.
Born, Mus. t. 8. f. 15.
Martini, Conch. 1. t. 29. f. 305.
Cyprœa rubiginosa. Gmel. p. 3420. n°. 105.
Chemn. Conch. 11. t. 180. f. 1743. 1744.
Cyprœa stolida. Ann. ibid. n°. 38.

Habite.... Mon cabinet. On a confondu cette espèce avec des individus de la Var. [c] du *C. hirundo*, qui s'en rapprochent par leur
forme, mais qui ont aux extrémités deux taches brunes ou noires,
qu'on ne trouve point dans celle-ci. Elle est oblongue, cylindracée, peu ventrue, d'un blanc livide ou cendré ; et marquée sur le
dos d'une ou deux taches carrées, d'un fauve roux, ponctuées de
blanc, et dont les angles se prolongent en formant d'autres taches
placées en damier. Longueur, un pouce.

39. Porcelaine hirondelle. *Cyprœa hirundo.*

*C. testâ ovatâ, albido-cærulescente, obsoletè bifasciatâ, interdùm
maculâ dorsali rufo-fuscescente signatâ; extremitatibus maculis
duabus fusco-nigris; lateribus subpunctatis.*

Cyprœa hirundo. Lin. Gmel. p. 3411. n°. 55.

Lister, Conch. t. 674. f. 20.

Petiv. Gaz. t. 30. f. 5.

Knorr, Vergn. 4. t. 25. f. 4.

Born, Mus. t. 8. f. 11.

Martini, Conch. 1. t. 28. f. 282.

Encyclop. pl. 356. f. 6 et 15.

Cyprœa hirundo. Ann. ibid. n°. 39.

[b] *Var. testâ ovato-oblongâ.*

Martini, Conch. 1. t. 28. f. 283. 284.

Cyprœa felina. Gmel. p. 3412. n°. 66.

[c] *Var. testâ elongatâ, fulvo-subpunctatâ, maculâ dorsali rufescente latâ signatâ.*

Martini, Conch. 1. t. 28. f. 294. 295.

Habite l'Océan indien, les côtes des Maldives. Mon cabinet. L'espèce
principale est une des plus petites de son genre. Elle est d'un
cendré bleuâtre, avec deux zônes blanches un peu obscures. Ses
deux variétés sont plus allongées et plus grandes, et elles offrent
à chacune de leurs extrémités deux points noirâtres qui caractérisent l'espèce. Longueur de celle-ci, à peine 8 lignes; de la Var. [c],
13 lignes.

40. Porcelaine ondée. *Cyprœa undata.*

*C. testâ ovato-ventricosâ, umbilicatâ, castaneo-violaceâ; zonis
binis albis, lineis fulvis flexuosis undatìm pictis; ventre albido,
punctis fuscis notato.*

D'Argenv. Conch. pl. 18. fig. N.

Favanne, Conch. pl. 29. fig. I.
Martini, Conch. 1. t. 23. f. 226. 227.
Encyclop. pl. 356. f. 11.
Cyprœa zigzag. Ann. ibid. p. 96. n°. 40.
[*b*] *Eadem strigis albis longitudinalibus angustis undatis lineata.*
Habite.... l'Océan atlantique? Mon cabinet. Coquille fort jolie, commune dans les collections, et très-distincte de la suivante avec laquelle on l'a confondue. Elle est ovale, bombée, de couleur marron, un peu violâtre, et offre deux zônes blanches, rayées de lignes fauves brisées et en zigzags. Longueur, 12 lignes et demie; de la Var. [b], 13 lignes. Cette dernière vient de Lisbonne. Mon cabinet.

41. Porcelaine zigzag. *Cyprœa zigzag.*

C. testâ ovatâ, cinereo-albidâ; lineis flavescentibus undatis flexuosis pallidis; ventre luteo, punctis rubro-fuscis picto.

Cyprœa ziczac. Lin. Gmel. p. 3410. n°. 54.
Lister, Conch. t. 661. f. 5.
Petiv. Gaz. t. 12. f. 7.
D'Argenv. Conch. pl. 18. fig. R.
Martini, Conch. 1. t. 23. f. 224. 225.
Encyclop. pl. 556. f. 8. a. b.
Cyprœa undata. Ann. ibid. n°. 41.

Habite.... Mon cabinet. Elle est peu bombée, n'acquiert jamais la moitié du volume de la précédente, et est différemment colorée. Sur un fond blanchâtre ou cendré, elle offre des lignes étroites, très-pâles, élégamment fléchies en zigzags, tantôt longitudinales, et tantôt interrompues par trois bandes jaunâtres. Long., 8 lignes un quart.

42. Porcelaine flavéole. *Cyprœa flaveola.*

C. testâ ovatâ, marginatâ, luteo-nebulatâ, subtùs albâ; lateribus albidis, fusco-punctatis.
Martini, Conch. 1. t. 31. f. 335.
Cyprœa acicularis. Gmel. p. 3421. n°. 107.
Encyclop. pl. 556. f. 14.
Cyprœa flaveola. Ann. ibid. p. 97. n°. 42.

Habite.... Mon cabinet. Sous le même nom, *Linné* mentionne une porcelaine qui ne m'est pas connue, et dont il n'indique aucun synonyme. Celle dont il s'agit ici est peu bombée, à dos jaunâtre,

obscurément moucheté de fauve, à côtés dilatés, blancs ainsi que
le ventre, et ornés de points rouges-bruns, parmi lesquels ceux
qui sont près du bord sont excavés. Long., 10 lignes et demie.

43. Porcelaine sanguinolente. *Cyprœa sanguinolenta.*

C. testâ ovato-oblongâ, cinereo-cœrulescente, fulvo vel fusco fas-
ciatâ; lateribus incarnato-violaceis, sanguineo-punctatis.

Martini, Conch. 1. t. 26. f. 265. 266.
Cyprœa sanguinolenta. Gmel. p. 3406. n°. 38.
Encyclop. pl. 356. f. 12.
Cyprœa sanguinolenta. Ann. ibid. n°. 43.

Habite.... Mon cabinet. La coloration de ses côtés rend cette espèce
fort remarquable. Longueur, 11 lignes trois quarts.

44. Porcelaine poraire. *Cyprœa poraria.*

C. testâ ovatâ, fulvâ; punctis ocellisque albis sparsis: ocellis circulo
fusco circumvallatis; lateribus ventreque incarnato-purpureis,
immaculatis.

An cyprœa poraria? Lin. Syst. Nat. 2. p. 1180. n°. 363.
Born, Mus. t. 8. f. 16.
Martini, Conch. 1. t. 24. f. 237. 238.
Cyprœa poraria. Ann. ibid. n°. 44.

Habite les côtes du Sénégal, d'où je l'ai reçue. Mon cabinet. Les individus de notre espèce n'ont pas la ligne dorsale exprimée dans
les figures citées. Son dos, d'un fauve roussâtre, offre des points
blancs et épars, parmi lesquels plusieurs, cerclés de brun, forment des ocelles peu remarquables. Les côtés et le ventre sont d'un
blanc purpurin et légèrement violet. Long., 7 lignes et demie.

45. Porcelaine petit-ours. *Cyprœa ursellus.*

C. testâ ovato-oblongâ, albâ; zonis tribus rufis inæqualibus; ex-
tremitatibus lateribusque fusco-punctatis.

Rumph. Mus. t. 39. fig. O.
Gualt. Test. t. 15. fig. L.
Martini, Conch. 1. t. 24. f. 241. *Mala.*
Cyprœa ursellus. Gmel. p. 3411. n°. 58.
Encyclop. pl. 356. f. 6.
Cyprœa ursellus. Ann. ibid. p. 98. n°. 45.

Habite l'Océan des grandes Indes. Mon cabinet. Elle a des rapports
avec la suivante, mais elle s'en distingue par la couleur rousse de
ses bandes dorsales, et surtout par les points d'un roux brun qui
se trouvent à ses extrémités et le long de ses côtés. Ces points
manquent souvent dans les jeunes individus. Longueur, 7 lignes
un quart.

46. Porcelaine aselle. *Cyprœa asellus.*

C. *testâ ovato-oblongâ, albâ; zonis tribus fusco-nigris; extremita-*
tibus lateribusque immaculatis; aperturâ dentibus inæqualibus.
Cyprœa asellus. Lin. Gmel. p. 3411. n°. 56.
Lister, Conch. t. 666. f. 10.
Bonanni, Recr. 3. f. 236.
Rumph. Mus. t. 39. fig. M.
Petiv. Gaz. t. 97. f. 11. et Amb. t. 16. f. 18.
Gualt. Test. t. 15. fig. M. CC. DD.
D'Argenv. Conch. pl. 18. fig. T.
Favanne, Conch. pl. 29. fig. P.
Adans. Seneg. pl. 5. fig. H.
Knorr, Vergn. 4. t. 25. f. 3.
Martini, Conch. 1. t. 27. f. 280. 281.
Encyclop. pl. 356. f. 5.
Cyprœa asellus. Ann. ibid. n°. 46.

Habite l'Océan asiatique et celui d'Afrique. Mon cabinet. Coquille
très-commune, et facile à reconnaître. Elle est d'un blanc de lait,
avec trois zónes très-brunes, presque noires, qui la traversent et
s'interrompent près du bord. Vulg. le *petit-âne.* Long., 10 lignes.

47. Porcelaine à collier. *Cyprœa moniliaris.*

C. *testâ ovatâ, albâ; zonis tribus incarnatis obsoletis; aperturâ*
dentibus subæqualibus.
Petiv. Gaz. t. 97. f. 10.
Cyprœa moniliaris. Ann. ibid. n°. 47.

Habite l'Océan asiatique. Mon cabinet. Elle se distingue de la précédente par ses trois zónes constamment très-pâles. Long., 9 lignes.

48. Porcelaine piqûre-de-mouche. *Cyprœa stercus mus-*
carum.

C. *testâ ovato-oblongâ, exiguâ, albido-carneâ; punctis rubigi-*
nosis sparsis; rimâ flavescente.

Martini, Conch. 1. t. 28. f. 290. 291.
Cypræa atomaria. Gmel. p. 3412. n°. 67.
Encyclop. pl. 355. f. 10.
Cypræa stercus muscarum. Ann. ibid. n°. 48.
Habite.... Mon cabinet. Petite coquille ovale-oblongue, blanche avec
une légère teinte couleur de chair, et parsemée de points rouge-
bruns, écartés ou un peu rares. Longueur, 7 lignes.

49. Porcelaine pois. *Cypræa cicercula.*

C. *testâ ovato-globosâ, turgidâ, utrinquè rostratâ, granulosâ,
albâ aut pallidè fulvâ; lineâ dorsali impressâ; rimâ perangustâ.*

Cypræa cicercula. Lin. Gmel. p. 3419. n°. 98.
Lister, Conch. t. 710. f. 60.
Bonanni, Recr. 3. f. 243. *ampliata.*
Rumph. Mus. t. 39. fig. K.
Petiv. Amb. t. 16. f. 21.
Born, Mus. t. 8. f. 19.
Martini, Conch. 1. t. 24. f. 243. 244.
Encyclop. pl. 355. f. 1. a. b.
Cypræa cicercula. Ann. ibid. p. 99. n°. 49.
[b] *Var. testâ lœviusculâ, posticè non rostratâ, lacteâ.*
Habite l'Océan des grandes Indes, les côtes de Timor. Mon cabinet.
Coquille presque globuleuse, bombée, rostrée aux deux bouts, et
chargée de points élevés qui la rendent granuleuse. Sa face infé-
rieure, un peu convexe, est striée transversalement par le
prolongement des dents de l'ouverture. Longueur, 9 lignes. Sa var.
vient de Timor, d'où elle fut rapportée par M. *Leschenault.* Mon
cabinet.

50. Porcelaine perle. *Cypræa lota.*

C. *testâ ovatâ, subturgidâ, lœvissimâ, albâ; margine exteriore
suprà crenulato.*

Cypræa lota. Lin. Gmel. p. 3402. n°. 13.
Born, Mus. t. 8. f. 4. 5.
Martini, Conch. 1. t. 30. f. 322.
Cypræa lota. Ann. ibid. n°. 50.
Habite l'Océan asiatique. Mon cabinet. Coquille ovale, bombée,
très-lisse, blanche, marginée latéralement, surtout à son bord
droit, et dont le bourrelet de celui-ci est muni de points en-
foncés. Longueur, 7 lignes et demie. Elle devient plus grande.

51. Porcelaine globule. *Cypræa globulus.*

C. testâ ovato-ventricosâ, subglobosâ, utrinquè rostratâ, luteo-fulvâ; punctis rufo-fuscis sparsis; lineâ dorsali nullâ.

Cypræa globulus. Lin. Gmel. p. 3419. n°. 99.

Rumph. Mus. t. 39. fig. L.

Petiv. Gaz. t. 97. f. 14. et Amb. t. 16. f. 19.

Gualt. Test. t. 14. fig. M.

Murray, Testaccol. t. 1. f. 12.

Knorr, Vergn. 6. t. 21. f. 7.

Born, Mus. t. 8. f. 20. *Optima.*

Martini, Conch. 1. t. 24. f. 242.

Chemn. Conch. 10. t. 145. f. 1339. 1340. *Optima.*

Encyclop. pl. 356. f. 2.

Cypræa globulus. Ann. ibid. n°. 51.

Habite l'Océan asiatique. Mon cab. Elle est distinguée du *C. cicercula*, principalement parce qu'elle est presque lisse, d'une couleur fauve ou rousse, et qu'elle manque de ligne dorsale. Long., 8 lignes.

52. Porcelaine ovulée. *Cypræa ovulata.*

C. testâ ovato-ventricosâ, albâ; labro extùs marginato; aperturâ laxissimâ; dentibus columellæ minimis.

Encyclop. pl. 355. f. 2. a. b.

Cypræa ovulata. Ann. ibid. n°. 52.

Habite.... Mon cabinet. Celle-ci, quoique très-distincte, paraît inédite. Elle est ovale-globuleuse, bombée, lisse, mince, marginée seulement sur le bord droit, et a son ouverture fort lâche, dilatée, munie sur le bord gauche de dents très-petites et fort courtes. Longueur, 8 lignes et demie.

53. Porcelaine étoilée. *Cypræa helvola.*

C. testâ ovato-turgidâ, subtriquetrâ, marginatâ; dorso albido, maculis fulvis substellatis picto; lateribus fulvo-fuscis; ventre aurantio.

Cypræa helvola. Lin. Gmel. p. 3417, n°. 90.

Lister, Conch. t. 691. f. 58.

Rumph. Mus. t. 39. fig. B.

Petiv. Amb. t. 16. f. 17.

Martini, Conch. 1. t. 3o. f. 326. 327.

Encyclop. pl. 356. f. 13.

Cypræa helvola. Ann. ibid. p. 100. n°. 53.

Habite l'Océan indien; les côtes des Maldives, etc. Mon cabinet. Elle a un peu l'aspect du *C. caput serpentis*; mais elle est plus petite, et ses côtés, ainsi que sa face inférieure, sont d'un orangé roussâtre. On voit sur son dos quantité de points blancs serrés les uns contre les autres, et parmi eux des taches rousses, presque en étoiles et éparses. Longueur, 8 lignes trois quarts.

34. Porcelaine arabicule. *Cypræa arabicula.*

C. testâ ovatâ, marginatâ, albidâ; characteribus fulvo-fuscis inscriptis; marginibus carneis, violaceo-maculatis; aperturæ dentibus albidis.

Cypræa arabicula. Ann. ibid. n°. 54.

Habite les côtes occidentales du Mexique, près d'Acapulco. MM. *de Humboldt* et *Bonpland.* Mon cabinet. Cette petite porcelaine, qui est dans l'état parfait, ressemble beaucoup au *C. arabica*; cependant elle est constamment de très-petite taille, les dents de son ouverture sont blanchâtres et non de couleur marron, et sa ligne dorsale est un peu rameuse. Sa face inférieure est aplatie et d'un fauve pâle. Longueur, 9 lignes.

35. Porcelaine graveleuse. *Cypræa staphylæa.*

C. testâ ovatâ, subspadiceâ, punctis albidis elevatis scabriusculâ; extremitatibus croceis; ventre sulcato.

Cypræa staphylæa. Lin. Gmel. p. 3419. n°. 97.

Gualt. Test. t. 14. fig. T.

D'Argenv. Conch. pl. 18. fig. S.

Knorr, Vergn. 4. t. 16. f. 2.

Born, Mus. t. 8. f. 18.

Martini, Conch. 1. t. 29. f. 313. 314.

Encyclop. pl. 356. f. 9. a. b.

Cypræa staphylæa. Ann. ibid. n°. 55.

Habite..... Mon cabinet. Coquille constamment très-petite, et toujours bien distincte. Elle est ovale, peu bombée, d'un fauve légèrement pourpré, et chargée d'une multitude de points élevés, granuleux et blanchâtres. Ses deux extrémités sont teintes d'un jaune safran. Le dessous de la coquille est sillonné dans toute sa largeur. Longueur, 7 lignes trois quarts.

56. Porcelaine pustuleuse. *Cyprœa pustulata.*

C. testâ ovatâ, cinereo-plumbeâ, verrucis croceis exasperatâ, ventre fuscato, sulcis albis transversis striato.

An Lister, Conch. t. 710. f. 62?

Cyprœa pustulata. Ann. ibid. p. 101. nº. 56.

Habite les côtes occidentales du Mexique, près d'Acapulco. MM. *de Humboldt* et *Bonpland*. Mon cabinet. Petite porcelaine qui tient par ses rapports à la précédente et à celle qui suit, mais qui en est bien distincte. Son dos est chargé de verrues arrondies, d'un orangé rouge ou safran, dont les plus grosses sont dans le milieu. Longueur, 7 lignes.

57. Porcelaine grenue. *Cyprœa nucleus.*

C. testâ ovatâ, subrostratâ, marginatâ, albâ, dorso granosâ; granis lateralibus sulcis coadunatis; ventre latè sulcato.

Cyprœa nucleus. Lin. Gmel. p. 3418. nº. 95.

Rumph. Mus. t. 39. fig. I.

Petiv. Gaz. t. 97. f. 12. et Amb. t. 16. f. 11.

Gualt. Test. t. 14. fig. Q. R. S.

D'Argenv. Conch. pl. 18. fig. V.

Favanne, Conch. pl. 29. fig. Q 1.

Knorr, Vergn. 4. t. 17. f. 7.

Born, Mus. t. 8. f. 17.

Encyclop. pl. 355. f. 3.

Cyprœa nucleus. Ann. ibid. nº. 57.

[*b*] *Var. testâ depressiusculâ, albo-violacescente.*

Habite l'Océan des grandes Indes et la mer Pacifique. Mon cabinet. Cette coquille est chargée de grains inégaux, blancs, dont ceux des côtés sont liés entre eux par des stries élevées. Sa ligne dorsale est un sillon longitudinal très-prononcé. Longueur, 13 lignes. Sa Var. se trouve sur les côtes d'Otaïti, où on en forme des colliers. Longueur, 11 lignes. M. *Fayole.* Mon cabinet.

58. Porcelaine limacine. *Cyprœa limacina.*

C. testâ ovato-oblongâ; cinereo-violaceâ vel fuscatâ, granis albis distinctis adspersâ; extremitatibus aurantiis; rimâ fulvâ.

Lister, Conch. t. 708. f. 58.

Regenf. Conch. 1. t. 12. f. 75.

Martini, Conch. 1. t. 29. f. 312.

Cyprœa limacina. Ann. ibid. n°. 58.

Habite..... Mon cabinet. Celle-ci, d'une forme plus allongée que celle de la précédente, n'a plus ses verrues latérales liées entre elles et comme enchaînées par des rides transverses. Elles sont d'ailleurs peu élevées, très-inégales, et toutes séparées. Ses extrémités sont teintes de jaune-orangé, et les sillons transverses de son ventre n'atteignent pas ses bords latéraux. Long., 13 lignes.

59. Porcelaine cauris. *Cyprœa moneta.*

C. testâ ovatâ, marginatâ, albido-lutescente; marginibus tumidis nodosis; ventre planulato, pallido.

Cyprœa moneta. Lin. Gmel. p. 3414. n°. 81.

Lister, Conch. t. 709. f. 59.

Bonanni, Recr. 3. f. 233.

Rumph. Mus. t. 39. fig. C.

Petiv. Gaz. t. 97. f. 8. et Amb. t. 16. f. 14.

Gualt. Test. t. 14. f. 3—5.

D'Argenv. Conch. pl. 18. fig. K.

Favanne, Conch. pl. 29. fig. G.

Knorr, Vergn. 4. t. 24. f. 4.

Martini, Conch. 1. t. 31. f. 337. 338. *et specimina decorticata;* f. 339. 340.

Encyclop. pl. 356. f. 3.

Cyprœa moneta. Ann. ibid. p. 102. n°. 59.

Habite les mers de l'Inde, les côtes des Maldives, l'Océan atlantique, etc. Mon cabinet. Petite coquille très-commune, que l'on connaît sous le nom de *monnaie-de-Guinée.* Longueur, 14 lignes.

60. Porcelaine à bourrelet. *Cyprœa obvelata.*

C. testâ ovatâ, marginatâ, dorso cœrulescente; marginibus albidis, lœvissimis, tumidis, dorso elevatioribus; ventre convexiusculo.

Cyprœa obvelata. Ann. ibid. n°. 60.

Habite les mers de la Nouvelle-Hollande. Mon cab. Cette espèce, très-voisine de la précédente, en paraît constamment distincte, ses bords étant sans nodosités, très-renflés et plus élevés que le

des qu'ils recouvrent en partie. Ce dernier est légèrement bleuâtre,
et circonscrit par une ligne jaune peu apparente. Long. , 10 lig.
et demie.

61. Porcelaine anneau. *Cypræa annulus.*

C. testá ovatá, marginatá, albidá; marginibus depressis lævibus;
dorso lineá flavá circumdato.

Cypræa annulus. Lin. Gmel. p. 3415. n°. 82.
Bonanni, Recr. 3. f. 240. 241.
Rumph. Mus. t. 59. fig. D.
Petiv. Gaz. t. 6. f. 8.
Gualt. Test. t. 14. f. 2.
Knorr, Vergn. 4. t. 9. f. 4.
Martini, Conch. 1. t. 24. f. 239. 240.
Encyclop. pl. 356. f. 7.
Cypræa annulus. Ann. ibid. n°. 61.

Habite les côtes des Moluques. Mon cabinet. Cette espèce a des rapports évidens avec les deux précédentes; mais ses côtés ne sont
point renflés en bourrelet, et une ligne jaune ou orangée trace
un anneau coloré autour du dos de la coquille. Long. , 11 lignes.
On dit qu'on la trouve fréquemment près d'Alexandrie.

62. Porcelaine rayonnante. *Cypræa radians.*

C. testá suborbiculatá, pallidè rubellá; dorso striis prominulis
utroque latere divaricatis subradiato; lineá dorsali impressá;
lateribus dilatatis depressis; ventre plano, striato.

Cypræa radians. Ann. ibid. n°. 62.

Habite les côtes occidentales du Mexique, près d'Acapulco. MM. de
J. umboldt et *Bonpland.* Mon cabinet. Coquille presque orbiculaire, large et aplatie en dessous, avec des stries transverses qui
se continuent sur les côtés et remontent sur le dos jusqu'au sillon
dorsal, où elles s'arrêtent en formant chacune un épaississement
tuberculeux. Le dos est élevé sans être arrondi ou enflé. Diam.
longit., 9 lignes.

63. Porcelaine cloporte. *Cypræa oniscus.*

C. testá ovato-globosá, inflatá, subvesiculosá, albido-carneá, im-
maculatá; striis transversis subramosis; lineá dorsali impressá;
ventre convexo, striato; aperturá latissimá.

Bonanni, Recr. 3. f. 239.

Lister, Conch. t. 706. f. 55.

Favanne, Conch. pl. 29. fig. H 3.

Martini, Conch. 1. t. 29. f. 306. 307.

Cypræa oniscus. Ann. ibid. p. 103. n°. 63.

Habite l'Océan américain. Collect. du Mus. Quoique cette espèce ait de grands rapports avec la suivante, elle est beaucoup plus grosse, plus vésiculeuse; ses stries dorsales sont lisses et jamais granuleuses; son ouverture large et très-dilatée la caractérise particulièrement. Vulg. la *tortue.* Longueur, 21 millimètres.

64. Porcelaine pou-de-mer. *Cypræa pediculus.*

C. testâ ovato-ventricosâ, albido-rubellâ, fusco-maculatâ; striis transversis subgranosis; lineâ dorsali impressâ; ventre convexiusculo, striato; rimæ labiis inæqualibus.

Cypræa pediculus. Lin. Gmel. p. 3418. n°. 93.

Lister, Conch. t. 706. f. 56.

Gualt. Test. t. 15. fig. P.

D'Argenv. Conch. pl. 18. fig. L. et Zoomorph. pl. 3. fig. I. K.

Favanne, Conch. pl. 29. fig. H 1.

Knorr, Vergn. 6. t. 17. f. 6.

Martini, Conch. 1. t. 29. f. 310. 311.

Encyclop. pl. 356. f. 1. a.

Cy præa pediculus. Ann. ibid. n°. 64.

Habite l'Océan des Antilles, etc. Mon cabinet. Coquille petite et fort commune. Elle est bombée, marginée au bord droit, d'un gris de lin un peu rosé ou rougeâtre, avec quelques taches brunes irrégulières. Ses stries transverses sont granuleuses ou graveleuses, et son sillon dorsal n'atteint point ses extrémités. Long., 6 lignes.

65. Porcelaine grain-de-riz. *Cypræa oryza.*

C. testâ ovato-globosâ, immarginatâ, niveâ; striis tenuissimis transversis lævibus; lineâ dorsali impressâ; rimæ labiis subæqualibus.

Rumph. Mus. t. 39. fig. P.

Petiv. Amb. t. 16. f. 22.

Gualt. Test. t. 14. fig. P.

Adans. Seneg. pl. 5. f. 3. le bitou.

Cypræa oryza. Ann. ibid. p. 104. n°. 65.

(b) *Eadem minima, fusca;*

Habite l'Océan asiatique, les côtes de Timor, celles du Sénégal.
Mon cabinet. Petite coquille, qui est ovale-globuleuse, très-blanche, toujours sans taches, et non marginée au bord droit. Ses stries
sont très-lisses, jamais granuleuses, et traversent le sillon dorsal,
qui néanmoins est bien marqué. Longueur, 4 lignes. Sa var. est
très-brune, et a à peine 2 lignes 3 quarts de longueur. Mon cab.

66. Porcelaine coccinelle. *Cyprœa coccinella.*

C. testâ ovato-ventricosâ, albido-fulvâ aut rubellâ; striis transver-
sis lævibus; lineâ dorsali nullâ; labro longiore, extùs margi-
nato; rimâ infernè dilatatâ.

Lister, Conch. t. 707. f. 57.
Encyclop. pl. 356. f. 1. b.
Cyprœa coccinella. Ann. ibid. n°. 66.
[*b*] *Eadem minima; dorso sublævigato.*

Habite.... Mon cabinet. Coquille grisâtre, fauve ou rosée, tantôt tachée de brun, et tantôt immaculée. Le bord droit de son ouverture est plus long que le gauche, et courbé antérieurement. Cette
coquille se distingue du *C. pediculus* en ce qu'elle n'a point de
sillon dorsal, et que ses stries transverses sont toutes et toujours
très-lisses. Longueur, 6 lignes un quart. Elle est souvent bien plus
petite.

67. Porcelaine australe. *Cyprœa australis.*

C. testâ ovatâ, albidâ, maculis raris pallidè carneis pictâ; extre-
mitatibus roseis; striis transversis ante lineam dorsalem inter-
ruptis; labro longiore, extùs marginato.

Habite les mers de la Nouvelle-Hollande. M. *Macleay.* Mon cabinet.
Elle diffère de la précédente par sa ligne dorsale, quoique faiblement marquée, et par ses stries qui s'interrompent avant d'y arriver. Longueur, 6 lignes.

68. Porcelaine albelle. *Cyprœa albella.*

C. testâ ovatâ, lateribus dilatatâ, lævi; dorso ventreque albis;
marginibus flavidis; infimâ facie planâ.

Habite les mers de l'Ile-de-France. Mon cabinet. Elle est un peu
scutiforme, et a les dents de son ouverture raccourciès. Longueur,
7 lignes et demie.

Espèces fossiles.

1. Porcelaine léporine. *Cypræa leporina.*

C. *testâ ovatâ, ventricosâ, submarginatâ; aperturâ basi dilatatâ.*

Cypræa leporina. Ann. du Mus. vol. 16. p. 104. n°. 1.

Habite.... Fossile des environs de Dax. Mon cabinet. Je ne reconnais dans aucune des espèces vivantes que j'ai décrites la forme précise de cette porcelaine fossile; cependant c'est de la suivante qu'elle se rapproche le plus. Elle est ovale, un peu bombée sans être bossue, obscurément marginée, à face inférieure un peu convexe. Longueur, 21 lignes.

2. Porcelaine saignante. *Cypræa mus.*

Cypræa mus. Ann. ibid. p. 105. n°. 2.

Habite.... Fossile des environs de Fiorenzola, dans le Plaisantin. Cabinet de feu M. *Faujas.* Elle est parfaitement l'analogue fossile de l'espèce vivante dont elle porte le nom. Quoiqu'elle ait perdu presque entièrement ses couleurs, elle offre encore des restes de la traînée de taches dorsales et sanguinolentes qui caractérisent cette espèce.

3. Porcelaine pyrule. *Cypræa pyrula.*

C. *testâ ovato-ventricosâ, obtusâ, posticè angustatâ; labro marginato.*

Cypræa pyrula. Ann. ibid. n°. 3.

Habite.... Fossile recueilli dans les mêmes lieux que le précédent. Cabinet de feu M. *Faujas.* Sa forme est très-rapprochée de celle du *C. adusta;* mais elle n'est nullement ombiliquée, et au lieu d'être noire en sa face inférieure et sur les côtés, elle y offre une couleur blanche. Son dos est fauve, et sa base n'est presque point échancrée. Longueur, 46 millimètres.

4. Porcelaine utriculée. *Cypræa utriculata.*

C. *testâ ovato-ventricosâ, inflatâ, subumbilicatâ; labro obsoletè marginato.*

Cypræa utriculata. Ann. ibid. n°. 4.

Habite.... Fossile des environs de Fiorenzola, dans le Plaisantin. Cabinet de feu M. *Faujas.* Elle se rapproche aussi beaucoup du

C. *adusta*, et même elle est un peu excavée près de la spire, qui paraît à peine ; mais elle est plus raccourcie, plus bombée, et toute blanche. Longueur, 37 millimètres.

5. Porcelaine rousse. *Cypræa rufa.*

Cypræa rufa. Ann. ibid. n°. 5.

Habite.... Fossile du Plaisantin. Cabinet de feu M. *Faujas.* Elle ne diffère de l'analogue vivant déjà cité que par l'altération de ses couleurs. Longueur, 36 millimètres.

6. Porcelaine antique. *Cypræa antiqua.*

C. *testâ ovato-oblongâ, ventricosâ, rudi, immarginatâ, subtùs planiusculâ; rimâ angustatâ.*

Cypræa antiqua. Ann. ibid. n°. 6.

Habite.... Fossile de la vallée de Ronca, dans le Vicentin. Cabinet de feu M. *Faujas.* Longueur, 29 millimètres.

7. Porcelaine rudérale. *Cypræa ruderalis.*

C. *testâ ovato-oblongâ, rudi, lateribus obsoletè marginatâ.*

Cypræa ruderalis. Ann. ibid. p. 106. n°. 7.

Habite.... Fossile des mêmes lieux que le précédent. Mon cabinet. Celle-ci n'est point bombée comme celle qui précède. Ses côtés sont légèrement convexes. Longueur, près de 8 lignes.

8. Porcelaine fabagine. *Cypræa fabagina.*

C. *testâ ovatâ, subventricosâ, subtùs plano-convexâ; uno latere obscurè marginato.*

Cypræa fabagina. Ann. ibid. n°. 8.

Habite.... Fossile des environs de Turin. Mon cabinet. Forme rapprochée de celle du C. *flaveola,* mais sans enfoncement distinct près de la spire. Longueur, 22 millimètres.

9. Porcelaine flavicule. *Cypræa flavicula.*

C. *testâ ovato-oblongâ, ventricosâ, hinc marginatâ; dorso flavescente, punctis albidis notato.*

Cypræa flavicula. Ann. ibid. n°. 9.

Habite.... Fossile des environs de Fiorenzola, dans le Plaisantin. Cabinet de feu M. *Faujas.* Sa forme est aussi un peu rapprochée de celle du *C. flaveola*; mais la coquille est un peu plus grande, marginée d'un seul côté; et à dos jaunâtre, parsemé de points blancs. Longueur, 29 millimètres.

10. Porcelaine ambiguë. *Cypræa ambigua.*

C. testâ ovato-ventricosâ, utrinquè attenuatâ, subtùs convexiusculâ; rimâ flexuosâ.

Cypræa ambigua. Ann. ibid. n°. 10.

Habite.... Fossile des environs de Bordeaux. Collection du Mus. Coquille se rapprochant par sa forme du *C. staphylæa*, mais un peu plus grande et plus rétrécie aux extrémités. Elle n'est point granuleuse sur le dos, et sa face inférieure n'est point sillonnée transversalement. Longueur, 21 millimètres.

11. Porcelaine gonflée. *Cypræa inflata.*

C. testâ ovato-ventricosâ, turgidâ, subgibbosâ; labro exteriore marginato.

Cypræa inflata. Ann. ibid. n°. 11.

Habite.... Fossile de Grignon; se trouve aussi dans le Plaisantin. Mon cab. et celui de feu M. *Faujas.* Coquille très-rapprochée par la forme et la taille du *C. turdus*; néanmoins son ouverture n'est pas aussi dilatée inférieurement. Longueur, 13 lignes.

12. Porcelaine colombaire. *Cypræa columbaria.*

C. testâ ovato-oblongâ, subventricosâ; labro externo marginato, anticè prominulo.

Cypræa columbaria. Ann. ibid. p. 107. n°. 12.

Habite.... Fossile de.... Collect. du Mus. Cette porcelaine se rapproche entièrement par la forme et la taille du *C. sanguinolenta*; cependant elle est un peu plus bombée. Elle est toute blanche. Longueur, 25 millimètres.

13. Porcelaine dactylée. *Cypræa dactylosa.*

C. testâ oblongâ, ventricoso-cylindraceâ, obtusâ, transversìm sulcatâ; labro exteriore marginato.

Cypræa dactylosa. Ann. ibid. n°. 13.

Habite.... Fossile très-rare, qui paraît avoir été recueilli à Grignon. Mon cabinet. Très-belle espèce de porcelaine, éminemment distincte de toutes celles qui sont connues, et surtout de celles qui composent la division des sillonnées. Elle est oblongue, ventrue, cylindracée, obtuse, partout striée ou sillonnée transversalement. Sa face inférieure n'offre aucun aplatissement, et son dos ne présente aucun sillon longitudinal qui interrompe ses stries. Le bord droit de l'ouverture est légèrement marginé en dehors, et dépasse antérieurement. La spire ne paraît point, et n'offre aucun enfoncement dans son voisinage. Une strie très-fine se trouve interposée dans chaque interstice des plus grandes. Long., 16 lignes.

14. Porcelaine sphériculée. *Cypræa sphæriculata.*

C. testâ subglobosâ, inflatâ, transversìm striatâ; sulco dorsali nullo; labro exteriore marginato.

Cypræa sphæriculata. Ann. ibid. n°. 14.

Habite.... Fossile des environs de Fiorenzola, dans le Plaisantin. Collect. du Mus. Cette porcelaine se rapproche du *C. oniscus* par sa taille et son aspect; mais elle manque de sillon dorsal, et son ouverture n'est point dilatée. On ne peut la confondre avec le *C. pediculus*, ses stries n'étant point graveleuses, et sa forme enflée, presque sphérique, s'éloignant de l'ovale. Elle n'est peut-être qu'une variété fort grosse et plus globuleuse du *C. coccinella.* Longueur, 22 millimètres.

15. Porcelaine pou-de-mer. *Cypræa pediculus.*

Cypræa pediculus. Ann. ibid. n°. 15.

Habite.... Fossile de Grignon, et des environs d'Angers. Mon cab.

16. Porcelaine coccinelle. *Cypræa coccinella.*

Cypræa coccinella. Ann. ibid. p. 108. n°. 16.

Habite.... Fossile de Grignon. Mon cab.

17. Porcelaine pisoline. *Cypræa pisolina.*

C. testâ globosâ, pisiformi, dorso lævissimâ; labro exteriore marginato; rimâ curvâ, plicato-dentatâ.

Cypræa pisolina. Ann. ibid. n°. 17.

Habite.... Fossile des environs d'Angers. M. *Ménard.* Mon cabinet. Jolie petite porcelaine, très-distincte comme espèce, et dont l'analogue vivant n'est pas encore connu. Elle est globuleuse, n'offre sur le dos ni stries transverses, ni sillon longitudinal, n'est point rostrée aux extrémités comme le *C. cicercula*, et a le ventre en partie sillonné. Longueur du plus fort individu, 5 lignes.

8. Porcelaine ovuliforme. *Cypræa ovuliformis.*

C. testâ ovato-turgidâ, anticè obtusâ, lævi, immarginatâ; columellæ dentibus obsoletis.

Cypræa ovulata. Ann. ibid. n°. 18.

Habite.... Fossile des environs d'Angers. M. *Ménard.* Mon cabinet. On la prendrait d'abord pour une ovule, les dents de son bord columellaire paraissant à peine. Elle est plus petite encore que le *C. pisolina*, et quoique très-bombée, elle est moins globuleuse, et n'appartient nullement à la division des porcelaines striées. Long., 4 lignes un quart.

TARRIÈRE. (Terebellum.)

Coquille enroulée, subcylindrique, pointue au sommet. Ouverture longitudinale, étroite supérieurement, échancrée à sa base. Columelle lisse, tronquée inférieurement.

Testa convoluta, subcylindrica, apice acuta. Apertura longitudinalis, supernè angustata, basi emarginata. Columella lævis, infernè truncata.

OBSERVATIONS.

Il semble que le genre *bulla* de Linné fût pour lui une sorte de réceptacle ou de lieu provisoire où il plaçait toutes les coquilles univalves qui l'embarrassaient dans leur classification. Aussi les *tarrières*, qu'il ne pensa pas à caractériser comme genre particulier, furent-elles regardées par lui comme du même genre que les ovules, les bulles proprement dites, les agathines, certaines pyrules, etc., malgré la disparité de ces associations.

Les *tarrières* sont des coquilles enroulées sur elles-mêmes, à bord droit simple et tranchant, à ouverture longitudinale, rétrécie dans sa partie supérieure, et à columelle lisse, tronquée à sa base. Elles sont assez jolies, très-lisses, dépourvues de drap marin, et ont le test mince, enroulé autour de l'axe longitudinal, sous la forme d'un cône allongé, presque cylindrique, pointu au sommet.

Vues du côté du dos, ces coquilles sont échancrées irrégulièrement à leur base. Leurs rapports les plus évidens les rapprochent des ancillaires, des olives et des cônes; enfin, les porcelaines, dans leur premier état, leur ressemblent un peu.

On ne connaît que trois espèces de ce genre, dont une seule dans l'état vivant ou frais.

ESPÈCES.

1. Tarrière subulée. *Terebellum subulatum.*

> *T. testâ cylindraceo-subulatâ, tenui, lævi, nitidâ; spirâ distinctâ; labio columellæ adnato.*
>
> *Bulla terebellum.* Lin. Gmel. p. 3428. n°. 22.
>
> *Terebellum subulatum.* Ann. du Mus. vol. 16. p. 301. n°. 1.
>
> [a] *Var. testâ spadiceo-nebulosâ, quadrifasciatâ.* Mon cabinet.
>
> Lister, Conch. t. 736. f. 30.
>
> Gualt. Test. t. 23. fig. O.
>
> D'Argenv. Conch. pl. 11. fig. G.
>
> Favanne, Conch. pl. 19. fig. D.
>
> Knorr, Vergn. 2. t. 4. f. 5.
>
> Martini, Conch. 2. t. 51. f. 569.
>
> Encyclop. pl. 360. f. 1. a. b.
>
> [b] *Var. testâ lineis spadiceis flexuosis obliquis transversìm pictâ.* Mon cabinet.
>
> Lister, Conch. t. 736. f. 31.
>
> Knorr, Vergn. 2. t. 4. f. 4.
>
> Encyclop. pl. 360. f. 1. c.
>
> [c] *Var. testá punctatâ.* Mon cabinet.
>
> Lister, Conch. t. 737. f. 32.
>
> Rumph. Mus. t. 30. fig. S.
>
> Petiv. Amb. t. 13. f. 24.
>
> *Terebellum punctatum.* Chemn. Conch. 10. t. 146. f. 1362. 1363.
>
> [d] *Var. testâ albâ.* Mon cabinet.
>
> Martini, Conch. 2. t. 51. f. 568.

Habite l'Océan indien. Mon cabinet. Cette belle espèce est la seule connue de ce genre comme vivant actuellement dans les mers. C'est une coquille allongée, cylindracée-conique, pointue au sommet, très-lisse et à spire distincte. L'ouverture est un peu moins longue que la coquille, et son bord gauche, tout-à-fait appliqué sur la columelle, est néanmoins bien apparent. Elle offre des variétés si remarquables, surtout dans la disposition de ses couleurs, c'est-à-dire des nébulosités, des bandes, des lignes ou des points dont elle est ornée, qu'on pourrait les distinguer comme des espèces particulières. Sa longueur varie de 19 à 22 lig.

2. Tarrière oublie. *Terebellum convolutum.*

> *T. testâ fossili, subcylindricâ, obtusiusculâ; spirâ nullâ; aperturâ longitudine testæ.*

> *Bulla sopita.* Brand. Foss. t. 1. f. 29. a.
> *Ejusd. bulla volutatà.* t. 6. f. 75.
> Encyclop. pl. 360. f. 2. a. b.
> *Terebellum convolutum.* Ann. ibid. p. 302. n°. 2.

> Habite.... Fossile de Grignon. Mon cabinet. Coquille mince, fragile, cylindracée, légèrement ventrue, roulée en cornet ou en oublie, de manière que le bord droit de son ouverture s'étend jusqu'à son sommet, où elle se termine par une pointe fort émoussée, ne laissant paraître aucune spire. Long., 2 pouces 2 lignes.

3. Tarrière fusiforme. *Terebellum fusiforme.*

> *T. testâ fossili, cylindraceo-fusiformi, elongatâ; spirâ exquisitâ.*

> *Terebellum fusiforme.* Ann. ibid. n°. 3.

> Habite..... Fossile dont la localité n'est pas bien connue. Mon cab. Cette espèce se rapproche beaucoup du *T. subulatum*; mais elle est fusiforme, moins pointue au sommet, et laisse voir cinq tours de spire. L'individu que je possède n'offre inférieurement que le moule intérieur de la coquille; mais il est suffisant pour indiquer les différences qui caractérisent cette espèce. Longueur, 2 pouces 4 lignes.

ANCILLAIRE. (Ancillaria.)

Coquille oblongue, subcylindrique; à spire courte, non canaliculée aux sutures. Ouverture longitudinale, à peine échancrée à sa base, versante. Un bourrelet calleux et oblique, au bas de la columelle.

Testa oblonga, subcylindrica; spirâ brevi, ad suturas non canaliculatâ. Apertura longitudinalis, basi vix emarginata, effusa. Varix callosa et obliqua ad basim columellæ.

OBSERVATIONS.

Les *ancillaires* ressemblent beaucoup aux olives par leur aspect, et elles paraissent en quelque sorte intermédiaires entre celles-ci et les tarrières. Mais les tours de leur spire ont leur bord supérieur appliqué contre le tour précédent, et ne sont point séparés par un canal en spirale, comme dans toutes les olives, c'est-à-dire que leurs sutures sont simples. Le bourrelet calleux et oblique de la base de leur columelle les distingue des tarrières, qui toutes ont la columelle lisse, et il les distingue en outre des buccins, avec lesquels quelques espèces un peu ventrues pourraient se confondre.

L'ouverture des *ancillaires* est plus longue que large; mais sa longueur n'égale jamais celle de la coquille. Elle est un peu évasée inférieurement, et offre à peine une échancrure à sa base.

Les *ancillaires* sont marines; mais on n'en connaît encore que peu d'espèces dans l'état frais ou vivant; celles qui sont connues dans l'état fossile sont plus nombreuses.

ESPÈCES.

1. Ancillaire canelle. *Ancillaria cinnamomea.*

A. testâ oblongâ , ventricoso-cylindraceâ , castaneo-fulvâ ; anfractibus supernè albido-fasciatis ; varice columellari rufo , subsiriato.

Chemn. Conch. 10. t. 147. f. 1381.
Encyclop. pl. 393. f. 8. a. b.
Ancillaria cinnamomea. Ann. du Mus. vol. 16. p. 304. n°. 1.

Habite..... Mon cabinet. Coquille oblongue, cylindracée, peu ventrue, pointue au sommet ; mais sa spire est courte , et elle a l'aspect d'une petite olive. Elle est d'un marron fauve , avec une zone blanche près du bord supérieur de chacun de ses tours. On voit un sillon dorsal transverse et très-oblique vers la partie inférieure du dernier. Son bourrelet columellaire est épais , roussâtre et strié. Longueur , 10 lignes et demie.

2. Ancillaire ventrue. *Ancillaria ventricosa.*

A. testâ ovatâ , ventricosâ , aurantio-fulvâ ; spirâ apice obtusiusculâ ; varice columellari albo , lœviusculo.

Martini , Conch. 2. t. 65. f. 731.
Ancillaria ventricosa. Ann. ibid. n°. 2.

Habite.... Mon cabinet. Cette espèce est plus ventrue, et par conséquent moins cylindracée que celle qui précède. Les sutures de ses tours sont comme fondues et indistinctes, et son bourrelet columellaire est épais , blanc et presque lisse. Longueur, près de 10 lignes. Peut-être pourrait-on y rapporter le *rhombus brevior croceus* de Lister [Conch. t. 746, f. 40]; mais, outre que la figure dont il s'agit représente une coquille beaucoup plus grande, la spire montre des sutures très-distinctes que la nôtre n'offre pas.

3. Ancillaire bordée. *Ancillaria marginata.*

A. testâ ovatâ, ventricosâ , albidâ ; spirâ exserto-acutâ, carinulatâ; anfractibus supernè maculis rufis seriatim marginatis ; aperturâ basi emarginatâ ; callo columellari angusto , striato.

Encyclop. pl. 393. f. 2. a. b.
Ancillaria marginata. Ann. ibid. n°. 3.

Habite l'Océan austral, dans le voisinage de la Nouvelle-Hollande.
Mon cabinet. Celle-ci s'éloigne un peu, par sa forme, des autres
espèces de ce genre, et a tout-à-fait l'aspect d'un buccin ; mais
la base de sa columelle offrant un bourrelet oblique, quoique peu
épais, m'autorise à la rapporter ici. Longueur, 14 lignes et demie.

4. Ancillaire blanche. *Ancillaria candida.*

*A. testâ elongatâ, semicylindricâ, candidâ; suturis anfractuum
obsoletis ; varice columellari substriato.*

Martini, Conch. 2. t. 65. f. 722.
Voluta ampla. Gmel. p. 3467. n°. 116.
Encyclop. pl. 393. f. 6. a. b.
Ancillaria candida. Ann. ibid. n°. 4.

Habite..... Mon cabinet. Coquille allongée, un peu étroite, semi-
cylindrique, pointue au sommet, et à spire courte, dont les sutures des tours sont presque effacées. Elle est toute blanche; mais
on aperçoit sur certains individus quelques taches orangées vers
leur sommet. L'ouverture est un peu évasée dans sa partie inférieure. Longueur, 13 lignes et demie.

Espèces fossiles.

1. Ancillaire glandiforme. *Ancillaria glandiformis.*

*A. testâ ovatâ, ventricosiusculâ, subacutâ, subtùs callosâ; su-
turis anfractuum occultatis.*

Encyclop. pl. 393. f. 7. a. b.
Ancillaria glandiformis. Ann. du Mus. vol. 16. p. 305. n°. 1.

Habite.... Fossile des environs de Bordeaux. Mon cabinet. Coquille
oblongue, légèrement ventrue, un peu pointue au sommet, calleuse en dessous, et en quelque sorte glandiforme. Elle est lisse,
sauf les sillons obliques de sa partie postérieure, et semble un peu
déprimée. Ses sutures sont fondues et effacées. Longueur, 18 lignes
et demie.

2. Ancillaire buccinoïde. *Ancillaria buccinoides.*

*A. testâ ovato-acutâ, ad spiram basimque margaritaceâ; callo
columellæ striato.*

An Lister, Conch. t. 1034. f. 8?

Encyclop. pl. 393. f. 1. a. b.
Ancillaria buccinoides. Ann. ibid. n°. 2.

Habite.... Fossile de Grignon. Mon cabinet. Coquille ovale, pointue
au sommet, et qui ressemble beaucoup à un buccin; mais sa columelle offre inférieurement une callosité oblique et striée. Sa spire
et sa base sont luisantes et comme nacrées. Longueur, 19 lignes.

Ancillaire subulée. *Ancillaria subulata.*

*A. testá subturritá, lævigatá, nitidá; spirá elongatá, subulatá;
fasciis transversis suturalibus; callo columellæ striato.*

Knorr, Foss. 2. t. 43. f. 18.
Encyclop. pl. 393. f. 5. a. b.
Ancillaria subulata. Ann. ibid. n°. 3.

Habite.... Fossile des environs de Villers-Coterets. Mon cabinet. Coquille presque turriculée, moins ventrue, moins blanche et plus
luisante que celle qui précède. La longueur de l'ouverture égale à
peine la moitié de celle de la coquille. Celle-ci a 16 lignes un
quart.

4. Ancillaire olivule. *Ancillaria olivula.*

*A. testá cylindraceá, mucronatá; labro basi unidentato; callo
columellæ striato.*

Encyclop. pl. 393. f. 4. a. b.
Ancillaria olivula. Ann. ibid. p. 306. n°. 4.

Habite.... Fossile de Courtagnon et de Grignon. Mon cabinet. Sutures
des tours irrégulières, comme fondues et presque effacées. Long.,
10 lignes et demie.

5. Ancillaire à gouttière. *Ancillaria canalifera.*

*A. testá cylindraceá, mucronatá; labro antiquo canalifero; callo
columellæ subplicato.*

Encyclop. pl. 393. f. 3. a. b.
Ancillaria canalifera. Ann. ibid. n°. 5.

Habite.... Fossile de Grignon. Mon cabinet. Elle est allongée, cylindracée, mucronée au sommet, un peu déprimée inférieurement.
Le sommet du bord droit offre une gouttière ou petit canal dans le
lieu de sa jonction à la spire. Elle a des stries longitudinales d'accroissement apparentes et un peu sinueuses ou irrégulières. Longueur, un pouce.

OLIVE. (Oliva.)

Coquille subcylindrique, enroulée, lisse ; à spire courte, dont les sutures sont canaliculées. Ouverture longitudinale, échancrée à sa base. Columelle striée obliquement.

Testa subcylindrica, convoluta, lœvis ; spirá brevi ; suturis canaliculatis. Apertura longitudinalis, basi emarginata. Columella obliquè striata.

OBSERVATIONS.

Les *olives* sont des coquilles très-lisses, brillantes, agréablement variées dans leurs couleurs, et qui n'ont jamais de drap marin. Elles sont distinguées des cônes cylindracés, qu'on nomme vulgairement *rouleaux*, par le canal qui sépare les tours de leur spire et par les stries de leur columelle.

On ne peut les confondre avec les volutes ni avec les mitres, les coquilles de ces genres n'ayant les tours de leur spire séparés que par de simples sutures.

D'ailleurs, dans toutes les *olives*, le bord gauche ou columellaire offre à son extrémité supérieure une callosité en saillie qui concourt à la formation du canal de la spire, et qui caractérise éminemment ce genre. Enfin, à la base de leur columelle, on aperçoit les vestiges de la callosité très-oblique qui forme un des caractères des ancillaires, et qui montre les rapports entre ces deux genres. Mais les ancillaires n'ont point leurs sutures canaliculées, ni leur columelle striée.

La coquille de l'*olive* a l'ouverture longitudinale et étroite, comme celle du cône et des autres coquilles de la famille des enroulées. Le test s'enroule autour de l'axe longitudinal, laissant un vide à la place de cet axe, et le dernier tour recouvre tellement les autres, qu'il ne laisse à découvert que leur partie supé-

ture, et conséquemment qu'une spire fort courte. Or, cette ouverture, étant étroite et allongée, montre que la cavité spirale qui
contient l'animal est comprimée dans sa largeur.

Il paraît que, dans la formation de l'*olive*, le test se compose
de deux plans différens de matière testacée, presque comme dans
les porcelaines : car, en enlevant le plan extérieur, on trouve en
général un plan différemment coloré; et comme les olives sont
toujours lisses et privées de drap marin, il est probable que, pendant la vie de l'animal, elles sont souvent enveloppées ou re-
couvertes par le manteau. Mais on ne voit pas sur les *olives* la
ligne dorsale qui indique la jonction des lobes latéraux de ce manteau, comme on l'observe dans beaucoup de porcelaines.

Linné n'a pas distingué les olives de ses *voluta*, et même il
les a réunies presque toutes comme constituant des variétés d'une
seule espèce, à laquelle il a donné le nom de *voluta oliva*. Il est
néanmoins certain que les *olives* maintenant connues présentent un assez grand nombre d'espèces très-distinctes entre elles,
indépendamment des variétés que chacune d'elles peut offrir;
mais on ne saurait disconvenir que parmi la plupart de ces espèces
les variétés ne soient souvent nombreuses.

Le genre des *olives* est facile à reconnaître par les caractères
que j'ai cités; mais il semble difficile à étudier dans ses espèces,
parce que les différences de forme, quoique concourant avec les
divers modes de coloration à les caractériser, sont souvent peu considérables ou tranchées. Et cependant ces espèces, leurs variétés
même, sont constantes dans les lieux d'habitation où on les recueille, ce que le nombre des individus des unes et des autres,
que j'ai observés, m'a forcé de reconnaître. Aussi chaque espèce de
ce genre, y compris ses variétés, est tellement circonscrite par les
caractères qui la déterminent, qu'en vain voudrait-on lui en associer
aucune autre; on ne le pourrait pas, tant les caractères qui lui sont
propres la séparent de ses congénères.

Ces coquillages, comme les cônes et les volutes, vivent dans
les mers des pays chauds. Les animaux qui y donnent lieu sont des
trachélipodes qui ne respirent que l'eau, et qui probablement sont

carnassiers. Ils ont la tête munie de deux tentacules longs et aigus, les yeux situés vers le milieu de ces tentacules ; un tube au-dessus de la tête, apportant l'eau aux branchies. Point d'opercule.

ESPÈCES.

1. Olive porphyre. *Oliva porphyria.*

> *O. testá magná, albido-carneá, rufo-maculatá, lineis rufis angularibus ornatá; spirá basique violaceo-tinctis.*

Voluta porphyria. Lin. Gmel. p. 3438. n°. 16.
Gualt. Test. t. 24. fig. P.
D'Argenv. Conch. pl. 13. fig. K.
Favanne, Conch. pl. 19. fig. K.
Knorr, Delic. t. B. 4. f. 4.
Ejusd. Vergn. 1. t. 15. f. 1.
Martini, Conch. 2. t. 46. f. 485. 486. et t. 47. f. 498.
Encyclop. pl. 361. f. 4. a. b.
Oliva porphyria. Ann. du Mus. vol. 16. p. 309. n°. 1.

Habite les mers de l'Amérique méridionale, les côtes du Brésil. Mon cabinet. C'est la plus belle et la plus grande des espèces de ce genre. Elle est cylindracée, et se termine supérieurement par une spire courte et acuminée. Sur un fond couleur de chair, cette belle coquille offre quantité de lignes d'un rouge brun, anguleuses ou deltoïdes, inégales entre elles, et des taches rousses ou marron, irrégulières, et dont plusieurs sont assez grandes. Vulg. l'*olive de Panama*. Longueur, 3 pouces 11 lignes. J'en possède un individu qui est ceint vers le milieu d'un cordon plissé et élevé. Est-ce une variété ou la suite d'une maladie de l'animal ?

2. Olive textiline. *Oliva textilina.*

> *O. testá albido-cinereá, lineis punctatis flexuosis subreticulatá, fasciis duabus fuscis characteribus inscriptis; callo canalis prominente.*

Lister, Conch. t. 725. f. 12.
Petiv. Gaz. t. 102. f. 19.
Martini, Conch. 2. t. 51. f. 559. 561.
Encyclop. pl. 362. f. 5. a. b.
Oliva textilina. Ann. ibid. n°. 2.

Habite l'Océan des Antilles. Mon cabinet. Grande et belle olive d'un
aspect grisâtre, moiré et comme satiné. Elle offre, sur un fond
blanchâtre, quantité de linéoles ponctuées, en zigzags, irrégulières,
diversement serrées, et deux bandes transverses plus ou moins
marquées, composées de petites lignes brunes, serrées en zigzag,
et qui ressemblent à des caractères d'écriture. Longueur, 2 pouces
9 lignes.

3. Olive érythrostome. *Oliva erythrostoma.*

*O. testâ albidâ, lineis luteo-fuscis flexuosis longitudinalibus pictâ;
fasciis duabus fuscis subinterruptis; ore croceo.*

Rumph. Mus. t. 39. f. 1.
Gualt. Test. t. 24. fig. H. O.
Regenf. Conch. 1. t. 2. f. 15.
Martini, Conch. 2. t. 45. f. 476. 477.
Oliva erythrostoma. Ann. ibid. n°. 3.
[*b*] *Var. testâ intensè rufâ.* Mon cab.
Encyclop. pl. 361. f. 3. a. b.
[*c*] *Var. testâ magnâ; ore pallido.*

Habite.... Mon cabinet. Grande et belle coquille, distinguée éminemment par la belle couleur d'un rouge orangé ou de safran qui
s'offre à son ouverture, c'est-à-dire à l'intérieur du bord droit.
Au dehors, elle présente des lignes d'un brun violâtre et jaune,
disposées en zigzags irréguliers sur un fond blanchâtre. Deux zônes
rembrunies la traversent, et une troisième, mais imparfaite, se
montre à son extrémité postérieure. Longueur, 2 pouces 7 lignes.
Vulg. la *bouche aurore.*

4. Olive pie. *Oliva pica.*

*O. testâ fuscâ, albo-maculatâ: maculis pluribus subtrigonis; ore
candido.*

Oliva pica. Ann. ibid. p. 310. n°. 4.

Habite les mers de la Nouvelle-Hollande. Mon cabinet. Sur une couleur brune ou d'un fauve très-rembruni, cette olive offre des taches d'un beau blanc, irrégulières, et dont plusieurs sont trigones
ou deltoïdes. Ces taches sont plus fréquentes et plus marquées sur
les jeunes individus que sur les vieux. L'ouverture est d'une
grande blancheur. Longueur, 3 pouces une ligne.

5. Olive trémuline, *Oliva tremulina.*

O. testâ albido-lutescente ; lineis violaceo-fuscis longitudinalibus
flexuosis remotiusculis ; fasciis duabus fuscis ; ore pallido.
Lister, Conch. t. 727. f. 14.
Oliva tremulina. Ann. ibid. n°. 5.
Habite.... Mon cabinet. Belle olive, qui paraît avoir des rapports avec
l'*O. erythrostoma,* mais qui s'en distingue constamment par ses lignes longitudinales plus séparées, jamais nuées de jaune, et par
la couleur pâle de son ouverture. Longueur, 2 pouces 10 lignes.

6. Olive anguleuse. *Oliva angulata.*

O. testâ cylindraceo-ventricosâ, ponderosâ, albido-cinereâ, spa-
diceo-punctatâ; lineis fuscis irregularibus transversis; labro
crasso, obsoletè angulato.
Martini, Conch. 2. t. 47. f. 499. 500.
Encyclop. pl. 363. f. 6. a. b.
Oliva angulata. Ann. ibid. n°. 6.
Habite.... Mon cabinet. Coquille épaisse, pesante, ventrue, presque
ovale, et dont le dernier tour offre antérieurement un angle fort
obtus. Son bord droit est très-épais et comme anguleux dans sa
partie supérieure. Sur un fond blanchâtre, parsemé de points
rouges-bruns, elle présente des masses inégales de lignes brunes,
transverses, inclinées et irrégulières. La moitié inférieure de chaque
tour de spire offre un anneau lisse, non tacheté. Cette espèce est
extrêmement rare et fort recherchée dans les collections. Long.,
2 pouces 11 lignes.

7. Olive maure. *Oliva maura.*

O. testâ cylindricâ, apice retusâ, nigrâ ; labro extùs subplicato;
ore candido.
Lister, Conch. t. 718. f. 2. et t. 739. f. 27.
Rumph. Mus. t. 39. f. 2.
Gualt. Test. t. 23. fig. B.
Seba, Mus. 3. t. 53. fig. K. L.
Knorr, Vergn. 5. t. 28. f. 6.
Martini, Conch. 2. t. 45. f. 472. 473.
Encyclop. pl. 366. f. 2. a. b.
Oliva maura. Ann. ibid. p. 311. n°. 7.
[b] *Var. testâ luteo-olivaceâ, lineis subfuscis perpaucis cinctâ.*
Mon cabinet.

Chemn. Conch. 10. t. 147. f. 1382.
Encyclop. pl. 365. f. 2. et pl. 366. f. 1.
[c] *Var. testâ fulvo-castaneâ, bifasciatâ.*
Knorr, Vergn. 3. t. 17. f. 3.
Regenf. Conch. 1. t. 1. f. 2.
Martini, Conch. 2. t. 45. f. 474.
[d] *Var. testâ fulvo-virente, undatìm fusco-maculatâ.* Mon cab.
Martini, Conch. 2. t. 47. f. 503. 504.
Encyclop. pl. 365. f. 3.

Habite l'Océan des grandes Indes, et la var. [b] sur les côtes de la
Nouvelle-Hollande. Mon cabinet. Espèce remarquable par sa forme,
et surtout par sa spire qui est très-courte, rétuse et mucronée.
La coquille [a] est toute noire à l'extérieur. Vulg. la *moresque.*
Longueur, 2 pouces 3 lignes. La var. [b], ou la *datte cerclée,* est
d'un jaune olivâtre, avec deux ou plusieurs lignes brunes qui la
ceignent. La var. [c], ou la *veuve éthiopienne,* qu'on nomme aussi
le *manteau de deuil,* est d'un fauve marron, avec deux zônes
transverses, formées par des taches noires angulaires et carrées.
Enfin la var. [d], ou la *datte moirée,* est d'un fauve verdâtre, et
ondée ou moirée de taches rembrunies dont les unes sont angulaires et les autres en zigzags.

8. Olive sépulturale. *Oliva sepulturalis.*

O. *testâ cylindraceâ, apice retusâ, cinereo-virescente; fasciis
duabus nigris interruptis; ore candido.*

Gualt. Test. t. 24. fig. E.
Encyclop. pl. 365. f. 1.
Oliva sepulturalis. Ann. ibid. n°. 8.
[b] *Var. testâ longitudinaliter nigro-maculatâ.* Mon cabinet.
Habite.... l'Océan des grandes Indes? Mon cabinet. Sa spire est extrê-
mement courte, rétuse. Longueur, 2 pouces 3 lignes.

9. Olive foudroyante. *Oliva fulminans.*

O. *testâ cylindraceâ, apice retusâ, cinereo-viridescente; lineis
fuscis longitudinalibus flexuoso-angulatis; ore candido.*

Chemn. Conch. 10 t. 147. f. 1374.
Encyclop. pl. 364. f. 4. a. b.
Oliva fulminans. Ann. ibid. p. 312. n°. 9.
Habite.... Mon cabinet. Spire très-rétuse; callosité du sommet de la
columelle un peu forte et saillante. Longueur, 23 lignes.

10. Olive irisante. *Oliva irisans.*

O. testâ cylindricâ, lineis luteo-fuscis flexuosis in fundo albido
subreticulatâ , bifasciatâ ; spirâ acuminatâ ; columellâ basi
subcarneâ.

Oliva irisans. Ann. ibid. n°. 10.

Habite... Mon cabinet. Elle est élégamment ornée de lignes en zigzags , serrées , brunes et bordées d'un jaune orangé. Deux zônes
rembrunies et réticulées la traversent. Longueur , 22 lignes et
demie.

11. Olive élégante. *Oliva elegans.*

O. testâ cylindraceâ , albidâ ; lineis flexuoso-angulatis , interruptis , subpunctatis, luteis fuscis et cærulescentibus; spirâ retusâ , mucronatâ.

Encyclop. pl. 367. f. 3. a. b.
Oliva elegans. Ann. ibid. n°. 11.
[b] *Var.* testâ zonis duabus fuscis cinctâ. Mon cabinet.
Lister, Conch. t. 728. f. 15.
Encyclop. pl. 362. f. 3. a. b.

Habite.... Mon cabinet. Ouverture blanche , teinte de couleur de
chair au bas de la columelle. Longueur, 17 à 18 lignes ; de la var.
[b], 2 pouces. Celle-ci vient des mers de Ceylan. M. *Macleay.*

12. Olive épiscopale. *Oliva episcopalis.*

O. testâ cylindraceâ , crassiusculâ, albidâ, punctis luteo-fuscis
nebulatâ ; ore violaceo.

Lister , Conch. t. 719. f. 3.
Gualt. Test. t. 23. fig. F.
Oliva episcopalis. Ann. ibid. p. 313. n°. 12.

Habite.... Mon cabinet. Coquille blanche, mouchetée de points bruns
mêlés d'un peu de jaune ou d'orangé, et remarquable par le beau
violet de l'intérieur de son bord droit. Sa spire est convexe, terminée en pointe. Longueur, 21 lignes et demie.

13. Olive veinulée. *Oliva venulata.*

O. testâ cylindraceo-ventricosâ , albido-lutescente; lineis flexuosis
angulatis fusco-punctatis ; spirâ acutâ.

Martini , Conch. 2. t. 46. f. 488.

Encyclop. pl. 361. f. 5.

Oliva venulata. Ann. ibid. n°. 13.

Habite..... Mon cabinet. Coquille ovale , pointue au sommet , et d'un aspect grisâtre. Elle offre , sur un fond d'un blanc jaunâtre , quantité de traits en zigzags , ponctués de brun , et des taches jaunâtres , triangulaires-aiguës , qui ne sont que les parties nues du fond. Longueur , 22 lignes et demie.

Olive maculée. *Oliva guttata.*

O. testâ cylindraceo-ventricosâ , albidâ ; maculis fusco-violaceis sparsis ; spirâ acutâ ; ore aurantio.

Lister , Conch. t. 720. f. 5.

Rumph. Mus. t. 39. f. 6.

Petiv. Amb. t. 12. f. 5.

Gualt. Test. t. 23. fig. L.

Knorr , Vergn. 2. t. 10. f. 6. 7.

Martini , Conch. 2. t. 46. f. 491. 492.

Encyclop. pl. 368. f. 2. a. b.

Oliva guttata. Ann. ibid. n°. 14.

[b] *Var. testâ maculis minimis fuscatis confertis subnebulatâ.* Mon cabinet.

Habite l'Océan des grandes Indes, et sa variété, les mers de la Nouvelle-Hollande. Mon cabinet. Cette olive est encore une espèce bien tranchée dans ses caractères, et qu'on ne saurait confondre avec aucune de celles déjà exposées. Sur un fond blanchâtre, elle offre une multitude de taches ou gouttelettes d'un brun rougeâtre ou violet, et qui sont inégales et éparses. Ces taches , d'un violet plus foncé sur les bords supérieurs des tours, font paraître ces bords comme crénelés. Longueur , 22 lignes et demie.

Olive angulaire. *Oliva leucophæa.*

O. testâ cylindraceo-ventricosâ , albidâ ; ultimo anfractu medio transversim angulato ; spirâ acutâ ; ore albido.

Lister , Conch. t. 717. f. 1.

Martini , Conch. 2. t. 51. f. 564.

Voluta annulata. Gmel. p. 3441. n°. 18.

Encyclop. pl. 363. f. 2.

Oliva leucophæa. Ann. ibid. p. 314. n°. 15.

Habite... l'Océan indien ? Collect. du Mus. Son angle transversal la rend très-remarquable.

16. Olive réticulaire. *Oliva reticularis.*

O. testâ cylindraceâ, albâ, subbifasciatâ, lineis fulvo-rufis sub-
punctatis flexuoso-angulatis reticulatâ ; spirâ acutâ.

Encyclop. pl. 361. f. 1. a. b.

Oliva reticularis. Ann. ibid. n°. 16.

Habite.... Mon cabinet. Sur un fond blanc, elle offre quantité de
lignes en zigzags, rousses, subponctuées. Dans les espaces qu'embrassent deux bandes transverses, ces lignes, plus épaissies et plus colorées, imitent en quelque sorte des caractères d'écriture. Le bord
supérieur du dernier tour est comme dentelé par des taches d'un
brun violet , composées de lignes repliées en faisceau. Longueur,
21 lignes et demie.

17. Olive flammulée. *Oliva flammulata.*

O. testâ cylindraceâ, lineis rufis et angulatis undatâ ; maculis
albis, trigono-acutis, transversis , inæqualibus ; spirâ acutâ.

Martini , Conch. 2. t. 49. f. 526.

Encyclop. pl. 367. f. 5.

Oliva flammulata. Ann. ibid. n°. 17.

Habite.... Mon cabinet. Coquille cylindracée, peu ventrue, d'un gris
roussâtre , nuée de linéoles anguleuses d'un roux brun, et ornée
de flammules ou taches blanches , trigones , aiguës et inégales.
Longueur, 14 lignes et demie.

18. Olive granitelle. *Oliva granitella.*

O. testâ cylindraceâ , fulvo-castaneâ, maculis albis trigonis mi-
nimis et creberrimis pictâ ; spirâ brevissimâ, mucronatâ ; ore
albo.

Oliva granitella. Ann. ibid. n°. 18.

[*b*] *Var. testâ rufo-undulatâ ; maculis rariusculis.* Mon cabinet.

Habite.... Mon cabinet. Belle coquille , fort remarquable par la multitude et la petitesse de ses taches blanches et trigones sur un
fond roussâtre. Longueur, 2 pouces 5 lignes.

19. Olive aranéeuse. *Oliva araneosa.*

O. testâ cylindraceâ, fulvo-rufescente, obsoletè undatâ ; lineolis
fuscis aut nigris tenuissimis transversis ; spirâ acuta ; ore albo.

Martini, Conch. 2. t. 48. f. 509. 510.

Encyclop. pl. 363. f. 1. a. b.

Oliva araneosa. Ann. ibid. p. 315. n°. 19.

Habite.... l'Océan austral? Mon cabinet. Espèce rare. Ses bandeoles
transverses sont d'une finesse extrême, et imitent en quelque sorte
les fils d'une toile d'araignée. Spire un peu saillante et pointue.
Longueur, 2 pouces.

20. Olive littérée. *Oliva litterata.*

*O. testâ cylindraceâ, elongatâ, cinereo fulvoque undatâ; fas-
ciis duabus characteribus castaneo-fuscis inscriptis; spirâ exserto-
acutâ.*

Encyclop. pl. 362. f. 1. a. b.

Oliva litterata. Ann. ibid. n°. 20.

Habite.... l'Océan des grandes Indes ? Mon cabinet. Belle et grande
olive, à spire élevée et pointue, remarquable par ses deux zones
transverses, lesquelles sont formées de lignes d'un brun marron,
interrompues, qui imitent des caractères d'écriture, et qui tranchent sur un fond d'un cendré violâtre, nué de lignes fauves,
pâles et angulaires. De petites taches blanches et trigones paraissent çà et là. Longueur, 2 pouces 8 lignes.

21. Olive écrite. *Oliva scripta.*

*O. testâ cylindraceâ, reticulo tenui fulvo coloratâ; fasciis charac-
terum fuscorum obsoletis; spirâ brevi; ore cœrulescente.*

Encyclop. pl. 362. f. 4. a. b.

Oliva scripta. Ann. ibid, n°. 21.

[b] *Var. spirâ elatiore.* Mon cabinet.

Habite.... Mon cabinet. Celle-ci n'est point rare dans les collections,
et cependant je n'en connais de figure que dans l'Encyclopédie.
Elle est plus ou moins foncée en couleur, selon que le réseau fin
et d'un fauve brun qui la couvre est plus ou moins apparent.
Ses deux zones transverses, composées de traits bruns, presque
en forme de lettres, sont aussi plus ou moins exprimées selon les
individus. Longueur, 21 lignes et demie; de sa var., 2 pouces.

22. Olive tricolore. *Oliva tricolor.*

*O. testâ cylindraceâ, albo luteo viridique subtessellatim maculatâ,
zonis duabus aut tribus viridibus cinctâ; spirâ brevi, variegatâ.*

Lister, Conch. t. 739. f. 26.

Gualt. Test. t. 24. fig. I. L. N.

Martini, Conch. 2. t. 48. f. 511. 511. a.

Encyclop. pl. 365. f. 4. a. b.

Oliva tricolor. Ann. ibid. p. 316. n°. 22.

Habite l'Océan des grandes Indes, les côtes de Java, de Timor, etc.
Mon cabinet. Coquille très-commune dans les collections, et fort
jolie par les couleurs dont elle est ornée. Sur un fond blanc, près-
que entièrement caché par les autres couleurs, elle offre deux ou
trois zones verdâtres, et dans leurs intervalles, quantité de petites
taches nuées de vert et de jaune. Son ouverture est blanche ou
d'un blanc bleuâtre; mais la base de sa columelle est teinte de couleur de chair. Longueur, 21 lignes.

23. Olive sanguinolente. *Oliva sanguinolenta.*

*O. testâ cylindraceâ, lineolis rufo-fuscis in fundo albo tenuissimè
reticulatâ, zonis duabus fuscis cinctâ; columellâ aurantio-
rubrâ.*

Lister, Conch. t. 739. f. 28.
Seba, Mus. 3. t. 53. fig. H. I.
Martini, Conch. 2. t. 48. f. 512. 513.
Oliva sanguinolenta. Ann. ibid. n°. 23.
[*b*] *Var. reticulo laxo.* Mon cabinet.

Habite l'Océan des grandes Indes, les côtes de Timor. Mon cabinet.
Sa spire est très-courte, et sa columelle, d'un orangé fort rouge,
paraît comme sanguinolente. Elle est encore assez commune. Longueur, environ 18 lignes; de sa var., 20.

24. Olive mustéline. *Oliva mustelina.*

*O. testâ cylindricâ, albido-griseâ; lineis rufo-fuscis flexuosis lon-
gitudinalibus; spirâ brevi; ore violaceo.*

Lister, Conch. t. 731. f. 20.
Martini, Conch. 2. t. 48. f. 515. 516.
Oliva mustelina. Ann. ibid. n°. 24.

Habite.... l'Océan américain? Mon cabinet. Elle paraît avoir des rapports avec la variété de l'*O. glandiformis*; mais son ouverture,
d'un beau violet, et sa forme plus cylindrique, ainsi que sa coloration, l'en distinguent. Longueur, 10 lignes trois quarts.

25. Olive de deuil. *Oliva lugubris.*

*O. testâ cylindraceâ, albidâ; maculis fuscis cæruleo-nebulatis di-
versiformibus; spirâ exsertiusculâ, acuminatâ; ore violaceo.*
Oliva lugubris. Ann. ibid. p. 317. n°. 25.

Habite l'Océan des grandes Indes. Mon cabinet. Il me paraît que
cette espèce n'a pas encore été figurée, et cependant elle est assez

remarquable, et n'est point rare dans les collections. Ses taches, disposées les unes par masses, les autres par traits en zigzags, lui donnent un aspect rembruni. Columelle blanche; bord droit violet à l'intérieur. Longueur, 20 lignes.

26. Olive funébrale. *Oliva funebralis.*

O. testâ cylindraceâ, flavidâ; maculis olivaceo-fuscis; spirâ brevi; ore albido.

Martini, Conch. 2. t. 45. f. 480. 481.

Oliva funebralis. Ann. ibid. n°. 26.

Habite l'Océan des grandes Indes. Mon cabinet. Elle a quelques rapports avec la précédente; mais ses taches sont disposées sur un fond jaunâtre, sa spire est très-courte, et son ouverture est blanchâtre. Longueur, près de 15 lignes.

27. Olive glandiforme. *Oliva glandiformis.*

O. testâ ovato-cylindraceâ, supernè turgidulâ, maculis exiguis fusco-rubiginosis subtessellatâ; spirâ retusâ, mucronatâ; ore albo.

Oliva glandiformis. Ann. ibid. n°. 27.

[b] *Var. testâ rubente, lineis purpureis longitudinalibus flexuosis ornatâ.* Mon cabinet.

Adans. Seneg. pl. 4. f. 6. le girol.

Habite.... les mers de l'Amérique méridionale? Mon cabinet. Elle ressemble assez, par sa forme, à un gros gland; et elle est finement marquetée de rouge-brun ou de couleur de rouille sur un fond blanchâtre; quelquefois les mailles de son réseau forment des ondes en zigzags. Cette espèce est peu commune. Longueur, 21 lignes. Sa Var. vient des mers de Sénégal. Elle est moins ventrue, et un peu plus petite.

28. Olive du Pérou. *Oliva peruviana.*

O. testâ ovatâ, subventricosâ, albidâ; punctis fusco-rubris acervatìm undatis; spirâ brevi, mucronatâ; ore albo.

Encyclop. pl. 367. f. 4. a. b.

Oliva peruviana. Ann. ibid. n°. 28.

[b] *Eadem intensiùs colorata.*

Habite les côtes du Pérou. *Dombey.* Mon cabinet. Cette olive constitue une espèce bien distincte par sa forme et ses couleurs. Longueur, 19 lignes et demie.

29. Olive du Sénégal. *Oliva senegalensis.*

O. testâ ovatâ, anteriùs turgidulâ, albidâ; lineis rubris longitudi-
nalibus undatim flexuosis; spirâ breviusculâ.

D'Argenv. Conch. pl. 13. fig. S.
Favanne, Conch. pl. 19. fig. R.
Encyclop. pl. 364. f. 5.
Oliva senegalensis. Ann. ibid. p. 318. n°. 29.

Habite les côtes du Sénégal. Mon cabinet. Coquille ovale, bombée, à
spire en cône court et pointu, et fort remarquable par sa coloration. Vulg. la *papeline.* Longueur, 17 lignes 3 quarts.

30. Olive fusiforme. *Oliva fusiformis.*

O. testâ ventricosâ, utrinquè attenuatâ, albâ; lineis fulvis unda-
tim flexuosis; spirâ acutâ.

Seba, Mus. 3. t. 53. fig. R.
An Martini, Conch. 2. t. 51. f. 562?
Encyclop. pl. 367. f. 1. a. b.
Oliva fusiformis. Ann. ibid. n°. 30.

Habite.... Mon cabinet. Elle semble avoir des rapports avec l'*O. pe-*
ruviana; mais elle en est très-distincte par sa spire élevée et pointue. Sur un fond d'un blanc de lait très-brillant, elle est ornée de
lignes rousses ondées ou en zigzags, qui lui donnent un aspect
agréable. Longueur, 21 lignes et demie.

31. Olive ondée. *Oliva undata.*

O. testâ ovatâ, ventricosâ, albido-cinereâ, lineis fuscis flexuosis-
que undatâ; spirâ brevissimâ; columellâ callis compressis tu-
berculatâ.

Lister, Conch. t. 740. f. 29.
Martini, Conch. 2. t. 47. f. 507. 508.
Chemn. Conch. 10. t. 147. f. 1373.
Encyclop. pl. 364. f. 7. a. b.
Oliva undata. Ann. ibid. n°. 31.

Habite les mers de Ceylan. M. *Macleay.* Mon cabinet. Espèce constamment distincte et bien caractérisée par sa forme, ainsi que par
les callosités de sa columelle. Elle est ovale, ventrue, à spire très-
courte, et offre, sur un fond blanchâtre, des lignes brunes, longitudinales, en zigzags irréguliers, et quelquefois de larges taches
d'un brun roussâtre. Longueur, 20 lignes 3 quarts.

2. Olive enflée. *Oliva inflata.*

O. testá ovatá, ventricosá, albidó-lutescente, fusco-punctatá; spirá brevi, mucronatá; columellá callis tuberculatá.

Encyclop. pl. 364. f. 5. a. b.

Oliva inflata. Ann. ibid. p. 319. n°. 32.

Habite.... Mon cabinet. Elle ressemble assez à la précédente par les callosités de sa columelle, et même par sa forme ovale, un peu ventrue; mais elle est colorée différemment, et sa spire, quoique très-courte, est plus éminemment mucronée. Long., 18 lignes.

53. Olive à deux bandes. *Oliva bicincta.*

O. testá ovatá, ventricosá, albá, punctis pallidè cœruleis adspersá; fasciis duabus transversis fulvo-fuscis; spirá brevi, mucronatá; columellá tuberculatá.

Encyclop. pl. 364. f. 1. a. b.

Oliva bicingulata. Ann. ibid. n°. 33.

Habite.... Mon cabinet. Elle est bien distincte des deux précédentes, et cependant elle leur ressemble par sa forme générale, par sa spire courte et mucronée, et par les tubercules comprimés de sa columelle. Elle est parsemée de points ou de gouttelettes d'un gris bleuâtre, et offre deux bandes transverses, brunes ou couleur de rouille, qui sont quelquefois interrompues. Longueur, 14 lignes et demie.

54. Olive harpulaire. *Oliva harpularia.*

O. testá cylindraceá, fulvá aut spadiceá, bizonatá; maculis albis trigonis exiguis; costellis longitudinalibus obsoletissimis; spirá exserto-acutá; ore albido.

Chemn. Conch, 10. t. 147. f. 1576. 1577

Oliva harpularia. Ann. ibid. n°. 34.

Habite.... Mon cabinet. Elle est d'un roux brun ou d'un brun rougeâtre, marquée de très-petites taches blanches et trigones, et offre deux zones transversales. Ses petites côtes ne sont que des espèces de stries longitudinales peu sensibles au toucher, et cependant perceptibles. Longueur, environ 22 lignes.

55. Olive hépatique. *Oliva hepatica.*

*O. testâ cylindraceâ, elongatâ, castaneo-fuscescente , obscurè
zonatâ ; spirâ convexo-acutâ, variegatâ; ore albo.*
Oliva hepatica. Ann. ibid. p. 520. n°. 55.

Habite.... Mon cabinet. Celle-ci est allongée, cylindracée, d'un marron brunâtre, presque sans aucune tache. Spire médiocre, pointue ,
panachée de blanc et de brun. Columelle striée transversalement
dans toute sa longueur, et d'un beau blanc, ainsi que le bord droit.
Longueur, 23 lignes et demie.

36. Olive rôtie. *Oliva ustulata.*

*O. testâ cylindraceâ, fulvo-fuscâ, lineis albidis cinctâ; spirâ
exserto-acutâ; ore albido.*
Oliva ustulata. Ann. ibid. n°. 36.

Habite.... Mon cabinet. Cette coquille nous paraît inédite ; et néanmoins elle est réellement distincte par ses lignes blanchâtres transverses, sur un fond très-rembruni. Spire un peu élevée et pointue.
Longueur, 17 lignes et demie.

37. Olive aveline. *Oliva avellana.*

*O. testâ cylindricâ, fulvo-rubente , undis minimis vìx perspicuis
reticulatâ ; spirâ retusâ ; ore albo.*
Oliva avellana. Ann. ibid. n°. 57.

Habite.... Mon cabinet. Ses ondes menues et en zigzags, et sa spire
rétuse, la rendent très-remarquable. Longueur, 16 lignes 1 quart.

58. Olive marquetée. *Oliva tessellata.*

*O. testâ cylindraceâ, luteâ; guttulis violaceo-fuscis sparsis ; spirâ
brevi, callosâ; ore violaceo.*
Lister, Conch. t. 721. f. 6.
Gualt. Test. t. 25. fig. T.
Martini, Conch. 2. t. 46. f. 493. 494.
Encyclop. pl. 368. f. 1. a. b.
Oliva tessellata. Ann. ibid. n°. 38.

Habite.... Mon cabinet. Petite olive fort jolie, et très-distincte de
l'*O. guttata*, quoique tachetée de la même manière. Sa spire est
calleuse, en sorte que son canal n'est conservé que sur le bord du
dernier tour. Longueur, 11 lignes et demie.

39. Olive carnéole. *Oliva carneola.*

O. testâ cylindraceâ, luteo-aurantiâ, subfasciatâ; spirâ obtusâ, semicallosâ; ore albo.

Martini, Conch. 2. t. 46. f. 495.
Voluta carneolus. Gmel. p. 3443. n°. 24.
Encyclop. pl. 365. f. 5. a. b.
Oliva carneola. Ann. ibid. p. 321. n°. 39.

Habite.... Mon cabinet. Coquille ovale-cylindracée, obtuse au sommet, d'un jaune orangé, souvent tachée de violet près de la spire. Elle offre tantôt une large zône blanche qui l'entoure, tantôt deux fascies blanches et étroites, et tantôt une couleur non interrompue par aucune bande. Longueur, 10 lignes.

40. Olive ispidule. *Oliva ispidula.*

O. testâ cylindraceâ, angustâ, colore variâ; spirâ prominulâ, acutâ; ore fuscato.

Voluta ispidula. Lin. Gmel. p. 3442. n°. 23.
Oliva ispidula. Ann. ibid. n°. 40.
[a] *Var. testâ albâ, maculis parvis violaceo-fuscis insignitâ; zonâ cæruleo-violaceâ infra spiram.* Mon cabinet.
Seba, Mus. 3. t. 53. fig..X.
Knorr, Vergn. 3. t. 19. f. 3.
Martini, Conch. 2. t. 49. f. 524. 525.
Encyclop. pl. 366. f. 6. a. b.
[b] *Var. testâ albâ; zonis duabus vel tribus cæruleo-fuscis.* Mon cabinet.
Bonanni, Recr. 3. f. 369.
Rumph. Mus. t. 39. f. 7.
Petiv. Gaz. t. 59. f. 8. et Amb. t. 22. f. 7.
Martini, Conch. 2. t. 49. f. 530.
[c] *Var. testâ fulvo-lutescente, violaceo-guttatâ.* Mon cabinet.
Martini, Conch. 2. t. 49. f. 522. 523. et 527—529.
[d] *Var. testâ fulvo-cærulescente nebulatâ; maculis violaceo-fuscis.* Mon cabinet.

Habite l'Océan indien. Mon cabinet. Cette olive offre beaucoup de variétés dans ses couleurs; mais toutes ces variétés appartiennent à une espèce caractérisée par une forme cylindracée, une spire un peu élevée et pointue, et la couleur rembrunie, enfumée ou violâtre de l'ouverture. Longueur des plus grandes, 17 lignes.

41. Olive oriole. *Oliva oriola.*

O. testâ cylindraceâ, angustâ, castaneâ; spirâ brevi, acutâ; ore albo.

Martini, Conch. 2. t. 49. f. 537. 538.
Encyclop. pl. 366. f. 3. a. b.
Oliva oriola. Ann. ibid. n°. 41.
[b] *Var. testâ luteâ.* Mon cabinet.
Martini, Conch. 2. t. 49. f. 534—536.
Encyclop. pl. 367. f. 2. a. b.
Habite.... l'Océan indien? Mon cabinet. Quelque rapport que cette olive ait avec la précédente, elle s'en distingue toujours aisément par sa spire plus courte, et par son ouverture blanche, rarement pâle ou altérée. Longueur, 13 lignes et demie.

42. Olive blanche. *Oliva candida.*

O. testâ ovato-cylindraceâ, albâ, immaculatâ; spirâ subacutâ; plicis columellæ remotiusculis.

Encyclop. pl. 368. f. 4. a. b.
Oliva candida. Ann. ibid. p. 322. n°. 42.
[b] *Var. testâ pallidè citrinâ.* Mon cabinet.
Habite.... Mon cabinet. La forme de celle-ci présente un léger renflement qui n'a point lieu dans les deux précédentes; et quant à sa coloration, elle est toute blanche, immaculée, sans être néanmoins fossile. Longueur, 15 lignes trois quarts.

43. Olive volutelle. *Oliva volutella.*

O. testâ ovato-conicâ, subcæruleâ, ad spiram basimque luteofuscatâ; spirâ valdè productâ, acutâ.

Oliva volutella. Ann. ibid. n°. 43.
Habite les côtes du Mexique. MM. *de Humboldt et Bonpland.* Mon cabinet. L'élévation de sa spire, dont les tours sont aplatis, donne à cette olive une forme tout-à-fait particulière. L'ouverture est d'un roux brun, et occupe à peine les deux tiers de la longueur de la coquille. Celle-ci est bleuâtre; mais sa base et sa spire sont d'un jaune brun. Longueur, 14 lignes.

44. Olive tigrine. *Oliva tigrina.*

O. testâ cylindraceo-ventricosâ, albidâ; punctis lividis lineisque fuscis flexuoso-angulatis; spirâ brevi.

... Gmel. Test. t. 23. fig. PP ?
Martini. Conch. 2. t. 45. f. 475.
Oliva nigrina. Ann. ibid. n°. 44.

Habite... Mon cabinet. Coquille cylindracée, ventrue, à spire très-
courte, mucronée, et à bords des sutures non flambés. Ses points
sont d'un cendré livide, et disposés en lignes fléchies. Ouverture
blanche. Longueur, 21 lignes.

15. Olive du Brésil. *Oliva brasiliana.*

*O. testâ turbinatâ; strigis longitudinalibus rectis alternatim albi-
dis et pallidè fulvis; lineolis fuscis capillaribus transversis; spirâ
latâ, depressâ; columellâ supernè callosâ.*

Chemn. Conch. 10. t. 147. f. 1367. 1368.
Oliva brasiliana. Ann. ibid. n°. 45.

Habite les côtes du Brésil. Mon cabinet. Coquille très-singulière par
sa forme, ayant presque l'aspect d'un cône, et à spire large, courte,
aplatie, mucronée au centre, et dont le canal ne se continue pas
jusqu'au sommet. Columelle blanche, très-calleuse supérieurement.
Longueur, environ 22 lignes.

46. Olive utricule. *Oliva utriculus.*

*O. testâ ovatâ; anteriùs ventricosâ; cinereo-cærulescente; basi zonâ
obliquâ, latea, fusco-flammulatâ; spirâ conoideâ, acatâ; columellâ callosâ, albâ.*

Lister, Conch. t. 725. f. 10.
Petiv. Gaz. t. 19. f. 9.
D'Argenv. Conch. pl. 13. fig. M.
Favanne, Conch. pl. 19. fig. E 3.
Knorr, Vergn. 2. t. 12. f. 4. 5.
Martini, Conch. 2. t. 30. f. 541. 542. et t. 51. f. 565. 566.
Voluta utriculus. Gmel. p. 3441. n°. 19.
Encyclop. pl. 365. f. 6. a. b. c.
Oliva utriculus. Ann. ibid. p. 323. n°. 46.
[b] *Var. testâ medio fasciâ albâ cinctâ.*
Chemn. Conch. 10. t. 147. f. 1369. 1370.

Habite.... Mon cabinet. Cette olive se rapproche de la précédente
par ses rapports; mais sa spire est un peu élevée et pointue, avec
un canal qui se propage jusqu'au sommet. Elle est d'un cendré
bleuâtre sur le dos, et sa base dorsale offre une zone oblique,
large, jaune, et flammulée de brun. Sous son plan testacé exté-

Tome VII.   28

rieur, elle est marbrée de fauve et de blanc ; de manière que lorsqu'on enlève ce plan, on a une coquille différemment colorée, que
l'on pourrait prendre pour une autre espèce, si ce fait n'était point
connu. Longueur, 2 pouces 2 lignes et demie.

47. Olive auriculaire. *Oliva auricularia.*

*O. testá ventricosá, albido-cinereá; basi fasciá latá obliquá; co-
lumellá callosá, complanatá.*

Oliva auricularia. Ann. ibid. n°. 47.

Habite les côtes du Brésil. Collect. du Mus. C'est encore une olive
voisine de la précédente par ses rapports; mais elle est ventrue
dans son milieu et non près de la spire. Elle a d'ailleurs la columelle très-aplatie, et en général la coquille est plus déprimée que
dans aucune autre espèce. Sa taille est la même que celle de l'*O. utriculus*, ou un peu au-dessous.

48. Olive acuminée. *Oliva acuminata.*

*O. testá elongatá, cylindricá, albido cinereoque marmoratá: fas-
ciis duabus fulvis distantibus; spirá exsertá, acuminatá; ore
albo.*

Lister, Conch. t. 722. f. 9.
Bonanni, Recr. 3. f. 141.
Rumph. Mus. t. 39. f. 9.
Petiv. Gaz. t. 102. f. 18.
Seba, Mus. 3. t. 53. fig. P. Q.
Knorr, Vergn. 3. t. 17. f. 2. et 5. t. 18. f. 1. 2.
Martini, Conch. 2. t. 50. f. 551—553.
Encyclop. pl. 368. f. 3.
Oliva acuminata. Ann. ibid. n°. 48.

Habite l'Océan indien, les côtes de Java, etc. Mon cabinet. Espèce
remarquable par sa forme allongée, et par sa spire élevée et pointue. Columelle blanche, calleuse dans sa partie supérieure. Longueur, 2 pouces 8 lignes.

49. Olive subulée. *Oliva subulata.*

*O. testá cylindraceo-subulatá, fusco-plumbeá; basi zoná fulvo-
rufescente latá et obliquá; anfractuum margine superiore fusco-
maculato; ore albo-cærulescente.*

Gualt. Test. t. 23. fig. RR.
Martini, Conch. 2. t. 50. f. 549. 550.

Encyclop. pl. 368. f. 6. a. b.

Oliva subulata. Ann. ibid. p. 324. n°. 49.

Habite l'Océan indien, les côtes de Java. M. *Leschenault.* Mon cabinet. Celle-ci est constamment plus étroite, moins tachetée, moins veinée, et d'une couleur plus rembrunie que la précédente. Sa spire allongée en pointe la fait paraître subulée. Columelle un peu calleuse au sommet. Longueur, 26 lignes.

50. Olive lutéole. *Oliva luteola.*

O. testá cylindraceá, albido-lutescente; maculis pallidè fuscis undatá; spirá convexo-acutá, immaculatá, columellá callosá.

Gualt. Test. t. 24. fig. A.

Martini, Conch. 2. t. 50. f. 554.

Oliva luteola. Ann. ibid. n°. 50.

[*b*] *Var. testâ infra spiram turgidulâ.* Mon cabinet.

Habite.... Mon cabinet. Coquille jaunâtre, marquetée ou ondée par des taches livides ou d'un brun pâle, et ayant à sa base une large zone, oblique, et d'un jaune un peu intense. Longueur, 17 lignes et demie.

51. Olive testacée. *Oliva testacea.*

O. testá cylindraceo-ventricosâ, dorso testaceá; spirá basique fuscatis; ore subviolaceo, infernè patulo.

Oliva testacea. Ann. ibid. n°. 51.

Habite la mer du Sud, sur les côtes du Mexique. MM. *de Humboldt* et *Bonpland.* Mon cabinet. Espèce très-distincte de toutes celles de son genre, ayant la spire courte, très-brune, ainsi que la base du dernier tour, et le dos couleur de bois ou de terre cuite. Son ouverture, par un écartement du bord droit, est graduellement dilatée vers sa base. Columelle calleuse supérieurement. Long., environ 2 pouces.

52. Olive hiatule. *Oliva hiatula.*

O. testá ventricoso-conicá, albidá vel cinereo-cærulescente; venis flexuosis fuscis undatá; spirá prominente, acutá; ore infernè patulo.

An Gualt. Test. t. 23. fig. SS?

Encyclop. pl. 368. f. 5. a. b.

Oliva hiatula. Ann. ibid. p. 325. n°. 52.

[*b*] *Var. testâ minore, maculis parvis pallidè fuscis notatâ.* Mon cabinet.

Lister, Conch. t. 729. f. 17.
Adans. Seneg. pl. 4. f. 7. l'agaron.
Martini, Conch. 2. t. 50. f. 555.
Voluta hiatula. Gmel. p. 3442. n°. 20.

Habite l'Océan américain austral et les côtes du Sénégal. Mon cabinet. Elle a beaucoup de rapports avec la précédente par la forme de son ouverture; mais sa spire plus élevée et sa coloration bien différente l'en distinguent. La partie inférieure de sa columelle est plissée très-obliquement, et le pli le plus bas est plus gros que les autres. Ces plis sont très-blancs, tandis que dans la var. [b], ils sont d'un brun marron. Long., de l'espèce principale, 22 lignes.

53. Olive obtusaire. *Oliva obtusaria.*

O. testá majusculá, cylindraceá, pallidè carneá, maculis rufo-castaneis irregularibus crebris undatá, subbifasciatá; spirâ brevi, obtusá, longitudinaliter fusco-lineatá; ore albido.

Habite.... Mon cabinet. Grande et belle olive, remarquable par sa spire courte, obtuse et rayée de brun. Columelle striée inférieurement, non calleuse. Longueur, 2 pouces 11 lignes.

54. Olive de Ceylan. *Oliva zeilanica.*

O. testá cylindraceá, aurantio-luteá; lineis longitudinalibus creberrimis undatìm flexuosis fusco-cærulescentibus; spirá exserto-acutá, fusco-sublineatá.

Habite les mers de Ceylan. M. *Macleay.* Mon cabinet. Espèce fort jolie par sa coloration, offrant, sur un fond d'un jaune presque orangé, quantité de lignes longitudinales serrées, ondées, légèrement fléchies, un peu en réseau, et d'un brun nué de bleu. Ouverture blanche. Longueur, 2 pouces 7 lignes.

55. Olive nébuleuse. *Oliva nebulosa.*

O. testá ovato-cylindraceá, cinereo luteo cæruleoque nebulosá, basi zoná luteo-fulvá, fusco-flammulatá; spirá exsertiusculá, acutá : anfractibus convexis, margine superiore fusco-punctatis; columellá callosá.

Martini, Conch. 2. t. 49. f. 539. 540.

Habite les côtes de Ceylan. M. *Macleay*. Mon cabinet. Plus petite
et moins jolie que celle qui précède, cette espèce nous paraît néanmoins distincte de toutes les olives que nous connaissons. Long.,
15 lignes 3 quarts.

56. Olive féverolle. *Oliva fabagina.*

*O. testâ brevi, ovatâ, albo fuscoque vel fulvo variegatâ; spirâ
brevi, acutâ.*

Martini, Conch. 2. t. 49. f. 532. 533.
Encyclop. pl. 363. f. 5. a. b.
Oliva fabagina. Ann. ibid. n°. 53.

Habite.... Il n'y a point de doute que cette olive ne soit une espèce
très-distinguée de celles que l'on connaît, tant sa forme est particulière. Elle est singulièrement courte, relativement à sa largeur. Je ne possède point cette espèce.

57. Olive conoïdale. *Oliva conoidalis.*

*O. testâ ovato-conicâ, cinereo-lutescente aut virescente, venosâ;
anfractuum margine superiore maculato; spiræ canali angus-
tissimo.*

Lister, Conch. t. 725. f. 13.
Petiv. Gaz. t. 152. f. 6.
Martini, Conch. 2. t. 50. f. 556.
Voluta jaspidea. Gmel. p. 5442. n°. 21.
Oliva conoidalis. Ann. ibid. n°. 54.
[b] *Var. testâ punctiferâ.*
Lister, Conch. t. 726. f. 13. a.
[c] *Var. testâ graciliore, achatinâ.* Mon cabinet.

Habite l'Océan des Antilles. Mon cabinet. Petite olive ovale-conique,
à spire élevée et pointue, et qui a l'aspect d'un buccin. Elle varie
à fond blanchâtre, jaunâtre, ou couleur de chair, obscurément
moucheté ou veiné. Le bord supérieur des tours offre une zone
panachée et tachetée de blanc et de rouge-brun. La bande oblique
de la base présente une zone plus large, et diversement panachée.
Longueur, 8 lignes. La var. [c] est plus petite, et habite les mers
du Sénégal.

58. Olive ondatelle. *Oliva undatella.*

O. testâ ovato-conicâ, fuscescente; anfractuum margine superiore fasciâ luteâ angustâ, transversim fusco-lineatâ; zonâ baseos latâ luteâ, lineis fuscis pictâ; ore fusco.

Oliva undatella. Ann. ibid. p. 326. n°. 55.

Habite l'Océan Pacifique, sur les côtes d'Acapulco. MM. *de Humboldt* et *Bonpland.* Mon cabinet. Celle-ci, voisine de la précédente, en diffère par sa spire moins élevée, par sa columelle striée différemment, et par ses caractères de coloration. Long., 6 lignes.

59. Olive ivoire. *Oliva eburnea.*

O. testâ cylindraceo-conicâ, albâ, fasciis duabus purpureis interruptis distantibus cinctâ; spirâ prominente.

Martini, Conch. 2. t. 50. f. 557.

Oliva eburnea. Ann. ibid. n°. 56.

[b] *Var. penitùs alba.* Mon cabinet.

Martini, Conch. 2. t. 50. f. 558.

Voluta nivea. Gmel. p. 3442. n°. 22.

Habite la mer d'Espagne, selon *Gmelin.* Mon cabinet. Quoique très-voisine de l'*O. conoidalis,* cette espèce en est bien distincte par sa spire plus allongée, de manière que l'ouverture n'a que la moitié de la longueur de la coquille. Elle est blanche, avec deux zones écartées, tachetées de pourpre. Quelquefois on aperçoit des ondes purpurines entre les deux zones. Long., 8 lignes un quart.

60. Olive naine. *Oliva nana.*

O. testâ exiguâ, ovatâ, cinereo-lividâ, lineis fuscis aut purpureis undatâ; spirâ gibbosulâ, prominente; columellâ callosâ.

Lister, Conch. t. 733. f. 22.

Martini, Conch. 2. t. 50. f. 543. 544.

Encyclop. pl. 363. f. 3. a. b.

Oliva nana. Ann. ibid. n°. 57.

[b] *Var. testâ minore; spirâ vix gibbosulâ.* Mon cabinet.

Martini, Conch. 2. t. 50. f. 545—547.

Habite l'Océan américain. Collect. du Mus., pour l'espèce principale; mon cab., pour la var. [b]. Longueur de celle-ci, 4 lignes.

61. Olive zonale. *Oliva zonalis.*

O. testâ minimâ, ovatâ, fasciis albis et fuscis aut fulvis alternatim zonatâ; spirâ conicâ; aperturâ breviusculâ.

Oliva zonalis. Ann. ibid. p. 327. n°. 58.

Habite les mers du Mexique, près d'Acapulco. MM. *de Humboldt* et
Bonpland. Mon cabinet. Très-petite olive, d'une forme ovale, un
peu conique. Ouverture de moitié plus courte que la coquille.
Longueur de celle-ci, 2 lignes 3 quarts.

62. Olive grain-de-riz. *Oliva oryza.*

O. testâ minimâ, ovato-conicâ, candidâ, immaculatâ; spirâ conoideâ.

Martini, Conch. 2. t. 50. f. 548.
Oliva oryza. Ann. ibid. n°. 59.
Habite.... Mon cabinet. Longueur, 3 lignes.

Espèces fossiles.

1. Olive à gouttière. *Oliva canalifera.*

O. testâ subfusiformi; spirâ conico-acutâ; callo columellœ canalifero.

Oliva canalifera. Ann. du Mus. vol. 16. p. 327. n°. 1.
Habite.... Fossile des environs de Paris, etc.; communiquée par
M. *Montfort.* Mon cabinet. Olive cylindracée-conique, offrant à la base
de sa columelle une callosité oblique, striée avec un sillon particulier plus grand qui ressemble à une gouttière. Long., 14 lignes
et demie.

2. Olive plicaire. *Oliva plicaria.*

O. testâ elongatâ, cylindraceo-conicâ; spirâ acutâ, breviusculâ;
columellâ longitudinaliter plicatâ.

Oliva plicaria. Ann. ibid. n°. 2.
Habite.... Fossile des environs de Bordeaux. Mon cabinet. Son ouverture est ample et lâche inférieurement, comme dans l'*O. hiatula.* Ses plis columellaires sont tellement obliques, qu'ils sont
presque longitudinaux. Longueur, 13 lignes.

5. Olive chevillette. *Oliva clavula.*

> *O. testâ cylindraceo-subulatâ; spirâ prominente, acutâ; striis co-*
> *lumellæ numerosis.*
> *Oliva clavula.* Ann. ibid. p. 328. n^b. 5.
> Habite.... Fossile des environs de Bordeaux; communiquée, avec la
> précédente et beaucoup d'autres, par M. *Dargelas.* Mon cabinet.
> Petite olive cylindrique-subulée, grêle, à spire élevée et pointue,
> et à columelle multistriée transversalement et obliquement. Long.,
> 8 lignes 3 quarts.

4. Olive mitréole. *Oliva mitreola.*

> *O. testâ fusiformi-subulatâ, lævigatâ; spirâ elongatâ, acutâ; co-*
> *lumellâ basi striato-plicatâ.*
> *Oliva mitreola.* Ann. ibid. n°. 4.
> Habite.... Fossile de Grignon, etc. Mon cab. Petite olive luisante,
> à spire conique-subulée, aussi longue que l'ouverture, et qui a six
> ou sept tours. Sa longueur est de 7 lignes 3 quarts.

5. Olive de Laumont. *Oliva laumontiana.*

> *O. testâ ovato-subulatâ, nitidulâ, subviolaceâ; columellâ basi*
> *subbiplicatâ.*
> *Oliva laumontiana.* Ann. ibid. n°. 5.
> Habite.... Fossile d'Ésanville, près d'Aumont, et au-dessous d'Ecouen,
> observée et communiquée par M. *Gilet-Laumont.* Mon-cabinet.
> Cette olive, plus petite et moins effilée que la précédente, est lui-
> sante, d'un blanc violâtre ou rosé. La base de sa columelle offre
> deux ou trois plis. Longueur, 5 lignes 1 quart.

CONE. (Conus.)

Coquille turbinée ou en cône renversé, roulée sur elle-
même. Ouverture longitudinale, étroite, non dentée,
versante à sa base.

Testa turbinata seu inversè conica, convoluta. Aper-
tura longitudinalis, angusta, edentula, basi effusa.

OBSERVATIONS.

Le genre *cône* est le plus beau, le plus étendu, et le plus intéressant de ceux qui embrassent les univalves en spirale et unilocu-
laires. C'est celui qui renferme les coquilles les plus précieuses et
en même temps les plus remarquables, soit par la régularité de
leur forme, soit par l'éclat et l'admirable variété de leurs couleurs.
La beauté, et surtout l'excessive rareté de certaines d'entre elles,
leur ont donné en effet une grande célébrité, et les font rechercher
des amateurs, même à de très-hauts prix.

Le caractère le plus remarquable des coquilles de ce genre est
d'avoir les tours de leur spire comme comprimés, et roulés en
cornet sur eux-mêmes, de manière à ne laisser voir en entier que
le tour extérieur, et seulement le bord supérieur des tours internes.
Ce sont les portions découvertes de ces derniers qui forment ce
qu'on nomme la spire de la coquille, et ce que d'autres appellent sa
clavicule. Il résulte de la forme générale de la coquille dont il s'agit
que sa cavité en spirale, dans laquelle l'animal est contenu, est
comprimée dans toute sa longueur. Enfin, comme la partie la plus
large de la coquille se trouve toujours dans le voisinage de la spire,
et que, dans la position convenue de toute coquille univalve, cette
spire doit être constamment en haut, il s'en suit que les *cônes*
sont des coquilles véritablement turbinées, s'atténuant vers leur
base, et s'élargissant jusqu'à la spire. Celle-ci est en général courte,
tantôt aplatie, tantôt un peu convexe, et tantôt légèrement
conoïde.

Le genre *cône* est très-naturel, très-facile à distinguer, et comprend un nombre fort considérable d'espèces. Celles-ci vivent dans
les mers des pays chauds, à dix ou douze brasses de profondeur.

Comme les espèces de ce genre ont été décrites par *Bruguières*,
avec les plus grands détails, dans son Dictionnaire des Vers, qui
fait partie de l'Encyclopédie, et que les déterminations de ces
espèces sont en général très-bonnes, il serait superflu d'en donner
ici de nouvelles descriptions. Je me contenterai donc d'ajouter à
la citation des espèces déterminées par *Bruguières* quelques notes

d'éclaircissement, et certaines rectifications qui sont indispensables; enfin j'exposerai succinctement les caractères des espèces que ce savant n'a point connües.

Je puis en outre rendre un service essentiel relativement aux déterminations des espèces établies par *Bruguières*. En effet, quoique ce zoologiste ait donné la synonymie de celles qu'il a caractérisées, il était nécessaire d'en avoir de nouvelles figures. En conséquence, M. *Hwass* fit dessiner avec le plus grand soin et par les meilleurs artistes les coquilles mêmes qui avaient servi aux descriptions de *Bruguières*; mais ces figures bien gravées ne purent être citées dans l'ouvrage de ce dernier. Elles furent publiées après sa mort, parmi celles de l'Encyclopédie, sans discours et sans la citation des objets qu'elles représentent; en sorte que la plupart d'entre elles, et surtout celles des variétés et des espèces nouvelles ou très-rares, ne peuvent être que très-difficilement rapportées au texte qui les concerne. Étant à portée de suppléer à ce que *Bruguières* n'eut pas le temps d'exécuter lui-même, j'indiquerai donc les figures des originaux d'après lesquels les espèces du genre *cône* ont été déterminées.

Les animaux du genre dont il est ici question ne respirent que par des branchies, et ont la tête munie de deux tentacules qui portent les yeux près de leur sommet. Ils ont un manteau étroit, et un tube au-dessus de la tête, par lequel arrive l'eau qu'ils respirent. Ils sont tous marins.

E S P È C E S.

[*Coquille couronnée.*]

1. Cône damier. *Conus marmoreus.*

> *C. testâ oblongo-turbinatâ, nigrâ; maculis albis subtrigonis; spirâ tuberculis coronatâ, obtusâ : anfractibus concavo-canaliculatis.*

Conus marmoreus. Lin. Gmel. p. 3374. n°. 1.

Lister, Conch. t. 787. f. 39.

Bonanni, Recr. 3. f. 123.

Rumph. Mus. t. 32. fig. N.
Petiv. Gaz. t. 47. f. 11.
Gualt. Test. t. 22. fig. D.
D'Argenv. Conch. pl. 12. fig. O.
Favanne, Conch. pl. 14. fig. E 4.
Seba, Mus. 3. t. 46. f. 1—4. 13—19. et t. 47. f. 1.
Knorr, Vergn. 1. t. 15. f. 2.
Martini, Conch. 2. t. 62. f. 685.
Conus marmoreus. Brug. Dict. n°. 4.
Encyclop. pl. 317. f. 5.
Conus marmoreus. Ann. du Mus. vol. 15. p. 29. n°. 1.
[b] *Var. testâ minore, granulatâ.* Mon cab.
Encyclop. pl. 317. f. 10.
[c] *Var. testâ nigro-bizonatâ.*
Rumph. Mus. t. 32. f. 1.
Seba, Mus. 3. t. 47. f. 5. 6.
Encyclop. pl. 317. f. 6.
[d] *Var. testâ lineis duabus albis cinctâ.*
Chemn. Conch. 10. t. 138. f. 1279.
[e] *Var. testâ maculis albis longitudinalibus subfasciatâ.*
Encyclop. pl. 317. f. 8.
Habite les mers de l'Asie. Mon cabinet. Coquille assez grande, pe-
sante, marquée d'une multitude de taches blanches et trigones,
sur un fond noir. Elle est fort belle, et n'est point rare. Longueur,
3 pouces 5 lignes.

2. Cône de Banda. *Conus bandanus.*

*C. testâ turbinatâ, nigricante; maculis parvis albis trigono-cor-
datis roseo cœruleoque tinctis; spirâ depressâ, tuberculis coronatâ.*
Seba, Mus. 3. t. 55. f. 2. 3.
Knorr, Vergn. 1. t. 7. f. 4.
Conus bandanus. Brug. Dict. n°. 5.
Encyclop. pl. 318. f. 5.
Conus bandanus. Ann. ibid. n°. 2.
Habite les mers des Moluques. Mon cabinet. Ses taches sont plus
petites, plus serrées, teintes de rose et souvent de violet bleuâtre.
Vulg. le *damier rose.* Longueur, 3 pouces et demi.

3. Cône nocturne. *Conus nocturnus.*

*C. testâ turbinatâ, nigrâ; maculis albis cordiformibus connotis
fasciatim digestis; spirâ obtusâ, coronatâ.*

Seba, Mus. 3. t. 46. f. 5. 6.
Favanne, Conch. pl. 14. fig. E 3. *Mala.*
Martini, Conch. 2. t. 62. f. 687. 688.
Conus nocturnus. Brug. Dict. n° 6.
Encyclop. pl. 318. f. 1.
Conus nocturnus. Ann. ibid. p. 30. n° 3.
[*b*] *Var. maculis laxioribus.*
Encyclop. pl. 318. f. 6.
[*c*] *Var. testâ infernè granulosâ.*
Encyclop. pl. 318. f. 2.

Habite les mers de l'Inde et des Moluques. Mon cabinet. Ici, la partie noire du fond, dans deux espaces du milieu, est moins chargée de taches blanches, ce qui fait paraître ce cône comme ayant deux fascies noires. Il est quelquefois granuleux inférieurement. Vulg. le *damier à bandes.* Longueur, 22 lignes.

4. Cône de Nicobar. *Conus nicobaricus.*

C. testâ turbinatâ, nigricante, maculis albis numerosis furvo inclusis reticulatâ, subbifasciatâ; spirâ depressâ, mucronatâ, coronatâ : anfractibus concavo-canaliculatis; fauce luteâ.
Chem. Conch. 10. t. 139. f. 1292.
Conus nicobaricus. Brug. Dict. n°. 7.
Encyclop. pl. 318. f. 9.
Conus nicobaricus. Ann. ibid. n°. 4.

Habite les mers des grandes Indes. Mon cabinet. Ses taches blanches, petites et très-nombreuses, sont groupées par zones irrégulières sur un fond noir. Vulg. le *damier à réseau.* Longueur, 19 lignes et demie.

5. Cône esplandian. *Conus araneosus.*

C. testâ turbinatâ, albidâ, furvo-fasciatâ, filis fuscis araneosis reticulatâ; spirâ convexo-obtusâ, mucronatâ, tuberculis coronatâ.
D'Argenv. Conch. Append. pl. 1. fig. T.
Favanne, Conch. pl. 17. fig. P.
Knorr, Vergn. 6. t. 4. f. 4.
Martini, Conch. 2. t. 61. f. 676.
Conus araneosus. Brug. Dict. n°. 8.
Conus arachnoideus. Gmel. p. 3388. n°. 34.
Encyclop. pl. 318. f. 8.
Conus araneosus. Ann. ibid. n°. 5.

[b] *Var. testâ fusco-bizonatâ.*
Conus peplum. Chemn. Conch. 10. t. 144. a. fig. C. D.
Encyclop. pl. 318. f. 7.
Habite les mers des grandes Indes et des Moluques. Mon cabinet.
Belle coquille non commune. Elle est ornée d'un réseau délicat et
très-fin, que l'on a comparé à une toile d'araignée. Longueur,
2 pouces et demi.

6. Cône zonal. *Conus zonatus.*

*C. testâ turbinatâ, coronatâ, violaceo-cæsiâ, tessulis albis alter-
natìm zonatâ; filis transversìs croceis parallelis; spirâ plano-
obtusâ, truncatâ.*
Favanne, Conch. pl. 14. fig. E 1. *mala.*
Chemn. Conch. 10. t. 139. f. 1286—1288.
Conus zonatus. Brug. Dict. n°. 9.
Encyclop. pl. 318. f. 4.
Conus zonatus. Ann. ibid. n°. 6.
[b] *Var. maculis albis vermiformibus.*
Habite l'Océan indien. Mon cabinet. Espèce rare et très-belle, remarquable par sa couleur d'un brun olivâtre et violâtre, par ses
taches blanches, et par ses lignes transversales colorées et un peu
distantes entre elles. Longueur, 15 lignes. Mais il devient beau-
coup plus grand.

7. Cône impérial. *Conus imperialis.*

*C. testâ oblongo-turbinatâ, albidâ; fasciis olivaceo-flavis; lineis
transversis albo fuscoque articulatis; spirâ obtusâ, depressâ,
tuberculis majusculis coronatâ.*
Conus imperialis. Lin. Gmel. p. 3374. n°. 2.
Lister, Conch. t. 766. f. 15.
Gualt. Test. t. 22. fig. A.
Klein, Ostr. t. 4. f. 84.
D'Argenv. Conch. pl. 12. fig. F.
Favanne, Conch. pl. 14. fig. A 3.
Seba, Mus. 3. t. 47. f. 21.
Knorr, Vergn. 2. t. 11. f. 2.
Martini, Conch. 2. t. 62. f. 690. 691.
Conus imperialis. Brug. Dict. n°. 10.
Encyclop. pl. 319. f. 1.
Conus imperialis. Ann. ibid. n°. 7.
[b] *Var. spirâ elevatâ.*
Rumph. Mus. t. 34. fig. H.

l'ctiv. Amb. t. 7. f. 6.
Seba, Mus. 3. t. 47. f. 18.—20.
Encyclop. pl. 319. f. 2.

Habite l'Océan des grandes Indes et des Moluques. Mon cabinet.
Belle coquille, qui n'est point rare. Vulg. la *couronne impériale*.
Longueur, 2 pouces 9 lignes.

8. Cône maure. *Conus fuscatus.*

*C. testâ oblongo-turbinatâ, coronatâ, fusco-virescente, albo-macu-
latâ; filis transversis nigris; spirâ planissimâ, truncatâ; aperturâ basi fuscâ.*

Conus fuscatus. Brug. Dict. n°. 11. [var. c.]
Encyclop. pl. 319. f. 7.
Conus fuscatus. Ann. ibid. p. 31. n°. 8.
[b] *Var. spirâ convexâ.*
Encyclop. pl. 319. f. 4.

Habite l'Océan méridional. Mon cabinet. Ce cône, très-distinct du
précédent, a le fond de sa couleur d'un brun verdâtre. Ses lignes
transverses ne sont point articulées. Longueur, 23 lignes.

9. Cône verdâtre. *Conus viridulus.*

*C. testâ oblongo-turbinatâ, coronatâ, luteo-virescente, albo-ma-
culatâ; filis transversis albo fuscoque articulatis; spirâ planâ,
obtusâ.*

Chemn. Conch. 10. t. 139. f. 1289.
Conus fuscatus. Brug. Dict. n°. 11. [var. b.]
Encyclop. pl. 319. f. 3.
Conus viridulus. Ann. ibid. n°. 9.

Habite l'Océan austral. Mon cab. Cette espèce, très-voisine de la précédente, a constamment le fond d'un jaune verdâtre, et offre des lignes
transverses brunes, articulées de points blancs. Ses taches blanches
sont ponctuées et disposées en flammes ou masses longitudinales.
La spire, dans les jeunes individus, est convexe-obtuse, et plane
dans les vieux. Longueur, 2 pouces et demi.

10. Cône royal. *Conus regius.*

*C. testâ oblongo-turbinatâ, coronatâ, roseâ; lineis purpureo-
fuscis longitudinalibus subramosis; spirâ convexâ.*

Conus princeps. Lin. Syst. Nat. 2. p. 1167. n°. 297.
Favanne, Conch. pl. 17. fig. B.

Conus regius. Chemn. Conch. 10. t. 138. f. 1276.
Conus regius. Brug. Dict. n°. 12
Encyclop. pl. 318. f. 3.
Conus regius. Ann. ibid. n°. 10.

Habite l'Océan asiatique. Coquille très-rare, précieuse, rougeâtre avec des flammules longitudinales étroites et d'un pourpre brun. Je l'ai vue, mais ne la possède pas.

11. Cône Cédonulli. *Conus Cedonulli.*

C. testâ turbinatâ, coronatâ; maculis albis disjunctis aut confluentibus; lineis transversis fusco niveoque articulatis; spirâ concavo-acutâ.

Conus Cedonulli. Brug. Dict. n°. 1.
Conus Cedonulli. Ann. ibid. n°. 11.

[a] *Cedonulli verus seu principalis; testâ aurantio-cinnamomeâ, maculis irregularibus albo-cæsiis fusco circumvallatis medio transversim bifasciatâ, seriis quatuor margaritarum lineisque numerosis niveo et fusco articulatim punctatis cinctâ; spirâ concavo-acutâ, albo et aurantio variegatâ.* Mon cabinet.
Conus amiralis Cedonulli. Lin. Syst. Nat. 2. p. 1167. n°. 298 .[var. e.]
D'Argenv. Conch. Append. pl. 1. fig. H.
Favanne, Conch. pl. 16. fig. D 5. D 8.
Seba, Mus. 3. t. 48. f. 8.
Knorr, Vergn. 6. t. 1. f. 1.
Martini, Conch. 2. t. 57. f. 633.
Cedonulli amiralis. Brug. [var. a.]
Encyclop. pl. 316. f. 1.

[b] *Cedonulli mappa; testâ fusco-aurantiâ; maculis albis confluentibus; lineis punctatis.* Mon cabinet.
Knorr, Vergn. 1. t. 8. f. 4.
Favanne, Conch. pl. 16. fig. D 7.
Martini, Conch. 2. t. 62. f. 682.
Cedonulli mappa. Brug. [var. b.]
Encyclop. pl. 316. f. 7.

[c] *Cedonulli curassaviensis; testâ fulvo-citrinâ, albo-maculatâ; lineis punctatis.*
D'Argenv. Conch. Append. pl. 1. fig. X.
Favanne, Conch. pl. 16. fig. D 1.
Cedonulli curassaviensis. Brug. [var. c.]
Encyclop. pl. 316. f. 4.

[*d*] *Cedonulli trinitarius*; *testâ olivaceâ, maculis margaritisque albis zonatâ, lineis furvis punctatâ.*

Favanne, Conch. pl. 16. fig. D 6.

Cedonulli trinitarius. Brug. [var. d.]

Encyclop. pl. 316. f. 2.

[*e*] *Cedonulli martinicanus*; *testâ castaneâ; fasciâ albâ bipartitâ; lineis punctatis.*

Knorr, Vergn. 1. t. 24. f. 5.

Cedonulli martinicanus. Brug. [var. e.]

Encyclop. pl. 316. f. 3.

[*f*] *Cedonulli dominicanus*; *testâ croceâ; fasciâ largâ cærulescente interruptâ; lineis punctatis.*

An regina australis ? Chemn. Conch. 10. t. 141. f. 1306.

Cedonulli dominicanus. Brug. [var. f.]

Encyclop. pl. 316. f. 8.

[*g*] *Cedonulli surinamensis*; *testâ ochraceâ, albo fuscoque variegatâ; lineis fuscis punctatis.*

Favanne, Conch. pl. 16. fig. D 3.

Conus solidus. Chemn. Conch. 10. t. 141. f. 1310.

Cedonulli surinamensis. Brug. [var. g.]

Conus solidus. Gmel. p. 3389. n°. 69.

Encyclop. pl. 316. f. 9.

[*h*] *Cedonulli granadensis*; *testâ luteâ; maculis albidis; lineis rufis punctatis.*

Martini, Conch. 2. t. 62. f. 683.

Cedonulli granadensis. Brug. [var. h.]

Conus insularis. Gmel. p. 3389. n°. 58.

Encyclop. pl. 316. f. 5.

[*i*] *Cedonulli caracanus*; *testâ albidâ; maculis furvo-nigricantibus longitudinalibus; lineis punctatis.* Mon cabinet.

Cedonulli caracanus. Brug. [var. i.]

Encyclop. pl. 316. f. 6.

Habite les mers de l'Amérique méridionale et des Antilles. C'est de toutes les espèces de ce genre la plus recherchée et la plus renommée dans les collections. Elle offre un assez grand nombre de variétés qui diffèrent beaucoup entre elles, et dont la première est la plus importante de toutes.

Le vrai *Cedonulli* [coq. a.] est la plus rare et la plus précieuse de toutes les coquilles connues. Il n'en existe dans les collections que trois ou quatre individus, parmi lesquels celui que je suis parvenu à me procurer est un plus beaux, des mieux conservés, des plus frais; en un mot, des plus parfaits dans la pureté et la symétrie de ses couleurs. Il offre, sur le milieu de son dernier tour, deux fascies transverses et composées de taches irrégulières d'un blanc légèrement bleuâtre, circonscrites de brun, dont quelques-unes sont un peu allongées longitudinalement. De plus, outre ses lignes ponctuées, il a quatre cordonnets perlés, élégamment exprimés, dont un au-dessus des deux fascies et les trois autres au-dessous. L'angle du dernier tour et la base de la coquille sont aussi tachetés de blanc. Quant à la spire, elle est panachée de blanc et d'orangé. Longueur de ce bel individu, 19 lignes et demie.

Je possède également l'exemplaire de *Favanne* [Encyclop. pl. 16. fig. D 5.], lequel, quoique plus grand que l'individu ci-dessus mentionné, est moins beau, moins frais et moins parfaitement coloré. Sa longueur est de 22 lignes trois quarts.

Ces deux coquilles rarissimes, surtout la première, sont les plus précieuses de ma collection.

12. Cône écorce-d'orange. *Conus aurantius.*

C. testâ oblongo-turbinatâ, coronatâ, granulatâ, aurantiâ vel citrinâ aut fulvo-rufescente, albo-maculatâ; lineis transversis punctatis; spirâ acutâ.

Lister, Conch. t. 775. f. 21.

Gualt. Test. t. 20. fig. L.

Favanne, Conch. pl. 16. fig. D 4.

Martini, Conch. 2. t. 61. f. 679.

Conus aurantius. Brug. Dict. n°. 2.

Encyclop. pl. 317. f. 7.

Conus aurantius. Ann. ibid. p. 33. n°. 12.

Habite l'Océan asiatique. Mon cabinet. Ce cône avoisine beaucoup les variétés du faux Cédonulli; mais il est plus allongé, plus granuleux, et n'a point ses tours de spire canaliculés. Le fond de sa couleur est tantôt citron, tantôt orangé, et tantôt roussâtre ou ferrugineux. Longueur, 2 pouces 2 lignes.

13. Cône papier-marbré. *Conus nebulosus.* Soland.

C. testâ turbinatâ, coronatâ, crassâ, interdùm granulatâ, luteofuscâ, maculis albis marmoratâ; lineis transversis fuscis; spirâ acutâ.

Seba, Mus. 3. t. 44. f. 17.

Favanne, Conch. pl. 16. fig. E 4.

Tome VII. 29

Martini, Conch. 2. t. 62. f. 684.
Conus nebulosus. Brug. Dict. n°. 3.
Encyclop. pl. 317. f. 1.
Conus nebulosus. Ann. ibid. n°. 13.

[b] *Var. testâ fulvâ; lineis albo-punctatis.*
Gualt. Test. t. 21. fig. Q.
D'Argenv. Conch. Append. pl. 1. fig. R.
Favanne, Conch. pl. 16. fig. E 5.
Martini, Conch. 2. t. 61. f. 677.
Encyclop. pl. 317. f. 3.

[c] *Var. testâ luteâ; maculis albis.*
Gualt. Test. t. 21. fig. L.
Knorr, Vergn. 5. t. 24. f. 3. et 6. t. 1. f. 2. et t. 13. f. 5.
Martini, Conch. 2. t. 61. f. 678.
Encyclop. pl. 317. f. 9.

[d] *Var. testâ granosâ, fulvâ; maculis albis.*
Favanne, Conch. pl. 16. fig. E 2.
Encyclop. pl. 317. f. 2.

[e] *Var. testâ citrinâ, immaculatâ, basi muricatâ.*
Lister, Conch. t. 759. f. 4.
Encyclop. pl. 317. f. 4.

Habite l'Océan américain et celui des grandes Indes. Mon cabinet.
Ce cône n'est point rare, et est en général marbré de blanc sur
un fond de couleur marron, ou d'un roux brun, ou d'un jaune
fauve. Longueur, 2 pouces 7 lignes.

14. Cône papier-turc. *Conus minimus.*

*C. testâ turbinatâ, coronatâ, glaucinâ, fulvo-maculatâ; lineis
transversis fusco et albo articulatis; spirâ brevi, obtusâ.*

Conus minimus. Lin. Gmel. p. 3382. n°. 17.
Martini, Conch. 2. t. 63. f. 703—705.
Conus minimus. Brug. Dict. n°. 13.
Encyclop. pl. 322. f. 2.
Conus minimus. Ann. ibid. n°. 14.

Habite les mers des grandes Indes. Mon cabinet. Coquille petite,
courte, grossie antérieurement, tachetée de roux-brun, et ornée
de lignes transverses articulées, sur un fond d'un blanc rosé ou
teint de violet. Longueur, 14 lignes un quart.

15. Cône cannelé. *Conus sulcatus.*

C. testâ turbinatâ, coronatâ, transversim sulcatâ, albâ; spirâ obtusâ.

Conus sulcatus. Brug. Dict. n°. 14.

Encyclop. pl. 321. f. 6.

Conus sulcatus. Ann. ibid. n°. 15.

Habite les mers des Indes Orientales. Cette coquille est blanche, et n'a que 10 ou 11 lignes de longueur.

16. Cône hébraïque. *Conus hebræus.*

C. testâ turbinatâ, coronatâ, albâ; maculis nigris subquadratis fasciatim digestis; striis transversis; spirâ convexo-obtusâ.

Conus hebræus. Lin. Gmel. p. 3384. n°. 22.

Lister, Conch. t. 779. f. 25.

Bonanni, Recr. 3. f. 122.

Rumph. Mus. t. 33. fig. BB.

Petiv. Gaz. t. 99. f. 12. et Amb. t. 9. f. 12.

Gualt. Test. t. 25. fig. T.

D'Argenv. Conch. pl. 12. fig. G.

Favanne, Conch. pl. 14. fig. B 2.

Seba, Mus. 3. t. 47. f. 28. 29.

Knorr, Vergn. 3. t. 6. f. 2.

Adans. Seneg. pl. 6. f. 5. le coupet.

Martini, Conch. 2. t. 56. f. 617.

Conus hebræus. Brug. Dict. n°. 15.

Encyclop. pl. 321. f. 9.

Conus hebræus. Ann. ibid. p. 34. n°. 16.

[*b*] *Var. testâ albido-roseâ; maculis et punctis nigris transversis.*

Chemn. Conch. 10. t. 144. a. fig. Q. R.

Encyclop. pl. 321. f. 2.

Habite les mers des climats chauds de l'Asie, de l'Afrique et de l'Amérique. Mon cabinet. Il offre, sur un fond blanc, des taches noires carrées ou en carré long, et disposées par zones. Il n'est point rare. Longueur, près de 16 lignes.

17. Cône vermiculé. *Conus vermiculatus.*

C. testâ turbinatâ, coronatâ, albâ; flammis nigris longitudinalibus perangustis; striis transversis; spirâ convexâ.

Lister, Conch. t. 779. f. 26.

Bonanni, Recr. 5. f. 138.
Gualt. Test. t. 25. fig. Q.
Seba, Mus. 3. t. 47. f. 30. 31.
Knorr, Vergn. 3. t. 4. f. 2.
Favanne, Conch. pl. 14. fig. B 3.
Martini, Conch. 2. t. 63. f. 699. 700.
Conus hebræus. Brug. Dict. n°. 15. [var. e.]
Encyclop. pl. 321. f. 1 et 8.
Conus vermiculatus. Ann. ibid. n°. 17.
[b] *Var. testâ granulatâ.*
Encyclop. pl. 321. f. 7.

Habite les mêmes mers que le précédent. Mon cabinet. Celui-ci est
constamment distinct du *C. hebræus* par ses raies ou flammules
noires longitudinales, anguleuses et souvent rameuses. Longueur,
environ 16 lignes.

18. **Cône piqûre-de-mouches.** *Conus arenatus.*

C. testâ turbinatâ, coronatâ, albâ, punctis nigris aut rubris acer-
vatìm conspersâ; spirâ convexo-planulatâ, mucronatâ.
Lister, Conch. t. 761. f. 16.
Rumph. Mus. t. 33. fig. AA.
Petiv. Amb. t. 15. f. 20.
Gualt. Test. t. 25. fig. P.
Favanne, Conch. pl. 15. fig. F 2.
Martini, Conch. 2. t. 63. f. 696.
Conus arenatus. Brug. Dict. n°. 16.
Encyclop. pl. 320. f. 6.
Conus arenatus. Ann. ibid. n°. 18.

[b] *Var. punctis minutissimis; spirâ acutâ.*
Seba, Mus. 3. t. 55. f. 1.
Born, Mus. t. 7. f. 12.
Favanne, Conch. pl. 15. fig. F 3.
Martini, Conch. 2. t. 63. f. 697.
Encyclop. pl. 320. f. 3 et 7.
[c] *Var. granulosa.*
Encyclop. pl. 320. f. 4.

Habite l'Océan asiatique et celui des Philippines. Mon cabinet. Cette
espèce n'est point rare, et présente différentes variétés, tant pour
la grosseur des points que pour la forme générale de la coquille.
Longueur, 2 pouces.

19. Cône morsure-de-puces. *Conus pulicarius.*

C. testâ turbinatâ, coronatâ, albâ; punctis majusculis fuscis; zonâ duplici aurantiâ; spirâ subdepressâ, mucronatâ.

Lister, Conch. t. 774. f. 20.

Martini, Conch. 2. t. 63. f. 698. 698. a.

Conus pulicarius. Brug. Dict. n°. 17.

Encyclop. pl. 320. f. 2.

Conus pulicarius. Ann. ibid. n°. 19.

Habite l'Océan Pacifique. Mon cabinet. Coquille blanche, ornée de gros points d'un brun rougeâtre, groupés par places. Elle est échancrée à sa base, ainsi que la précédente. *Bruguières* en cite une variété granuleuse. Longueur, 23 lignes.

20. Cône fustigé. *Conus fustigatus.*

C. testâ turbinatâ, coronatâ, albâ; guttis nigris aut fusco-cinna-momeis difformibus; spirâ subdepressâ, mucronatâ.

Rumph. Mus. t. 33. f. 2.

Petiv. Amb. t. 21. f. 15.

Gualt. Test. t. 21. fig. G.

Favanne, Conch. pl. 15. fig. F 5.

Conus fustigatus. Brug. Dict. n°. 18.

Encyclop. pl. 320. f. 1.

Conus fustigatus. Ann. ibid. p. 35. n°. 20.

Habite les mers de l'Inde et des Moluques. Mon cabinet. Il a de gros points rougeâtres ou d'un brun canelle, la plupart allongés transversalement. Longueur de la coquille, 18 lignes.

21. Cône civette. *Conus obesus.*

C. testâ turbinatâ, coronatâ, niveo-roseâ, maculis punctis et nu-beculis violaceis undulatâ; spirâ concavo-obtusâ, mucronatâ.

Conus ceylonicus. Chemn. Conch. 10. t. 142. f. 1318.

Conus obesus. Brug. Dict. n°. 19.

Conus zeylanicus. Gmel. p. 3389. n°. 41.

Encyclop. pl. 320. f. 8.

Conus obesus. Ann. ibid. n°. 21.

[b] *Var. maculis sive punctis triangularibus transversis.*

Encyclop. pl. 320. f. 5.

Habite les mers des Indes orientales. Mon cabinet. Ce cône est très-beau et fort recherché. Il a des mouchetures brunes et violettes sur un fond blanc nuancé de rose. Vulg. la *peau-de-civette*. Longueur, 23 lignes.

22. Cône chagrin. *Conus varius.*

C. testâ oblongo-turbinatâ, coronatâ, granoso-muriculatâ, albâ, castaneo-maculatâ; spirâ acutâ.

Conus varius. Lin. Syst. Nat. 2. p. 1170. n°. 312.

D'Argenv. Conch. pl. 12. fig. R.

Favanne, Conch. pl. 16. fig. E 5.

Seba, Mus. 3. t. 48. f. 26—28.

Chemn. Conch. 10. t. 138. f. 1284.

Conus varius. Brug. Dict. n°. 20.

Encyclop. pl. 321. f. 3.

Conus varius. Ann. ibid. n°. 22.

[b] *Var. testâ supernè læviusculâ, basi granulatâ.* Mon cabinet.

Encyclop. pl. 321. f. 4.

Habite les mers des climats chauds. Mon cabinet. La surface de ce cône est hérissée de grains saillans. Vulg. la *peau-de-chagrin*. Longueur, environ 16 lignes.

23. Cône tulipe. *Conus tulipa.*

C. testâ oblongâ, obsoletè coronatâ, rufescente albo et cæruleo undatâ; lineis transversis fuscis albo-punctatis; spirâ brevi, obtusiusculâ; aperturâ patente.

Conus tulipa. Lin. Gmel. p. 3395. n°. 64.

Lister, Conch. t. 764. f. 13.

Gualt. Test. t. 26. fig. G.

Seba, Mus. 3. t. 42. f. 16—20.

Knorr, Vergn. 3. t. 11. f. 4. et 5. t. 20. f. 1. 2.

Adans. Seneg. pl. 6. f. 8. le salar.

Favanne, Conch. pl. 19. fig. L 2. *Summo tabulæ ad dextram.*

Martini, Conch. 2. t. 64. f. 718. 719. et t. 65. f. 720. 721.

Conus tulipa. Brug. Dict. n°. 21.

Encyclop. pl. 322. f. 11.

Conus tulipa. Ann. ibid. n°. 23.

Habite les mers de l'Inde, de l'Afrique et de l'Amérique. Mon cabinet. Il a des rapports avec le suivant et avec le cône bullé. Ce cône est oblong, et varié de fauve, de rose et de violet-bleu, sur un fond blanchâtre. Longueur, 2 pouces 5 lignes.

24. Cône brocard. *Conus geographus.*

C. testâ oblongâ, coronatâ, tenui, albo fulvoque nebulatâ; spirâ concavo-obtusâ, mucronatâ; aperturâ dehiscente.

Conus geographus. Lin. Gmel. p. 3396. n°. 65.

Lister, Conch. t. 747. f. 41.

Bonanni, Recr. 3. f. 319.

Rumph. Mus. t. 31. fig. G.

Petiv. Gaz. t. 98. f. 8. et Amb. t. 15. f. 3 a.

Gualt. Test. t. 26. fig. E.

Klein, Ostr. t. 5. f. 90.

D'Argenv. Conch. pl. 13. fig. A.

Favanne, Conch. pl. 19. fig. L 1. *Summo tabulæ ad sinistram.*

Seba, Mus. 3. t. 42. f. 1—4.

Knorr, Vergn. 3. t. 21. f. 2.

Martini, Conch. 2. t. 64. f. 717.

Conus geographus. Brug. Dict. n°. 22.

Encyclop. pl. 322. f. 12.

Conus geographus. Ann. ibid. n°. 24.

[b] *Var. testâ albo fuscoque reticulatâ.*
Knorr, Vergn. 6. t. 17. f. 3.

Habite les mers des grandes Indes. Mon cabinet. Belle et grande coquille, mince relativement à sa taille, et à ouverture lâche. Elle offre des nébulosités de fauve, de marron, de couleur de chair et de bleuâtre, sur un fond blanchâtre. Longueur, 4 pouces et demi.

25. Cône ponctué. *Conus punctatus.*

C. testâ turbinatâ, obsoletè coronatâ, helvaceâ, albo-zonatâ; striis transversis elevatis fusco-punctatis; spirâ obtusâ, albo fuscoque maculatâ.

Chemn. Conch. 10. t. 139. f. 1294.

Conus punctatus. Brug. Dict. n°. 23.

Encyclop. pl. 319. f. 8.

Conus punctatus. Ann. ibid. p. 36. n°. 25.

Habite l'Océan africain. Mon cabinet. Sa couleur est d'un fauve pâle, un peu rosé. Longueur, 22 lignes.

26. Cône rubané. *Conus tæniatus.*

C. testá turbinatá, coronatá ; albá ; amethystino-zonatá ; lineis fusco alboque articulatis ; spirá obtusá.

Lister, Conch. t. 763. f. 12.
Martini, Conch. 2. t. 57. f. 632.
Chemn, Conch. 10. t. 144 a. fig. M. N.
Conus tæniatus. Brug. Dict. n°. 24.
Encyclop. pl. 319. f. 5.
Conus tæniatus. Ann. ibid. n°. 26.

Habite les mers de la Chine. Mon cabinet. Petite coquille fort jolie et peu commune. Ses petites taches noires et carrées, disposées par lignes transverses, ont été comparées à des notes de musique. Longueur, 11 lignes trois quarts.

27. Cône musique. *Conus musicus.*

C. testá turbinatá, coronatá, albá; zoná cœruleá; lineis transversis fusco-punctatis; spirá obtusá, nigro-maculatá; fauce violaceá.

Conus musicus. Brug. Dict. n°. 25.
Encyclop. pl. 322. f. 4.
Conus musicus. Ann. ibid. n°. 27.

Habite sur les côtes de la Chine. Mon cabinet. Petite coquille, peu recherchée, à zones bleuâtres, avec des lignes transverses de points bruns, sur un fond blanchâtre. Longueur, près de 9 lignes.

28. Cône miliaire. *Conus miliaris.*

C. testá turbinatá, coronatá, carneá, albo-zonatá ; fasciis duabus lividis ; lineis transversis fusco-punctatis ; spirá obtusá.

Conus miliaris. Brug. Dict. n°. 26.
Encyclop. pl. 319. f. 6.
Conus miliaris. Ann. ibid. n°. 28.

[b] *Var. punctis sparsis.* Mon cabinet.

Habite sur les côtes de la Chine. Coquille peu commune, ornée partout de très-petits points bruns sur un fond couleur de chair, avec deux zones pâles, jaunâtres ou livides. Longueur de la coq. [b], qui est la seule que je possède, 18 lignes et demie.

9. **Cône souris.** *Conus mus.*

C. testâ ovato-turbinatâ, coronatâ, cinereâ, albo-fasciatâ; maculis fulvis longitudinalibus; striis transversis elevatis; spirâ variegatâ, acutâ.

Gualt. Test. t. 20. fig. R.
Conus mus. Brug. Dict. n°. 27.
Encyclop. pl. 320. f. 9.
Conus mus. Ann. ibid. n°. 29.

Habite l'Océan des Antilles, sur les côtes de la Guadeloupe. Mon cabinet. Il est strié, varié de flammes fauves et d'un peu de blanc. Ce cône n'est point rare. Longueur, 15 lignes.

30. **Cône livide.** *Conus lividus.*

C. testâ turbinatâ, coronatâ, infernè granoso-muriculatâ, lividovirescente, basi subcœruleâ; zonâ albidâ; spirâ albâ, obtusâ.

Knorr, Vergn. 4. t. 13. f. 3.
Favanne, Conch. pl. 15. fig. M.
Conus lividus. Brug. Dict. n°. 28.
Encyclop. pl. 321. f. 5.
Conus lividus. Ann. ibid. n°. 30.

[b] *Var. testâ lævi, fulvidâ.* Mon cabinet.
Martini, Conch. 2. t. 63. f. 694.

[c] *Var. testâ luteâ, basi granosâ.*
Martini, Conch. 2. t. 61. f. 681.
Conus citrinus. Gmel. p. 3389. n°. 37.

Habite l'Océan des grandes Indes. Mon cabinet. Coquille d'un jaune verdâtre ou livide, ceinte d'une zone blanchâtre sous son milieu, avec quelques stries granuleuses vers sa base, qui est d'un brun violâtre. Vulg. le *fromage vert.* Longueur, 17 lignes; de la var. [b], 21.

31. **Cône gourgouran.** *Conus barbadensis.*

C. testâ turbinatâ, coronatâ, roseâ aut rufescente; lineis transversis fusco alboque articulatis; fasciis duabus albidis; spirâ obtusâ.

Conus barbadensis. Brug. Dict. n°. 29.

Encyclop. pl. 322. f. 8.
Conus barbadensis. Ann. ibid. p. 37. n°. 31.
Habite les mers des Antilles. Mon cabinet. Coquille agréable par sa
　coloration, et dont la base est un peu granuleuse. Longueur,
　14 lignes.

32. Cône rosé. *Conus roseus.*

*C. testâ turbinatâ, coronatâ, transversim sulcatâ, roseâ; fasciâ
　albidâ; spirâ obtusâ.*
Martini, Conch. 2. t. 63. f. 707.
Encyclop. pl. 322. f. 7.
Conus roseus. Ann. ibid. n°. 32.
Habite les mers des Antilles. Mon cabinet. Ce cône est très-distinct
　du précédent parce qu'il est sillonné transversalement, qu'il n'offre
　point de lignes colorées, et qu'il n'est point granuleux inférieure-
　ment. La base de sa columelle est tachée de pourpre – brun.
　Longueur, 13 lignes et demie.

33. Cône cardinal. *Conus cardinalis.*

*C. testâ turbinatâ, coronatâ, granulosâ, coccineâ; fasciâ albâ,
　fusco-maculatâ; spira depressâ.*
Knorr, Vergn. 5. t. 17. f. 5.
Favanne, Conch. pl. 16. fig. I.
Martini, Conch. 2. t. 61. f. 680.
Conus cardinalis. Brug. Dict. n°. 30.
Encyclop. pl. 522. f. 6.
Conus cardinalis. Ann. ibid. n°. 33.
Habite l'Océan indien et américain. Mon cabinet. Ce cône est petit,
　et remarquable par sa couleur incarnate ou d'un rouge de corail.
　Il a quelquefois deux zones blanches tachetées de brun, au lieu
　d'une seule. Longueur, 10 lignes.

34. Cône magellanique. *Conus magellanicus.*

*C. testâ turbinatâ, coronatâ, aurantiâ; fasciâ albo fulvoque
　punctatâ; spirâ truncatâ.*
Favanne, Conch. pl. 16. fig. H.
Conus magellanicus. Brug. Dict. n°. 31.
Encyclop. pl. 322. f. 3.
Conus magellanicus. Ann. ibid. p. 38. n°. 34.
Habite les parages du détroit de Magellan.

35. Cône memnonite. *Conus distans.*

C. testâ turbinatâ, coronatâ, flavescente, basi subviolaceâ; lineis transversis impressis distantibus; spirâ convexâ, albo fuscoque maculatâ.

Bhemn. Conch. 10. t. 138. f. 1281.
Conus distans. Brug. Dict. n°. 32.
Encyclop. pl. 321. f. 11.
Conus distans. Ann. ibid. n°. 35.

Habite l'Océan Pacifique, les côtes de la Nouvelle-Zéelande. Mon cabinet. Grande coquille, d'un blanc jaunâtre, sans élégance, mais remarquable par ses caractères. Longueur, environ 3 pouces.

36. Cône pontifical. *Conus pontificalis.*

C. testâ ovato-turbinatâ, coronatâ, transversim subtilissimè sulcatâ, albâ; epidermide luteo-virescente; spirâ elevatâ, conicâ.

Conus pontificalis. Ann. ibid. n°. 36.

Habite les parages de la terre de Diémen. Mon cabinet. Ce cône, découvert et rapporté par *Péron*, est d'un blanc de lait, mais recouvert d'un épiderme d'un vert jaunâtre qui se détache aisément. Ses sillons transverses sont très-fins, marqués de points enfoncés. Sa spire élevée, conique et tuberculeuse, ressemble à une thiare pontificale. Longueur, 15 lignes.

37. Cône calédonien. *Conus caledonicus.*

C. testâ turbinatâ, coronatâ, aurantiâ, filis rufis tenuissimis parallelis contiguis cinctâ; spirâ acutâ.

Conus caledonicus. Brug. Dict. n° 33.
Encyclop. pl. 321. f. 10.
Conus caledonicus. Ann. ibid. n°. 37.

Habite la mer Pacifique, sur les côtes de la Nouvelle-Calédonie. Il est d'un jaune orangé, et garni de fils circulaires roussâtres, dont les inférieurs sont un peu granuleux. Ce cône est très-rare.

38. Cône époux. *Conus sponsalis.*

C. testâ ventricosâ, coronatâ, infernè granulatâ, luteâ, maculis fulvis oblongis distinctis bifasciatâ; spirâ convexo-acutâ; fauce violaceo-nigricante.

Conus sponsalis. Brug. Dict. n°. 54.
Conus sponsalis. Chemn. Conch. 11. t. 182. f. 1766. 1767.
Encyclop. pl. 322. f. 1.
Conus sponsalis. Ann. ibid. n°. 38.

Habite la mer Pacifique, dans les parages des îles Saint-Georges.
Petite coquille ventrue, jaunâtre avec des flammes onduleuses
fauves ou roses.

39. Cône piqué. *Conus puncturatus.*

*C. testâ turbinatâ, coronatâ, lividâ, supernè albo-zonatâ; sulcis
subtilissimè puncturatis; spirâ obtusâ, apice roseâ; fauce ame-
thystinâ.*

Conus puncturatus. Brug. Dict. n°. 35.
Encyclop. pl. 322. f. 9.
Conus puncturatus. Ann. ibid. n°. 39.

Habite les mers de la Nouvelle-Hollande. Ce petit cône semble avoir
quelques rapports avec le *C. pontificalis.*

40. Cône chingulais. *Conus ceylanensis.*

*C. testâ turbinatâ, coronatâ, basi granosâ, flavidâ; fasciâ inter-
mediâ ramosâ pallidè cœsiâ; supernè zonâ albâ, lineis fulvo-
punctatis distinctâ; spirâ obtusâ; fauce violaceâ.*

Conus ceylanensis. Brug. Dict. n°. 35 *bis.*
Encyclop. pl. 322. f. 10.
Conus ceylanensis. Ann. ibid. p. 39. n°. 40.

Habite sur les côtes de l'île de Ceylan.

41. Cône lamelleux. *Conus lamellosus.*

*C. testâ turbinatâ, coronatâ, subsulcatâ, basi granulatâ, albâ,
roseo-maculatâ; anfractibus excavatis lunato-lamellosis; spirâ
acutâ.*

Conus lamellosus. Brug. Dict. n°. 36.
Encyclop. pl. 322. f. 5.
Conus lamellosus. Ann. ibid. n°. 41.

Habite les côtes de l'île de Ceylan. Petite coquille blanche, avec des
taches roses.

Cône nain, *Conus pusillus*.

C. testâ turbinatâ, subcoronatâ, albâ, maculis aurantio-fuscis variegatâ; lineis transversis albo fulvoque articulatis; spirâ convexo-acutâ; fauce subviolaceâ.

Conus pusillus. Chemn. Conch. 11. t. 183. f. 1788. 1789.

Conus pusillus. Ann. ibid. n°. 42.

Habite les parages de la Guinée. Mon cabinet. Il est panaché de blanc et d'une couleur orangée plus ou moins brune. Longueur, 9 lignes un quart.

43. Cône exigu. *Conus exiguus*.

C. testâ oblongo-turbinatâ, coronatâ, albâ; maculis fuscis longitudinalibus; striis transversis laxis; spirâ convexo-acutâ.

Conus exiguus. Ann. ibid. n°. 43.

Habite les mers de l'Asie. Mon cabinet. Petit cône de la forme et de la taille du *C. ceylanensis*, mais offrant d'autres caractères. Il n'a ni zone ni lignes ponctuées, et ses stries transverses sont écartées les unes des autres. Longueur, 8 lignes.

44. Cône rude. *Conus asper*.

C. testâ turbinatâ, coronatâ, transversìm sulcatâ, albido-luteâ; sulcis elevatis scabris; spirâ convexo-acutâ; labro denticulato.

Conus costatus. Chemn. Conch. 11. t. 181. f. 1745—1747.

Conus asper. Ann. ibid. n°. 44.

Habite les mers de la Chine. Ce cône est remarquable par ses sillons transverses, élevés et plus ou moins scabres. Les tours de sa spire sont canaliculés, striés et noduleux.

[*Coquille non couronnée.*]

45. Cône tigre. *Conus millepunctatus*.

C. testâ turbinatâ, albâ, maculis fuscis aut nigris seriatim cinctâ; spirâ plano-obtusâ : anfractibus subcanaliculatis.

Conus litteratus. Brug. Dict. n°. 38. [Var. i.]

Encyclop. pl. 323. f. 5.

Conus litteratus. Ann. ibid. p. 40. n°. 45.

[*b*] *Var. testâ albâ; maculis sublunatis fulvo-cœsiis.*
Martini, Conch. 2. t. 60. f. 666.
Brug. [Var. g.]
Encyclop. pl. 323. f. 3.

[*c*] *Var. testâ rubescente; maculis rufis angulatis.*
Favanne, Conch. pl. 18. fig. A 1.
Martini, Conch. 2. t. 60. f. 667.
Brug. [Var. e.]
Encyclop. pl. 323. f. 2.

[*d*] *Var. testâ maculis oblongis subquadratis cœruleo-nigris per
series transversas scriptâ aliisque minoribus punctiformibus seria-
tim interpositis cinctâ.*
Seba, Mus. 3 t. 45. f. 1.
Brug. [Var. d.]
Encyclop. pl. 324. f. 4.

[*e*] *Var. testâ maculis fulvis rotundatis notatâ; spirâ acutiusculâ.*
Brug. [Var. c.]
Encyclop. pl. 324. f. 3.

Habite l'Océan asiatique. Mon cabinet. Grande et belle coquille,
épaisse, pesante, n'ayant jamais de zones colorées, remarquable
par ses points nombreux, disposés par séries transverses, sur un
fond ordinairement blanc, et par sa spire obtuse, peu élevée. Le
bord supérieur du dernier tour est anguleux, ce qui distingue cette
espèce du cône tine, qui est tacheté de la même manière, mais
autrement coloré. Vulg. le *millepoints*. Long., 4 pouces 2 lignes;
mais il devient beaucoup plus grand.

46. Cône arabe. *Conus litteratus.*

C. *testâ turbinatâ, albâ, maculis fuscis aut nigris seriatim
cinctâ; zonis tribus luteo-aurantiis; spirâ planâ, truncatâ
anfractibus canaliculatis.*
Conus litteratus. Lin. Gmel. p. 3375. nº. 3.
Bonanni, Recr. 3. f. 363.
Gualt. Test. t. 21. fig. O.
Favanne, Conch. pl. 18. fig. A 3.
Martini, Conch. 2. t. 60. f. 668.
Conus litteratus. Brug. Dict. nº. 38. [Var. a.]
Encyclop. pl. 323. f. 1.
Conus arabicus. Ann. ibid. nº. 46.

[b] *Var. testâ roseâ; maculis superioribus majoribus oblongo-quadratis fuscatis : infimis angustioribus irregularibus.*

Conus litteratus. Brug. [Var. f.]

Encyclop. pl. 323. f. 4.

[c] *Var. maculis fuscis contiguis instar litterarum inscriptis.*

Lister, Conch. t. 770. f. 17. c.

Rumph. Mus. t. 31. fig. D.

Petiv. Amb. t. 2. f. 5.

Favanne, Conch. pl. 18. fig. A 2.

Conus litteratus. Brug. [Var. h.]

Encyclop. pl. 324. f. 5.

[d] *Var. testâ minore, 'albidâ; maculis rufis transversìm elongatis.*

Conus litteratus. Brug. [Var. b.]

Encyclop. pl. 324. f. 6.

Habite l'Océan asiatique. Mon cabinet. Cette espèce, que l'on a considérée comme une variété de la précédente, en est constamment distincte : 1°. parce qu'elle lui est toujours très-inférieure en taille; 2°. que sa spire est plane, comme tronquée; 3°. parce qu'elle offre ordinairement trois zones d'un jaune orangé, plus ou moins apparentes, qui ne se trouvent jamais sur la première. Vulgairement le *tigre à bandes* ou le *tigre arabe.* Longueur, 3 pouces 2 lignes.

47. Cône pavé. *Conus eburneus.*

C. *testâ turbinatâ, basi sulcatâ, albâ, maculis fulvis aut nigris subquadratis seriatìm cinctâ; fasciis luteo-aurantiis subternis; spirâ obtusâ, striatâ, acuminatâ.*

Lister, Conch. t. 774. f. 20.

Bonanni, Recr. 3. f. 128.

Gualt. Test. t. 22. fig. F.

Knorr, Vergn. 1. t. 17. f. 4. et 3. t. 3. f. 2.

Martini, Conch. 2. t. 61. f. 674.

Conus eburneus. Brug. Dict. n°. 39.

Encyclop. pl. 324. f. 1.

Conus eburneus. Ann. ibid. p. 263. n°. 47.

[b] *Var. maculis cinnamomeis subrotundis seriatis.*

Encyclop. pl. 324. f. 2.

Habite les mers des Indes orientales. Mon cabinet. Celui-ci n'a que deux zones complètes. Longueur, 17 lignes.

48. Cône mosaïque. *Conus tessellatus.*

C. testâ turbinatâ, albâ; maculis coccineis quadrangulis seria-tis; basi sulcatâ, violaceâ; spirâ plano-obtusâ, acuminatâ.

Lister, Conch. t. 767. f. 17.
Gualt. Test. t. 21. fig. H.
Seba, Mus. 3. t. 55. f. 4—6.
Knorr, Vergn. 2. t. 12. f. 3. et 6. t. 11. f. 4.
Favanne, Conch. pl. 16. fig. A 2.
Martini, Conch. 2. t. 59. f. 653. 654.
Conus tessellatus. Brug. Dict. n°. 40.
Encyclop. pl. 326. f. 7.
Conus tessellatus. Ann. ibid. n°. 48.

[*b*] *Var. maculis informibus miniatis.*
Seba, Mus. 3. t. 55. f. 7.
Encyclop. pl. 326. f. 9.

Habite l'Océan des grandes Indes. Mon cabinet. Coquille remar-quable par ses rangées transverses de taches d'un beau rouge et quadrangulaires. Elle n'est point rare. Long., 2 pouces 2 lignes.

49. Cône flamboyant. *Conus generalis.*

C. testâ oblongo-turbinatâ, fuscâ vel citrino-aurantiâ, basi nigrâ; fasciis albis interruptis; spirâ planâ, marginatâ, apice acu-minatâ.

Conus generalis. Lin. Syst. Nat. 2. p. 1166. n°. 293.
Lister, Conch. t. 786. f. 55.
Rumph. Mus. t. 33. fig. Y.
Petiv. Amb. t. 3. f. 9.
Seba, Mus. 3. t. 54. f. 13.
Knorr, Vergn. 3. t. 17. f. 4. 5.
Favanne, Conch. pl. 14. fig. K 2.
Conus generalis. Brug. Dict. n°. 41.
Encyclop. pl. 325. f. 4.
Conus generalis. Ann. ibid. n°. 49.

[*b*] *Var. testâ citrinâ; fasciis albis, fusco-maculatis.*
Petiv. Gaz. t. 27. f. 11.
Gualt. Test. t. 20. fig. G.
Knorr, Vergn. 2. t. 5. f. 2. et 3. t. 18. f. 3. 4.
Martini, Conch. 2. t. 58. f. 649—652.
Encyclop. pl. 325. f. 2.

[c] *Var. testâ castaneâ; fasciâ albâ, fusco-punctatâ.*
Encyclop. pl. 325. f. 3.

[d] *Var. fasciâ albâ lineâ fuscâ lateribus ramosâ per medium divisâ.*
Encyclop. pl. 325. f. 1.

Habite l'Océan des grandes Indes. Mon cabinet. Belle coquille, à couleurs vives et tranchées, remarquable par sa forme étroite, allongée, et surtout par sa spire fortement acuminée. Ce cône n'est point rare. Longueur, 2 pouces 4 lignes et demie.

50. Cône des Maldives. *Conus maldivus.*

C. testâ oblongo-turbinatâ, fusco-rubiginosâ, basi nigrâ; maculis albis subtrigonis lineisque numerosis fuscis albo-punctatis; spirâ canaliculatâ : apice acuminato.

Conus maldivus. Brug. Dict. n°. 42.
Encyclop. pl. 325. f. 5.
Conus maldivus. Ann. ibid. p. 264. n°. 50.

[b] *Var. lineis fuscis transversalibus distantibus.*
Favanne, Conch. pl. 15. fig. C.
Encyclop. pl. 325. f. 6.

Habite l'Océan des grandes Indes. Mon cabinet. Il est très-voisin du précédent par ses rapports. Cependant ses zones sont constamment plus étroites; il est moins tacheté et en général d'une couleur plus obscure. Longueur, 2 pouces 10 lignes.

51. Cône de Malaca. *Conus malacanus.*

C. testâ oblongo-turbinatâ, basi sulcatâ, albâ, helvaceo fasciatâ; maculis et lineis paucis albo fulvoque articulatis concatenatis; spirâ convexiusculâ, marginatâ, apice mucronatâ.

Conus malacanus. Brug. Dict. n°. 43.
Conus canaliculatus. Chemn. Conch. 11. t. 181. f. 1748. 1749.
Encyclop. pl. 325. f. 9.
Conus malacanus. Ann. ibid. n°. 51.

Habite près le détroit de Malaca. Mon cabinet. Coquille agréablement panachée de blanc, de fauve et de petites flammes d'un roux brun, avec des lignes transverses articulées. Les tours de sa spire sont un peu aplatis, striés et marginés. Long., 2 pouces.

52. Cône fileur. *Conus lineatus.*

C. testâ oblongo - turbinatâ, basi granosâ, albâ; maculis fuscis longitudinalibus filisque numerosis transversis interruptis; spirâ obtusâ.

Conus lineatus. Chemn. Conch. 10. t. 138. f. 1285.
Conus lineatus. Brug. Dict. n°. 44.
Encyclop. pl. 326. f. 2.
Conus lineatus. Ann. ibid. n°. 52.

Habite l'Océan asiatique. Mon cabinet. Ses taches d'un brun marron sont disposées par zones sur un fond blanc. Longueur, 18 lig.

53. Cône faisan. *Conus monile.*

C. testâ oblongo-turbinatâ, albo-rubellâ; lineis maculisque rufis transversim seriatis; fasciâ albâ, punctatâ; spirâ planâ, canaliculatâ, apice acuminatâ.

Knorr, Vergn. 3. t. 6. f. 3.
Chemn. Conch. 10. t. 140. f. 1301—1303.
Conus monile. Brug. Dict. n°. 45.
Encyclop. pl. 325. f. 7.
Conus monile. Ann. ibid. n°. 53.

[b] *Var.* testâ majore, maculis oblongis irregularibus biseriatim pictâ.
Encyclop. pl. 325. f. 8.

Habite l'Océan asiatique. Mon cabinet. Coquille allongée et étroite, offrant, sur un fond blanc nué d'une teinte rougeâtre ou fauve, des rangées transverses de points roux et de taches rousses ou orangées. Vulgairement la *queue-de-faisan.* Longueur, 2 pouces 9 lignes.

54. Cône centurion. *Conus centurio.*

C. testâ turbinatâ, supernè dilatatâ, basi sulcatâ, albâ; fasciis tribus rufo-fuscis ramosis undulatis; spirâ concavo-convexâ.

Conus centurio. Born, Mus. t. 7. f. 10.
Favanne, Conch. pl. 14. fig. K 1.
Martini, Conch. 2. t. 59. f. 655.
Conus centurio. Brug. Dict. n°. 46.
Conus tribunus. Gmel. p. 3377. n°. 7.

Ejusd. conus bifasciatus. p. 3392. n°. 54.
Encyclop. pl. 326. f. 1.
Conus venturio. Ann. ibid. p. 265. n°. 54.

Habite les mers des Antilles. Mon cabinet. Coquille rare, offrant, sur un fond blanc, des bandes fauves variées de marron, et des lignes flexueuses de même couleur qui la rendent très-remarquable. Longueur, 16 lignes et demie.

55. Cône vitulin. *Conus vitulinus.*

C. testâ oblongo-turbinatâ, basi granosâ, fulvâ; maculis flammeis fuscis fascias albas longitudinaliter intersecantibus; spirâ obtusâ, fusco-maculatâ.

Favanne, Conch. pl. 15. fig. R. *Mala.*
Conus vitulinus. Brug. Dict. n°. 47.
Encyclop. pl. 326. f. 3.
Conus vitulinus. Ann. ibid. n°. 55.

Habite l'Océan asiatique. Mon cabinet. Ce cône roussâtre ou marron n'a que deux zones blanches que traversent des lignes rousses et onduleuses. Longueur, 21 lignes.

56. Cône renard. *Conus vulpinus.*

C. testâ turbinatâ, rufâ, pallidè fasciatâ, basi fuscatâ; filis fulvis, obsoletis; inferioribus subgranosis; spirâ obtusâ, striatâ, fusco-maculatâ.

Conus planorbis. Born, Mus. t. 7. f. 13.
Conus vulpinus. Brug. Dict. n°. 48.
Conus polyzonias. Gmel. p. 3392. n°. 53.
Encyclop. pl. 326. f. 6.
Conus vulpinus. Ann. ibid. n°. 56.

[b] *Var. testâ penitùs granulosâ, albo-maculatâ.*
Encyclop. pl. 326. f. 8.

[c] *Var. testâ infernè granulosâ, ferrugineâ; fasciâ albidâ; filis fulvis obsoletis.*
Lister, Conch. t. 784. f. 31.
Knorr, Vergn. 6. t. 15. f. 2.
Martini, Conch. 2. t. 59. f. 659.
Conus ferrugineus. Brug. Dict. n°. 49.
Conus senator. Gmel. p. 3381. n°. 12.
Encyclop. pl. 326. f. 4.

Habite les côtes de la Guinée. Mon cabinet. Ce cône est presque généralement roux, à l'exception de sa spire qui est bien maculée. Il est obscurément fascié de blanc jaunâtre. Longueur, 2 pouces.

57. Cône blondin. *Conus flavidus.*

C. testâ turbinatâ, flavo-rubente; fasciis duabus albis cinctâ, basi fusco-violaceâ; striis transversis, inferioribus subgranosis; spirâ obtusâ, immaculatâ.

Conus flavidus. Ann. ibid. n°. 57.

Habite..... Mon cabinet. Il se distingue du précédent par sa spire non maculée, et par la tache violâtre de sa base. Long., 2 pouces 4 lignes.

58. Cône cierge. *Conus virgo.*

C. testâ turbinatâ, pallidè luteâ, basi cœruleo-violacescente; striis transversis tenuissimis obsoletis; spirâ plano-convexâ, obtusâ.

Conus virgo. Lin. Gmel. p. 3376. n°. 5.

Lister, Conch. t. 754. f. 2.

Rumph. Mus. t. 31. fig. E.

Petiv. Amb. t. 8. f. 9.

Gual. Test. t. 20. fig. A. B.

Klein, Ostr. t. 4. f. 83.

Seba, Mus. 3. t. 47. f. 8. 9.

Knorr, Vergn. 3. t. 22. f. 1.

Favanne, Conch. pl. 15. fig. P. Q. *Mala.*

Martini, Conch. 2. t. 53. f. 585. 586.

Conus virgo. Brug. Dict. n°. 50.

Encyclop. pl. 326. f. 5.

Conus virgo. Ann. ibid. p. 266. n°. 58.

Habite les mers des Indes orientales. Mon cabinet. Il est d'un jaune soufre, sans fascies, et lorsqu'on l'a dépouillé de sa première couche, sa couleur est d'un blanc de lait. Sa base est constamment violâtre. Vulgairement le *cierge éteint.* Longueur, 4 pouces 2 lignes.

59. Cône carotte. *Conus daucus.*

C. testâ turbinatâ, basi sulcatâ, aurantio-rubrâ, interdùm pallidè luteâ; spirâ plano-obtusâ, subcanaliculatâ, obsoletè maculatâ.

Favanne, Conch. pl. 15. fig. O.
Chemn. Conch. 10. t. 144 a. fig. L.
Conus daucus. Brug. Dict. n°. 51.
Encyclop. pl. 327. f. 3.
Conus daucus. Ann. ibid, n°. 59.

[b] *Var. basi granulosa, albo-fasciata.*
Encyclop. pl. 327. f. 4.

[c] *Var. lutea, fasciata et punctata.*
Encyclop. pl. 327. f. 9.

Habite les mers de l'Amérique. Mon cabinet. Celui-ci est moins
grand que le précédent, d'un rouge orangé, quelquefois d'un
jaune pâle, et n'est point rare. Longueur, 17 lignes.

60. Cône panais. *Conus pastinaca.*

C. testá turbinatá, basi sulcatá, pallidá, unicolore; spirá obtusá,
    immaculatá, submucronatá.

Conus pastinaca. Ann. ibid. n°. 60.

Habite.... Mon cabinet. Coquille d'un blanc pâle, quelquefois jaunâtre, à spire non tachée, et qui paraît distincte du cône carotte.
Elle est unicolore. Longueur, 14 lignes.

61. Cône capitaine. *Conus capitaneus.*

C. testá turbinatá, olivaceo-flavidá; fasciis duabus albis fusco-
    maculatis; lineis transversis punctatis; spirá convexá, fusco-
    maculatá.

Conus capitaneus. Lin. Gmel. p. 3376. n°. 6.
Lister, Conch. t. 780. f. 27.
Bonanni, Recr. 3. f. 361.
Rumph. Mus. t. 33. fig. X.
Petiv. Gaz. t. 28. f. 4. et Amb. t. 9. f. 11.
Gualt. Test. t. 22. fig. M.
D'Argenv. Conch. pl. 12. fig. K.
Seba, Mus. 3. t. 42. f. 27. 28.
Knorr, Vergn. 1. t. 15. f. 3. et 5. t. 16. f. 2.
Martini, Conch. 2. t. 59. f. 660—662.
Conus capitaneus. Brug. Dict. n°. 52.
Encyclop. pl. 327. f. 2.
Conus capitaneus. Ann. ibid. n°. 51.

[*b*] *Var. testâ fulvo-fuscescente, non punctatâ.*
Bonanni, Recr. 3. f. 139.
Seba, Mus. 3. t. 42. f. 29.
Encyclop. pl. 327. f. 1.

[*c*] *Var. testâ infernè nivosâ.*
Chemn. Conch. 11. t. 182. f. 1764. 1765.

[*d*] *Var. nana.*

Habite l'Océan asiatique. Mon cabinet. Coquille assèz commune,
que l'on nomme vulg. *l'hermine* ou *l'aumusse.* Longueur,
2 pouces 5 lignes. La var. [*c*] paraît singulièrement remarquable
par une multitude de petits points blancs et neigeux, qui ornent
la moitié inférieure de son dernier tour. Quoi qu'il en soit, dans
toutes les variétés du cône capitaine, la partie inférieure de la
coquille présente, sur des lignes transverses, des points enfoncés
qui ressemblent à des piqûres.

On voit communément dans les collections un petit cône qui n'a ni
flammes longitudinales, ni rangées transverses de points bruns. Il est verdâtre ou d'un roux brun et violâtre, et offre dans son milieu une zone
blanche tachetée de noir. C'est notre var. [*d*].

62. Cône matelot. *Conus classiarius.*

C. testâ turbinatâ, ferrugineâ aut castaneâ, fasciâ albâ margi-
nibus fusco-maculatis cinctâ; spirâ obtusâ, albâ, fusco-maculatâ.
Conus classiarius. Brug. Dict. n°. 96.
Conus capitaneus senex. Chemn. Conch. 11. t. 183. f. 1786. 1787.
Encyclop. pl. 335. f. 7.
Conus classiarius. Ann. ibid. n°. 62.

Habite l'Océan asiatique. Mon cabinet. Ce cône est plus petit que le
C. capitaneus, avec lequel il a quelques rapports. Il offre, un peu
au-dessous de son milieu, une fascie blanche, à bords tachetés de
brun. La spire est obtuse et panachée de blanc et de brun. Long.
11 lignes trois quarts.

63. Cône cerclé. *Conus vittatus.*

C. testâ turbinatâ, luteâ aut fulvâ; zonâ albâ supernè laciniatâ et
maculatâ; spirâ convexâ, mucronatâ.
Knorr, Vergn. 3. t. 11. f. 3.
Conus vittatus. Brug. Dict. n°. 95.

Encyclop. pl. 335. f. 3.
Conus vittatus. Ann. ibid. n°. 63.

Habite l'Océan asiatique. Collect. du Mus. Il est d'un jaune roussâtre, avec une zone blanche, déchiquetée et tachetée en son bord supérieur. Les taches qui bordent cette zone sont orangées ou marron, et l'on aperçoit au-dessus quelques lignes brunes transverses et interrompues. On voit en outre sur la surface du tour extérieur des raies longitudinales d'un roux un peu foncé et parallèles. Ce cône n'est pas beaucoup plus grand que celui qui précède.

64. Cône hermine. *Conus mustelinus.*

C. *testâ turbinatâ, pallidè luteâ vel virescente ; fasciis duabus albis: superiore nigro-variegatâ ; inferiore serie duplici macularum nigricantium; spirâ plano-obtusâ.*

Seba, Mus. 3. t. 42. f. 31.
Knorr, Vergn. 2. t. 6. f. 5.
Favanne, Conch. pl. 15. fig. A 2.
Chemn. Conch. 10. t. 138. f. 1280.
Conus mustelinus. Brug. Dict. n°. 53.
Encyclop. pl. 327. f. 6.
Conus mustelinus. Ann. ibid. n°. 64.

Habite l'Océan asiatique. Mon cabinet. Cette espèce n'a point de lignes transversales ponctuées sur le fond verdâtre ou jaunâtre de la coquille, comme dans le *C. capitaneus*, mais seulement deux ou trois rangées de gros points noirs sur la zone blanche du milieu. Sa spire est maculée, ainsi que la zone étroite qui est au sommet du tour extérieur. Elle est peu commune. Longueur, 2 pouces et demi.

65. Cône aumusse. *Conus vexillum.*

C. *testâ turbinatâ, fulvâ aut fulvo-virescente, albo-fasciatâ, basi nigricante, lineis irregularibus longitudinalibus venulatâ; spirâ obtusâ, albo fulvoque variegatâ.*

Rumph. Mus. t. 31. f. 5. *Mediocris.*
Petiv. Amb. t. 21. f. 12.
Gualt. Test. t. 20. fig. M. et t. 21. fig. E.
Seba, Mus. 3. t. 44. f. 8—11.
Knorr, Vergn. 3. t. 1. f. 3.

Martini, Conch. 2. t. 57. f. 269.
Conus vexillum. Brug. Dict. n°. 82.
Conus vexillum. Gmel. p. 3397. n°. 68.
Encyclop. pl. 536. f. 8.
Conus vexillum. Ann. ibid. p. 268. n°. 65.

[b] *Var. luteo-aurantia.*
Conus mutabilis. Chemn. Conch. 11. t. 182. f. 1768. 1769.

[c] *Var. fulva, non zonata.*

Habité l'Océan asiatique, dans les parages des Moluques, et les mers
australes. Mon cabinet. Celui-ci acquiert un assez grand volume,
et est fort remarquable par les lignes ou flammes longitudinales
et un peu onduleuses qui le font paraître comme veiné. Longueur,
5 pouces et demi.

66. Cône loup. *Conus sumatrensis.*

*C. testâ turbinatâ, albidâ vel lutescente; lineis fuscis ramosis
longitudinalibus confluentibus; spirâ obtusâ, variegatâ.*
Lister, Conch. t. 781. f. 28.
Seba, Mus. 3. t. 42. f. 26.
Chemn. Conch. 10. t. 144. fig. A. B.
Conus sumatrensis. Brug. Dict. n°. 54.
Encyclop. pl. 527. f. 8.
Conus sumatrensis. Ann. ibid. n°. 66.

Habite les mers des Indes orientales. Mon cabinet. Coquille renflée
supérieurement, à spire large, obtuse et panachée, offrant, sur
le tour extérieur, des lignes longitudinales brunes ou marron,
onduleuses, rameuses et confluentes. Long., 5 pouces 2 lignes.

67. Cône hyène. *Conus hyæna.*

*C. testâ turbinatâ, lutescente; flammis fulvis longitudinalibus;
spirâ convexâ, mucronatâ.*
Conus hyæna. Brug. Dict. n°. 55.
Encyclop. pl. 527. f. 5.
Conus hyæna. Ann. ibid. n°. 67.
[b] *Var. alba; flammis fulvo-rufescentibus.*
Encyclop. pl. 527. f. 7.

Habite les mers de la côte ouest d'Afrique. Ce cône est orné de
flammes longitudinales étroites, onduleuses, brunes ou fauves. Sa
spire est mucronée.

68. Cône navet. *Conus miles.*

C. testâ turbinatâ, pallidè flavescente, supra medium fasciâ fusco-ferrugineâ cinctâ, basi nigricante; filis fulvis longitudinalibus flexuosis; spirâ plano-obtusâ.

Conus miles. Lin. Gmel. p. 3377. n°. 8.
Lister, Conch. t. 786. f. 34.
Rumph. Mus. t. 33. fig. W.
Petiv. Amb. t. 8. f. 1.
Gualt. Test. t. 20. fig. N.
D'Argenv. Conch. pl. 12. fig. L.
Seba, Mus. 3. t. 42. f. 23—25.
Knorr, Vergn. 1. t. 15. f. 4.
Martini, Conch. 2. t. 59. f. 663. 664.
Conus miles. Brug. Dict. n°. 56.
Encyclop. pl. 329. f. 7.
Conus miles. Ann. ibid. p. 269. n°. 68.

[b] *Var. non fasciata.*
Knorr, Vergn. 5. t. 1. f. 2.

Habite l'Océan des grandes Indes et des Moluques. Mon cabinet. Ce cône est rssez commun, n'a rien de brillant, et se distingue par sa zone brune ferrugineuse et sa base noirâtre. Longueur, 3 pouces 2 lignes.

69. Cône amiral. *Conus ammiralis.*

C. testâ turbinatâ, citrino-furvâ; maculis albis trigonis fasciisque flavis subtilissimè reticulatis; spirâ concavo-acutâ.
Conus ammiralis. Lin. Gmel. p. 3378. n°. 10.
Conus ammiralis. Brug. Dict. n°. 57.
Conus ammiralis. Ann. ibid. n°. 69.

[a] *Var. fasciis tribus flavis media cingulo articulato divisa.* [Le grand amiral oriental.] Mon cab.
Rumph. Mus. t. 34. fig. B.
Petiv. Amb. t. 15. f. 18.
D'Argenv. Conch. pl. 12. fig. N.
Favanne, Conch. pl. 17. fig. I 1.
Seba, Mus. 3. t. 48. f. 4—6.
Born, Mus. p. 145. Vign. fig. B.
Martini, Conch. 2. t. 57. f. 634.

Ammiralis summus. Brug. [var. a.]
Encyclop. pl. 328. f. 1.

[*b*] *Var. fasciis tribus vel quatuor non cingulatis.* [Le vice-amiral oriental.] Mon cabinet.
Rumph. Mus. t. 34. fig. C.
Petiv. Amb. t. 15. f. 14.
D'Argenv. Conch. pl. 12. fig. H.
Favanne, Conch. pl. 17. fig. I 5.
Knorr, Vergn. 4. t. 3. f. 1.
Chemn. Conch. 10. t. 141. f. 1307.
Ammiralis vicarius. Brug. [var. e.]
Encyclop. pl. 328. f. 2.

[*c*] *Var. granulata; fasciis tribus non cingulatis.* [Le vice-amiral grenu.]
D'Argenv. Conch. Append. pl. 1. fig. N.
Favanne, Conch. pl. 17. fig. I 6.
Martini, Conch. 2. p. 214. Vign. 26. f. 1.
Ammiralis archithalassus vicarius. Brug. [var. g.]
Encyclop. pl. 328. f. 3.

[*d*] *Var. granulata; fasciis tribus : mediâ cingulatâ.* [L'amiral grenu.] Mon cabinet.
D'Argenv. Conch. Append. pl. 1. fig. M.
Favanne, Conch. pl. 17. fig. I 7.
Knorr, Vergn. 1. t. 8. f. 2.
Martini, Conch. 2. p. 214. Vign. 26. f. 2.
Ammiralis archithalassus. Brug. [var. f.]
Encyclop. pl. 328. f. 4.

[*e*] *Var. fasciis tribus : mediâ cingulatâ; maculis latis.* [Le grand amiral austral.] Mon cabinet.
Encyclop. pl. 328. f. 5.

[*f*] *Var. fasciis tribus non cingulatis; maculis latis.* [Le vice-amiral austral.]
Encyclop. pl. 328. f. 6.

[*g*] *Var. absque fasciis et cingulis intermediis.* [L'amiral masqué.]
D'Argenv. Conch. Append. pl. 1. fig. V.
Favanne, Conch. pl. 17. fig. I 3.
Martini, Conch. 2. t. 57. f. 635 a.
Ammiralis personatus. Brug. [var. h.]
Encyclop. pl. 328. f. 7.

[*h*] *Var. fasciis tribus : media bicingulata.* [L'amiral polyzone.] Mon cabinet.

D'Argenv. Conch. Append. pl. 1. fig. O.

Favanne, Conch. pl. 17. fig. I 2.

Ammiralis polyzonus. Brug. [var. b.]

Encyclop. pl. 328. f. 8.

[i] *Var. fasciis quatuor : tribus inferioribus cingulatis.* [Le contre-
amiral.]

D'Argenv. Conch. Append. pl. 1. fig. P.

Favanne, Conch. pl. 17. fig. I 4.

Ammiralis extraordinarius. Brug. [var. c.]

Encyclop. pl. 328. f. 9.

Habite les mers des grandes Indes, celles des Moluques, et la mer
du Sud. Mon cabinet. Cette espèce est une des plus belles et des
plus élégantes de ce genre. Sur un fond d'un jaune orangé, un
peu marron, elle offre des taches trigones d'un blanc de lait, des
lignes brunes transversales et longitudinales, et quelques zones
d'un jaune citron, finement réticulées. Ses nombreuses variétés,
dont quelques-unes sont rares et précieuses, sont recherchées avec
empressement pour enrichir et orner les collections. On remarque
que celles qui viennent de la mer du Sud ont leurs taches blanches toujours plus grandes que dans les variétés simplement
orientales. Longueur du *grand amiral oriental*, 23 lignes et
demie ; du *grand amiral austral*, 2 pouces 5 lignes.

70. Côhe aile-de-papillon. *Conus genuanus.*

*C. testâ turbinatâ, albido-roseâ, tæniis inæqualibus fusco albo-
que articulatis cinctâ; spirâ plano-obtusâ, mucronatâ.*

Conus genuanus. Lin. Gmel. p. 3381. n°. 14.

Lister, Conch. t. 769. f. 17 b.

Bonanni, Recr. 3. f. 337.

Rumph. Mus. t. 34. fig. G.

Gualt. Test. t. 22. fig. H.

Martini, Conch. 2. t. 56. f. 624. 625.

Conus genuanus. Brug. Dict. n°. 59.

Encyclop. pl. 329. f. 5.

Conus genuanus. Ann. ibid. n°. 70.

[b] *Var. tæniis inæqualibus, alternis latioribus sensimque
majoribus.*

D'Argenv. Conch. pl. 12. fig. V.

Favanne, Conch. pl. 14. fig. I 3.

Seba, Mus. 3. t. 48. f. 1—3.

Knorr, Vergn. 3. t. 1. f. 1.

Martini, Conch. 2. t. 56. f. 623.

Encyclop. pl. 329. f. 6.

Habite les mers des grandes Indes, des Moluques et du Sénégal. Mon cabinet pour la var. [b]. Espèce très-belle, peu commune, et fort recherchée à cause de l'élégance de ses couleurs. Longueur de la coq. [b], 21 lignes.

71. Cône papilionacé. *Conus papilionaceus.*

C. testâ turbinatâ, crassâ, ponderosâ, albâ; punctis et maculis fulvis subquadratis vel oblongo-verticalibus transversim seriatis; spirâ convexâ, subcanaliculatâ, mucronatâ.

Bonanni, Recr. 3. f. 132.

Gualt. Test. t. 21. fig. F, et t. 22. fig. C.

Seba, Mus. 3. t. 45. f. 8.

Conus papilionaceus. Brug. Dict. n°. 60.

Encyclop. pl. 330. f. 8.

Conus papilionaceus. Ann. ibid. p. 270. n°. 71.

[b] *Var. distincte fasciata.* Mon cabinet.

D'Argenv. Conch. pl. 12. fig. Q.

Favanne, Conch. pl. 14. fig. I 1.

Martini, Conch. 2. t. 60. f. 669.

Encyclop. pl. 330. f. 5.

[c] *Var. characteribus litterarum inscripta.*

Lister, Conch. t. 773. f. 19.

Seba, Mus. 3. t. 44. f. 5. 7.

Knorr, Vergn. 5. t. 24. f. 5.

Conus pseudo thomas. Chemn. Conch. 10. t. 138. f. 1282. 1283.

Encyclop. pl. 330. f. 2.

[d] *Var. zonis connexis ocellis pupillatis tæniisque concatenatis.*

Lister, Conch. t. 767. f. 16.

Seba, Mus. 3. t. 45. f. 12. 13.

Knorr, Vergn. 3. t. 6. f. 4.

Encyclop. pl. 330. f. 1.

Habite l'Océan asiatique et les côtes de la Guinée. Mon cabinet. Ce cône, que l'on nomme vulg. la *fausse aile de papillon*, devient beaucoup plus grand que celui qui précède, et n'a ni sa teinte rose ni ses bandelettes élégantes. Il est même d'autant moins vivement coloré ou tacheté qu'il est d'un plus gros volume. Il offre, sur un fond blanc, des séries transverses de taches ou carrées, ou verticalement oblongues, ou en croissant d'un côté, et d'une cou-

leur fauve ou ferrugineuse. Ce cône est commun dans les collections. Longueur, 3 pouces 10 lignes.

72. Cône siamois. *Conus siamensis.*

C. testâ oblongo-turbinatâ, albidâ, fulvo-fasciatâ; lineis trans-
versis numerosis fulvo aut fusco et albo articulatis; spirâ con-
vexo-obtusâ, mucronatâ, aurantio alboque variegatâ.

Conus amiralis occidentalis. Lin. Syst. Nat. 2. p. 1167. n°. 298.
　[var. d.]
Rumph. Mus. t. 34. fig. E.
Seba, Mus. 3. t. 46. f. 20. 21.
Favanne, Conch. pl. 16. fig. B.
Conus siamensis. Brug. Dict. n°. 58.
Encyclop. pl. 329. f. 8.
Conus siamensis. Ann. ibid. n° 72.

Habite l'Océan asiatique. Mon cabinet. Il paraît tenir le milieu entre
l'espèce précédente et celle qui suit, et néanmoins il est plus voisin de cette dernière. Ce cône est peu commun. Longueur, 4 pouces
2 lignes.

73. Cône prométhée. *Conus prometheus.*

C. testâ oblongo-turbinatâ, albâ, ferrugineo interruptè zonatâ; spirâ
convexâ, subcanaliculatâ, mucronatâ, aurantio et albo varie-
gatâ.
Lister, Conch. t. 771. f. 17 d.
Seba, Mus. 3. t. 73. f. 27. 28.
Favanne, Conch. pl. 15. fig. I.
Conus prometheus. Brug. Dict. n°. 61.
Encyclop. pl. 331. f. 5.
Conus prometheus. Ann. ibid. p. 271. n°. 73.

[b] *Var. lineis transversis punctatis raris; spirâ plano-canaliculatâ,*
ferè truncatâ.
Gualt. Test. t. 22. fig. B.
Encyclop. pl. 332. f. 8.

Habite l'Océan africain. Mon cabinet pour la var. [b]. Ce cône, que
l'on nomme vulg. la *spéculation*, devient fort grand, et n'offre
en général que des couleurs pâles, et que peu de cordelettes articulées. La var. [b] est remarquable par l'aplatissement de sa spire,
et par quelques lignes ponctuées. Longueur de celle-ci, 4 pouces
une ligne.

74. Cône glauque. *Conus glaucus.*

*C. testâ turbinatâ, anteriùs rotundato-turgidâ, cinereo-cærules-
cente, lineis fuscis confertis interruptis cinctâ; spirâ obtuso-con-
vexâ, mucronatâ, fusco-maculatâ; basi striatâ.*

Conus glaucus. Lin. Gmel. p. 3382. n°. 15.
Rumph. Mus. t. 33. fig. GG.
Petiv. Amb. t. 9. f. 10.
Seba, Mus. 3. t. 54. f. 5.
Favanne, Conch. pl. 15. fig. D 2.
Chemn. Conch. 10. t. 138. f. 1277. 1278.
Conus glaucus. Brug. Dict. n°. 62.
Encyclop. pl. 329. f. 3.
Conus glaucus. Ann. ibid. n°. 74.

Habite les mers des grandes Indes. Mon cabinet. Espéce bien distincte
par sa forme et sa coloration, et qui est assez rare. Vulg. le *mi-
nime bleu.* Longueur, 18 lignes.

75. Cône de Surate. *Conus suratensis.*

*C. testâ turbinatâ, anteriùs rotundato-turgidâ, basi striatâ, flavi-
dulâ, maculis fuscis linearibus seriatim cinctâ; spirâ convexiusculâ, mucronatâ, fusco-maculatâ.*

Conus suratensis. Brug. Dict. n°. 63.
Conus betulinus lineatus. Chemn. Conch. 11. t. 181. f. 1752. 1753.
Encyclop. pl. 329. f. 4.
Conus suratensis. Ann. ibid. n°. 75.

Habite les mers des grandes Indes. Mon cabinet. Ce cône, voisin du
précédent par sa forme, en est très-distinct par sa coloration. Longueur, 23 lignes et demie.

76. Cône moine. *Conus monachus.*

*C. testâ oblongo-turbinatâ, subovatâ, basi sulcatâ, fusco et albo-
cærulescente undatâ; spirâ brevè conicâ, acutâ.*

Conus monachus. Lin. Syst. Nat. 2. p. 1168. n°. 304.
Knorr, Vergn. 3. t. 16. f. 2.
Conus monachus. Brug. Dict. n°. 64.
Encyclop. pl. 329. f. 1.
Conus monachus. Ann. ibid. n°. 76.
[*b*] *Var. fulvo et violaceo nebulosa.*

Knorr, Vergn. 3. t. 16. f. 3.

Encyclop. pl. 329. f. 2.

Habite l'Océan asiatique. Mon cabinet pour la var. [b]. Il est remarquable par sa forme ovale-allongée, et par ses nébulosités,
les unes d'un brun foncé, les autres d'un blanc bleuâtre. Sa var.
est plus violâtre que bleue; elle a des nébulosités plus petites, et
des ondes d'un brun moins foncé. Longueur de celle-ci, 18 lignes.

77. Cône renoncule. *Conus ranunculus.*

*C. testâ oblongo-turbinatâ, rubrâ aut castaneâ, albó nebulatâ et
fasciatâ; striis transversis elevatis subpunctatis; spirâ convexo-
obtusâ.*

Seba, Mus. 3. t. 43. f. 36.

Conus ranunculus. Brug. Dict. n°. 65.

Encyclop. pl. 331. f. 1.

Conus ranunculus. Ann. ibid. p. 272. n°. 77.

Habite l'Océan américain. Collect. du Mus. Il est ovale-allongé, d'un
rouge brun ou orangé, formant des nébulosités longitudinales sur
un fond blanchâtre, en grande partie recouvert. Une zone blanchâtre un peu au-dessous de son milieu, est ornée de points canelle. La superficie de cette coquille présente, en outre, quantité
de stries transverses, élevées et obscurément ponctuées.

78. Cône anémone. *Conus anemone.*

*C. testâ oblongo-turbinatâ, albido-cinereâ vel cinnamomeâ, ma-
culis fuscis aut castaneis undatâ; fasciâ albidâ; striis transversis crebris elevatis; spirâ brevè conicâ, tenuissimè striatâ.*

Conus anemone. Ann. ibid. n°. 78.

[b] *Var. flavidula, castaneo-nebulosa.*

[c] *Var. albo-cœrulescente, maculis fuscis oblongis irregularibus
longitudinaliter pictâ.*

Habite sur les côtes de la Nouvelle-Hollande. Mon cab., pour les deux
var. Quoique cette espèce paraisse voisine du *C. ranunculus*, ses
couleurs sont différentes; elle n'offre aucune rangée de points, et
sa spire est finement striée par quantité de lignes circulaires. La
superficie de cette coquille présente des stries transverses, élevées
et serrées, et sa base est ridée transversalement. Cette espèce provient de l'expédition du capitaine *Baudin.* Longueur de la var. [b],
20 lignes et demie; de la var. [c], 17 lignes 3 quarts.

79. Cône agathe. *Conus achatinus.*

C. testâ ovato-turbinatâ, basi subgranulatâ, furvâ, albo cæruleoque nebulosâ, lineis punctatis interruptis cinctâ ; spirâ acutâ.

D'Argenv. Conch. pl. 13. fig. B.

Favanne, Conch. pl. 19. fig. M 2.

Martini, Conch. 2. t. 55. f. 613.

Conus achatinus maximus, Chemn. Conch. 10. t. 142. f. 1317.

Conus achatinus. Brug. Dict. n°. 66.

Encyclop. pl. 330. f. 6.

Conus achatinus. Ann. ibid. n°. 79.

[*b*] *Var. testâ angustiore, cærulescente.*
Seba, Mus. 3. t. 48. f. 38.

[*c*] *Var. testâ fuscâ, albo-maculatâ ; filis furvis transversis vix interruptis.*

Rumph. Mus. t. 34. fig. L.

Knorr, Vergn. 6. t. 1. f. 5.

Chemn. Conch. 10. t. 142. f. 1320.

Encyclop. pl. 331. f. 9.

Habite l'Océan asiatique. Mon cabinet. Le cône agathe, que l'on nomme vulg. la *tulipe*, est agréablement panaché de nébulosités d'un blanc bleuâtre ou lilas, sur un fond fauve ou roussâtre. Il est orné d'une multitude de lignes transverses de points bruns. Ce cône n'est pas rare. Longueur, 2 pouces 4 lignes.

80. Cône taupin. *Conus cinereus.*

C. testâ oblongo-turbinatâ, basi sulcis distantibus cinctâ, cinereo-cærulescente, subfasciatâ ; maculis fulvis lineisque punctatis ; spirâ convexâ, mucronatâ.

Conus rusticus. Lin. Gmel. p. 3385. n°. 18.

Rumph. Mus. t. 32. fig. R.

Petiv. Amb. t. 15. f. 6.

Favanne, Conch. pl. 16. fig. C 2.

Martini, Conch. 2. t. 52. f. 578.

Conus cinereus. Brug. Dict. n°. 67.

Encyclop. pl. 331. f. 7.

Conus cinereus. Ann. ibid. p. 273. n°. 80.

[*b*] *Var. fulvo-rubente, fusco-maculatâ.*
Encyclop. pl. 331. f. 4.

[c.] *Var. castanea ; maculis albis raris.* Mon cabinet.
Chemn. Conch. 10. t. 142. f. 1319.

Habite l'Océan asiatique. Mon cabinet. Coquille allongée, arrondie
à la naissance de sa spire, et qui varie dans le fond de sa couleur.
Longueur, 21 lignes et demie.

81. Cône paillet. *Conus stramineus.*

C. testâ oblongo-turbinatâ, albidâ, maculis pallidè fulvis ornatâ ;
basi sulcis transversis distantibus ; spirâ convexo-acutâ, striatâ.

Conus stramineus. Ann. ibid. n°. 81.

Habite.... l'Océan asiatique ? Collect. du Mus. Ce cône, moins grand
que celui qui précède, est plus anguleux supérieurement, et offre
tantôt des rangées transverses de taches petites et quadrangulaires
d'un fauve pâle, et tantôt de larges taches d'un jaune orangé, qui
couvrent en grande partie sa surface.

82. Cône zèbre. *Conus zebra.*

C. testâ oblongo-turbinatâ, angustatâ, albidâ, flammis fulvo-ru-
bris longitudinalibus angustis lineatâ ; basi sulcis distantibus ;
spirâ convexâ, non striatâ.

Conus zebra. Ann. ibid. n°. 82.

Habite.... l'Océan asiatique? Collect. du Mus. Coquille oblongue, conique, rayée longitudinalement par des flammes étroites, d'un
rouge un peu fauve. Aucune zone transverse ne se montre sur sa
surface. Sa spire est courte, convexe, obtusément anguleuse à sa
naissance. Elle a aussi des sillons écartés et transverses dans sa
partie inférieure.

83. Cône lacté. *Conus lacteus.*

C. testâ oblongo-turbinatâ, candidâ, sulcis distantibus undiquè
cinctâ : superioribus obsoletis ; spirâ convexâ, mucronatâ,
striatâ.

An conus spectrum album ? Chemn. Conch. 10. t. 140. f. 1304.
Conus lacteus. Ann. ibid. p. 274. n°. 83.

Habite l'Océan indien. Mon cabinet. Cette coquille est entièrement
blanche ; mais lorsqu'elle est munie de son épiderme ou drap marin, elle est d'une couleur brune. Elle porte des sillons transverses
et écartés dans toute sa longueur ; cependant ceux de sa moitié

Tome VII. 51

inférieure sont plus apparens que les autres. Longueur, 13 lignes et demie.

84. Cône sanglé. *Conus cingulatus.*

C. testâ turbinatâ, transversìm striatâ, albidâ, fulvo-maculatâ, flammis fulvis longitudinalibus pictâ; cingulis transversis albo fulvoque articulatis; spirâ acuminatâ, variegatâ.

Conus cingulatus. Ann. ibid. n°. 84.

Habite l'Océan indien. Collect. du Mus. J'ai hésité à prendre celui-ci pour le cône pluie d'or, tant il lui ressemble par la forme et la taille; mais ce dernier a sa surface lisse, et offre une zone blanche un peu au-dessous de son milieu. Au contraire, le cône sanglé a des stries transversales un peu séparées, dont les intervalles forment des cordelettes aplaties, articulées de blanc et de fauve ou de marron. Il n'offre d'ailleurs aucune zone. Longueur, environ 15 lignes.

85. Cône lieutenant. *Conus vicarius.*

C. testâ turbinatâ, citrinâ; maculis albis subtrigonis inæqualibus : majoribus fasciatìm congestis; lineis furvis decussatis cingulisque articulatis; spirâ acutâ : apice roseo.

Conus vicarius. Ann. ibid. n°. 85.

Habite.... l'Océan indien? Collect. du Mus. Ce cône, extrêmement remarquable, ressemble par la taille et la forme au cône amiral, et est coloré à la manière des draps-d'or. Sur un fond citrin ou jaunâtre, il offre quantité de taches très-blanches, inégales, ovoïdes ou trigones. Les plus grandes de ces taches sont rapprochées et souvent confluentes en zones transverses et longitudinales. Dans les interstices de ces zones, on remarque de petites taches blanches, des lignes rousses ou marron qui se croisent, et des cordelettes étroites, articulées. La spire est anguleuse à sa naissance, très-courte, à peine convexe, et acuminée. Elle est panachée de blanc et de fauve marron. L'aspect de ce cône est celui d'un amiral à zones très-blanches, irrégulières et sans réseau. Longueur, 20 lignes.

86. Cône réseau. *Conus mercator.*

C. testâ turbinatâ, ovali, albâ, fasciis reticulatis flavis cinctâ; spirâ convexâ.

Conus mercator. Lin. Gmel. p. 3383. n°. 19.
Lister, Conch. t. 788. f. 41.
D'Argenv. Conch. pl. 12. fig. P.
Favanne, Conch. pl. 14. fig. G. 2.
Seba, Mus. 3. t. 54. *in angulo superiori sinistro, absque numero.*
Knorr, Vergn. 2. t. 1. f. 4.
Martini, Conch. 2. t. 56. f. 620.
Conus mercator. Brug. Dict. n°. 68.
Encyclop. pl. 333. f. 7.
Conus mercator. Ann. ibid. p. 275. n°. 86.

[*b*] *Var. testá flavá, fulvo fasciatìm reticulatá.* Mon cab.
Bonanni, Recr. 3. f. 136.
Adans. Seneg. pl. 6. f. 3. le tilin.
Favanne, Conch. pl. 14. fig. G. 3.

[*c*] *Var. flavescente, fulvo-reticulata, absque fasciis.* Mon cab.
Seba, Mus. 3. t. 48. f. 42.
Martini, Conch. 2. t. 56. f. 621.

[*d*] *Var. olivacea, fasciis fulvis reticulata.* Mon cabinet.
Encyclop. pl. 333. f. 9.
Habite les côtes de l'Afrique et les mers des Indes. Mon cabinet. Ce
petit cône, assez joli par ses lignes en réseau, est commun dans
les collections. Longueur, 13 lignes trois quarts.

87. Cône ocracé. *Conus ochraceus.*

*C. testá turbinatá, flavá, albo fasciatá et maculatá; fasciis luteo-
punctatis; spirá planiusculá, mucronatá : anfractibus canaliculatis.*

Conus ochraceus. Ann. ibid. n°. 87.

Habite.... Collect. du Mus. Par sa forme, il se rapproche du cône
mosaïque; mais il en est très-distinct par ses couleurs e par ses
tours de spire non striés longitudinalement. Longueur, près d'un
pouce et demi.

88. Cône tine. *Conus betulinus.*

*C. testá turbinatá, supernè latissimá, basi rugosá, citriná; ma-
culis fuscis transversìm seriatis; ultimi anfractus angulo rotundato; spirá convexiusculá, mucronatá.*

Conus betulinus. Lin. Gmel. p. 3383. n°. 20.
Seba, Mus. 3. t. 45. f. 4.

Knorr, Vergn. 2. t. 11. f. 3.
Favanne, Conch. pl. 16. fig. L 2.
Martini, Conch. 2. t. 60. f. 665.
Conus betulinus. Brug. Dict. n°. 69.
Encyclop. pl. 333. f. 8.
Conus betulinus. Ann. ibid. n°. 88.

[*b*] *Var. citrina ; lineis fusco-maculatis ; alternis punctatis.*
Rumph. Mus. t. 31. fig. C.
Petiv. Amb. t. 15. f. 2.
Seba, Mus. 3. t. 45. f. 7.
Encyclop. pl. 334. f. 8.

[*c*] *Var. citrina ; zonis albis distinctis fusco-tessulatis.*
Lister, Conch. t. 762. f. 11.
Seba, Mus. 3. t. 44. f. 1—4.
Favanne, Conch. pl. 16. fig. L 1.
Encyclop. pl. 333. f. 5.

[*d*] *Var. rubella ; maculis fuscis transversìm seriatis.*
Chemn. Conch. 10. t. 142. f. 1321.
Encyclop. pl. 333. f. 1.

[*e*] *Var. alba ; maculis fuscis longitudinalibus transversìm seriatis.*
Gualt. Test. t. 21. fig. B.
Encyclop. pl. 333. f. 2.

[*f*] *Var. alba ; maculis fuscis rotundis transversìm seriatis.* Mon
cabinet.
Seba, Mus. 3. t. 45. f. 6.
Martini, Conch. 2. t. 61. f. 673.
Encyclop. pl. 335. f. 8.

Habite les mers des grandes Indes, depuis Madagascar jusqu'en Chine.
Mon cabinet. Très-belle coquille, épaisse, pesante, et qui parvient
à un grand volume. Sa spire, qui est maculée, s'arrondit à sa
naissance et ne forme point d'angle comme dans le cône tigre.
Longueur, 4 pouces 7 lignes.

89. Cône minime. *Conus figulinus.*

*C. testâ turbinatâ, supernè ventricoso-rotundatâ, rubiginoso-fuscâ,
filis rufis circumligatâ ; spirâ convexâ, mucronatâ.*
Conus figulinus. Lin. Gmel. p. 3384. n°. 21.
Lister, Conch. t. 785. f. 32.

Rumph. Mus. t. 31. fig. V.

Petiv. Amb. t. 5. f. 7.

Gualt. Test. t. 20. fig. E.

D'Argenv. Conch. pl. 12. fig. A.

Favanne, Conch. pl. 15. fig. D 1.

Seba, Mus. 3. t. 54. f. 3. 4.

Knorr, Vergn. 5. t. 25. f. 2.

Martini, Conch. 2, t. 59. f. 656.

Conus figulinus. Brug. Dict. n°. 70.

Encyclop. pl. 332. f. 1.

Conus figulinus. Ann. ibid. p. 276. n°. 89.

[b] *Var. cinnamomea; lineis interruptè punctatis.*

Encyclop. pl. 332. f. 9.

[c] *Var. pallidè piceu; lineis infuscatis; fasciâ subalbidâ.*

Rumph. Mus. t. 33. f. 1.

Seba, Mus. 3. t. 54. f. 1. 2.

Martini, Conch. 2. t. 59. f. 658.

Encyclop. pl. 332. f. 2.

Habite les mers des grandes Indes, des Moluques et des Philippines. Mon cabinet. Cette espèce n'est point rare, et ne parvient qu'à une grandeur moyenne. Sa forme particulière, sa couleur d'un rouge brun ou d'un fauve canelle, et les nombreuses lignes transversales de sa superficie, la font reconnaitre facilement. Long. 5 pouces 5 lignes.

90. Cône linéé. *Conus quercinus.*

C. *testâ turbinatâ, pallidè luteâ, filis tenuissimis circumdatâ; spirâ plano-obtusâ, striatâ; basi rugosâ.*

Knorr, Vergn. 3. t. 11. f. 2.

Favanne, Conch. pl. 15. fig. D 3.

Martini, Conch. 2. t. 59. f. 657.

Conus quercinus. Brug. Dict. n°. 71.

Encyclop. pl. 332. f. 6.

Conus quercinus. Ann. ibid. n°. 90.

Habite l'Océan des grandes Indes, les côtes de Timor, etc. Mon cabinet. Ce cône, que *Bruguières* a distingué avec raison du précédent, est partout d'un jaune pâle, et rayé transversalement par des lignes fauves extrêmement fines. Sa spire est striée et anguleuse à sa base. Longueur, 2 pouces 10 lignes et demie.

91. Cône protée. *Conus proteus.*

C. testâ turbinatâ, albâ; guttis aut lineolis fuscis vel fulvis laxis transversìm seriatis maculisque irregularibus separatis fasciatim digestis; spirâ canaliculatâ, subacuminatâ.

Rumph. Mus. t. 54. fig. M.
Gualt. Test. t. 22. fig. E.
D'Argenv. Conch. pl. 12. fig. C.
Favanne, Conch. pl. 14. fig. C 1.
Seba, Mus. 3. t. 44. f. 24. 25.
Knorr, Vergn. 5. t. 22. f. 5.
Martini, Conch. 2. t. 56. f. 626. 627.
Conus proteus. Brug. Dict. n°. 72.
Encyclop. pl. 334. f. 1.
Conus proteus. Ann. ibid. n°. 91.

[*b*] *Var. alba; maculis rubicundis confusis inœqualiter distributis.*
Mon cabinet.
Seba, Mus. 3. t. 46. f. 24. 25.
Knorr, Vergn. 3. t. 18. f. 5. et 5. t. 9. f. 6.
Chemn. Conch. 10. t. 140. f. 1300.
Encyclop. pl. 334. f. 2.

Habite l'Océan atlantique et celui d'Amérique. Mon cabinet. Ce cône a les plus grands rapports avec le suivant, dont il ne semble que médiocrement distingué. Cependant on le reconnaît en ce qu'il n'offre que des points grossiers et peu nombreux, ou que des portions de lignes par séries transverses, et des taches séparées très-irrégulières. Longueur, environ 2 pouces.

92. Cône léonin. *Conus leoninus.*

C. testâ turbinatâ, albâ; punctis numerosis seriatis fulvis aut fuscis et maculis longitudinaliter confluentibus, interdùm subconnatis; spirâ planâ, canaliculatâ, mucronatâ.

Gualt. Test. t. 21. fig. D.
Knorr, Vergn. 6. t. 11. f. 4.
Conus leoninus. Brug. Dict. n°. 73.
Encyclop. pl. 334. f. 5. 6.
Conus leoninus. Ann. ibid. p. 277. n°. 92.

[*b*] *Var. punctis raris seriatis; maculis magnis plerisque connatis.*
Knorr, Vergn. 6. t. 1. f. 3.
Martini, Conch. 2. t. 57. f. 640.

Chemn. Conch. 10. t. 140. f. 1299.

Encyclop. pl. 335. f. 5.

[c] *Var. castanea ; maculis raris albis.*

Conus leoninus. Brug. [var. e.]

Encyclop. pl. 334. f. 9.

Habite les mers de l'Amérique. Mon cabinet. Ce cône est très-voisin du précédent par ses rapports ; néanmoins sa spire est plus aplatie, et mucronée d'une manière assez éminente. Il varie dans la forme de ses points et de ses taches. Longueur, 2 pouces.

93. Cône picoté. *Conus augur.*

C. testâ turbinatâ, albido − flavescente ; fasciis duabus furvo-nigricantibus punctisque rufis transversim seriatis ; spirâ obtusâ, striatâ.

Lister, Conch. t. 755. f. 7.

Rumph. Mus. t. 32. fig. Q.

Petiv. Amb. t. 5. f. 10.

D'Argenv. Conch. Append. pl. 2. fig. B.

Favanne, Conch. pl. 17. fig. E 2.

Seba, Mus. 3. t. 54. *fig. tertia in angulo dextro superiore.*

Martini, Conch. 2. t. 58. f. 641.

Conus augur. Brug. Dict. n°. 74.

Encyclop. pl. 333. f. 6.

Conus augur. Ann. ibid. n°. 93.

Habite l'Océan asiatique, les côtes de Ceylan, etc. Mon cab. Espèce bien distincte et peu commuue. Ses deux zones brunes, plus ou moins flambées, et ses points roussâtres, très-petits, nombreux, disposés par séries transversales sur un fond blanchâtre, la font aisément reconnaître. Longueur, 2 pouces 3 lignes.

94. Cône piqueté. *Conus pertusus.*

C. testâ oblongo-turbinatâ, roseâ ; incarnato-fasciatâ, albido-cœrulescente nebulatâ ; striis transversis pertusis ; spirâ convexâ.

Conus pertusus. Brug. Dict. n°. 75.

Encyclop. pl. 336. f. 2.

Conus pertusus. Ann. ibid. p. 278. n°. 94.

Habite les mers des grandes Indes. Collect. du Mus. Ce cône, varié d'incarnat, d'orangé, et de nébulosités d'un blanc bleuâtre sur un fond rose, aurait un aspect très-agréable si ses couleurs avaient

plus de vivacité. Ses stries ne sont que des rangées de petits points
enfoncés, semblables à des piqûres d'épingle. Il est très-rare.

95. Cône neigeux. *Conus nivosus.*

*C . testá turbinatá, lœvi, pallidè luteá; maculis niveis acervatim
sparsis; spirá plano-obtusá.*

Conus nivosus. Ann. ibid. nº. 95.

Habite.... les mers d'Amérique? Collect. du Mus. Cône court, renflé
supérieurement, d'un jaune citrin extrêmement pâle, avec des
mouchetures d'un blanc de lait. Sa spire est presque plane, à peine
maculée. Ses rapports le rapprochent du cône carotte dont il est
très-distinct par la forme et les couleurs. Long., 42 millimètres.

96. Cône foudroyant. *Conus fulgurans.*

*C. testá ovato-turbinatá, basi scabrá, albidá; maculis longitudi-
nalibus flexuosis guttisque ferrugineis transversis; spirá convexo-acutá.*

Martini, Conch. 2. t. 58. f. 644.
Conus fulgurans. Brug. Dict. nº. 76.
Conus fulmineus. Gmel. p. 3388. nº. 33.
Encyclop. pl. 337. f. 3.
Conus fulgurans. Ann. ibid. nº 96.

Habite sur les côtes d'Afrique. Il offre des flammes longitudinales
jaunâtres ou de couleur marron et en zigzags, avec des séries transverses de petites taches rondes et ferrugineuses.

97. Cône de Rumphius. *Conus acuminatus.*

*C. testá turbinatá, fuscá, albo-reticulatá, subfasciatá; maculis
albis trigonis; spirá subcanaliculatá, acutá.*

Rumph. Mus. t. 34. fig. F.
Petiv. Amb. t. 15. f. 19.
D'Argenv. Conch. Append. pl. 1. fig. L.
Favanne, Conch. pl. 17. fig. N 1.
Chemn. Conch. 10. t. 140. f. 1297.
Conus acuminatus. Brug. Dict. nº. 77.
Encyclop. pl. 336. f. 3.
Conus acuminatus. Ann. ibid. nº. 97.

[b] *Var. fasciata, absque lineá punctatá in zoná inferiore.*
D'Argenv. Conch. Append. pl. 1. fig. K.

Favanne, Conch. pl. 17. fig. N 2.
Knorr, Vergn. 5. t. 24. f. 4.
Martini, Conch. 2. t. 57. f. 638. 639.
Encyclop. pl. 336. f. 4.

Habite les mers des grandes Indes, surtout celles des Moluques. Mon cabinet. Cône peu commun et recherché. Vulg. *l'amiral de Rumphius*. Longueur, 17 lignes trois quarts.

98. Cône amadis. *Conus amadis.*

C. testâ turbinatâ, basi punctatim sulcatâ, aurantio-fuscâ; maculis niveis trigono-cordatis inæqualibus; lineis transversis raris albo fulvoque articulatis; spirâ canaliculatâ, acuminatâ.

D'Argenv. Conch. Append. pl. 1. fig. S.
Favanne, Conch. pl. 17. fig. M.
Knorr, Vergn. 6. t. 5. f. 3.
Martini, Conch. 2. t. 58. f. 642. 643.
Conus amadis. Chemn. Conch. 10. t. 142. f. 1322. 1323.
Conus amadis. Brug. Dict. n°. 78.
Conus amadis. Gmel. p. 3388. n°. 32.
Encyclop. pl. 335. f. 2.
Conus amadis. Ann. ibid. p. 279. n°. 98.

[b] *Var. aurantia; zonâ lineis tribus articulato-punctatis signatâ.*
Chemn. Conch. 10. t. 139. f. 1293.
Encyclop. pl. 335. f. 1.

Habite les mers des grandes Indes, les côtes de Java et de Bornéo. Mon cabinet. Espèce très-belle, peu commune, fort recherchée dans les collections, et qui acquiert un assez grand volume. Ses taches blanches sur un fond orangé, ses cordelettes transverses et articulées, et la pointe très-saillante de sa spire, la font aisément reconnaître. Longueur, un peu plus de 3 pouces.

99. Cône Janus. *Conus Janus.*

C. testâ oblongo-turbinatâ, basi sulcatâ, albâ, fulvo et castaneo undatâ; spirâ subcanaliculatâ, exserto-acutâ.

Lister, Conch. t. 785. f. 33.
Gualt. Test. t. 25. fig. S.
Favanne, Conch. pl. 17. fig. O.
Martini, Conch. 2. t. 58. f. 647.
Conus Janus. Brug. Dict. n°. 79.
Encyclop. pl. 336. f. 5.
Conus Janus. Ann. ibid. n°. 99.

[b] *Var. fasciata, albo fulvoque variegata.*
Seba, Mus. 3. t. 47. f. 24.
Encyclop. pl. 336. f. 6.

Habite l'Océan asiatique, les côtes de la Nouvelle-Guinée et celle
d'Otaïti. Mon cabinet. Coquille commune dans les collections, et
qui intéresse par la beauté et la vivacité de ses couleurs. Long.
2 pouces 3 lignes.

100. Cône éclair. *Conus flammeus.*

C. testâ turbinatâ, basi striatâ lineisque punctatis notatâ, albidâ
vel flavescente; flammis longitudinalibus fulvis; spirâ acutâ.
Conus lorenzianus. Chemn. Conch. 11. t. 181. f. 1754. 1755.
Encyclop. pl. 336. f. 1.
Conus flammeus. Ann. ibid. n°. 100.

Habite les mers d'Afrique. Mon cabinet. Il a des rapports avec le
cône foudroyant; mais il est plus effilé, plus acuminé, et plus
anguleux à la naissance de sa spire. Longueur, 9 lignes.

101. Cône étourneau. *Conus lithoglyphus.*

C. testâ turbinatâ, basi granulatâ, rubro-fulvâ, infernè nigri-
cante; fasciis duabus niveis distantibus : superiore fulvo varie-
gatâ; spirâ obtusâ.
Seba, Mus. 3. t. 42. f. 40—42.
Martini, Conch. 2. t. 57. f. 630. 631.
Chemn. Conch. 10. t. 140. f. 1298.
Conus lithoglyphus. Brug. Dict. n°. 81.
Encyclop. pl. 338. f. 8.
Conus lithoglyphus. Ann. ibid. p. 280. n°. 101.

Habite les mers des grandes Indes. Mon cabinet. Coquille très-facile
à reconnaître, étant d'un roux presque orangé, et offrant deux
zones blanches, dont la supérieure est panachée, ainsi que la spire.
Longueur, 19 lignes 3 quarts.

102. Cône peau-de-serpent. *Conus testudinarius.*

C. testâ turbinatâ, albâ, furvo et pallidè cæsio nebulatâ; maculis
fulvis aut fuscis per fascias albas dispersis; spirâ obtusiusculâ.
Rumph. Mus. t. 34. fig. K.
Seba, Mus. 3. t. 44. f. 13.
Knorr, Vergn. 3. t. 12. f. 4.

Regenf. Conch. 1. t. 11. f. 55.
Favanne, Conch. pl. 16. fig. G.
Martini, Conch. 2. t. 55. f. 605.
Conus testudinarius. Brug. Dict. n°. 83.
Encyclop. pl. 335. f. 6.
Conus testudinarius. Ann. ibid. n°. 102.

[b] *Var. testâ aurantiâ, albo-variegatâ.* Mon cabinet.
Regenf. Conch. 1. t. 3. f. 37. et t. 11. f. 54.
Martini, Conch. 2. t. 55. f. 608.
Encyclop. pl. 335. f. 5.

Habite l'Océan des Antilles. Mon cabinet. Il est agréablement marbré de blanc ou d'un blanc bleuâtre, sur un fond brun ou marron.
Sa spire est arrondie à sa naissance. Longueur, 2 pouces 2 lignes ;
de la var. [b], 2 pouces 5 lignes.

103. Cône veiné. *Conus venulatus.*

C. *testâ turbinatâ, albidâ, flavo vel aurantio venulatâ ; spirâ convexâ, variegatâ.*

Favanne, Conch. pl. 14. fig. D 1.
Conus venulatus. Brug. Dict. n°. 84.
Encyclop. pl. 337. f. 9.
Conus venulatus. Ann. ibid. n°. 103.

Habite les mers de l'Amérique. Mon cabinet. Coquille agréablement
veinée par une multitude de traits ou de flammes en zigzags, d'une
couleur orangée mêlée de rouge-brun, sur un fond blanchâtre,
et qui la font paraître réticulée. L'interruption de ces flammes
forme une zone blanchâtre un peu au-dessous de son milieu. C'est
une espèce rare et assez jolie. Longueur, près de 14 lignes.

104. Cône questeur. *Conus quæstor.*

C. *testâ turbinatâ, albâ ; maculis aurantio-fulvis longitudinalibus
flexuosis subramosis ; spirâ planâ, maculatâ.*

Conus quæstor. Ann. ibid. p. 281. n°. 104.

Habite.... l'Océan américain ? Collect. du Mus. Il semble avoir des
rapports avec le cône centurion ; mais il est plus grand, moins
rétréci vers sa base, n'offre point de zone bien distincte, et a sa
spire presque plane. Ce cône présente, sur un fond blanc, quantité de flammes ou taches longitudinales, fléchies en zigzags irréguliers, et un peu rameuses. Longueur, environ 22 lignes.

105. Cône mousseux. *Conus muscosus.*

C. testá turbinatá, basi sulcatá, albidá, fulvo maculosá et venosá; maculis parvis subtrigonis in flammulas undatas longitudinaliter confluentibus; spirá planiusculá, sulcatá.

Conus muscosus. Ann. ibid. nº. 105.

Habite.... Collect. du Mus. Je ne trouve ni description ni figure de cette espèce, qui me semble cependant assez remarquable. Elle offre, sur un fond blanchâtre, quantité de petites taches fauves ou d'un roux brun, trigones, la plupart réunies en petites flammes onduleuses et longitudinales. Ce cône est éminemment sillonné inférieurement, et sa spire, qui est à peine convexe, a ses tours partagés par deux sillons assez profonds qui règnent dans toute leur longueur. Il aurait des rapports avec le cône veiné si sa spire profondément sillonnée ne l'en écartait : il en a peut-être plus avec le cône de Porto-Ricco. Longueur, près de 20 lignes.

106. Cône Narcisse. *Conus Narcissus.*

C. testá turbinatá, aurantiá, albo-maculatá; fasciá albá interruptá; spirá obtusá, striatá, variegatá.

Conus narcissus. Ann. ibid. nº. 106.

Habite l'Océan américain. Mon cabinet. C'est avec le cône carotte que cette espèce a quelques rapports; mais elle en est très-distincte par sa spire plus élevée, obtuse à sa naissance, et par ses petites taches blanches dispersées sur un fond jaune orangé. Les tours de sa spire ne sont point canaliculés; enfin elle n'est point ornée de deux zones blanches, comme la var. [d] du cône carotte, mais d'une seule. Longueur, près de 22 lignes.

107. Cône de Mosambique. *Conus mozambicus.*

C. testá oblongo-turbinatá, fulvá, maculis albis fuscisque fasciatá; tæniis transversis fusco alboque articulatis; spirá convexo-acutá.

Chemn. Conch. 10. t. 144. a. fig. I. K.
Conus mozambicus. Brug. Dict. nº. 85.
Encyclop. pl. 337. f. 2.
Conus mozambicus. Ann. ibid. nº. 107.

[b] *Var. flava, non fasciata; tæniis continuis fusco et albo articulatis.*

Encyclop. pl. 337. f. 1.

Habite les côtes orientales de l'Afrique. Mon cabinet. Cette espèce est peu commune. Longueur, selon *Bruguières*, 20 lignes. Les plus grands de ma collection n'ont qu'un pouce.

108. Cône de Guinée. *Conus guinaicus.*

C. testâ turbinatâ, rubiginosâ, cinereo-nebulatâ, obsoletè fas-ciatâ; spirâ convexo-obtusâ, maculatâ.

Conus guinaicus. Brug. Dict. n°. 86.

Encyclop. pl. 337. f. 4.

Conus guinaicus. Ann. ibid. p. 282. n°. 108.

[*b*] *Var. albo-cærulescente nebulosa.* Mon cabinet.

Conus guinaicus. Brug. [var. c.]

Encyclop. pl. 337. f. 6.

Habite les côtes de la Guinée. Mon cabinet. Coquille peu brillante à cause des nombreuses nébulosités grisâtres qui cachent en grande partie le fond d'un rouge brun. Longueur, 22 lignes et demie. La var. [b] a un aspect plus agréable, et est de la même taille.

109. Cône franciscain. *Conus franciscanus.*

C. testâ turbinatâ, castaneâ, albido-bifasciatâ : fasciâ superiore anfractus decurrente; spirâ convexo-acutâ.

Conus franciscanus. Brug. Dict. n°. 87.

Encyclop. pl. 337. f. 5.

Conus franciscanus. Ann. ibid. n°. 109.

Habite les mers d'Afrique et la Méditerranée. Mon cabinet. Il est commun, d'un roux brun avec une fascie blanche un peu au-dessous de son milieu, et une autre à la naissance de la spire. Long., 21 lignes et demie.

110. Cône informe. *Conus informis.*

C. testâ oblongo-turbinatâ, sæpiùs informi, fulvâ aut castaneâ; maculis oblongis irregularibus albidis nebulatâ; spirâ convexo-acutâ.

Knorr, Vergn. 2. t. 1. f. 6.

Favanne, Conch. pl. 79. fig. N. *Summo tabulæ.*

Conus spectrum sumatræ. Chemn. Conch. 10. t. 144. a. fig. G. H.

Conus informis. Brug. Dict. n°. 88.

Encyclop. pl. 337. f. 8.

Conus informis. Ann. ibid. n°. 110.

[*b*] *Var. tumida, fulvo alboque maculata.*
Chemn. Conch. 10. t. 144 a. fig. E. F.

Habite l'Océan américain. Mon cabinet. Cette coquille n'est point
un jeune *strombus*, comme l'a soupçonné Bruguières. Elle est
oblongue-conique, ovoïde dans sa partie supérieure, où elle est
souvent comme bossue. Ses nébulosités blanchâtres, oblongues et
irrégulières, font paraître sa couleur fauve brun ou marron comme
des flammes longitudinales difformes. Elle n'est pas rare. Long.,
22 lignes et demie.

111. Cône rat. *Conus rattus.*

*C. testâ turbinatâ, olivaceâ vel cinereo-violaceâ, fasciâ punctisque
albis sparsis notatâ; spirâ obtusâ; fauce violaceo-roseâ.*
Conus rattus. Brug. Dict. n°. 89.

Encyclop. pl. 338. f. 7.
Conus rattus. Ann. ibid. p. 283. n°. 111.

[*b*] *Var. albida, fulvo-variegata; tæniis transversis punctatis.*
Encyclop. pl. 338. f. 9.

Habite les mers de l'Amérique. Mon cabinet. Il est marbré de taches
et de points blancs sur un fond olivâtre ou d'un violet cendré. Sa
base est sillonnée et ponctuée. Longueur, 15 lignes.

112. Cône pavillon. *Conus jamaicensis.*

*C. testâ turbinatâ, subventricosâ, olivaceâ; lineis punctatis fas-
ciisque albis fusco-variegatis; spirâ convexo-acutâ.*

Favanne, Conch. pl. 18. fig. D 1.
Conus jamaicensis. Brug. Dict. n°. 90.
Encyclop. pl. 335. f. 4.
Conus jamaicensis. Ann. ibid. n°. 112.

Habite l'Océan des Antilles. Mon cabinet. Ce cône, au-dessous de la
taille moyenne, est un peu ventru, d'un vert olivâtre, ponctué de
brun, et parsemé de mouchetures transverses, cendrées ou blanchâtres. Longueur, 14 lignes.

113. Cône méditerranéen. *Conus mediterraneus.*

*C. testâ turbinatâ, cinereo-virescente vel rubellâ, fulvo aut fusco
nebulatâ; lineis transversis albo fuscoque articulatis; fasciâ albidâ; spirâ convexo-acutâ, maculatâ.*

Seba, Mus. 3. t. 47. f. 27.
Conus mediterraneus. Brug. Dict. n°. 91.
Encyclop. pl. 330. f. 4.
Conus mediterraneus. Ann. ibid. n°. 113.

[b] *Var. rubella.* Mon cabinet.

Habite dans la Méditerranée, et principalement dans le golfe de Tarente, où il se trouve en abondance, et d'où je, l'ai reçu. Mon
cabinet. Ce cône, dépouillé de son drap marin, a un aspect assez
agréable, et se fait remarquer par ses nébulosités onduleuses, ainsi
que par ses lignes transverses élégamment articulées. Ses tours de
spire ne sont pas sensiblement striés, et ont leur bord élevé et
appliqué. La base de la coquille est sillonnée transversalement. Ce
cône n'est pas le seul qui vive dans la Méditerranée ; le cône franciscain s'y trouve aussi, mais fort petit. Longueur, 22 lignes.

114. Cône pointillé. *Conus puncticulatus.*

C. *testâ turbinatâ, bási sulcatâ, albidâ, seriebus approximatis
punctorum fuscorum cinctâ; spirâ convexo-acutâ.*

Seba, Mus. 3. t. 48. f. 46. 47.
Martini, Conch. 2. t. 55. f. 612. b.
Chemn. Conch. 10. t. 140. f. 1305.
Conus puncticulatus. Brug. Dict. n°. 92.
Encyclop. pl. 331. f. 2.
Conus puncticulatus. Ann. ibid. n°. 114.

[b] *Var. seriebus punctorum distantibus flammulisque longitudinalibus rufo-fuscis.*

Gualt. Test. t. 22. f. 2.
Favannes Conch. pl. 19. fig. M 4.
Martini, Conch. 2. t. 55. f. 612. a.
Encyclop. pl. 331. f. 8.

Habite les côtes de la Chine. Petite coquille blanche ou un peu roussâtre, ornée de séries transverses de points bruns.

115. Cône chiné. *Conus mauritianus.*

C. *testâ turbinatâ, basi sulcatâ, albâ, fulvo-maculatâ, punctis
fuscis lunatis cinctâ; spirâ obtusâ.*

Conus mauritianus. Brug. Dict. n°. 93.
Encyclop. pl. 330. f. 9.
Conus mauritianus. Ann. ibid. p. 284. n°. 115.

[*b*] *Var. aurantia, albo-maculata.*

Habite les mers d'Afrique. Collect. du Mus. pour la var. [*b*]. Cett[e] coquille est d'une taille au-dessous de la moyenne. Elle offre, su[r] un fond blanc, des séries transverses de points bruns, souvent ar[ti]qués en croissant, et des flammes longitudinales fauves, nuancée[s] de brun et de violâtre, qui traversent ses lignes ponctuées. Sa variété est orangée ou fauve, et panachée élégamment de petite[s] taches blanches, souvent confluentes. Les sillons de sa base sont un peu granuleux.

116. Cône cordelier. *Conus fumigatus.*

C. testâ turbinatâ, rufo-castaneâ, albo-zonatâ; spirâ obtusâ, canaliculatâ.

D'Argenv. Conch. pl. 12. fig. D.
Martini, Conch. 2. t. 56. f. 618.
Conus fumigatus. Brug. Dict. n°. 94.
Encyclop. pl. 336. f. 7.
Conus fumigatus. Ann. ibid. n°. 116.

Habite les mers de l'Amérique. Il est d'un marron quelquefois rembruni, avec une zone blanche un peu au-dessous de son milieu. Sa spire est un peu canaliculée et formé à sa naissance un angle avec le reste du dernier tour, ce qui le distingue du cône franciscain.

117. Cône chevalier. *Conus eques.*

C. testâ turbinatâ, albâ, luteo-fasciatâ; zonis binis ramosis, macularum fulvarum; spirâ convexâ.

Favanne, Conch. pl. 14. fig. F 1.
Conus eques. Brug. Dict. n°. 97.
Encyclop. pl. 335. f. 9.
Conus eques. Ann. ibid. n°. 117.

[*b*] *Var. albo-olivacea; maculis fuscis angulosis.*
Favanne, Conch. pl. 14. fig. F. 2.

Habite l'Océan austral et les mers d'Amérique. Petite coquille, en cône court, renflée dans sa partie supérieure, et qui offre, sur un fond blanc, deux zones de taches fauves ou d'un brun olivâtre, avec une fascie jaune vers son milieu.

Cône velours. *Conus luzonicus.*

C. testâ turbinatâ, albidâ, fusco interruptè fasciatâ, punctisque sagittatis lacteo articulatis lineatâ; spirâ convexâ, mucronatâ.

Favanne, Conch. pl. 17. fig. C.

Conus luzonicus, Brug. Dict. n°. 98.

Encyclop. pl. 338. f. 6.

Conus luzonicus. Ann. ibid. p. 285. n°. 118.

[b] *Var. fulvo-cinnamomea, maculis lacteis subsagittatis bizonata.*

Habite l'Océan austral, les côtes des îles Philippines. Mon cab. pour la var. [b]. Coquille ovale-conique, renflée supérieurement, et qui offre, sur un fond blanc, deux bandes de taches d'un brun marron, et quantité de lignes transverses, articulées de points blancs sagittés et de points fauves très-petits. La var. [b] paraît d'un fauve canelle, parce que le fond est entièrement caché par cette couleur; mais une multitude de très-petits points blancs et de taches lactées et trigones, formant deux bandes transverses, mettent ce fond à découvert. Longueur, 18 lignes.

99. Cône chat. *Conus catus.*

C. testâ turbinatâ, albidâ, fulvo vel fusco variegatâ; striis transversis elevatis numerosis; spirâ convexo-obtusâ, striatâ, variegatâ.

Martini, Conch. 2. t. 55. f. 609. 610.

Conus catus, Brug. Dict. n°. 99.

Encyclop. pl. 332. f. 7.

Conus catus. Ann. ibid. n°. 119.

[b] *Var. fusco-olivacea, albo-maculata.*

Knorr, Vergn. 5. t. 27. f. 5.

Encyclop. pl. 332. f. 3.

[c] *Var. rubra, papillosa.*

Encyclop. pl. 332. f. 4.

Habite l'Océan des Antilles, les côtes du Sénégal, de l'Ile-de-France, etc. Mon cab. Coquille commune, courte, de taille médiocre, et sans beauté remarquable. Elle est panachée de blanc et de fauve ou de brun, et bien distincte par ses stries transverses, élevées et nombreuses. Longueur, environ 18 lignes.

120. **Cône variolé.** *Conus verrucosus.*

> C. testâ turbinatâ, sulcatâ, granulatâ, albidâ vel flavidâ, fulvo
> variegatâ; spirâ acuminatâ, granosâ.

Favanne, Conch. pl. 18. fig. H.

Martini, Conch. 2. t. 55. f. 612. c.

Conus verrucosus. Brug. Dict. n°. 100.

Encyclop. pl. 333. f. 4.

Conus verrucosus. Ann. ibid. n°. 120.

[b] *Var. alba, non variegata.*

Lister, Conch. t. 756. f. 8.

Martini, Conch. 2. t. 55. f. 612. d.

Habite les mers d'Afrique, les côtes du Sénégal, de Mosambique, etc. Mon cabinet. Ce cône est petit, assez commun, et remarquable par ses granulations et sa spire très-pointue. Longueur, 10 lignes trois quarts.

121. **Cône acutangle.** *Conus acutangulus.*

> C. testâ oblongo-turbinatâ, subfusiformi, albidâ, fulvo vel rubro
> maculatâ; sulcis transversis punctato-pertusis; spirâ elevatâ,
> peracutâ.

Conus acutangulus. Chemn. Conch. 11. t. 182. f. 1772. 1773.

Conus acutangulus. Ann. ibid. p. 286. n°. 121.

Habite les mers des grandes Indes. Coquille petite, effilée, presque fusiforme, offrant des sillons transverses munis de points enfoncés. Elle est blanche, et ornée de taches d'un fauve orangé ou rougeâtre. Ses rapports semblent la rapprocher de la suivante.

122. **Cône pluie-d'argent.** *Conus mindanus.*

> C. testâ turbinatâ, basi sulcatâ, albâ, puniceo variegatâ, lineis
> numerosis puncticulatis cinctâ; spirâ acuminatâ.

Conus mindanus. Brug. Dict. n°. 105.

Encyclop. pl. 330. f. 7.

Conus mindanus. Ann. ibid. n°. 122.

Habite les côtes des îles Philippines. Mon cab. Il est moins effilé, moins fusiforme que le précédent, et offre, sur un fond blanc, des taches ou nébulosités, soit rouges, soit violâtres. Ce cône est très-rare. Longueur, 19 lignes.

125. Cône pluie-d'or. *Conus japonicus.*

C. testâ turbinatâ, basi sulcatâ, luteâ, albo-interspersâ; lineis fuscis interruptis punctatis; spirâ acuminatâ.

Conus japonicus. Brug. Dict. n°. 104.
Encyclop. pl. 330. f. 3.
Conus japonicus. Ann. ibid. n°. 123.

Habite les côtes du Japon. Il est petit, jaune, flambé de blanc et de fauve ou d'orangé, et garni de lignes transverses brunes ou d'un fauve foncé, interrompues par des points blancs. Un peu au-dessous de son milieu, on voit une zone blanche bordée de lignes circulaires à points plus gros et plus foncés que ceux des autres rangs.

124. Cône jaunisse. *Conus pusio.*

C. testâ turbinatâ, flavescente, variegatâ; lineis transversis albo fuscoque articulato-punctatis; spirâ acuminatâ; fauce violaceâ.

Martini, Conch. 2. t. 55. f. 612.
Conus pusio. Brug. Dict. n°. 103.
Encyclop. pl. 334. f. 4.
Conus pusio. Ann. ibid. n°. 124.

[*b*] *Var. alba, pallidè rufo nebulata.*
Favanne, Conch. pl. 18. fig. I 1. I 2.

Habite l'Océan des Antilles. Petit cône, d'un fond jaunâtre ou fauve, tacheté de brun ou de marron, et ayant des lignes ponctuées. Son ouverture est violette.

125. Cône colombe. *Conus columba.*

C. testâ turbinatâ, infernè sulcatâ, albâ vel roseâ; spirâ convexâ, acuminatâ.

Gualt. Test. t. 25. fig. G.
Favanne, Conch. pl. 18. fig. K 1.
Conus columba. Brug. Dict. n°. 101.
Encyclop. pl. 334. f. 3.
Conus columba. Ann. ibid. p. 422. n°. 125.

[ ] *Var. candida, basi striata; lineis binis subgranosis.*

[*c*] *Var. testâ majore, penitùs candidâ.*
Encyclop. pl. 331. f. 3.

Habite l'Océan asiatique. Mon cabinet. Petite coquille unicolore, toute blanche ou d'un blanc purpurin ou rosé. Longueur, 9 lignes trois quarts.

126. Cône croisé. *Conus madurensis.*

C. testá turbinatá, viridescente, albo et fulvo nebulatá; lineis transversis fusco alboque notatis; spirâ acuminatá.

Favanne, Conch. pl. 17. fig. E 1. E 2.
Conus madurensis. Brug. Dict. nº. 102.
Encyclop. pl. 333. f. 3.
Conus madurensis. Ann. ibid. nº. 126.

Habite l'Océan asiatique. Ce cône offre, sur un fond verdâtre, plusieurs zones inégales, formées de nébulosités blanches et fauves, et des lignes transverses, ponctuées de fauve et de blanc. Sa spire est élevée et très-pointue. Taille au-dessous de la moyenne.

127. Cône bois-de-frêne. *Conus nemocanus.*

C. testâ turbinatâ, lutescente, zonis filisque tenuissimis undulatis approximatis fulvis cinctâ; spirâ obtusâ, striato-punctatâ, fusco-maculatâ; fauce subcœruleâ.

Conus nemocanus. Brug. Dict. nº. 106.
Encyclop. pl. 338. f. 5.
Conus nemocanus. Ann. ibid. nº. 127.

Habite l'Océan Pacifique, sur les côtes de l'île de Nemoca. Coquille très-rare, assez belle, d'une taille au-dessus de la moyenne, et d'une forme qui approche de celle du cône memnonite, mais dont la spire n'est point couronnée. Sur un fond jaunâtre ou roussâtre, ce cône offre quantité de zones fauves, entre lesquelles on voit des fils transverses, onduleux, pareillement fauves, et d'une extrême finesse. Sa spire est convexe, striée, piquetée, et panachée de brun-marron sur un fond blanchâtre.

128. Cône treillissé. *Conus cancellatus.*

C. testâ turbinatâ, sulcis transversis striisque profundis longitudinalibus decussatim cancellatâ, albá; spirâ acuminatá.

Conus cancellatus. Brug. Dict. nº. 107.
Encyclop. pl. 338. f. 1.
Conus cancellatus. Ann. ibid. p. 425. nº. 128.

Habite l'Océan Pacifique, sur les côtes de l'île d'Owhyhée. *Bruguières* le regarde comme l'analogue vivant du cône perdu que l'on trouve en France dans l'état fossile.

129. Cône en fuseau. *Conus fusiformis.*

C. testâ turbinato-fusiformi, striis tenuissimis transversis et longitudinalibus obsoletè cancellatâ, pallidè albâ, vix roseâ; spirâ elevatâ, acutâ : anfractibus convexis.

Conus fusiformis. Ann. ibid. n°. 129.

Habite.... l'Océan Pacifique? Mon cabinet. Ce cône, très-rare, paraît voisin du précédent, et semble tenir le milieu entre cette espèce ou le cône perdu et le cône antidiluvien. Il est d'un blanc pâle, légèrement rosé, et a sa spire plus élevée que le cône treillissé, et moins effilée que le cône antidiluvien. Il est finement et obscurément treillissé; néanmoins ses stries transverses paraissent plus que les longitudinales. Longueur, 21 lignes trois quarts.

130. Cône bleuâtre. *Conus cærulescens.*

C. testâ turbinatâ, pallidè cæruleâ, maculis fulvis adspersâ, obsoletè fasciatâ; sulcis transversis remotiusculis; spirâ convexo-acutâ; fauce cæruleâ.

Conus lividus. Chemn. Conch. 11. t. 183. f. 1776. 1777.

Conus cærulescens. Ann. ibid. n°. 130.

Habite les mers des Moluques. Cette espèce paraît avoir l'ouverture lâche, et avoisiner le cône spectre, par quelques rapports.

131. Cône aurore. *Conus aurora.*

C. testâ oblongo-turbinatâ, subventricosâ, basi sulcatâ, coccineâ; fasciis binis angustis albidis; spirâ convexo-acutâ.

Conus rosaceus. Chemn. Conch. 11. t. 181. f. 1756. 1757.

Conus aurora. Ann. ibid. n°. 131.

Habite.... Collect. du Mus. Coquille mince, un peu ventrue, enroulée d'une manière lâche, et uniformément d'un rouge écarlate obscur ou rembruni. Elle offre deux zones blanchâtres et étroites, dont une, peu apparente, est située à la naissance de la spire, et l'autre au-dessous du milieu du dernier tour. Elle se rapproche du cône préfet par ses rapports; mais elle est moins effilée, et d'une autre couleur. Longueur, près de 2 pouces.

152. Cône violet. *Conus taitensis.*

C. testâ turbinatâ, transversìm striatâ, violaceo-nigricante; maculis et punctis raris albis; spirâ obtusâ, striatâ.

Conus taitensis. Brug. Dict. n°. 108.
Encyclop. pl. 536. f. 9.
Conus taitensis. Ann. ibid. p. 424. n°. 132.

Habite dans l'Océan Pacifique, sur les côtes de l'île d'Otaïti. Coquille rare, d'une taille au-dessous de la moyenne, et qui est en cône court, bombé supérieurement. Elle est d'un violet foncé ou noirâtre, et offre un rang de taches blanches, nuées de bleu clair, à la naissance de sa spire.

133. Cône d'Adanson. *Conus Adansonii.*

C. testâ oblongo-turbinatâ, cinereo-flavescente; fasciâ albidâ interruptâ; lineis transversis punctorum fuscorum numerosis; spirâ convexo-acutâ, striatâ, maculatâ.

Adans. Seneg. pl. 6. f. 6. le chotin.
Conus jamaicensis. Brug. Dict. n°. 90. [var. b.]
Encyclop. pl. 343. f. 7.
Conus Adansonii. Ann. ibid. n°. 135.

Habite les mers du Sénégal. Mon cabinet. Ce cône, au lieu d'être une variété du cône pavillon, en serait plutôt une du cône radis; mais il est distinct de ce dernier par ses couleurs et par sa spire. Longueur, 13 lignes et demie.

134. Cône ambassadeur. *Conus tinianus.*

C. testâ turbinatâ, cinnabarinâ, maculis pallidè cæsiis nebulatâ; punctis fulvis interspersis; spirâ convexâ.

Conus tinianus. Brug. Dict. n°. 109.
Encyclop. pl. 338. f. 2.
Conus tinianus. Ann. ibid. n°. 134.

Habite la mer Pacifique, sur les côtes de l'île de Tinian. Coquille très-rare, d'un rouge vif, nuée de taches d'un bleu cendré clair. Elle est longue de 22 lignes, selon *Bruguières.*

135. Cône de Porto-Ricco. *Conus Portoricanus.*

C. testâ turbinatâ, granulatâ, albâ, fulvo-maculatâ; spirâ convexo-mucronatâ.

Conus portoricanus. Brug. Dict. n°. 110.

Encyclop. pl. 338. f. 4.

Conus portoricanus. Ann. ibid. n°. 135.

Habite les mers des Antilles, sur les côtes de Porto-Ricco. Il est granuleux, blanc, et orné de taches fauves ou citrines, irrégulières et longitudinales. Sa longueur est de 18 lignes, selon *Bruguières.*

136. Cône safrané. *Conus crocatus.*

C. testâ oblongo-turbinatâ, aurantiâ; maculis albis subtrigonis fasciatim sparsis; striis transversis obsoletis; spirâ convexo-acutâ.

Conus crocatus. Ann. ibid. n°. 136.

Habite les mers des grandes Indes. Mon cabinet. Joli cône, bien distinct de tous ceux qui ont été décrits. Sur un fond d'un beau jaune orangé, il offre des taches d'un blanc de lait, les unes trigones, les autres arrondies, ou ovales ou oblongues. Ces taches sont un peu rares, éparses, et presque disposées en bandes soit transverses, soit longitudinales. L'angle de la naissance de la spire est arrondi. Longueur, près de 22 lignes.

137. Cône aimable. *Conus amabilis.*

C. testâ turbinatâ, incarnatâ, purpureo-nebulatâ; fasciis tribus macularum albarum; striis transversis subtilissimè puncturatis; spirâ obtusâ, variegatâ.

An conus festivus? Chemn. Conch. 11. t. 182. f. 1770. 1771.

Conus amabilis. Ann. ibid. p. 425. n°. 137.

Habite.... les mers des grandes Indes? Mon cabinet. Jolie coquille, offrant, sur un fond incarnat nué de pourpre, des taches blanches irrégulières, disposées en trois zones, dont une à la naissance de la spire, la seconde dans le milieu, et la troisième à la base du dernier tour où elle est peu apparente. La spire est convexe, obtuse, striée et panachée de rouge et de blanc. Les stries sont finement piquetées. Longueur, 20 lignes.

138. Cône d'Oma. *Conus omaicus.*

C. testâ cylindraceo-turbinatâ, aurantiâ, albo-trifasciatâ; zonis et lineis numerosis fulvo alboque distinctis, sæpiùs notulis literarum signatis; spirâ obtusâ, canaliculatâ, maculatâ.

D'Argenv. Conch. Append. pl. 1. fig. Y. *Mala.*
Favanne, Conch. pl. 17. fig. F. *Mala.*
Martini, Conch. 2. t. 53. f. 590.
Chemn. Conch. 10. t. 143. f. 1331. 2.
Conus omaicus. Brug. Dict. n°. 111.
Conus thomæ. Gmel. p. 3394. n°. 70.
Encyclop. pl. 339. f. 3.
Conus omaicus. Ann. ibid. n°. 138.

Habite l'Océan asiatique, sur les côtes de l'île d'Oma. Coll. du Mus.
Coquille très-belle, très-rare, l'une des plus précieuses de son
genre, et dont il se trouve deux beaux exemplaires au Muséum
de Paris. Elle est d'un jaune orangé, presque ferrugineux, ornée
de zones blanches, de cordelettes ponctuées, et de quantité de
lignes transverses, serrées, ponctuées de blanc et de fauve. Long.
2 pouces 5 lignes, selon *Bruguières.*

139. Cône noble. *Conus nobilis.*

*C. testâ cylindraceo-turbinatâ; luteo-citrinâ; maculis sparsis
albis trigono-rotundatis; lineis transversis fulvo alboque articulatis; spirâ plano-concavâ, mucronatâ.*

Conus nobilis. Lin. Gmel. p. 3381. n°. 13.
Seba, Mus. 3. t. 43. f. 15. 14.
Favanne, Conch. pl. 14. fig. E 2.
Martini, Conch. 2. t. 62. f. 689.
Chemn. Conch. 10. t. 141. f. 1512.
Conus nobilis. Brug. Dict. n°. 112.
Encyclop. pl. 339. f. 8.
Conus nobilis. Ann. ibid. n°. 139.
[b] *Var. fulvo castanea, bizonata.*
Chemn. Conch. 10. t. 141. f. 1513. 1314.
Encyclop. pl. 339. f. 7.

Habite l'Océan des grandes Indes, particulièrement des Moluques.
Mon cabinet. Très-belle coquille, toujours rare, fort recherchée
dans les collections, et à laquelle on donne vulgairement le nom
de *damier chinois.* Elle est d'un jaune citron, et ornée d'une
multitude de taches blanches à la manière du cône damier, entre
lesquelles on aperçoit des lignes transverses articulées. Longueur,
2 pouces une ligne.

140. Cône d'orange. *Conus aurisiacus.*

C. testâ oblongo-turbinatâ, basi emarginatâ, incarnatâ, albo-zonatâ; striis elevatis albo fuscoque tessulatis; spirâ obtusâ, canaliculatâ, maculatâ.

Conus aurisiacus. Lin. Gmel. p. 3392. n°. 56.

Rumph. Mus. t. 34. fig. A.

Petiv. Amb. t. 7. f. 7.

D'Argenv. Conch. Append. pl. 1. fig. I.

Favanne, Conch. pl. 17. fig. K 1.

Seba, Mus. 3. t. 48. f. 7.

Knorr, Vergn. 1. t. 8. f. 3. et 5. t. 24. f. 1.

Martini, Conch. 2. t. 57. f. 636. 637.

Conus aurisiacus. Brug. Dict. n°. 116.

Encyclop. pl. 339. f. 4.

Conus aurisiacus. Ann. ibid. p. 426. n°. 140.

Habite l'Océan asiatique. Mon cabinet. Ce cône est sans contredit un des plus beaux, des plus rares et des plus précieux de son genre. Sur un fond couleur de chair et presque rose, il offre des zones blanches ou blanchâtres, et des cordelettes transverses articulées de brun foncé et de blanc. La zone du milieu est plus blanche que les deux autres. Sa spire, qui est canaliculée, est élégamment tachetée de brun noirâtre sur un fond rose. Vulg. *l'amiral d'orange.* Longueur, 2 pouces 2 lignes.

141. Cône terme. *Conus terminus.*

C. testâ cylindraceâ, elongatâ, lœvi, albâ; maculis irregularibus luteo-fulvis; spirâ convexo-acutâ, canaliculatâ: anfractuum marginibus elevatis.

Conus terminus. Ann. ibid. n°. 141.

Habite l'Océan asiatique. Collect. du Mus. Quoique cette espèce ait beaucoup de rapports avec la suivante, elle est plus allongée, plus cylindrique, et ne paraît nullement striée; mais elle est sillonnée ou ridée à sa base. Ce cône offre des taches irrégulières et d'un jaune roux, sur un fond blanc. Ses tours de spire, par leur bord élevé et saillant au-dessus des sutures, le rendent remarquable. Longueur, près de 3 pouces.

142. Cône strié. *Conus striatus.*

C. testâ cylindraceo-turbinatâ, basi rugosâ, albâ vel albo-roseâ, fulvo aut fusco maculatâ; striis tenuissimis transversis, ad maculas albas interruptis; spirâ obtusâ, canaliculatâ.

Conus striatus. Lin. Gmel. p. 3393. n°. 58.
Lister , Conch. t. 760. f. 6.
Rumph. Mus. t. 31. fig. F.
Petiv. Amb. t. 15. f. 4.
Gualt. Test. t. 26. fig. D.
D'Argenv. Conch. pl. 13. fig. C.
Favanne , Conch. pl. 19. fig. N. *summo tabulæ.*
Seba , Mus. 3. t. 42. f. 5—11.
Knorr, Vergn. 1. t. 18. f. 1. et 3. t. 12. f. 5. et t. 21. f. 1.
Adans. Seneg. pl. 6. f. 2. le melar.
Martini, Conch. 2. t. 64. f. 714—716.
Conus striatus. Brug. Dict. n°. 120.
Encyclop. pl. 340. f. 1.
Conus striatus. Ann. ibid. n°. 142.

[*b*] *Var. nigra; maculis albis roseo et cœruleo tinctis.* [L'écorché noir.]
Encyclop. pl. 340. f. 2.

[*c*] *Var. albido-carnea; maculis fulvis cœrulescentibus.* [L'écorché broché.]

[*d*] *Var. alba; maculis fulvis laceris araneas figurantibus.* [L'écorché araignée.]
Knorr , Vergn. 3. t. 22. f. 4.
Encyclop. pl. 340. f. 3.

Habite l'Océan des grandes Indes, des Moluques, etc. Mon cabinet. Grande et belle coquille, assez commune dans les collections, finement striée en travers, vivement colorée, et qu'on nomme vulgairement l'*écorché.* Longueur, 3 pouces 5 lignes.

143. Cône gouverneur. *Conus gubernator.*

C. testâ oblongo-turbinatâ, supernè ventricosâ, in medio depressiusculâ, albido-roseâ; maculis oblongis fuscis subelineatis; spirâ obtusâ, canaliculatâ, mucronatâ.

Conus gubernator. Brug. Dict. n°. 121.
Encyclop. pl. 340. f. 5.
Conus gubernator. Ann. ibid. n°. 142 bis.

[b] *Var. elongata, pallidè cærulea, fulvo-aurantio bifasciata, cin-
namomeo difformiter maculata.* [L'écorché orangé.]
Encyclop. pl. 340. f. 6.

[c] *Var. albido-cærulea; flammis longitudinalibus laciniatis fusco-
castaneis.* [L'écorché flambé.]
Encyclop. pl. 340. f. 4.

Habite l'Océan des grandes Indes. Mon cabinet. Ce cône avoisine de
très-près le précédent par ses rapports; néanmoins il en diffère en
ce qu'il est plus effilé, assez bombé antérieurement, légèrement
déprimé vers son milieu, et que sa superficie est presque entièrement lisse, n'ayant que quelques stries circulaires, écartées et
peu apparentes. Ces dernières s'interrompent aussi sur les parties
blanches de la coquille, de même que dans le cône strié. Vulg.
l'écorché à dépression. Longueur, 3 pouces 2 lignes.

144. Cône granuleux. *Conus granulatus.*

*C. testâ cylindraceo – turbinatâ, transversim sulcatâ, coccineâ;
fasciâ albâ; sulcis subgranulatis, purpureo-punctatis; spirâ
convexo-acutâ, variegatâ.*

Conus granulatus. Lin. Gmel. p. 3391. n°. 52.
Lister, Conch. t. 760. f. 5.
Seba, Mus. 3. t. 48. f. 21. 22. 26.
Knorr, Vergn. 3. t. 6. f. 5. et 5. t. 24. f. 2.
Favanne, Conch. pl. 15. fig. G 2.
Martini, Conch. 2. t. 52. f. 574. 575.
Conus granulatus. Brug. Dict. n°. 114.
Encyclop. pl. 339. f. 9.
Conus granulatus. Ann. ibid. p. 427. n°. 143.

Habite l'Océan américain, les côtes de Surinam et celles du Brésil.
Mon cabinet. Ce cône, dans un bel état de conservation, est d'un
rouge écarlate avec une zone blanche, et a toute sa superficie
marquée de cannelures transverses, subgranuleuses, dont plusieurs sont ornées de points bruns ou marrons. Vulg. *l'amiral
d'Angleterre.* Longueur, 2 pouces.

145. Cône tarrière. *Conus terebra.*

*C. testâ cylindraceo-turbinatâ, albidâ vel albido-rubellâ; striis
transversis elevatis fasciisque binis flavescentibus; spirâ convexo-obtusâ.*
Favanne, Conch. pl. 17. fig. K 2.
Martini, Conch. 2. t. 52. f. 577.

Conus terebra. Brug. Dict. n°. 117.
Conus terebellum. Gmel. p. 3390. n°. 44.
Encyclop. pl. 339. f. 1.
Conus terebra. Ann. ibid. n°. 144.

[*b*] *Var. alba; fasciis nullis.*
Encyclop. pl. 339. f. 2.

Habite les mers des grandes Indes. Mon cabinet. Ses stries élevées et transverses ceignent son dernier tour dans toute sa longueur. Sa spire est singulière par l'aplatissement du bord supérieur de chaque tour. Vulg. le *bout-de-chandelle.* Longueur, près de 2 pouces 4 lignes.

146. Cône véruleux. *Conus verulosus.*

C. testá cylindraceo-turbinatá, transversìm sulcatá, albá; sulcis prominulis, obtusis : inferioribus majoribus, laxioribus; spirá convexo-acutá.

Favanne, Conch. pl. 15. fig. G 3.
Conus verulosus. Brug. Dict. n°. 115.
Encyclop. pl. 341. f. 7.
Conus verulosus. Ann. ibid. n°. 145.

Habite les mers de l'Amérique. Mon cab. Voisin du précédent par ses rapports, ce cône est blanc, sans fascies, et offre, dans toute sa longueur, des sillons transverses, un peu écartés, surtout inférieurement, et qui forment des cordelettes aplaties, raboteuses ou presque granuleuses. La spire est un peu pointue, et a ses tours convexes et par gradins. Longueur, 12 lignes et demie.

147. Cône radis. *Conus raphanus.*

C. testá cylindraceo-turbinatá, transversìm striatá, albá; fasciis binis luteis vel fulvo-fuscis interruptis; striis fulvo vel fusco punctatis : inferioribus majoribus; spirá convexá, striatá, maculatá : apice roseo.

Conus raphanus. Brug. Dict. n°. 118.
Encyclop. pl. 341. f. 2.
Conus raphanus. Ann. ibid. p. 428. n°. 146.

[*b*] *Var. alba; fasciis fulvis aut castaneis interruptis.*
Seba, Mus. 3. t. 44. f. 12.
Encyclop. pl. 341. f. 1.

Habite l'Océan asiatique. Mon cab. Ce cône n'est point rare. Il varie dans la couleur de ses points et de ses taches; mais il est moins

orné et moins effilé que le suivant. Sa spire est striée, bien maculée, et a sa pointe rose. Long., 2 pouces une ligne et demie.

148. Cône nébuleux. *Conus magus.*

*C. testâ elongato-turbinatâ, subcylindricâ, albâ; maculis longi-
tudinalibus fulvis aut fuscis subfasciatis; lineis transversis fuscis
interruptis, vel fusco-punctatis, vel albo fuscoque articulatis; spirâ
convexâ, maculatâ.*

Conus magus. Lin. Syst. Nat. 2. p. 1171. n°. 317.
D'Argenv. Conch. Append. pl. 2. fig. C.
Favanne, Conch. pl. 17. fig. A 1.,
Seba, Mus. 3. t. 44. f. 3o.
Knorr, Vergn. 6. t. 16. f. 5.
Martini, Conch. 2. t. 52. f. 579. 58o.
Conus magus. Brug. Dict. n°. 119.
Encyclop. pl. 341. f. 8.
Conus magus. Ann. ibid. n°. 147.

[b] *Var. alba; fasciis utrinquè confluentibus livido-violaceis, al-
bido fuscoque lineatis.*
Conus indicus. Chemn. Conch. 10. t. 140. f. 1295.
Encyclop. pl. 341. f. 4.

[c] *Var. rubro-fusca; maculis albis filisque punctatis.*
Conus clandestinus. Chemn. Conch. 10. t. 140. f. 1296.

[d] *Var. fasciis rubro-fuscis.*
Conus circœ. Chemn. Conch. 11. t. 183. f. 1778. 1779.

Habite les mers des grandes Indes. Mon cab. Aucune espèce n'offre
plus de diversité dans les couleurs et la disposition des taches que
celle-ci. La plupart de ses variétés sont élégantes et fort belles;
quelques-unes même sont rares, et toutes sont remarquables par
les lignes ponctuées ou même articulées qui ornent leur superficie. Vulg. les *châteaux-en-Espagne.* Long., 22 lignes et demie.

149. Cône spectre. *Conus spectrum.*

*C. testâ cylindraceo-turbinatâ, infernè sulcatâ, albâ; maculis
rufo-fuscis longitudinalibus flexuosis; spirâ obtusâ, mucronatâ;
aperturâ dehiscente.*
Conus spectrum. Lin. Gmel. p. 3395. n°. 62.
Lister, Conch. t. 783. f. 3o.
Rumph. Mus. t. 32. fig. S.
Petiv. Amb. t. 15. f. 5.

Seba, Mus. 3. t. 43. f. 26.
Knorr, Vergn. 2. t. 8. f. 4.
Favanne, Conch. pl. 14. fig. H 2.
Martini, Conch. 2. t. 53. f. 582. 583.
Conus spectrum. Brug. Dict. n°. 122.
Encyclop. pl. 341. f. 9.
Conus spectrum. Ann. ibid. n°. 148.

Habite l'Océan indien, les côtes des Moluques, etc. Mon cabinet.
Coquille mince, blanche avec des flammes longitudinales flexueuses
rousses ou marron. Elle est sillonnée transversalement dans sa
moitié inférieure, et est remarquable par son ouverture ample.
Longueur, 21 lignes.

150. Cône bullé. *Conus bullatus.*

*C. testâ cylindraceo-ovatâ, miniatâ, puniceo et albo variegatâ ;
spirâ canaliculatâ, mucronatâ ; aperturâ hiante ; fauce aurantiâ.*
Conus bullatus. Lin. Gmel. p. 3395. n°. 63.
Gualt. Test. t. 26. fig. C.
D'Argenv. Conch. pl. 13. fig. H.
Favanne, Conch. pl. 18. fig. C 8.
Seba, Mus. 3. t. 43. f. 15. 16.
Knorr, Vergn. 5. t. 11. f. 4.
Chemn. Conch. 10. t. 142. f. 1315. 1316.
Conus bullatus. Brug. Dict. n°. 123.
Encyclop. pl. 339. f. 5.
Conus bullatus. Ann. ibid. p. 429. n°. 149.

[b] *Var. lineis puniceo et albo articulatis.*
Encyclop. pl. 339. f. 6.

Habite les mers des grandes Indes, des Moluques et des Philippines.
Mon cab. pour la var. [b]. Coquille ovale-allongée, subcylindracée,
dont les couleurs consistent en des mouchetures blanches et pon-
ceau sur un fond couleur de minium. Sa var. à cordelettes articulées est très-belle et assez rare. Long. de cette dernière, 2 pouces
une ligne.

151. Cône cerf. *Conus cervus.*

*C. testâ majusculâ, cylindraceo-ovatâ, tenui, pallidè luteâ ; tæ-
niis transversis inæqualibus fulvo et albo articulatis ; spirâ brevi,
subacutâ : anfractibus planulatis, striatis ; fauce albâ.*

Habite..... Mon cabinet. Espèce qui me paraît inédite, et néanmoins qui est très-distincte de toutes celles qui sont connues. Ses rapports de forme la rapprochent du cône bullé; mais sa spire et ses couleurs sont très-différentes. Sa ténuité et sa taille l'avoisineraient en quelque sorte du cône brocard, si sa spire était couronnée; le bord droit va en s'atténuant vers sa partie postérieure, et est d'un beau blanc intérieurement. Long., 3 pouces 7 lignes.

152. Cône drap-d'argent. *Conus stercus muscarum.*

C. testâ cylindraceo-turbinatâ, albâ, fusco-maculatâ; punctis nigris cingulatis identidem coacervatis; spirâ convexo-obtusâ, canaliculatâ.

Conus stercus muscarum. Lin. Gmel. p. 3385. n°. 23.
Lister, Conch. t. 757. f. 9.
Rumph. Mus. t. 33. fig. Z.
Petiv. Gaz. t. 75. f. 1. et Amb. t. 15. f. 21.
Gualt. Test. t. 25. fig. O.
D'Argenv. Conch. pl. 13. fig. E.
Seba, Mus. 3. t. 55. *in medio plurimæ absque numero.*
Favanne, Conch. pl. 15. fig. F. 4.
Knorr, Vergn. 1. t. 7. f. 5.
Martini, Conch. 2. t. 64. f. 711. 712.
Conus stercus muscarum. Brug. Dict. n°. 113.
Encyclop. pl. 341. f. 6.
Conus stercus muscarum. Ann. ibid. n°. 150.
[*b*] *Var. punctis rufis.* Mon cabinet.
Knorr, Vergn. 6. t. 16. f. 4.
Martini, Conch. 2. t. 64. f. 713.
Habite l'Océan asiatique. Mon cabinet. Si ce cône était couronné, il serait très-voisin, par ses rapports, du cône piqûre-de-mouches. Longueur, 23 lignes.

153. Cône satiné. *Conus timorensis.*

C. testâ cylindraceo-turbinatâ, gracili, incarnatâ, albo-undatâ; zonâ obsoletâ intermediâ; spirâ canaliculatâ, acuminatâ; aperturâ hiante.

Conus timorensis. Brug. Dict. n°. 124.
Encyclop. pl. 341. f. 3.
Conus timorensis. Ann. ibid. n°. 151.
Habite les mers des grandes Indes, des Moluques, les côtes de Timor. Mon cab. Ce cône est grêle, d'une couleur incarnat ou d'un rose

tendre nué de blanc, avec des piqûres lactées et des lignes interrompues, transverses et incarnates. Long., 18 lignes et demie.

154. Cône pluvieux. *Conus nimbosus.*

*C. testâ cylindraceo-turbinatâ, transversìm sulcatâ, albido-roseâ;
punctis lineolisque rufo-purpureis aut fuscis; fasciis obsoletis;
spirâ depressd, striatâ, mucronatâ.*

Conus nimbosus. Brug. Dict. n°. 125.
Encyclop. pl. 341. f. 5.
Conus nimbosus. Ann. ibid. n°. 152.

Habite les mers des grandes Indes. Mon cab. Joli petit cône subcy-
lindracé, sillonné transversalement, d'un blanc rosé, et moucheté
de petites taches d'un roux brun ou pourpré, avec des linéoles
transverses de la même couleur. Il est fort rare. Long., 15 lignes
et demie.

155. Cône commandant. *Conus dux.*

*C. testâ subcylindricâ, elongatâ, transversìm striatâ, cæruleo-ru-
bescente; tæniis transversis angustis fusco et albo articulatis;
spirâ convexo-exsertâ.*

Martini, Conch. 2. t. 52. f. 571.
Conus dux. Brug. Dict. n°. 126.
Conus affinis. Gmel. p. 3391. n°. 50.
Encyclop. pl. 342. f. 4.
Conus dux. Ann. ibid. p. 430. n°. 153.
[b] *Var. fulvo variegata; tæniis minùs distinctis.*
Encyclop. pl. 342. f. 5.

Habite les mers des grandes Indes. Collect. du Mus. Espéce très-belle
et précieuse par sa rareté. Elle offre, sur un fond teint de rose,
nué de violet clair, plusieurs rangées transverses et inégales de tâ-
ches brunes, et quelques zones ornées de cordelettes articulées. Cette
coquille est allongée, à spire conique et maculée. Vulg. l'*amiral*
de Hollande. Longueur, selon Bruguières, 2 pouces 8 lignes.

156. Cône bâtonnet. *Conus tendineus.*

*C. testâ subcylindricâ, elongatâ, transversìm striatâ, subviolaceâ
aut flavescente, furvo-fasciatâ; maculis longitudinalibus albis;
spirâ convexo-exsertâ.*

Lister, Conch. t. 745. f. 36.

Chemn. Conch. 10. t. 143. f. 1330.
Conus tendineus. Brug. Dict. n°. 127.
Encyclop. pl. 342. f. 6.
Conus tendineus. Ann. ibid. n°. 154.

[b] *Var. lutescente; fasciis rufis.*
Martini, Conch. 2. t. 52. f. 572.
Conus lævis. Gmel. p. 3391. n°. 49.

Habite les mers d'Afrique, les côtes de l'Ile-de-France. Mon cabinet. Il a des rapports avec le cône tarrière ; mais il est plus effilé, et s'en distingue par ses bandes et sa teinte violette. Long., 18 lignes un quart.

157. Cône préfet. *Conus præfectus.*

C. *testâ subcylindricâ, elongatâ, fulvâ, flavido-fasciatâ; spirâ convexo-acutâ.*

Martini, Conch. 2. t. 52. f. 573.
Conus præfectus. Brug. Dict. n°. 128.
Conus ochroleucus. Gmel. p. 3391. n°. 48.
Encyclop. pl. 343. f. 6.
Conus præfectus. Ann. ibid. n°. 155.

Habite les mers de l'Amérique. Collect. du Mus. Coquille allongée, d'un fauve pâle, avec une zone blanchâtre au-dessous de son milieu. Sa base est sillonnée transversalement ; sa spire est courte, pointue, tachetée d'orangé ou de marron. Longueur, selon *Bruguières,* 2 pouces 4 lignes.

158. Cône mélancolique. *Conus melancholicus.*

C. *testâ subcylindricâ, elongatâ, striis subtilissimis cancellatâ, rubro-aurantiâ ; fasciâ maculis irregularibus flavidis ; spirâ plano-acutâ, striatâ, variegatâ.*

Conus melancholicus. Ann. ibid. n°. 156.

Habite.... Collect. du Mus. Ce cône, très-distingué du précédent par ses couleurs et surtout par les caractères de sa spire, se rapproche plus du cône bullé ; mais il est plus grêle, plus cylindracé, coloré différemment, et a sa spire distinguée par quatre ou cinq stries circulaires. Il est en outre finement treillissé. Sa couleur est d'un rouge fauve ou orangé, avec des taches jaunâtres, irrégulières, qui forment une zone interrompue, située vers son milieu. Sa spire est très-courte, presque plane, un peu canaliculée, mucro-

Tome VII. 33

née, striée, tachetée de fauve sur un fond d'un blanc jaunâtre. Longueur, environ 22 lignes.

159. Cône sillonné. *Conus strigatus.*

C. testâ subcylindricâ, elongatâ, transversìm striatâ, pallidè violaceâ; maculis oblongis punctisque fulvis; spirâ convexo-acutâ.

Conus strigatus. Brug. Dict. n°. 129.
Encyclop. pl. 342. f. 1.
Conus strigatus. Ann. ibid. p. 431. n°. 157.

Habite les mers des grandes Indes. Collect. du Mus. Il est effilé, violâtre avec de petites taches rousses allongées verticalement et des points de la même couleur. Dans sa jeunesse, il est d'un rouge orangé. Sa longueur est de 18 lignes, selon *Bruguières.*

160. Cône gland. *Conus glans.*

C. testâ subcylindricâ, elongatâ, transversìm striatâ, fulvo-fuscâ aut violaceâ; fasciis albis obsoletis; spirâ convexo-exsertâ, apice obtusâ.

D'Argenv. Conch. Append. pl. 2. fig. D.
Favanne, Conch. pl. 17. fig. G.
Seba, Mus. 3. t. 53. fig. Z.
Conus glans. Brug. Dict. n°. 130.
Encyclop. pl. 342. f. 7.
Conus glans. Ann. ibid. n°. 158.

[b] *Var. granulata, fulvo-violacea; fasciâ albâ.*
Chemn. Conch. 10. t. 143. f. 1331. 1.
Encyclop. pl. 342. f. 9.

Habite les mers d'Afrique et de l'Asie. Mon cab. Ce cône, à peu près de la forme d'un gland, offre, sur un fond fauve ou marron, deux zones blanchâtres nuées de violet. Il varie à fond violet nué de fauve. Vulg. le *gland-marron.* Longueur, 11 lignes un quart.

161. Cône mitré. *Conus mitratus.*

C. testâ subcylindricâ, elongatâ, transversìm striatâ, subgranosâ, albâ, maculis fulvo-aurantiis fasciatâ; spirâ pyramidatâ.

Conus mitratus. Brug. Dict. n°. 132.
Encyclop. pl. 342. f. 3.
Conus mitratus. Ann. ibid. n°. 159.

Habite l'Océan indien. Mon cabinet. Il n'est guère plus grand que
celui qui précède, et est assez rare. Sur un fond blanchâtre, ce
cône présente des taches ferrugineuses disposées par zones. Ses stries
transverses sont un peu granuleuses. Longueur, près d'un pouce.

162. Cône nussatelle. *Conus nussatella.*

*C. testá subcylindricá, elongatá, transversim striatá, albá, fulvo
vel aurantio nebulatá, punctis fuscis aut furvis seriatim cinctá;
spirá convexo-exsertá.*

Lister, Conch. t. 744. f. 35.
Gualt. Test. t. 25. fig. H.
Knorr, Vergn. 5. t. 19. f. 4.
Favanne, Conch. pl. 18. fig. E 2.
Conus terebra. Chemn. Conch. 10. t. 143. f. 1329.
Conus nussatella. Brug. Dict. n°. 131.
Encyclop. pl. 342. f. 8.
Conus nussatella. Ann. ibid. n°. 160.

[*b*] *Var. granulosa.* Mon cab.
Conus nussatella. Lin. Gmel. p. 3390. n°. 43.
Rumph. Mus. t. 33. fig. EE.
Petiv. Amb. t. 15. f. 13.
Gualt. Test. t. 25. fig. L.
D'Argenv. Conch. pl. 13. fig. P.
Favanne, Conch. pl. 18. fig. E 4.
Knorr, Vergn. 2. t. 4. f. 7.
Martini, Conch. 2. t. 51. f. 567.
Encyclop. pl. 342. f. 2.

Habite la mer des Indes, près de l'île de Nussatelle, les côtes de la
Chine, des Philippines, de la Nouvelle-Guinée, etc. Mon cab.
Joli cône, d'une forme allongée, presque cylindrique, et agréablement nué de fauve-orangé sur un fond blanc, avec des rangées
transverses de points bruns qui le rendent élégamment piqueté.
Sa spire est conique. Vulg. le *drap piqueté.* Longueur, 2 pouces
5 lignes.

163. Cône brunette. *Conus aulicus.*

*C. testá subcylindricá, elongatá, fuscá aut castaneá; maculis
triangularibus inæqualibus albis; striis transversis tenuissimis;
spirá acutá.*

Conus aulicus. Lin. Syst. Nat. 2. p. 1171. n°. 320.

Rumph. Mus. t. 33. f. 3.
Gualt. Test. t. 25. fig. Z.
D'Argenv. Conch. pl. 13. fig. G¹
Favanne, Conch. pl. 18. fig. C 7.
Seba, Mus. 3. t. 47. f. 10—12.
Knorr, Vergn. 3. t. 19. f. 1.
Martini, Conch. 2. t. 53. f. 592. *Mala.*
Conus aulicus. Brug. Dict. n°. 133.
Encyclop. pl. 343. f. 4.
Conus aulicus. Ann. ibid. p. 432. n°. 161.

[*b*] *Var. aurantia; maculis albis cordatis; spirâ concavo-acutâ.*
D'Argenv. Conch. pl. 13. fig. D.
Favanne, Conch. pl. 18. fig. C 3.
Seba, Mus. 3. t. 43. f. 1. 2.
Knorr, Vergn. 2. t. 1. f. 1.
Martini, Conch. 2. t. 54. f. 597.
Conus auratus. Brug. Dict. n°. 134.
Encyclop. pl. 343. f. 3.

[*c*] *Var. fusca; maculis albis majusculis.* Mon cab.

[*d*] *Var. pallidè aurantia.* Mon cabinet.

Habite les mers des grandes Indes. Mon cabinet. Grande et belle coquille, qui est assez commune dans les collections dont elle fait
l'ornement. Elle présente, sur un fond brun ou marron, un grand
nombre de taches blanches triangulaires, inégales, souvent confluentes ou réunies plusieurs ensemble, et disposées par groupes
allongés, la plupart long.tudinaux et serpentans et quelques autres
transverses. Cette coquille est allongée, cylindracée, presque sans
angle à la naissance de sa spire. Ses stries transverses sont très-
fines et serrées. Elle n'a point de lignes circulaires articulées de
points blancs. Les var. [b] et [c] de *Bruguières* n'appartiennent
point à cette espèce. Longueur, 4 pouces 4 lignes.

164. Cône drap-orangé. *Conus auratus.*

*C. testâ subcylindricâ, elongatâ, transversim striatâ, aurantiâ;
maculis albis cordatis seriebus longitudinalibus irregularibus
remotis; lineis transversis albo-punctatis obsoletissimis; spirâ
acutâ.*

Gualt. Test. t. 25. fig. X.
Seba, Mus. 3. t. 43. f. 4. 5.
Knorr, Vergn. 2. t. 5. f. 5.

Conus auratus. Brug. Dict. n°. 134. [var. b.]

Encyclop. pl. 343. f. 1.

Conus auratus. Ann. ibid. n°. 162.

Habite l'Océan indien, les côtes de la Chine, des Moluques, etc. Mon cab. Cette coquille semble d'abord être la même que notre var. [b] du cône brunette ; néanmoins ses lignes transverses articulées de points blancs, quoique peu apparentes, mais dont on aperçoit toujours des vestiges, l'en distinguent constamment. Sa couleur est d'un jaune orangé, avec des groupes allongés et irréguliers, composés d'une multitude de petites taches blanches trigones, serrées et inégales. Longueur de notre individu, 2 pouces et demi.

165. Cône couleuvré. *Conus colubrinus.*

C. testá oblongo-turbinatá, luteo-aurantiá; maculis albis cordato-trigonis squamiformibus; striis transversis subtilissimis; spirá brevi, subacutá.

Conus colubrinus. Ann. ibid. p. 433. n°. 163.

Habite les mers des grandes Indes. Collect. du Mus. Ce cône a beaucoup de rapports avec le cône perlé ; cependant il est plus cylindracé, moins renflé vers la naissance de sa spire, où il offre un angle arrondi et des tours convexes. Sa couleur est d'un jaune-orangé pâle, avec une multitude de petites taches blanches trigones, groupées par masses, et qui ressemblent à des écailles. D'autres taches blanches, un peu plus grandes, sont disposées par zones. On aperçoit, dans les interstices de ces zones et des groupes écailleux, les vestiges de lignes circulaires articulées de points blancs et oblongs. Cette coquille n'a aucune des lignes longitudinales des draps-d'or. Son aspect est assez agréable. Long., environ 2 pouces.

166. Cône drap-réticulé. *Conus clavus.*

C. testá subcylindricá, elongatá, transversim striatá, fulvo-cinnamomeá, maculis albis trigonis fasciatìm reticulatá; spirá acutá, striatá.

Conus clavus. Lin. Gmel. p. 3390. n°. 42.

Lister, Conch. t. 744. f. 34.

Martini, Conch. 2. t. 52. f. 570.

Chemn. Conch. 10. t. 143. f. 1327.

Conus auricomus. Brug. Dict. n°. 136.

Encyclop. pl. 346. f. 3.
Conus clavus. Ann. ibid. n° 164.

Habite les mers des grandes Indes. Mon cabinet. *Bruguières s'*
trompé en transportant à cette espèce le nom latin de la suivante.
Ce cône est cylindracé, fort joli, et offre, sur un fond jaune fauve
nué de canelle, quatre zones réticulées, composées de petites taches blanches trigones écailleuses et inégales, et, dans les intervalles de ces zones, d'autres taches semblables, mais plus grandes,
rares et éparses. Longueur, 2 pouces 2 lignes.

167. Cône drap-flambé. *Conus auricomus.*

*C. testâ subcylindricâ, elongatâ, transversim striatâ, luteo-au-
rantiâ; flammis fulvis aut fulvo-purpureis linearibus longitudinalibus; maculis albis trigonis fasciatìm confertis; spirâ
exsertâ, subacutâ.*

Knorr, Vergn. 5. t. 11. f. 5.
Conus aureus. Brug. Dict. n° 135.
Encyclop. pl. 346. f. 4.
Conus auricomus. Ann. ibid. n° 165.

Habite l'Océan indien, les côtes de la Chine. Mon cab. Ce cône devient un peu plus grand que celui qui précède, et n'offre point
comme lui des taches blanches isolées et éparses, mais des masses
allongées, réticulées, les unes longitudinales et les autres en zones
transverses. Il est éminemment distinct par ses flammes ou raies
longitudinales, d'un roux brun presque pourpré, et qui acquièrent
d'autant plus d'intensité de couleur que la coquille est moins
jeune. Alors ce cône est vivement coloré et a un aspect agréable.
Long., 2 pouces 7 lignes.

168. Cône perlé. *Conus omaria.*

*C. testâ cylindraceo-turbinatâ, fulvo-fuscâ vel aurantiâ; maculis
albis cordato-trigonis lineisque fuscis numerosis albo-punctatis;
spirâ obtusâ : apice roseo.*

Seba, Mus. 3. t. 47. f. 13.
Knorr, Vergn. 2. t. 1. f. 3.
Favanne, Conch. pl. 18. fig. C 5.
Martini, Conch. 2. t. 54. f. 596.
Conus omaria. Brug. Dict. n° 137.
Encyclop. pl. 344. f. 3.
Conus omaria. Ann. ibid. p. 434. n° 166.

Habite l'Océan asiatique. Mon cab. Ce cône n'est point rare, et est toujours moins grand que le cône brunette et moins effilé que le cône drap-orangé. Il se fait remarquer par sa spire obtuse, ainsi que par ses lignes transverses brunes, articulées de points blancs ou de petites taches de la même couleur. Ces points blancs sont indépendans des taches blanches trigones, plus grandes, groupées irrégulièrement par masses longitudinales et transverses, qui tranchent vivement sur le fond fauve brun ou orangé de la coquille, et qui lui donnent un aspect très-agréable. Longueur, près de 2 pouces 4 lignes.

169. Cône pouding. *Conus rubiginosus.*

C. testâ ovato-subcylindricâ, castaneâ aut fuscâ; maculis albis cordatis irregularibus, interdùm in flammulas confluentibus; spirâ convexo-acutâ.

Favanne, Conch. pl. 18. fig. C 4.
Martini, Conch. 2. t. 54. f. 595.
Conus rubiginosus. Brug. Dict. n°. 138.
Encyclop. pl. 344. f. 1.
Conus rubiginosus. Ann. ibid. n°. 167.

[b] *Var. fulvo-aurantia.* Mon cab.
Martini, Conch. 2. t. 54. f. 593. 594.
Encyclop. pl. 344. f. 2.

Habite l'Océan asiatique. Mon cabinet. Cette espèce se rapproche de la précédente par ses rapports; mais elle est un peu plus bombée et n'offre point les lignes circulaires perlées qui ornent l'espèce qui précède et celle qui suit. Sur un fond rouge-brun ou marron, le cône pouding présente quantité de taches blanches cordées ou trigones, inégales, en partie éparses, et en partie groupées par masses allongées. Souvent, surtout dans la var. [b], ces taches sont réunies plusieurs ensemble, et forment des flammes longitudinales interrompues. Vulg. la *caillouteuse* ou le *pouding.* Long., 20 lig.; de sa var., 2 pouces une ligne.

170. Cône plumeux. *Conus pennaceus.*

C. testâ cylindraceo-turbinatâ, subovatâ, aurantio-fuscâ; maculis albis cordiformibus longitudinaliter transversìmque congestis; lineis transversis fuscis albo-punctatis; spirâ obtusâ.

Rumph. Mus. t. 33. f. 4.
Seba, Mus. 3. t. 43. f. 3.

Conus pennaceus. Born , Mus. t. 7. f. i4.
Favanne ; Conch. pl. i8. fig. C 2.
Conus pennaceus. Brug. Dict. n°. 159.
Encyclop. pl. 344. f. 4.
Conus pennaceus. Ann. ibid. n°. 168.

Habite l'Océan asiatique. Mon cab. Il a aussi beaucoup de rapports
  avec le cône perlé, mais il est moins cylindracé, plus bombé et
  plus dilaté antérieurement, et il offre des lignes transverses très-
  nombreuses, d'un roux brun, articulées de points blancs fort petits. Ses taches blanches et cordées sont nuées d'une teinte de violet
  clair en divers endroits, et groupées par masses allongées, ondées,
  la plupart longitudinales. Longueur, 2 pouces.

171. Cône prélat. *Conus prœlatus.*

C. *testá ovato-turbinatá, luteo-fulvá; maculis trigonis vel oblongis,
  imbricatis, albo cæsio et incarnato variegatis, seriebus irregularibus confertis; lineis transversis albo castaneoque punctatis;
  spirá acutá.*

Favanne, Conch. pl. i8. fig. B.7.
Martini, Conch. 2. t. 54. f. 601.
Conus prœlatus. Brug. Dict. n°. i4o.
Encyclop. pl. 345. f. 4.
Conus prœlatus. Ann. ibid. p. 435. n°. 169.

Habite les mers des grandes Indes. Mon cabinet. Ce cône est un des
  plus jolis et des plus distincts de ce genre. Il est un peu ventru
  dans sa partie supérieure, d'un jaune-fauve presque orangé, et
  orné de petites taches en croissant, blanches, nuées de lilas, d'incarnat et de violet, comme imbriquées, et groupées par masses
  oblongues, les unes longitudinales et obliques, et les autres en
  zones irrégulières. Il offre, en outre, des lignes transverses très-
  fines, articulées de points blanchâtres et de points marrons. Longueur, 21 lignes et demie.

172. Cône petit-drap. *Conus panniculus.*

C. *testá ovato-turbinatá, albidá vel pallidè fulvá; lineis fusco-
  rubiginosis longitudinalibus undulatis creberrimis confertis;
  fasciis obscuris reticulatis; spirá acuminatá.*

Favanne, Conch. pl. i8. fig. B 6.
Conus textile. Brug. Dict. n°. i45. [var. g. [

Encyclop. pl. 347. f. 1.
Conus panniculus. Ann. ibid. n°. 170.

Habite les mers des grandes Indes. Mon cabinet. Assurément ce cône
doit être distingué du cône drap-d'or, ayant constamment une
forme et des couleurs qui lui sont particulières. Il est plus raccourci, moins cylindracé, un peu bombé, lisse, et a un aspect
rougeâtre par suite d'une multitude de lignes longitudinales onduleuses, tremblottantes, serrées, et d'un rouge brun, qui le font
paraître rayé et réticulé. Il est dépourvu de lignes transverses, et
n'offre point de taches écailleuses, si l'on en excepte celles très-
petites qui résultent des zig-zags de ses lignes longitudinales.
Longueur, 2 pouces 4 lignes et demie.

173. Cône archévêque. *Conus archiepiscopus.*

C. *testâ ovato-turbinatâ, ventricosâ, luteo-fulvâ; lineis longitudinalibus transversisque fuscis; fasciis quatuor albo cærulco
violaceoque reticulatis; spirâ acuminatâ.*

Conus archiepiscopus. Brug. Dict. n°. 141.
Encyclop. pl. 346. f. 7.
Conus archiepiscopus. Ann. ibid. n°. 171.

[b] *Var. violacea, minùs distinctè fasciata.*
D'Argenv. Conch. pl. 13. fig. I.
Favanne, Conch. pl. 18. fig. B 2.
Encyclop. pl. 346. f. 1.

[c] *Var. zonis distinctis, maculis retibusque albis compositis;
fauce roseâ.*
Martini, Conch. 2. t. 54. f. 602.
Conus canonicus. Brug. Dict. n°. 143. [var. a.]
Encyclop. pl. 345. f. 5.

Habite les mers des grandes Indes. Mon cabinet. Ce cône est ovale-
turbiné, ventru, et remarquable par ses trois ou quatre zones
transverses, réticulées, à écailles violettes ou d'un blanc bleuâtre.
Le fond jaune fauve de cette coquille ne paraît que médiocrement
et seulement dans les intervalles des zones où il est traversé par
des lignes brunes assez épaisses et par des lignes transverses de la
même couleur et plus fines. Vulg. le *drap-d'or violet.* Longueur,
2 pouces.

174. Cône chanoine. *Conus canonicus.*

C. testâ cylindraceo-turbinatâ, fuscâ; lineis transversis nigris, maculis retibusque albis inæqualibus confertis; spirâ acuminatâ, subgranosâ; fauce roseâ.

Knorr, Vergn. 3. t. 18. f. 2.
Conus canonicus. Brug. Dict. n°. 143. [var. b.]
Encyclop. pl. 345. f. 1.
Conus canonicus. Ann. ibid. p. 436. n°. 172.

Habite les mers des grandes Indes. Ce cône ne doit pas être associé avec la var. [c] du précédent, puisqu'il n'en a ni la forme ni les couleurs. Il est un peu cylindracé, brun, marqué de lignes noires transverses, et orné d'une multitude de taches blanches écailleuses, très-inégales, groupées irrégulièrement et recouvrant en grande partie le fond de la coquille. Sa spire est très-aiguë et un peu tuberculeuse ou granuleuse; son ouverture est teinte de rose. Longueur, 2 pouces, selon *Bruguières.*

175. Cône évêque. *Conus episcopus.*

C. testâ cylindraceo-turbinatâ, furvâ; maculis albis trigonis inæqualibus majusculis subfasciatis; lineis transversis albopunctatis; spirâ obtusâ.

Conus episcopus. Brug. Dict. n°. 142.
Encyclop. pl. 345. f. 2.
Conus episcopus. Ann. ibid. n°. 173.

[*b*] *Var. maculis albis minutis, absque fasciis.*
Seba, Mus. 3. t. 43. f. 6.
Encyclop. pl. 345. f. 6.

[*c*] *Var. alba, maculis fuscis latis ornata, basi valdè sulcata.*
Chemn. Conch. 10. t. 143. f. 1328.
Conus aulicus. Brug. Dict. n°. 133. [var. b.]
Encyclop. pl. 343. f. 2.

Habite les mers des grandes Indes. Mon cabinet pour la var. [c]. Cette espèce est fort différente de celle qui précède, se rapproche du cône perlé et du cône plumeux par ses lignes transverses ponctuées, et se fait remarquer par ses taches blanches et trigones, dont plusieurs sont fort grandes. Longueur de la var. [c], 5 pouces 2 lignes.

176. Cône abbé. *Conus abbas.*

C. testâ cylindraceo-turbinatâ , aurantiâ, fusco-undatâ; zonis subroseis reticulatis maculisque albis raris passim sparsis; spirâ acutâ.

Chemn. Conch. 10. t. 143. f. 1326. b. c.

Conus abbas. Brug. Dict. n°. 144.

Encyclop. pl. 345. f. 3.

Conus abbas. Ann. ibid. n°. 174.

[b] *Var. grisea , absque fasciis.*

Habite les mers des grandes Indes. Mon cabinet. Cône fort joli, qui en général ne devient pas grand, et dont la coloration est fort agréable. Sur un fond orangé, nué de marron, il offre trois zones réticulées d'une couleur plus claire que le fond, un peu rosées, et des taches très-blanches, trigones, dont les plus grandes sont rares, éparses, et éclatent sur le fond de la coquille. Ses tours de spire sont un peu concaves et finement striés. Les figures citées de *Chemniz* sont très-médiocres ; celle de l'Encyclopédie est au contraire fort bonne. Longueur de notre plus bel individu, 2 pouces 3 lignes et demie. Vulg. le *drap d'or à dentelles.*

177. Cône légat. *Conus legalus.*

C. testâ cylindraceo-turbinatâ, angustâ, albo aurantio roseoque variegatâ, fusco-undatâ; maculis albis cordatis inæqualibus; spirâ acutâ.

Conus legatus. Ann. ibid. p. 437. n°. 175.

Habite les mers des grandes Indes. Collect. du Mus. Celui-ci semble n'être qu'une variété du précédent ; mais il présente par ses couleurs et sa forme un aspect different, et les tours de sa spire ne sont point en effet concaves. Il est petit, grêle, cylindracé-conique, teint de rose, et montre quelques parties d'un fond orangé traversées longitudinalement par de gros traits bruns et ondés. Des taches blanches, cordées, petites et grandes, ornent élégamment sa superficie. Longueur ; 5 centimètres.

178. Cône drap-d'or. *Conus textile.*

C. testâ cylindraceo-ovatâ, luteâ; lineis fuscis longitudinalibus undulatis maculisque albis trigonis fulvo-circumligatis; spirâ acuminatâ.

Conus textile. Lin. Gmel. p. 3393. n°. 5g.
Bonanni, Recr. 3. f. 135.
Gualt. Test. t. 25. fig. AA.
D'Argenv. Conch. pl. 13. fig. F.
Favanne, Conch. pl. 18. fig. B 1.
Seba, Mus. 3. t. 47. f. 16. 17.
Knorr, Vergn. 1. t. 18. f. 6.
Martini, Conch. 2. t. 54. f. 599. 600.
Conus textile. Brug. Dict. n°. 145.
Encyclop. pl. 344. f. 5.
Conus textile. Ann. ibid. n°. 176.

[*b*] *Var. maculis albis reticulatis fasciata.* Mon cabinet.
Seba, Mus. 3. t. 47. f. 14.
Knorr, Vergn. 2. t. 8. f. 3.
Martini, Conch. 2. t. 54. f. 598.
Conus textile amiralis. Chemn. Conch. 10. t. 143. f. 1326. a.
Encyclop. pl. 345. f. 7.

[*c*] *Var. fasciata; reticulo tenui violaceo.*

[*d*] *Var. abbreviata, tumida, absque fasciâ.*
Favanne, Conch. pl. 18. fig. B 5.
Conus textile. Brug. [var. e.]
Encyclop. pl. 346. f. 5.

[*e*] *Var. abbreviata, turbinata, subdepressa, fasciata.*
Conus textile. Brug. [var. f.]
Encyclop. pl. 346. f. 2.

[*f*] *Var. maculis albis violaceo-cœrulescente nebulatis fasciatim
dispositis.*
Favanne, Conch. pl. 18. fig. B 4.
Conus textile. Brug. [var. h.]
Encyclop. pl. 347. f. 4.

[*g*] *Var. elongata, carnea; maculis albis minutis retibusque rufo
inclusis.*
Favanne, Conch. pl. 18. fig. B 3.
Conus textile. Brug. [var. l.]
Encyclop. pl. 347. f. 2.

[*h*] *Var. ponderosa, transversim striata, maculis cœrulescentibus
fasciata, apice roseo.*
Seba, Mus. 3 t. 43. f. 11. 12.
Chemn. Conch. 10. t. 141. f. 1311. *Mala.*
Conus textile. Brug. [var. c.]
Encyclop. pl. 346. f. 6.

[i] *Var. angustior, pallidè lutescens.*

[k] *Var. zonis albis latis; fundo vix perspicuo.* Mon cabinet.
Adans. Seneg. pl. 6. f. 7. le loman.

[l] *Var. ovoidea, anteriùs ventricosa; maculis albis trigonis non interruptis, aurantio tinctis.* Mon cabinet.
Conus textile. Brug. [var. d.]
Encyclop. pl. 347. f. 3.

Habite les mers des grandes Indes et de l'Afrique. Mon cabinet. Le cône drap-d'or est une des plus belles et des plus intéressantes espèces de son genre, tant par le volume qu'il acquiert que par sa forme, sa coloration, et les nombreuses variétés qu'il présente. Sur un fond jaune d'or ou orangé, il offre quantité de lignes brunes, longitudinales, onduleuses et comme tremblantes, et en outre une multitude de petites taches blanches, trigones, bordées de brun, et groupées comme des écailles, par masses, les unes longitudinales, les autres transverses et en fascies. Ces mêmes taches sont tantôt blanches, et tantôt nuancées d'orangé ou de bleu violet, suivant les variétés de cette espèce. Ce cône n'est point rare, et fait l'ornement des collections. Longueur de la coquille principale, type de l'espèce, 3 pouces 10 lignes; de la var. [b], 2 pouces 9 lignes.

179. Cône pyramidal. *Conus pyramidalis.*

C. testâ elongato-turbinatâ, albidâ aut aurantiâ; lineïs fuscis numerosissimis longitudinalibus flexuoso-angulatis; maculis albis irregularibus; spirâ elevatâ, acuminatâ : anfractibus superioribus nodulosis.

Favanne; Conch. pl. 18. fig. C 1.
Conus textile. Brug. Dict. n°. 145. [var. m.]
Encyclop. pl. 347. f. 5.
Conus pyramidalis. Ann. ibid. p. 438. n°. 177.

[b] *Var. fundo albido; spiræ anfractibus superioribus muticis.*

Habite les mers de la zone torride, et probablement celles des Indes orientales. Mon cab. pour la var. [b]. Cône allongé, peu renflé, à spire pyramidale, et qui, sur un fond tantôt orangé et tantôt blanchâtre, mais peu apparent, présente une multitude de lignes d'un brun pourpré, longitudinales, en zigzags, et diversement fléchies. Les intervalles ou mailles que forment ces lignes offrent des taches blanches irrégulières, les unes trigones, les autres cordiformes, et d'autres oblongues. Le grand nombre de lignes flexueuses de ce cône, qui s'entrecroisent de toutes parts, lui donne un aspect d'un rouge violâtre, et présente une réticulation irrégulière. Long., 19 lignes.

180. Cône gloire-de-la-mer. *Conus gloria maris.*

C. testâ elongatâ, cylindrico-turbinatâ, albâ, aurantio-fasciatâ, maculis albis trigonis subtilissimis fusco cinctis ad apicem us-què reticulatâ; spiræ concavo-acuminatæ anfractibus superioribus nodulosis.

Chemn. Conch. 10. t. 143. f. 1324. 1325.
Conus gloria maris. Brug. Dict. n°. 146.
Encyclop. pl. 347. f. 7.
Conus gloria maris. Ann. ibid. n°. 178.

Habite les mers des Indes orientales. Ce cône, de la division des draps-d'or, remarquable par sa forme allongée, sa spire pyramidale, le réseau à mailles fines et inégales qui occupe toute sa superficie, et sa couleur orangée émaillée de petites taches blanches et trigones, est regardé comme la coquille la plus rare et la plus précieuse de ce genre. Sa long., selon *Bruguières*, est de 5 pouces 3 lignes.

181. Cône austral. *Conus australis.*

C. testâ elongatâ, cylindrico-turbinatâ, transversìm sulcatâ, albidâ, cœruleo et flavido subfasciatâ; maculis fulvis aut fuscis; spirâ elevato-acutâ.

Conus australis. Chemn. Conch. 11. t. 183. f. 1774. 1775.
Conus australis. Ann. ibid. p. 439. n°. 179.

Habite l'Océan austral, les côtes de Botany-Bay, etc. Ce cône ne tient à l'espèce précédente que par sa forme générale, mais il n'appartient nullement à la division des draps-d'or. Il paraît constituer une espèce très-voisine du cône sillonné, si réellement il en est suffisamment distinct.

Obs. — La coquille de l'Encyclopédie, pl. 343. f. 5, est un cône que feu M. *Hwass* a fait figurer, et dont *Bruguières* n'a point donné de description. Quelques-uns de ses caractères paraissent convenir à notre cône couleuvré, n°. 165, mais les autres ne s'y rapportent point.

Espèces fossiles.

1. Cône antique. *Conus antiquus.*

C. *testâ turbinatâ, supernè dilatatâ, basi obsoletè rugosâ; spirâ planâ, subcanaliculatâ; labro arcuato.*

Conus antiquus. Ann. du Mus. vol. 15. p. 439. n°. 1.

Habite.... Fossile du Piémont. Collect. du Mus. et de feu M. *Faujas.* Il approche par sa forme et sa taille du cône arabe; mais les tours de sa spire ne sont pas tous canaliculés, et son centre s'élève un peu en pointe. C'est une coquille épaisse, turbinée, dilatée supérieurement, sans stries transverses apparentes, mais un peu ridée à sa base. La spire,, éminemment anguleuse à sa naissance, est plane, à tour extérieur un peu canaliculé, et à sutures de tous les tours bien prononcées par le sillon qu'elles forment. Longueur, près de 3 pouces et demi.

2. Cône bétulinoïde. *Conus betulinoides.*

C. *testâ oblongo-turbinatâ, lævi; basi sulcis transversis obsoletis distantibus; spirâ convexâ, mucronatâ, basi rotundatâ.*

Knorr, Pétrif. 2. pl. 103. f. 3.

Conus betulinoides. Ann. ibid. p. 440. n°. 2.

Habite.... Fossile du Piémont. Cab. de feu M. *Faujas.* Très-beau cône, d'un grand volume, pesant, et qui, par la forme de sa spire, approche du cône tine [*C. betulinus*]; mais il est proportionnellement plus allongé, à spire moins large, et n'est point échancré à sa base. Il est lisse, n'offre que des stries longitudinales d'accroissement peu sensibles, et vers sa base des sillons transverses écartés, faiblement marqués. Les tours de sa spire ne sont point canaliculés, et ont leurs sutures bien prononcées par un sillon en spirale. Longueur, environ 4 pouces 2 lignes.

3. Cône en massue. *Conus clavatus.*

C. *testâ turbinato-clavatâ; striis longitudinalibus arcuatis; spirâ elevatâ, subacutâ: anfractibus convexis.*

Knorr, Petrif. 2. pl. 101. n°. 39. f. 3. et pl. 43. f. 4.

Conus clavatus. Ann. ibid. n°. 3.

Habite.... Fossile des environs de Dax, dans la France méridionale. Mon cab. Cette espèce paraît être très-distinguée, par la forme de sa spire, de tous les cônes vivans connus. Elle se rapproche, par sa taille et son aspect général, du cône memnonite; mais sa spire n'est point couronnée. C'est une coquille épaisse, pesante, conique-ovale ou en massue, et qui offre des stries longitudinales d'accroissement un peu arquées. Sa spire est élevée, conique, composée de neuf ou dix tours convexes, non striés. Long., 3 pouces ou environ.

4. Cône noisette. *Conus avellana.*

C. testâ brevi, turbinatâ, basi substriatâ; spirâ convexiusculâ, subacuminatâ.

Conus avellana. Ann. ibid. n°. 4.

Habite.... Fossile du Piémont. Collect. du Mus. Petit cône dont la forme et la taille approchent de celles du cône réseau [*C. mercator*]; il est turbiné, court, étroit inférieurement; à spire très-brève, légèrement convexe, à sommet un peu pointu. Il varie à tours de spire simples dans les uns et un peu striés circulairement dans les autres. Longueur, 11 lignes.

5. Cône moyen. *Conus intermedius.*

C. testâ turbinatâ, lœvi, basi transversim sulcatâ; spirâ convexo-acutâ : anfractibus non striatis.

Conus intermedius. Ann. ibid. p. 441. n°. 5.

Habite..... Fossile des environs de Bologne en Italie. Cabinet de feu M. *Faujas.* Ce cône, par sa forme et sa taille, semble tenir le milieu entre le *C. clavatus* et le *C. deperditus.* Il est conique-ovale, assez épais, pesant, lisse, ridé ou sillonné transversalement à sa base, qui n'offre aucune échancrure. Sa spire est courte, convexe, pointue, à tours obliques ou un peu aplatis, nullement striés ni canaliculés, et qui s'élèvent les uns au-dessus des autres successivement, mais sans former un angle aigu comme dans l'espèce suivante. Longueur, 64 millimètres.

6. Cône perdu. *Conus deperditus.*

C. testâ turbinatâ, transversim striatâ, basi sulcatâ, integrâ; spirâ scalariformi, acutâ, canaliculatâ, striatâ, subdecussatâ.

D'Argenv. Conch. pl. 29. f. 8.

Favanne, Conch. pl. 66. fig. G 1.

Conus deperditus. Brug. Dict. n°. 80.

Encyclop. pl. 337. f. 7.

Conus deperditus. Ann. ibid. n°. 6.

[b] *Var. valdè transversìm striata.*

[c] *Var. spiræ anfractibus crenatis.*

Habite... Fossile très-commun à Grignon, près de Versailles, et qui se trouve aussi à Courtagnon, dans les environs de Bordeaux, et même en Italie. Mon cabinet. Coquille conique, rétrécie vers sa base, striée transversalement, mais plus faiblement dans sa moitié supérieure que dans l'inférieure. Sa spire est un peu élevée, pointue, en rampe d'escalier, et composée de neuf ou dix tours anguleux, un peu canaliculés, striés circulairement, et même un peu treillissés par les stries arquées des anciens bords droits, qui se croisent avec les autres. On regarde ce cône comme l'analogue fossile du cône treillissé qui vit dans l'Océan Pacifique. En effet, *Bruguières*, qui a comparé les deux coquilles, fut complétement de cette opinion. Il observe que le cône treillissé ne diffère du cône perdu que par la saillie un peu plus grande de ses stries circulaires. Mais je possède des individus du cône fossile dont les stries circulaires sont éminemment prononcées et saillantes. Ainsi ce cône est mal nommé. Les plus grands individus du *conus deperditus* ont 2 pouces 4 lignes de longueur.

7. Cône antidiluvien. *Conus antidiluvianus.*

C. *testâ oblongo-turbinatâ, subfusiformi, coronatâ, transversìm striatâ, basi sulcatâ; spirâ elevato-acutâ, tertiam partem æquante.*

Conus antidiluvianus. Brug. Dict. n°. 37.

Encyclop. pl. 347. f. 6.

Conus antidiluvianus. Ann. ibid. p. 442. n°. 7.

Habite..... Fossile de Courtagnon, en Champagne. Mon cabinet. Ce cône est le plus effilé de tous ceux de ce genre, et le moins dilaté à la naissance de sa spire; il semble même fusiforme, à cause de sa spire élevée et aiguë, et se rétrécit fortement vers sa base. Le bord droit de son ouverture est arqué comme dans les pleurotomes. Les tours de sa spire sont en rampe d'escalier, à talus oblique presque lisse, et offrent chacun, dans leur milieu, un angle noduleux, courant jusqu'au sommet. Cette espèce est rare, et avoisine évidemment le cône perdu, par ses rapports. Longueur, 2 pouces 4 lignes.

8. Cône turriculé. *Conus turritus.*

C. testâ subfusiformi, infernè sulcato - punctatâ; spirâ elevato-
acutâ : anfractibus angulatis subcrenatis obliquis.

Conus turritus. Ann. ibid. n°. 8.

Habite..... Fossile de Courtagnon. Mon cabinet. Ce cône est presque
fusiforme, et a sa spire élevée, occupant plus du tiers de la longueur de la coquille. Les tours de cette spire ne sont point canaliculés comme dans le cône perdu, ni striés, mais en talus; ils
sont finement plissés près des sutures. Les sillons transverses de
la moitié inférieure de ce cône sont des séries de points creux.
Longueur, environ 14 lignes.

9. Cône stromboïde. *Conus stromboides.*

C. testâ exiguâ, subfusiformi, transversìm striatâ; spirâ acutâ,
obsoletè nodosâ : anfractibus obtusis, margine subplicatis.

Conus stromboides. Ann. ibid. n°. 9.

Habite.... Fossile de Grignon. Mon cabinet. Cette coquille est encore
fusiforme, très-petite, et n'a que 5 lignes de longueur. Elle est
partout finement striée transversalement, et offre une spire élevée, aiguë, à tours noduleux, ne formant point de rampe. Le
bord droit de l'ouverture est arqué et très-mince. La base n'est
point échancrée.

SUPPLÉMENT

A DIVERS GENRES

DE GASTÉROPODES

ET DE TRACHÉLIPODES,

COMPRENANT

L'INDICATION DES COQUILLES FOSSILES QUI NE FURENT POINT CITÉES SOUS LEURS GENRES RESPECTIFS.

OBSERVATIONS.

Obligé de parler, en traitant des mollusques, des produits nombreux et extrêmement variés de ces animaux, produits qui sont le plus souvent les seuls objets que nous en connaissions, je m'étais borné d'abord à ne mentionner que ceux qui sont dans l'état frais et dont nos collections sont remplies. Mais, depuis, considérant l'importance de l'étude de la géologie, dont les naturalistes modernes s'occupent avec beaucoup de zèle, j'ai senti la nécessité de faire connaître les coquilles fossiles de divers genres que je suis parvenu à me procurer ou à observer, et de contribuer, par leur exposition, à remplir le but intéressant que se proposent les géologistes. En conséquence, ayant déjà cité, à la suite de plusieurs des genres de mes gastéropodes et trachélipodes, des coquilles fossiles qui y appartiennent et que j'ai connues, tandis que dans beaucoup d'autres j'ai négligé cette citation, je me propose ici de réparer ces omis-

sions, et de mentionner successivement toutes celles que j'ai décrites dans les Annales du Muséum, en suivant l'ordre de leurs
genres respectifs, tel qu'il est indiqué dans cet ouvrage.

CALYPTRÉE. (*Calyptræa.*)

1. Calyptrée difforme. *Calyptræa deformis.*

C. testâ elevato-conicâ, transversè rugosâ, apice mucrone curvo terminatâ, modò basi orbiculatâ, modò lateraliter depressâ.

Habite..... Fossile des environs de Bordeaux, où il est très-commun. Mon cabinet. Cette espèce varie beaucoup dans sa forme, mais est toujours assez élevée et conoïde. Hauteur des plus grands individus, près d'un pouce; diam. de la base, 18 lignes.

2. Calyptrée déprimée. *Calyptræa depressa.*

C. testâ suborbiculari, convexo-depressâ, transversìm rugosâ, striis longitudinalibus tenuissimis decussatâ; mucrone terminali brevissimo.

Habite..... Fossile des environs de Bordeaux. Mon cabinet. Celle-ci est très-surbaissée et d'une forme bien moins irrégulière que la précédente. Hauteur, 2 lignes et demie; diam. de la base, 11 lig. et demie.

BULLE. (*Bulla.*)

1. Bulle ovulée. *Bulla ovulata.*

B. testâ ovatâ, transversìm striatâ : striis medianis distantibus; spirâ perforatâ, inclusâ.

Bulla ovulata. Annales du Mus., vol. 1. p. 221. n°. 1.

Habite..... Fossile de Grignon. Cabinet de M. *Defrance.* Coquille ovale, un peu bombée, ressemblant à un petit œuf d'oiseau. Elle est striée transversalement dans toute sa longueur. Diam. longit., 12 millimètres.

2. Bulle striatelle. *Bulla striatella.*

> B. testâ ovato-cylindricâ, transversim tenuissimèque striatâ; spirâ retusâ, canaliculatâ; labro supernè soluto.

Bulla striatella. Ann. ibid. n°. 2.

Habite..... Fossile de Grignon. Cabinet de M. *Defrance.* Coquille presque cylindrique, courte, obtuse, mince, très-fragile, et finement striée en travers. Longueur, 8 millimètres.

3. Bulle cylindrique. *Bulla cylindrica.*

> B. testâ oblongâ, cylindricâ, basi præcipuè striis transversis sculptâ; vertice umbilicato.

Bulla cylindrica. Brug. Dict. n°. 1.
Bulla cylindricâ. Ann. ibid. p. 222. n°. 3.

Habite.... Fossile de Grignon. Mon cabinet et celui de M. *Defrance.* Coquille fort différente du *B. cylindrica* de Gmelin, que Bruguières a nommé *B. solida.* Longueur, 4 lignes trois quarts.

4. Bulle couronnée. *Bulla coronata.*

> B. testâ oblongâ, subcylindricâ, basi transversè striatâ; vertice umbilicato margineque coronato.

Bulla coronata. Ann. ibid. n°. 4.

Habite..... Fossile de Grignon. Cabinet de M. *Defrance.* Elle a beaucoup de rapports avec la précédente, mais elle s'en distingue en ce qu'elle est plus grêle, plus rétrécie à ses extrémités, et surtout en ce que son sommet est couronné d'un rebord remarquable chargé de stries qui se croisent. Longueur, 12 ou 13 millimètres.

HÉLICINE. (Helicina.)

1. Hélicine douteuse. *Helicina dubia.*

> H. testâ semiglobosâ, lævi, nitidulâ; aperturâ rotundatâ.

Helicina dubia. Annales, vol. 5. p. 91. n°. 1.

Habite..... Fossile de Grignon. Cabinet de M. *Defrance*. Petite coquille semi-globuleuse, lisse, un peu luisante, légèrement déprimée, et qui n'excède pas 4 millimètres dans sa largeur. Sa columelle est calleuse et aplatie inférieurement, comme dans les véritables hélicines ; mais son ouverture est arrondie-ovale, et ne diffère guère de celle des turbos.

BULIME. (Bulimus.)

1. Bulime blanchâtre. *Bulimus albidus.*

B. *testâ ovatâ, lævigatâ; anfractibus convexiusculis, subsenis; aperturâ semiovatâ.*

An buccinum? Gualt. Test. t. 5. f. 55.

Bulimus albidus. Annales, vol. 4. p. 291. n°. 1.

Habite.... Fossile des environs de Crépy en Valois. Mon cabinet. Il a six ou sept tours de spire, dont le dernier est beaucoup plus grand que les autres. L'ombilic de la base de sa columelle est presque entièrement recouvert par le bord gauche de son ouverture. Longueur, 15 à 20 millimètres.

2. Bulime petite-harpe. *Bulimus citharellus.*

B. *testâ ovato-conicâ, transversè striatâ; costis crebris longitudinalibus; apice mamilloso.*

Bulimus citharellus. Ann. ibid. n°. 2.

Habite.... Fossile de Parnes. Cab. de M. *Defrance*. Coquille ovale-conique, n'ayant que quatre tours de spire, et à peine longue de 4 millimètres. Est-ce véritablement un bulime?

3. Bulime en tarrière. *Bulimus terebellatus.*

B. *testâ umbilicatâ, turritâ; anfractibus lævissimis; aperturâ ovatâ, utrinquè acutâ.*

Turbo terebellum. Chemn. Conch. 10. t. 165. f. 1592. 1593.

Bulimus terebellatus. Ann. ibid. n°. 3.

Habite.... Fossile de Grignon. Mon cabinet. Coquille turriculée comme une vis, très-lisse à sa surface, offrant environ douze tours de spire légèrement convexes. Son ouverture est très-singulière en ce qu'elle se termine en pointe au sommet et à la base qui est carinée, et qui offre un ombilic infundibuliforme qui s'étend dans toute la longueur de la columelle. Cette coquille est longue de deux centimètres.

4. Bulime aciculaire. *Bulimus acicularis.*

B. testâ elongato-turritâ, gracili; anfractibus lævibus numerosis; aperturâ ovali, minimâ.

Bulimus acicularis. Ann. ibid. p. 292. n°. 4.

Habite.... Fossile de Grignon. Cab. de M. *Defrance.* Petite coquille turriculée, fort grêle, dont la spire est allongée et aiguë presque comme une épingle. Elle a treize ou quatorze tours petits, très-lisses et même luisans. Les bords de son ouverture sont désunis supérieurement. Long., 6 ou 7 millimètres.

5. Bulime luisant. *Bulimus nitidus.*

B. testâ turritâ, lævissimâ; anfractibus convexiusculis; aperturâ oblongâ; labro arcuato.

Bulimus nitidus. Ann. ibid. n°. 5.

Habite.... Fossile de Grignon et de Parnes. Cab. de M. *Defrance.* Celui-ci se rapproche beaucoup de notre agathine aiguillette; mais sa spire est plus pointue, et ses tours sont plus nombreux. Long., 6 millimètres.

6. Bulime sextone. *Bulimus sextonus.*

B. testâ turritâ; anfractibus convexis, lævigatis, subsenis; aperturâ ovatâ.

Bulimus sextonus. Ann. ibid. n°. 6.

Habite.... Fossile de Villiers et Grignon. Cab. de M. *Defrance.* Il ressemble beaucoup au *B. lubricus.* Son ouverture néanmoins est un peu plus courte, et le sommet de sa spire est moins obtus. Longueur, 4 à 5 millimètres.

7. Bulime petit-cône. *Bulimus conulus.*

B. testâ conicâ, lævigatâ; anfractuum margine superiore subcanaliculato; spirâ acutâ.

Bulimus conulus. Ann. ibid. p. 293. n°. 7.

Habite.... Fossile de Grignon. Cabinet de M. *Defrance*. Petite coquille conique, pointue au sommet, lisse, et composée de sept tours de spire médiocrement convexes, dont le bord supérieur est enfoncé et semble canaliculé. Ouverture ovale. Longueur, 4 à 5 millimètres.

8. Bulime chevillette. *Bulimus clavulus.*

B. testâ turritâ; anfractibus planulatis, senis; striis transversis obsoletis.

Bulimus clavulus. Ann. ibid. n°. 8,

Habite.... Fossile de Grignon. Cab. de M. *Defrance*. Il est turriculé, presque cylindrique, pointu, et a six tours un peu aplatis. Ouverture ovale-oblongue. Longueur, 5 millimètres.

9. Bulime striatule. *Bulimus striatulus.*

B. testâ ovato-conicâ, abbreviatâ; anfractibus convexis, transversìm tenuissimèque striatis.

Bulimus striatulus. Ann. ibid. n°. 9.

Habite.... Fossile de Grignon. Cab. de M. *Defrance*. Il est pointu au sommet, et a cinq tours de spire bien convexes. Ouverture ovale. Longueur, 2 millimètres.

10. Bulime nain. *Bulimus nanus.*

B. testâ ovato-conicâ, minimâ; anfractibus convexis, verticaliter plicatis : plicis exiguis.

Bulimus nanus. Ann. ibid. n°. 10.

Habite.... Fossile de Grignon. Cab. de M. *Defrance*. Petite coquille ovale-conique, composée de cinq tours convexes, ornés de plis verticaux nombreux et fort petits. Ouverture exactement ovale. Longueur, 2 millimètres au plus.

Espèces douteuses.

11. Bulime buccinal. *Bulimus buccinalis.*

B. testâ oblongo-conicâ, transversìm striatâ; anfractibus convexis; aperturâ integrâ, basi subangulatâ.

Bulimus buccinalis. Ann. ibid. p. 294.

Habite.... Fossile de Grignon. Cab. de M. *Defrance.* Cette coquille, quoique peu épaisse, semble marine, et a l'aspect d'un buccin; mais elle n'a aucune échancrure à sa base. Elle offre environ sept tours, éminemment striés, et dont le dernier est beaucoup plus grand que les autres. Son ouverture forme un angle assez remarquable à sa base. Bord droit garni en dehors d'un bourrelet médiocre. Longueur, un centimètre.

12. Bulime turbiné. *Bulimus turbinatus.*

B. testâ ovato-conicâ, abbreviatâ, verticaliter costatâ; striis transversis minimis intercostalibus; aperturâ subrotundo-ovatâ.

Bulimus turbinatus. Ann. ibid.

Habite.... Fossile de Pontchartrain. Cab. de M. *Defrance.* Celui-ci semble se rapprocher plus des turbos que des bulimes; mais son ouverture n'est pas véritablement ronde, et ses bords se réunissent de manière à ne permettre aucune saillie dans l'ouverture à l'avant-dernier tour. Il est court pour sa grosseur, et offre six ou sept tours de spire dont le dernier est beaucoup plus grand que les autres. Longueur, 5 ou 6 millimètres.

13. Bulime treillissé. *Bulimus decussatus.*

B. testâ conicâ; striis transversis verticalibusque decussatis; aperturâ basi effusâ.

Bulimus decussatus. Ann. ibid.

Habite.... Fossile de Louvres. Cab. de M. *Defrance.* L'évasement singulier de la base de son ouverture indique que cette coquille devrait être rangée parmi les mélanies; cependant je doute qu'elle soit fluviatile. Elle a six ou sept tours convexes. Longueur, à peine 4 millimètres.

14. Bulime cyclostome. *Bulimus cyclostoma.*

B. testâ cylindraceo-conicâ, subumbilicatâ; anfractibus lævibus convexis; aperturâ ovato-subrotundâ.

Bulimus cyclostomus. Ann. ibid.

Habite..... Fossile de Crépy et Grignon. Cabinet de M. *Defrance.* Il semble se rapprocher des cyclostomes, mais son ouverture n'est pas complètement ronde, et ses bords ne sont ni ouverts ni réfléchis en dehors. Longueur, un peu plus de 3 millimètres.

15. **Bulime antidiluvien.** *Bulimus antidiluvianus.*

> *B. testâ pyramidatâ, acutâ; anfractibus lævibus vix convexis; aperturâ ovatâ.*
>
> *Bulimus antidiluvianus.* Poiret, Prodr. p. 36.
> *Bulimus antidiluvianus.* Ann. ibid. p. 295.
>
> Habite.... Fossile du Soissonnais; se trouve sur la route de Soissons à Château-Thierry, dans une couche de limon marneux, entre deux autres de tourbe pyriteuse. Communiqué par M. *Poiret.* Longueur, 14 à 15 millimètres.

AURICULE. (Auricula.)

1. **Auricule sillonnée.** *Auricula sulcata.*

> *A. testâ ovato-conicâ, transversìm sulcatâ; spirâ acutâ; columellâ uniplicatâ.*
>
> *Auricula sulcata.* Annales, vol. 4. p. 434. n°. 1.
>
> Habite.... Fossile de Grignon. Mon cabinet et celui de M. *Defrance.* Coquille ovale-conique, pointue au sommet, régulièrement sillonnée transversalement dans toute sa longueur, et qui a huit tours de spire. Ouverture oblongue, rétrécie supérieurement. Cette coquille semble avoisiner notre tornatelle brocard, mais sa spire est un peu plus élevée et aiguë. Longueur, 18 millimètres.

2. **Auricule ovale.** *Auricula ovata.*

> *A. testâ ovato-acutâ, subventricosâ, lævi; labro intùs marginato; columellâ subtriplicatâ.*
>
> *Auricula ovata.* Ann. ibid. p. 435. n°. 2.
>
> Habite.... Fossile de Grignon. Cabinet de M. *Defrance.* Celle-ci est moins allongée que la précédente. Un petit bourrelet bordant intérieurement le bord droit de l'ouverture lui forme un limbe aplati, qui rend la coquille très-remarquable. Longueur, 12 à 15 millimètres.

3. Auricule grimaçante. *Auricula ringens.*

A. testâ ovato-acutâ, turgidulâ , transversìm striatâ; aperturæ marginibus calloso-marginatis ; columellâ subtriplicatâ.

Auricula ringens. Ann. ibid. n°. 3.

Habite.... Fossile de Grignon ; se trouve aussi dans les environs de Bordeaux. Mon cabinet et celui de M. *Defrance.* Petite coquille fort singulière, qui est très-voisine par ses rapports de notre tornatelle piétin. Les deux bords de son ouverture sont épais, calleux, marginés, surtout le bord droit, qui a un bourrelet saillant à l'extérieur. Longueur, 4 à 5 millimètres.

4. Auricule miliole. *Auricula miliola.*

A. testâ ovato-conicâ, lævi; columellâ uniplicatâ.

Auricula miliola. Ann. ibid. n°. 4.

Habite.... Fossile de Grignon. Cabinet de **M.** *Defrance.* Petite coquille peu remarquable par sa forme, et qui n'est guère plus grosse qu'un grain de millet. Elle a cinq tours de spire. Longueur, 4 millimètres.

5. Auricule grain-d'orge. *Auricula hordeola.*

A. testâ ovato-conicâ, lævigatâ; labro intùs striato; columellâ uniplicatâ.

Auricula hordeola. Ann. ibid. p. 436. n°. 5.

[*b*] *Eadem magis elongata, nitida; labro obsoletè striato.*

Habite.... Fossile de Grignon. Cabinet de **M.** *Defrance.* Coquille ovale-conique ou oblongue, et qui a six ou sept tours de spire. Longueur, 5 à 8 millimètres.

6. Auricule aiguillette. *Auricula acicula.*

A. testâ turrito-cylindricâ, lævigatâ; aperturâ brevi , ovatâ; columellâ·uniplicatâ.

Auricula acicula. Ann. ibid. n°. 6.

Habite.... Fossile de Grignon. Cabinet de **M.** *Defrance.* Coquille singulière par sa forme grêle et allongée, et en manière d'aiguillette. Longueur, 8 ou 9 millimètres.

7. Auricule en tarrière. *Auricula terebellata.*

> *A. testâ turritâ, lœvi; aperturâ brevi, semiovatâ; columellâ triplicatâ.*
>
> *Auricula terebellata.* Ann. ibid. n°. 7.
>
> Habite... Fossile de Grignon. Cabinet de M. *Defrance.* Coquille turriculée, lisse, à neuf ou dix tours de spire, et longue de 10 à 13 millimètres. Serait-ce une pyramidelle?

CYCLOSTOME. (Cyclostoma.)

1. Cyclostome cornet-de-pasteur. *Cyclostoma cornu pastoris.*

> *C. testâ orbiculato-convexâ, transversim striatâ; anfractibus teretibus, basi solutis.*
>
> *Cyclostoma cornu pastoris.* Annales, vol. 4. p. 114. n°. 1.
>
> Habite.... Fossile de Grignon. Cabinet de M. *Defrance.* Petite coquille blanche, orbiculaire, convexe, formée de quatre tours de spire dont le dernier se détache un peu à sa base. Elle a un ombilic infundibuliforme qui remplace sa columelle. Largeur, 2 millimètres.

2. Cyclostome spiruloïde. *Cyclostoma spiruloides.*

> *C. testâ orbiculatâ, lœviusculâ, pellucidâ, nitidâ; ultimo anfractu soluto.*
>
> *Cyclostoma spiruloides.* Ann. ibid. n°. 2.
>
> Habite... Fossile de Grignon. Cabinet de M. *Defrance.* Il offre trois tours de spire disposés circulairement comme dans les planorbes et dont le dernier est libre et détaché des autres. Largeur, à peine 3 millimètres.

3. Cyclostome planorbuloïde. *Cyclostoma planorbuloides.*

> *C. testâ orbiculatâ, lœvi, solidulâ, infernè umbilicatâ.*
>
> *Cyclostoma planorbula.* Ann. ibid. n°. 3.

Habite.... Fossile de Grignon. Cabinet de M. *Defrance*. Cette petite coquille serait un planorbe si son ouverture n'était entièrement ronde, l'avant-dernier tour n'y faisant aucune saillie. Largeur, 2 millimètres.

4. Cyclostome à grande bouche. *Cyclostoma macrostoma.*

C. testâ orbiculatâ, lævi, pellucidâ; aperturâ patulâ, maximâ, subellipticâ.

Cyclostoma macrostoma. Ann. ibid. n°. 4.

Habite.... Fossile de Grignon. Cabinet de M. *Defrance*. Coquille extrêmement petite, et singulière par la grandeur disproportionnée de son ouverture. Ombilic recouvert. Largeur, un millimètre.

5. Cyclostome momie. *Cyclostoma mumia.*

C. testâ cylindraceo-conicâ, solidulâ; striis transversis longitudinalibusque obsoletis; aperturâ subrotundo-ovatâ.

Cyclostoma mumia. Ann. ibid. p. 115. n°. 5.

Habite.... Fossile de Grignon; se trouve aussi dans les environs de Vannes. Mon cabinet et celui de M. *Defrance*. Coquille cylindracée inférieurement, pointue au sommet, composée de huit ou neuf tours légèrement convexes. Son ouverture est arrondie-ovale, oblique, à bords réunis, à peine réfléchis, et épaissis en un petit bourrelet marginal. Longueur, 25 ou 26 millimètres.

Nota. Cette espèce a été mentionnée par erreur comme un cyclostome dans l'état frais et placée au milieu de ce genre dans la seconde partie du sixième volume [p. 146, n°. 15]; mais c'est ici qu'il faut la rapporter, puisqu'elle est fossile.

6. Cyclostome turritellé. *Cyclostoma turritellata.*

C. testâ turritâ; anfractibus convexis, striis transversis verticalibusque subdecussatis.

Cyclostoma turritellata. Ann. ibid. n°. 6.

Habite.... Fossile de Grignon. Cabinet de M. *Defrance*. Il a dix tours de spire convexes, chargés de stries fines et transverses qui se croisent avec d'autres stries verticales. Sa face inférieure est lisse et n'offre aucune strie. Les bords de son ouverture ne sont point dilatés. Longueur, 5 ou 6 millimètres.

2. Mélanie lactée. *Melania lactea.*

M. testá turritâ, crassâ; anfractibus convexiusculis : inferioribus lœvibus; supremis verticaliter striatis.

Bulimus lacteus. Brug. Dict. n°. 45.
Melania lactea. Ann. ibid. n°. 2.

[b] *Eadem anfractibus omnibus transversè striatis.*

Habite.... Fossile de Grignon, de Courtagnon, etc. Mon cabinet. Cette espèce est un peu moins grande que celle qui précède, car elle n'a que trois centimètres ou à peu près de longueur. Elle est turriculée, pointue au sommet, et a neuf ou dix tours de spire dont les inférieurs sont lisses, et les supérieurs offrent quelques stries transverses, avec de verticales très-distinctes. Columelle un peu épaisse et calleuse supérieurement.

3. Mélanie bordée. *Melania marginata.*

M. testâ conico-turritâ; striis transversis remotiusculis; anfractibus supernè subcanaliculatis; aperturâ marginatâ.

Bulimus turricula. Brug. Dict. n°. 44.
Melania marginata. Ann. ibid. n°. 3.

Habite.... Fossile de Grignon, de Courtagnon, etc. Mon cabinet. Coquille conique-turriculée, à onze ou douze tours aplatis, dont le bord supérieur saillant et un peu planulé forme une rampe qui tourne autour de la spire. Les stries transverses, au nombre de cinq sur chaque tour, sont un peu écartées les unes des autres : le tour inférieur en a davantage. On voit un rebord épais, un peu large, et qui forme un bourrelet remarquable à l'extérieur du bord droit. Longueur, 3 centimètres.

4. Mélanie grain-d'orge. *Melania hordacea.*

M. testâ turritâ, transversè striatâ; anfractibus vix convexis; aperturâ perparvâ.

Melania hordacea. Ann. ibid. p. 431. n°. 4.

[b] *Eadem anfractibus sublœvibus.*

Habite.... Fossile de Houdan. Cabinet de M. *Defrance.* Petite coquille turriculée, longue d'un centimètre ou environ, et qui ressemble à une chevillette ou à une petite corne. Elle a huit ou dix tours de spire à peine convexes, séparés les uns des autres par un petit étranglement, et munis chacun de cinq stries transverses. L'évasement de la base de son ouverture est médiocre et peu remarquable.

Mélanie caniculaire. *Melania canicularis.*

M. testâ turrito-subulatâ; anfractibus convexiusculis, transversìm tenuissimèque striatis; aperturâ minimâ.

Melania canicularis. Ann. ibid. n°. 5.

Habite.... Fossile de Grignon. Cab. de M. *Defrance.* Petite coquille turriculée, presque subulée, grêle, et qui ressemble à une dent canine aiguë. Elle a douze tours de spire un peu convexes, finement striés en travers. Ouverture ovale et fort petite. Longueur, 11 millimètres.

Mélanie semi-croisée. *Melania semidecussata.*

M. testâ turritâ, transversè rugosâ; anfractuum parte superiore decussatâ, plicato-crispâ.

Melania corrugata. Ann. ibid. n°. 6.

Habite.... Fossile de Pontchartrain. Cab. de M. *Defrance.* Espèce très-belle et fort remarquable par ses stries transverses et par leur croisement sur les tours supérieurs, ainsi que sur la moitié supérieure des autres tours, avec des rides verticales qui font paraître la coquille plissée, froncée et comme granuleuse en sa superficie. Ouverture ovale-oblongue, bien évasée à sa base. Longueur, 22 à 25 millimètres.

Mélanie semi-plissée. *Melania semiplicata.*

M. testâ abbreviatâ, conicâ, transversè striatâ; anfractibus verticaliter subplicatis; aperturæ sinu productiusculo.

Melania semiplicata. Ann. ibid. p. 432. n°. 7.

Habite.... Fossile de Parnes. Cab. de M. *Defrance.* Coquille courte, conique, un peu renflée inférieurement, et singulière en ce que l'évasement de la base de son ouverture forme un sinus qui s'avance un peu en bec de lampe. Elle est finement striée en travers, avec des plis verticaux peu éminens. Tours de spire au nombre de dix. Longueur, 19 millimètres.

8. Mélanie brillante. *Melania nitida.*

M. testâ subulatâ; anfractibus omnibus lævibus nitidissimis.

Melania nitida. Ann. ibid. n°. 8.

Habite.... Fossile de Grignon et de Parnes. Cab. de M. *Defrance.* Petite coquille turriculée, subulée, grêle, fort aiguë au sommet, et partout lisse, polie et brillante. Elle a quatorze ou quinze tours de spire; son ouverture est petite, ovale, légèrement évasée à la base. Longueur, 11 à 12 millimètres.

9. Mélanie semi-striée. *Melania semistriata.*

M. testâ oblongâ, subturritâ; anfractibus superioribus striis verti-calibus tenuissimis : inferioribus lævibus.

Melania semistriata. Ann. ibid. n°. 9.

Habite.... Fossile de Grignon. Cab. de M. *Defrance.* Celle-ci a les tours inférieurs lisses et polis, mais les supérieurs sont ornés de stries verticales très-fines. Ouverture ovale – oblongue, bien évasée à la base. Longueur, à peine 9 millimètres.

10. Mélanie cuilleronne. *Melania cochlearella.*

M. testâ abbreviato-turritâ; sulcis longitudinalibus exiguis; labro brevi, producliusculo, margine incrassato.

Melania cochlearella. Ann. ibid. n°. 10.

[*b*] *Eadem longior, labro minùs producto.*

Habite.... Fossile de Grignon. Cab. de M. *Defrance.* Cette mélanie semble avoisiner les cérites par la forme de son ouverture, dont le bord droit s'avance un peu en cuilleron, et dont la base s'évase en un petit sinus, mais sans former aucun canal. La coquille est conique-turriculée, pointue au sommet, chargée de sillons verti-caux, nombreux, très-fins, et un peu courbes. Son ouverture est ovale, oblique, à bord droit épaissi, et presque marginé. Long., 10 ou 12 millimètres.

11. Mélanie fragile. *Melania fragilis.*

M. testâ subturritâ, tenui; sulcis longitudinalibus exiguis; an-fractibus convexis.

Melania fragilis. Ann. ibid. p. 433. n°. 11.

Habite... Fossile de Grignon. Cab. de M. *Defrance*. Elle a des rapports avec la précédente; mais elle en diffère par son ouverture,
son bord droit ne s'avançant point en cuilleron. Ses tours sont
convexes et au nombre de sept. Cette coquille est mince, fragile,
et longue de 5 à 6 millimètres.

12. Mélanie douteuse. *Melania dubia.*

*M. testâ ovato-conicâ, verticaliter costatâ; striis transversis mini-
mis; aperturæ sinu subcanaliculato.*

Melania dubia. Ann. ibid. n°. 12.

Habite.... Fossile de Pontchartrain. Cab. de M. *Defrance*. Je soupçonne que cette coquille n'est qu'un rocher à canal obsolète ou imparfait. Elle est chargée de stries transverses très-fines, et de
côtes verticales un peu grossières, qui s'effacent ou disparaissent
presque entièrement sur le dernier tour. L'évasement de la base
de l'ouverture tronque ou raccourcit celle de la columelle, et semble être le commencement d'un petit canal. Long., 7 millimètres.

AMPULLAIRE. (Ampullaria.)

1. Ampullaire pygmée. *Ampullaria pygmœa.*

*A. testâ ventricosâ, discoideo-globosâ, lævi, basi umbilicatâ;
aperturâ elongatâ.*

Ampullaria pygmœa. Annales, vol. 5. p. 50. n°. 1.

Habite.... Fossile de Chaumont. Cabinet de M. *Defrance*. Coquille
mince, fort petite, ayant à peine 2 millimètres de largeur sur une
longueur un peu moindre. Spire très-obtuse; ouverture prolongée
inférieurement.

2. Ampullaire enfoncée. *Ampullaria excavata.*

*A. testâ ventricosâ, subglobosâ, lævi; columellâ sinuoso-cavâ,
perforatâ.*

Ampullaria excavata. Ann. ibid. p. 31. n°. 2.

Habite.... Fossile de Grignon. Cabinet de M. *Defrance*. Je rapporte
avec doute à ce genre une coquille fort singulière par l'enfoncement sinueux de sa base, et qui d'ailleurs ressemble presque à une

petite hélice. Elle est très-ventrue, un peu globuleuse, lisse en sa superficie, n'offre que quatre tours, et n'a que 6 à 7 millimètres de largeur.

3. Ampullaire conique. *Ampullaria conica.*

A. testâ ovato-conicâ; anfractibus lœvibus, convexis; umbilico semitecto.

Ampullaria conica. Ann. ibid. n°. 3.

Habite.... Fossile de Betz. Cabinet de M. *Defrance.* Cette coquille serait un bulime si l'avant-dernier tour formait une saillie dans l'ouverture. Elle est ovale-conique, à tour inférieur ventru, ayant un ombilic à demi-recouvert. Spire composée de six ou sept tours. Longueur, 31 à 32 millimètres.

4. Ampullaire pointue. *Ampullaria acuta.*

A. testâ ventricosá, lœvi; spirâ brevi, acutâ; umbilico semitecto.

Ampullaria acuta. Ann. ibid. n°. 4.

Habite.... Fossile de Courtagnon et de Grignon. Mon cabinet. Coquille ventrue, lisse, à spire peu élevée et pointue, composée de huit tours. Ouverture oblongue, un peu oblique, à bord inférieur déprimé et presque réfléchi. Ombilic en partie recouvert, et quelquefois totalement. Longueur, 3 centimètres sur 25 millimètres de largeur.

5. Ampullaire acuminée. *Ampullaria acuminata.*

A. testâ basi ventricosâ, lœvi; spirâ elongato-acuminatâ; umbilico tecto.

Ampullaria acuminata. Ann. ibid. n°. 5.

Habite.... Fossile de Grignon. Cabinet de M. *Defrance.* Quoique celle-ci ait avec la précédente les plus grands rapports, elle en paraît suffisamment distincte par sa spire élevée, acuminée, composée de huit à neuf tours dont l'inférieur est très-ventru. L'ombilic est entièrement ou presque entièrement recouvert. Cette ampullaire est moins grosse que celle qui précède, proportionnellement à sa longueur.

6. Ampullaire à rampe. *Ampullaria spirata.*

*A. testâ subventricosâ; spirâ brevi, acutâ; anfractuum margine
superiore depresso.*

Ampullaria spirata. Ann. ibid. n°. 6.

Habite.... Fossile de Grignon. Mon cabinet et celui de M. *Defrance.*
On pourrait soupçonner cette ampullaire de n'être qu'une variété
de l'espèce citée au n°. 4; néanmoins, comme elle est assez commune, tous les individus s'en distinguent facilement par l'aplatissement du bord supérieur de chaque tour, qui forme une rampe
spirale autour de la spire. Cette coquille est d'ailleurs plus petite
que l'*A. acuta*. Son ombilic est pareillement à demi-recouvert.

7. Ampullaire déprimée. *Ampullaria depressa.*

*A. testâ globosâ, subumbilicatâ; anfractuum margine superiore
convexo, vix canaliculato; columellâ infernè depressâ.*

Ampullaria depressa. Ann. ibid. p. 32. n°. 7.

Habite.... Fossile de Grignon. Mon cabinet et celui de M. *Defrance.*
Coquille globuleuse, remarquable par la dépression de la base de
sa columelle et du bord droit de son ouverture. Spire courte, un
peu pointue, composée de six ou sept tours. Ombilic demi-ouvert,
excepté dans une variété, où il est recouvert presque entièrement.
Longueur, 3 centimètres; largeur, 26 ou 27 millimètres.

8. Ampullaire canalifère. *Ampullaria canalifera.*

*A. testâ globosâ, umbilicatâ; spirâ brevi, canaliculatâ; sulco
spirali umbilicum ambiente.*

Ampullaria canaliculata. Ann. ibid. n°. 8.

Habite.... Fossile de Grignon. Mon cabinet et celui de M. *Defrance.*
Coquille peu épaisse, à spire bien canaliculée entre ses tours;
point d'aplatissement à la base de la columelle. Un centimètre,
soit de longueur, soit de largeur.

9. Ampullaire ouverte. *Ampullaria patula.*

*A. testâ ventricosâ, umbilicatâ; spirâ brevi; sulco umbilici ob-
tecto; labro amplo, subauriculato.*

Helix mutabilis. Brand. Foss. Hant. Var. n°. 57. t. 4. f. 57.

Ampullaria patula. Ann. ibid. n°. 9.

Habite.... Fossile de Grignon. Mon cabinet et celui de M. *Defrance.*
Coquille lisse, très-ventrue, à spire pointue et fort courte. Ou-
verture fort ample; bord droit ouvert presque en forme d'oreille.
Longueur, 4 centimètres; largeur pareille.

10. Ampullaire sigarétine. *Ampullaria sigaretina.*

A. testâ ventricosâ, imperforatâ; spirâ brevi; labro amplo, auri-
culato.

Ampullaria sigaretina. Ann. ibid. n°. 10.

Habite.... Fossile de Grignon. Mon cabinet et celui de M. *Defrance.*
Cette espèce est aussi commune à Grignon que la précédente, de
même dimension, et lui ressemble à tant d'égards qu'on pourrait la regarder comme n'en étant qu'une variété; car elle n'en
diffère que parce qu'elle manque entièrement d'ombilic. Mais le
défaut constant de ce dernier dans les plus jeunes individus
nous autorise à la présenter comme espèce.

11. Ampullaire crassatine. *Ampullaria crassatina.*

A. testâ ventricoso-globosâ, crassâ, imperforatâ; spirâ canalicu-
latâ; columellâ basi effusâ.

Ampullaria crassatina. Ann. ibid. p. 33. n°. 11.

Habite.... Fossile de Pontchartrain. Cabinet de M. *Defrance.* Très-
belle et très-singulière coquille qui peut-être, avec la suivante,
devrait être considérée comme appartenant à un genre particulier.
Elle est grosse, très-ventrue, presque globuleuse, à test épais, et
à spire courte, conique, composée de sept tours. On ne lui voit
aucun ombilic, mais l'épaisseur de la coquille en cet endroit indique qu'il a pu en exister un. La columelle offre à sa base une
courbure et un évasement qui semblent rapprocher cette coquille
des mélanies. En outre, le bord droit de l'ouverture, avant de
s'appuyer sur l'avant-dernier tour, se replie en baissant, ce qui
rend la spire canaliculée. Longueur, environ 8 centimètres; largeur pareille.

12. Ampullaire hybride. *Ampullaria hybrida.*

A. testâ ovato-ventricosâ, imperforatâ, lævi; anfractuum margine
superiore canali complanato; columellâ basi effusâ.

Ampullaria hybrida. Ann. ibid. n°. 12.

Habite.... Fossile de Betz. Cabinet de M. *Defrance*. Elle a de très-grands rapports avec la précédente, et est nécessairement du même genre. Mais je doute fort qu'elle soit bien placée parmi les ampullaires. Spire conique, composée de six ou sept tours, dont le bord supérieur forme un canal un peu enfoncé, mais aplati. La courbure et l'évasement de la base de la columelle sont comme dans l'espèce ci-dessus. On voit qu'elle n'a jamais eu d'ombilic. Longueur, 34 millimètres; largeur, 26.

NÉRITE. (Nerita.)

1. Nérite tricarinée. *Nerita tricarinata.*

N. testâ semiglobosâ, transversìm tricarinatâ; spirâ retusâ; labiis utrisque dentatis.

Nerita tricarinata. Annales, vol. 5. p. 94. n°. 2.

Habite.... Fossile de Houdan. Cabinet de M. *Defrance*. Petite nérite bien distincte des autres espèces connues par les trois côtes aiguës et transverses qu'elle offre à l'extérieur. Quoique fossile, on retrouve encore sur certains individus des lignes violettes disposées sur un fond blanc, comme des caractères d'écriture. Ses stries d'accroissement sont verticales-obliques, nombreuses et assez apparentes. Largeur, 5 à 6 millimètres.

2. Nérite mamaire. *Nerita mamaria.*

N. testâ ovatâ, obliquè striatâ: striis creberrimis, acutis, tenuibus; columellâ denticulatâ.

Nerita mamaria. Ann. ibid. n°. 3.

Habite.... Fossile de Grignon. Mon cabinet et celui de M. *Defrance*. Coquille ovale, à spire un peu plus allongée que dans la précédente. Sa columelle est dentelée, et a un petit sinus vers son milieu. Cette espèce est à peine plus grande que celle qui précède.

NATICE. (Natica.)

1. Natice petite-lèvre. *Natica labellata.*

N. testâ globoso-ovatâ; umbilico simplici, semitecto; labio anticè porrecto.

Natica labellata. Annales, vol. 5. p. 95. n°. 1.

Habite.... Fossile de Beynes et Courtagnon. Mon cabinet et celui de M. *Defrance.* Coquille globuleuse-ovale, lisse, à six ou sept tours de spire. Son ombilic est simple, c'est-à-dire sans callosité interne; et, dans la partie supérieure de l'ouverture, le bord gauche s'avance sous la forme d'une lame calleuse qui recouvre en partie l'ombilic. Longueur, environ 2 centimètres.

2. Natice épiglottine. *Natica epiglottina.*

N. testâ subglobosâ, lœvi; callo umbilici supernè epiglottidiformi.

Natica epiglottina. Ann. ibid. n°. 2.

Habite.... Fossile de Grignon. Mon cabinet et celui de M. *Defrance.* Coquille ovale-globuleuse, lisse, à cinq tours de spire, dont le dernier est beaucoup plus grand que tous les autres. On voit dans son ombilic une colonne calleuse adhérente à la columelle, et dont le sommet élargi en un petit lobe épiglottidiforme s'avance plus ou moins au-dessus de l'ombilic. Largeur, environ 2 centimètres.

3. Natice cépacée. *Natica cepacea.*

N. testâ ventricosâ, globoso-depressâ; spirâ brevissimâ; umbilico seniorum obtecto.

Natica cepacea. Ann. ibid. p. 96. n°. 3.

Habite.... Fossile de Grignon. Mon cab. Espèce remarquable par le renflement de son dernier tour, qui lui donne une forme globuleuse, déprimée à peu près comme celle d'un oignon. Elle a la spire fort courte, en cône très-surbaissé, et composée de sept à huit tours. Sur l'avant-dernier tour, sous l'insertion du bord droit, on voit une petite côte transverse à l'entrée de l'ouverture. Dans les jeunes individus, l'ombilic est encore apparent. Largeur, 35 millimètres.

SCALAIRE. (Scalaria.)

1. Scalaire dépouillée. *Scalaria denudata.*

Sc. testâ turritâ, imperforatâ; costis raris; costarum interstitiis lævibus; anfractibus distantibus.

Scalaria denudata. Annales, vol. 4. p. 214. n°. 3.

Habite.... Fossile de Grignon. Cab. de M. *Defrance.* Cette coquille a de grands rapports avec le *Sc. crispa,* et n'en est peut-être qu'une variété; mais elle n'a qu'un petit nombre de côtes saillantes et écartées entre elles, et n'offre que de simples traces de celles qui manquent. Longueur, un centimètre ou environ.

2. Scalaire plissée. *Scalaria plicata.*

Sc. testâ turritâ, imperforatâ; costis parvulis, plicæformibus.

Scalaria plicata. Ann. ibid. n°. 5.

Habite.... Fossile de Parnes. Cab. de M. *Defrance.* Espèce bien distincte, remarquable par ses côtes longitudinales peu élevées, obtuses, et qui ressemblent à des plis.

DAUPHINULE. (Delphinula.)

1. Dauphinule turbinoïde. *Delphinula turbinoides.*

D. testâ obtusè conicâ; anfractibus obsoletè carinatis; striis transversis verticalibusque minimis.

Delphinula turbinoides. Annales, vol. 4. p. 111. n°. 4.

Habite.... Fossile de Grignon. Cab. de M. *Defrance.* Coquille en cône court, un peu obtus, à stries très-fines croisées, et dont chaque tour de la spire est muni de deux ou trois carènes peu élevées qui le rendent légèrement anguleux. Ombilic finement strié intérieurement. Hauteur, 5 ou 6 millimètres.

2. Dauphinule canalifère. *Delphinula canalifera.*

D. *testâ orbiculato-convexâ, lævigatâ; umbilici margine subplicato; canali spirato umbilicum obvallante.*

Delphinula canalifera. Ann. ibid. p. 112. n°. 8.

Habite..... Fossile de Grignon. Cab. de M. *Defrance.* Celle-ci est lisse en sa superficie, et n'a que trois tours de spire. Vue en dessous, elle a l'aspect d'un petit nautile ombiliqué. Le bord de son ombilic est froncé ou comme plissé. Largeur, à peine 6 millimètres.

3. Dauphinule spirorbe. *Delphinula spirorbis.*

D. *testâ subdiscoideâ, carinatâ; anfractibus striatis; spirâ planoconvexâ.*

Delphinula spirorbis. Annales, vol. 5. p. 36.

Habite.... Fossile de Grignon. Cab. de M. *Defrance.* Coquille subdiscoïde, à spire aplatie, légèrement saillante et convexe, composée de cinq tours. Ces tours sont striés dans le sens de leur longueur, et le dernier, qui est plus grand que les autres, est caréné en dehors. On voit, en sa face inférieure, un ombilic évasé comme dans les cadrans. Largeur, 11 millimètres.

CADRAN. (Solarium.)

1. Cadran corne-d'Ammon. *Solarium ammonites.*

S. *testâ discoideâ, depressâ; spirâ complanatâ; anfractuum rugis verticaliter sulcatis; umbilico patulo, crenato.*

Solarium ammonites. Annales, vol. 4. p. 54. n°. 6.

Habite.... Fossile de Grignon. Cabinet de M. *Defrance.* C'est une des espèces les plus jolies et les plus remarquables de ce genre. Elle ressemble à une très-petite ammonite, et n'a que 3 millimètres de largeur. Cette petite coquille est orbiculaire, discoïde, à spire aplatie, ayant sur chaque tour trois rides ou cordonnets contigus, sillonnés presque verticalement, ce qui les fait paraître crénelés. L'ombilic est évasé, crénelé, et offre latéralement un ambulacre en spirale qui domine régulièrement de sa largeur jusqu'au centre.

2. Cadran petit-plat. *Solarium patellatum.*

S. testâ discoideâ, depressâ, carinatâ ; spirâ complanatâ ; anfractibus lœvibus marginatis ; umbilico crateriformi, margine subcrenulato.

Solarium patellatum. Ann. ibid. n°. 7.

Habite.... Fossile de Grignon. Cabinet de M. *Defrance.* Coquille orbiculaire, discoïde, aplatie, carinée sur les bords, à spire presque plane, n'ayant que quatre ou cinq tours. Lorsqu'on la pose sur la spire, sa face inférieure se présente sous la forme d'un petit plat, son ombilic étant fort évasé. Largeur, 7 millimètres.

3. Cadran à deux faces. *Solarium bifrons.*

S. testâ discoideâ, obtusâ, lœvi, utrinquè subumbilicatâ ; ultimo anfractu alios obtegente ; umbilicis superficialibus serratis.

Solarium bifrons. Ann. ibid. p. 55. n°. 9.

Habite.... Fossile de Grignon. Cabinet de M. *Defrance.* Cette coquille est très-remarquable par sa forme singulière, et se rapproche beaucoup du *S. disjunctum.* Elle est entièrement discoïde, plus obtuse que carinée dans son pourtour, lisse, plane du côté de la spire dont le sommet est enfoncé, et offre un léger aplatissement de l'autre côté. Le dernier tour enveloppe et recouvre les autres. Les deux ombilics sont presque sans profondeur, et bordés de petites dents aiguës. Largeur, 8 millimètres.

TROQUE. (Trochus.)

1. Troque crénulaire. *Trochus crenularis.*

Tr. testâ pyramidatâ, transversìm tuberculatâ ; anfractuum margine inferiore crasso, tuberculis majoribus crenato ; columellâ truncatâ.

Trochus crenularis. Annales, vol. 4. p. 48. n°. 1.

Habite.... Fossile de Grignon. Mon cabinet. Il a de si grands rapports avec le *Tr. mauritianus,* que je crois qu'il n'en est qu'une variété. Il forme un cône pyramidal de 28 à 30 millimètres de hauteur, et qui offre des rangées transverses de petits tubercules obliques. Le bord inférieur de chaque tour est épais, garni de tubercules plus grands, obliques, didymes, qui le font paraître crénelé. Il n'est point ombiliqué.

2. Troque à collier. *Trochus monilifer.*

Tr. testâ conicâ, imperforatâ, transversè granulatâ; anfractibus seriebus granorum quaternis; columellâ obliquâ, subtruncatâ.

Trochus nodulosus. Brander, Foss. Hant. t. 1. f. 6.

Trochus monilifer. Ann. ibid. nᵒ. 2.

Habite.... Fossile de Louvres. Cabinet de M. *Defrance.* Coquille en cône court, pointue, haute de 2 centimètres. Chaque tour de spire offre quatre rangées transverses de tubercules granuleux, assez égaux, et qui ressemblent à des rangs de collier. On voit sur la base aplatie de la coquille huit rangées circulaires et concentriques de petits grains, et de fines stries rayonnantes qui les traversent. Columelle arquée, tronquée, courante sur le bord de l'ouverture.

5. Troque sillonné. *Trochus sulcatus.*

Tr. testâ conicâ, subperforatâ, transversìm eleganterque sulcatâ; margine inferiore prominente.

Trochus sulcatus. Ann. ibid. p. 49. nᵒ. 5.

[a] *Testâ maculosâ; sulcis anfractuum tenuissimis subduodenis.*

[b] *Testâ immaculatâ; sulcis profundioribus subnovenis.*

Habite.... Fossile de Grignon et de Pontchartrain. Cabinet de M. *Defrance* et le mien. Coquille en cône pointu au sommet, à tours de spire sans convexité, tous élégamment striés en travers. La base de chaque tour est un peu élevée et bien séparée du sommet du tour suivant par sa saillie. La columelle se fond dans la base du bord droit de l'ouverture. Ombilic en partie recouvert. Hauteur, 15 ou 16 millimètres.

4. Troque à cordonnets. *Trochus alligatus.*

Tr. testâ conicâ, imperforatâ, maculosâ; anfractibus cingulis filiformibus inæqualibus subsenis : infimo crassiore.

Trochus alligatus. Ann. ibid. nᵒ. 4.

Habite....... Fossile de Ben, près Pontchartrain. Mon cabinet. Celui-ci ressemble beaucoup au précédent par son aspect; mais il en diffère particulièrement par les cordonnets de ses tours qui sont au nombre de six sur chacun d'eux, et dont l'inférieur est plus gros que les autres. Vers le sommet de la spire, ce cordonnet inférieur est armé de tubercules écartés, et le supérieur est crénelé. Longueur, 18 millimètres.

5. Troque semi-costulé. *Trochus semicostulatus.*

Tr. testâ conicâ, imperforatâ; anfractuum parte superiore costellis crebris et obliquis ornatâ : inferiore tuberculis minimis biserialibus.

Trochus ornatus. Ann. ibid. n°. 5.

Habite.... Fossile des environs de Paris? Mon cabinet. Il a de grands rapports avec le *Tr. crenularis*; mais les tubercules de la partie inférieure de chaque tour sont beaucoup plus petits, et la coquille est moins pyramidale. Sa base est large, sillonnée circulairement. Columelle tronquée et épaisse à son extrémité. Longueur, un peu plus de 2 centimètres.

6. Troque subcariné. *Trochus subcarinatus.*

Tr. testâ abbreviato-conicâ, perforatâ; anfractibus lœvibus, margine inferiore prominulo subcarinatis.

Trochus subcarinatus. Ann. ibid. p. 5o. n°. 6.

[b] *Var. anfractuum margine inferiore non exserto.*

[c] *Var. anfractibus infimis superioribus involventibus.*

Habite.... Fossile de Grignon et de Pontchartrain. Cabinet de M. *Defrance.* Celui-ci a un peu l'aspect de l'*helix elegans* de Draparnaud; mais il est marin comme ses congénères, et présente un petit cône raccourci, muni de cinq ou six tours dont le bord inférieur est un peu saillant en carène obtuse. Son test est épais et nacré. Longueur, 8 ou 9 millimètres.

7. Troque bicariné. *Trochus bicarinatus.*

Tr. testâ conicâ, imperforatâ; anfractibus lœvibus, carinis binis remotis.

Trochus bicarinatus. Ann. ibid. n°. 7.

Habite.... Fossile de Longjumeaux. Cabinet de M. *Defrance.* Cette espèce forme un petit cône moins raccourci que celle qui précède, long d'environ 5 millimètres, et dont les tours sont munis chacun de deux carènes, l'une à la base du tour, et l'autre près de son sommet.

8. Troque agglutinant. *Trochus agglutinans.*

[*b*] *Var. testâ depresso-conicâ, basi dilatatâ; anfractibus externè
rudibus, irregularibus, polyedris; umbilico intùs plicato.*

Trochus umbilicaris. Brander, Foss. Hant. t. 1. f. 4. 5.
Trochus agglutinans. Ann. ibid. p. 51. n°. 8.

Habite.... Fossile de Grignon. Mon cabinet. Cette coquille présente
un cône très-surbaissé, pointu au sommet, dilaté à sa base, à
bord tranchant avec des angles et des sinus irréguliers. La face
inférieure est aplatie, un peu concave, et son ouverture est très-
déprimée. L'ombilic, en partie recouvert, comme dans l'espèce
principale, est plissé intérieurement. Largeur, 16 lignes et demie.
Cette espèce est aussi une véritable *frippière.*

9. Troque calyptriforme. *Trochus calyptræformis.*

*Tr. testâ orbiculatâ, convexo-turgidulâ, subconicâ, echinulatâ;
vertice subcentrali.*

Trochus apertus et opercularis. Brander, Foss. Hant. t. 1. f. 1. 2. 3.
Calyptræa trochiformis. Annales, vol. 1. p. 385. n°. 1.

[*b*] *Var. testâ orbiculato-convexâ, depressiusculâ, obliquè striatâ,
muticâ; striis dorso acutis.*

[*c*] *Var. testâ elatiore, pileiformi, subconicâ, asperulatâ.*

Habite.... Fossile de Grignon. Mon cabinet. Coquille orbiculaire,
subconoïde, plus ou moins élevée, à tours convexes, et souvent
hérissée de petites aspérités écailleuses. Sa face inférieure est
concave et offre une lame septiforme qui rend l'ouverture étroite.
Cette espèce, très-commune à Grignon, est d'autant plus remarquable, que feu M. *Péron* a rapporté des mers de la Nouvelle-
Hollande l'analogue vivant de sa var. [b], dont j'ai fait mention
dans cet ouvrage (*). Diam. de la base de l'espèce principale,
15 lig. La var. [c] a été trouvée à Aumont, près Montmorency,
par M. *Gilet-Laumont.*

(*) Voyez *Trochus calyptræformis,* p. 12, n°. 7.

TURBO. (Turbo.)

1. Turbo petites-écailles. *Turbo squamulosus.*

T. testâ conoideâ, acutâ, umbilicatâ; sulcis anfractuum quinis squamulosis : squamis fornicatis.

Turbo squamulosus. Annales, vol. 4. p. 106. n°. 1.

Habite.... Fossile de Presles et Grignon. Mon cabinet. Cette coquille ressemble un peu par son aspect au *trochus Pharaonis* de Linné, mais son ouverture n'offre pas les mêmes caractères. C'est un cône court, à sommet pointu, et à base élargie. Les tours de spire sont convexes, un peu canaliculés en leur bord supérieur, et chargés chacun de cinq sillons écailleux et transverses. Le dernier tour est plus grand que tous les autres pris ensemble. Hauteur, un centimètre.

2. Turbo petits-rayons. *Turbo radiosus.*

T. testâ globoso-conoideâ; anfractibus medio profundè sulcosis, suprà infràque radiatim striatis.

Turbo radiosus. Ann. ibid. n°. 2.

Habite.... Fossile de Grignon. Cabinet de M. *Defrance.* Petite coquille bien distincte comme espèce, qui semble se rapprocher des cyclostomes par són ouverture ronde, mais dont les bords sont disjoints, l'extérieur s'insérant sur l'avant-dernier tour. Elle n'a que cinq tours de spire très-convexes, dont le dernier est beaucoup plus grand que les autres. Largeur et longueur, 6 ou 7 millimètres.

5. Turbo hélicinoïde. *Turbo helicinoides.*

T. testâ depresso-conoideâ, nitidâ, submaculosâ; anfractibus lœvissimis; basi subcallosâ.

Turbo helicinoides. Ann. ibid. p. 107. n°. 5.

Habite.... Fossile de Grignon. Cabinet de M. *Defrance.* Celui-ci est orbiculaire conoïde, un peu aplati, et ressemble assez au *trochus vestiarius* de Linné. Néanmoins son ouverture est plus arrondie et sa base moins calleuse. Ses tours sont convexes, lisses, luisans, tachetés ou comme marbrés, et au nombre de quatre. Largeur, 4 ou 5 millimètres.

4. Turbo dentelé. *Turbo denticulatus.*

*T. testâ globoso-conoideâ, transversìm striatâ; anfractibus medio
subbicarinatis : carinis denticulatis; basi umbilicatâ.*

Turbo denticulatus. Ann. ibid. n°. 4.

Habite.... Fossile de Grignon. Cabinet de M. *Defrance.* Espèce fort
petite, qui se rapproche un peu du *T. rugosus* de Linné. La
coquille a quatre tours de spire, est striée transversalement, et
offre sur la partie moyenne de chacun de ses tours deux crêtes ou
carènes dentelées, armées en éperon, dont l'inférieure est un peu
plus grande. Elle est sillonnée circulairement en dessous, et a un
ombilic étroit, à demi-recouvert. Largeur, 2 millimètres. Peut-
être devrait-on placer cette coquille parmi les dauphinules.

PHASIANELLE. (Phasianella.)

1. Phasianelle turbinoïde. *Phasianella turbinoides.*

Ph. testâ ovatâ, variè pictâ; anfractibus omnibus lævibus.

Phasianella turbinoides. Annales, vol. 4. p. 296. n°. 1.

Habite.... Fossile de Grignon. Cab. de M. *Defrance.* Quoique dans
l'état fossile, cette coquille conserve encore quelques vestiges de
sa coloration. Les tours de sa spire, au nombre de cinq ou six,
sont convexes, lisses, et l'inférieur est beaucoup plus grand que
les autres. L'ouverture est ovale, un peu plus longue que large,
et la columelle présente l'apparence d'un petit ombilic qui a été
recouvert. Longueur, 14 millimètres.

2. Phasianelle semi-striée. *Phasianella semistriata.*

Ph. testâ ovatâ; anfractibus inferioribus transversè striatis.

Phasianella semistriata. Ann. ibid. p. 297. n°. 2.

Habite.... Fossile de Grignon. Cab. de M. *Defrance.* Celle-ci paraît
n'être qu'une variété de la précédente, lui ressemblant beaucoup
par la forme et la taille; mais elle en diffère en ce que ses tours
inférieurs sont ornés de stries fines, serrées et transverses, et qu'à
peine on lui retrouve quelques traces de ses anciennes couleurs.

TURRITELLE. (Turritella.)

1. Turritelle imbricataire. *Turritella imbricataria.*

T. testâ subulatâ; spiræ anfractibus planis, transversìm striatis; imbricatis : striis intermediis subtilissimè granulatis.

Turritella imbricataria. Annales, vol. 4. p. 216. n°. 1.

Habite.... Fossile de Grignon, Chaumont et Courtagnon. Mon cabinet et celui de M. *Defrance.* Elle semble d'abord être l'analogue fossile de notre turritelle imbriquée; néanmoins ses stries transverses, entremêlées de stries finement granuleuses, suffisent pour l'en distinguer. Cette coquille est régulièrement turriculée, subulée, et ses tours de spire semblent des entonnoirs renversés, imbriqués où empilés les uns sur les autres. Sa long. est de 95 millimètres.

2. Turritelle sillonnée. *Turritella sulcata.*

T. testâ conicâ, transversè sulcatâ : sulcis inferioribus profundioribus; striis verticalibus arcuatis confertis tenuissimis.

Turritella sulcata. Ann. ibid. n°. 2.

Habite.... Fossile de Grignon. Mon cab. et celui de M. *Defrance.* Coquille plus grosse et plus raccourcie que celle qui précède. Elle forme un cône pointu, long de 5 centimètres, sillonné transversalement, et dont les sillons des tours inférieurs sont plus profonds et plus grands que ceux du sommet. Toute sa surface offre, en outre, des stries verticales très-fines, serrées et arquées. Bord droit de l'ouverture arrondi en aile, formant un large sinus dans sa partie supérieure, et s'évasant en se joignant à la base de la columelle, comme dans les mélanies.

3. Turritelle subcarinée. *Turritella subcarinata.*

T. testâ conicâ, transversè sulcatâ : sulcis profundis carinis inœqualibus separatis.

Turritella subcarinata. Ann. ibid. p. 217. n°. 3.

[b] *Eadem vix sulcata; anfractibus tristriatis.*

Tome VII. 36

Habite.... Fossile de Grignon. Mon cab. et celui de M. *Defrance.* Cette
espèce, quoique très-rapprochée de la précédente par ses rapports,
en paraît très-distincte. Elle lui ressemble par sa forme raccourcie
en cône pointu, et par les caractères de son ouverture ; mais elle
en diffère par ses sillons transversés, larges, profonds, inégaux, au
nombre de trois ou quatre sur chaque tour, et qui sont séparés
les uns des autres par des crêtes carinées, tranchantes et assez
remarquables. Longueur, environ 4 centimètres.

4. Turritelle à bandes. *Turritella fasciata.*

*T. testâ conicâ ; spiræ anfractibus supernè bisulcatis, et medio zonâ
planâ distinctis.*

Turritella fasciata. Ann. ibid. n°. 4.

Habite.... Fossile de Grignon. Cab. de M. *Defrance.* Coquille conique, pointue au sommet, offrant sur chaque tour une bande ou
zone plane au milieu de laquelle on aperçoit une strie peu apparente qui la divise en deux. Le bord supérieur des tours présente
deux sillons profonds et en gouttière que séparent des crêtes carinées. Ces sillons s'effacent dans les tours supérieurs. Ouverture
conformée comme celle des espèces n°s. 2 et 3. Longueur de la
coquille, 21 ou 22 millimètres.

5. Turritelle multisillonnée. *Turritella multisulcata.*

*T. testâ conicâ ; anfractibus convexis, subæqualiter multisulcatis :
sulcis tenuissimis.*

Turritella multisulcata. Ann. ibid. n°. 5.

[*b*] *Eadem magis elongata ; sulcis profundioribus.*

Habite.... Fossile de Grignon, où il est très-commun. Mon cabinet et
celui de M. *Defrance.* Celle-ci forme un cône un peu raccourci,
pointu au sommet, composé de onze ou douze tours convexes, régulièrement et finement sillonnés transversalement à l'axe de la
coquille. Son ouverture présente, dans le bord droit, une aile arrondie, mince et tranchante, surmontée d'un large sinus. La partie
inférieure de ce bord droit s'évase fortement comme dans les mélanies, en se joignant à la base de la columelle qui semble, en cet
endroit, commencer un petit canal. Longueur, 3 centimètres.

6. Turritelle en tarrière. *Turritella terebellata.*

*T. testâ elongato-subulatá; spiræ anfractibus medio subconvexis,
transversìm striatis : striis minoribus interstitialibus.*
Favanne, Conch. pl. 66. fig. O 16.
Turritella terebellata. Ann. ibid. p. 218. n°. 6.
Habite.... Fossile de Chaumont. Mon cabinet et celui de M. *Defrance.*
Cette espèce est allongée en alène, comme la turritelle imbricataire,
et se rapproche un peu par ses caractères de notre *turritella tere-
bra.* Elle offre quinze ou seize tours de spire. Son ouverture est
arrondie-ovale, et le sinus de son bord droit est bien prononcé.
Longueur, près de 13 centimètres.

7. Turritelle perforée. *Turritella perforata.*

*T. testâ subulatâ; anfractibus planis, sursùm imbricatis; colu-
mellâ perforatâ.*
Turritella perforata. Ann. ibid. n°. 7.
Habite.... Fossile de Grignon. Mon cab. Coquille grêle, subulée, dont
la columelle est perforée dans toute sa longueur. Ses tours de spire
sont au nombre de dix-sept ou dix-huit, aplatis, comme imbriqués les uns sur les autres, et munis chacun de trois stries transverses qui, avec le bord inférieur relevé, paraissent au nombre de
quatre. Longueur, 18 millimètres.

8. Turritelle unisillonnée. *Turritella unisulcata.*

*T. testâ subulatâ; anfractibus lævibus, planiusculis, basi sulco
unico exaratis.*
Turritella unisulcata. Ann. ibid. n°. 8.
Habite.... Fossile de Grignon. Cab. de M. *Defrance.* Coquille subulée, composée de douze ou treize tours de spire un peu aplatis,
lisses, et ayant chacun un sillon près de leur base. Ouverture arrondie, un peu quadrangulaire. Longueur, 2 centimètres.

9. Turritelle uniangulaire. *Turritella uniangularis.*

*T. testâ conico-subulatâ; anfractibus lævibus, angulo transverso
infra medium distinctis.*
Turritella uniangularis. Ann. ibid. p. 219. n°. 9.

Habite.... Fossile de Grignon. Cab. de M. *Defrance*. Cette coquille a
le port de la précédente, mais elle en diffère particulièrement par
la carène ou l'angle transversal qu'on voit un peu au-dessous du
milieu de chacun de ses tours. Longueur, 11 ou 12 millimètres.

10. **Turritelle mélanoïde.** *Turritella melanoides.*

> *T. testâ conicâ; anfractibus planis; striis transversis sulcisque*
> *intermixtis.*
>
> *Turritella melanoides.* Ann. ibid. n°. 10.
>
> Habite.... Fossile de Grignon. Cab. de M. *Defrance.* Elle ressemble à
> la turritelle multisillonnée par sa forme conique et le bord droit
> de son ouverture; mais ses tours de spire sont aplatis, et offrent,
> en leur surface, un mélange de stries fines transverses et de quel-
> ques sillons plus larges et très-distincts. Longueur, 13 millimètres.

FUSEAU. (Fusus.)

1. **Fuseau subulé.** *Fusus subulatus.*

> *F. testâ fusiformi-turritâ, subulatâ, longitudinaliter costatâ;*
> *striis transversis tenuissimis obsoletis; caudâ brevi.*
>
> *Fusus subulatus.* Annales, vol. 2. p. 318. n°. 6.
>
> Habite.... Fossile de Grignon. Mon cab. et celui de M. *Defrance.*
> Petit fuseau très-élégant, et très-différent par sa forme du fuseau
> aciculé. Le canal de sa base est beaucoup plus court que la spire,
> ce qui donne à la coquille une forme presque turriculée. Long.,
> 2 centimètres ou environ.

2. **Fuseau grain-d'orge.** *Fusus hordeolus.*

> *F. testâ fusiformi-turritâ; anfractibus lævibus, convexis; caudâ*
> *brevi.*
>
> *Fusus hordeolus.* Ann. ibid. n°. 7.
>
> Habite.... Fossile de Grignon. Cab. de M. *Defrance.* C'est la plus
> petite espèce de fuseau que je connaisse; elle n'a que 5 ou 6 mil-
> limètres de longueur.

3. Fuseau polygone. *Fusus polygonus.*

F. testâ ovatâ, multicostatâ, transversim rugosâ; marginibus an-
fractuum elevatis, appressis; aperturâ dentatâ.
Fusus polygonus. Ann. ibid. p. 319. n°. 9.

Habite.... Fossile de Grignon. Mon cab. et celui de M. *Defrance.* Coquille courte, presque ovale, ventrue, ayant sur chaque tour de
spire neuf à douze côtes obtuses et longitudinales. Elle est, en
outre, fortement ridée transversalement, et a le bord supérieur
de chaque tour élevé et appliqué contre celui qui le précède. Longueur, 35 millimètres.

4. Fuseau raccourci. *Fusus abbreviatus.*

F. testâ ovato-conicâ, basi abbreviatâ; cingulis transversis, ru-
gòsis, costato-nodulosis; columellâ obsoletè umbilicatâ.
Fusus abbreviatus. Ann. ibid. n°. 10.

Habite.... Fossile de Grignon. Cab. de M. *Defrance.* Il est ovale-conique, raccourci à sa base, et offre sur chaque tour de spire une
bande transverse, ridée ou sillonnée et noduleuse. Longueur, 12 à
13 millimètres.

5. Fuseau nain. *Fusus minutus.*

F. testâ ovatâ, costulis crebris nodulosâ; striis transversis, cingu-
latim coalitis.
Fusus minutus. Ann. ibid. p. 320. n°. 12.

Habite.... Fossile de Grignon. Cabinet de M. *Defrance.* Espèce fort
petite, à spire conique, offrant sur chaque tour des costules nombreuses. Longueur, 5 ou 6 millimètres.

6. Fuseau stries-rudes. *Fusus asperulus.*

F. testâ ovato-turritâ, costulatâ; striis transversis, asperiusculis;
aperturâ striatâ.
Fusus asperulus. Ann. ibid. n°. 13.

Habite.... Fossile de Grignon. Cabinet de M. *Defrance.* Espèce encore fort petite, sa longueur n'excédant pas 7 ou 8 millimètres.
Elle est ovale-turriculée, à canal raccourci, et n'offre que cinq à
sept tours de spire. Toute sa superficie présente de petites côtes
nombreuses et des stries transverses qui la rendent rude au
toucher.

7. **Fuseau plissé.** *Fusus plicatus.*

> *F. testâ ovato-turritâ, costulis longitudinalibus lævissimis plicatâ; caudâ brevi.*

Fusus plicatus. Ann. ibid. n°. 14.

Habite.... Fossile de Grignon. Cabinet de M. *Defrance.* Autre espèce encore fort petite, avoisinant la précédente par sa forme, mais n'ayant point de stries transverses apparentes. Les plus grands individus n'ont que 10 millimètres de longueur.

8. **Fuseau scalaroïde.** *Fusus scalaroides.*

> *F. testâ turritâ; costulis longitudinalibus angustis distinctis; striis transversis obsoletis; caudâ brevi.*

Fusus scalaroides. Ann. ibid. n°. 15.

[*b*] *Var. striis transversis, exquisitis et asperulis.*

Habite.... Fossile de Grignon. Mon cabinet et celui de M. *Defrance.* Ce fuseau est turriculé, et a jusqu'à 16 ou 17 millimètres de longueur. Ses tours de spire sont garnis d'une multitude de petites côtes longitudinales, étroites, séparées, et assez semblables à celle de la scalaire nommée *faux scalata.* Ces côtes ne sont pas toutes égales entre elles; car quelques-unes, plus grosses que les autres, pourraient être considérées comme des bourrelets persistans, si l'on pouvait distinguer la fissure qui unit leur bord droit à la coquille. Ses stries transverses sont fines, égales, nombreuses, peu apparentes; mais dans la var. [*b*], elles sont beaucoup plus éminentes.

9. **Fuseau multinode.** *Fusus multinodus.*

> *F. testâ ovatâ, utrinquè conicâ, infernè transversìm striatâ; spirâ nodulis minimis et creberrimis coronatâ.*

Fusus coronatus. Ann. ibid. p. 321. n°. 16.

Habite..... Fossile de Grignon. Cabinet de M. *Defrance.* Coquille courte, ovale, ressemblant à un barillet conique aux deux bouts. Sa moitié inférieure n'offre que des stries fines et transverses, et la supérieure présente une spire conique, dont les tours sont chargés d'une multitude de très-petits nœuds ou côtes en tubercules, qui la font paraître couronnée à chaque étage. Longueur, 12 millimètres.

10. Fuseau cerclé. *Fusus alligatus.*

F. testâ ovato-turritâ, subdecussatâ; rugis transversis prominulis; caudâ breviusculâ.

Fusus alligatus. Ann. ibid. n°. 17.

Habite.... Fossile de Grignon. Cabinet de M. *Defrance.* Ce fuseau est rare, et a environ 12 millimètres de longueur. Sa spire est conique, plus longue que l'ouverture, en y comprenant le canal de sa base. Des stries longitudinales très-fines se croisent avec ses rides transverses; mais ces rides, plus grosses et plus éminentes, font paraître la coquille comme cerclée transversalement dans toute sa longueur.

11. Fuseau marginé. *Fusus marginatus.*

F. testâ fusiformi-turritâ; spirâ costulis numerosis nodulosâ; anfractuum margine superiore prominulo, tumidiusculo.

Fusus marginatus. Ann. ibid. n°. 18.

[b] *Var. abbreviata; spiræ nodulis turgidioribus.*

Habite.... Fossile de Grignon. Cabinet de M. *Defrance.* Toute sa superficie est finement striée en travers, et sa spire est ornée d'une multitude de petites côtes qui la rendent également noduleuse. Longueur, 10 ou 11 millimètres.

12. Fuseau noduleux. *Fusus nodulosus.*

F. testâ ovatâ, lævi, costulis nodulosâ; columellâ obscurè biplicatâ.

Fusus nodulosus. Ann. ibid. p. 385. n°. 19.

Habite.... Fossile de Grignon. Cabinet de M. *Defrance.* Il est à peu près lisse, noduleux d'une manière remarquable par la saillie de ses petites côtes oblongues et sa columelle porte deux plis transverses peu apparens. Longueur, environ 12 millimètres.

13. Fuseau anguleux. *Fusus angulatus.*

F. testâ fusiformi-ventricosâ; costis grossis, acuto-angulatis; striis transversis prominulis remotis.

Fusus angulatus. Ann. ibid. n°. 20.

Habite.... Fossile de Grignon. Cabinet de M. *Defrance.* Coquille fusiforme, ventrue dans sa partie moyenne, à queue grêle ou étroite, de la longueur de la spire. Des côtes anguleuses, grossières et un peu distantes, rendent cette spire très-raboteuse. Les stries longitudinales sont serrées et peu remarquables; mais les transverses sont écartées et saillantes. La columelle porte deux plis à peine apparens. Longueur, près de 3 centimètres.

14. Fuseau à un pli. *Fusus uniplicatus.*

F. testâ subcostatâ, decussatâ, asperulâ; striis transversis elevatis; columellâ uniplicatâ.

Fusus uniplicatus. Ann. ibid. n°. 21.

Habite.... Fossile de Grignon. Mon cabinet et celui de M. *Defrance.* Très-belle espèce, qui a jusqu'à 35 millimètres de longueur. Elle a des côtes obtuses, médiocrement élevées, et deux sortes de stries qui se croisent, mais dont les transversales sont moins serrées et bien plus saillantes. La columelle est chargée d'un seul pli.

Nota. Peut-être conviendrait-il de rapporter cette espèce au genre des fasciolaires, ainsi que quelques autres fuseaux ici mentionnés, et qui portent sur leur columelle quelques plis peu élevés.

15. Fuseau heptagone. *Fusus heptagonus.*

F. testâ fusiformi-elongatâ, pyramidatâ, septifariàm costatâ; striis decussatis, obsoletis; columellâ subuniplicatâ.

Fusus heptagonus. Ann. ibid. p. 386. n°. 23.

Habite.... Fossile de Courtagnon? Mon cabinet. Cette coquille a la forme d'un fuseau allongé, peu ventru et pyramidal. Sa spire est régulièrement heptagone, ce qui fait reconnaître au premier aspect cette espèce singulière. Longueur, 46 millimètres.

16. Fuseau subcariné. *Fusus subcarinatus.*

F. testâ ovatâ, turgidâ, transversè striatâ; anfractibus carinato-angulatis, supernè planiusculis.

Fusus subcarinatus. Ann. ibid. n°. 24.

Habite.... Fossile de Chaumont. Cabinet de M. *Defrance.* Ce fuseau est court, renflé, et a l'aspect d'un *murex;* mais il manque de véritables bourrelets, et n'a que des côtes longitudinales peu élevées, qui, dans leur partie supérieure, forment chacune un angle un peu pointu, presque épineux. Ses tours de spire sont carinés, anguleux et un peu aplatis en dessus. Il résulte de cet aplatissement, une rampe qui tourne en spirale, et dont le plan est légèrement incliné et chargé de stries qui se croisent.

17. Fuseau térébral. *Fusus terebralis.*

F. testâ striis transversis et granulatis cinctâ; anfractibus medio carinatis, dentatis; spirâ terebratâ.

Fusus terebralis. Ann. ibid. p. 387. n°. 27.

Habite.... Fossile de Grignon. Cabinet de M. *Defrance.* Coquille rare, d'une forme élégante et très-remarquable. Elle est exactement fusiforme, chargée de stries transverses, granuleuses, en quelque sorte semblables à des rangs de perles. Ses tours de spire sont carinés dans leur milieu, et chaque carène est dentée sur son bord tranchant, comme les roues d'une montre. Ce petit fuseau a l'aspect d'un pleurotome; mais son bord droit n'a point d'échancrure. Longueur, 6 millimètres.

18. Fuseau petite-lyre. *Fusus citharellus.*

F. testâ turritâ; costulis longitudinalibus lævibus, angustis; caudâ brevi; columellâ rectâ.

Fusus citharellus. Ann. ibid. p. 388. n°. 28.

Habite.... Fossile de Grignon. Cabinet de M. *Defrance.* Ses petites côtes longitudinales sont très-lisses, et disposées à peu près comme les cordes d'une lyre ou d'une harpe. Columelle droite. Taille petite.

19. Fuseau lisse. *Fusus lævigatus.*

F. testâ fusiformi-turritâ; spirâ conicâ, lævigatâ; mamillâ terminali.

Fusus lævigatus. Ann. ibid. n°. 29.

Habite.... Fossile de Grignon. Cabinet de M. *Defrance.* Spire lisse, exactement conique et proportionnellement plus longue que la queue. Longueur, 6 millimètres.

20. Fuseau striatulé. *Fusus striatulatus.*

F. testâ fusiformi-turritâ; anfractibus planiusculis, supernè depressis; striis transversis subtilissimis æqualibus.

Fusus striatulatus. Ann. ibid. n°. 30.

Habite.... Fossile de Grignon. Cabinet de M. *Defrance.* Ce petit fuseau est bien caractérisé par la forme particulière de ses tours de spire, et par la finesse et la régularité de ses stries. Il n'a que 5 millimètres de longueur. Chaque tour de spire est un peu aplati sur le ventre, et déprimé en dessus.

21. Fuseau à deux plis. *Fusus biplicatus.*

F. testâ ovatâ, transversè striatâ; costis longitudinalibus crebris obtusis; columellâ biplicatâ.

Fusus biplicatus. Ann. ibid. n°..31.

Habite.... Fossile de Grignon. Cabinet de M. *Defrance.* Sa spire est conique, composée de cinq ou six tours un peu convexes, chargés de petites côtes longitudinales, obtuses et peu élevées. Longueur, 6 millimètres.

22. Fuseau variable. *Fusus variabilis.*

F. testâ ovatâ, multicostatâ, transversè striatâ; anfractibus subangulosis.

Fusus variabilis. Ann. ibid. p. 389. n°. 32.

Habite.... Fossile de Grignon. Ce petit fuseau présente une espèce qui n'a rien de bien prononcé, et qui, en outre, varie un peu dans les individus qui s'y rapportent : elle n'a que 9 millimètres de longueur.

23. Fuseau troncatulé. *Fusus truncatulatus.*

F. testâ ovato-turritâ, transversè striatâ; anfractibus margine superiore truncatis; spirâ plicatâ.

Fusus truncatulatus. Ann. ibid. n°. 33.

Habite.... Fossile de Grignon. Cabinet de M. *Defrance.* Petit fuseau très-rare, et bien caractérisé par la saillie et la troncature du bord supérieur de ses tours de spire. Il est strié transversalement, et sa spire est assez élégamment plissée dans sa longueur. Il est long d'environ 7 millimètres.

PYRULE. (*Pyrula.*)

1. Pyrule lisse. *Pyrula lævigata.*

*P. testâ obovatâ, lævi, obsoletissimè striatâ; spirâ retusâ, mu-
cronatâ.*

Pyrula lævigata. Annales, vol. 2. p. 390. n⁰. 1.

Habite.... Fossile de Grignon et Courtagnon. Mon cabinet. Elle a
l'aspect, surtout dans les jeunes individus, de notre *pyrula ficus;*
mais la coquille est plus épaisse et n'offre point ces stries croisées
et bien apparentes qu'on observe sur les pyrules appelées *figues.*
Dans les individus les plus âgés, le ventre de la coquille est beaucoup plus élevé, moins arrondi, et présente une saillie remarquable. Bord gauche plus épais et calleux dans sa partie supérieure.
Longueur, 55 millimètres.

2. Pyrule subcarinée. *Pyrula subcarinata.*

*P. testâ lævi; dorso obtusè carinato; anfractibus supernè concavis,
subcanaliculatis; spirâ acuminatâ.*

Pyrula subcarinata. Ann. ibid. n°. 2.

Habite.... Fossile de Houdan. Cabinet de M. *Defrance.* Elle a presque
la forme du *voluta labrella;* mais sa columelle n'a aucun pli. Elle
est lisse comme la précédente, dont elle se rapproche beaucoup
par ses rapports. On l'en distingue néanmoins facilement par l'espèce
de saillie du ventre de la coquille, qui forme supérieurement une
carène obtuse, et par le sommet concave de ses tours de spire.

3. Pyrule tricarinée. *Pyrula tricarinata.*

*P. testâ clavatâ, decussatâ; striis tribus transversis remotis emi-
nentioribus.*

Pyrula tricarinata. Ann. ibid. p. 391. n°. 3.

Habite... Fossile de Parnes. Cabinet de M. *de Jussieu.* Espèce rare et
très-remarquable, qui appartient à la division des pyrules dites
figues, et qui est chargée comme elles de stries longitudinales et
de stries transverses qui se croisent. Mais, dans cette espèce, trois
des stries transverses sont beaucoup plus élevées que les autres,
et font paraître la coquille tricarinée. Longueur, 33 millimètres.

4. Pyrule élégante. *Pyrula elegans.*

P. testâ ovatâ, subventricosâ, decussatâ; striis transversis elevatis undulatis distinctis.

Pyrula elegans. Ann. ibid. n°. 4.

Habite.... Fossile de Grignon. Cabinet de M. *Defrance.* Celle-ci est plus ovale et a la spire un peu plus élevée que les autres. Sa superficie est ornée de stries fines, croisées, dont les transverses sont onduleuses.

5. Pyrule à grille. *Pyrula clathrata.*

P. testâ obovato-clavatâ, decussatâ; striis transversis, alternis minoribus.

Pyrula clathrata. Ann. ibid. n°. 5.

Habite.... Fossile de Grignon. Cab. de feu M. *Richard.* Elle a tout-à-fait la forme du *bulla ficus* de Linné, et peut être regardée comme l'analogue fossile de l'une des deux espèces vivantes dont les synonymes ont été confondus parmi ceux de la *figue.* Ses stries transverses sont plus fortes que les longitudinales; mais on en observe une petite dans l'intervalle qui sépare les grosses.

6. Pyrule tricotée. *Pyrula nexilis.*

P. testâ ovato-clavatâ, decussatâ; striis transversis majoribus subæqualibus distinctis.

Pyrula nexilis. Ann. ibid. n°. 6.

Habite.... Fossile de Courtagnon et de Grignon. Cab. de M. *Defrance.* Cette espèce paraît être la même que le *murex nexilis* de Brander [Foss. Hanton. p. 27, n°. 55.] Elle ressemble beaucoup à la figue; mais sa spire est un peu plus élevée, et on la trouve toujours plus petite.

ROCHER. (Murex.)

1. Rocher contabulé. *Murex contabulatus.*

M. testâ elongatâ, trigonâ, transversè sulcatâ, tricarinato-frondosâ; anfractuum angulis distinctis, subspinosis.

Murex contabulatus. Annales, vol. 2. p. 223. n°. 3.

Habite.... Fossile de Grignon. Cab. de M. *Defrance.* Je soupçonne fort que ce rocher fossile n'est qu'une variété du *murex tricarinatus.* Il est seulement plus allongé, moins ventru, et a sa spire pyramidale. Son ouverture est obscurément trigone.

2. Rocher calcitrapoïde. *Murex calcitrapoides.*

M. *testâ ovatâ, subseptifàriam frondosâ; superficie crispâ; angulis spinosis; columellâ subumbilicatâ.*

Murex calcitrapa. Ann. ibid. n°. 4.

Habite.... Fossile de Grignon. Mon cab. Celui-ci n'est pas rare, et cependant il est assez difficile à déterminer, à cause de ses rapports avec les suivans. Comme le bord droit de son ouverture se prolonge dans sa partie supérieure en une pointe allongée et épineuse, les épines du dernier tour de spire le font paraître hérissé de pointes comme une chausse-trape. Il est un peu ridé transversalement, et toute sa superficie est légèrement feuilletée et crépue. Ouverture trigone, à canal ouvert. Longueur, 3 centimètres.

3. Rocher crépu. *Murex crispus.*

M. *testâ ovatâ, subnovemfariàm frondosâ, ferè muticâ; superficie crispâ; sulcis transversalibus.*

Murex crispus. Ann. ibid. p. 224. n°. 5.

Habite.... Fossile de Grignon. Mon cabinet. Ce rocher a de si grands rapports avec le précédent, qu'il semble n'en être qu'une variété. néanmoins il n'est presque pas épineux; sa spire est plus allongée, son ouverture est plus courte, ainsi que le canal de sa base, et il devient moins grand. Sa longueur est d'environ 2 centimètres.

4. Rocher frondiculé. *Murex frondosus.*

M. *testâ ovato-oblongâ, subnovemfariàm varicosâ; superficie varicibusque frondoso-crispis; caudâ longiusculâ.*

Murex frondosus. Ann. ibid. n°. 6.

[b] *Var. anfractibus supernè spinoso-coronatis costarumque interstitiis vix frondosis.* Cab. de M. *Defrance.*

Habite.... Fossile de Grignon. Mon cab. et celui de M. *Defrance.* Coquille petite, fort jolie, et remarquable en ce que ses bourreet, qui sont au nombre de sept à neuf, et toute sa superficie, sont élégamment feuilletés, plissés, et comme crépus ou frisés. Elle a, comme les deux précédentes, des sillons ou des rides transverses; mais son dernier tour n'est pas armé de longues épines ouvertes, comme le rocher en chausse-trape, et le canal de sa base n'est pas raccourci comme dans le rocher crépu. Longueur, 20 à 23 millimètres.

5. Rocher grillé. *Murex clathratus.*

M. testâ ovatâ, costulatâ, transversìm sùlcatâ; labro intùs dentato; caudâ brevi.

Murex clathratus. Ann. ibid. n°. 7.

Habite.... Fossile de Grignon. Cab. de M. *Defrance.* Ce rocher avoisine les buccins par son aspect. Il a sur ses tours de spire dix à douze petites côtes longitudinales, entre lesquelles on voit des rides transverses qui le font paraître grillé ou cancellé. Longueur, 4 à 5 millimètres.

6. Rocher subanguleux. *Murex subangulatus.*

M. testâ ovato-oblongâ, subangulatâ, rugis transversis cingulatâ; rugarum interstitiis squamosis; canali obtecto.

Murex cingulatus. Ann. ibid. n°. 8.

Habite.... Fossile de Courtagnon. Mon cab. Ce rocher, assez commun à Courtagnon, a quelque chose du *murex craticulatus* de Linné dans son aspect; mais il est moins grand, moins chargé de varices ou de bourrelets, et les interstices de ses rides ou cordelettes transverses sont écailleux, ce qui l'en distingue fortement. Longueur, environ 4 centimètres.

7. Rocher striatule. *Murex striatulus.*

M. testâ oblongâ, sublœvigatâ; striis transversis obsoletis inœqualibus; varicibus subsolitariis; aperturâ dentatâ.

Murex striatulus. Ann. ibid. p. 225. n°. 9.

Habite.... Fossile de Grignon. Cab. de M. *Defrance.* Il paraît lisse, et ne présente sur chaque tour de sa spire que quelques bourrelets rares et convexes. Le bord droit de son ouverture est denté en dedans. Longueur, à peine 2 centimètres.

8. Rocher pyrastre. *Murex pyraster.*

M. testâ ovatâ, caudatâ, transversìm sulcatâ; costis longitudina-
libus obsoletis subnodulosis; aperturâ rotundatâ.

Murex pyraster. Ann. ibid. n°. 11.

Habite.... Fossile de Grignon. Mon cab. et celui de M. *Defrance.* Ce
rocher se rapproche beaucoup, par ses rapports, du *murex pyrum*
de Linné [l'un de nos tritons]; mais ses varices ne sont point alternativement interrompues. Longueur, 35 ou 36 millimètres.

9. Rocher tricoté. *Murex textiliosus.*

M. testâ ovatâ, obsoletè costatâ, transversìm striatâ; striarum in-
terstitiis squamulosis; columellâ unidentatâ, subumbilicatâ.

Murex textiliosus. Ann. ibid. n°. 12.

Habite.... Fossile de Chaumont. Cab. de M. *Defrance.* Ce rocher est
ovale-fusiforme, et a environ 38 millimètres de longueur. Il est
garni transversalement de stries inégales, entre lesquelles des rangées longitudinales de très-petites écailles donnent à sa surface
l'apparence d'un tissu de tricot.

10. Rocher tête-de-couleuvre. *Murex colubrinus.*

M. testâ elongatâ, subfusiformi; striis transversis granulosis te-
nuissimis; varicibus raris.

Murex colubrinus. Ann. ibid. p. 226. n°. 13.

Habite.... Fossile de Grignon. Cab. de M. *Defrance.* Il est presque
fusiforme, porte des bourrelets rares, et une rangée de tubercules
très-peu élevés sur le milieu de chaque tour. La finesse de ses stries
transversales lui donne beaucoup d'élégance. Bord droit denté à
l'intérieur. Longueur, un peu plus de 3 centimètres. Serait-ce un
triton?

11. Rocher réticuleux. *Murex reticulosus.*

M. testâ ovatâ, utrinquè acutâ, costulis decussatis reticulatâ;
aperturâ triangulari; labro intùs dentato.

Murex reticulosus. Ann. ibid. n°. 16.

Habite.... Fossile de Grignon. Coquille réticulée, ayant de petites
côtes longitudinales nombreuses et des stries transverses qui se
croisent avec ces côtes. Elle a des rapports avec le *murex magel-*
lanicus de 'Gmelin; mais elle est fort petite, et n'est presque
point feuilletée. Longueur, 7 à 8 millimètres.

12. Rocher tubifère. *Murex tubifer.*

M. testâ ovatâ, utrinquè attenuato-acutâ, subquadrifariàm spi-
nosâ; spinis erectis, arcuatis; anfractibus tubiferis.

Murex pungens. Brander, Foss. Hant. pl. 3. f. 81. 82.
Murex tubifer. Brug. Journ. d'hist. nat. n°. 1. p. 28. pl. 2. f. 3. 4.
Murex tubifer. Ann. ibid. n°. 17.

Habite.... Fossile de Grignon, où il n'est pas rare. Mon cabinet. Les
caractères de ce rocher fossile sont extrêmement remarquables. Il
est ovale, atténué en pointe aux deux bouts, garni d'environ quatre rangées de bourrelets épineux, à épines montantes, arquées et
fistuleuses. Dans les interstices de ces bourrelets, on voit sur chaque tour de spire des tubes courts, isolés dans chaque intervalle.
Ces tubes ne sont point des épines cassées, car celles-ci ne se forment que sur les bourrelets. Longueur, 14 lignes trois quarts.
Selon *Bruguières*, l'analogue marin de cette coquille singulière
existe à Londres dans le cabinet du feu docteur Hunter.

13. Rocher torulaire. *Murex torularius.*

M. testâ obovatâ, anteriùs ventricosâ, crassâ, suboctofariàm va-
ricosâ; varicibus supernè bituberculatis; spirâ depressâ, mu-
cronatâ; caudâ longiusculâ, tuberculis subspinosis muricatâ.

Habite.... Fossile du Piémont. Mon cabinet. Coquille épaisse, ventrue et élargie antérieurement comme dans les pyrules, à sept ou
huit rangées de varices. Sa spire est très-déprimée, presque mutique, et mucronée au centre. Le dernier tour, qui forme la plus
grande partie de la coquille, offre supérieurement deux rangées
de grands tubercules bien séparés et fort épais. La queue est un
peu allongée, subombiliquée, hérissée de tubercules presque spiniformes. La surface de cette coquille est sillonnée transversalement.
Longueur, 2 pouces 9 lignes.

TRITON. (Triton.)

1. Triton gauffré. *Triton clathratum.*

Tr. testâ ovato-oblongâ, gibbosâ, cancellatâ; aperturâ oblongâ,
irregulari, sinuosâ, dentatâ.

Murex cancellinus. Annales, vol. 2. p. 225. n°. 10.

Habite.... Fossile de Grignon. Cabinet de feu M. *Richard.* Cette Coquille est l'analogue fossile bien remarquable de notre *triton clathratum*, nommé vulgairement la *grimace blanche* ou *gauffrée*, qui est une espèce très-distincte, vivant actuellement dans l'Océan austral, et que j'ai mentionnée dans son genre, p. 186, n°. 22.

2. Triton tête-de-vipère. *Triton viperinum.*

Tr. testâ elongatâ, subturritâ; striis transversis, inæqualibus, rariter obscurèque granulosis; caudâ breviusculâ.

Murex viperinus. Ann. ibid. p. 226. n°. 14.

Habite.... Fossile de Grignon. Mon cabinet. Il a dans sa partie supérieure de petites côtes longitudinales très-peu élevées. Longueur, 2 centimètres.

3. Triton nodulaire. *Triton nodularium.*

Tr. testâ ovatâ, subcancellatâ; striis transversis inæqualibus: majoribus nodulosis : nodulis costatim dispositis.

Murex nodularius. Ann. ibid. n°. 15.

Habite.... Fossile de Grignon. Mon cabinet. Il est assez commun, et a, comme le précédent, le bord droit denté à l'intérieur. Le canal de sa base est un peu court, et courbé en dehors. Long., 24 millimètres ou davantage.

POURPRE.   (Purpura.)

1. Pourpre imbriquée. *Purpura imbricata.*

P. testâ ovato-acutâ, costulis transversis obsoletè squamosis cinctâ, subfasciatâ; labro intùs subdentato.

Purpura lapillus. Annales, vol. 2. p. 64. n°. 1.

Habite.... Fossile de Courtagnon, où il est commun. Son analogue vivant [voyez p. 244, n°. 31.] habite nos côtes de l'Océan et celles des mers du nord de l'Europe.

BUCCIN. (Buccinum.)

1. Buccin fines-stries. *Buccinum striatulum.*

B. testâ elongatâ, transversìm striatâ; anfractibus rotundatis.

Buccinum striatulum. Annales, vol. 2. p. 164. n°. 2,

[b] *Var. striis obsoletis, vix perspicuis.*

Habite.... Fossile de Grignon. Cabinet de M. *Defrance.* Ses stries sont transverses et très-fines. Longueur, 8 ou 9 millimètres.

2. Buccin térébral. *Buccinum terebrale.*

B. testâ elongatâ, lævi, basi transversìm obsoletèque striatâ.

Buccinum terebrale. Ann. ibid. n°. 3.

Habite... Fossile de Grignon. Cabinet de M. *Defrance.* Il est long de 15 millimètres, lisse, et a sa spire un peu turriculée.

3. Buccin croisé. *Buccinum decussatum.*

B. testâ ovato-conicâ, striis creberrimis decussatâ; anfractibus convexis; aperturâ subdentatâ.

Buccinum decussatum. Ann. ibid. p. 165. n°. 4.

Habitē.... Fossile de Grignon, où il est commun. Mon cabinet. Il n'a que 10 à 12 millimètres de longueur. Ses stries fines et croisées le rendent assez élégant.

4. Buccin doubles-stries. *Buccinum bistriatum.*

B. testâ ovato-oblongâ, transversìm striatâ; striis alternis minoribus; majoribus superioribus nodulosis.

Buccinum bistriatum. Ann. ibid. n°. 5.

Habite.... Fossile de Grignon. Cabinet de M. *Defrance.* Belle et rare espèce, qui a plus de 3 centimètres de longueur. Elle est mince, fragile, et offre un bourrelet peu élevé sur le bord droit de son ouverture.

5. Buccin clavatulé. *Buccinum clavatulatum.*

> *B. testâ elongatâ; striis transversis tenuissimis; labro brevi, rotundato, supernè emarginato.*
>
> *Buccinum clavatulatum.* Ann. ibid. n°. 6.
>
> Habite.... Fossile de Grignon. Cabinet de M. *Defrance.* Il n'a que quatre millimètres de longueur.

VIS. (Terebra.)

1. Vis plicatule. *Terebra plicatula.*

> *T. testâ subulatâ; anfractibus plicatis; plicis crebris : inferioribus obsoletis.*
>
> *Terebra plicatula.* Annales, vol. 2. p. 166. n°. 1.
>
> Habite.... Fossile de Grignon. Mon cabinet. Cette vis acquiert près d'un pouce de longueur. Le dernier tour de la spire est à peu près lisse; les autres, surtout les supérieurs, sont plissés longitudinalement.

2. Vis scalarine. *Terebra scalarina.*

> *T. testâ conicâ, longitudinaliter costatâ, apice basique transversìm striatâ; anfractibus convexis, subturgidis.*
>
> *Terebra scalarina.* Ann. ibid. n°. 2.
>
> Habite.... Fossile de Parnes. Cabinet de M. *Defrance.* Très-belle espèce de vis fossile découverte dans le sable coquillier de Parnes. Sa masse présente un cône beaucoup moins allongé que dans les autres vis. Par sa forme générale, et par les côtes longitudinales parallèles et distantes dont elle est ornée, elle ressemble, au premier aspect, à un jeune *scalata* [*turbo scalaris* de Linné]; mais son ouverture, sa columelle torse, et l'échancrure de sa base, nous obligent de la ranger parmi les vis. La longueur de cette coquille est d'un pouce et un peu plus. Son sommet est en mamelon lisse; ses côtes longitudinales, sur le ventre de chaque tour, sont un peu plus élevées et comme pincées ou comprimées latéralement.

ORDRE QUATRIÈME.

LES CÉPHALOPODES.

Manteau en forme de sac, contenant la partie inférieure du corps. Tête saillante hors du sac, couronnée par des bras non articulés, garnis de ventouses, et qui environnent la bouche. Deux yeux sessiles ; deux mandibules cornées à la bouche ; trois cœurs ; les sexes séparés.

Les *céphalopodes* ont été ainsi nommés par M. *Cuvier*, parce que chacun d'eux porte sur la tête des espèces de bras inarticulés, rangés en couronne autour de la bouche qui est terminale.

Ces animaux peuvent être encore considérés comme des mollusques ; car ils ont, comme ces derniers, le corps mollasse et inarticulé, un manteau distinct, une tête libre, et un mode de système nerveux à peu près semblable. Ce sont même, de tous ceux exposés jusqu'ici, les plus avancés en complication d'organes. Cependant ces mollusques, dont nous ne connaissons encore qu'un petit nombre, et qui néanmoins paraissent extrêmement nombreux et diversifiés, ont une conformation si singulière, qu'elle ne paraît nullement devoir conduire à celle qui est propre aux poissons. Il est donc probable que les *céphalopodes* ne sont pas encore les mollusques qui avoisinent le plus les animaux vertébrés, et conséquemment qu'ils ne sont pas les derniers de la classe.

Si, d'après cette singulière conformation des *céphalopodes*, on en formait une classe particulière, qui, certes, serait grande et bien distincte, je pense qu'alors on serait obligé d'en établir une autre avec les hétéropodes; car ceux-ci ne sauraient faire partie des *céphalopodes*, ni des gastéropodes, ni des trachélipodes, ni même des ptéropodes, tant l'ensemble de leurs caractères leur est particulier. Mais trouvant une sorte d'inconvénient à établir une classe pour des animaux aussi peu nombreux ou du moins aussi peu connus que les hétéropodes, je me suis décidé à les conserver, ainsi que les *céphalopodes*, parmi les mollusques.

En effet, les *céphalopodes*, très-singuliers par la disposition de leurs bras, par le manteau en forme de sac qui les enveloppe inférieurement, par leur organisation interne, et par les particularités diverses du corps solide enchâssé dans leur intérieur, sont tellement distingués des autres mollusques, qu'ils forment une grande coupe bien circonscrite et qui paraît tout-à-fait isolée dans la classe qui la comprend.

A la vérité, si les races diverses qui appartiennent à cette coupe sont extrêmement nombreuses, ce que l'on juge par les corps particuliers, pareillement nombreux et divers, que l'on recueille et que l'on est autorisé à attribuer à ces mollusques, il faut convenir que nous connaissons encore bien peu de ces animaux; en sorte que le caractère que nous assignons à leur ordre entier ne convient peut-être qu'à une partie de ceux qu'il embrasse.

Si l'on en excepte la famille des *sépiaires*, et la *spirule*, dont les animaux sont maintenant bien connus, il paraît qu'il nous sera difficile de nous procurer la connaissance de ceux des autres familles de *céphalopodes*, parce que la plupart n'habitent que dans les grandes profondeurs des mers, et se trouvent par-là hors de la portée de nos observations.

Or cette portion des *céphalopodes*, dont l'existence nous est attestée par les coquilles multiloculaires et la plupart fossiles que nos collections renferment, n'est assurément pas la moins nombreuse en races diverses.

D'après ceux qui nous sont connus, nous voyons sans doute que les *céphalopodes* sont les plus parfaits des mollusques, ceux qui ont l'organisation la plus compliquée et la plus développée, et qui l'emportent à cet égard sur les autres animaux sans vertèbres; cependant, ainsi que je viens de le dire, leur conformation est si particulière, qu'il est difficile de supposer qu'immédiatement après eux, la nature ait commencé dans les poissons le plan d'organisation des animaux vertébrés. Il est probable au contraire qu'après les *céphalopodes*, elle a produit d'autres animaux encore sans vertèbres, dans lesquels elle s'est préparée à l'exécution de son nouveau plan. Or ces animaux, se trouvant dans une circonstance de changement qui exige en eux une grande diminution dans la consistance de leurs parties, doivent nous paraître par-là moins avancés en perfectionnemens que les *céphalopodes*. C'est précisément ce qui a lieu dans les hétéropodes, qui sont les seuls mollusques en qui l'on commence à voir une conformation un peu rapprochée de celle des poissons.

Le corps des *céphalopodes* est épais, charnu, et contenu inférieurement dans un sac musculeux, formé par le manteau de l'animal. Ce manteau, fermé postérieurement, n'est ouvert que dans sa partie supérieure, de laquelle sort la tête ainsi qu'une portion du corps du céphalopode. La tête est libre, saillante hors du sac, et couronnée par des bras tentaculaires dont le nombre et la grandeur varient selon les genres. Elle offre, sur les côtés, deux gros yeux sessiles, immobiles et sans paupières. Ces yeux sont très-compliqués dans leurs humeurs, leurs membranes, leurs vaisseaux, etc.

La bouche de ces animaux est terminale, verticale, et armée de deux fortes mandibules cornées, qui sont crochues et ressemblent à un bec de perroquet. Enfin l'organe de l'ouie, quoique sans conduit externe, comme dans les poissons, se distingue dans ces mollusques.

Pour la circulation de leurs fluides, les *céphalopodes* ont trois cœurs : mais peut-être pourrait-on dire qu'ils n'en ont qu'un, et qu'en outre ils ont deux oreillettes séparées et latérales. Effectivement, le principal tronc des veines, qui rapporte le sang, se divise, comme on le sait, en deux branches qui portent ce fluide dans les oreillettes latérales; celles-ci le chassent dans les branchies, d'où il est rapporté dans le vrai cœur qui est au milieu, et ce cœur le renvoie dans tout le corps par les artères.

Les mollusques *céphalopodes* vivent tous dans la mer, où les uns nagent vaguement, se fixant aux corps marins quand il leur plaît, et les autres ne font que se traîner, à l'aide de leurs bras, dans le fond et sur ses bords. La plupart de ces derniers se retirent ordinairement dans les sinuosités des rochers.

Ces mollusques sont tous carnassiers, et se nourrissent de crabes et des autres animaux marins qu'ils peuvent saisir et dévorer. La position particulière de leurs bras favorise singulièrement le besoin qu'ils ont d'amener leur proie jusqu'à leur bouche, où deux fortes mandibules suffisent pour briser les corps durs dont ils se sont emparés.

Il y en a parmi eux qui sont entièrement nus; d'autres qui vivent dans une coquille mince, uniloculaire, qui les enveloppe, et qu'ils font flotter à la surface des eaux; et d'autres encore qui ont une coquille multiloculaire, soit complétement, soit en partie intérieure.

Ces derniers *céphalopodes* paraissent être très-nombreux et singulièrement diversifiés. Il semble en effet que l'Océan en soit en quelque sorte rempli, surtout dans ses grandes profondeurs, tant le nombre des coquilles multiloculaires que nous trouvons fossiles dans les terrains d'ancienne formation est considérable; et, à l'exception de quelques espèces d'un assez grand volume, la plupart de ces coquilles sont d'une petitesse extrême.

Dans les *céphalopodes*, les coquilles de ceux qui en possèdent ne font presque rien présumer, par leur forme, de celle des animaux qui les ont produites. Pour distinguer ces coquilles, on ne peut que les comparer entre elles; et l'on ne voit pas, quant à présent, que les divisions à établir parmi elles soient dans le cas d'être en rapport avec les principales divisions que l'on formerait parmi les mollusques dont il s'agit ici, si l'on connaissait ces derniers davantage.

Les coquilles multiloculaires des *céphalopodes* sont si remarquables par la diversité de leur forme, qu'il semble qu'à cet égard tous les modes qu'il soit possible d'imaginer aient été employés par la nature, et l'on a effectivement des exemples de presque toutes les formes imaginables.

Ces coquilles multiloculaires ont jusqu'à présent beaucoup embarrassé les naturalistes dans la détermination des rapports des animaux qui les produisent avec ceux des mollusques connus, qui sont, soit recouverts, soit enveloppés par une coquille. Comme l'on ne connaissait aucun de ces animaux, on manquait de moyens pour découvrir ces rapports, et il était difficile de prononcer tant sur la manière dont ces coquilles pouvaient avoir été formées, que sur leur connexion avec les animaux dont elles proviennent. L'animal n'habitait-il que la dernière loge de la coquille? y était-il contenu entièrement ou seulement en partie? enfin n'enveloppait-il pas lui-même plus ou moins complétement la coquille? Telles étaient les questions que l'analogie même de ce qui était connu sur les mollusques testacés ne pouvait nous faire résoudre, lorsque MM. *Le Sueur* et *Péron*, à leur retour de la Nouvelle-Hollande, nous firent connaître l'animal de la *spirule*. Or, cet animal étant un véritable *céphalopode*, qui porte une coquille multiloculaire enchâssée dans la partie postérieure de son corps, et dont une portion seulement est à découvert, nous ne saurions douter maintenant que toutes les coquilles multiloculaires, ou essentiellement telles, n'appartiennent réellement à des mollusques *céphalopodes*, et ne soient des corps plus ou moins enveloppés.

Ce fut donc rendre un service bien important à la science que de nous avoir procuré la connaissance de l'animal de la *spirule*, offrant encore cette coquille singulière qui était depuis long-temps dans les collections sans que l'on sût d'où elle provenait. Aussi, dans mes leçons au Muséum, j'eus la satisfaction de montrer à mes auditeurs l'animal même avec sa coquille, et je me crus autorisé à le regarder comme le type des animaux qui produisent les coquilles multiloculaires, et enfin à conclure que toutes ces coquilles appartiennent à des *céphalopodes*.

Les mollusques dont il s'agit se partagent naturellement en trois divisions, de la manière suivante :

Iere. DIVISION. — Céphalopodes testacés, polythalames.
[Immergés.]
Coquille multiloculaire, subintérieure.

IIe. DIVISION. — Céphalopodes testacés, monothalames.
[Navigateurs.]
Coquille uniloculaire, tout-à-fait extérieure.

IIIᵉ Division. — Céphalopodes non testacés. [Sépiaires.]

Point de Coquille, soit intérieure, soit
extérieure.

PREMIÈRE DIVISION.

CÉPHALOPODES POLYTHALAMES.

Coquille multiloculaire, enveloppée complétement ou partiellement, et qui est enchâssée dans la partie postérieure du corps de l'animal, souvent avec adhérence.

D'après l'importante découverte que MM. *Péron* et *Le Sueur* firent de l'animal de la *spirule*, on sait actuellement que les animaux des coquilles multiloculaires sont de véritables *céphalopodes*; l'on sait en outre de quelle manière ces coquilles sont disposées relativement aux animaux à qui elles appartiennent.

Dans les *céphalopodes polythalames*, il paraît que la coquille renferme, dans sa dernière loge, la partie postérieure du corps de l'animal ou une portion de cette partie; mais la coquille elle-même est enchâssée dans l'extrémité postérieure de ce corps, qui la recouvre, soit complétement, soit partiellement.

Dans la *spirule*, il n'y a qu'un quart environ de la coquille à découvert ou hors de l'animal. Il est vraisemblable que dans le *nautile* les deux tiers de la coquille doivent se trouver à découvert, le reste étant enveloppé par la partie postérieure du céphalopode.

On a au contraire lieu de penser que les *nummulites*, et autres petites coquilles multiloculaires, sont totalement enveloppées et cachées par la partie postérieure des animaux dont elles proviennent; peut-être même que les *ammonites*, quoique plusieurs soient fort grandes, sont dans le même cas.

Ce que l'on peut regarder maintenant comme certain, du moins d'après l'induction de ce qui est positivement connu, c'est que les coquilles multiloculaires dont il s'agit sont toutes enveloppées, soit totalement, soit partiellement, par l'extrémité postérieure du corps des céphalopodes qui les produisent, et qu'au lieu d'être contenu en totalité ou en partie dans sa coquille, l'animal au contraire l'enveloppe lui-même et la contient.

Les uns paraissent la contenir sans y adhérer, tandis que les autres y adhèrent par un ligament tendineux et filiforme, qui se conserve une gaîne à travers les loges de la coquille, et qui s'allonge à mesure que l'animal déplace la portion enveloppée de son corps.

Cet animal, en effet, s'accroissant par des développemens successifs, ressent, de temps à autre, trop de gêne dans la partie de son corps contenue dans la dernière loge de sa coquille; alors, probablement, il retire cette partie à quelque distance de la dernière cloison, laisse un espace vide derrière lui, et donne lieu, par un état stationnaire de cette partie déplacée, à ce qu'une nouvelle cloison se forme.

C'est sans doute à la diversité de conformation de la partie postérieure du corps des *céphalopodes polythalames* qu'il faut attribuer cette étonnante diversité de forme des coquilles multiloculaires; et l'on ne pourra expliquer chaque forme particulière que lorsque l'animal qui y aura donné lieu sera lui-même connu.

DIVISION DES CÉPHALOPODES POLYTHALAMES.

Ils ont une coquille multiloculaire , partiellement ou complétement intérieure , et enchâssée dans la partie postérieure de leur corps.

* Coquille multiloculaire à cloisons simples.

Leurs cloisons ont les bords simples et n'offrent point de sutures découpées et sinueuses sur la paroi interne du test.

[1] Coquille droite ou presque droite : point de spirale.

Les Orthocérées.

Bélemnite.
Orthocère.
Nodosaire.
Hippurite.
Conilite.

[2] Coquille partiellement en spirale : le dernier tour se continuant en ligne droite.

Les Lituolées.

Spirule.
Spiroline.
Lituole.

[3] Coquille semi-discoïde, à spire excentrique.

Les Cristacées.

Rénuline.
Cristellaire.
Orbiculine.

[4] Coquille globuleuse, sphéroïdale ou ovale; à tours de spire enveloppans ou à loges réunies en tunique.

Les Sphérulées.

Miliole.
Gyrogone.
Mélonie.

[5] Coquille discoïde, à spire centrale, et à loges rayonnantes du centre à la circonférence.

Les Radiolées.

Rotalie.
Lenticuline.
Placentule.

[6] Coquille discoïde, à spire centrale, et à loges qui ne s'étendent pas du centre jusqu'á la circonférence.

Les Nautilacées.

Discorbe.
Sidérolite.
Polystomelle.
Vorticiale.
Nummulite.
Nautile.

* * Coquille multiloculaire, à cloisons découpées sur les bords.

Les Ammonées.

Ammonite.
Orbulite.
Ammonocérate.
Turrilite.
Baculite.

LES ORTHOCÉRÉES.

Coquille droite ou presque droite : point de spirale.

Comme l'indique la dénomination de cette famille, les *orthocérées* sont des coquilles allongées, tantôt très-droites, tantôt légèrement courbées, et qui contiennent, sous une écorce testacée et externe, un noyau pareillement allongé, multiloculaire, qui en est plus ou moins séparable. Quelquefois le test externe qui constitue l'enveloppe du noyau est plein dans sa partie supérieure, en sorte que le noyau multiloculaire qu'il contient n'atteint point à son sommet, et alors en est facilement séparable. Les cloisons de ce noyau sont toutes très-simples, en général perforées. La plupart des coquilles que comprennent les *orthocérées* ne sont connues que dans l'état fossile. Voici les genres que nous rapportons à cette famille : *bélemnite, orthocère, nodosaire, hippurite* et *conilite.*

BÉLEMNITE. (Bélemnites.)

Coquille droite, en cône allongé, formée de deux parties distinctes et séparables.

L'extérieure : Fourreau solide, plein dans sa partie supérieure, et offrant une cavité conique.

L'intérieure : Noyau conique, pointu, cloisonné transversalement dans toute sa longueur, multiloculaire, et à cloisons perforées par un syphon central.

Testa recta, elongato-conica, in duas partes separabilis.

*Externa : Vagina solida, supernè plena, infernè loculo
conico excavata.*

*Interna : Nucleus non adhærens, multilocularis, è
massâ elongato-conicâ compositus, septis plurimis transversis divisus ; siphone centrali septa perforante.*

OBSERVATIONS.

Les *Bélemnites*, que l'on ne connaît que dans l'état fossile,
et que l'on trouve le plus souvent isolées et vides, c'est-à-dire
dépourvues de leur noyau, ne sont chacune que l'étui d'une
masse allongée-conique, non adhérente, cloisonnée, et qui
est munie d'un siphon comme les orthocères et les hippurites.

Ces étuis singuliers sont des corps en cône allongé, plus
ou moins pointus au sommet, munis souvent d'une gouttière
latérale peu profonde, solides et pleins dans leur partie supérieure, et ayant dans l'autre partie une cavité conique, que
l'on trouve ordinairement vide. Mais, dans cet état, la *Bélemnite* est incomplète ; car elle renfermait, dans sa cavité,
une masse allongée-conique, multiloculaire, ayant des cloisons un peu concaves d'un côté et convexes de l'autre, et un
siphon central.

On a pris pendant long-temps l'étui isolé de la *Bélemnite*,
et la masse cloisonnée qui lui appartenait et que l'on trouvait
séparément, pour des corps particuliers indépendans. Mais on
a enfin trouvé des *Bélemnites* complètes, c'est-à-dire l'étui
contenant sa masse cloisonnée, et alors le voile qui cachait la
nature de ces coquilles a été levé [*].

Il ne faut pas confondre avec les *Bélemnites* certaines pointes d'oursin, qui, sciées en deux dans leur longueur, offrent

---

[*] Voyez dans le Journal de Physique [brumaire an 9] un Mémoire sur
les bélemnites, par M. *Sage*.

des apparences de concamération ; apparences qui tiennent aux accroissemens divers de ces pointes. Il n'y a point en elles une masse particulière cloisonnée et séparable, distincte du fourreau qui la contient.

On dit que la *Bélemnite* doit son nom à sa forme, qui ressemble à l'extrémité d'un dard que les Grecs ont nommé *Belos* et *Belemnon*.

On en connaît plusieurs espèces : il y en a qui sont conoïdales, d'autres en fuseau, d'autres à sommet acuminé, etc.

ESPÈCES.

1. Bélemnite subconique. *Belemnites subconicus.*

B. *testâ parte inferiore semicylindricâ : superiore attenuato-conicâ.*

Belemnites. Breynii, Epist. t. 8. f. 1—6.

Nautilus belemnita. Gmel. p. 3373. n°. 24.

Encyclop. pl. 465. f. 1.

[b] *Var. testâ perangustâ, gracili, ferè subulatâ.* Mon cabinet.

Habite.... Fossile assez commun dans les terrains d'ancienne formation. Mon cabinet. Cette coquille, toujours très-droite, tantôt munie d'une gouttière latérale, et tantôt en étant dépourvue, est semi-cylindrique dans sa moitié inférieure, où elle offre une cavité conique, presque toujours vide, et dont l'extrémité est fort éloignée du sommet du test. Sa partie supérieure, toujours pleine, est conique et pointue. Il est extrêmement rare de trouver des bélemnites munies du noyau multiloculaire que leur cavité contenait. Ces coquilles sont quelquefois d'une longueur assez considérable. La var. [b] est des environs de Saint-Paul-Trois-Châteaux, dans le Dauphiné.

2. Bélemnite fusoïde. *Belemnites fusoides.*

B. *testâ subfusiformi, supernè basique sensim attenuatâ.*

Belemnites. Breynii, Epist. t. 8. f. 7—15.

Habite.... Fossile de Saint-Paul-Trois-Châteaux, dans le Dauphiné. Mon cabinet. Celle-ci, encore très-droite comme la précédente, est remarquable en ce qu'elle va en s'atténuant vers sa partie inférieure, ce qui la rend fusiforme, sa partie supérieure étant conique et pointue.

ORTHOCÈRE. (Orthocera.)

Coquille droite ou un peu arquée, subconique, striée en dehors par des côtes longitudinales nombreuses. Loges formées par des cloisons transverses perforées par un tube, soit central, soit marginal.

Testa elongata, recta aut leviter arcuata, subconica, costellis longitudinalibus extùs sulcata; loculis pluribus distinctis, ex septis transversis, tubo vel centrali vel marginali perforatis.

OBSERVATIONS.

Linné a placé les *orthocères* dans son genre *nautilus*, ainsi que la spirule; ce qui indique au moins les rapports qui existent entre ces différentes coquilles multiloculaires.

Les *orthocères* sont de très-petites coquilles marines, allongées, cannelées en dehors, et qui ressemblent à de petites cornes droites ou légèrement arquées. Leur intérieur est divisé en plusieurs loges par des cloisons transverses, toutes traversées par un siphon subcentral, interrompu, et qui souvent fait une saillie aux deux extrémités de la coquille, quelquefois à une seule.

On trouve ces petites coquilles, avec beaucoup d'autres, dans la Méditerranée, parmi le sable de ses rives.

ESPÈCES.

1. Orthocère rave. *Orthocera raphanus.*

O. testâ rectâ, elongato-conicâ, articulatâ : articulis torosis; siphone sublaterali.

Nautilus raphanus. Lin. Gmel. p. 3372. nº. 16.

Gualt. Test. t. 19. fig. L. L. L. M.

Plancus, Conch. t. 1. f. 6.

Martini, Conch. 1. p. 1. Vign. 1. fig. A. B.

Encyclop. pl. 465. f. 2. a. b. c.

Habite sur les bords de la Méditerranée. Mon cabinet. Très-petite coquille, toute blanche, dont les loges sont apparentes à l'extérieur par un petit renflement. Elle est très-droite.

2. Orthocère obtuse. *Orthocera fascia.*

O. testá rectá, oblongá, apice obtusá, ad suturas cingulatá; siphone centrali.

Nautilus fascia. Lin. Gmel. p. 3373. n°. 19.

Gualt. Test. t. 19. fig. O.

Martini, Conch. 1. p. 1. Vign. 1. fig. DD.

Habite sur les bords de la mer Adriatique. Coquille petite, toute blanche, et qui est principalement distinguée de la précédente par la position de son siphon. Ses loges sont aussi moins renflées.

3. Orthocère ravenelle. *Orthocera raphanistrum.*

O. testá rectá, subcylindricá; articulis torosis; striis elevatis duodenis; siphone centrali regulari. Lin.

Nautilus raphanistrum. Lin. Gmel. p. 3372. n°. 15.

Habite sur les bords de la Méditerranée. Mon cabinet. Celle-ci est un peu plus grande que les précédentes, encore très-droite, et a ses loges renflées.

4. Orthocère oblique. *Orthocera obliqua.*

O. testá recto-subarcuatá : articulis obliquè striatis; lateribus crenatis; siphone centrali.

Nautilus obliquus. Lin. Gmel. p. 3372. n°. 14.

Gualt. Test. t. 19. fig. N.

Martini, Conch. 1. p. 1. Vign. 1. fig. H.

Habite sur les bords des mers Méditerranée et Adriatique. Cette orthocère est un peu arquée et remarquable par les stries obliques de ses loges.

5. Orthocère aiguë. *Orthocera acicula.*

O. testá rectá; supernè peracutá, subaciculari; striis longitudinalibus rectis.

Habite.... dans la Méditerranée? Mon cabinet. Coquille très-droite, et remarquable par sa forme aciculée. Sa longueur est de 4 lig. trois quarts.

6. Orthocère gousse. *Orthocera legumen.*

O. testâ rectâ, compressâ, articulatâ, hinc marginatâ; siphone laterali. Lin.

Nautilus legumen. Lin. Gmel. p. 3375. n°. 22.

Plancus, Conch. t. 1. f. 7.

Gualt. Test. t. 19. fig. P.

Martini, Conch. 1. p. 1. Vign. 1. fig. EE.

Encyclop. pl. 465. f. 3. a. b. c.

Habite la mer Adriatique. Mon cabinet. Celle-ci est aplatie comme une jeune gousse de pois. Elle est extrêmement petite.

NODOSAIRE. (Nodosaria.)

Coquille allongée, droite ou un peu arquée, subconique, noueuse par le renflement des loges, à nodosités globuleuses, très-lisses. Loges formées par des cloisons transverses, perforées, soit au centre, soit près du bord.

Testa elongata, recta vel leviter arcuata, subconica, nodosa : nodulis lævigatis. Loculi plures, tumiduli, ex septis transversis, subcentro perforatis.

OBSERVATIONS.

Les *nodosaires* sont très-voisines des orthocères par leurs rapports ; mais elles n'offrent à l'extérieur que des nodosités lisses, d'une forme globuleuse, et sont dépourvues de ces petites côtes longitudinales qui rendent toutes les orthocères cannelées en dehors. Voici les trois espèces que nous rapportons à ce genre.

ESPÈCES.

1. Nodosaire radicule. *Nodosaria radicula.*

N. testâ rectâ, oblongo-attenuatâ; articulis globosis lævibus; siphone sublaterali.

Nautilus radicula. Lin. Gmel. p. 3373. n°. 18.
Plancus, Conch. t. 1. f. 5.
Encyclop. pl. 465. f. 4. a. b. c.

Habite dans la mer Adriatique. Mon cabinet. Coquille très-petite, toute noueuse, très-glabre, ayant environ 2 lignes de longueur.

2 Nodosaire dentaline. *Nodosaria dentalina.*

N. testâ elongato-subulatâ, leviter arcuatâ; articulis tumidiusculis glabris.

Habite.... Mon cabinet. Cette coquille, un peu arquée, et n'offrant qu'un léger renflement dans ses articulations, rappelle en quelque sorte la forme d'une très-petite dentale. Longueur de la précédente.

3. Nodosaire siphoncule. *Nodosaria siphunculus.*

N. testâ elongatâ, cylindrico-attenuatâ, rectâ; articulis cylindricis distantibus.

Nautilus siphunculus. Lin. Gmel. p. 3375. n°. 21.
Gualt. Test. t. 19. fig. R. S.
Martini, Conch. 1. p. 1. Vign. 1. fig. F. FF. F.

Habite dans la Méditerranée, au détroit de Messine. Celle-ci est très-remarquable par ses articulations cylindriques, écartées les unes des autres, et comme enfilées par le tube qui forme le siphon. Elle est encore très-petite.

———— /

HIPPURITE. (Hippurites.)

Coquille cylindracée-conique, droite ou un peu arquée, multiloculaire; à cloisons transverses. Une gouttière intérieure, latérale, formée par deux arrêtes longitudinales parallèles, obtuses et convergentes. La dernière loge fermée par un opercule.

Testa cylindraceo-conica, recta vel subarcuata, intùs septis transversis in loculos plures distincta. Carinœ duœ internœ longitudinales obtusœ, convergentes, parieti adnatœ, canalem longitudinalem prœstantes. Loculus ultimus operculo clausus.

OBSERVATIONS.

Les *hippurites*, qu'on a aussi nommées *orthocérates*, sont des tuyaux testacés, pétrifiés, épais, de forme cylindracée-conique, tantôt droits, tantôt un peu courbés, et dont l'intérieur est divisé en plusieurs loges, par des cloisons transverses, qui adhèrent aux parois du tuyau.

Dans les unes, les cloisons sont traversées d'outre en outre par un siphon qui ne communique, en aucune manière, avec les concamérations ou loges du tuyau. Dans d'autres, au lieu de siphon on ne trouve qu'une gouttière latérale, c'est-à-dire un canal formé par deux arrêtes longitudinales, mousses ou obtuses. Cette gouttière est quelquefois creuse ; mais le plus souvent elle est remplie par les mêmes cloisons qui traversent la cavité du tuyau. Enfin, dans d'autres, on observe, et le siphon qui traverse les loges, et aussi la gouttière latérale dont je viens de parler.

La dernière loge, qui est celle qu'occupait en dernier lieu l'animal, a son orifice fermé par un opercule épais, solide, et dont les bords, taillés en biseau, s'adaptent sur cet orifice avec beaucoup de justesse.

Les *hippurites à gouttière* ont toujours beaucoup d'épaisseur, au lieu que celles à *siphon* sont bien plus minces. Ces coquilles singulières ne sont connues que dans l'état de pétrification, et ont été découvertes dans les Pyrénées par feu M. *Picot de la Peyrouse.*

ESPÈCES.

1. Hippurite ridée. *Hippurites rugosa.*

H. testâ cylindraceo-attenuatâ, crassissimâ, transversìm rugosâ; basi truncatâ; foveâ duplici in truncaturâ.

Habite.... Fossile des Pyrénées. Mon cabinet. Test pétrifié, cylindracé-conique, un peu courbé vers son sommet, ridé transversalement, fort épais, et tronqué à sa base. On aperçoit, dans la face de cette troncature, deux ocelles ou espèces de fossettes résultant de l'extrémité des deux arrêtes latérales qui constituent la gouttière. Ce corps est fort pesant et a 3 pouces 10 lignes de longueur.

2. Hippurite courbée. *Hippurites curva.*

H. testâ conicâ, curvâ, rudi, infernè plano-truncatâ.

Habite.... Fossile des Pyrénées. Mon cabinet. Celle-ci, pareillement pétrifiée, mais plus sensiblement conique et courbée que la précédente, en parait bien distincte. Elle offre néanmoins, dans sa face tronquée, les mêmes caractères que l'autre. Longueur, 3 pouces.

Voyez la monographie des orthocératites de feu M. *Picot de la Peyrouse,* pour différentes espèces que je ne possède pas.

CONILITE. (Conilites.)

Coquille conique, droite, légèrement inclinée, ayant un fourreau mince, distinct du noyau qu'il contient. Noyau subséparable, multiloculaire, cloisonné transversalement.

Testa conica, recta, leviter inflexa; crustâ tenui, extùs vestitâ. Nucleus subseparabilis, multilocularis, septis transversis divisus.

OBSERVATIONS.

Je ne fais ici que signaler l'existence de certaines coquilles multiloculaires fossiles, qui me paraissent très-différentes des bélemnites, et qui me semblent rares et peu connues.

Le fourreau des *conilites* est mince, et ne se termine point supérieurement par une portion allongée et pleine, c'est-à-dire sans cavité pour le noyau, comme celui des bélemnites. Il paraît plus difficilement séparable de son noyau. Voici l'espèce que je rapporte à ce genre.

ESPÈCE.

1. Conilite pyramidale. *Conilites pyramidata.*

> C. testá conico-pyramidatá; infimá facie concavá.
> Luid. Foss. t. 2. n°. 134.
> Habite.... Fossile pétrifié des Vaches-Noires, sur les côtes de Bretagne; recueilli et communiqué par M. *Lucas.* Mon cabinet. Sa forme et ses caractères le distinguent fortement des bélemnites et plus encore des hippurites. Il est dans un état pyriteux. Long., 2 pouces une ligne.

LES LITUOLÉES.

Coquille partiellement en spirale; le dernier tour se continuant en ligne droite.

Les *lituolées* sont des coquilles multiloculaires contournées d'abord en spirale, et dont le dernier tour se termine en ligne droite. Les cloisons transverses qui forment leurs loges sont en général traversées par un siphon qui s'interrompt avant d'atteindre la cloison suivante. Tantôt les tours qui forment la spirale sont écartés les uns des autres,

et laissent entre eux un intervalle remarquable, et tantôt
aussi ces tours sont appuyés les uns sur les autres sans aucune
séparation ; mais, dans toutes, le dernier finit toujours en
ligne droite. Il en est dont la dernière cloison est percée
de trois à six trous, comme si leur siphon était multiple.
Cette famille se compose des genres *spirule*, *spiroline* et
lituole.

SPIRULE. (Spirula.)

Coquille cylindrique, mince, presque transparente,
multiloculaire, partiellement contournée en spirale discoïde ; à tours distans les uns des autres : le dernier s'allon-
geant en ligne droite. Cloisons transverses, également
espacées, concaves en dehors, à siphon latéral interrompu.
Ouverture orbiculaire.

*Testa teres, tenuis, subpellucida, multilocularis, in
spiram discoideam partim contorta ; anfractibus distantibus : ultimo ad extremum recto. Septa transversa,
æqualiter distantia, extùs concava ; siphone laterali inter-
rupto. Apertura orbicularis.*

OBSERVATIONS.

La *spirule* est une petite coquille connue depuis longtemps
des naturalistes, et qui n'est pas fort rare dans les collections.
On avait ignoré quelle pouvait être l'espèce d'animal à qui
appartenait cette singulière coquille ; mais *Péron*, de retour
de son voyage dans les mers australes, nous rapporta, conservé dans la liqueur, l'animal même muni de sa coquille, que
j'ai montré, dans mes leçons au Muséum, pendant les dernières années de mon cours. Cet animal est un véritable cépha-

lopode, pourvu d'un sac qui enveloppe la partie postérieure de son corps; l'antérieure est hors de ce sac, et sa tête, qui la termine, soutient dix bras disposés en couronne autour de la bouche, dont deux sont plus longs que les autres. A l'extrémité postérieure du sac de cet animal, on voit une coquille enchâssée, n'offrant au dehors qu'une portion découverte de son dernier tour. Or cette coquille est la *spirule* que l'on connaissait depuis long-temps. D'après cette importante découverte de *Péron*, je me suis cru autorisé à conclure que toutes les coquilles multiloculaires étaient dues à des céphalopodes. Voici la seule espèce de ce genre qui nous soit connue.

ESPÈCE.

1. Spirule de Péron. *Spirula Peronii.*

> *Nautilus spirula.* Lin. Gmel. p. 3371. n°. 9.
> Lister, Conch. t. 550. f. 2.
> Rumph. Mus. t. 20. f. 1.
> Petiv. Amb. t. 22. f. 4.
> Gualt. Test. t. 19. fig. E.
> Klein, Ostr. t. 1. f. 6.
> D'Argenv. Conch. pl. 5. fig. G. G.
> Favanne, Conch. pl. 7. fig. E.
> Breynii, Epist. t. 2. f. 8. 9.
> Knorr, Vergn. 1. t. 2. f. 6.
> Martini, Conch. 1. p. 254. Vign. 11. f. 1—3. et t. 20. f. 184. 185.
> *Spirula australis.* Encyclop. pl. 465. f. 5. a. b.
> Habite l'Océan austral et celui des Moluques. Mon cabinet. Cette coquille, mince, fragile, blanche ou de couleur de perle, n'a guère qu'un pouce de diamètre dans sa masse discoïde.

SPIROLINE. (Spirolina.)

Coquille multiloculaire, partiellement en spirale discoïde; à tours contigus : le dernier se terminant en ligne droite. Cloisons transverses, percées par un tube.

Testa multilocularis , partìm in spiram convoluta; anfractibus contiguis : ultimo ad extremum recto. Septa transversa , tubo perforata.

OBSERVATIONS.

Les *spirolines* ont tant de rapport avec les spirules, que j'ai balancé d'abord à les regarder comme du même genre. Cepehdant, considérant que dans les *spirolines* les tours sont contigus, comme dans les discorbes , tandis que , dans les spirules , ils sont toujours séparés et laissent un vide entre eux, j'ai cru devoir les présenter comme constituant un genre particulier.

Je ne connais de *spirolines* que dans l'état fossile : ce sont de très-petites coquilles multiloculaires, qui commencent d'abord en faisant un ou deux tours en spirale sur le même plan , et qui ensuite s'allongent en ligne droite, d'une quantité même considérable , proportionnellement à leur volume.

Il y a des espèces qui n'ont à leur sommet qu'un commencement de courbure, en spirale , et qui, dans le reste de leur longueur , sont en ligne droite; d'autres sont tout-à-fait droites, presque comme certaines orthocères; enfin il y en a qui ont la coquille aplatie , et d'autres qui l'ont cylindracée. Mais, dans toutes celles que je connais , les cloisons forment à l'extérieur une petite saillie qui rend la spirale partagée transversalement par une multitude de crêtes ou de stries séparées. Le siphon qui traverse les cloisons et les loges se distingue assez bien, malgré la petitesse de ces coquilles.

ESPÈCES.

1. **Spirolinite aplatie.** *Spirolinites depressa.*

> *Sp. testâ discoideâ, demùm rectâ, subcarinatâ; striis transversis exiguis.*
>
> *Spirolinites depressa.* Ann. du Mus. vol. 5. p. 245. n°. 1. et vol. 8. pl. 62. f. 14.

Habite.... Fossile de Grignon. Cab. de M. *Defrance*. Petite coquille de 2 millimètres et demi de grandeur, aplatie, un peu carénée dans son contour, et ayant l'aspect d'une très-petite ammonite. La fin de son dernier tour, dans plusieurs individus, s'allonge en ligne droite.

2. Spirolinite cylindracée. *Spirolinites cylindracea.*

Sp. testá rectá, apice tantùm incurvá; aperturá orbiculatá.

Encyclop. pl. 465. f. 7. a. b. c. et pl. 466. f. 2. a. b.

Spirolinites cylindracea. Ann. ibid. n°. 2. et vol. 8. pl. 62. f. 15.

[*b*] *Var. omninò recta.*

Ann. du Mus. vol. 8. pl. 62. f. 16 a. b.

Habite.... Fossile de Grignon. Cab. de M. *Defrance*. La coquille de cette espèce est presque entièrement droite, et ce n'est qu'à son sommet qu'elle forme une petite courbure ou commencement de spirale. Elle ressemble à un très-petit bâton dont l'extrémité supérieure serait un peu courbée en crosse. La var. [b] est fort remarquable en ce que la coquille est tout-à-fait droite, même à son sommet. Longueur, 3 à 4 millimètres.

LITUOLE. (Lituola.)

Coquille multiloculaire, partiellement en spirale discoïde; à tours contigus, le dernier se terminant en ligne droite. Loges irrégulières; cloisons transverses et simples [sans siphon]; la dernière percée de trois à six trous.

Testa multilocularis, partìm in spiram discoideam convoluta; anfractibus contiguis: ultimo ad extremum recto. Loculi irregulares. Septa transversa, simplicia [siphone nullo]: ultimo foraminibus tribus ad sex perforato.

OBSERVATIONS.

Les *lituoles*, que je ne connais que fossiles, sont de petites coquilles multiloculaires, d'abord en spirale discoïde et à tours contigus, comme dans les nautiles, mais dont ensuite le dernier tour se termine en ligne droite.

Les cloisons qui divisent l'intérieur de la spirale paraissent irrégulièrement espacées et inclinées les unes à l'égard des autres, et on voit sur la dernière trois à six petits trous dont elle est perforée. Néanmoins on n'aperçoit aucun siphon traversant les loges.

Parmi les espèces de ce genre, il y en a qui ont à peine un tour complet en spirale, et dont la forme ainsi que les loges sont irrégulières ; enfin il y en a dont la dernière loge est tout-à-fait close, par suite sans doute de l'incrustation de quelque sédiment qui aura bouché les trous de la dernière cloison.

ESPÈCES.

1. **Lituolite nautiloïde.** *Lituolites nautiloidea.*

> *L. testâ discoideâ, caudatâ, costulatâ ; septo ultimo subsexforo.*
>
> *Lituola nautiloides.* Encyclop. pl. 465. f. 6.
> *Lituolites nautiloidea.* Ann. du Mus. vol. 5. p. 243. n°. 1. et vol. 8.
> pl. 62. f. 12.
>
> Habite.... Fossile de Meudon. Cab. de M. *Defrance.* Dans les individus jeunes ou incomplets de cette espèce, on ne voit qu'une petite coquille discoïde, régulière, semblable à un très-petit nautile, et ayant de petites côtes obtuses et transversales, dues aux renflemens des loges. Quant à ceux qui sont complets, ils offrent en outre une queue courte, tronquée, formée par la fin du dernier tour qui s'avance un peu en ligne droite. La dernière cloison est percée de cinq à six petits trous. Cette coquille, avec sa queue, n'a que 4 millimètres.

2. Lituolite difforme. *Lituolites deformis.*

> *L. testá curvá, semispirali ; extremitatibus obtusis : loculo ultimo clauso.*
>
> *Lituola deformis.* Encyclop. pl. 466. f. 1. a. b.
>
> *Lituolites difformis.* Ann. ibid. n°. 2. et vol. 8. pl. 62. f. 13. a. b.
>
> Habite.... Fossile de Meudon. Cab. de M. *Defrance.* Petite coquille, courbée en spirale incomplète et partagée intérieurement en loges irrégulières. Elle est obtuse à ses extrémités , plus grosse à son sommet que vers sa fin, et a sa dernière cloison fermée. Sa grandeur est de 2 millimètres.

LES CRISTACÉES.

Coquille semi-discoïde , à spire excentrique.

Les *cristacées* sont des coquilles multiloculaires, aplaties, presque réniformes ou en crête, dont les loges sont graduellement plus allongées à mesure qu'elles sont plus voisines du bord arqué extérieur, et qui semblent en partie tourner autour d'un axe excentrique, plus ou moins marginal. Je rapporte à cette famille les trois genres suivans : *rénuline, cristellaire* et *orbiculine.*

RÉNULINE. (Renulina.)

Coquille réniforme, aplatie, sillonnée, multiloculaire ; à loges linéaires, contiguës, courbées autour d'un axe marginal, les plus éloignées de l'axe étant les plus longues.

Testa reniformis, complanata, sulcata , multilocularis; loculis linearibus, contiguis , secundis curvis : ultimis longioribus. Axis marginalis.

Les *rénulines*, que nous ne connaissons que dans l'état fossile, sont de toutes les coquilles celles dont la conformation est
la plus particulière. Que l'on se représente des loges contiguës,
unilatérales, étroites, linéaires, courbées en portion de cercle,
toutes disposées sur un même plan et situées de manière que
la première, qui est la plus petite, forme un petit arc autour
d'un axe ou d'un centre qui est marginal ; toutes les autres loges, contiguës entre elles, sont placées du même côté que la
première, et il en résulte une coquille plane, réniforme, sillonnée, ayant l'axe qui tient lieu de centre ou de spire situé
sur le bord opposé à la convexité des loges. Voici la seule espèce
connue de ce genre.

ESPÈCE.

1. Rénulite operculaire. *Renulites opercularis.*

> *R. testá semilunari, planissimá; sulcis arcuatis concentricis.*
> Encyclop. pl. 465. f. 8.
> *Renulites opercularia.* Ann. du Mus. vol. 5. p. 354. et vol. 9. pl. 17.
> f. 6.
>
> Habite.... Fossile de Grignon. Cab. de M. *Defrance.* En regardant
> cette coquille, on croit voir un opercule mince, fragile, très-aplati,
> semi-lunaire, et dont la surface est chargée de sillons arqués et
> parallèles à son bord arrondi ; mais, en l'examinant bien, on s'a
> perçoit qu'elle est composée de deux tables opposées l'une à l'au
> tre, et creusées en leur face interne de sillons arqués et contigus.
> Dans le rapprochement de ces deux tables, les sillons opposés com
> plètent autant de loges bien séparées les unes des autres. Ce n'est
> point la structure d'un opercule quelconque. Cette coquille a 3
> millimètres dans sa plus grande largeur.

CRISTELLAIRE. (Cristellaria.)

Coquille semi-discoïde, multiloculaire; à tours contigus, simples, s'élargissant progressivement. Spire excentrique, sublatérale. Cloisons imperforées.

Testa semi-discoidea, multilocularis; loculis contiguis, simplicibus, sensìm latioribus. Spira excentrica, sublaterali. Septa imperforata.

OBSERVATIONS.

Les *cristellaires* avoisinent les lenticulines par leurs rapports, et la plupart sont des coquilles aplaties et comme en crête. Leurs cloisons sont apparentes extérieurement; les loges sont allongées, subrayonnantes, occupent toute la largeur du tour qui les comprend, et ont leur axe excentrique, presque latéral. On en connaît plusieurs dans l'état frais ou marin ; mais n'en ayant observé aucune, je me contenterai ici de citer celles qui ont été décrites et figurées par M. *Fichtel.*

ESPÈCES.

1. Cristellaire petite-écaille. *Cristellaria squammula.*

Nautilus planatus. Fichtel, t. 16. fig. A. B. C. D. E. F. G. H.
Ejusd. nautilus planatus dimidiatus. t. 16. fig. I.
Cristellaria planata. Encyclop. pl. 467. f. 1. a. b. c.
Ejusd. cristellaria dilatata. f. 2. a. b. c.
Habite....

2. Cristellaire papilleuse. *Cristellaria papillosa.*

Nautilus cassis. Fichtel, t. 17. fig. A. B. C. D. E. F. G. H. I. et t. 18 fig. A. B. C.

Cristellaria cassis. Encyclop. pl. 467. f. 3. a. b. c. d.
Ejusd. cristellaria producta. fig. e. f. g.
Ejusd. cristellaria serrata. f. 4. a. b.
Ejusd. cristellaria undata. f. 5. a. b. c.
Habite....

3. Cristellaire lisse. *Cristellaria lævis.*

Nautilus cassis. Fichtel, t. 17. fig. K. L.
Ejusd. nautilus galea. t. 18. fig. D. E. F.
Cristellaria papilionacea. Encyclop. pl. 467. fig. c. d.
Ejusd. cristellaria galea. f. 6. a. b. c.
Habite....

4. Cristellaire auriculaire. *Cristellaria auricularis.*

Nautilus acutauricularis. Fichtel, t. 18. fig. G. H. I.
Cristellaria acutauricularis. Encyclop. pl. 467. f. 7. a. b. c.
Habite....

5. Cristellaire fève. *Cristellaria faba.*

Nautilus faba. Fichtel, t. 19. fig. A. B. C.
Habite....

6. Cristellaire scaphe. *Cristellaria scapha.*

Nautilus scapha. Fichtel, t. 19. fig. D. E. F.
Habite....

7. Cristellaire crépidule. *Cristellaria crepidula.*

Nautilus crepidula. Fichtel, t. 19. fig. G. H. I.
Habite....

8. Cristellaire auricule. *Cristellaria auricula.*

Nautilus auricula. Fichtel, t. 20. fig. A. B. C. D. E. F.
Habite....

9. Cristellaire tubéreuse. *Cristellaria tuberosa.*

Nautilus tuberosus. Fichtel, t. 20. fig. G. H. I. K.
Habite....

ORBICULINE. (Orbiculina.)

Coquille subdiscoïde, multiloculaire; à tours contigus et composés; à spire excentrique; loges courtes, très-nombreuses; cloisons imperforées.

Testa subdiscoidea, multilocularis; anfractibus compositis, contiguis; spirâ excentricâ; loculis brevibus, numerosissimis; septis imperforatis.

OBSERVATIONS.

Par l'excentricité de leur spire, les *orbiculines* se rapprochent des cristellaires; mais par leurs loges courtes et très-nombreuses, elles semblent tenir aux vorticiales. Les rangées de ces loges paraissent de deux sortes, se traversent, et rendent les tours comme composés. La plupart des espèces de ce genre sont aplaties ou comprimées. Leur ouverture est étroite, en fissure arquée et transverse. Elle paraît commune aux loges de la dernière rangée. Voici l'indication des espèces d'*orbiculines* que l'on trouve dans l'ouvrage de M. *Fichtel.*

ESPÈCES.

1. Orbiculine numismale. *Orbiculina numismalis.*

   Nautilus orbiculus. Fichtel, t. 21. fig. A. B. C. D.
   Orbiculina nummata. Encyclop. pl. 468. f. 1. a. b. c. d.
   Habite....

2. Orbiculine anguleuse. *Orbiculina angulata.*

   Nautilus angulatus. Fichtel, t. 22. fig. A. B. C. D. E.
   Encyclop. pl. 468. f. 3. a. b. c. d.
   Habite.....

Tome VII. 39

3. Orbiculine uncinée. *Orbiculina uncinata.*

Nautilus aduncus. Fichtel, t. 23. fig. A. B. C. D. E.
Orbiculina adunca. Encyclop. pl. 468. f. 2. a. b. c.
Habite....

LES SPHÉRULÉES.

Coquille globuleuse, sphéroïdale ou ovale ; à tours de spire
enveloppans, ou à loges réunies en tunique.

Les *sphérulées* sont de petites coquilles multiloculaires,
sphéroïdales ou ovalaires, les unes sans autre cavité que
celles de leurs loges, et à tours s'enveloppant mutuellement,
tandis que les autres, munies d'une cavité intérieure particulière, sont composées d'une suite de loges allongées,
étroites, contiguës, conformées en portion de cercle, et qui,
par leur réunion, forment une seule tunique qui enveloppe
la cavité centrale. Je rapporte à cette petite famille les trois
genres qui suivent : *miliole, gyrogone* et *mélonie.*

MILIOLE. (Miliola.)

Coquille transverse, ovale-globuleuse ou allongée, multiloculaire ; à loges transversales entourant l'axe et se recouvrant alternativement les unes les autres. Ouverture
très-petite, située à la base du dernier tour, soit orbiculaire, soit oblongue.

Testa transversa ; ovato-globosa vel elongata, multi-
lo ularis : loculis transversis circa axim trifariàm et alter-
natìm involventibus. Apertura ad ultimi loculi basim
exigua, orbiculata vel oblonga.

OBSERVATIONS.

Les *milioles* sont des coquilles des plus singulières par leur forme, et peut-être des plus intéressantes à considérer, à cause de leur multiplicité dans la nature et de l'influence qu'elles ont sur l'état et la grandeur des masses qui sont à la surface du globe, ou qui composent sa croûte extérieure. Leur petitesse rend ces corps méprisables à nos yeux, en sorte qu'à peine daignons-nous les examiner; mais on cessera de penser ainsi, lorsque l'on considérera que c'est avec les plus petits objets que la nature produit partout les phénomènes les plus imposans et les plus remarquables. Or, c'est encore ici un de ces exemples nombreux qui attestent que, dans sa production des corps vivans, tout ce que la nature semble perdre du côté du volume, elle le regagne amplement par le nombre des individus, qu'elle multiplie à l'infini et avec une promptitude admirable. Aussi les dépouilles de ces très-petits corps vivans du règne animal influent-elles bien plus sur l'état des masses qui composent la surface de notre globe, que celles des grands animaux, comme les éléphans, les hippopotames, les baleines, les cachalots, etc., qui, quoique constituant des masses bien plus considérables, sont infiniment moins multipliés dans la nature.

Je possède des *milioles* dans l'état frais ou marin, recueillies sur des *fucus*, près de l'île de Corse. Aux environs de Paris, on en trouve dans l'état fossile quelques espèces en quantité si considérable, qu'elles forment presque la principale partie des masses pierreuses de certaines carrières.

Ce sont de petites coquilles multiloculaires, à peu près de la grosseur des graines de la plante qu'on nomme millet [*panicum miliaceum*], les unes ovales-globuleuses, les autres oblongues, subtrigones. Leur spirale tourne autour d'un axe perpendiculaire au plan des tours, et qui est beaucoup plus long que le diamètre transversal ou horizontal de la coquille; ce qui est le contraire de ce qui a lieu dans les planorbes, les ammonites, les nautiles, etc. Leurs loges, par conséquent beaucoup plus larges que longues, sont transversales, enveloppent dans toute sa longueur l'axe de la coquille, et se recouvrent les unes les autres successivement et alternativement, donnant presque toujours une forme trigone à la coquille, trois loges étant un peu plus que suffisantes pour compléter un tour.

La dernière loge présente à sa base une petite ouverture qui est orbiculaire dans certaines espèces et oblongue dans d'autres.

ESPÈCES.

1. Miliolite grimaçante. *Miliolites ringens.*

M. testâ subglobosâ; dorso latiore ventrem amplexante; aperturâ appendiculo emarginato sublabiatâ.

Miliolites ringens. Ann. du Mus. vol. 5. p. 351. n°. 1.

Habite.... Fossile de Grignon. Cabinet de M. *Defrance.* C'est la plus grosse et la plus remarquable des espèces de ce genre. Elle est ovale-globuleuse, bombée en dessus et en dessous, et a un peu plus de 2 millimètres de longueur.

2. Miliolite cœur-de-serpent. *Miliolites cor anguinum.*

M. testâ obcordatâ, inflatâ, hinc didymâ; aperturâ exiguâ, suborbiculatâ.

Encyclop. pl. 469. f. 2. a. b. c.

Miliolites cor anguinum. Ann. ibid. n°. 2.

Habite.... Fossile de Grignon. Cabinet de M. *Defrance.* Celle-ci, un peu moins grosse que la précédente, est comme un cœur renflé, didyme, et médiocrement déprimé d'un côté. Son ouverture est très-petite, suborbiculaire, sans appendice saillant. Les plus gros individus ont à peine 2 millimètres de longueur.

3. Miliolite trigonule. *Miliolites trigonula.*

M. testâ inflatâ, ovato-trigonâ; loculis utrinquè acutis, alternatim trifariis; aperturâ exiguâ, appendiculatâ.

Miliolites trigonula. Ann. ibid. n°. 3.

[b] *Var. aperturâ elingui vel nudâ.*

Habite.... Fossile de Grignon. Mon cabinet et celui de M. *Defrance.*
Cette miliole est renflée, ovale-trigone, comme une graine de
polygonum, et atteint à peine 2 millimètres de longueur. Chaque
loge fait à peu près un tiers de tour de la spirale, et le renflement de chacune d'elles forme dans le cours de cette spirale autant
de facettes ovalaires, pointues aux extrémités, et dont la dernière
présente à sa base une petite ouverture presque orbiculaire, dans
laquelle on aperçoit un petit appendice linguiforme qui naît de la
base de l'avant-dernière facette.

4. **Miliolite aplatie.** *Miliolites planulata.*

> **M.** *testâ ellipticâ, depressâ; loculis navicularibus decussatìm oppositis; aperturâ minimâ.*
>
> *Miliolites planulata.* Ann. ibid. p. 352. n°. 4.
>
> [b] *Var. turgidula.*
>
> [c] *Var. planissima, margine carinata.*
>
> Habite.... Fossile de Louvres, près Paris. Cabinet de M. *Defrance;*
> et le mien pour la var. [b], que je possède dans l'état frais ou
> vivant.

GYROGONE. (Gyrogona.)

Coquille sphéroïde, creuse intérieurement, composée de
pièces linéaires, courbées, canaliculées sur les côtés, offrant,
par leur réunion, une surface externe cerclée transversalement par des sillons parallèles, carinés, qui tournent
obliquement en spirale, et vont tous se réunir à chaque
pôle du sphéroïde. Ouverture orbiculaire, quelquefois
close, située au pôle inférieur de la coquille.

*Testa sphæroidea, intùs cava, frustulìs linearibus
curvis ad latera canaliculatis composita, externa super-
ficies costis-carinatis, parallelis, in medio transversis, et
ad extrema spiralibus alligata. Apertura orbicularis,
interdùm clausa, polo infimo testæ.*

OBSERVATIONS.

Les *gyrogones*, que l'on ne connaît que dans l'état fossile, sont des coquilles fort singulières par leur conformation, qui est extrêmement difficile à déterminer. Ces coquilles sont petites, régulières, sphéroïdes, creuses comme un ballon, et paraissent être multiloculaires dans l'épaisseur de leurs parois. Le sphéroïde qu'elles forment semble composé de plusieurs pièces linéaires, courbes, un peu canaliculées sur les côtés, jointes ensemble par ces mêmes côtés, et dont les extrémités vont aboutir aux deux pôles de ce sphéroïde. Par la réunion de leurs côtés et du petit canal que j'ai cru y apercevoir, il en doit résulter des loges linéaires qui suivent la direction de ces pièces. La surface externe de cette singulière coquille est cerclée transversalement par des côtes carénées, parallèles, qui tournent obliquement en spirale, et vont toutes se réunir par leurs extrémités à chaque pôle de la coquille. A l'un de ces pôles on voit quelquefois une ouverture orbiculaire, un peu dentée sur les bords par les petites saillies de l'extrémité des pièces. Je ne connais qu'une seule espèce de ce genre.

ESPÈCE.

1. **Gyrogonite médicaginule.** *Gyrogonites medicaginula.*

> G. *testâ globoso-sphæroideâ; carinis transversis ad extremitates spiralibus.*
>
> *Gyrogonites medicaginula.* Ann. du Mus. vol. 5. p. 356. n°. 1.
>
> Habite.... Fossile de Montmorency, Érappes, etc., dans des pierres siliceuses. Mon cabinet et celui de M. *Defrance.* On la trouve disséminée dans la masse d'une pierre dure, siliceuse, non transparente, où elle se rencontre sans abondance. Elle est à peine de la grosseur d'une tête de petite épingle, et a la forme d'un très-petit fruit de certaines espèces de luzerne. Quelques personnes prétendent même que ce corps fossile n'est qu'une graine d'une plante aquatique, ce que je ne puis croire.

MÉLONIE. (Melonia.)

Coquille subsphérique, multiloculaire ; à spire centrale ; à tours contigus, enveloppans et tuniqués. Loges étroites et nombreuses ; cloisons non perforées.

Testa subsphærica, multilocularis ; spirá centrali ; anfractibus contiguis, convolutis, tuniciformibus. Loculi angusti numerosi ; septis imperforatis.

OBSERVATIONS.

La structure des *mélonies* est fort singulière ; car leurs tours enveloppans et comme tuniqués constituent, par leur disposition, une coquille présque sphérique, dont le sommet de la spire est au centre. Les cloisons doivent être très-étroites et fort allongées. Ces coquilles ne me sont connues que par les figures qu'en a données M. *Fichtel*. Voici l'indication des deux espèces de ce genre.

ESPÈCES.

1. **Mélonite sphérique.** *Melonites sphærica.*

> *Nautilus melo.* Fichtel, t. 24. fig. A. B. C. D. E. F.
> Encyclop. pl. 469. f. 1. a. b. c. d. e. f.
> Habite....

2. **Mélonite sphéroïde.** *Melonites sphæroidea.*

> *Nautilus melo.* Fichtel, t. 24. fig. G. H.
> Encyclop. pl. 469. fig. g. h.
> Habite...

LES RADIOLÉES.

Coquille discoïde, à spire centrale, et à loges allongées, rayonnantes, qui s'étendent du centre à la circon-férence.

Il résulte du caractère des *radiolées* que la spirale de ces coquilles ne peut faire qu'un seul tour. Si le second tour s'accomplissait, les loges de celui-ci ne pourraient plus s'étendre du centre à la circonférence, à moins que ce second tour ne soit superposé au premier, c'est-à-dire en recou-vrement. Or, puisque l'on trouve des coquilles discoïdes constamment radiolées, ce ne sont donc point des coquilles commençantes, mais des coquilles terminées, qui n'ont qu'une fausse spirale. Cette famille comprend les trois genres suivans : *rotalie, lenticuline* et *placentule.*

ROTALIE. (Rotalia.)

Coquille orbiculaire, en spirale, convexe ou conoïde en dessus, aplatie, rayonnée et tuberculeuse en dessous, mul-tiloculaire. Ouverture marginale, trigone, renversée.

Testa orbicularis, spiralis, supernè convexa vel conoi-dea, subtùs planulata, radiata et tuberculosa, multilo-cularis. Apertura marginalis, trigona, resupinata.

OBSERVATIONS.

Les *rotalies* sont de très-petites coquilles en spirale orbiculaire, convexes ou un peu coniques en dessus, dont les tours sont contigus et distincts, et dont la base, qui est la partie la plus large de la coquille, est aplatie, tuberculeuse ou granuleuse, et garnie de rayons onduleux. Ces rayons sont les interstices des saillies que font les loges du dernier tour de la spirale.

L'ouverture de la coquille est celle de sa dernière loge : elle est marginale, trigone, et semble renversée ou dirigée vers la base. Les cloisons transversales qui séparent les loges sont rayonnantes et se dirigent du centre ou axe de la coquille vers sa circonférence, en sorte que les loges sont légèrement coniques.

Nous ne connaissons les espèces de ce genre que dans l'état fossile.

ESPÈCE.

1. **Rotalite trochidiforme.** *Rotalites trochidiformis.*

R. testâ conoideâ; anfractibus carinatis; latere inferiore granulato.

Encyclop. pl. 466. f. 8. a. b.

Rotalites trochidiformis. Ann. du Mus. vol. 5. p. 184. n°. 1. et vol. 8. pl. 62. f. 8. a. b.

Habite.... Fossile de Grignon. Mon cabinet et celui de M. *Defrance.* Très-petite coquille dont la largeur n'a guère plus de 3 millimètres. Elle est orbiculaire, un peu conoïde en dessus, et composée de trois à quatre tours de spire éminemment carinés. Sa base est large, aplatie, granuleuse, presque ridée, et rayonnante par la saillie des loges. Il y a des individus qui tournent de droite à gauche et d'autres de gauche à droite.

LENTICULINE. (Lenticulina.)

Coquille sublenticulaire, en spirale, multiloculaire; à bord extérieur des tours plié en deux, et s'étendant en dessus et en dessous jusqu'au centre de la coquille. Cloisons entières, courbes, prolongées des deux côtés en forme de rayons. Ouverture étroite, saillante sur l'avant-dernier tour.

Testa sublenticularis, spiralis, polythalamia; anfractuum margine exteriore complicato, ad centra utrinquè extenso. Septa integra, curva, supernè infernèque radiorum instar porrecta. Apertura angusta, supra penultimum anfractus prominens.

OBSERVATIONS.

La connaissance des *lenticulines* nous devient très-précieuse pour arriver à celle des nummulites; et si l'on eût bien étudié la structure des premières, la détermination des vrais rapports des nummulites n'eût pas autant embarrassé qu'elle l'a fait jusqu'à présent.

Malgré les excellentes observations de *Bruguières*, qui font voir que les camérines ou nummulites sont de véritables coquilles analogues aux ammonites, on a prétendu depuis, tantôt que ce sont des polypiers, tantôt qu'il faut les regarder comme l'os intérieur d'un animal marin. Bientôt il eût fallu en dire autant des *lenticulines*, des rotalies et même des nautiles.

En effet, dans les *lenticulines*, on retrouve tellement la forme principale des rotalies, des discorbes, et même encore des nautiles, que, sans le prolongement latéral des loges et des cloisons qui s'avancent en dessus et en dessous jusqu'aux deux centres de la coquille, les *lenticulines* ne seraient pas distinctes des rotalies et des discorbes, et qu'on les confondrait en outre avec les nautiles, sans la présence du siphon dans ces derniers.

Les *lenticulines* se rapprochent davantage encore des nummulites, car elles en ont presque entièrement la structure. Cependant elles en diffèrent : 1°. parce que les cloisons de chaque tour se prolongent des deux côtés au-dessus des tours intérieurs jusqu'aux centres ; 2°. et parce qué le dernier tour fait une saillie assez considérable sur l'avant-dernier, pour mettre en évidence la dernière loge et son ouverture.

Ces coquilles ont, en général, une forme lenticulaire comme les nummulites, et la plupart ne se trouvent que dans l'état fossile ; néanmoins j'en possède dans l'état frais ou marin, qui ont été trouvées en avant de Ténériffe, à 125 pieds de profondeur dans la mer. Voici les espèces fossiles qui se rapportent à ce genre.

ESPÈCES.

1. Lenticulite planulée. *Lenticulites planulata.*

> *L. testâ orbiculatâ, discis centralibus convexiusculâ, versus marginem radiatim striatâ.*
>
> *Lenticulites planulata.* Ann. du Mus. vol. 5. p. 187. n°. 1.
>
> Habite... Fossile de Senlis, de Rétheuil près de Villers-Coterets, et de Soissons. Mon cabinet et celui de M. *Defrance.* Petite coquille lenticulaire, qui ressemble à une nummulite, mais dont le dernier tour dépasse assez l'avant-dernier pour rendre son extrémité et son ouverture distinctes. Les plus grands individus ont 7 millimètres de largeur. Ils sont un peu convexes des deux côtés vers leurs centres, d'où l'on voit des stries fines en rayons un peu courbés se dirigeant vers le bord.

2. Lenticulite variolaire. *Lenticulites variolaria.*

> *L. testâ orbiculatâ, discis valdè convexâ, minimâ ; striis radiatis creberrimis.*
>
> *Lenticulites variolaria.* Ann. ibid. n°. 2.

Habite..... Fossile de Grignon, Betz, Chaumont. Mon cabinet et celui de M. *Defrance*. Elle est fort petite, n'a guère plus de 2 millimètres de largeur, et ressemble à des pustules naissantes de petite vérole ou de rougeole. L'ouverture de la dernière loge est moins anguleuse que dans l'espèce ci-dessus.

3. Lenticulite rotulée. *Lenticulites rotulata.*

L. testâ orbiculatâ ; margine acuto ; discis utrinquè gibbosulis.
Encyclop. pl. 466. f. 5.
Lenticulites rotulata. Ann. ibid. p. 188. n°. 3. et vol. 8. pl. 62. f. 11.
Habite.... Fossile de Meudon. Cabinet de M. *Defrance*. Très-petite coquille, qui n'a que 2 millimètres de largeur, et qui ressemble à une petite roue pleine, tranchante sur les bords et renflée des deux côtés aux centres. Elle est obscurément marquée de rayons courbes qui vont du centre de chaque face à la circonférence. Ce dernier tour de la spirale s'avance de beaucoup sur l'avant-dernier.

Nota. Le *nautilus calcar* et le *nautilus crispus* de Gmelin, p. 3370, n°s. 2 et 3, paraissent être des lenticulines et constituer des espèces particulières qu'il faudrait ajouter à celles que nous venons d'indiquer. Il en est de même du *nautilus calcar* de M. Fichtel, t. 11, 12 et 13.

PLACENTULE. (Placentula.)

Coquille orbiculaire, convexe en dessus et en dessous, multiloculaire. Ouverture oblongue, étroite, disposée comme un rayon dans le disque inférieur ou sur les deux disques.

Testa orbicularis, utrinquè convexa, polythalamia. Apertura oblonga, angusta, radii instar in disco inferiori vel in utrisque discis.

OBSERVATIONS.

Les *placentules* sont des coquilles orbiculaires, discoïdes, convexes en dessus et en dessous, à spire centrale, et divisées intérieurement en plusieurs loges qui s'étendent chacune du centre à la circonférence. Leur ouverture est allongée, étroite, et s'étend, comme un rayon, tantôt seulement sur le disque inférieur, et tantôt sur les deux disques. C'est par l'ouverture de la coquille que les *placentules* diffèrent principalement des lenticulines. Je ne citerai que les deux espèces suivantes d'après les figures de M. *Fichtel*.

ESPÈCES.

1. Placentule pulvinée. *Placentula pulvinata.*

> *Nautilus repandus.* Fichtel, t. 5. fig. A. B. C. D.
> *Pulvinulus repandus.* Encyclop. pl. 466. f. 9. a. b. c. d.
> Habite....

2. Placentule rayonnante. *Placentula asterisans.*

> *Nautilus asterizans.* Fichtel, t. 5. fig. E. F. G. H.
> *Pulvinulus asterisans.* Encyclop. pl. 466. f. 10. a. b. c. d.
> Habite....

LES NAUTILACÉES.

Coquille discoïde, à spire centrale, et à loges courtes, qui ne s'étendent pas du centre à la circonférence.

Les *nautilacées* diffèrent éminemment des radiolées, en ce que leur spirale se compose de plusieurs tours, et qu'il en résulte que les loges ne peuvent s'étendre du centre à la circonférence. Les *nautilacées* offrent donc toujours une spirale complète, que les radiolées ne présentent point. Nous rapportons à cette famille les genres *discorbe, sidérolite, polystomelle, vorticiale, nummulite* et *nautile.*

DISCORBE. (Discorbis.)

Coquille discoïde, en spirale, multiloculaire; à parois simples. Tous les tours apparens, nus, et contigus les uns aux autres. Cloisons transverses, fréquentes, non perforées.

Testa discoidea, spiralis, polythalamia ; parietibus simplicibus. Anfractus omnes perspicui, nudati, contigui. Septa transversa, crebriuscula, imperforata.

OBSERVATIONS.

Les *discorbes* seraient de véritables nautiles si leurs tours de spire, au lieu d'être tous entièrement apparens et à découvert, étaient cachés par le dernier enveloppant les autres ou les recouvrant par sa paroi extérieure, et si elles ne manquaient de siphon.

Ainsi les *discorbes*, qui sont les mêmes que les *planulites* de mon système des *Animaux sans vertèbres*, p. 101, sont des coquilles discoïdes, en spirale, multiloculaires, à parois simples comme les nautiles, et dont les tours de spire sont tous à découvert et bien apparens. Les cloisons qui forment les loges sont imperforées, et peu écartées les unes des autres.

Ces coquilles sont, en général, fort petites, très-multipliées dans la nature, et paraissent avoir de grands rapports avec les rotalies ; mais leur ouverture ne se renverse point vers leur base, et leur spire ne s'élève point en cône.

On ne connaît les *discorbes* que dans l'état fossile : je n'en citerai qu'une espèce qui se trouve dans les environs de Paris.

ESPÈCE.

1. **Discorbite vésiculaire.** *Discorbites vesicularis.*

> *D. testâ discoïdeâ; anfractibus ad loculos nodosis, subvesiculosis: loculo ultimo interdùm clauso.*

Encyclop. pl. 466. f. 7. a. b. c.
Discorbites vesicularis. Ann. du Mus. vol. 5. p. 183. n°. 1.

Habite..... Fossile de Grignon. Cab. de M. *Defrance.* Petite coquille orbiculaire, discoïde, qui n'a que 2 millimètres et demi de largeur. Sa spirale ne forme que deux tours ou deux tours et demi, et offre dans toute sa longueur un renflement à chaque loge qui la fait paraître noueuse et comme composée d'une suite de globules vésiculeux. La dernière loge dans quelques individus étant entièrement fermée, je présume que cela tient à ce que l'animal a péri dès que la dernière cloison a été formée et avant que la nouvelle loge ait pu être produite.

Nota. Il faut rapporter à ce genre le *cornu ammonis vulgatissimum* de Plancus [de Conch. Arimin. p. 8, t. 1, f. 1.]

SIDÉROLITE.　(Siderolites.)

Coquille multiloculaire, discoïde; à tours contigus, non apparens en dehors; à disque convexe des deux côtés et chargé de points tuberculeux; la circonférence bordée de lobes inégaux et en rayons. Cloisons transverses et imperforées. Ouverture distincte, sublatérale.

Testa discoidea, multilocularis; anfractibus contiguis, extùs inconspicuis; disco utrinquè convexo, punctis tuberculosis adsperso; periphœriâ lobis inæqualibus radiatim prominulis instructâ. Septa transversa, imperforata. Apertura sublateralis.

OBSERVATIONS.

Les *sidérolites*, que j'avais d'abord prises pour des polypiers, ne connaissant pas leur intérieur, sont des coquilles multiloculaires, qui appartiennent, comme les vorticiales et les nummulites, à des mollusques céphalopodes.

Ces coquilles sont fort petites, en étoile ou en chausse-trappe, à disque subgranuleux, convexe en dessus et en dessous, et à circonférence munie de plusieurs pointes grossières, inégales, divergentes comme des rayons.

Je ne connais de ce genre que l'espèce qui suit.

ESPÈCE.

1. Sidérolite calcitrapoïde. *Siderolites calcitrapoides.*

> Knorr, Petrif. vol. 3. suppl. f. 9—16.
> *Nautilus papillosus.* Fichtel, t. 14. fig. D. E. F. G. H. I. et t. 15.
> Encyclop. pl. 470. f. 4. a. b. c. d. e. f. g. h. i. k.
>
> Habite.... Fossile de la montagne de Saint-Pierre, à Maëstricht. Mon cabinet. Petite coquille très-singulière par sa forme étoilée, et qui est subpapilleuse, à rayons saillans, inégaux, lesquels sont émoussés à leur sommet.

POLYSTOMELLE. (Polystomella.)

Coquille discoïde, multiloculaire, à tours contigus, non apparens au dehors, et rayonnée à l'extérieur par des sillons ou des côtes qui traversent la direction des tours. Ouverture composée de plusieurs trous diversement disposés.

Testa discoidea, multilocularis, extùs radiatìm costulata; anfractibus contiguis, externè inconspicuis. Apertura foraminibus pluribus variè dispositis composita.

OBSERVATIONS.

Les *polystomelles* sont rayonnées à l'extérieur par la saillie des cloisons transverses des loges, qui s'étendent du sommet à la circonférence de la coquille en traversant les tours ; et ceux-ci ne sont point apparens au dehors. Ces caractères leur sont communs avec les lenticulines ; mais, dans ces dernières, l'ouverture de la coquille est simple, tandis que celle des *polystomelles* se compose de trous diversement disposés selon les espèces. Celles du genre dont il est question ici ne me sont connues que par les figures que M. *Fichtel* en a données.

ESPÈCES.

1. Polystomelle crépue. *Polystomella crispa.*

Nautilus crispus. Fichtel, t. 4. fig. D. E. F.
Habite.....

2. Polystomelle à côtes. *Polystomella costata.*

Nautilus costatus. Fichtel, t. 4. fig. G. H. I.
Habite...

3. Polystomelle planulée. *Polystomella planulata.*

Nautilus macellus. Fichtel, t. 10. fig. E. F. G.
Habite.....

4. Polystomelle ambiguë. *Polystomella ambigua.*

Nautilus ambiguus. Fichtel, t. 9. fig. D. E. F.
Habite....

VORTICIALE. (Vorticialis.)

Coquille discoïde, en spirale, multiloculaire ; à tours contigus, non apparens en dehors ; à cloisons transverses, imperforées, ne s'étendant point du centre à la circonférence. Ouverture marginale.

Testa discoidea, spiralis, multilocularis; anfractibus contiguis, extùs inconspicuis; septis transversis, imperforatis, è centro ad periphæriam non porrectis. Apertura marginalis.

OBSERVATIONS.

Ici, comme dans les nummulites, les cloisons intérieures qui forment les loges sont courtes et ne s'étendent plus du centre jusqu'à la circonférence. Ainsi les *vorticiales* ne diffèrent essentiellement des nummulites que parce qu'elles ont une ouverture distincte, et elles sont distinguées des discorbes en ce que les tours de leur spirale intérieure ne sont pas apparens en dehors. Leur axe est central et se confond avec le sommet de leur spire. Je rapporte à ce genre les trois espèces figurées par M. *Fichtel.*

ESPÈCES.

1. Vorticiale craticulée. *Vorticialis craticulata.*

Nautilus craticulatus. Fichtel, t. 5. fig. H. I. K.
Vorticialis strigilata. Encyclop. pl. 470. f. 1. a. b. c.
Habite...,

2. Vorticiale strigilée. *Vorticialis strigilata.*

Nautilus strigilatus. Fichtel, t. 5. fig. C. D. E.
Vorticialis depressa. Encyclop. pl. 470. f. 2. a. b. c.
Habite....

3. Vorticiale marginée. *Vorticialis marginata.*

Nautilus strigilatus. Var. [b.] Fichtel, t. 5. fig. F. G.
Vorticialis marginata. Encyclop. pl. 470. f. 3. a. b.
Habite....

NUMMULITE. (Nummulites.)

Coquille lenticulaire, amincie vers ses bords. Spire interne, discoïde, multiloculaire, recouverte par plusieurs tables : paroi extérieure des tours pliée en deux., s'étendant et se réunissant de chaque côté au centre de la coquille. Loges très-nombreuses, petites, alternes, et formées par des cloisons imperforées qui traversent les tours.

Testa lenticularis, versus marginem attenuata. Spira interna, discoidea, multilocularis, tabulis pluribus obtecta : anfractuum pariete exteriore complicato, producto, discis centralibus utrinquè adnato. Loculi numerosissimi, parvi, alterni, ex septis transversis imperforatis.

OBSERVATIONS.

Les *nummulites* sont des productions animales fort singulières, et qui ont jusqu'à présent beaucoup embarrassé les naturalistes pour déterminer leurs véritables rapports. On leur a donné les noms de *camérines*, de *pierres lenticulaires*, et de *pierres numismales*, à cause de leur forme et de leur ressemblance avec des pièces de monnaie.

Ce sont des corps pétrifiés ou pierreux, assez réguliers, lenticulaires, plus ou moins convexes ou bombés au centre de chaque côté, selon les espèces, et insensiblement amincis vers leur bord, qui est presque circulaire.

Ces corps lenticulaires, coupés transversalement dans la direction de leur plan, présentent, en leur face tronquée, dix-huit à vingt-cinq tours fort étroits, qui, partant du centre, semblent tourner circulairement autour de ce point, et néanmoins décrivent une véritable spirale qui se termine au dernier d'entre eux ; et comme chacun de ces tours est plié en deux en son bord extérieur, il en résulte qu'il y a pour eux autant de tables en dessus et en dessous qui vont toutes se réunir aux deux centres. Or, entre toutes ces tables, chaque tour de la spirale est divisé en une mu'titude de petites loges formées par des cloisons transverses, imperforées, qui se prolongent un peu obliquement vers le centre de chaque disque, et se perdent ou s'anéantissent entre les tables, à mesure qu'elles se rapprochent.

En effet, la paroi extérieure de chaque tour, étant pliée en deux, et s'étendant en dessus et en dessous en une table qui recouvre tous les tours intérieurs, vient au centre, en s'unissant aux tables inférieures, augmenter de chaque côté l'épaisseur des disques.

On a méconnu long-temps la nature de ces corps. Les uns les prenaient pour des jeux de la nature qui, par une force plastique, avait la faculté de faire prendre à des portions de matière calcaire la figure de corps organisés; d'autres les prenaient pour des semences pétrifiées, d'autres pour des opercules, etc.

Breyn, en 1732, et *Jean Gesner*, en 1758, pensèrent que les pierres lenticulaires ou numismales étaient des coquilles univalves très-analogues aux ammonites; et *Bruguières*, qui, dans son *Dictionnaire des vers*, nous donne, à l'article *camérine*, des détails intéressans sur l'histoire et la conformation de ces productions animales, adopta entièrement cette dernière opinion. C'est aussi celle qui nous a paru la plus vraisemblable, et que conséquemment nous avons trouvé convenable d'embrasser. [Voyez notre article *nummulite* dans les *Annales du Muséum*, vol. 5, p. 237.]

Les *nummulites*, comme les coquilles des genres précédens, étant selon nous le produit de céphalopodes à test multiloculaire, ont dû se trouver enchâssées tout entières dans la partie postérieure du corps de ces animaux, sans se montrer partiellement au dehors, comme la spirule et les nautiles.

Ce sont des fossiles très-communs et surtout très-abondans dans les lieux où la nature les a déposés. Agglutinées ensemble par des dépôts de vase qui s'est durcie et pétrifiée, elles forment souvent des amas pierreux et considérables, enfin des masses calcaires qui fournissent des matériaux pour les constructions. On en trouve en Allemagne, en Suisse, en France, en Espagne, en Angleterre et dans l'Égypte. *Bruguières* les regarde comme des coquilles pélagiennes. Voici les espèces observées dans les environs de Paris.

ESPÈCES.

1. Nummulite lisse. *Nummulites lævigata.*

N. testâ lenticulari, lævi, utrinquè vix convexâ.

Hélicite. Guettard, Mém. tom. 3. p. 431, pl. 13. f. 1—10.
Camerina lævigata. Brug. Dict. n°. 1.
Nummulites lævigata. Ann. du Mus. vol. 5. p. 241. n°. 1.

Habite.... Fossile des environs de Villers-Coterets. Mon cabinet. Coquille lisse, médiocrement convexe au centre des deux côtés. On en trouve de toutes grandeurs, depuis celle de la largeur d'une lentille, jusqu'à celle d'une de nos pièces de douze sous.

2. Nummulite globulaire. *Nummulites globularia.*

N. testâ subglobosâ, lævi; anfractibus subduodenis.

Nummulites globularia. Ann. ibid. n°. 2.

Habite.... Fossile de Rétheuil. M. *Héricart de Thury.* Mon cabinet. Cette nummulite est beaucoup moins large que la précédente, très-bombée des deux côtés, et a une forme presque globuleuse. Les plus grands individus que j'aie observés n'avaient que dix à douze tours de spirale. Sa superficie est très-lisse. Largeur, 8 à 10 millimètres.

3. Nummulite scabre. *Nummulites scabra.*

N. testâ lenticulari, utrinquè convexâ; superficie punctis elevatis irregulariter sparsis.

An camerina tuberculata? Brug. Dict. n°. 3.
Nummulites scabra. Ann. ibid. n°. 3.

Habite.... Fossile des environs de Soissons. Mon cabinet et celui de feu M. *Faujas*. Sa superficie n'est point unie comme celle des deux espèces ci-dessus, ou du moins elle ne l'est jamais généralement. Tantôt elle est parsemée irrégulièrement de petits tubercules ou points élevés, tantôt elle offre vers ses bords des linéoles courtes, saillantes et en rayons, et tantôt on y observe à la fois les tubercules, les linéoles et des espaces lisses. Ses tours de spirale sont au nombre de douze à dix-huit.

4. Nummulite aplatie. *Nummulites complanata.*

N. testâ orbiculari, latissimâ, undiquè depressâ, lævi; marginibus undosis.

Hélicite. Guettard, Mém. tom. 3. p. 432. pl. 13. f. 21.
Camerina nummularia. Brug. Dict. n°. 4.
Nummulites complanata. Ann. ibid. p. 242. n°. 4.

Habite.... Fossile de France; des environs de Soissons? Mon cabinet. C'est la plus grande nummulite que l'on connaisse; sa largeur est à peu près d'un pouce 3 lignes. Elle est en général fort aplatie, et ses bords, irrégulièrement courbés et hors du plan, paraissent comme ondés.

Nota. Voyez, dans l'ouvrage de M. *Fichtel*, les planches 6, 7 et 8, où différentes nummulites sont figurées.

NAUTILE. (Nautilus.)

Coquille discoïde, en spirale, multiloculaire; à parois simples. Tours contigus : le dernier enveloppant les autres. Loges nombreuses, formées par des cloisons transverses qui sont concaves du côté de l'ouverture, dont le disque est perforé par un tube, et dont les bords sont très-simples.

Testa discoidea, spiralis, polythalamia ; parietibus simplicibus. Anfractus contigui : ultimo alios obtegente. Septa transversa, extùs concava, disco perforata : marginibus simplicissimis.

OBSERVATIONS.

Les *nautiles* sont d'assez grandes coquilles, en spirale discoïde et multiloculaire, c'est-à-dire que leur spirale tourne orbiculairement sur le même plan autour de son sommet qui est au centre. Les tours sont contigus, et le dernier enveloppe tous les autres ; leurs parois sont, dans toute leur épaisseur, très-simples et sans suture. Les cloisons qui forment les loges de ces coquilles sont transverses, concaves extérieurement ou du côté de l'ouverture, ont leur disque perforé par un tube, et leurs bords très-simples. Enfin toutes les loges sont étroites et ont beaucoup plus de largeur que de longueur ; mais la dernière du côté de l'ouverture est fort grande. Elles ont toutes été successivement plus grandes qu'elles ne sont restées, lorsqu'une nouvelle cloison ajoutée en a fixé les bornes.

Ces coquilles sont chacune l'enveloppe, au moins partielle, d'un mollusque, que, sans craindre de se tromper, on peut maintenant présumer être un véritable *céphalopode ;* et, au lieu d'envelopper en totalité l'animal, il y a apparence que chacune d'elles est enchâssée dans la partie postérieure de son corps, se trouvant en grande partie à découvert, et n'enveloppant dans sa dernière loge qu'une portion du corps de l'animal dont il s'agit.

Nous sommes autorisés à faire cette supposition par la connaissance que nous avons actuellement de l'animal de la spirule, coquillage qui a tant de rapport avec les *nautiles*, que Linné l'y avait associé. En effet, l'animal dont il est question, et que nous avons mentionné ci-dessus, porte sa coquille enchâssée dans la partie postérieure de son corps, où elle est un peu à découvert.

On ne saurait douter maintenant que non-seulement les *nautiles* ne soient dans le même cas, mais que ce ne soit aussi celui de toutes les ammonites ou cornes d'ammon, des discorbes, des lenticulines, des nummulites, etc., etc. Ces coquilles se trouvent, sans doute, plus ou moins complétement enchâssées dans la partie postérieure du corps de l'animal dont elles proviennent, et enveloppent, par leur dernière loge , une portion de ce corps qui y adhère , soit par un filet tendineux qui s'insère à l'extrémité du siphon , soit d'une autre manière.

Dans l'animal contracté et affaissé après sa mort , que *Rumphius* a figuré comme étant celui du *nautile* [Mus. t. 17, fig. B.], on voit encore dans la partie lisse et postérieure de son corps la portion qu'enveloppait la dernière loge de la coquille; et un reste du cordon tendineux qui en traversait le siphon. Ensuite , quant à la coquille , l'extrémité tout-à-fait blanchâtre de son dernier tour, n'offrant point ces flammes roussâtres qui existent sur le reste du tour, est un témoignage évident que cette portion de la coquille était enveloppée par la partie postérieure du sac ou manteau de l'animal , et qu'on n'en voyait au dehors qu'une crosse testacée ornée de flammes rousses.

Selon la description que *Rumphius* a faite de l'animal du *nautile* , et dont M. *Denis Montfort* nous a donné une traduction accompagnée du texte hollandais même, ce céphalopode a sur la tête des bras nombreux et digités qui entourent sa bouche ; un bec à deux mandibules cornées et crochues ; deux yeux sessiles sur les côtés de la tête. Son corps est contenu dans un sac musculeux non ailé, ouvert obliquement par en haut, et dont le bord postérieur se prolonge en formant un capuchon au-dessus de la tête. Un filet tendineux, partant de l'extrémité postérieure du corps , attache l'animal à sa coquille. [*Montfort*, Hist. des Moll. vol. 4, p. 65, pl. 44 et 45.]

Nous ne connaissons de ce genre que deux espèces dans l'état frais ou vivant.

E S P È C E S.

1. **Nautile flambé.** *Nautilus pompilius.*

N. testá suborbiculari; anfractibus dorso lateribusque lœvibus; aperturá oblongo-cordatá; umbilico tecto.

Nautilus pompilius. Lin. Gmel. p. 5369. n°. 1.

Lister, Conch. t. 550. f. 1 et 3. et t. 551. f. 3 a.

Bonanni, Recr. 1. f. 1. 2.

Rumph. Mus. t. 17. fig. A. C.

Petiv. Gaz. t. 99. f. 9. et Amb. t. 3. f. 7.

Gualt. Test. t. 17. fig. A. B. et t. 18.

Klein, Ostr. t. 1. f. 1.

D'Argenv. Conch. pl. 5. fig. E. F.

Favanne, Conch. pl. 7. fig. D 2.

Seba, Mus. 3. t. 84. f. 1—3.

Knorr, Vergn. 1. t. 1. f. 1. 2. et t. 2. f. 3.

Martini, Conch. 1. p. 226. Vign. 10. t. 18. f. 164. et t. 19. f. 165—167.

Encyclop. pl. 471. f. 3. a. b.

Habite l'Océan des grandes Indes et des Moluques. Mon cabinet. Grande et belle coquille, flambée de roux transversalement dans sa partie postérieure. Les côtés de ses tours ne sont point ridés comme dans la suivante. On la dépouille pour montrer sa nacre, et souvent on la découpe ou l'on grave sur sa surface diverses figures. Les Orientaux en font des vases pour boire, etc. Son plus grand diamètre est de 7 pouces 8 lignes. Vulg. le *nautile chambré.* Dans les jeunes individus, le centre ou le sommet de la coquille offre une perforation qui permet d'y passer un crin et qui n'est qu'un faux ombilic.

2. Nautile ombiliqué. *Nautilus umbilicatus.*

N. testá suborbiculari, utrinquè umbilicatá; anfractibus omnibus in utroque umbilico perspicuis; anfractuum lateribus obtusè rugosis; aperturá rotundo-cordatá.

Lister, Conch. t. 552. f. 4.

Favanne, Conch. pl. 7. fig. D 3.

Chemn. Conch. 10. t. 137. f. 1274. 1275.

Habite.... l'Océan des grandes Indes? Mon cabinet. Coquille fort rare, qui, assurément, doit constituer une espèce constamment distincte. Un large ombilic de chaque côté laisse voir tous les tours de sa spirale, et les côtés de chacun de ces tours offrent des rides obtuses et transverses qu'on ne voit nullement dans la précédente. Son ouverture, plus courte, fort large, arrondie au sommet, est comme échancrée en cœur par l'avant-dernier tour. Par le raccourcissement de cette ouverture, la coquille est un peu plus orbiculaire que celle qui précède. Sa coloration est à peu près la même. Son plus grand diamètre est de 6 pouces une ou deux lignes.

Nota. Le *nautilus pompilius* se trouve dans l'état fossile à Courtagnon, Grignon, Chaumont, aux environs de Dax, et en beaucoup d'autres lieux en France. Il conserve encore, dans cet état, sa nacre avec de belles couleurs irisées. C'est véritablement la même espèce que celle qui vit actuellement dans les mers des Indes, et qui depuis long-temps est connue des naturalistes. Ce fait, parmi beaucoup d'autres semblables, est extrêmement important pour la géologie, puisqu'il atteste, comme les autres, les révolutions subies dans les climats des diverses parties de notre globe. [Voyez les Annales du Muséum, vol. 5, p. 179 et suiv.]

LES AMMONÉES.

Cloisons sinueuses, lobées et découpées dans leur contour, se réunissant entre elles contre la paroi intérieure de la coquille, et s'y articulant par des sutures découpées et dentées.

Les coquilles multiloculaires de cette division des céphalopodes testacés sont singulièrement remarquables par le caractère de leurs cloisons : non-seulement ces cloisons sont onduleuses et comme tourmentées dans leur disque, mais en outre elles sont sinueuses, lobées et éminemment découpées dans leur contour. Or, comme ces cloisons viennent s'appliquer et se replier sous la paroi interne de la coquille, leurs bords sinueux et lobés forment, en se réunissant, des sutures découpées et dentées, qui imitent en quelque sorte des feuilles de persil.

Le test de ces coquilles recouvre et cache toutes ces sutures singulières. Mais, comme nous ne les trouvons la plupart que dans l'état fossile, et qu'après que le test a disparu, nous apercevons, sur ces espèces de moules intérieurs qui nous restent, les sutures découpées et dentées de leurs cloisons, et nous reconnaissons facilement les caractères particuliers de ces coquilles.

Les *ammonées* constituent évidemment une famille naturelle, qui paraît nombreuse et très-variée; mais nous ne connaissons pas un seul des animaux qui y appartiennent. Puisque ces animaux ont une coquille régulièrement multiloculaire, j'ai présumé, avec beaucoup de vraisemblance, que ce sont des céphalopodes, et qu'ils ont de l'analogie avec ceux des nautiles, quoiqu'ils doivent en être très-distincts. Il nous paraît probable que leur coquille est tout-à-fait intérieure; et nous croyons, avec *Bruguières*, que ces animaux vivent, pour la plupart, dans les grandes profondeurs des mers.

Les coquilles multiloculaires, dont il s'agit présentent, selon les genres, de grandes différences entre elles, dans leur forme générale. Les unes sont discoïdes, à tours de spirale, soit à découvert, soit enveloppans; les autres forment une spirale en pyramide turriculée; et d'autres encore sont droites ou presque droites, sans former de spirale. Cette famille comprend les genres *ammonite*, *orbulite*, *ammonocérate*, *turrilite* et *baculite*.

AMMONITE. (Ammonites.)

Coquille discoïde, en spirale, à tours contigus et tous apparens, et à parois internes articulées par des sutures sinueuses. Cloisons transverses, lobées et découpées dans leur contour, sans siphon dans leur disque, mais percées par une sorte de tube marginal.

Testa discoidea, spiralis; anfractibus contiguis, omnibus conspicuis; parietibus internis suturis sinuosis articulatim junctis. Septa transversa ; ad margines inciso-lobata, in disco imperforata, at tubulo marginali hinc perforata.

OBSERVATIONS.

Les *ammonites*, vulgairement connues sous le nom de *cornes d'ammon*, ont de très-grands rapports avec les nautiles, puisque leur coquille est également chambrée ou multiloculaire dans son intérieur, et que les cloisons qui divisent leur cavité ont aussi une tubulure, quoique simplement marginale. Mais les *ammonites* diffèrent essentiellement des nautiles par les sutures sinueuses de leurs parois internes et par la forme pareillement sinueuse de leurs cloisons.

Ces coquilles sont véritablement discoïdes, et comme le dernier tour de leur spirale n'enveloppe pas tous les autres, leurs tours sont tous apparens. Ce caractère établit la différence entre les orbulites et les *ammonites*.

Ces dernières ne sont encore connues que dans l'état fossile. Lorsque leur test est revêtu de sa couche externe, les sutures sinueuses et découpées ne paraissent pas ; mais il est rarement conservé ; et le plus souvent les *ammonites* que renferment nos collections n'offrent que les moules intérieurs et pyriteux de ces coquilles.

On en trouve dans presque tous les pays, et en général dans les terrains schisteux ou argileux, surtout des montagnes. M. *Ménard* en a rencontré une, dans les Alpes maritimes, à plus de 1500 toises d'élévation. Plusieurs espèces sont fort grandes ; j'en ai vu qui ont plus de deux pieds de diamètre, et l'on assure qu'il y en a de beaucoup plus grandes encore.

La route d'Auxerre à Avalon, en Bourgogne, est ferrée avec des *cornes d'ammon*, tant ces fossiles y sont nombreux. [Obs. communiquée par M. *Dufresne*.]

ESPÈCES.

1. Ammonite unie. *Ammonites lævigata.*

A. testâ orbiculari; anfractibus convexis lævigatis : ultimo latissimo, versus periphœriam utrinquè declivi; umbilico profundo.

Habite.... Fossile de.... Mon cabinet. Sa croûte externe manque, et laisse voir la paroi interne de cette croûte articulée par des sutures sinueuses. L'ombilic, étant assez profond et peu ouvert, ne montre qu'une petite portion des tours intérieurs. La coquille est dans un état un peu pyriteux. Diamètre, 6 pouces.

2. Ammonite orbule. *Ammonites orbula.*

A. testâ orbiculari; anfractibus convexiusculis, transversim obsoletè rugosis; centro subconcavo, vix umbilicato.

Habite.... Fossile de.... Mon cabinet. Celle-ci n'est pas aussi lisse que la précédente, et l'excavation de son centre est si peu profonde et si ouverte qu'on ne saurait là regarder comme un ombilie. Diamètre, 5 pouces.

3. Ammonite ridée. *Ammonites rugosa.*

A. testâ orbiculari; anfractibus convexis, transversim rugosis; ultimo crassiore; rugis crassis, versus centrum elatioribus; umbilico patulo, subcrenato.

Habite.... Fossile de.... Mon cabinet. Cette ammonite est remarquable par les grosses rides qui traversent ses tours et semblent rayonnantes. Son dernier tour est épais, et l'excavation du centre forme un ombilic très-ouvert de chaque côté et qui est crénelé par les rides. Dans celle-ci, comme dans les deux précédentes, le pourtour est obtus. Diamètre, 5 pouces.

4. Ammonite costulée. *Ammonites costulata.*

A. testâ orbiculari, radiatìm costulatâ; anfractibus convexiusculis, costis creberrimis dorso acutis transversim exaratis; periphœriâ sulco circulari instructâ; centro leviter excavato.

Habite.... Fossile de.... Mon cabinet. Celle-ci a ses tours peu renflés, traversés par une multitude de petites côtes que le sillon circulaire du pourtour interrompt. Son centre est légèrement excavé en dessus et en dessous. Diamètre, 5 pouces 10 lignes.

5. Ammonite côtes-lâches. *Ammonites laxicosta.*

A. testâ orbiculari, crassâ; anfractibus convexis, transversìm exquisitè costatis; costis carinatis eminentibus remotiusculis ad periphæriam continuis et elatioribus.

Habite.... Fossile du département de la Sarthe. Mon cabinet. Les côtes transverses de cette ammonite sont plus grandes et moins serrées que celles de la précédente, ne sont point interrompues au pourtour par un sillon circulaire, et y sont même plus élevées qu'ailleurs. La coquille est en outre très-épaisse. Diam., 4 pouces une ligne.

6. Ammonite subépineuse. *Ammonites subspinosa.*

A. testâ orbiculari, crassâ, utrinquè umbilicatâ, transversìm costatâ; anfractibus dorso convexis, ad latera carinato-spinosis; costis creberrimis dorso muticis; umbilicis profundis.

[*b*] *Var. anfractuum costis carinisque obtusis.*

Habite.... Fossile de.... Mon cabinet. Espèce très-distincte par la carène épineuse qui borde ses tours de chaque côté et par la profondeur de son ombilic. Diamètre, environ 2 pouces 8 lignes; il est petit, relativement à la hauteur des tours. Sa var. n'a que 15 lignes et demie. Elle se trouve près de Saint-Jean-d'Assé, département de la Sarthe.

7. Ammonite tuberculée. *Ammonites tuberculata.*

A. testâ orbiculari, utrinquè subconcavâ, tuberculiferâ; anfractibus convexo-cylindricis, transversìm costulatis, lateribus tuberculorum unicâ serie muricatis; tuberculis distantibus; costulis ad periphæriam sulco circulari interruptis.

Habite.... Fossile du département de la Sarthe, près de Chauffour. Mon cabinet. Ses tubercules la rendent remarquable. Diamètre, 2 pouces 4 lignes.

8. Ammonite sillonnée. *Ammonites sulcata.*

A. testâ orbiculari, planiusculâ; anfractibus convexis, muticis, transversìm sulcatis; periphæriâ obtusâ, sulco circulari destitutâ.

Habite.... Fossile du département de la Sarthe, près de Tannie. Mon cabinet. Ses sillons nombreux la font paraître munie d'une multitude de petites côtes obtuses et mutiques qui traversent ses tours. Son centre est médiocrement concave et son dernier tour peu renflé. Diamètre, 2 pouces une ligne.

9. Ammonite tranchante. *Ammonites acuta.*

A. testâ orbiculari, ad centrum utrinquè concavâ, subumbilicatâ; anfractibus transversim et obliquè costatis, ad umbilicum angulato-crenatis : ultimo valdè lato, suprà infràque convexiusculo; periphœriâ peracutâ.

Habite.... Fossile de.... Mon cabinet. Espèce très-distincte de toutes les autres par ses caractères. Ses côtes, très-obliques, se courbent et s'atténuent vers son pourtour. Diamètre, 2 pouces 9 lignes.

10. Ammonite renflée. *Ammonites inflata.*

A. testâ orbiculari, crassâ, elevatâ, muticâ, utrinquè umbilicatâ; anfractibus dorso convexis, transversim et obtusè costatis, ad margines attenuato-angulatis; umbilicis profundis angustis.

Habite.... Fossile de.... Mon cabinet. Cette espèce se rapproche pour la forme de l'ammonite subépineuse, et est fort élevée proportionnellement à sa largeur; mais elle est tout-à-fait mutique, et ses ombilics fort étroits ne laissent voir qu'une petite portion des tours intérieurs. Diamètre, 2 pouces 2 lignes.

11. Ammonite tuberculifère. *Ammonites tuberculifera.*

A. testâ orbiculari, utrinquè concavo-umbilicatâ; anfractibus crassis, cylindricis, transversim costatis; costis per longitudinem tuberculiferis; periphœriâ obtusissimâ.

Habite.... Fossile de.... Mon cabinet. Celle-ci est fort remarquable par ses côtes transverses qui sont chargées de tubercules inégaux dans leur longueur, en sorte que les tours, en dessus et en dessous, en offrent plusieurs rangées très-distinctes. Diamètre, 2 pouces 7 lignes.

12. Ammonite interrompue. *Ammonites interrupta.*

A. testâ orbiculari; anfractibus crassiusculis, lateribus planulatis, transversim costatis; costis prope periphœriam eminentioribus et interruptis; periphœriâ carinatâ.

Habite.... Fossile de.... Mon cabinet. Ce qui distingue éminemment cette espèce est la saillie que forment ses côtes transverses près du pourtour. Cette saillie de chaque côté laisse un espace vide au pourtour, au milieu duquel on voit une petite carène circulaire. Le centre est peu concave. Diamètre, 20 lignes.

13. Ammonite dentelée. *Ammonites denticulata.*

A. testá orbiculari, utrinquè subumbilicatá; anfractibus convexo-planulatis, transversìm undato-sulcatis : ultimo lato; periphœriá obtusá, biangulatá : angulis denticulatis.

Habite.... Fossile de.... Mon cabinet. La multitude de sillons qui traversent ses tours et qui ne s'interrompent point forment sur les deux angles de son pourtour de très-petites dents qui la caractérisent. Diamètre, 23 lignes et demie.

14. Ammonite planatelle. *Ammonites planatella.*

A. testá orbiculari, crebro-striatá, ad periphœriam acutá; anfractibus convexo-planulatis, transversim striatis; striis obliquis, hinc furcatis; centris concaviusculis.

Habite.... Fossile de.... Mon cabinet. Celle-ci présente un disque planulé, à pourtour tranchant, et offrant des deux côtés une multitude de stries bifurquées qui traversent obliquement les tours. La planulation de ceux-ci fait qu'ils ont peu d'épaisseur. Le dernier est assez large. Diamètre, 17 lignes trois quarts.

15. Ammonite coronelle. *Ammonites coronella.*

A. testá orbiculari; anfractibus crassiusculis, transversim et obliquè costellatis; costellis uno latere furcatis; centris concavis; periphœriá subacutá.

Habite.... Fossile de.... Mon cabinet. Cette ammonite n'est point planulée comme la précédente, a ses tours plus épais, ses stries plus élevées, et son pourtour moins aigu. Diamètre, 17 lignes.

16. Ammonite rotelle. *Ammonites rotella.*

A. testá orbiculari; anfractibus cylindraceis, transversim striatis; striis dorsi furcatis; periphœriá obtusá.

Habite.... Fossile de.... Mon cabinet. Le pourtour de celle-ci est obtus, en sorte que son dernier tour est cylindracé. Ses deux centres sont peu concaves. Diamètre, 15 lignes.

17. **Ammonite granelle.** *Ammonites granella.*

> *A. testâ orbiculari; anfractibus convexis, transversìm costulatis; costellis tuberculo graniformi instructis; periphœriâ subacutâ, denticulatâ.*

Habite.... Fossile de.... Mon cabinet. Son pourtour, un peu aigu, paraît dentelé par suite des petites côtes qui y aboutissent, et chacune de ces côtes est munie d'un petit tubercule graniforme qui, avec ses voisins, forme une rangée granuleuse en dessus et en dessous. Diamètre, un pouce.

18. **Ammonite placentule.** *Ammonites placentula.*

> *A. testâ orbiculari, complanatâ; anfractibus planis, transversìm striatis : ultimo latissimo, ad periphœriam acuto; umbilicis angustis.*

Habite.... Fossile de.... Mon cabinet. Celle-ci est fort remarquable par sa planulation et la largeur de son dernier tour. Diamètre, 15 lignes.

19. **Ammonite monételle.** *Ammonites monetella.*

> *A. testâ orbiculari, planissimâ, tenui, ad periphœriam peracutâ; ultimo anfractu lato, utrinquè semistriato ; striis è margine interiore ad medium porrectis, tuberculo-graniformi terminatis; umbilicis obsoletis.*

Habite.... Fossile de.... Mon cabinet. Cette ammonite est très-mince, et fort singulière par son grand aplatissement. Elle n'est pas moins remarquable par la forme et la disposition de ses stries. Diamètre, un pouce.

20. **Ammonite glabrelle.** *Ammonites glabrella.*

> *A. testâ orbiculari, complanatâ, glabrâ; anfractibus depressis, lævibus : ultimo lato; periphœriâ tenui.*

Habite.... Fossile de.... Mon cabinet. Elle est glabre, douce au toucher, et à pourtour mince, sans être aigu. Ses ombilics sont petits et étroits, mais laissent voir une portion des tours intérieurs. Diamètre, 8 lignes.

Etc., etc.

Nota. Voyez, dans le dictionnaire des vers de *Bruguières*, l'article *ammonite*, où sont décrites différentes espèces observées en France.

ORBULITE.　(Orbulites.)

Coquille subdiscoïde, en spirale, à tours contigus, dont le dernier enveloppe les autres, et à parois internes articulées par des sutures sinueuses. Cloisons transverses, lobées dans leur contour, et percées par un tube marginal.

Testa subdiscoidea, spiralis; anfractibus contiguis: ultimo alios obtegente; interná pariete suturis sinuosis articulatá. Septa transversa, ad periphœriam lobata, tubo marginali perforata.

OBSERVATIONS.

Les *orbulites* ont été jusqu'à présent confondues avec les ammonites ou cornes d'ammon. Elles ont, en effet, comme ces dernières, les parois articulées par des sutures sinueuses; mais le dernier tour de leur spirale enveloppe tous les autres, comme dans les nautiles, tandis que dans les ammonites les tours sont apparens au dehors. Nous n'en connaissons que peu d'éspèces; elles sont dans l'état fossile.

ESPÈCES.

1. Orbulite épaisse. *Orbulites crassa.*

 O. testá suborbiculari, crassissimá, utrinquè umbilicatá; anfractu magno, subcylindrico : lateribus planulatis; periphœrid obtusissimá; umbilicis angustis.

 Habite.... Fossile des environs de Neufchâtel. Mon cabinet. Grosse coquille, fort épaisse, dont le seul tour apparent s'élargit rapidement vers son extrémité. Diamètre, 4 pouces.

2. Orbulite biangulaire. *Orbulites biangularis.*

> *O. testâ suborbiculari, crassâ, umbilicatâ; anfractu dorso bian-gulari, trigono : lateribus periphœriâque planulatis; umbilicis angustis.*

Habite.... Fossile de.... Mon cabinet. Celle-ci, bien moins grande que la précédente, s'en distingue particulièrement par les deux angles et les trois faces aplaties du seul tour qu'elle présente. Diamètre, 21 lignes.

3. Orbulite striée. *Orbulites striata.*

> *O. testâ suborbiculari, umbilicatâ; anfractu tereti, transversìm striato; striis creberrimis tenuibus, dorso acutis; umbilico patulo.*

An Lister, Conch. t. 1040. f. 18 b?

Habite.... Fossile de.... Mon cabinet. Le tour de cette orbulite est bien cylindrique, et traversé par une multitude de stries serrées, assez fines, et à dos un peu aigu. Diam., 19 lignes et demie.

4. Orbulite onduleuse. *Orbulites undosa.*

> *O. testâ discoideâ, complanatâ, ad periphœriam acutâ; anfractu depresso, striis impressis tenuissimis undatis transversìm notato; umbilicis minimis.*

Habite.... Fossile de.... Mon cabinet. La forme aplatie de cette petite coquille, et les stries enfoncées, fines et très-onduleuses, qui traversent son tour, la distinguent des autres espèces de son genre. Diamètre, 8 lignes.

5. Orbulite dorsale. *Orbulites dorsalis.*

> *O. testâ subdiscoideâ, umbilicatâ; anfractu lateribus planulato, dorso subcylindrico, tenuissimè semistriato; periphœriâ obtusâ; umbilicis minimis.*

Habite.... Fossile de.... Mon cabinet. Les stries fines de cette orbulite ne se montrent qu'à sa circonférence et ne traversent point le tour entier. La coquille est légèrement planulée et constitue l'es-pèce la plus petite de notre collection. Diam., 7 lignes.

AMMONOCÉRATE. (Ammonoceras.)

Coquille en corne arquée, formant à peine un demi-tour; à parois articulées par des sutures sinueuses, rameuses, persillées. Cloisons transverses, sinueuses, lobées et découpées dans leur contour. Tube ou siphon marginal, ne perçant point les cloisons.

Testa corniformis, arcuata, subsemicircularis; parietibus suturis sinuosis, laciniato-ramosis, articulatîm junctis. Septa transversa, sinuoso-undata, imperforata: marginibus lobato-laciniatis; tubo vel siphone marginali, ad parietem adnato.

OBSERVATIONS.

Les *ammonocérates* semblent être aux coquilles multiloculaires à cloisons découpées ce que la spirule est aux coquilles multiloculaires à cloisons simples. De part et d'autre, la coquille tourne de manière à n'avoir aucune contiguïté entre ses tours de spirale; et même, dans les *ammonocérates*, cette coquille paraît ne point compléter un tour. Son extrémité supérieure est aplatie sur les côtés, presque comme une langue. On ne connaît de ce genre que les deux espèces qui suivent, dont la première surtout est extrêmement rare.

ESPÈCES.

1. Ammonocératite glossoïde. *Ammonoceratites glossoidea.*

A. testâ maximâ, crassâ, cylindraceâ, arcuatâ, lateribus planiusculâ, interno latere concaviusculâ; apice compresso, linguiformi.

Ammonocératite. Extrait du cours, etc., p. 123.

Habite.... Fossile.... Trouvé, dit-on, dans les grandes Indes. Mon cabinet. Cette coquille, rompue en trois morceaux, qui s'appartiennent successivement, et dont l'un d'eux offre l'extrémité supérieure de cette même coquille, est d'une assez grande taille, fort épaisse en sa partie inférieure, arquée presque en demi-cercle, et se termine supérieurement en forme de langue. Ses loges sont remplies de matière pierreuse, et leurs cloisons ne se distinguent que dans les parois où leurs contours forment des sutures lobées, laciniées, rameuses, tout-à-fait analogues à celles des ammonites. Mais la coquille dont il s'agit en est très-distincte par sa forme générale; car, malgré son arcuation, elle n'eût point formé de tours contigus, si la nature l'eût agrandie davantage. Sa longueur est de 19 pouces 2 lignes. Il paraît n'exister dans les collections aucun autre individu que celui que je possède.

2. **Ammonocératite aplatie.** *Ammonoceratites compressa.*

> *A. testá arcuatá, compressá, transversim costatá; costis distantibus.*

> Habite.... Fossile de.... Cabinet de M. *Defrance.* Celle-ci, d'une taille très-inférieure à celle de la coquille précédente, est arquée, aplatie des deux côtés, et traversée de distance en distance par des côtes qui semblent indiquer, par leur écartement, l'étendue de ses loges. La longueur de ce fossile est de 5 pouces ou à peu près.

TURRILITE. (Turrilites.)

Coquille en spirale, turriculée, multiloculaire, à tours contigus et tous apparens, et à parois articulées par des sutures sinueuses. Cloisons transverses, lobées et découpées dans leur contour. Ouverture arrondie.

Testa spiralis, turrita, polythalamia; anfractibus contiguis, omnibus conspicuis; parietibus suturis sinuosis articulatìm compactis. Septa transversa, ad periphæriam lobato-laciniata. Apertura rotundata.

OBSERVATIONS.

Dans les *turrilites*, la coquille, au lieu d'être discoïde ou simplement arquée, est turriculée, allongée, droite, et forme une spirale très-élevée, qui paraît devoir se terminer en pointe comme les turritelles.

Quoique, depuis long-temps, des fragmens du moule intérieur de ces coquilles aient été connus, décrits et figurés sous le nom de *turbinite*, c'est à M. *Denis Montfort* que nous devons la connaissance plus précise de ce genre singulier. On aperçoit, en effet, sur les parois de ces fragmens, les vestiges des sutures sinueuses et lobées que forment les cloisons dans leurs contours. Je ne citerai de ce genre que l'espèce qui suit, dont je possède des fragmens de son moule intérieur.

ESPÈCE.

1. Turrilite costulée. *Turrilites costulata.*

> *T. testâ rectâ, turritâ; anfractibus convexis, transversìm costatis; costis ad extremitates tuberculiferis.*
>
> Habite.... Fossile de la montagne de Sainte-Catherine, près de Rouen. Mon cabinet. Ses petites côtes sont longitudinales par rapport à la coquille, et transverses relativement à ses tours. Il résulte des tubercules qui sont à leurs extrémités que la base de chaque tour en offre une rangée, et qu'il y en a même deux à celle du dernier.

Nota. Voyez le mémoire de M. *Denis Montfort* sur la corne d'ammon turbinée, lequel est inséré dans le journal de physique [thermidor an 7].

BACULITE. (Baculites.)

Coquille droite, cylindracée, quelquefois un peu comprimée, légèrement conique; à parois articulées par des

sutures sinueuses. Cloisons transverses, peu distantes, imperforées dans leur disque, lobées et découpées dans leur
contour.

*Testa recta, cylindracea, interdùm compressiuscula,
sensìm in conum supernè attenuata; parietibus suturis
sinuoso-lobatis articulatìm compactis. Septa transversa,
frequentia, disco imperforata, in ambitu lobato-laciniata.*

OBSERVATIONS.

Les *baculites*, dont on ne connaît encore que le moule intérieur, offrent, comme dans les genres précédens, des parois
articulées par des sutures sinueuses et lobées. Ce sont des coquilles droites, cylindracées, quelquefois un peu comprimées,
légèrement coniques vers leur sommet. Les loges de ces coquilles sont étroites, plus larges que longues, et diffèrent en
cela de celles des turrilites, qui sont aussi longues ou plus
longues que larges, les cloisons qui les forment étant plus
écartées. De part et d'autre, néanmoins, ces loges sont remplies de matière pierreuse.

Depuis long-temps, des portions de *baculites* étaient repré-
sentées dans l'ouvrage de *Langius* [Petrif. t. 21]; et l'on n'y
faisait aucune attention, lorsque M. *Faujas*, dans son Histoire naturelle de la Montagne de Saint-Pierre, prés de Maëstricht, en a fait connaître une belle espèce. On en a observé
depuis quelques autres, et ce genre remarquable est maintenant bien constaté. Il termine notre division des céphalopodes
polythalames.

ESPÈCES.

1. **Baculite de Faujas.** *Baculites Faujasii.*

*B. testâ rectâ, cylindraceâ, lateribus oppositis leviter depressâ;
suturis lobatis denticulatis.*

Baculite. Faujas, Hist. nat. de la mont. de Saint-Pierre, p. 140 pl. 21. f. 2. 3.

Habite.... Fossile de la montagne de Saint-Pierre, près de Maëstricht. Mon cabinet, pour quelques articulations séparées.

2. Baculite gladiée. *Baculites anceps.*

B. testâ rectâ, compressiusculâ, ancipiti, lævi; uno latere subacuto, altero crassiore, obtuso; siphone marginali ad latus acutum.

Habite.... Fossile d'Angleterre. Mon cabinet. Elle atteint jusqu'à 15 pouces de longueur.

3. Baculite cylindrique. *Baculites cylindrica.*

B. testâ rectâ, cylindricâ, carinis transversis creberrimis annulatâ.

Habite.... Fossile d'Angleterre. Mon cabinet. Celle-ci est cylindrique, et un peu rude au toucher par la saillie de ses carènes annulaires et très-fréquentes. La longueur de l'exemplaire fruste que je possède n'est que de 19 lignes.

DEUXIÈME DIVISION.

CÉPHALOPODES MONOTHALAMES.

Coquille uniloculaire, tout-à-fait extérieure, et enveloppant l'animal.

Les *céphalopodes* de cette division nous présentent dans leur coquille et dans les facultés qu'ils nous paraissent posséder, des choses si extraordinaires, que d'abord nous n'avons pas osé y croire, et qu'à présent même que nous sommes en quelque sorte forcés de les reconnaître, nous ne le faisons encore qu'avec une sorte de répugnance.

Comment un animal dont le corps n'est point du tout en spirale a-t-il pu former une coquille qui l'est évidemment? comment, ensuite, dans un ordre où l'on trouve tant d'animaux testacés, et qui ont tous une coquille multiloculaire, plus ou moins complétement enchâssée dans leur extrémité postérieure, s'en trouve-t-il d'autres qui soient munis d'une coquille tout-à-fait extérieure et uniloculaire?

Malgré la difficulté de répondre à ces questions, nous sommes entraînés par ce que l'observation nous montre à leur égard; et, en effet, outre que les animaux dont il s'agit ont été vus dans leur coquille, que nous les avons vus nous-mêmes, et que nous avons remarqué les impressions que leurs parties ont laissées dans cette coquille, il paraît que la courbure de celle-ci tient à la manière dont l'animal replie et roule certains de ses bras, lorsqu'il est en repos dedans. Ce que l'on est fondé à dire, relativement à ces deux divisions si tranchées dans leurs caractères, c'est que, dans les *céphalopodes polythalames*, la portion du corps de l'animal que renferme la coquille est contenue dans sa dernière loge; tandis que, dans les *céphalopodes monothalames*, le corps entier de l'animal est renfermé dans la coquille.

Ainsi les *céphalopodes monothalames* ont une coquille univalve, uniloculaire, tout-à-fait extérieure, au moyen de laquelle ils se soutiennent et naviguent à la surface des eaux. Cette coquille, qui est mince et fragile, semble avoir des rapports avec la carinaire; mais l'animal de celle-ci n'est point un céphalopode.

Je ne connais encore qu'un seul genre dans cette division: c'est celui de l'*argonaute*. Peut-être faudrait-il y ajouter le genre *ocythoé* de M. Leach.

ARGONAUTE. (Argonauta.)

Coquille univalve, uniloculaire, involute, subnaviculaire, très-mince; à spire bicarinée, tuberculeuse, rentrant dans l'ouverture.

Testa univalvis, unilocularis, involuta, tenuissima; spirâ bicarinatâ, in aperturam immersâ; carinis tuberculatis.

OBSERVATIONS.

De même que l'animal de l'hélice a dû être distingué de la limace, de même encore que celui de *la spirule* n'est ni une sèche, ni un calmar, de même aussi l'on ne doit pas confondre avec les poulpes l'animal de *l'argonaute*. En effet, quoique de part et d'autre· les animaux cités qui s'avoisinent se ressemblent beaucoup par leur conformation générale, ils offrent cependant entre eux des différences constantes qui les distinguent.

L'animal de *l'argonaute* présente, comme les poulpes, un corps charnu, obtus inférieurement, et en grande partie contenu dans un sac non ailé, formé par le manteau. Sa tête, munie de deux yeux latéraux, est terminée par la bouche, autour de laquelle sont rangés, comme des rayons, huit bras allongés, terminés en pointe, et garnis de ventouses sans griffes. Cependant deux de ces bras sont singuliers en ce qu'ils offrent, dans les deux tiers de leur longueur, une membrane mince, ovale, que l'animal étend ou resserre à son gré.

Cet animal diffère donc du poulpe, puisque deux de ses bras portent chacun une membrane particulière, et qu'il forme et habite une coquille.

Il paraît n'être pas attaché à cette coquille, et l'on prétend, en effet, qu'il la quitte quand il lui plaît. On assure, en outre, que lorsqu'il veut nager ou voguer à la surface des eaux , il vuide l'eau contenue dans sa coquille, pour se rendre plus léger ; qu'il étend ensuite ses deux bras munis de membranes qui lui servent de voiles , et qu'il plonge les autres dans la mer pour faire l'office de rames. Survient-il du mauvais temps ou un ennemi ? dans l'instant même tout rentre en dedans ; l'animal retire ses rames, ses voiles , et fait chavirer son frêle navire qui se remplit d'eau et s'enfonce dans la mer. Mais , dès que le danger est passé, il revient à la surface des ondes et vogue tranquillement.

On a long-temps douté que cet animal soit réellement celui qui a formé la coquille dans laquelle il habite ; et l'on a pensé que c'était un étranger qui, après en avoir dévoré le véritable propriétaire , s'emparait de son habitation et y vivait , comme l'on voit des pagures, connus sous le nom de *Bernard l'Hermite*, vivre dans des coquilles qu'ils n'ont point fabriquées. Cela paraissait d'autant plus vraisemblable, que l'animal dont il s'agit n'a point le corps en spirale et n'adhère pas à la coquille.

Néanmoins plusieurs observations récentes, outre celles des anciens , attestent que l'*argonautier* est le véritable auteur de la coquille qu'il habite ; on reconnaît même sur cette coquille les impressions formées par les bras et les ventouses de ce mollusque, en raison de la manière dont ces parties sont rangées lorsqu'elles sont retirées dans l'intérieur avec l'animal.

La coquille de l'*argonaute* donne l'idée d'une petite nacelle construite sur le modèle le plus élégant. Elle ressemble par sa forme extérieure à celle du nautile ; aussi la nomme-t-on vulgairement le *nautile papyracé*. Mais elle en diffère essentiellement en ce qu'elle est uniloculaire. D'ailleurs, elle est toujours très-mince, ridée ou tuberculeuse en dehors, et munie sur le dos d'une carène double et tuberculifère. Dans cette même coquille, qui est involute, c'est-à-dire dont le dernier tour enveloppe les autres , la spire rentre toujours dans l'ouverture.

On trouve des *argonautes* dans la Méditerranée et dans les mers des Indes orientales.

ESPÈCES.

1. Argonaute papyracée. *Argonauta argo.*

A. testâ magnâ, involutâ, tenuissimâ, albâ; lateribus transversim costatis : costis creberrimis, hinc furcatis; carinis approximatis, tuberculiferis, partim rufo-nigricantibus; tuberculis parvis, frequentissimis.

Argonauta argo. Lin. Gmel. p. 3367. n°. 1.

Lister, Conch. 1. 556. f. 7. et t. 557. f. 7 †.

Bonanni, Recr. 1. f. 13.

Rumph. Mus. t. 18. fig. A.

Petiv. Amb. t. 10. f. 1.

Gualt. Test. t. 11. fig. A. B.

Klein, Ostr. t. 1. f. 3.

D'Argenv. Conch. pl. 5. fig. A. et Zoomorph. pl. 2. f. 2. et Apim. f. 3.

Favanne, Conch. pl. 7. fig. A 2.

Seba, Mus. 3. t. 84. f. 5—7.

Knorr, Vergn. 1. t. 2. f. 1.

Martini, Conch. 1. t. 17. f. 157.

Habite dans la Méditerranée. Mon cabinet. Grande et belle espèce, extrêmement mince, fragile, très-blanche, sauf la partie postérieure de sa carène, qui est d'un roux brûlé. Elle est garnie sur les côtés d'une multitude de rides ou côtes serrées, transverses, très-lisses, et fourchues du côté de la carène. Cette coquille est commune dans les collections, et se nomme vulgairement le *nautile papyracé.* Son plus grand diamètre est de 7 pouces 3 lignes.

2. Argonaute tuberculeuse. *Argonauta tuberculosa.*

A. testâ magnâ, involutâ, tenui, albâ; lateribus rugis transversis per longitudinem tuberculiferis; carinarum tuberculis eminentioribus, conicis, laxiusculis; aperturâ basi biauriculatâ : auriculis divaricatis.

Rumph. Mus. t. 18. f. 1. 4.

Gualt. Test. t. 12. fig. B.

D'Argenv. Conch. pl. 5. fig. C.

Favanne, Conch. pl. 7. fig. A 7.

Seba, Mus. 3. t. 84. f. 4.

Knorr, Vergn. 6. t. 31.

Martini, Conch. 1. t. 17. f. 156. et t. 18. f. 160.

Habite l'Océan des grandes Indes et celui des Moluques. Mon cab.
Espèce très-distincte de celle qui précède, ayant ses rides latérales
chargées de tubercules dans toute leur longueur, et ses carènes
écartées, garnies chacune d'une rangée de tubercules élevés, coniques, bien séparés les uns des autres. Son ouverture d'ailleurs
offre à sa base deux oreillettes divergentes, plus ou moins déve-
loppées. Vulg. le *nautile papyracé à grains de riz*. Plus grand
diamètre de notre individu, 6 pouces.

Le céphalopode qui habite cette coquille, et que j'ai observé dans la coquille
même qui lui appartenait, a ses bras noueux dans toute leur longueur, ce
qui n'a pas lieu dans celui de l'espèce précédente. Or c'est aux nodosités
de ses bras que sont dus les tubercules des rides de sa coquille.

3. Argonaute luisante. *Argonauta nitida.*

*A. testâ parvulâ, involutâ, tenui, nitidâ, albido-fulvâ; rugis
lateralibus lævissimis; carinis remotis tuberculis crassis utrinquè marginatis; aperturâ latâ.*

Lister, Conch. t. 554. f. 5. a.
Rumph. Mus. t. 18. fig. B.
Petiv. Amb. t. 10. f. 2.
Gualt. Test. t. 12. fig. C.
D'Argenv. Conch. pl. 5. fig. B.
Favanne, Conch. pl. 7. fig. A 6.
Seba, Mus. 3. t. 84. f. 9—12.
Knorr, Vergn. 1. t. 2. f. 2.
Martini, Conch. 1. t. 17. f. 158. 159.

Habite l'Océan des grandes Indes et des Moluques. Mon cabinet.
Bien moins grande que les deux qui précèdent, cette espèce s'en
distingue par ses deux carènes fort distantes, garnies chacune de
gros tubercules peu serrés et à base large, par ses rides latérales
obtuses et très-lisses, par un aspect luisant, enfin par sa teinte
jaunâtre ou fauve. Son ouverture n'a point d'oreillettes. Diam.,
2 pouces 7 lignes.

TROISIÈME DIVISION.

CÉPHALOPODES SÉPIAIRES.

Point de coquille, soit intérieure, soit extérieure. Un corps solide, libre, crétacé ou corné, contenu dans l'intérieur de la plupart de ces animaux.

Parmi les céphalopodes, les *sépiaires* constituent une famille bien distincte en ce que les animaux qui en font partie n'ont point de coquille. Ces animaux sont, de tous les mollusques de leur ordre, ceux que l'on connaît le mieux. Linné les réunissait tous sous une seule dénomination générique, et en constituait son genre *sepia*.

J'ai transformé ce genre *sepia* de Linné en une famille particulière que j'ai divisée en plusieurs genres très-distincts; et, dans le premier volume *in-quarto* des Mémoires de la Société d'histoire naturelle de Paris, j'ai établi les genres sèche, calmar et poulpe, à chacun desquels plusieurs espèces fort remarquables se rapportent.

Les *sépiaires* sont des céphalopodes marins, tous sans coquille, toujours plongés dans le sein des eaux, les uns se traînant au fond, tels que les poulpes, et les autres pouvant s'élever et nager au milieu des eaux, tels que les sèches et les calmars, à l'aide des membranes ou nageoires dont leur sac est garni.

Ces animaux ont le corps charnu, à demi-enfoncé dans un sac musculeux, hors duquel sortent leur partie antérieure et leur tête. Cette tête est couronnée par des bras tentaculaires, disposés en rayons autour de la bouche, et qui ont des ventouses en leur côté intérieur.

La forme générale des *sépiaires*, et leur organisation intérieure bien connue, nous ont servi à caractériser l'ordre entier des céphalopodes, quoique nous ignorions si tous les animaux de cet ordre sont réellement embrassés par les caractères établis; et le défaut complet de coquille caractérise aussi suffisamment la division de ces mêmes *sépiaires* dont nous nous occupons ici.

Les branchies de ces mollusques, et probablement de tous les céphalopodes, sont cachées et renfermées dans le sac de ces animaux, hors du péritoine qui entoure leurs viscères. Elles sont au nombre de deux, une de chaque côté du péritoine, et ont une forme pyramidale. La cavité qui les contient communique au dehors par l'entonnoir qu'on aperçoit sous le col, à l'entrée du sac. C'est par cet entonnoir que l'eau parvient aux branchies et en ressort. [Voyez M. *Cuvier*, Anat. comp., vol. 4, p. 428.]

Nous rapportons à cette division les genres *poulpe*, *calmaret*, *calmar* et *sèche*.

POULPE. (Octopus.)

Corps charnu, obtus inférieurement, et contenu dans un sac dépourvu d'ailes. Osselet dorsal intérieur nul ou fort petit. Bouche terminale, entourée de huit bras allongés, simples, munis de ventouses sessiles et sans griffes.

Corpus carnosum, infernè obtusum, vaginá nudá exceptum; osse dorsali interno subnullo vel minimo. Os terminale, brachiis octo elongatis simplicibus circumdata; cotyledonibus brachiarum sessilibus muticis, uno latere dispositis.

OBSERVATIONS.

Quelque grands que soient les rapports des *poulpes*, soit avec les calmars, soit avec les sèches, on peut néanmoins les considérer comme constituant un genre particulier, qui est même très-distinct des deux autres. En effet, les *poulpes* n'ont que huit bras, tous allongés et à peu près égaux, et n'ont jamais leur sac garni d'ailes ou de nageoires ; tandis que les sèches et les calmars ont constamment dix bras, dont deux sont plus longs que les autres, et ont leur sac toujours ailé sur les côtés dans toute ou seulement dans une partie de sa longueur. D'ailleurs, on ne rencontre dans l'intérieur des *poulpes* ni l'os crétacé et spongieux des sèches, ni la lame cornée et transparente des calmars ; mais on y a découvert à leur place un ou deux corps allongés, extrêmement petits, et qui avaient jusque là échappé aux observations des naturalistes.

Si les *poulpes* n'ont que huit bras, tandis que les sèches et les calmars en ont dix, en revanche les huit bras des *poulpes* sont beaucoup plus allongés que les huit bras courts des sèches et des calmars. Les bras des animaux du genre dont il est question sont garnis d'un côté de ventouses sessiles simplement charnues et dépourvues de cet anneau corné et dentelé qui constitue les griffes des calmars et des sèches.

Les *poulpes*, n'ayant point d'ailes ou nageoires qui bordent leur sac, ne peuvent nager, ni par conséquent se diriger dans le sein des eaux ; c'est, en effet, ce qui m'a été confirmé par les observations de feu M. *Péron*. Ils se traînent donc dans le fond des mers, et sur les rochers, près des rivages. Les naturalistes n'ont encore aucune idée fixe sur le terme de grandeur où certaines espèces de *poulpes* peuvent parvenir ; mais on est maintenant à peu près sûr qu'il y en a qui acquièrent 6 à 8 décimètres de longueur. Ce sont les plus grands animaux de la division des sépiaires.

ESPÈCES.

1. Poulpe commun. *Octopus vulgaris.*

O. corpore lœvi; cotyledonibus biserialibus distantibus.

Sepia octopus. Lin. Gmel. p. 3149. n°. 1.

Muller, Zool. Dan. Prodr. 2813.

Polypus. Gesner, Aquat. p. 870.

Aldrov. de Mollib. p. 14. 15. 16.

Polypus octopus. Rond. Pisc. p. 513.

Jonst. Hist. Nat. 2. Exang. 5. t. 1. f. 1.

Ruysch. Theatr. 2. Exang. t. 1. f. 1.

Kœlreut. Act. Petrop. 7. p. 321. t. 11. f. 2.

Seba, Mus. 3. t. 2. f. 1—4.

Octopus vulgaris. Lam. Mém. de la Soc. d'Hist. Nat. in-4°. p. 18.

Encyclop. pl. 76. f. 1. 2.

Habite les mers d'Europe, où il est très-commun. Collect. du Mus. Cette espèce est la plus commune, la plus anciennement connue, et en même temps celle qui devient la plus grande, puisqu'elle acquiert jusqu'à 5 décimètres de longueur et même plus, en y comprenant celle de ses bras étendus. Son corps est ovoïde, obtus postérieurement, un peu déprimé en dessus, petit proportionnellement à la grandeur de la tête et des huit bras qui la couronnent. Le sac qui le contient a son bord supérieur libre et détaché du côté du ventre; mais du côté du dos, il est adhérent et confondu avec la peau de l'animal. Les huit bras sont garnis, dans toute leur longueur, du côté interne, de deux rangées de ventouses sessiles, mutiques, et un peu écartées les unes des autres. Chaque ventouse présente un mamelon à double cavité et ouvert en soucoupe. La première cavité ou l'antérieure offre un limbe concave, rayonné par des plis en étoile. Au fond de ce limbe, on voit une cavité intérieure, arrondie, entourée par un rebord annulaire, saillant et crénelé. C'est à l'aide de ces mamelons creux, faisant les fonctions de ventouses, que les bras de l'animal s'attachent fortement aux objets qu'ils embrassent. On prétend que ce mollusque, par l'application de ses suçoirs sur quelque partie du corps humain, peut y occasioner de l'inflammation, et par suite, de grandes douleurs. On dit en outre qu'il répand quelquefois une lumière vive et phosphorique dans l'obscurité, particulièrement lorsqu'on l'ouvre.

2. Poulpe granuleux. *Octopus granulatus.*

O. corpore tuberculis sparsis granulato; cotyledonibus crebris bi-
serialibus.

An sepia rugosa? Bosc, Act. Soc. Hist. Nat. p. 24. t. 5. f. 1. 2.
Octopus granulatus. Lam. Mém. id. p. 20.

Habite.... Collect. du Mus. Ce poulpe a de si grands rapports avec le
précédent, que peut-être n'en est-il qu'une variété. Il paraît néanmoins qu'il ne devient pas aussi grand ; et comme sa peau dorsale
est toute chagrinée ou granuleuse, ce caractère semble suffire pour
le distinguer. Le *S. rugosa* de M. Bosc, au lieu d'être réellement
ridé, a le corps chagriné ou parsemé de grains ou tubercules, ainsi
que l'expriment les figures et la description qu'il en a données lui-
même. Ce naturaliste lui attribue pour patrie les mers du Sénégal.

3. Poulpe cirrheux. *Octopus cirrhosus.*

O. corpore rotundato, læviusculo; brachiis compressis spiraliter
convolutis; cotyledonibus uniserialibus.

An Seba, Mus. 3. t. 2. f. 6?
Octopus cirrhosus. Lam. Mém. id. p. 21. pl. 1. f. 2. a. b.

Habite.... Collect. du Mus. Espèce bien distincte et peu commune,
qui a à peine un décimètre de grandeur à cause de l'enroulement
en spirale de ses bras. Son corps est petit, globuleux, presque réniforme, long de 2 centimètres et demi sur une largeur de 3 et
même un peu plus. La tête, qui est du double plus grande, va
en s'élargissant supérieurement comme un coin, et s'épanouit en
huit bras comprimés sur les côtés, roulés en manière de vrille,
et n'ayant chacun qu'une seule rangée de ventouses sessiles et pres-
sées les unes contre les autres. Le bord supérieur du manteau ou
sac est libre et détaché tout autour ; tandis que dans les autres
espèces il se confond avec la peau du dos, à laquelle il adhère. La
peau de ce poulpe est presque lisse, finement chagrinée, d'un gris
bleuâtre sur le dos, et blanchâtre du côté du ventre. Le seul individu de cette espèce que j'aie observé fait partie de la collection
du Muséum d'histoire naturelle, et provient de celle du stadhouder.

4. Poulpe musqué. *Octopus moschatus.*

O. corpore elliptico, lævi; brachiis loreis prælongis; cotyledonibus
uniserialibus.

Polypus tertia species. Gesner, Aquat. p. 871.
Rond. Pisc. 516. et ed. gall. p. 373.

Eledona. Aldrov. de Mollib. p. 43.

Octopus moschatus. Lam. Mém. id. p. 22. pl. 2.

Habite la Méditerranée. Collect. du Mus. Il est étonnant que *Linné* n'ait point mentionné cette espèce, qui était déjà connue des anciens, et qu'ils avaient même caractérisée d'une manière assez précise. Ils lui avaient donné différens noms, tels que *bolitœna*, *ozolis*, *ozœna* et *osmylus*. On l'appelait en Italie *muscardino* et *muscarolo*, à cause de sa forte odeur de musc. Ce poulpe a la peau lisse comme le poulpe commun ; mais il ne devient pas si grand, et on l'en distingue aisément par ses longs bras grêles, qui n'ont jamais qu'une rangée de ventouses. L'individu que j'ai sous les yeux a environ 3 décimètres de longueur, en y comprenant celle de ses bras étendus. Son corps est un peu déprimé, elliptique, obtus à sa base, et à peu près de même grandeur que la tête. Ses huit bras, longs d'environ 2 décimètres, ressemblent à des lanières grêles, effilées, et presque filiformes à leur sommet. Les ventouses de ces bras sont sessiles, serrées les unes contre les autres, et disposées sur une seule rangée dans la longueur de chaque bras. Partout la peau de ce mollusque est blanche, fine et très-lisse ; elle est, en outre, adhérente, du côté du dos, avec la peau de la tête. Tous les auteurs attribuent à cette espèce une forte odeur de musc ou d'ambre, que les individus conservent même après leur mort et étant desséchés.

CALMARET. (Loligopsis.)

Corps charnu, oblong, contenu dans un sac ailé inférieurement, et légèrement pointu à sa base. Bouche terminale, entourée de huit bras sessiles et égaux.

Corpus carnosum, oblongum, vaginâ basi subacutâ et infernè alatâ exceptum. Os terminale, brachiis octo sessilibus et æqualibus circumvallatum.

OBSERVATIONS.

Le *calmaret* constitue un genre particulier, qui paraît intermédiaire entre les poulpes et les calmars. Il n'a effectivement sur la tête que huit bras sessiles et égaux qui entourent la bouche comme dans les premiers ; mais il se rapproche des calmars en ce que son sac est muni inférieurement de deux ailes ou nageoires dont les poulpes sont généralement dépourvus. Cet animal singulier est d'une petite taille, comme le *S. sepiola* de Linné ; mais celui-ci a dix bras, huit sessiles et deux pédonculés, plus longs que les autres. D'ailleurs la forme des deux nageoires de notre *calmaret* diffère un peu de celles du *S. sepiola* en ce qu'elles sont semirhomboïdales et non arrondies comme dans le *sepiola*. Ce céphalopode a été observé par MM. *Péron* et *Le Sueur* dans leur voyage aux terres australes. Il est encore le seul connu de son genre.

ESPÈCE.

1. Calmaret de Péron. *Loligopsis Peronii.*

Habite les mers Australes. MM. *Péron* et *Le Sueur.* Ce petit animal à ses huit bras aussi courts que ceux des sèches proportionnellement à la longueur de son corps ; ils sont même plus courts que son sac.

CALMAR. (Loligo.)

Corps charnu, contenu dans un sac allongé, cylindracé, pointu à sa base, et ailé inférieurement. Une lame allongée, mince, transparente et cornée, enchâssée dans l'intérieur du corps, vers le dos. Bouche terminale, entourée de dix bras, garnis de ventouses, et dont deux, plus longs que les autres, sont pédiculés.

Corpus carnosum, vaginâ elongatâ cylindraceâ basi acutâ et infernè alatâ exceptum. Lamina elongata, tenuis, cornea, pellucida, in dorso inclusa. Os terminale, brachiis decem cotyledonibus instructis circumvallatum : brachiis duobus longioribus pedunculatis.

OBSERVATIONS.

Quelque rapport qu'aient les *calmars* avec les sèches, puisque, de part et d'autre, le nombre et la forme des bras se ressemblent assez, néanmoins ils en sont éminemment distingués en ce que leur sac, plus étroit, n'est garni de nageoires que dans sa partie postérieure, tandis que celui des sèches, beaucoup plus large, est muni de chaque côté d'une aile ou nageoire étroite qui commence au bord supérieur du sac et se continue jusqu'à sa base. Ainsi les *calmars* présentent, dans la forme de leur sac, des caractères qui les distinguent essentiellement des sèches, avec lesquelles on ne saurait les confondre, même au premier aspect. D'ailleurs le sac ou manteau des *calmars*, allongé et cylindracé, est presque toujours pointu inférieurement, partout libre à son orifice, et garni, vers sa base, de deux ailes membraneuses, communément rhomboïdales, et toujours proportionnellement plus larges et plus courtes que celles des sèches, ce qui fait un caractère distinctif très-remarquable, ainsi que je l'ai dit plus haut.

Mais la différence principale, celle qui ne permet pas, selon moi, de confondre les *calmars* avec les sèches, est celle que l'on tire de la considération de l'espèce d'épée ou de lame simple, en forme de plume, cornée, transparente et dorsale, que contiennent les mollusques dont il est question. Ce corps mince est, en effet, si différent par sa structure et ses autres qualités essentielles de l'os opaque, lamelleux et spongieux des sèches, que sa seule considération suffirait à la distinction des *calmars*, quand même la forme de leur corps, et surtout celle de leurs ailes ou nageoires, n'offriraient pas déjà de bons caractères distinctifs extérieurs.

Ces mollusques ont l'organisation intérieure à peu près semblable à celle des sèches, et ils contiennent pareillement une liqueur noire qu'ils répandent à leur gré, et vraisemblablement dans les mêmes circonstances. Ils nagent vaguement dans les mers, et se nourrissent de crabes et autres animaux marins.

Leurs œufs sont disposés en une multitude de grappes qui se réunissent toutes et s'attachent à un centre commun, formant une masse orbiculaire.

On connaît plusieurs espèces de *calmars*, parmi lesquelles nous signalerons les suivantes.

ESPÈCES.

1. Calmar commun. *Loligo vulgaris.*

L. alis semirhombeis, extremitati caudæ distinctis; limbo sacci trilobo ; laminâ dorsali anticè angustatâ.

Sepia loligo. Lin. Gmel. p. 5150. nº. 4.

Loligo magna. Rond. Pisc. 506. et ed. gall. p. 569.

Loligo. Bellon, Pisc. p. 342. Ic. p. 343.

Salvian. Aquat. p. 169.

Loligo major. Aldrov. de Mollib. p. 67. [*gladius*] 69. 70 et 71. *fig. animalis.*

Gesner, Aquat. p. 580 et 585.

Ruysch , Theatr. 2. Exang. t. 1. f. 4.

Jonst. Hist. Nat. 2. Exang. t. 1. f. 4.

Lister, Anatom. t. 9. f. 1.

Pennant, Zool. Brith. pl. 27. nº. 43.

Loligo vulgaris. Lam. Mém. de la Soc. d'Hist. Nat. in-4º. p. 11.

Habite les mers d'Europe. Collect. du Mus. Cette espèce, fort connue des naturalistes, est une des plus grandes de ce genre ; et c'est sans doute aussi la plus commune, puisque l'on ne connaissait qu'elle et le calmar subulé, et que jusqu'à ce jour les deux espèces suivantes, figurées par *Séba*, étaient encore confondues avec elle. Il est vraisemblable que *Linné* ne l'avait pas observée lorsqu'il en a fait mention dans ses ouvrages ; car autrement il n'en aurait pas confondu la synonymie avec celle de la suivante qu'il y rapporte. En effet, ce qui distingue principalement cette espèce d'avec le *L. sagittata*, c'est la forme et la position de ses ailes ou nageoires : elles ont chacune la forme d'un demi-rhombe, et s'insèrent de chaque côté vers le milieu du sac ; en sorte que leur bord supérieur, qui est très-oblique, vient s'attacher un peu au-dessus du milieu du sac, tandis que l'inférieur se prolonge et se rétrécit insensiblement vers la pointe du corps de l'animal, laquelle se trouve libre entre les deux nageoires. Les bras pédonculés de ce calmar sont à peu près de la longueur du corps. Sa lame cornée et dorsale est rétrécie antérieurement, et ressemble à une lame d'épée dont la pointe est tournée vers la queue de l'animal; et au lieu d'être bordée sur les côtés par un cordon brun, comme dans la suivante, elle a ses bords amincis et transparens.

2. Calmar sagitté. *Loligo sagittata.*

L. alis triangularibus caudæ adnatis.; limbo sacci integerrimo ; laminâ dorsali anticè dilatatâ.

[a] *Corpore oblongo, crassissimo ; brachiis pedunculatis prælongis.*
Loliginis species maxima. Seba, Mus. 3. t. 4 f. 1. 2.

[b] *Corpore gracili ; brachiis pedunculatis perbrevibus.*
Seba, Mus. 3. t. 3. f. 5. 6. et t. 4. f. 3—5.
Loligo sagittata. Lam. Mém. id. p. 13.
Encyclop. pl. 77. f. 1. 2.

Habite l'Océan européen et américain. Collect. du Mus. pour les deux variétés. Cette espèce est bien distinguée de la précédente par la forme et la position de ses ailes, par le bord entier ou comme tronqué de son sac, et par le caractère de sa lame dorsale. La var. [a] est remarquable par sa taille gigantesque, l'épaisseur de son corps, et les griffes de ses suçoirs. L'individu que j'ai observé au Muséum a près de 4 décimètres de longueur, sans y comprendre celle de ses bras pédonculés. Son corps est épais, oblong, cylindracé, pointu à sa base, où il est garni de deux grandes ailes triangulaires. Le bord supérieur de ces ailes est perpendiculaire à l'axe du corps, et ne s'insère pas de biais, comme dans le calmar commun. Tous les suçoirs de ce grand calmar sont pédicellés et munis chacun d'un anneau corné, dentelé d'un côté, très-saillant,. et qui forme l'espèce de griffes dont les ventouses de ce mollusque sont armées d'une manière très-remarquable. La var. [b] est bien moins grande, a le corps plus grêle, plus en cylindre, et a toujours ses deux bras pédonculés tellement courts, qu'à peine dépassent-ils la moitié du corps. J'avais été tenté de la distinguer comme espèce, à cause surtout de la différence dans la longueur des bras cités; mais les caractères que j'ai assignés à l'espèce étant absolument les mêmes dans l'une et l'autre variétés, j'ai cru convenable de ne les point séparer. Je dois dire cependant que la var. [b] a toujours la peau moins blanche que la première; elle est d'une couleur cendrée sur le ventre, et bleuâtre sur le dos par le grand nombre de petits points pourprés dont elle est tachetée.

3. Calmar subulé. *Loligo subulata.*

L. alis angustis caudæ subulatæ adnatis ; laminâ dorsali trinervè utrinquè subacutâ.

Sepia media. Lin. Gmel. p. 3150. n°. 3.

Loligo parva. Rond. Pisc. 508. et ed. gall. p. 370.

Aldrov. de Mollib. p. 72.

Gesner, Aquat. p. 581.

Ruysch, Theatr. 2. Exang. t. 1. f. 5.

Jonst. Hist. Nat. 2. Exang. t. 1. f. 5.

Encyclop. pl. 76. f. 9.

Loligo subulata. Lam. Mém. id. p. 15.

Habite la Méditerranée et l'Océan européen. Collect. du Mus. Cette espèce est toujours plus petite que les deux précédentes. Elle est remarquable par la partie postérieure de son sac, qui est garnie de deux ailes plus étroites que dans les autres calmars, et se prolonge en une pointe subulée. Les huit bras courts de celui-ci ont à peine 2 centimètres de longueur, se roulent en queue de scorpion, et sont garnis chacun de deux rangées de ventouses semiglobuleuses et pédicellées. Les bras pédonculés sont fort longs. Le mollusque dont il s'agit n'excède guère 12 cent. de longueur.

4. Calmar sépiole. *Loligo sepiola.*

L. corpore basi obtuso ; alis subrotundis ; laminâ dorsali lineari minutissimâ.

Sepia sepiola. Lin. Gmel. p. 3151. n°. 5.

Sepiola. Rond. Pisc. 519. et ed. gall. p. 375.

Aldrov. de Mollib. p. 65.

Gesner, Aquat. p. 1208.

Ruysch, Theatr. 2. Exang. t. 1. f. 8.

Jonst. Hist. Nat. 2. exang. t. 1. f. 8.

Encyclop. pl. 77. f. 3.

Loligo sepiola. Lam. Mém. id. p. 16.

Habite la Méditerranée. Collect. du Mus. Le calmar sépiole est la plus petite des espèces connues de ce genre. Il n'a guère plus de 3 ou 4 centimètres de longueur, sans y comprendre les deux bras pédonculés ; et il est extrêmement remarquable par l'extrémité postérieure de son sac très-obtuse, et par ses deux nageoires qui sont fort arrondies. Sa lame dorsale est très-petite, cornée, noirâtre, linéaire, un peu dilatée antérieurement, longue de 7 ou 8 millimètres, sur un millimètre au plus de largeur.

SÈCHE. (Sepia.)

Corps charnu, déprimé, contenu dans un sac obtus postérieurement, et bordé, de chaque côté, dans toute sa longueur, d'une aile étroite. Un os libre, crétacé, spongieux et opaque, enchâssé dans l'intérieur du corps, vers le dos. Bouche terminale, entourée de dix bras garnis de ventouses, et dont deux sont pédonculés et plus longs que les autres.

Corpus carnosum, depressum, vaginâ posticè obtusâ, utroque latere, per totam longitudinem, alâ angustâ marginatâ exceptum. Ossis liberum, cretaceum, spongiosum, opacum, dorso inclusum. Os terminale, brachiis decem cotyledonibus instructis circumvallatum : brachiis duobus longioribus pedunculatis.

OBSERVATIONS.

Je conserve le nom de *sèche* aux seuls sépiaires qui aient leur sac bordé de chaque côté, dans toute sa longueur, par une aile ou nageoire étroite qui part du bord antérieur de ce sac, et se prolonge sans interruption jusqu'à son extrémité postérieure. Conséquemment le genre des *sèches* est ici très-réduit de ce qu'il est dans *Linné*, et ne comprend plus, soit les poulpes, qui n'ont aucune nageoire à leur sac, soit même les calmars, qui n'en ont que dans sa moitié ou partie inférieure. Les *sèches* d'ailleurs sont singulièrement distinguées des poulpes et des calmars par la nature et la forme du corps solide qui se trouve enchâssé dans leur intérieur, vers le dos. Ce corps est crétacé, spongieux, opaque, friable, léger, blanchâtre, d'une forme elliptique ou ovale, un peu épais.

dans sa partie moyenne, aminci et tranchant sur les bords. Il est composé, selon M. *Cuvier*, de lames minces, dans les intervalles desquelles on voit une multitude de petites colonnes creuses, perpendiculaires à ces lames. Ce même corps est donc très-différent de l'espèce d'épée ou de plume cornée qui se trouve dans les calmars, et surtout du très-petit corps allongé, et quelquefois double, qui est dans l'intérieur des poulpes. Relativement au nombre et à la forme de leurs bras, les *sèches* ont de grands rapports avec les calmars ; mais en considérant la forme de leur sac, celle de ses nageoires, et surtout la nature du corps solide que l'animal contient, on verra que ces mollusques sont extrêmement distingués de ceux dont nous les avons séparés.

Les *sèches* parviennent jusqu'à une assez grande taille : il y en a qui ont 6 décimètres, et même plus, de longueur. Ces animaux mollasses, en quelque sorte laids et difformes, sont enveloppés inférieurement, de même que les calmars et les poulpes, par le manteau commun à tous les mollusques, mais qui a ici, comme dans les autres sépiaires, ses bords réunis par-devant dans toute leur longueur, et fermés par le bas, ce qui le transforme en un véritable sac. La partie supérieure du corps de l'animal sort de ce sac, et présente une tête munie sur les côtés de deux gros yeux très-remarquables, qui sont les plus perfectionnés de ceux des animaux sans vertèbres, et paraissent l'être autant que ceux des vertébrés, sauf le défaut de paupières. Cette tête est couronnée de dix bras, dont deux sont beaucoup plus longs que les autres, nus dans la plus grande partie de leur longueur, comme pédonculés, dilatés et munis de ventouses seulement à leur sommet, et qui servent à l'animal pour se tenir comme à l'ancre, pendant qu'il emploie les autres à saisir sa proie. Les huit autres bras sont plus courts, coniques, pointus, un peu comprimés sur les côtés, et garnis en leur face interne de plusieurs rangées de verrues concaves, qui leur servent à s'appliquer et à se fixer contre les corps que l'animal veut saisir, et qui agissent comme des suçoirs.

ou des ventouses. Au centre des bras, sur le sommet même de la tête, est située la bouche de l'animal, dont l'orifice circulaire, membraneux, et plus ou moins frangé, offre intérieurement deux mâchoires dures, cornées, semblables pour la forme et la substance à celles d'un bec de perroquet, auxquelles *Rondelet* les a en effet comparées. Ces mâchoires sont crochues et s'emboîtent l'une dans l'autre. On observe au dedans de la cavité du bec une membrane garnie de plusieurs rangées de petites dents inégales. C'est avec cette arme redoutable que la *sèche* dévore les crabes, les écrevisses, les coquillages même, qu'elle brise par le moyen de cette espèce de bec, et qu'elle achève de broyer dans son estomac musculeux, qui ressemble presque à un gésier d'oiseau.

Dans le ventre, près du *cæcum*, est une vessie qui renferme une liqueur très-noire, à laquelle on donne le nom d'encre de la *sèche*. Un petit canal qui part de cette vessie va joindre l'extrémité du canal intestinal, et se terminer à l'anus, dont l'issue aboutit à l'entonnoir qu'on observe dans la partie antérieure de l'animal. C'est par ce canal que la *sèche* répand la liqueur noire contenue dans la vessie dont je viens de parler, probablement lorsqu'elle se voit poursuivie ou menacée par un ennemi quelconque; car alors cette liqueur répandue dans l'eau y produit une grande obscurité, à la faveur de laquelle la *sèche* se dérobe et parvient à éviter le danger qui la menaçait. On prétend que c'est avec la liqueur dont il est question, ou peut-être avec celle de quelque espèce voisine de ce genre, que les Chinois préparent leur encre de la Chine.

Les *sèches* ne sont pas hermaphrodites comme la plupart des autres mollusques, mais elles ont les sexes séparés sur des individus différens. Les femelles font des œufs mous, réunis et disposés en grappes comme des raisins. On croit que ces œufs sont d'abord jaunâtres, et que, lorsqu'ils sont fécondés, ils deviennent noirâtres.

On ne connaît encore que deux espèces de ce genre.

ESPÈCES.

1. Sèche commune. *Sepia officinalis.*

S. corpore utrinquè lœvi; brachiis pedunculatis prœlongis; osse dorsali elliptico.

[a] *Cotyledonibus brachiorum breviorum multiserialibus.*
Sepia officinalis. Lin. Gmel. p. 5149. n°. 2.
Gesner, Aquat. p. 1024.
Belon, Pisc. p. 338. f. 341.
Salvian. Aquat. p. 165.
Rond. Aquat. p. 498. et ed. gall. p. 365.
Aldrov. de Mollib. p. 49 et 50.
Ruysch, Theatr. 2. Exang. t. 1. f. 2 et 3.
Jonst. Hist. Nat. 2. Exang. t. 1. f. 2 et 3.
Seba, Mus. 3. t. 3. f. 1—4.
Encyclop. pl. 76. f. 5. 6. 7.
Sepia officinalis. Lam. Mém. de la Soc. d'Hist. Nat. in-4°. p. 7.
[b] *Cotyledonibus brachiorum breviorum biserialibus.*
Montfort, Hist. Nat. des Moll. p. 265.

Habite dans l'Océan et la Méditerranée. Collect. du Mus., ainsi que pour sa variété. Espèce très-commune, la plus anciennement connue, et la plus grande de son genre. Son corps est ovale, déprimé, lisse des deux côtés, et a l'épiderme de couleur blanchâtre, mais parsemé de petits points pourprés ou bleuâtres qui lui donnent une teinte grisâtre ou plombée. Son manteau a son orifice libre et légèrement trilobé. Ses bras pédonculés sont presque aussi longs que le corps, et sont munis dans leur partie dilatée, c'est-à-dire vers leur sommet, de suçoirs pédicellés et nombreux. L'os dorsal de cette sèche est grand, elliptique, et très-connu du public, parce qu'il est un objet de commerce.

On prétend que cette espèce est la proie des baleines et de divers poissons. Elle acquiert jusqu'à un pied et demi de longueur. La var. [b] a ses bras courts étroits antérieurement, et munis seulement de deux rangées de suçoirs.

2. Sèche tuberculeuse. *Sepia tuberculata.*

S. dorso capiteque tuberculatis; brachiis pedunculatis breviusculis; osse dorsali spatulato.
Sepia tuberculata. Lam. Mém. id. p. 9. pl. 1. f. 1. a. b.

Habite la mer des Indes. Collect. du Mus., et provenant de celle du stadhouder. Cette espèce, jusque là inédite, est beaucoup moins grande que celle qui précède, et fort remarquable par sa forme, les proportions de ses parties, la surface de sa peau, son os dorsal, etc.; sa longueur totale, en y comprenant celle de ses deux bras pédonculés, est d'environ un décimètre. Son corps est elliptique, un peu aplati, large à peu près de 5 centimètres, légèrement ridé sur le ventre dans sa longueur, et parsemé de toutes parts, sur le dos et sur la tête, ainsi que sur la face dorsale des bras courts, de quantité de tubercules conoïdes, serrés et inégaux. Ses huit bras coniques ont à peine 2 centimètres de longueur; ils sont garnis, dans toute la longueur de leur face interne, de quatre rangées de ventouses sessiles, semblables à celles de la sèche commune, mais plus petites. Ses bras pédonculés ont un peu plus de 4 centimètres de longueur, c'est-à-dire n'égalent pas entièrement celle de la moitié du corps : ils sont lisses, presque cylindriques, et munis de suçoirs sessiles sur la face interne de la partie dilatée de leur sommet. Les deux ailes qui bordent le sac de chaque côté sont fort étroites. Toute la couleur de l'animal, dans l'état où je l'ai observé dans la liqueur, est d'un gris brun.

Son os dorsal présente des caractères assez remarquables : il est épaissi et dilaté en spatule dans sa partie antérieure, rétréci en pointe postérieurement, et recouvert en sa face externe d'une demi-tunique coriacée, mince, presque membraneuse, et qui le déborde sur les côtés en sa partie postérieure. Cette espèce d'os est composée d'environ quarante lames, en forme de croissant, ondées en leur bord interne, imbriquées les unes sur les autres, et qui vont en diminuant graduellement depuis la plus antérieure jusqu'à celle qui termine postérieurement.

ORDRE CINQUIÈME.

LES HÉTÉROPODES.

Corps libre, allongé, nageant horizontalement. Tête distincte; deux yeux. Point de bras en couronne sur la tête;

point de pied sous le ventre ou sous la gorge pour ram-
per. Une ou plusieurs nageoires , sans ordre régulier,
et non disposées par paires.

Si l'on considère la conformation irrégulière des mollusques hétéropodes, leur position horizontale en nageant,
leurs nageoires sans ordre, en nombre variable et jamais
disposées par paires, enfin la singulière situation du cœur
et des branchies de ces animaux, qui sont placés sous leur
ventre et en dehors dans la plupart, il sera difficile de croire
que ces mollusques aient avec les ptéropodes des rapports
qui puissent autoriser à les réunir dans la même coupe. Je
suis persuadé au contraire qu'ils s'en éloignent considérablement, et que les mollusques de ces deux ordres n'ont de
commun entre eux tout au plus que d'avoir, les uns et les
autres, des parties propres à nager, mais qui sont bien différentes par leur nature et leur situation. En effet, il n'est pas
même certain pour moi que les deux ailes opposées des ptéropodes soient véritablement des organes natatoires; car la
position de ces ailes ne serait favorable à la natation qu'autant que le corps de l'animal serait dans une situation horizontale. Or, comme il paraît que les ptéropodes conservent
une situation verticale, soit au sein, soit à la surface des
eaux, ce qu'on nomme leur natation pourrait être aussi bien
considéré comme une manière de flotter particulière.

Les *hétéropodes* semblent se rapprocher davantage des
céphalopodes; néanmoins ils en sont singulièrement distincts,
puisqu'ils n'ont jamais de bras sur la tête, qu'ils manquent
de manteau, que leurs organes de mouvement sont différemment disposés, et que leur bouche n'offre point deux mandibules cornées et crochues, imitant un bec de perroquet.

Si, dans la nature, les céphalopodes terminaient réellement les mollusques, il est évident qu'il y aurait entre

ceux-ci et les poissons un hiatus considérable ; ce qui n'est pas probable, d'apr's ce que l'on observe ailleurs. Or, puisque les *hétéropodes* avoisinent les céphalopodes par leurs rapports, que plusieurs ont une coquille qui se rapproche de celle de l'argonaute, qui ne sent qu'il convient de les ranger après eux plutôt qu'avant, en un mot, de les placer à la fin de la classe des mollusques !

Ainsi les *hétéropodes* peuvent être considérés comme les premiers vestiges d'une série d'animaux marins intermédiaires entre les céphalopodes et les poissons ; animaux probablement nombreux et très-diversifiés, mais dont l'observation a été jusqu'à présent négligée. Je les regarde donc comme devant être rangés vers la limite supérieure des mollusques, et comme faisant partie de ceux de ces animaux qui forment une transition avec les poissons. Effectivement, ces mollusques, gélatineux et transparens, ont précisément la consistance la plus appropriée aux changemens que la nature a eu besoin d'exécuter dans l'organisation pour amener le nouveau plan des animaux vertébrés.

Voici les noms des genres que je rapporte à l'ordre des hétéropodes, le dernier de la classe des mollusques : *carinaire*, *firole* et *phylliroé*.

CARINAIRE. (Carinaria.)

Corps allongé, gélatineux, transparent, terminé postérieurement par une queue, et muni d'une ou de plusieurs nageoires inégales. Le cœur et les branchies saillans hors du ventre, réunis en une masse pendante, qui est située vers la queue et renfermée dans une coquille. Tête distincte ; deux tentacules ; deux yeux ; une trompe contractile.

Coquille univalve, conique, aplatie sur les côtés, uni-loculaire, très-mince, hyaline; à sommet contourné en spirale, et à dos muni quelquefois d'une carène dentée. Ouverture oblongue, entière.

Corpus elongatum, gelatinosum, pellucidum, posticè caudá terminatum, alá natatoriá vel alis pluribus inæqualibus instructum. Cor branchiæque in massam unicam coaliti, extra ventrem pendulam, versùs caudam positam, testáque inclusam. Caput distinctum, tentaculis duobus instructum. Oculi duo. Os proboscideum, contractile.

Testa univalvis, conica, lateribus compressa, unilocularis, tenuissima, hyalina; apice in spiram convoluto; dorso cariná dentatá interdùm prædito. Apertura oblonga, integra.

OBSERVATIONS.

M. *Bory de St. Vincent* est le premier qui, dans son voyage aux principales îles des mers d'Afrique, ait fait connaître l'animal singulier des *carinaires*, et l'ait figuré avec la coquille qui enveloppe ses organes suspendus. Plus tard, MM. *Péron* et *Le Sueur* ont parlé de l'animal du même genre, et ont donné à son égard différens détails qui se trouvent consignés dans les Annales du Muséum [vol. 15, p. 67]. A l'aide des observations de ces naturalistes, nous savons maintenant que le mollusque dont il s'agit a le corps allongé, gélatineux, hérissé de très-petites aspérités, et muni d'une ou plusieurs nageoires inégales, avec lesquelles il nage horizontalement. Sa tête, un peu relevée, est tuberculeuse sur le vertex, porte deux tentacules qui chacun ont un œil à leur base, et se termine par une espèce de trompe rétractile. Mais ce qu'il y a de plus remarquable dans la conformation de l'animal des carinaires, c'est la situation singulière du cœur et des branchies, qui sont en saillie hors du corps même de cet animal, pendans en dessous, et renfermés dans une coquille très-mince, pareillement suspendue.

Quoiqu'on ne connaisse de cet hétéropode que l'espèce décrite par M. *Bory de St.-Vincent*, on ne saurait douter qu'il n'y en ait d'autres que l'on n'a pu encore observer, ainsi que le prouvent différentes coquilles de ce genre qui sont dans les collections. Voici l'indication des principales, dont la première est la coquille la plus rare ; la plus curieuse, et à la fois la plus précieuse de toutes celles du Muséum d'histoire naturelle.

ESPÈCES.

1. Carinaire vitrée. *Carinaria vitrea.*

C. *testâ tenui, hyalinâ, transversìm sulcatâ; dorso carinâ dentatâ instructo; spirâ conoideâ, attenuatâ; apice minimo involuto; aperturâ versus carinam angustatâ.*

Patella cristata. Lin. Gmel. p. 3710. n°. 96.
D'Argenv. Conch. Append. pl. 1. fig. B.
Favanne, Conch. pl. 7. fig. C 2.
Martini, Conch. 1. t. 18. f. 165.
Argonauta vitreus. Gmel. p. 3368. n°. 2.

Habite l'Océan austral. Collect. du Mus. Cette coquille, précieuse et très-rare, et qui est la plus grande comme la plus belle de son genre, fut donnée au Muséum par M. de la *Réveillère-Lépaux*, de la part de M. *Huon*, qui, après la mort d'*Entrécasteaux,* commanda l'expédition envoyée à la recherche de la *Peyrouse.* M. *Huon*, avant de mourir, recommanda soigneusement la conservation de cette coquille, destinée au Cabinet d'histoire naturelle de Paris. Elle est extrêmement mince, transparente, conformée en bonnet conique, mais aplatie sur les côtés, et diffère essentiellement de l'argonaute en ce que son sommet, contourné en spirale, ne rentre jamais dans l'ouverture, et en ce qu'il règne dans toute la longueur de son dos une seule carène aiguë et dentée. D'ailleurs l'animal auquel elle appartient ne s'enferme jamais dedans, et il est probable qu'elle ne lui sert qu'à protéger son cœur et ses branchies en les enveloppant, ainsi qu'on le sait maintenant à l'égard de l'espèce suivante.

Tome VII.   43

2. Carinaire fragile. *Carinaria fragilis.*

C. testâ tenui, hyalinâ, longitudinaliter striatâ; carinâ dorsali nullâ.

Carinaire fragile. Bory de St.-Vincent, Voy. aux îles d'Afr. tom. 1. p. 145. pl. 6. f. 4.
Encyclop. pl. 464. f. 3.
Annales du Mus. vol. 15. pl. 2. f. 15.

Habite les mers d'Afrique. Cette espèce, que nous ne connaissons que par l'ouvrage de M. *Bory de St.-Vincent*, est beaucoup plus petite que la précédente, et s'en distingue en outre par les stries longitudinales très-fines qui partent de son sommet et viennent se terminer au bord de l'ouverture en divergeant, enfin surtout parce qu'elle paraît dépourvue de carène dorsale. L'animal de cette coquille a la tête un peu dure, teinte de violet; le corps oblong, cylindrique, aminci postérieurement, se terminant par une queue relevée. Il est enveloppé par une tunique lâche très-diaphane, où l'on distingue un réseau vasculeux fort blanc; cette tunique est musculeuse et hérissée de très-petites aspérités. Vers la queue, le dos de l'animal est surmonté par une nageoire roussâtre, sans cesse agitée par un mouvement d'ondulation; et c'est sous le ventre, à l'opposé de la nageoire, que sont suspendus le cœur et les branchies, enveloppés par la coquille.

3. Carinaire gondole. *Carinaria cymbium.*

C. testá minimâ, subconicâ, tenui, albido-cinereâ; apice obtuso, curvo; rugis transversis strias longitudinales decussantibus.

Argonauta cymbium. Lin. Gmel. p. 3368. n°. 3.
Gualt. Test. t. 12. fig. D.
Favanne, Conch. pl. 7. fig. C 1.
Martini, Conch. 1. t. 18. f. 161. 162.

Habite dans la Méditerranée. Cette coquille, de la taille d'un grain de sable, ne peut être observée dans ses détails qu'à l'aide d'une loupe.

FIROLE. (Pterotrachea.)

Corps libre, allongé, gélatineux, transparent, terminé postérieurement par une queue, et muni d'une ou plusieurs nageoires. Branchies en forme de panaches, flottant librement en dehors, et groupées avec le cœur sous le ventre, vers l'origine de la queue. Tête distincte; deux yeux; des mâchoires cornées; point de tentacules.

Corpus liberum, elongatum, gelatinosum, pellucidum, posticè caudatum, alá natatoriá vel alis pluribus instructum. Branchiœ pennaceœ, extùs prominentes, infra ventrem cum corde coalitœ versùsque caudam perspicuœ. Caput distinctum; oculis duobus; maxillis corneis. Tentacula nulla.

OBSERVATIONS.

Les *firoles* sont des mollusques que *Forskaël* a le premier découverts, décrits et figurés, mais incomplétement selon *Péron*, et dont noùs présentons ici les caractères rectifiés par le naturaliste français.

Ces animaux, très-nombreux, nagent vaguement dans les mers pendant les temps calmes. Ils sont gélatineux, transparens, ornés de vives couleurs, et s'offrent sous une forme allongée, un peu cylindrique, et en général irrégulière.

Mais ce qu'il y a de plus singulier et de plus remarquable dans les *firoles*, c'est d'avoir les branchies groupées avec le cœur et placées sous le ventre, en dehors de l'animal. La situation extraordinaire de ces parties essentielles rappelle celle des mêmes parties dans les carinaires, et montre qu'il y a de grands rapports entre les animaux de ces deux genres. Mais le groupe du cœur et des branchies des carinaires est renfermé dans une coquille, tandis que celui des *firoles* est toujours à nu.

La transparence des animaux dont il est ici question est si grande, que souvent on a de la peine à les distinguer de l'eau dans laquelle ils nagent. On en connait quatre espèces.

ESPÈCES.

1. Firole couronnée. *Pterotrachea coronata.*

Pt. ventre caudâque pinniferis ; capitis proboscide tereti perpendiculari ; frontis coronulâ aculeis decem. Forsk.

Pterotrachea coronata. Forsk. Faun. arab. p. 117. n°. 41. et icon. t. 34. fig. A.

Pterotrachea coronata. Gmel. p. 3137. n°. 1.

Encyclop. pl. 88. f. 1.

Habite dans la Méditerranée. Cette firole est la plus grande des espèces connues de son genre. Elle est principalement remarquable par les dix pointes qui couronnent sa tête, et par la trompe cylindrique et comme pendante qui termine cette dernière. Son corps est muni de deux nageoires, et sa queue, qui est verticale et triangulaire, est garnie de chaque côté de quatre lignes chargées de petits piquans. La longueur de cet animal, suivant *Gmelin*, est presque d'une palme, et l'épaisseur de son corps, d'environ un pouce.

2. Firole hyaline. *Pterotrachea hyalina.*

Pt. capite elongato porrecto lœvi ; pinnulâ centrali. Forsk.

Pterotrachea hyalina. Forsk. Faun. arab. p. 118. n°. 42. et icon. t. 34. fig. B.

Pterotrachea hyalina. Gmel. p. 3137. n°. 2.

Encyclop. pl. 88. f. 2.

Habite.... Cette espèce n'a guère plus d'un pouce de longueur, et son corps, selon Forskaël, est muni d'une nageoire centrale arrondie. Sa tête est mutique et prolongée.

3. Firole à grande-gorge. *Pterotrachea pulmonata.*

Pt. capite obtuso hyalino ; intestino respiratorio plumis ciliato. Forsk.

Pterotrachea pulmonata. Forsk. Faun. arab. p. 118, n°. 43. et icon.
t. 43. fig. A.

Pterotrachea pulmonata. Gmel. p. 3137. n°. 3.

Encyclop. pl. 88. f. 3.

Habite..... Sa tête est courte et obtuse, à peine distincte du tronc;
sa gorge est double et pendante. Une seule nageoire arrondie et
longitudinale.

4. Firole à piquans. *Pterotrachea aculeata.*

*Pt. ventre aptero, caudâ trunco longiore: lineis aculeatis pinnâ-
que terminali horizontali.* Forsk.

Pterotrachea aculeata. Forsk. Faun. arab. p. 118. n°. 44. et icon.
t. 34. fig. C.

Pterotrachea aculeata. Gmel. p. 3137. n°. 4.

Encyclop. pl. 88. f. 4.

Habite dans la Méditerranée. Celle-ci a le ventre aptère, la queue
allongée, chargée de cinq raies de piquans, et terminée par une
nageoire horizontale.

Nota. Voyez l'histoire du genre firole, par *Péron*, insérée dans les
Annales du Muséum, vol. 15, p. 70, et la description de six nouvelles
espèces de ce même genre, par M. *Le Sueur*, dans le journal de l'Académie
des Sciences naturelles de Philadelphie, mai 1817, n°. 1.

PHYLLIROÉ. (Phylliroe.)

Corps oblong, très-aplati sur les côtés, presque lamel-
liforme; une seule nageoire formée par la queue. Branchies
en forme de cordons granuleux et intérieurs. Tête distincte;
deux tentacules; deux yeux; une trompe rétractile.

*Corpus oblongum, lateribus valdè compressum, subla-
melliforme; caudâ natatoriâ. Branchiæ internæ filis granosis æmulantes. Caput distinctum; tentaculis duobus.
Oculi duo. Os proboscideum, contractile.*

OBSERVATIONS.

Le *phylliroé*, que MM. *Péron* et *Le Sueur* ont découvert
et fait connaître, est un mollusque gélatineux, transparent,

très-aplati sur les côtés, et dont la tête, s'avançant antérieurement comme un museau, est surmontée de deux tentacules qui
ressemblent à des cornes, et qui lui donnent en quelque sorte
l'aspect de celle d'un taureau. Cet animal nage vaguement dans
les eaux, et a une transparence si grande qu'on n'aperçoit
guère que sa tête et ses branchies qui paraissent au travers
de son corps. Sa nageoire caudale paraît coupée verticalement
comme celle de beaucoup de poissons. Quoiqu'il diffère assez
considérablement des autres hétéropodes, puisque ses branchies sont intérieures, et qu'il n'a aucun autre organe nata-
toire que sa queue, il m'a paru plus convenable de le placer à
leur suite que de le ranger parmi les ptéropodes. Voici la seule
espèce connue de ce genre.

ESPÈCE.

1. **Phylliroé bucéphale.** *Phylliroe bucephalum.*

> Phylliroé bucéphale. Péron, Ann. du Mus. vol. 15. p. 65. pl. 1.
> f. 1—3.
> Encyclop. pl. 464. f. 2. a. b. c.
> Habite dans la Méditerranée. Je ne connais de cet animal singulier
> que ce que m'en ont appris MM. *Péron* et *Le Sueur.*

FIN DU SEPTIÈME ET DERNIER VOLUME.

ERRATUM.

Lymnœa columnaris, vol. 6 [2]. p. 159.

Cette coquille, étant réellement terrestre, d'après les observations de
M. *Daudebard*, ne saurait être une lymnée, et doit être rapportée au
genre des agathines; ce que confirment la légère échancrure de la base de
son ouverture et sa columelle un peu tronquée. Ainsi il faut la placer dans
le voisinage de l'*achatina fulminea.*

TABLE

DES

CLASSES ET DES GENRES.

A

C

H

I

J

K

L

M

N

O

R

S

U

INDEX

CLASSIUM ET GENERUM.

A

C

D

E

M

Tome VII.

P

T

U

V

X

Y

Z

FIN DE LA TABLE.

9 782014 094176